中 国 国 家 标 准 汇 编

2009 年修订-34

中国标准出版社　编

中 国 标 准 出 版 社
北　京

图书在版编目（CIP）数据

中国国家标准汇编：2009年修订．34/中国标准出版社编．—北京：中国标准出版社，2010

ISBN 978-7-5066-6067-9

Ⅰ．①中…　Ⅱ．①中…　Ⅲ．①国家标准-汇编-中国-2009　Ⅳ．①T-652.1

中国版本图书馆CIP数据核字（2010）第171069号

中国标准出版社出版发行
北京复兴门外三里河北街16号
邮政编码：100045
网址 www.spc.net.cn
电话：68523946　68517548
中国标准出版社秦皇岛印刷厂印刷
各地新华书店经销

*

开本 880×1230　1/16　印张 37.5　字数 1 114 千字
2010年10月第一版　2010年10月第一次印刷

*

定价 220.00 元

出 版 说 明

1.《中国国家标准汇编》是一部大型综合性国家标准全集。自1983年起，按国家标准顺序号以精装本、平装本两种装帧形式陆续分册汇编出版。它在一定程度上反映了我国建国以来标准化事业发展的基本情况和主要成就，是各级标准化管理机构，工矿企事业单位，农林牧副渔系统，科研、设计、教学等部门必不可少的工具书。

2.《中国国家标准汇编》收入我国每年正式发布的全部国家标准，分为“制定”卷和“修订”卷两种编辑版本。

“制定”卷收入上一年度我国发布的、新制定的国家标准，顺延前年度标准编号分成若干分册，封面和书脊上注明“20××年制定”字样及分册号，分册号一直连续。各分册中的标准是按照标准编号顺序连续排列的，如有标准顺序号缺号的，除特殊情况注明外，暂为空号。

“修订”卷收入上一年度我国发布的、修订的国家标准，视篇幅分设若干分册，但与“制定”卷分册号无关联，仅在封面和书脊上注明“20××年修订-1,-2,-3,……”字样。“修订”卷各分册中的标准，仍按标准编号顺序排列(但不连续)；如有遗漏的，均在当年最后一分册中补齐。需提请读者注意的是，个别非顺延前年度标准编号的新制定的国家标准没有收入在“制定”卷中，而是收入在“修订”卷中。

读者配套购买《中国国家标准汇编》“制定”卷和“修订”卷则可收齐上一年度我国制定和修订的全部国家标准。

3. 由于读者需求的变化，自1996年起，《中国国家标准汇编》仅出版精装本。

4. 2009年我国制修订国家标准共3 158项。本分册为“2009年修订-34”，收入新制修订的国家标准30项。

中国标准出版社

2010年8月

目　　录

ICS 29.140.99
K 74

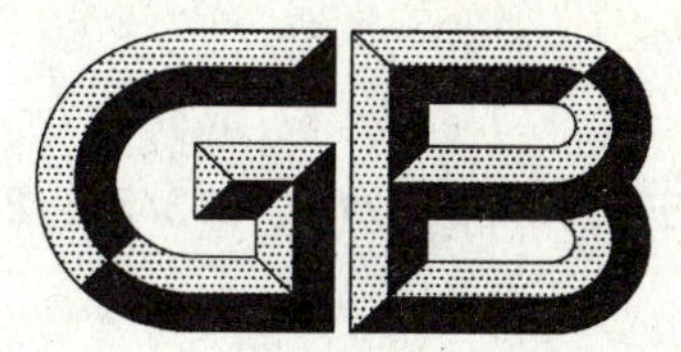

中华人民共和国国家标准

GB 19510.1—2009/IEC 61347-1:2007
代替 GB 19510.1—2004

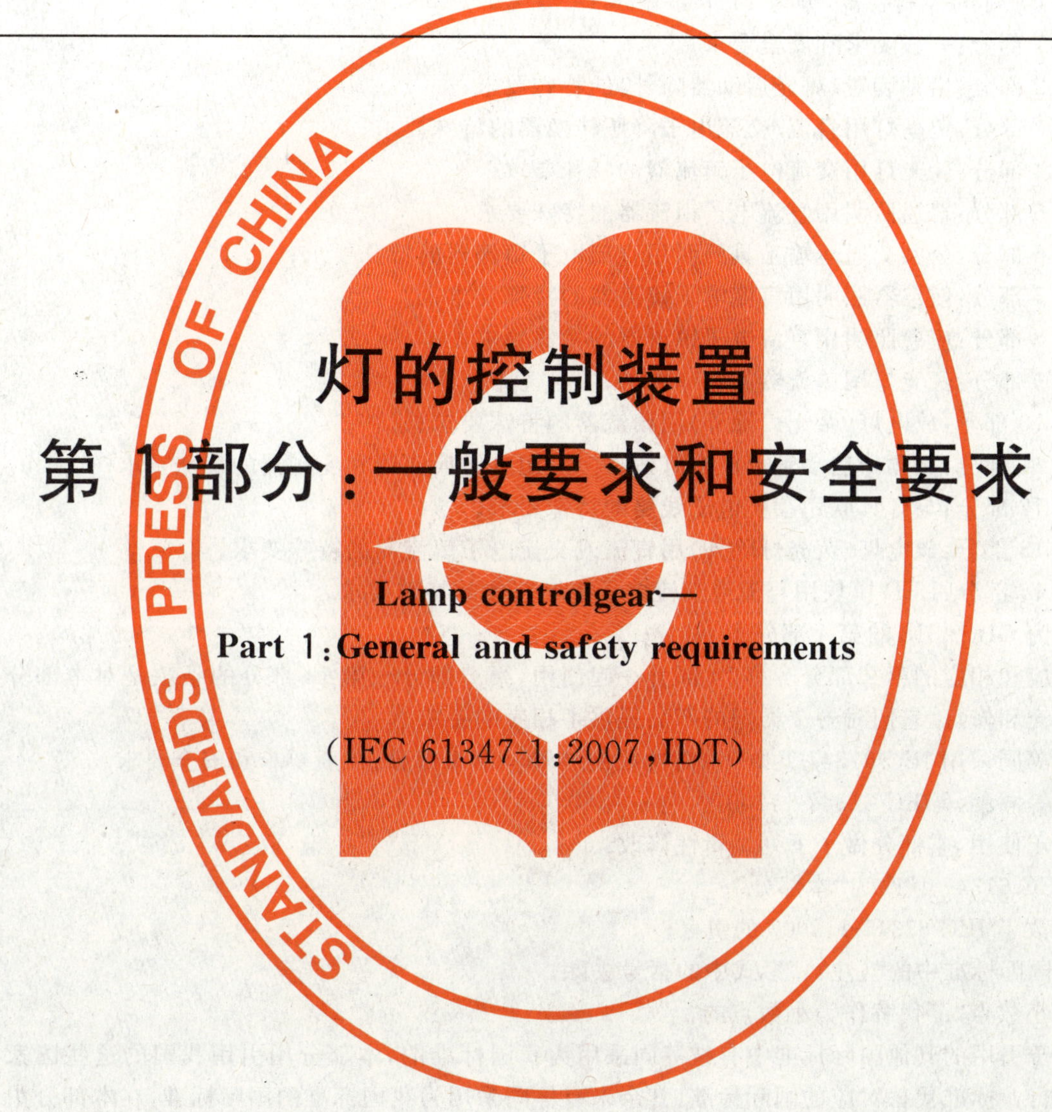

灯的控制装置
第1部分:一般要求和安全要求

Lamp controlgear—
Part 1:General and safety requirements

(IEC 61347-1:2007,IDT)

2009-10-15 发布　　　　2010-12-01 实施

中华人民共和国国家质量监督检验检疫总局
中国国家标准化管理委员会　发布

前 言

本部分的全部技术内容为强制性。

GB 19510《灯的控制装置》分为14个部分：

——第1部分：一般要求和安全要求；

——第2部分：启动装置(辉光启动器除外)的特殊要求；

——第3部分：钨丝灯用直流/交流电子降压转换器的特殊要求；

——第4部分：荧光灯用交流电子镇流器的特殊要求；

——第5部分：普通照明用直流电子镇流器的特殊要求；

——第6部分：公共交通运输工具照明用直流电子镇流器的特殊要求；

——第7部分：航空器照明用直流电子镇流器的特殊要求；

——第8部分：应急照明用直流电子镇流器的特殊要求；

——第9部分：荧光灯用镇流器的特殊要求；

——第10部分：放电灯(荧光灯除外)用镇流器的特殊要求；

——第11部分：高频冷启动管形放电灯(霓虹灯)用电子换流器和变频器的特殊要求；

——第12部分：与灯具联用杂类电子线路的特殊要求；

——第13部分：放电灯(荧光灯除外)用直流或交流电子镇流器的特殊要求；

——第14部分：LED模块用直流或交流电子控制装置的特殊要求。

本部分为GB 19510的第1部分。

本部分应和相应的第2部分～第14部分一起使用，第2部分～第14部分的条款是对本部分中相关条款的补充和修订，它们对各个类型的产品提供了相应的要求。

本部分等同采用IEC 61347-1:2007《灯的控制装置　第1部分：一般要求和安全要求》。

本部分等同翻译IEC 61347-1:2007。

为了便于使用，本部分做了下列编辑性修改：

a) “IEC 61347-1”改为“本部分”；

b) 修改了IEC 61347-1:2007的引言；

c) 将国际标准中的“(注：)”形式中的括号去除；

d) 用小数点“.”代替作为小数点的“,”；

e) 对于引用的其他国际标准中有被等同采用为我国标准的，本部分用引用我国的这些国家标准或行业标准代替对应的国际标准，其余未有等同采用为我国标准的国际标准，在本部分中均被直接引用(见本部分第2章)。

本部分代替GB 19510.1—2004《灯的控制装置　第1部分：一般要求和安全要求》。

本部分与GB 19510.1—2004主要技术差异如下：

——在引言中增加了“不同类型的灯控制装置的性能要求由IEC 60921:2004、IEC 60923:2005、IEC 60925、IEC 60927、GB/T 15144、IEC 61047和IEC 62384(制定中)规定”、“当需要时，会制定其他类型灯的电子控制装置的独立标准”。

——在规范性引用文件中标准等有所改动。

——术语和定义条款中增加了术语“可控镇流器”、“额定无负载输出电压”、“控制接线端子”、“控制信号”及其定义。

——在一般要求中增加了对本身未装有外壳的整体式灯的控制装置的要求，增加了“在灯的安全标准中,针对灯的安全工作给出了“镇流器设计资料”。当测试镇流器时,应将该资料看作需符合的规定”。

——在试验要求中增加了5.7。

——在标志中增加r)项“当输出端无负载的电压大于额定电压时,额定无负载输出电压。”

——将14.4拆分为14.4、14.5。

——18.2对印刷线路板的易燃性作了特别的规定。

——增加了第20章的具体要求。

——附录A中的序号有所改动。

——在H.12中增加“在电源电压为额定电压的100%时测量灯控制装置的线圈温度后,将电源电压升至额定电压的106%,达到热稳定后,灯控制装置部件的温度应符合第2部分的相应章条的要求”。

——有关的信息“在灯的标准中涉及到的镇流器要求”在本部分转换成规范性要求“在镇流器标准中”。

——在试验说明中将试验进度尽量加快,见5.7和附录J。

——增加了表G.1及一些参数。

——增加了附录J、附录K。

——参考文献有所改动。

本部分的附录A、附录B、附录C、附录D、附录E、附录F、附录G、附录H、附录I和附录J均为规范性附录,附录K为资料性附录。

本部分由中国轻工业联合会提出。

本部分由全国照明电器标准化技术委员会(SAC/TC 224)归口。

本部分起草单位:国家电光源质量监督检验中心(上海)、北京电光源研究所、广州市中德电控有限公司、福建源光亚明电器有限公司、佛山市华全电气照明有限公司、生辉照明电器(浙江)有限公司、中山市欧普照明股份有限公司、江苏亚示照明灯具有限公司、霍尼韦尔朗能电器系统技术(广东)有限公司。

本部分起草人:俞安琪、李妹、杨小平、马国民、张和泉、区志杨、沈锦祥、周明兴、殷金兴、付宝成、柯柏权、李维升。

本部分于2004年首次发布,本次为第1次修订。

引　言

本部分规定了大多数的灯的控制装置普遍适用的、并由 GB 19510.2～GB 19510.14 的各部分提出的一般要求、安全要求和相关试验。因此，这一部分不应视为所有类型的灯的控制装置的技术规范，它只适用于由 GB 19510.2～GB 19510.14 的各部分所确定的特定类型的灯的控制装置。

GB 19510.2～GB 19510.14 中涉及到本部分任一条款的章条都规定了该条款的适用范围和各个试验的实施顺序，还规定了必要的补充要求。本部分中各条款的编排顺序没有任何特定意义，因为这些条款的采用顺序是由 GB 19510.2～GB 19510.14 中各类型灯的控制装置的相应标准确定的。所有这些标准都是各自独立的，相互之间互不参照。

如果 GB 19510.2～GB 19510.14 的各部分的章条通过“按照 GB 19510.1—2009 的某条要求”这一短语来引用 GB 19510.1—2009 的某一条款要求，则这句话的意思就是按照该条款的全部要求，但其中明显不适用于 GB 19510.2～GB 19510.14 所述特定类型的灯的控制装置的内容除外。

如果符合本部分的灯的控制装置在接受检验和试验时被发现有其他特性会降低该产品标准所规定的安全等级，则这种灯的控制装置不能视为符合本部分的安全要求。

所用材料和结构形式均不同于本部分要求的灯的控制装置，可以按照本部分的意图接受检验和试验，如果检验基本上等同于本部分，则可以认定这种灯的控制装置符合本部分的安全要求。

不同类型的灯控制装置的性能要求由 GB/T 15144、GB/T 19656、IEC 62384、IEC 60921、IEC 60923、IEC 60927、IEC 61047 规定。

注 1：安全要求能确保按照安全要求生产的电气设备在按预定方式被正确安装、维护和使用时不会对人、家畜或财产的安全造成伤害。

当需要时，会制定其他类型灯的电子控制装置的独立标准。

注 2：灯的控制装置包括印刷电路，并可装有下述部件：

——控制器；

——灯座；

——开关；

——电源接线端子。

灯的控制装置应符合本部分。

灯座、开关及电源接线端应符合其各自相关的标准。

灯的控制装置
第1部分:一般要求和安全要求

1 范围

本部分规定了使用250 V以下直流电和/或50 Hz或60 Hz的1 000 V以下交流电的灯的控制装置的一般要求和安全要求。

本部分还适用于尚未标准化的灯所使用的控制装置。

本部分涉及的试验均为型式试验。本部分不包括关于在生产期间对单个灯的控制装置的试验要求。

半灯具的要求在GB 7000中给出(见GB 7000.1—2007中1.2.60)。

除了本部分所给出的要求之外,附录B还给出了适用于热保护式灯的控制装置的一般要求和安全要求。

附录C给出了带过热保护器的灯的电子控制装置的一般要求和安全要求。

具备双重绝缘或加强绝缘的内装式镇流器的补充要求在附录I中给出。

2 规范性引用文件

下列文件中的条款通过GB 19510的本部分的引用而成为本部分的条款。凡是注日期的引用文件,其随后所有的修改单(不包括勘误的内容)或修订版均不适用于本部分,然而,鼓励根据本部分达成协议的各方研究是否可使用这些文件的最新版本。凡是不注日期的引用文件,其最新版本适用于本部分。

GB/T 5169.5 电工电子产品着火危险试验 第5部分:试验火焰 针焰试验方法 装置、确认试验方法和导则(GB/T 5169.5—2008 IEC 60695-11-5:2004,IDT)

GB/T 5169.10 电工电子产品着火危险试验 第10部分:灼热丝/热丝基本试验方法 灼热丝装置和通用试验方法(GB/T 5169.10—2006,IEC 60695-2-10:2000,IDT)

GB/T 5465.2—2008 电气设备用图形符号 第2部分:图形符号(IEC 60417 DB:2007,IDT)

GB 7000.1—2007 灯具 第1部分:一般安全要求与试验(IEC 60598-1:2003,IDT)

GB/T 12113—2003 接触电流和保护导体电流的测量方法(IEC 60990:1999,IDT)

GB 14536.4 家用和类似用途自动电控制器 管式荧光灯镇流器热保护器的特殊要求(GB 14536.4—2008,IEC 60730-2-3:2006,IDT)

GB/T 15144—2009 管形荧光灯用交流电子镇流器 性能要求(IEC 60929:2006,IDT)

GB/T 16935.3 低压系统内设备的绝缘配合 第3部分:利用涂层、罐封和模压进行防污保护(GB/T 16935.3—2005,IEC 60664-3:2003,IDT)

GB 19510.2~GB 19510.14 灯的控制装置 第2部分~第14部分:特殊要求(IEC 61347-2(所有部分),IDT)

GB 19510.9 灯的控制装置 第9部分:荧光灯用镇流器的特殊要求(GB 19510.9—2009,IEC 61347-2-8:2006,IDT)

GB 19510.10—2009 灯的控制装置 第10部分:放电灯(荧光灯除外)用镇流器的特殊要求(IEC 61347-2-9:2003,IDT)

IEC 60081 双端荧光灯 性能要求

IEC 60317-0-1:1997 特殊类型绕组线材的技术规格 第0部分:一般要求 第1节:漆包圆铜线[1)]

IEC 60529:1989 外壳的防护等级(IP编码)[2)]

IEC 60691:2002 热熔丝 要求及使用方法

IEC 60901 单端荧光灯 性能要求

IEC 60921:2004 管形荧光灯用镇流器 性能要求

IEC 60923:2005 灯用附件 放电灯(管形荧光灯除外)用镇流器 性能要求

IEC 61189-2 电气材料、互连结构和组件的试验方法 第2部分:互连结构用材料的试验方法

IEC 61249-2 印制板和其他互连结构用材料 第2部分:包被和非包被增强基材

ISO 4046-4:2002 纸、纸板、纸浆及其术语词汇 第4部分:纸和纸板的等级和加工产品

3 术语和定义

本部分采用以下术语和定义。

3.1

灯的控制装置 lamp controlgear

连接在电源和一支或若干支灯之间用来变换电源电压、限制灯的电流至规定值,提供启动电压和预热电流,防止冷启动,校正功率因数或降低无线电干扰的一个或若干个部件。

3.1.1

内装式灯的控制装置 built-in lamp controlgear

一般设计安装在灯具、接线盒、外壳或类似设备之内的灯的控制装置,在未采取特殊的保护措施时,这种装置不应安装在灯具之外。路灯杆基座内安装控制装置的隔间可视为是一外壳。

3.1.2

独立式灯的控制装置 independent lamp controlgear

由一个或若干个部件构成,并能独立安装在灯具之外而不带任何辅助外壳,又具备符合其标志所示保护功能的灯的控制装置。这种装置可以是一装有具备符合其标志所示全部必要的保护功能的适用外壳的内装式灯的控制装置。

3.1.3

整体式灯的控制装置 integral lamp controlgear

成为灯具的不可替换部件,并且不能从灯具上取下单独进行试验的灯的控制装置。

3.2

镇流器 ballast

连接在电源和一支或若干支放电灯之间,利用电感、电容或电感与电容的组合将灯的电流限制在规定值的一种装置。

镇流器还可以包括电源电压的转换装置,以及有助于提供启动电压和预热电流的装置。

3.2.1

直流电子镇流器 d. c. supplied electronic ballast

使用装有稳定部件的半导体装置来向一支或若干支灯提供电源的直流/交流转换器。

3.2.2

基准镇流器 reference ballast

设计用来为试验镇流器和挑选基准灯提供对比标准的特殊电感式镇流器。其主要特点是电压/电

1) 包括1997第2版加1999修订1和2005修订2。

2) 包括1989第2版加1999修订1。

流比稳定，基本上不受电流、温度及磁环境的变化的影响，如 IEC 60921：2004 的附录 C 和 IEC 60923：2005 的附录 A 所述。

3.2.3

可控镇流器　controllable ballast

可以由经过电源的信号或特殊控制的输入信号改变和其配套工作的灯的工作性能的电子镇流器。

3.3

基准灯　reference lamp

挑选出来用于试验镇流器的灯。基准灯在与基准镇流器连接燃点时，其电特性接近于相应灯的标准中所规定的标称值。

3.4

基准镇流器的校准电流　calibration current of a reference ballast

作为校准和调整基准镇流器的依据的电流值。

注：这种电流值最好约等于基准镇流器所适用的灯的标称工作电流。

3.5

电源电压　supply voltage

施加在灯和灯的控制装置的整个线路上的电压。

3.6

工作电压　working voltage

灯的控制装置在额定电源电压下处于开路状态或正常工作期间，其任一绝缘体两端可能出现的最高有效值电压，瞬变值可忽略不计。

3.7

设计电压　design voltage

由制造商所宣布的与所有灯的控制装置的特性均有关的电压。该电压值不应小于额定电压范围的最大值的 85%。

3.8

电压范围　voltage range

镇流器预定应采用的电源电压范围。

3.9

额定无负载输出电压　rated no-load output voltage

当输出端无负载的灯的控制装置在额定电压、额定频率下工作时的输出电压。瞬变值和启动阶段的值忽略不计。

3.10

电源电流　supply current

供给灯和灯的控制装置的整个线路的电流。

3.11

带电部件　live part

在正常使用中可能引起电击的导电部件。中性导体也可视为带电部件。

注：附录 A 给出了确定导电部件是否是可能引起电击的带电部件的试验方法。

3.12

型式试验　type test

为了检验给定产品的设计是否符合相应的标准要求而在一个样品上进行的一项或一系列试验。

3.13

型式试验样品　type-test sample

由制造商或销售商提交用于型式试验的由一个或几个类似元件组成的样品。

3.14

线路功率因数λ　circuit power factor

由灯的控制装置与其专用的一支或若干支灯所组成的系统的功率因数。

3.15

高功率因数镇流器　high power factor ballast

线路功率因数至少为0.85(超前或滞后)的镇流器。

注1:功率因数0.85已将电流波形的失真考虑在内。

注2:在北美,高功率因数至少为0.9。

3.16

额定最大温度　rated maximum temperature

t_c

在正常工作状态和处于额定电压或额定电压范围的最大值时,在(控制装置)外表面上(如有标志,在标志所指部位)可能产生的最大允许温度。

3.17

灯的控制装置的绕组的额定最大工作温度　rated maximum operating temperature of a lamp controlgear winding

t_w

由制造商确定的能使50 Hz/60 Hz的灯的控制装置可以至少连续工作10年的最大绕组温度。

3.18

整流效应　rectifying effect

在灯的寿命终结时,即在灯的一个阴极已损坏或电子发射不足而导致电弧电流在连续半周期内给终不平衡时可能发生的效应。

3.19

耐久试验的持续时间　test duration of endurance test

D

根据温度条件所决定的耐久试验的任意期限。

3.20

镇流器绕组绝缘材料的退化系数　degradation of insulation of a ballast winding

S

用以确定镇流器绝缘材料的退化程度的系数。

3.21

触发器　ignitor

用以产生电压脉冲来启动放电灯,但不提供电极预热的装置。

3.22

保护性接地　protective earth (ground)

(见GB/T 5465.2的5019)

连接在为了安全而接地的部件上的接线端子。

3.23

功能性接地　functional earth (ground)

(见GB/T 5465.2的5017)

连接在需要接地的(不是因安全缘故而接地的)部件上的接线端子。

注1:在某些情况下,靠近灯一侧的启动装置要连接在电源一侧的输出接线端子上而不必接地。

注 2：在某些情况下，功能性接地必须有助于灯的启动或应急照明。

3.24

底架接地　frame (chass is)

（见 GB/T 5465.2 的 5020）

其电位被看作是基准值的接线端子。

3.25

控制接线端子　control terminals

连接到镇流器的除电源接线端子外的连接件，该连接件用于和镇流器交换信息。

3.26

控制信号　control signal

可以是交流或直流电压类的信号，通过类似信号、数字信号或其他方式可以对该信号进行调制从而和镇流器交换信息。

4　一般要求

灯的控制装置的设计和结构应能使其在正常使用过程中不对使用者或周围环境构成危险。

合格性采用所规定的全部试验进行检验。

此外，独立式灯的控制装置还应按照 GB 7000.1—2007 的要求，包括分类要求和标志要求，例如：IP 分类，F 标志等。具备双重绝缘或加强绝缘的内装式镇流器还应符合附录 I 的要求。

某些内装的灯的控制装置本身没有外壳，由印刷电路板和电子元件构成，如果要将其装入灯具，它们应符合 GB 7000.1—2007 灯具标准的要求。本身未装有外壳的整体式灯的控制装置应视为是 GB 7000.1—2007 的第 0.5 章所定义的灯具的组成部件，并应将其装入灯具后再进行试验。

注：建议灯具制造商在必要时与灯的控制装置的制造商讨论相应的试验要求。

在灯的安全标准中，针对灯的安全工作给出了“镇流器设计资料”。当测试镇流器时，应将该资料看作应符合的规定。

5　试验说明

5.1　本部分所述试验均为型式试验。

注：本部分所提出的要求和公差均与对制造商提交的型式试验样品所进行的试验有关。某一制造商的型式试验样品的合格并不能保证其全部产品符合本安全要求。制造商有责任保证产品的一致性，除了进行型式试验之外，还可采取例行试验和质量保证措施。

5.2　各项试验均要在 10 ℃～30 ℃ 的环境温度下进行，但另有规定时除外。

5.3　型式试验应在为此试验而提交的由一个或若干个元件组成的一个样品上进行，但另有规定时除外。

通常，全部试验要在每一种类型的灯的控制装置上进行；如果试验时涉及到一系列类似的灯的控制装置，则应与制造商取得一致意见。以该系列中每一种功率的产品或从该系列中选取有代表性的产品进行全部试验。

用三个灯的控制装置的样品进行试验时，如果有一个以上的样品试验不合格，则该类型产品视为全部不合格。如果有一个样品试验不合格，则该试验应在另外三个样品上重复进行，并且这三个样品都应符合试验要求。

5.4　试验应按照本部分所列顺序进行，但 GB 19510 其他特殊要求的部分另有规定时除外。

5.5　在进行热试验时，独立式灯的控制装置应安装在一试验角内，该试验角由三块厚 15 mm～20 mm，涂有无光泽黑漆的三层纤维板构成，并装配成类似房屋的两面墙和天花板的样子。灯的控制装置要牢固地安装在该天花板上，并尽量靠近墙面，天花板延伸至灯的控制装置其他侧面以外的长度至少为250 mm。

5.6 对于专门使用电池供电的直流镇流器，允许使用电池以外的直流电源，但这种电源的阻抗应等于电池的阻抗。

注：将具有适用的额定电压和容量至少为50 μF的无感电容器连接在受试装置的电源接线端子上，通常能获得一与电池阻抗相仿的电源阻抗。

5.7 当按照本部分的要求测试灯的控制装置时，通过提交一个新的测试样品和以前的试验报告，较早的试验报告可以按照本版本更新。

产品通常不需要做全部的型式试验，并且以前的试验结果仅应根据规范性附录J："更严格的要求明细单"所列的标示"R"的修订条款来评判。

6 分类

按照安装方法，灯的控制装置分类如下：

——内装式；

——独立式；

——整体式。

7 标志

7.1 标志项目

对于下述标志内容，哪些应是强制性标志，哪些应标在灯的控制装置上，哪些注明在制造商的产品目录或类似使用说明书中，GB 19510的其他特殊要求的部分均有所规定：

a) 来源标志(商标、制造商的名称或销售商的名称)。

b) 型号或制造商的类型符号。

c) 适用的独立式灯的控制装置的符号[符号]。

d) 灯的控制装置的可替换部件和可互换部件如包括保险丝，其相互关系应采用图例的方式明确无误地标在灯的控制装置上；如不包括可替换或互换的保险丝，可注明在制造商的产品目录中。

e) 额定电源电压(或若干电压值)电压范围，电源频率和电源电流；电源电流可在制造商的产品说明书中标出。

f) 接地符号[符号]，[符号]或[符号]，用来识别接地的接线端子，如果有，这些符号不应标在螺钉或其他易于移动的部件上。

g) 绕组的额定最大工作温度符号 t_w，其后标有温度值，以5 ℃的幅度增加。

h) 关于灯的控制装置不需依靠灯具的外壳来防止意外接触带电部件的说明。

i) 表示接线端子所适用的导线的截面积的符号：在以 mm^2 为单位的数值后标上一小正方形。

j) 灯的控制装置所适用的灯的型号及额定功率或功率范围，或灯的控制装置的设计所要求的灯的参数表给出的型号。如果灯的控制装置需要使用一支以上的灯，则应标出灯的数量及每支灯的额定功率。

注1：对于GB 19510.3中所规定的灯的控制装置，可假定所标记的功率范围包括该范围内的全部额定值，但制造商的文献中另有说明时除外。

k) 表明接线端子的位置和用途的线路图。如果灯的控制装置上没有接线端子，则线路图上应明确给出用作连接线的符号的意义。只在特殊线路中工作的灯的控制装置应采用相应的标志或线路图加以识别。

l) t_c 值

如果该值涉及到灯的控制装置上的某一个部位，则制造商的产品目录对该部位应加以指明或有所规定。

m) 热保护式控制装置的温度标志：▽（见附录 B）。三角形中的三个点应由额定最大外壳温度值代替，单位是℃，该值由制造商指定，以 10 ℃的幅度增加。

n) 灯的控制装置额外要求的热熔丝。

o) 异常状态下绕组的极限温度，当控制装置被安装在灯具中时应考虑到该温度，并将此温度作为灯具设计的参考数据。

注 2：如果灯的控制装置用于不会产生异常状态的线路，或只和能使其免除 GB 7000.1—2007 的附录 C 所述异常状态的启动装置一起使用，则不必标出异常状态下的绕组温度。

p) 灯的控制装置的耐久试验的周期，耐久试验的周期应在 30 天以上，可以是 60 天、90 天或 120 天等，由制造商自选。标志方法是将字母 D 和代表天数的适用数字置于符号 t_w 后面的括弧中，其中数字的单位是 10 天，例如：(D6)表示受试控制装置的试验期是 60 天。

注 3：耐久试验的标准周期是 30 天，不必标出。

q) 对于制造商所声明的常数 S 不同于 4 500 的灯的控制装置，应标上符号 S 和以千为单位的适用数值，例如 S 值为 6 000 时，用“S 6”表示。

注 4：S 值最好是 4 500，5 000，6 000，8 000，11 000 和 16 000。

r) 当输出端无负载的电压大于额定电压时，额定无负载输出电压。

7.2 标志的耐久性和清晰度

标志应牢固耐久、清晰易认。

合格性采用目视法和下述方法检验：

用一块浸泡过水和一块浸泡过汽油的布分别轻轻擦拭标志，各持续 15 s，此后，标志仍应清晰明了。

注：所用汽油应由己烷溶剂和芳香剂构成，其中所含芳香剂的最大体积百分比为 0.1%，溶液溶解值为 29，初始沸点约为 65 ℃，干点约为 69 ℃，密度约为 0.68 g/cm³。

8 接线端子

螺纹式接线端子应按照 GB 7000.1—2007 第 14 章的要求。

无螺纹接线端子应按照 GB 7000.1—2007 第 15 章的要求。

9 保护接地装置

接地端子应按照第 8 章的要求。电气连接件应能充分锁定防止松动，并且在只用手不使用工具的情况下不能将其松动。对于无螺纹接线端子，其固定装置/电气连接件应不能随意被打开。

灯的控制装置（不包括独立式灯的控制装置）可以固定在接地的金属件上来形成接地，但是，如果灯的控制装置具备接地端子，则该接地端子只能用于灯的控制装置的接地。

接地端子的所有部件应能将由于与接地导体或其他金属件相接而发生电解质腐蚀的危险降至最小程度。

接地端子的螺钉或其他部件应由黄铜或其他耐腐蚀的金属制成，或由有防锈表面的材料制成，并且它们的接触面中应至少有一个是裸露的金属。

合格性采用目视法、人工试验并按照第 8 章的要求进行检验。

对于由印刷线路板的印刷线提供接地导线的灯的控制装置，应进行下述试验：

在印刷线路板的印刷线所连接的接地端子或接地触头与每个易被触及的金属部件之间依次接通

25 A 的交流电流，并持续 1 min。

试验之后，该控制装置应符合 GB 7000.1—2007 中 7.2.1 的规定。

10 防止意外接触带电部件的措施

10.1 不是依靠灯具的外壳作为防电击保护措施的灯的控制装置在按正常使用要求进行安装时应能充分防止与带电部件发生意外接触(见附录 A)。

依靠灯具外壳作为防电击保护措施的整体式灯的控制装置，应按照其预定使用要求进行试验。

按照本条要求，清漆和瓷釉被视为不具备充分的防电击性能和绝缘性。

凡是能提供防电击保护措施的部件，应具有充分的机械强度，在正常工作中不应松动。在不使用工具的情况下不能将其拆除。

合格性采用目视法、人工试验和 IEC 60529:1989 中图 1 所示试验指进行检验。试验指上有一个电指示器用来显示是否触及到带电部件。试验时将试验指施加在所有可能的部位，必要时，施加 10 N 的力。

建议用灯泡作为接触信号，电压不低于 40 V。

10.2 装有总容量超过 0.5 μF 的电容器的灯的控制装置，其结构应能使其在额定电压下断开电源 1 min 后，接线端子的电压不超过 50 V。

11 防潮与绝缘

灯的控制装置应耐潮湿，在接受下述试验之后，不应有任何明显的损坏迹象。

将灯的控制装置以正常使用时最不利的方式放置在一潮湿箱里，箱内空气的相对湿度保持在 91%～95%之间，放置样品的各处的温度应保持在 20 ℃～30 ℃之间的任一适宜的温度值 t，变化不超过 1 ℃。

在将样品放入潮湿箱之前，先使样品的温度达到 t 和(t+4)℃之间。样品应在潮湿箱内保留 48 h。

注：在大多数情况下，为了使样品达到 t 和(t+4)℃之间的规定温度，可在潮湿试验之前将其放置在具备此温度的室内保持至少 4 h。

为了使潮湿箱达到规定的条件，应确保箱内空气始终流通，通常使用隔热的潮湿箱。

在进行绝缘试验之前，如果样品上有肉眼可见的水珠，应用吸墨水纸擦干。

在做完潮湿试验之后，立即给样品施加大约 500 V 的直流电压，持续 1 min，再测量绝缘电阻。具有绝缘外壳或外罩的灯的控制装置应包裹上金属箔。

基本绝缘的绝缘电阻应不小于 2 MΩ。

在下述各部件之间应具有充分的绝缘性：

a) 相互分开或可以分开的具有不同极性的带电部件之间；

b) 带电部件和外部元件(包括定位螺钉)之间；

c) 带电部件和相应的控制端子之间。

如果在灯的控制装置的输出端子和接地端子之间装有连接件，在试验期间应将这种连接件去掉。

12 介电强度

灯的控制装置应具有足够的介电强度。

在绝缘电阻的测量完成之后，立即对灯的控制装置进行介电强度试验。试验电压施加在第 11 章所规定的各部件之间，并持续 1 min。

试验电压为 50 Hz 或 60 Hz 正弦波电压，其值应与表 1 所示之值相符。最初施加的电压不应超过规定值的 1/2，然后，再将电压迅速提高至规定值。

表 1 介电强度试验电压

工作电压 U		实验电压 V
42 V以下(含42 V)		500
42 V以上至1 000 V (含1 000 V)	基本绝缘	$2U$+1 000
	补充绝缘	$2U$+1 750
	双重或加强绝缘	$4U$+2 750
在既采用加强绝缘又采用双重绝缘的情况下，应注意也不应使施加在加强绝缘的电压过度超过基本绝缘或补充绝缘的负荷。		

试验期间不应产生飞弧或击穿现象。

试验用高压变压器的设计应能确保当输出电压被调到适宜的试验电压而使输出端短路时，输出电流至少达到200 mA。

当输出电流低于100 mA时，过电流继电器不应跳闸。

所施加的试验电压有效值应在±3%的误差范围内进行测量。

第11章要求所涉及的金属箔的安放位置不应使绝缘体的边缘产生飞弧。

不会造成电压降的辉光放电可忽略不计。

13 镇流器绕组的耐热试验

镇流器的绕组应具有充分的耐热性。

合格性通过下述试验进行检验：

本试验的目的是检验标在镇流器上的额定最大工作温度(t_w)的有效性。本试验在尚未接受前述各项试验的七个新镇流器上进行，它们将不再进行以后的试验。

本试验也可施加在成为灯具的组成部分而不能单独接受试验的镇流器上，据此，可在此类整体式镇流器上标定 t_w 值。

在进行试验之前，每个镇流器通常应启动并燃点一支灯，然后在正常工作条件及额定电压下测量灯的电弧电流。耐热试验的详细说明如下所述。耐热试验的实际周期应由制造商给出。如果制造商未作说明，试验周期应为30天。

耐热试验在一适宜的烘箱内进行。

镇流器在电气上应能以正常使用方式工作。对于不进行本试验的电容器、部件或其他辅助件应将其断开，再将其连接在烘箱之外的线路上。其他不影响绕组的工作条件的部件可拆除不用。

注1：如果试验时必须将电容器、部件或其他辅助件断开，建议由制造商提供已将此类部件拆除并从镇流器中拉出辅助引线的镇流器。

通常，为了达到正常工作状态，镇流器应与适宜的灯一起进行试验。

如果镇流器的外壳是金属的，则应接地。灯始终要置于烘箱之外。

对于某些单阻抗的电感式镇流器(例如：开关启动式扼流圈镇流器)，试验时不用灯或电阻器，但是电流要调至其在额定电压下带灯工作时的电流值。

将镇流器与电源连接，镇流器绕组和地线之间的电压应力(绝缘强度)与接灯时相似。

将七个镇流器放置在烘箱内，并将额定电源电压施加在每个线路上。

然后调节烘箱的恒温器，使箱内达到一特定温度值，此特定温度应使每只镇流器中最热的绕组的温度约等于表2所给出的理论值。

对于试验期在30天以上的镇流器，应根据本条款注3所述式(2)计算理论试验温度。

4 h后，用“电阻变化法”确定绕组的实际温度，为使其尽可能接近所期望的试验温度，必要时可重新调节烘箱的恒温器。此后，每天记录下烘箱内的温度，以便确保恒温器保持在适当的温度值，误差在±2 ℃之内。

24 h之后，再测量绕组的温度，每个镇流器的最后的试验期由式(2)确定。图1以图解形式对此加以说明。任一受试镇流器的最热绕组的实际温度与理论温度值之间的允许误差应使最后试验时间至少等于所规定的试验时间，但不应大于后者的二倍。

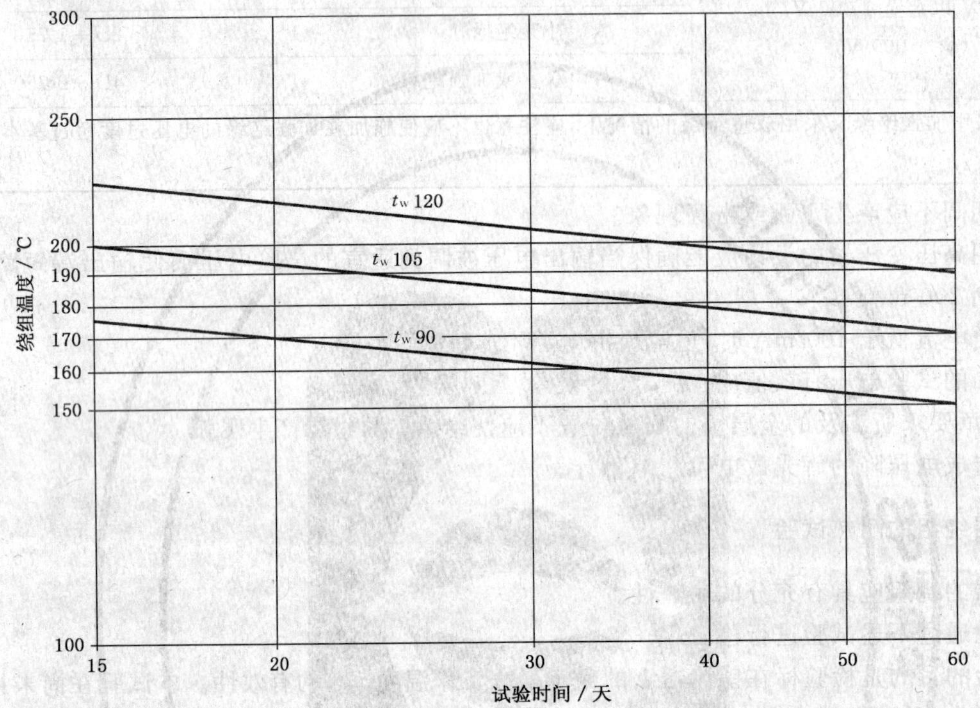

注：这些曲线仅供参考，并说明常数 S 为 4 500 的公式(2)(见附录 E)

图1　绕组温度与耐久试验时间之间的关系

表2　耐热试验时间为30天的镇流器的理论试验温度

常数 S	理论试验温度 ℃					
	S 4.5	S 5	S 6	S 8	S 11	S 16
t_w=90	163	155	142	128	117	108
95	171	162	149	134	123	113
100	178	169	156	140	128	119
105	185	176	162	146	134	125
110	193	183	169	152	140	130
115	200	190	175	159	146	136
120	207	197	182	165	152	141
125	215	204	189	171	157	147
130	222	211	196	177	163	152
135	230	219	202	184	169	158
140	238	226	209	190	175	163
145	245	233	216	196	181	169
150	253	241	223	202	187	175
注：理论试验温度采用 S 4.5 栏中的规定值，但镇流器上另有说明时除外。在采用不同于 S 4.5 的常数时，应按照附录E说明理由。						

注 2：在用“电阻变化法”来测量绕组的温度时，采用式(1)计算：

$$t_2 = \frac{R_2}{R_1}(234.5 + t_1) - 234.5 \quad \cdots\cdots(1)$$

式中：

t_1——初始温度，℃；

t_2——最终温度，℃；

R_1——温度为 t_1 时的电阻；

R_2——温度为 t_2 时的电阻。

常数 234.5 用于铜线绕组；对铝线绕阻，该常数应为 229。

在 24 h 之后测量完绕组温度，则不必再使绕组温度保持不变。只需通过控制恒温器使环境温度保持稳定。

每个镇流器的试验时间从其接通电源时开始算起。在某一镇流器试验结束时，将其与电源断开，但是要在其他镇流器也完成试验时才可将其从烘箱中取出。

注 3：图 1 给出的理论试验温度与在额定最大工作温度 t_w 下连续工作 10 年的工作寿命有关。

理论试验温度采用式(2)计算：

$$\lg L = \lg L_0 + S\left(\frac{1}{T} - \frac{1}{T_w}\right) \quad \cdots\cdots(2)$$

式中：

L——耐热试验的实际时间(30 天，60 天，90 天或 120 天)；

L_0——3 652 天(10 年)；

T——理论试验温度(t+273)，K；

T_w——额定最大工作温度(t_w+273)，K；

S——常数，依据镇流器的类型和绕组绝缘材料而定。

试验之后，将镇流器恢复到室温，镇流器应满足下述要求：

a) 在额定电压下，镇流器应能启动上述同样的灯，灯的电弧电流应不超过试验前所测得的该值的 115%。

注 4：本试验可确定安装镇流器时出现的不利变化。

b) 在约 500 V 直流电压下测得的绕组和镇流器外壳之间的绝缘电阻应不小于 1 MΩ。

如果七个镇流器中有六个符合这些要求，则试验结果可视为合格。如果有二个以上的镇流器试验失败，则该试验视为不合格。

在出现二个镇流器不合格的情况下，应再选七个镇流器重复该试验，并且，七个镇流器的试验不许失败。

14 故障状态

灯的控制装置在设计上应能保证其在故障状态下工作时，不会喷出火苗或熔化的材料，并不会产生可燃气体。10.1 所规定的防止意外接触带电部件的保护措施不应被损坏。

在故障状态下工作是指对样品依次施加 14.1～14.4 规定的每一种故障状态，以及由此而必然产生的其他故障状态，并且，每次只允许一个部件置于一种故障状态。

一般通过检查受试样品及其线路图就可明确所应施加的故障状态，这些故障状态应以最适宜的顺序依次施加。

全封闭式灯的控制装置或元件不打开检查，也不施加内部故障状态。但是如有疑问，应检查其线路图，将输出端短路，或与制造商协商由其提交一专门制作的供试验用的灯的控制装置。

如果灯的控制装置或元件是密封在自凝固化合物中，而该化合物又与相应的表面紧密粘结，且没有空隙，则认定其被完全封闭。

凡是符合制造商的技术要求不会发生短路的元件，或能消除短路的元件，均不允许跨接。凡是按照制造商的技术说明不会产生开路的元件，不应被断开。

制造商应提供证据表明，各个元件均能以预期的方式工作，例如，出示符合相应技术要求的合格证。

对于不符合有关标准的电容器、电阻器或电感器，应将其短路或断开，采用其中最不利的方式。

对于标有▽标志的灯的控制装置，其外壳上任一部位的温度应不超过标志所示值。

注：对于不具备这种符号的灯的控制装置及滤波线圈，要按照 GB 7000.1—2007 和灯具一起进行试验。

14.1 将爬电距离和电气间隙短路，如果爬电距离和电气间隙小于第 16 章所规定的值，要考虑到 14.1～14.4 所允许的任何减少值。

注 1：带电部件和易被触及的金属部件之间的爬电距离和电气间隙不允许小于第 16 章所规定的值。

对于位于印刷线路板上并通过扼流圈或电容器等元件来防止来自电源的脉冲的导体，它们之间的爬电距离要加以修改。印刷线路板应按照 IEC 61189-2 撕裂拉伸强度要求。表 3 中的距离值根据式(3)所计算出的值代替。

$$\lg d = 0.78 \lg \frac{\hat{V}}{300} \qquad \cdots\cdots(3)$$

最小值为 0.5 mm。

式中：

d——爬电距离，mm；

$\hat{V}$——电压的峰值，V。

这些爬电距离可参照图 2 加以确定。

注 2：在计算爬电距离时，印刷线路板上的漆涂层或类似涂层可忽略不计。

如果印刷线路板使用的涂层按照 GB/T 16935.3 的规定，则其爬电距离可小于上述所规定的值。此要求也适用于带电部件与接在易被触及的金属部件上的部件之间的爬电距离。按照 GB/T 16935.3 中相应条款进行试验以证明其合格性。

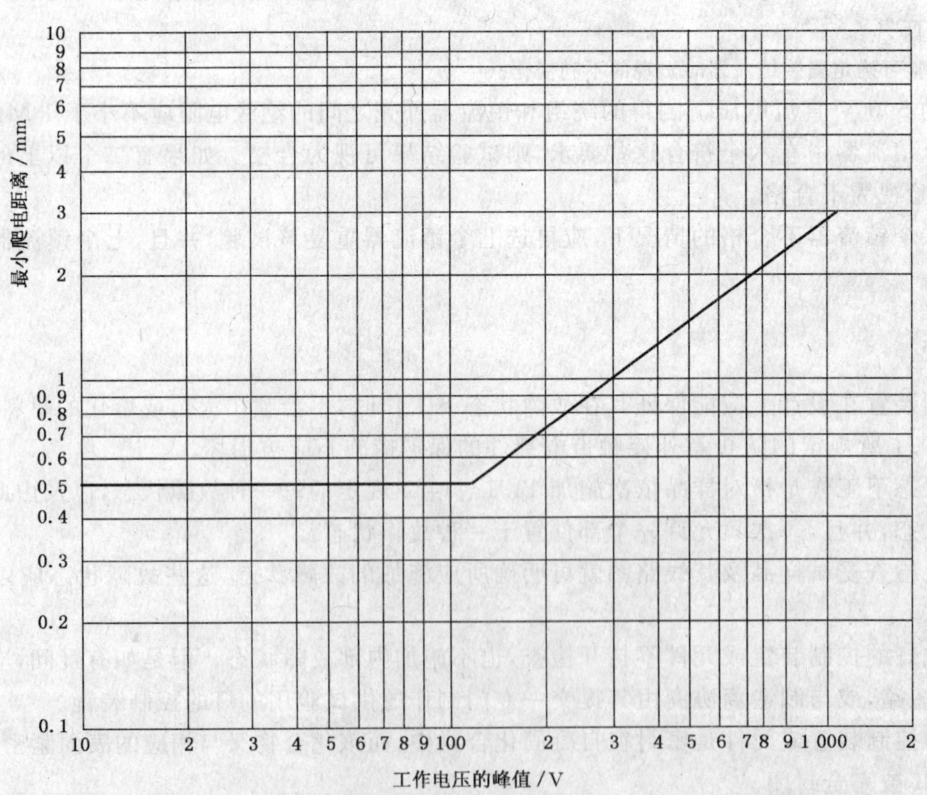

图 2 不与电源连接的印刷线路板上导体之间的爬电距离

14.2　将半导体装置短路或断开。

每次应只将一个元件短路或断开。

14.3　将由漆层、瓷漆或纺织物构成的绝缘层短路。

在确定表 3 所规定的爬电距离和电气间隙时，这种绝缘层可忽略不计。但是，如果导线的绝缘层是由瓷漆构成的，并能承受 IEC 60317-0-1:1997 第 13 章所规定的电压试验，则此绝缘层可被视为相当于 1 mm 的爬电距离和电气间隙。

本条款并不意味着需要将线圈各圈之间的绝缘层、绝缘套或绝缘管短路。

14.4　将电解电容短路。

14.5　合格性采用以下试验进行检验：将镇流器与灯连接，使其在额定电压的 0.9 倍～1.1 倍的任一电压下工作，并使其外壳温度保持在 t_c，然后，依次施加 14.1～14.4 所述各项故障状态。

试验要持续至达到稳定状态，然后测量灯的控制装置的外壳温度。在进行 14.1～14.4 所述试验时，电阻器、电容器、半导体元件、保险丝等部件可能被损坏。为了继续试验，允许更换这些部件。

试验之后，使灯的控制装置恢复到环境温度，再接通大约 500 V 的直流电测量其绝缘电阻，所测得的值不应小于 1 MΩ。

为了检验零部件所逸出的气体是否可燃，可采用高频电火花发生器进行检验。

为了检验易被触及的部件是否成为带电部件，可按照附录 A 进行试验。

为了检验冒出的火苗或熔化的材料是否会对安全性造成危害，用 ISO 4046-4:2002 中 6.86 规定的薄棉纸包裹受试样品，受试样品不应起火。

15　结构

15.1　木材、棉织物、丝绸、纸和类似纤维材料

木材、棉织物、丝绸、纸和类似纤维材料不应用作绝缘材料，除非这类材料经过树脂浸渍。

合格性采用目视进行检验。

15.2　印刷线路

印刷线路允许为内部连接式。

合格性的检验参照本部分的第 14 章要求。

16　爬电距离和电气间隙

爬电距离和电气间隙不应小于表 3 和表 4 给出的相应值，但第 14 章另有规定时除外。

宽度不足 1 mm 的槽口所相当的爬电距离不应大于槽宽。

在计算总的电气间隙时，凡小于 1 mm 的间隙应忽略不计。

注 1：爬电距离是指沿绝缘材料的外表面测量的空间距离。

注 2：由于镇流器的绕组采用耐热试验进行检验，这些绕组间的爬电距离不作测量。此要求也适用于抽头之间的爬电距离。

注 3：在开启铁芯式镇流器中，作为导线的绝缘层并能承受住 IEC 60317-0-1:1997 中第 13 章的一级或二级电压试验的瓷漆或类似材料，在按照本部分中表 3 和表 4 所示的值计算不同绕组的漆包线之间或漆包线与外壳、铁芯之间的距离时，可视为相当于 1 mm 距离。

但只能在除瓷漆涂层以外，爬电距离和电气间隙不小于 2 mm 的情况下采用这种算法。

金属外壳应装有符合 GB 7000.1—2007 规定的绝缘内衬，以避免造成带电部件和外壳之间的爬电距离和电气间隙会小于相应的表中所规定的值。

对于其零部件被密封在自凝固化合物中而该化合物又与相应的表面粘结，不留任何空隙的灯的控制装置，可不作检验。

印刷线路板按照第 14 章要求进行检验，不受本条要求限制。

表 3　交流 50 Hz/60 Hz 正弦电压下的最小距离

	不超过以下各值的有效值工作电压 V					
	50	150	250	500	750	1 000
最小间隙(mm)：						
a)　不同极性的带电部件之间：						
b)　带电部件与永久性固定在灯的控制装置上的易被触及的金属部件之间(后者包括固定外壳或将灯的控制装置固定在支撑架上用的螺钉或装置)：						
——爬电距离：						
绝缘体的 PTI≥600	0.6	1.4	1.7	3	4	5.5
<600	1.2	1.6	2.5	5	8	10
——电气间隙：	0.2	1.4	1.7	3	4	5.5
c)　带电部件与支撑平面或可能松动的金属外壳之间(在灯控制装置的结构不能确保其在最不利状态时保持上述 b)款所示的值的情况下)：						
——电气间隙：	2	3.2	3.6	4.8	6	8

注 1：PTI 为耐漏电起痕指数，参见 IEC 60112。

注 2：对于不带电的部件或不可能产生漏电起痕而不必接地的部件的爬电距离，规定用于 PTI≥600 的材料的值也适用于所有材料(无论 PTI 的实际值如何)。

对于所承受的工作电压的持续时间小于 60 s 的爬电距离，规定用于 PTI≥600 的材料的值也适用于所有的材料。

注 3：对于不易受尘埃污染或不易受潮的爬电距离，规定用于 PTI≥600 的材料的数值也适用于所有材料(与 PTI 的实际值无关)。

注 4：对于 GB 19510.2 规定的灯的控制装置，其易被触及的金属部件应安装牢固，并与带电部件保持距离。

注 5：本条所规定的爬电距离和电气间隙不适用于那些 GB 19510.2 规定的装置，这些装置应符合 GB 20550 规定的爬电距离要求，因此应采用该标准的要求。

表 4　非正弦脉冲电压下的最小距离

	额定脉冲电压　峰值/kV																	
	2.0	2.5	3.0	4.0	5.0	6.0	8.0	10	12	15	20	25	30	40	50	60	80	100
最小间隙 mm	1.0	1.5	2	3	4	5.5	8	11	14	18	25	33	40	60	75	90	130	170

对于既承受正弦电压，又承受非正弦脉冲电压的距离，所要求的最小距离不应小于表 3 或表 4 所示最大值。

爬电距离不应小于所要求的最小间隙。

17　螺钉、载流部件和连接件

螺钉、载流部件及机械连接件的损坏会使灯的控制装置不安全，这些部件应能承受住在正常使用中出现的机械应力。

合格性通过目视及 GB 7000.1—2007 中 4.11 和 4.12 所述试验进行检验。

18　耐热、防火及耐漏电起痕

18.1　将带电部件固定到位的绝缘材料部件或具备防电击保护功能的绝缘材料部件，应充分耐热。

对于非陶瓷材料的部件,应对其实施 GB 7000.1—2007 第 13 章所述球压试验来检验其合格与否。

18.2 具备防电击保护功能的外部绝缘材料部件,以及将带电部件固定到位的绝缘材料部件均应充分耐火、不易燃。

对于非陶瓷材料,合格性采用 18.3 或 18.4 所述适用的试验进行检验。

印刷线路板不作上述试验。但是要按照 IEC 61189-2 中 8.7 和 IEC 61249-2 中相关部分要求。移走燃烧气体后,任何自持燃烧应在 30 s 内熄灭,并且燃烧的滴落物不应点燃规定的薄纸。

18.3 具备防电击保护功能的绝缘材料外部部件应能承受 GB/T 5169.10 所规定的灼热丝试验,并持续 30 s,试验条件如下:

——试验样品数量应是一个;

——试验样品应是一完整的灯的控制装置;

——灼热丝末端的温度应为 650 ℃;

——在将灼热丝撤走 30 s 之内,样品的任何火苗或辉光均应熄灭,并且所散落下的燃烧物不应引燃试验样品下方 200 mm±5 mm 处水平展开的一张薄纸,此薄纸应按照 ISO 4046-4:2002 中 6.86 的要求。

18.4 用于将带电部件固定到位的绝缘材料部件应能承受住 GB/T 5169.5 规定的针焰试验,试验条件如下所述:

——试验样品数量应是一个;

——试验样品应是一完整的灯的控制装置,如果为了进行此试验必须将灯的控制装置的零部件拆下,则应注意确保试验条件与正常使用条件没有明显的差别;

——试验火焰施加在受试表面的中心;

——施加火焰的持续时间为 10 s;

——在将火焰撤走 30s 之内,样品上任何火苗均应熄灭,并且任何散落的燃烧物均不应引燃试验样品下方 200 mm±5 mm 处水平展开的一张薄纸,此薄纸应按照 ISO 4046-4:2002 中 6.86 的要求。

18.5 安装在灯具中使用的灯的控制装置(而不是普通独立式灯的控制装置)以及其绝缘体易遭受峰值高于 1 500 V 的启动电压的灯的控制装置应能耐漏电起痕。

对于非陶瓷材料的部件,应对该部件实施 GB 7000.1—2007 第 13 章所规定的漏电起痕试验。

19 耐腐蚀

对于生锈后会危及灯的控制装置安全的铁质部件,应采取充分的防锈措施。

合格性按照 GB 7000.1—2007 中 4.18.1 所述试验进行检验。

外表面涂漆被视为具有充分的保护作用。

20 无负载输出电压

当输出端无负载的灯的控制装置在额定电压和额定频率下工作时,其输出电压不应和无负载输出电压的额定值相差超过 10%。

附 录 A
（规范性附录）
确定导电部件是否是可能引起电击的带电部件的试验

A.1 为了确定某一导电部件是否是可能引起电击的带电部件，应使灯的控制装置在额定电压和标称电源频率下工作，并进行下述试验。

A.2 测量相关部件的电流，如果所测得的值大于 0.7 mA（峰值）或 2 mA 直流电流，则该部件是带电部件。

对 1 kHz 以上的频率，用以千赫为单位的频率数值乘以 0.7 mA（峰值）的极限值，但是结果应不超过 70 mA（峰值）。

测量相关部件与接地端之间的电流。

合格性按照 GB/T 12113—2003 中图 4 和 7.1 要求进行检验。

A.3 测量相关部件与任一易被触及的部件之间的电压，测量线路要具有 50 kΩ 的无感电阻。如果所测得的电压超过 34 V（峰值），则该相关部件为带电部件。

对于上述试验，试验电源的一个极应处于地电位。

附 录 B
（规范性附录）
热保护式灯的控制装置的特殊要求

B.1 引言

本附录包括两种类型的热保护式灯的控制装置。第一类是“P 级”美式灯的控制装置，本部分称之为“保护式灯的控制装置”，其作用是在任何使用条件下防止灯的控制装置过热，包括防止灯具安装表面由于寿终效应而产生过热现象。

第二类是“定温热保护式灯的控制装置”，它能根据所标记的热保护工作温度和灯具的结构对安装表面提供热保护，并能在灯的控制装置发生寿终效应时提供过热保护。

注：第三类热保护式灯的控制装置已被认可，它是通过安装在其外部的热保护器为安装表面提供热保护的。相关的要求见 GB 7000.1—2007。

本附录所列条款是对本部分正文相应条款的补充，对本附录不具备的相关条款或分条款，应完全采用标准正文中相应的条款或分条款。

B.2 适用范围

本附录适用于安装在灯具之中并装有热保护器的放电灯的控制装置。热保护器的作用是在灯的控制装置的外壳温度超过规定极限值之前将控制装置与电源线路断开。

B.3 定义

B.3.1

“P 级”热保护式灯的控制装置，标志 ▽P　“class P” thermally protected lamp controlgear

其热保护器具有下述两种功能的灯的控制装置，即其热保护器在任何使用条件下均能防止控制装置过热，并且在发生寿终效应时能防止灯具的安装表面过热。

B.3.2

定温热保护式灯的控制装置，标志 ▽…　temperature declared thermally protected lamp controlgear

其热保护器具有温度要求的灯的控制装置，即其热保护器在任何使用条件下均能防止灯的控制装置外壳的温度超过规定值。

注：三角形中的黑点要用灯的控制装置外壳表面上任一部位的额定最大外壳温度值（单位℃）来代替，此数值由制造商依据 B.9 所述条件确定。

标志值在 130 以下的灯的控制装置对由于寿终效应引起的过热所提供的保护功能应与灯具的标志要求相符。见 GB 7000.1—2007。

如果该值超过 130，则带 ▽F 标志的灯具应按照 GB 7000.1—2007 中关于不带温度传感控制器的灯具的要求额外进行试验。

B.3.3

额定断开温度　rated opening temperature

设计上所要求的能使热保护器断开的空载温度。

B.4 热保护式灯的控制装置的一般要求

热保护器应是灯的控制装置的组成部分，其所在位置能使其免受机械损伤。如果装有可更换部件，应只有使用工具才可更换这些部件。

如果热保护器的功能的发挥取决于极性，则对于其插头不分极性的软导线连接装置，两条引线均应能使热保护器工作。

合格性采用目视和GB 14536.4或IEC 60691:2002中适用的试验进行检验。

B.5 试验说明

应按照B.9要求为试验提交适当数量的特制样品。

样品中只需要一个样品接受B.9.2所述最不利故障状态试验，并只需要一个样品接受B.9.3或B.9.4所述状态下的试验。此外，对于“P”级热保护式灯的控制装置和定温热保护式灯的控制装置，均应至少提交一个经过特别处理能模拟显示B.9.2所述最不利故障状态的灯的控制装置。

B.6 分类

灯的控制装置按B.6.1或B.6.2要求进行分类。

B.6.1 按照保护等级分类

a) “P级”热保护式灯的控制装置，符号为▽P；

b) 定温热保护式灯的控制装置，符号为▽…。

B.6.2 按照保护类型分类

a) 自动复位(循环)型；

b) 手动复位(循环)型；

c) 不可更新、非复位(保险丝)型；

d) 可更新、非复位(保险丝)型；

e) 其他可提供等效热保护功能的类型。

B.7 标志

B.7.1 带热保护器的灯的控制装置应按照保护等级作标志：

——“P级”热保护式灯的控制装置的标志为▽P；

——定温热保护式灯的控制装置的标志为▽…，其中的数字以10的倍数增加。

连接热保护器的接线端子应按这种标志进行识别。

此外，对于可更新式热保护器，其标志还应包括所用热保护器的型号。

注1：灯具制造商要用此标志来确保带标志的接线端子不会被连接在灯的控制装置上灯所在的一侧。

注2：地方性接线法规可能要求将热保护器连接在线型导体上。在使用极化电源的Ⅰ级设备中，应这样连接热保护器。

B.7.2 除上述标志外，灯的控制装置的制造商还应按照B.6要求标明热保护类型。

B.8 绕组的耐热性

带有热保护器的灯的控制装置，在其热保护器短路的情况下应达到绕组耐热试验的要求。

注：对于型式试验，可要求制造商提供已将热保护器短路的样品。

B.9 灯的控制装置的加热

B.9.1 预选试验

在本条所述试验开始之前，将灯的控制装置(未通电)放置在一烘箱中至少保持12 h，烘箱内的温度要比热保护器的额定工作温度至少低5 K。

此外，在将带热熔丝的灯的控制装置从烘箱中取出之前，应使其温度冷却至比热保护器额定工作温度至少低 20 K。

在这一阶段结束时，对灯的控制装置施加一微弱电流，电流值不大于其标称电源电流的 3%，以便确定热保护器是否处于闭合状态。

其热保护器已开始工作的灯的控制装置不应进行以后的试验。

B.9.2 "P 级"热保护式灯的控制装置的试验

这种灯的控制装置的最大外壳温度限制在 90 ℃，其绕组的额定最大温度(t_w)为 105 ℃，其电容器的额定最大工作温度(t_c)为 70 ℃。

将这种灯的控制装置放置在附录 D 所示环境温度为 $40_{-5}^{\ 0}$℃的试验箱内，使其在正常条件下工作并达到热平衡状态。

在这些工作条件下，热保护器不应开启。

然后引入下述最不利的故障状态，并在整个试验期间保持这种故障状态。

为了获得这些故障状态，需使用经过特别处理的灯的控制装置。

B.9.2.1 对于变压器，(除了施加 GB 7000.1—2007 附录 C 所规定的异常状态外)还应采用下述相应的异常状态。

a) 对于 GB 19510.9 所述灯的控制装置

——初级绕组的外层圈数有 10%被短路；

——任一次级功率绕组的外层圈数有 10%被短路；

——任一功率电容器被短路，但是这种故障状态不应使镇流器的初级绕组短路。

b) 对于 GB 19510.10—2009 所述灯的控制装置

——初级绕组的外层圈数有 20%被短路；

——任一次级绕组的外层圈数有 20%被短路；

——任一功率电容器被短路，但是这种故障状态不应使镇流器的初级绕组短路。

B.9.2.2 对于扼流圈，(除了施加 GB 7000.1—2007 附录 C 所规定的异常状态外)还应采用下述异常状态：

a) 对于 GB 19510.9 所述灯的控制装置

——每个绕组的外层圈数有 10%被短路；

——适宜的串联电容器被短路。

b) 对于 GB 19510.10—2009 所述灯的控制装置

——每个绕组的外层圈数有 20%被短路；

——适宜的串联电容器被短路。

为了进行此种测量，应施加三个加热和冷却周期。对于非复位型保护器，应对各个经过特殊处理的灯的控制装置只施加一个加热和冷却周期。

在热保护器开启之后，应连续测量灯的控制装置的外壳温度。当热保护器开启后外壳温度开始下降，或外壳温度超过所规定的极限值时，可以中断试验，但在进行热保护器再闭合温度试验时除外。

注：如果外壳的温度未超过 110 ℃并保持此温度状态，或者开始下降，则此项试验可在首次达到峰值温度后再工作 1 h 之后中断。

在试验期间，灯的控制装置的外壳温度应不超过 110 ℃，当(复位型)热保护器重新闭合线路时，该温度不超过 85 ℃；但是，在试验期间热保护器的任一工作周期内，外壳温度在一定条件下可以大于 110 ℃，该条件就是外壳温度初次超过极限那一时刻与达到表 B.1 所示最高温度值那一时刻之间的时间长度不超过该表所示相应的时间。

作为这种灯的控制装置的组成部件的电容器的外壳温度应不大于 90 ℃，但是当灯的控制装置的外壳温度超过 110 ℃时，该电容器的外壳温度可以大于 90 ℃。

表 B.1 热保护工作状态

灯的控制装置的外壳的最高温度 ℃	从 110 ℃开始达到最高温度所允许的最长时间 min
150 以上	0
145～150	5.3
140～145	7.1
135～140	10
130～135	14
125～130	20
120～125	31
115～120	53
110～115	120

B.9.3 GB 19510.9 所规定的定温热保护式灯的控制装置(额定最高外壳温度为 130 ℃)

将此种灯的控制装置放置在附录 D 所述试验箱中，使其在正常条件下工作并达到热平衡状态，箱内的环境温度应能使绕组的温度达到 t_w+5 ℃。

在这些条件下，热保护器不应开启。

然后引入 B.9.2 所述最不利的故障状态，并在整个试验期间均保持这些故障状态。

注：允许灯的控制装置在一能使绕组的温度达到 B.9.2 所述最不利故障状态时绕组温度的电流下工作。

在试验期间，灯的控制装置的外壳温度应不超过 135 ℃，当热保护器(复位型)重新闭合线路时，该外壳温度应不超过 110 ℃。但是，在试验期间热保护器的任一工作周期内，外壳温度在一定条件下可以大于 135 ℃，此条件就是外壳温度初次超过极限值的那一时刻与达到表 B.2 所示最高温度的那一时刻之间的时间长度不超过该表所示相应的时间。

对于作为这种灯的控制装置的组成部件的电容器，当其带有或未带有额定最高工作温度(t_c)说明时，其在正常工作状态下的外壳温度应不大于 50 ℃或 t_c；其在异常工作状态下的外壳温度应不大于 60 ℃ 或 t_c+10 ℃。

表 B.2 热保护工作状态

灯的控制装置的外壳的最大温度 ℃	从 135 ℃开始达到最高温度所允许的最长时间 min
180 以上	0
175～180	15
170～175	20
165～170	25
160～165	30
155～160	40
150～155	50
145～150	60
140～145	90
135～140	120

B.9.4 GB 19510.9 所规定的额定最大外壳温度超过 130 ℃的定温热保护式灯的控制装置

a) 将灯的控制装置置于 D.4 所规定的条件下以及能使绕组温度达到 t_w+5 ℃的短路电流下工作并达到热平衡状态。

在这种情况下热保护器不应开启。

b) 然后使灯的控制装置在一能使绕组达到 B.9.2 所述最不利故障状态时的绕组温度的电流下工作。

在试验期间,应测量灯的控制装置外壳的温度。

必要时,应缓慢而连续地增加通过绕组的电流,直至使热保护器启动。

时间间隔和电流增量应能使绕组温度和灯的控制装置表面温度之间尽可能达到热平衡。

在试验期间,还应连续测量灯的控制装置表面的最高温度。

对于装有自动复位型热保护器(见 B.6.2a))或其他类型热保护器(见 B.6.2e))的灯的控制装置,试验应持续到表面温度达到稳定时为止。

应通过在给定条件下断断续续接通或关闭灯的控制装置的方式使自动复位型热保护器工作三次。

对于装有手动复位型热保护器的灯的控制装置,试验应重复三次,每次间隔 30 min,在每次 30 min 间隔的末尾,热保护器应当复位。

对于装有不可更新非复位型热保护器的灯的控制装置和装有可更新非复位型热保护器的灯的控制装置,只进行一次试验。

如果灯的控制装置表面上任一部位的最高温度均未超过标志值,则试验合格。

在热保护器开始工作 15 min 之内,允许(控制装置的表面温度)不超过标志值的 10%。在此之后,则不应超过标志值。

B.9.5 GB 19510.10—2009 所规定的定温热保护式灯的控制装置

a) 将灯的控制装置置于 H.12 所规定的条件下以及能使绕组温度达到 t_w+5 ℃的短路电流下工作,并达到热平衡状态。

在此种条件下,热保护器不应开启。

然后,使灯的控制装置在一能使绕组达到 B.9.2 所述最不利故障状态时绕组温度的电流下工作。

试验期间,应测量灯的控制装置外壳的温度。

应缓慢而稳定地增加通过绕组的电流,使承受异常状态的线路开始工作,直至热保护器开启。

时间间隔和电流增加量应能使绕组温度和灯的控制装置的表面温度之间的热平衡状态尽量切实可行。

试验期间应连续测量灯的控制装置表面上任一部位的最大温度。

对于装有 B.6.2a)所述自动复位热保护器或装有 B.6.2e)所述其他类型热保护器的灯的控制装置,试验应持续到控制装置表面的温度达到稳定状态为止。

应通过在给定条件下断断续续接通或关闭灯的控制装置的方式使自动复位热保护器工作三次。

对于装有手动复位热保护器的灯的控制装置,试验应重复进行三次,每次间隔 30 min,在每 30 min 间隔结束时,热保护器应当复位。

对于装有不可更新非复位式热保护器的灯的控制装置和装有可更新非复位式热保护器的镇流器,只进行一次试验。

对于全部使用上述几种热保护器的灯的控制装置,应对其能提供制造商所宣称的温度控制初级保护功能的热保护器进行试验。

如果灯的控制装置表面上任一部位的最高温度均不超过标志值,则试验合格。

在热保护器开始工作 15 min 之内,允许(控制装置表面的温度)不超过标志值的 10%。在此期间之后,则不应超过标志值。

附 录 C
（规范性附录）
带热保护器的灯的电子控制装置的特殊要求

C.1 适用范围

本附录适用于装有能在灯的控制装置的外壳温度超过规定极限值之前将其电源线路断开的热保护器的灯的电子控制装置。

C.2 定义

C.2.1

定温热保护式灯的控制装置▽⋯ temperature declared thermally protected lamp controlgear

装有能防止灯的控制装置的外壳温度超过规定值的热保护器的灯的控制装置。

注：三角形内的三个点要用灯的控制装置外表面上任一处的额定最大外壳温度值（单位℃）来代替，此数值由制造商按照 C.7 要求确定。

标志值在 130 以下的灯的控制装置对由于寿终效应引起的过热所提供的保护功能应与灯具的▽F标志要求相符。见 GB 7000.1—2007。

如果该数值超过 130，则带▽F标志的灯具应按照 GB 7000.1—2007 关于不带温度传感控制器的灯具的要求，额外进行试验。

C.3 带热保护器的灯的电子控制装置的一般要求

C.3.1 热保护器应是灯的控制装置的一个组成部分，其所在位置应能防止其受到机械损伤。如果其装有可更换部件，应只有使用工具才可更换这些部件。

如果热保护器的功能的发挥取决于极性，那么对于其插头不分极性的软导线连接装置，其两条引线应均能使热保护器工作。

合格性通过目视及 GB 14536.4 或 IEC 60691:2002 中适用的试验进行检验。

C.3.2 热保护器线路的断开不应引起着火危险。

合格性通过 C.7 所述试验进行检验。

C.4 试验说明

应按照 C.7 要求提交适当数量的经过特别处理的样品。

只需对一个样品进行 C.7.2 所规定的最严重故障状态试验。

C.5 分类

热保护式灯的控制装置要按照热保护的类型分为下述几类：

a） 自动复位型；

b） 手动复位型；

c） 不可更新非复位型；

d） 可更新非复位型；

e） 可提供等效热保护功能的其他类型。

C.6 标志

热保护式灯的控制装置的标志内容如下所述：

C.6.1 定温热保护式灯的控制装置采用符号▽作为标志，符号中的数值按 10 的倍数增加。

C.6.2 除了上述标志以外，灯的控制装置的制造商还应按照 C.5 要求说明热保护的类型，此说明可在制造商的产品目录或类似的说明书中给出。

C.7 加热限制

C.7.1 预选试验

在开始本条所述试验之前，应将灯的控制装置在一烘箱内（不通电）放置至少 12 h，烘箱内的温度保持在比控制装置外壳温度 t_c 至少低 5 K。

其热保护器已经工作过的灯的控制装置不应用于以后的试验。

C.7.2 热保护器的功能

将灯的控制装置放置在附录 D 所述试验箱中使其在正常条件下工作并达到热平衡状态，试验箱内的环境温度应能使控制装置外壳的温度达到 $t_{c}{}^{+0}_{-5}$℃。

在这些条件下，热保护器不应开启。

然后引入 14.1～14.4 所规定的最不利的故障状态，并在整个试验期间均采用这些故障状态。

如果受试灯的控制装置装有类似用来抑制 GB/T 15144—2009 中 12.1 所述谐波的滤波线圈的绕组，并且这种绕组还与电源相连接，则应将这些绕组的输出引线短路，从而使灯的控制装置的其余部分工作在正常条件之下。用于抑制无线电干扰的滤波线圈不进行此项试验。

注：可使用经过特殊处理的试验样品来达到此要求。

必要时，应缓慢而连续地增加通过绕组的电流，直至使热保护器启动。时间间隔和电流增量应能使绕组温度和灯的控制装置表面的温度之间尽可能达到热平衡。在试验期间，应连续测量灯的控制装置表面的最高温度。

对于装有 C.5a）所示其他类型热保护器的灯的控制装置，或装有 C.5e）所示其他类型热保护器的灯的控制装置，试验应持续到表面温度达到稳定状态时为止。

应通过在给定条件下断断续续接通或关闭灯的控制装置的方式使自动复位热保护器工作三次。

对于装有手动复位热保护器的灯的控制装置，试验重复进行六次，每次间隔 30 min。在每个 30 min 间隔结束时，热保护器应当复位。

对于装有不可更新非复位式热保护器的灯的控制装置和装有可更新非复位式热保护器的灯的控制装置，只进行一次试验。

如果灯的控制装置表面上任一部位的最高温度均不超过标志值，则试验合格。

在热保护器开始工作之后的 15 min 之内，允许（控制装置表面的温度）不超过标志值的 10%，在此期间之后，则不应超过标志值。

附 录 D
（规范性附录）
热保护式灯的控制装置的加热试验要求

D.1 试验箱

加热试验在环境温度保持在规定温度下的试验箱内进行(见图 D.1)。整个试验箱由厚度为 25 mm 的耐热材料制成。试验箱的内部尺寸为 610 mm×610 mm×610 mm,其试验隔板的尺寸为 560 mm×560 mm,隔板的四周可以留有 25 mm 的空隙用于热空气的流通。在隔板的下方应为加热器留出 75 mm 的空隙用于安装加热元件。试验箱有一面可以移动,但是其结构应能使其牢固地固定在箱体上。试验箱的一个面上应有一个 150 mm 的正方形开口,其位置在箱体底部边缘的正中间。试验箱的结构应使该开口成为唯一能流通空气的地方。该开口应采用图 D.1 所示铝罩加以覆盖。

D.2 试验箱的加热

如上所述试验箱所用的加热源由四个功率为 300 W 的条形加热器构成,每个加热器的加热表面尺寸约为 40 mm×300 mm。这些加热元件应与电源并联连接。应安装在试验箱隔板和底面之间的 75 mm 加热舱的中间位置,并且它们应排列成一个正方形,每个加热器的外沿与临近的试验箱的内壁要相距 65mm。这些加热器应由一个适宜的恒温器控制。

D.3 灯的控制装置的工作条件

试验期间,电源线路的频率应等于灯的控制装置的额定频率,电源线路的电压应等于灯的控制装置的额定电源电压,试验箱内的温度在试验期间应保持在 40^{+0}_{-5}℃;在试验之前,应将灯的控制装置(不通电)在试验箱中放置足够长的一段时间,使其所有的部件均达到箱内温度。如果试验结束时箱内的温度与试验开始时的温度不一致,则在确定灯的控制装置的零部件的温升时应考虑到此温差。灯的控制装置应满足其所专用的灯的规格和数量要求。灯应安装在试验箱的外面。

D.4 灯的控制装置在试验箱中的位置

试验期间,用二块 75 mm 的木块支撑灯的控制装置,使其距离试验隔板 75 mm,并处于正常工作位置,灯的控制装置应位于试验箱的中心。电气连接线可通过图 D.1 所示 150 mm 正方形开口从试验箱中引出。试验期间,试验箱所处的位置应不会使其被屏蔽的开口受到快速气流的影响。

D.5 温度测量

试验箱内的平均环境温度是指在与最近的试验箱内壁相距不小于 76 mm,并与镇流器的中心处于同一水平面的各部位上的温度。

该温度通常使用玻璃温度计进行测量。其他可以采用的测温装置是热电偶或“热敏电阻”,它们均附着在一个能屏蔽热辐射的金属片上。

灯的控制装置外壳的温度通常用热电偶进行测量。当连续测量三次所得温度读数没有变化时,则该温度被视为恒定不变,各次测量的间隔为已完成的试验时间的 10%,但不应少于 5 min。

单位为毫米

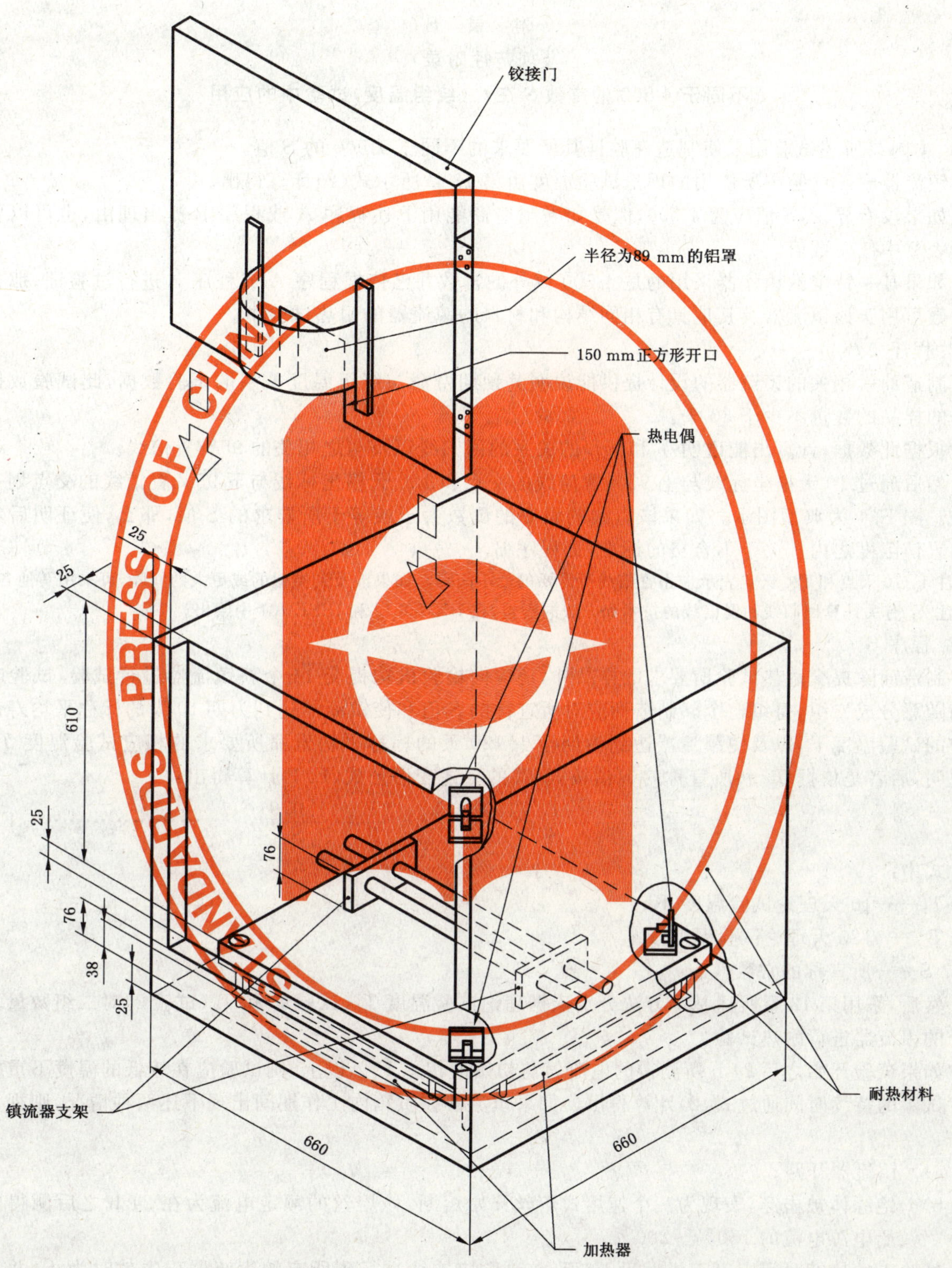

图 D.1 热保护式镇流器加热试验箱

附 录 E
（规范性附录）
不同于 4 500 的常数 S 在 t_w（绕组温度）试验中的应用

E.1 本附录所述试验用来使制造商验证其所要求的不同于 4 500 的 S 值。

镇流器耐热试验中所使用的理论试验温度由第 13 章所示式(2)计算得出。

如果没有异议，S 值应为 4 500，但是如果制造商能用下述程序 A 或程序 B 提出理由，也可以要求采用表 2 中任一数值。

如果某一特定的镇流器采用的是 4 500 以外的常数并已依据程序 A 或程序 B 进行过验证，那么这个常数可用于该镇流器及其他具有相同结构和材料的镇流器的耐热试验中。

E.2 程序 A

制造商就相关的镇流器的设计提供能说明其预期寿命与绕组温度关系的试验数据，此试验数据所依据的样品的数量不少于 30 个。

根据此数据，计算出能说明 T 和 $\lg L$ 的关系的回归线以及与之相关的 95％置信线。

然后通过 10 天横坐标线与上 95％置信线的交点和 120 天横坐标线与下 95％置信线的交点划一条直线。图 E.1 为典型图示。如果该直线的斜率的倒数大于或等于所要求的 S 值，那么，便证明后者在 95％置信限度之内。关于不合格的标准，见程序 B。

注 1：10 天点和 120 天点表示应用置信线所需要的最小间隔。如果涉及到类似的或更大的间隔，可采用其他各点。

注 2：有关计算回归线和置信线的技术和方法的资料，在 IEC 60216 和 IEEE 101 中给出。

E.3 程序 B

制造商除提交耐热试验所要求的样品外，还应向检验机构提交 14 个新镇流器进行试验，试验时将它们随意分成二组，每组七个。制造商应对所宣称的 S 值和使镇流器达到为期 10 天的标称平均寿命所要求的试验温度下，以及使镇流器达到为期至少 120 天的标称平均寿命所要求的相应试验温度 T_2 加以说明，后者是依据 T_1 和所宣称的 S 值按式(2)的下述变形公式(E.1)计算得出：

$$\frac{1}{T_2}=\frac{1}{T_1}+\frac{1}{S}\lg\frac{120}{10}\text{或}\frac{1}{T_2}=\frac{1}{T_1}+\frac{1.079}{S} \qquad \cdots\cdots(\text{E.1})$$

式中：

T_1——10 天理论试验温度，K；

T_2——120 天理论试验温度，K；

S——所宣称的常数。

然后，采用第 13 章所述基本方法分别依据理论试验温度 T_1（试验 1）和 T_2（试验 2）对二组数量均为七个的镇流器进行耐热试验。

如果试验开始之后 24 h 所测得的电流值与初始值相差 15％以上，则试验应在较低的温度下重复进行。试验的持续时间通过式(2)计算得出。如果镇流器在烘箱内工作期间出现下述两种情况，则视为不合格：

a） 镇流器开路；

b） 绝缘体被击穿，表现为一个速熔式熔丝开始熔断，该熔丝的额定电流为在 24 h 之后测得的初始电源电流的 150％～200％。

试验 1 的持续时间应等于或大于 10 天，该试验应连续进行到所有的镇流器均失效时为止，并根据在温度 T_1 时各个样品寿命的对数平均值计算出平均寿命 L_1。由此，借助式(2)的另一种形式(E.2)计算出在温度 T_2 时相应的平均寿命 L_2：

$$L_2=L_1\exp\left[\frac{S}{\lg e}\left(\frac{1}{T_2}-\frac{1}{T_1}\right)\right] \qquad \cdots\cdots(\text{E.2})$$

注：应注意确保少数几个镇流器的失效不影响其余的受试镇流器的温度。

试验 2 应持续到温度 T_2 下的平均寿命超过 L_2 时为止；此结果表明该样品的常数至少为所声称的值。但是，如果试验 2 中的所有样品在平均寿命达到 L_2 之前就试验失败，那么说明该样品所声称的常数 S 是未经证实的。

试验寿命应根据所声称的 S 值，从实际试验温度归化成理论或试验温度。

注：通常不必将试验 2 继续到所有样品都试验失败为止。试验所必需的持续时间的计算很简单，但每当出现试验失败时都应加以修正。

对于具有温度敏感材料的镇流器，可能不适宜采用为期 10 天的标称寿命。在这种情况下，制造商可采用较长时间的寿命，但是该寿命应短于相应的耐热试验期，如 30 天，60 天，90 天或 120 天。此时，较长的标称镇流器寿命应至少为较短寿命的 10 倍，如 15/150 天，18/180 天。

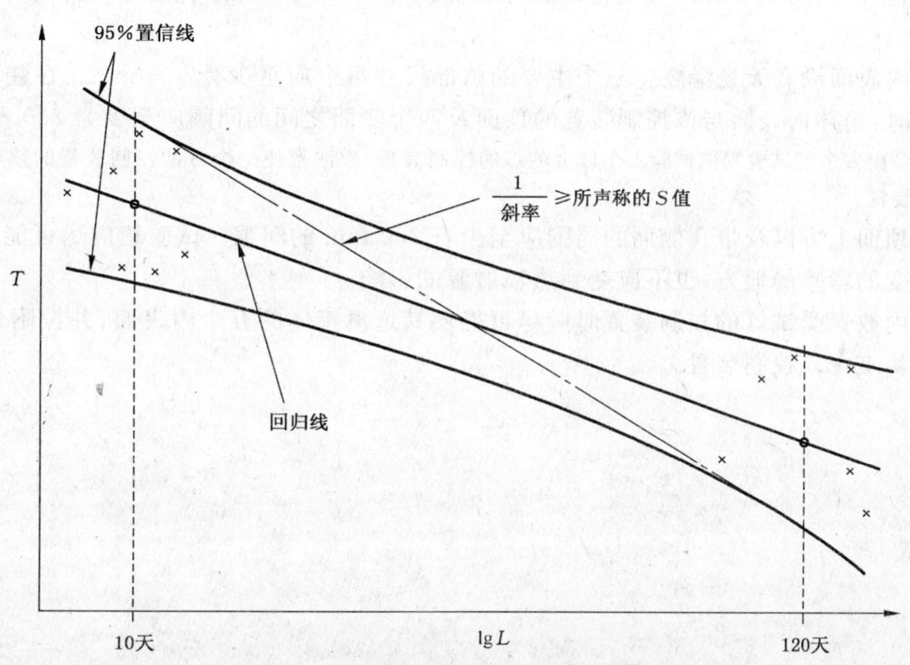

图 E.1　对所声称的 S 值的鉴定

附　录　F
（规范性附录）
防对流风试验箱

以下是推荐采用的灯的控制装置的加热试验所要求的适用的防对流风试验箱的结构和用法。也可采用其他结构的防对流风试验箱，只要能证明其可达到类似的效果。

防对流风试验箱应为矩形，其顶面和至少三个侧面为双层板结构，底面是实心体。双层板结构由带孔金属板制成，间距约为150 mm，规则排列的孔的直径为1 mm～2 mm，孔的面积约占每层板的总面积的40%。

试验箱的内表面涂有无光泽漆。三个主要的内部尺寸每个应至少为900 mm。在装入最大尺寸的灯的控制装置时，箱体内表面与该控制装置的顶面及四个侧面之间的间隔应至少为200 mm。

注：如果需要在大个的试验箱内试验二个以上的灯的控制装置，应注意使一个灯的控制装置的热辐射不会影响其他控制装置。

试验箱的顶面上方以及带孔侧面的周围应至少有300 mm的间隙。试验箱应尽可能放置在不受对流风和气温突变的影响的地方，也不应受到热辐射源的影响。

在试验箱内放置受试灯的控制装置时应尽可能使其远离箱体的五个内表面，并按附录D的要求在箱体底面用木块支撑该控制装置。

附 录 G
（规范性附录）
脉冲电压值的推导方法

G.1 脉冲电压上升时间 T 用于冲击激励转换器上的输入滤波器，并产生一种最不利状态效应。其计算公式见式(G.1)所选定的时间 5 μF 小于质量极其低劣的输入滤波器的上升时间。

$$T=\pi\sqrt{LC} \qquad \text{(G.1)}$$

式中：

L——输入滤波器的电感；

C——输入滤波器的电容。

G.2 长脉冲电压的峰值指定为设计电压的二倍。见图 G.2。

为此可给出下述适用于 13 V 转换器和 26 V 转换器的电压：

$(13\times2)+15=41$ V 以及 $(26\times2)+30=82$ V

注：15 和 30 分别是 13 V 转换器和 26 V 转换器的电压范围的最大值。

G.3 短脉冲电压的峰值指定为设计电压的八倍。

为此可给出下述适用于 13 V 转换器和 26 V 转换器的电压：

$(13\times8)+15=119$ V 以及 $(26\times8)+30=238$ V

注：15 和 30 分别是 13 V 转换器和 26 V 转换器的电压范围的最大值。

G.4 对图 G.1 所示短脉冲能量测量线路的组成部件的参数的选择方法作如下说明。

放电应是非周期性的，以便使齐纳二级管只接收一个脉冲。因此，电阻 R 应足够大，以便确保达到以下要求：

a) 线路的自感量 L 因布线所造成的影响要足够小，即时间常数 L/R 一定要小于时间常数 RC；

b) 电流的最大值[可根据 $(V_{PK}-V_Z)/R$ 求出]，应与齐纳二极管的正常工作相适应。

另一方面，如果必须使脉冲短暂维持，该电阻 R 不应太大。

在总电感值为 14 μH～16 μH(见图 G.1 的注释)，电容 C 值为下述值的情况下，为满足上述条件，可将电阻 R 值的数量级定为：对于设计电压为 13 V 的转换器，R 值为 20 Ω，而对设计电压为 110 V 的转换器，R 值应上升至约 200 Ω。

应当注意，在图 G.1 所示线路中不必加入一个单独的电感 L。

在假定非周期放电的前提下，电容 C 值与施加在齐纳二极管(用以代替转换器)上的能量 E_Z 以及所涉及到的电压有关，用式(G.2)表示：

$$C=\frac{E_Z}{(V_{PK}-V_Z-V_{CT})\times V_Z} \qquad \text{(G.2)}$$

式中：

V_{PK}——施加在电容器 C 上的初始电压；

V_Z——齐纳二极管的电压；

V_{CT}——电容器 C_T 上的最终电压。

假定：

V_d——受试转换器的设计电压；

V_{max}——其额定电压范围的最大值($1.25V_d$)；

则可选定：$V_Z=V_{max}$(最佳近似值)；

$$V_{PK}=8V_d+V_{max}$$

此外，V_{CT} 应等于或小于 1 V。

上述最后一项条件使电压 V_{CT} 相对于 $(V_{PK}-V_Z)$ 的差值来说可忽略不计，那么可写成式(G.3)：

$$C=\frac{E_Z}{(V_{PK}-V_Z)\times V_Z} \quad \cdots\cdots(G.3)$$

在采用上述各电压值和规定条件 $E_Z=1$ mJ 的前提下，C 的公式可变为式(G.4)：

$$C(\mu F)=\frac{125}{V_d\times V_{max}} \quad \cdots\cdots(G.4)$$

另一方面，电容 C_T 的最小值可用式(G.5)计算：

$$E_Z=C_T V_{CT} V_Z \quad \cdots\cdots(G.5)$$

假定 E_C 为 1 mJ，V_{CT} 为 1 V，那么用式(G.6)计算：

$$C_T(\mu F)=\frac{1\ 000}{V_{max}} \quad \cdots\cdots(G.6)$$

考虑到 $V_{max}=1.25V_d$，电容 C 值和 C_T 值可表示为设计电压 V_d 的函数，如式(G.7)、式(G.8)所示：

$$C(\mu F)=\frac{100}{(V_d)^2} \quad \cdots\cdots(G.7)$$

$$C_T(\mu F)=\frac{800}{V_d} \quad \cdots\cdots(G.8)$$

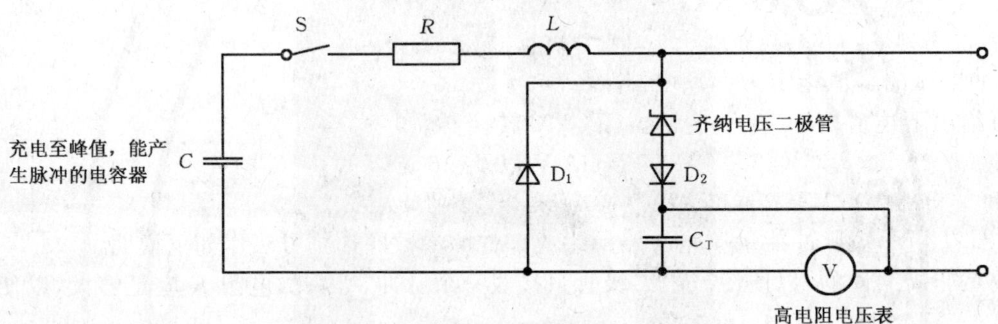

线路组件：

R——线路的电阻(参数说明见附录 G)；

L——模拟线路自感的电感(因此，不必在此测量线路中加入一单独的元件)；

Z——齐纳二级管，其电压 V_Z 应尽可能接近电压范围最大值(V_{max})；

C——电容器，最初充电充至电压 V_{PK}，即转换器设计电压的八倍，用于对齐纳二极管提供 1 mJ 的能量。

如附录 G 所示. 其电容值由下述公式给出：

$$C(\mu F)=\frac{125}{V_d\times V_{max}}\ \text{或者 如果}\ V_{max}=1.25V_a\ \text{则}\ C_{\mu F}=\frac{100}{(V_d)^2}$$

C_T——积分电容器，应选用在放电后其电压等于或小于 1 V 的电容器；

如附录 C 所示，其电容量最小值(相对于 1 V 电压)由下述公式给出：

$$C_T(\mu F)=\frac{1\ 000}{V_{max}}\ \text{或者 如果}\ V_{max}=1.25V_a\ \text{那么}\ C_T(\mu F)=\frac{800}{V_d}$$

该电容器必须是非电解型的，这样在初始放电之前不会被电介质膜感应出电压。

D_1——反向电流旁路二极管，其额定峰值反向电压为设计电压的 20 倍，快速开启和闭合时间 t 均为 200 ns。

D_2——反向间歇二极管，更快速断开，时间 t_{off} 为 200 ns。

S——开关，其叶片弹起时间比放电时间长。可以使用半导体开关作为替代品。

V——电压表(通常为电子式)，输入电阻大于 10 MΩ。

表 G.1 涉及最常用的电压。该表给出了：

a) 当 $V_{max}=1.25V_d$，从上述等式得出的电容 C 和 C_T 值。

b) 由电阻 R 的值根据下式获得时间常数 L/R 和 RC：

$$\frac{L}{R}=0.05RC$$

假定 L 为 15 μH。

应注意到这样的电阻 R 将最大电流限制在 4.5 A。

c) 允许对脉冲期间的量值情况作出判断的时间常数 RC。

图 G.1 短脉冲能量的测量线路

表 G.1 用于测量脉冲能量的元件值

设计电压/V	电容 $C/\mu F$	电容 $C_T/\mu F$	电阻 R/Ω	时间常数 $RC/\mu s$
13	0.59	61.5	22.5	13.3
26	0.15	30.8	45	6.7
50	0.04	16	87	3.5
110	0.008 3	7.3	190	1.6
注：如前面所提到的，本表中所示 C_T 值为最小值。如果电压表上电压 V 的读数仍然保持在好的状态，则可以使用较大的电容。如果读出电压读数，则齐纳二极管上的能量由下式给出：$E_Z = C_T V_{CT} V_Z$				

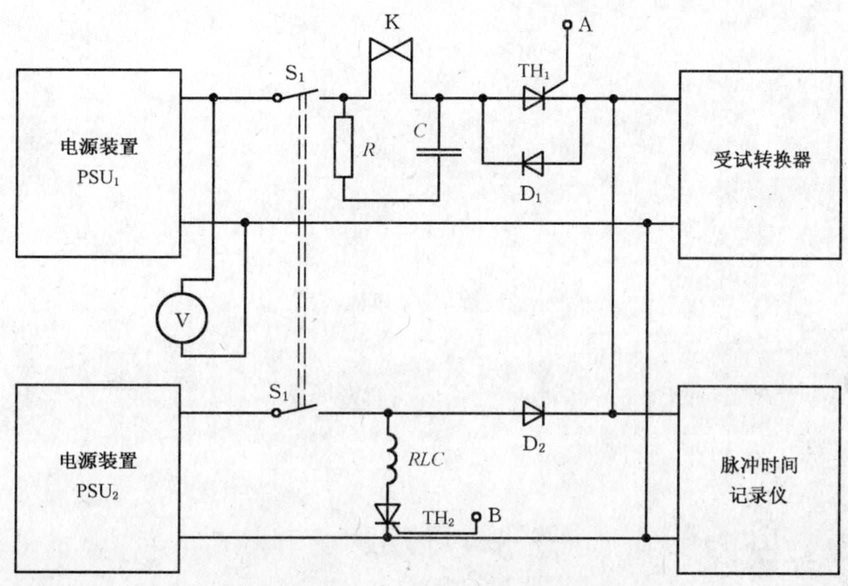

线路组件说明：

PSU₁——电源装置，能提供所需要的最大脉冲电压（电压范围的最大值加 X 倍的设计电压）以及在此电压下（调节率为 2%）换流器所要求的脉冲电流（空负载至满负载）。

PSU₂——电源装置，其电压已调节到输入电压范围的最大值。

注 1：两种 PSU 电源装置最好均装有电流限制器，以防止其在受试换流器万一发生故障时被损坏。

TH_1——用来对换流器施加电压脉冲的主开关可控硅。许多普通的可控硅均适合于此种用途。它们具有约 1 μS 的接通时间，并具有足够的脉冲电流容量。

TH_2——控制继电器 RLC 的可控硅。

D_1——TH_1 用的反向电流旁路二级管，可使初始振荡瞬态起作用，应是快速型的，(200 ns～500 ns)额定电压是最大脉冲电压的二倍。

D_2——PSU_2 用的间歇二极管，用于防止 PSU_2 的输出阻抗负载在电压脉冲源（PSU_1）上，它应是快速型的（断开时间约为 1 μs），额定电压是最大脉冲电压的二倍。

RLC——带接触器的脉冲终端继电器。

R 和 C——抑制瞬态放电的部件。推荐参数为 100 Ω 和 0.1 μF（对 26 V 转换器）。

S_1——"通/断"开关或复位控制开关。

注 2：图中未表示出获取合格的脉冲持续时间的延迟系统。考虑到继电器的工作时间，该延迟系统应确保在 TH_1 开始运行后 500 ms 时，可控硅 TH_2 启动。

图 G.2 产生和施加长脉冲的线路

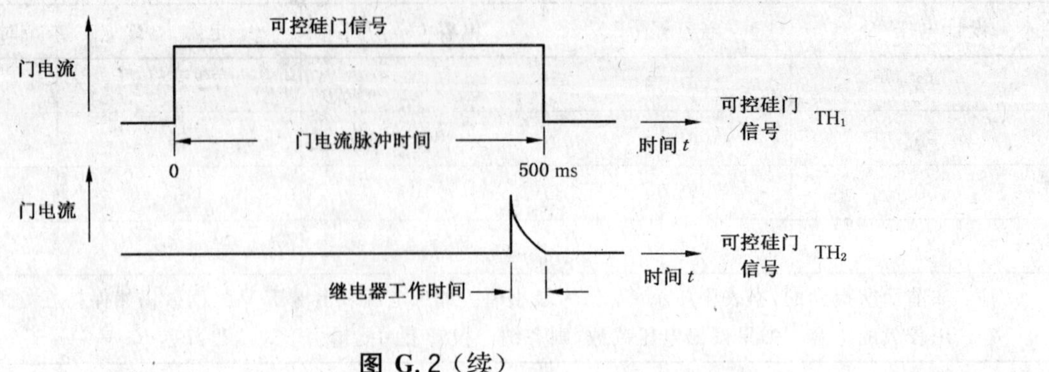

可控硅门信号
门电流
门电流脉冲时间
0
500 ms
时间 t
可控硅门
信号
TH₁
门电流
继电器工作时间
时间 t
可控硅门
信号
TH₂

图 G.2（续）

附　录　H
（规范性附录）
试　　验

H.1　环境温度和试验室

H.1.1　各项测量应在一无对流风的室内，以及20 ℃～27 ℃的环境温度下进行。

对于要求保持稳定的灯的性能的试验，试验期间灯周围的环境温度应保持在23 ℃～27 ℃范围之内，其变化不应超过1 ℃。

H.1.2　除了环境温度之外，空气的流通也影响灯的控制装置的温度，为了获得可靠的试验结果，试验室不应通风。

H.1.3　为了确保灯的控制装置达到试验室的环境温度，在试验之前，应将灯的控制装置放置在试验室中保留足够长的时间，再测量处于冷态的绕组的电阻。

在灯的控制装置加热之前和之后的环境温度可能有差别。这种状况很难改正，因为灯的控制装置的温度滞后于已变化了的环境温度。将该类型的另外一受试灯的控制装置安装在试验室里，并在温度试验开始时和结束时测量其冷态电阻。利用确定温度的公式，能将（两次测量的）电阻的差别用作校正灯的控制装置的读数的基础。

上述困难可通过在恒温的室内所进行的测量来加以解决，因此不需要进行校正。

H.2　电源的电压和频率

H.2.1　试验电压和频率

除非另有规定，受试的控制装置应在其设计电压下工作，而基准镇流器应在其额定电压和频率下工作。

H.2.2　电源和频率的稳定性

除非另有规定，电源电压和适用于基准镇流器的频率应稳定保持在±0.5%的变化幅度内，但是在实际测量期间，电压的调节幅度应在规定试验电压的±0.2%之内。

H.2.3　基准镇流器的电源电压波形

电源电压的总谐波含量不应超过3%。谐波含量定义为各个分量的有效值（r.m.s）的总和，基波为100%。

H.3　灯的电特性

环境温度可能影响灯的电特性（见H.1），此外，灯所显示的初始电特性与环境温度无关，而且，这些特性在灯的寿命期间可能发生变化。

在额定电源电压的100%和110%的条件下，测量灯的控制装置的温度时，有时（例如在启动器启动的线路中使用扼流圈时）通过使灯的控制装置在短路电流下工作的方式能够消除灯的影响，短路电流等于基准灯在额定电压的100%或110%的情况下所具有的电流值。将灯短路，再调节电源电压，直到使所要求的电流通过线路。

在发生疑问的情况下，应使用灯进行测量，灯的选择应以选择基准灯的同样方式进行，但是，基准灯所要求的灯电压和灯功率的微小误差可忽略不计。

在确定灯的控制装置的温升时，应记录下所测量到的通过绕组的电流。

H.4　磁效应

除非另有规定，在与受试基准镇流器和灯的控制装置的任一表面相距25 mm的范围之内不应有任何磁性物体。

H.5 基准灯的安装与连接

为了确保基准灯能以最好的一致性重复其电气参数,建议将灯水平安装,并使其永久性地保留在试验灯座中。就灯的控制装置的接线端子允许有识别标志而言,基准灯应连接在其引线具备极性的线路中,这种引线曾在老炼期间采用。

H.6 基准灯的稳定性

H.6.1 在进行测量之前,应使灯达到稳定的工作状态。不应出现不稳定的自持放电电弧翻滚现象。

H.6.2 在每一个系列试验之前和之后,都应立即检验灯的特性。

H.7 仪器的特性

H.7.1 电压线路

跨接在灯两端的仪表的电压线路上的电流不应大于标称工作电流的3%。

H.7.2 电流线路

与灯串联连接的仪器的电流线路应具有足够低的阻抗,以便使电压降不超过灯的实际电压的2%。如果测量仪器是接入并联的加热线路中的,则该仪器的总阻抗应不超过0.5 Ω。

H.7.3 有效值的测量

仪器基本上不应因为波形的畸变而产生误差,并适用于(灯的控制装置的)工作频率。应注意确保仪器的接地电容不会干扰受试控制装置的工作。还应确保受试线路的测量基准点要处于地电位。

H.8 转换器电源(逆变器)

对于预定使用电池作电源的灯的控制装置,允许采用一直流电源代替电池,但是该电源的阻抗应等于电池的阻抗。

注:将具有适宜的额定电压和至少50 μF容量的无感电容器跨接在受试控制装置的电源终端上,通常该电容器所提供的电源阻抗与电池的阻抗相当。

H.9 基准镇流器

在按照IEC 60921:2004给出的要求进行测量时,基准镇流器的特性应符合该标准以及IEC 60081和IEC 60901中相应的参数表中的规定。

H.10 基准灯

基准灯应符合IEC 60921:2004的规定进行测量和选择,其特性应符合IEC 60081和IEC 60901中相应灯的参数表中的规定。

H.11 试验条件

H.11.1 电阻测量的延迟

由于断路之后灯的控制装置可迅速冷却,建议在断路和测量电阻之间保持最低限度的延迟。因此也建议将线圈的电阻定为经过时间的函数,由此,能确定出断路时的电阻。

H.11.2 接触器和引线的电阻

只要可能就应将连接件从线路中去掉。如果使用开关将工作状态转换成试验状态,则应进行常规检验以确认开关的接触电阻仍然足够低,不会影响试验结果。还应适当考虑到灯的控制装置和电阻测量仪器之间的连接引线的电阻。

为了保证测量精确度，建议采用双接线实施四点测量法。

H.12 灯的控制装置的加热

H.12.1 内装式灯的控制装置

H.12.1.1 灯的控制装置的部件温度

将灯的控制装置放置在第13章所述烘箱内进行绕组耐热试验。

灯的控制装置应按照类似于H.12.4要求在额定电源电压下以类似于正常使用方式开始通电工作，然后，调节烘箱的恒温器，直至烘箱内部的温度能使绕组的最热温度约等于所宣称的t_w值。4 h之后，用“电阻变化法”[见第13章中的式(1)]求出绕组的实际温度，如果此温度与t_w值的差在±5 K以上，则再调节烘箱的恒温器，使其尽可能接近t_w值。

在已经达到热稳定状态之后，测量绕组的温度，应尽可能采用“电阻变化法”[见第13章的式(1)]进行测量，也可用热电偶等装置进行测量。

在电源电压为额定电压的100%时测量灯控制装置的线圈温度后，将电源电压升至额定电压的106%，达到热稳定后，灯控制装置部件的温度应符合第2部分的相应章条的要求。

H.12.1.2 灯的控制装置的绕组温度

对于已声明是正常状态下绕组的温升的灯的控制装置，试验安排如下所示：

将灯的控制装置放置在附录F所述防对流风的试验箱内，并按照图H.1所示用二个木块将其加以支撑。

此木块高75 mm，厚10 mm，宽度等于或大于灯的控制装置的宽度。此外，在放置木块时应使其外侧垂直面与灯的控制装置的末端对齐。

当灯的控制装置由一个以上的部件组成时，每个部件可以在单独的木块上进行试验。电容器应放置在防对流风的试验箱内，但当其被封装在灯的控制装置的外壳内时除外。

使灯的控制装置处于额定电源电压和频率的正常状态下进行试验，直到温度达到稳定。然后，测量绕组的温度，尽可能采用“电阻变化法”[见第13章的式(1)]进行测量。

H.12.2 独立式灯的控制装置

将该类灯的控制装置放置在附录F所述防对流风的试验箱内，并将其安装在一由三块木板构成的试验角内，这些木板涂有无光泽黑漆，厚度为15 mm～20 mm，并模拟房屋的两面墙和天花板进行组装。灯的控制装置应固定在试验角的天花板上，并尽量靠近模拟墙壁的木板，模拟天花板的木板应超出灯的控制装置的其他面至少250 mm。

其他试验条件与GB 7000.1—2007中灯具的试验条件相同。

H.12.3 整体式灯的控制装置

整体式灯的控制装置不能单独进行加热试验，因为它们要作为灯具的部件按照GB 7000.1—2007的要求进行试验。

H.12.4 试验条件

对于灯的控制装置与其适用的灯一起在正常条件下所进行的试验，这些灯所处的位置应不会使其所产生的热量对灯的控制装置的加热起作用。

如果用来限制灯的控制装置的加热试验的灯在与基准镇流器一起在25 ℃的环境温度下工作时，灯的工作电流与相应IEC灯的标准所示相应目标值的偏差，或与制造商对尚未标准化的灯所规定的相应目标值的偏差不大于2.5%，则此种灯应视为适合于本试验。

注：对于电抗线圈式灯的控制装置(与灯串联的简单扼流圈阻抗)，允许制造商自行决定进行试验和测量时可以不带灯，但是，电流应调节到在额定电源电压下带灯工作时的同一电流值。

对于非电抗线圈式灯的控制装置，必须确保达到具有代表性的损耗。

对于带并联阴极加热变压器的无启动器灯的控制装置，当IEC 60081和IEC 60901表明具有相同额定值的灯可以带有低电阻阴极，也可以带有高电阻阴极时，应采用具备低电阻阴极的灯进行试验。

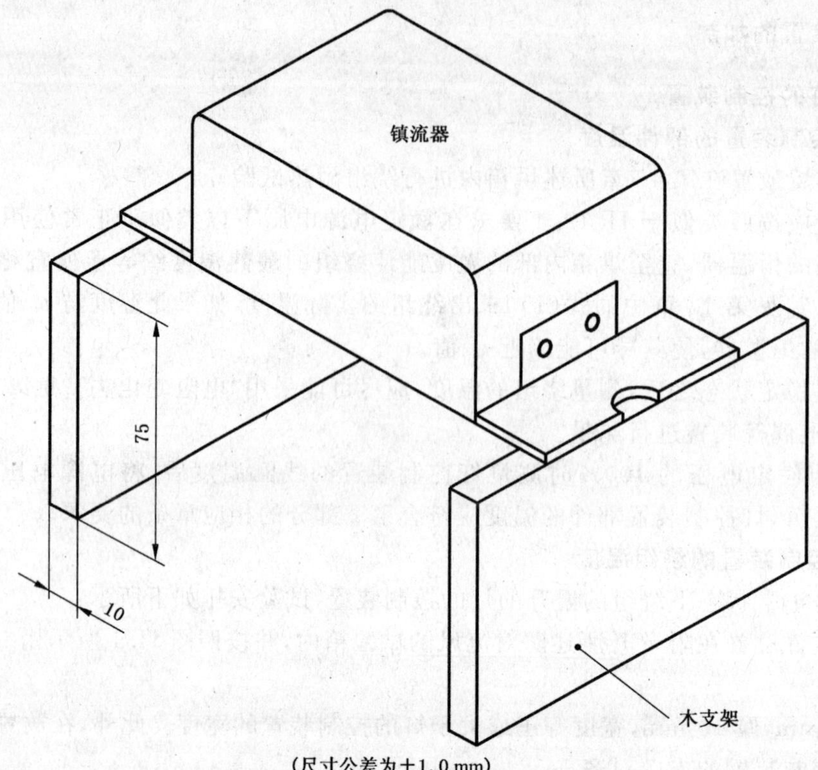

(尺寸公差为±1.0 mm)

图 H.1 加热试验样品配置图

附 录 I
（规范性附录）
双重绝缘或加强绝缘的内装式电感镇流器的补充要求

I.1 范围

本附录适用于具备双重绝缘或加强绝缘的内装式电感镇流器。

I.2 定义

本附录采用以下定义。

I.2.1

双重绝缘或加强绝缘的内装式镇流器　built-in ballast with double or reinforced insulation

采用双重绝缘或加强绝缘来使其易被触及的金属部件与带电部件绝缘的镇流器。

I.2.2

基本绝缘　basic insulation

应用在带电部件上用来提供基本的防电击保护的绝缘。

I.2.3

补充绝缘　supplementary insulation

为了在基本绝缘失效的情况下仍能提供防电击保护，而在基本绝缘之外单独采用的绝缘。

I.2.4

双重绝缘　double insulation

由基本绝缘和补充绝缘组成的绝缘。

I.2.5

加强绝缘　reinforced insulation

施加在带电部件上，其所提供的防电击保护等级与双重绝缘等效的一种单独的绝缘系统。

注：术语“绝缘系统”并不意味着此种绝缘必须是一块均匀单一的部件。它可以由若干层材料构成，不能单独的采用补充绝缘试验或基本绝缘试验，对其进行试验。

I.3 一般要求

双重绝缘和加强绝缘的镇流器应装有热保护器，在不使用工具的情况下应不能将其接通或拆卸，并且在保护装置发生任何故障时应只能使镇流器处于开路状态。

注1：此要求应由保护器制造商说明。

注2：可使用非复位式装置。

这种镇流器还应符合附录B的要求，但是被短路的线圈部位应尽可能远离热保护器。

此外，在试验结束时，镇流器除了应符合I.10的要求外，还应能承受住表1所要求之值的35%的介电强度试验电压，并且绝缘电阻应不小于4 MΩ。

I.4 关于试验的一般说明

采用第5章的要求。

I.5 分类

采用第6章的要求。

I.6 标志

双重绝缘或加强绝缘的镇流器除了应标有 7.1 所述标志外，还应标有以下识别标志：◎。

注：该标志的意义应在制造商的文献或目录中加以说明。

I.7 防止意外接触带电部件的措施

镇流器应符合第 10 章的要求，并且试验指应不能接触到只采取基本绝缘保护的金属部件。

注：此项要求并不意味着带电部件必须采用双重绝缘或加强绝缘与试验指隔开。

I.8 接线端子

采用第 8 章的要求。

I.9 接地保护装置

具备双重绝缘或加强绝缘的镇流器不必装有接地保护接线端子。

I.10 防潮与绝缘

采用第 11 章的要求。

I.11 高压脉冲试验

GB 19510.10—2009 的第 15 章的要求适用于高强度气体放电灯用镇流器。

I.12 镇流器绕组的耐热试验

耐热试验按照第 13 章要求进行。

在进行耐热试验之前应将限制温度的装置接通。可对样品进行必要的特殊处理。

在试验之后，当镇流器恢复到环境温度时，应满足下述要求：

a) 在额定电压下，七个镇流器中的六个应能使同一只灯启动，并且灯的电流不应超过在上述试验之前所测之值的 115%。

注：此试验用来测定安装镇流器时产生的任何有害的影响。

b) 对于所有的镇流器，在大约 500 V 直流电压下测得的绕组和镇流器外壳之间的绝缘电阻应不小于 4 MΩ。

c) 所有的镇流器均应承受在其绕组和镇流器外壳之间进行的介电强度试验，试验持续 1 min，所用电压为表 1 所示适用值的 35%。

I.13 镇流器的发热极限

采用 GB 19510.10—2009 的第 14 章的要求。

I.14 螺钉、载流部件及连接件

采用第 17 章的要求。

I.15 爬电距离和电气间隙

采用第 16 章的要求，需要遵循以下条件：对于内置式镇流器，需要双层或加强绝缘，相应灯具的值在 IEC 60598-1 第 7 版草案中给出。

注：在要求更高脉冲等级的情况时，见 IEC 60598-1 中附录 V[3]。

---

3) 正在制定中。

I.16 耐热与防火

采用第 18 章的要求。

I.17 耐腐蚀

采用第 19 章的要求。

附 录 J
（规范性附录）
更严格的要求明细单

J.1 范围

本附录适用于修订要求产品重新进行测试的更严格/苛刻的条款。

注：将来的修订件/版本应包括标有“R”和列在本附录中的条款。

附　录　K
（资料性附录）
制造期间的合格性试验

K.1　范围

本附录规定的试验应由制造商在每一个制造完成的控制装置上进行，尽可能通过试验将安全问题、在材料和制造上出现的不可接受的变化揭示出来。这些试验预计不会降低控制装置的特性和可靠性，并且这些试验可以和本部分中使用较低电压的特定的型式试验不同。

可以做更多的试验以确保每一个控制装置和进行型式试验时符合要求的样品一致。制造商应根据其经验确定这些试验。

在质量手册允许的范围内，制造商可以将该试验程序和其值改变到一个较好的程度以适合其产品结构，并且可以在制造期间的一个合适的时间进行特定的试验，以证明至少可确保本附录规定的安全程度。

K.2　试验

表 K.1 所示的所有产品应 100％进行电气试验。不合格产品应废弃或检修。

表 K.1　用于电气试验的最小值

试　验	控制装置的类型和合格性				
	电感镇流器	交流和直流电子镇流器	低电压钨丝灯和 LED 组件用降压转换器	高频冷启动灯用换流器或变频器	触发器
目视检验[a]	适用				
功能试验/电路连续性（带灯或模拟灯）	阻抗试验[b]	灯/工作电压	灯/工作电压	灯/工作电压	在 0.9 最小额定电压：峰值电压
接地连续性[c] 适用于控制装置上的接地端子和易变成带电部件的可触及部件之间（仅适用于Ⅰ类独立式控制装置）	最大电阻 0.5 Ω，测量条件：无负载电压不超过 12 V，最小电流为 10 A，保持至少 1 s	最大电阻 0.5 Ω，测量条件：无负载电压不超过 12 V，最小电流为 10 A，保持至少 1 s	最大电阻 0.5 Ω，测量条件：无负载电压不超过 12 V，最小电流为 10 A，保持至少 1 s	最大电阻 0.5 Ω，测量条件：无负载电压不超过 12 V，最小电流为 10 A，保持至少 1 s	最大电阻 0.5 Ω，测量条件：无负载电压不超过 12 V，最小电流为 10 A，保持至少 1 s
介电强度[c]	通过在短路端子和外壳之间施加一个最小 1.5 kV 的交流电压最少 1 s 或 $1.5\sqrt{2}$ kV 直流电压进行测量	通过在输入/输出短路端子和外壳之间施加一个最小 1.5 kV 的交流电压最少 1 s 或 $1.5\sqrt{2}$ kV 直流电压进行测量	通过在输入/输出短路端子和外壳之间施加一个最小 1.5 kV 的交流电压最少 1 s 或 $1.5\sqrt{2}$ kV 直流电压进行测量	通过在输入/输出短路端子和外壳之间及在输入和输出之间施加一个最小 1.5 kV 的交流电压最少 1 s 或 $1.5\sqrt{2}$ kV 直流电压进行测量	通过在短路端子和外壳之间施加一个最小 1.5 kV 的交流电压最少 1 s 或 $1.5\sqrt{2}$ kV 直流电压进行测量

表 K.1(续)

试 验	控制装置的类型和合格性				
	电感镇流器	交流和直流电子镇流器	低电压钨丝灯和LED组件用降压转换器	高频冷启动灯用换流器或变频器	触发器

[a] 目视检验:目视检验应确保控制装置装配完好并且没有可能会引起危险或伤害的锋利边缘等。目视检验还应确保所有的标签是清晰的、粘贴正确并且所有的印刷都清晰。

[b] 阻抗试验:当镇流器的电流为其额定电流时,通过测量镇流器的电压进行阻抗试验;还可以在一个固定电压下(由适合的灯数据页规定)测量镇流器电流进行阻抗试验。

[c] 有塑料外壳和没有接地端子的Ⅱ类(独立式)控制装置:接地连续性、介电强度和绝缘电阻试验不适用。

参 考 文 献

[1] GB/T 11026.1—2003 电气绝缘材料 耐热性 第1部分:老化程序和试验结果的评定(IEC 60216-1:2001,IDT)

[2] GB 19510.2—2009 灯的控制装置 第2部分:启动装置(辉光启动器除外)的特殊要求(IEC 61347-2-1:2005,IDT)

[3] GB 19510.3—2009 灯的控制装置 第3部分:钨丝灯用直流或交流电子降压转换器的特殊要求(IEC 61347-2-2:2006,IDT)

[4] GB/T 19656—2005 管形荧光灯用直流电子镇流器 性能要求(IEC 60925:2001,IDT)

[5] GB 20550—2006 荧光灯用辉光启动器(IEC 60155:1993,IDT)

[6] IEC 60065:2001 音频、视频及类似电子设备 安全要求[4)]

[7] IEC 60112:2003 固体绝缘材料的比较系数和耐漏电起痕指数的确定方法

[8] IEC 60479(全部) 电流对人类和家畜的影响

[9] IEC 60598(全部) 灯具

[10] IEC 60664-1:1992 低压系统内设备的绝缘配合 第一部分:原理、要求和试验[5)]

[11] IEC 60664-4:2005 低压系统内设备的绝缘配合 第4部分:高频电压应力的考虑

[12] IEC 60664-5:2003 低压系统内设备的绝缘配合 第5部分:等于或低于2 mm的余隙距离和漏电距离的综合测定法

[13] IEC 60927:1996 灯的附件 启动装置(辉光启动器除外) 性能要求[6)]

[14] IEC 61047:2004 钨丝灯用交直流供电电子降压转换器 性能要求

[15] IEC 62384 普通照明LED模块用直流/交流电子控制装置 性能要求

[16] IEEE 101:1987 统计分析热寿命试验数据的IEEE导则

---

4) 2005年7.1版包括2001第1版加2005修订1。

5) 2002年1.2版包括1992第1版加2000修订1和2002修订2。

6) 2004年2.2版包括1996第2版加1999修订1和2004修订2。

ICS 29.140.99
K 74

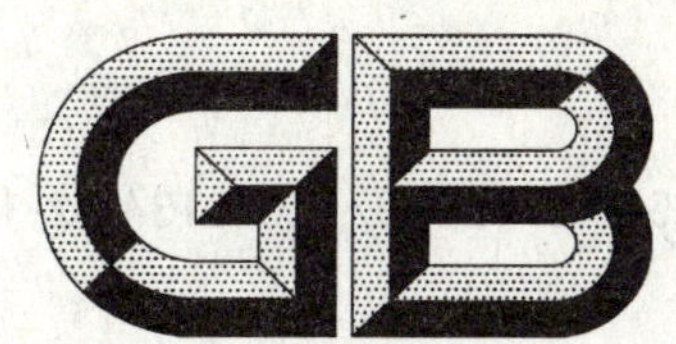

中华人民共和国国家标准

GB 19510.2—2009/IEC 61347-2-1:2006
代替 GB 19510.2—2005

灯的控制装置　第2部分：启动装置(辉光启动器除外)的特殊要求

Lamp controlgear—
Part 2:Particular requirements for starting devices (other than glow starters)

(IEC 61347-2-1:2006,IDT)

2009-10-15 发布　　2010-12-01 实施

中华人民共和国国家质量监督检验检疫总局
中国国家标准化管理委员会　发布

前言

本部分的全部技术内容为强制性。

GB 19510《灯的控制装置》分为14个部分：

——第1部分：一般要求和安全要求；

——第2部分：启动装置（辉光启动器除外）的特殊要求；

——第3部分：钨丝灯用直流/交流电子降压转换器的特殊要求；

——第4部分：荧光灯用交流电子镇流器的特殊要求；

——第5部分：普通照明用直流电子镇流器的特殊要求；

——第6部分：公共交通运输工具照明用直流电子镇流器的特殊要求；

——第7部分：航空器照明用直流电子镇流器的特殊要求；

——第8部分：应急照明用直流电子镇流器的特殊要求；

——第9部分：荧光灯用镇流器的特殊要求；

——第10部分：放电灯（荧光灯除外）用镇流器的特殊要求；

——第11部分：高频冷启动管形放电灯（霓虹灯）用电子换流器和变频器的特殊要求；

——第12部分：与灯具联用的杂类电子线路的特殊要求；

——第13部分：放电灯（荧光灯除外）用直流或交流电子镇流器的特殊要求；

——第14部分：LED模块用直流或交流电子控制装置的特殊要求。

本部分为GB 19510的第2部分。

本部分应与GB 19510.1—2009一起使用，它是在对GB 19510.1—2009的相应条款进行补充或修改之后制定而成的。

本部分等同采用IEC 61347-2-1:2006《灯的控制装置　第2-1部分　启动装置（辉光启动器除外）的特殊要求》（英文版）。

为了便于使用，本部分做了下列编辑性修改：

a) “IEC 61347-2-1”改为“本部分”，“IEC 61347-2-1号标准”一词改为“GB 19510.2”；

b) 将国际标准中的“（注:）”形式中的括号去除；

c) 用小数点“.”代替作为小数点的“,”；

d) 对于引用的其他国际标准中有被等同采用为我国标准的，本部分用引用我国的这些国家标准或行业标准代替对应的国际标准，其余未有等同采用为我国标准的国际标准，在本部分中均被直接引用（见本部分第2章）。

本部分代替GB 19510.2—2005《灯的控制装置　第2部分：启动装置（辉光启动器除外）的特殊要求》。

本部分与GB 19510.2—2005相比主要差异如下：

——在第1章范围中取消了“本部分只涉及国际上最需要的镇流器用和灯用启动装置”；

——在规范性引用文件中引用标准的变化，将GB/T 2423.55变更为GB/T 2423.55—2006、将GB/T 311.6用球隙（一球接地）测量电压的建议变更为GB/T 311.6用标准空隙测量电压；

——在3.1定义中增加了“触发器”的概念；

——在3.5定义中增加了“电压源的”；

——在3.6定义中删除了“标称”；

——在12章中最后一行中的“1 min”更改为“GB 19510.1—2009中第12章”；

——在14.2中的“上述值”更改为“额定值”；

——在15章中最后一行更改为“试验应按照GB 19510.1—2009中的5.5进行”；

——在18.2中增加了“若标记上有标注，时间限制可以延至30 s”；

——在图1触发器启动电压的测量线路中增加了序列号“a)、b)”以及将3中的“介质损耗角正切值(在10 kHz)：$\tan\delta \leqslant 20\times10^{-3}$”更改为“相位角(在10 kHz)：$\tan\delta = 20\times10^{-3}$”；

——在附录I中的第19章改为第20章；

——在参考文献中将IEC 60410更改为IEC 60410:1973。

本部分的附录A、附录B、附录C、附录D、附录E、附录F、附录G、附录H、附录I和附录J为规范性附录。

本部分由中国轻工业联合会提出。

本部分由全国照明电器标准化技术委员会(SAC/TC 224)归口。

本部分起草单位：国家电光源质量监督检验中心(上海)、福建源光亚明电器有限公司、佛山市华全电气照明有限公司。

本部分起草人：李姝、俞安琪、张和泉、区志杨、柯柏权。

本部分于2005年首次发布，本次为第1次修订。

引　言

本部分和构成 GB 19510.2～GB 19510.14 的各个部分在引用 GB 19510.1—2009 的任一条款时规定了该条款的适用范围和各项试验的实施顺序，还规定了必要的补充要求。GB 19510.2～GB 19510.14 的各个部分是各自独立的，相互之间互不参照。

如果本部分通过"按照 GB 19510.1—2009 的第某条要求"这一句子来引用 GB 19510.1—2009 的某一条款要求，则这句话的意思就是按照该条款的全部要求，但其中明显不适用于 GB 19510.2～GB 19510.14所述特定类型的灯的控制装置的内容除外。

灯的控制装置　第2部分：启动装置(辉光启动器除外)的特殊要求

1　范围

GB 19510的本部分规定了使用50 Hz或60 Hz的1 000 V以下交流电源的荧光灯和其他放电灯用启动装置(辉光启动器和触发器除外)的特殊要求。该启动装置能产生不大于100 kV的启动脉冲，并与IEC 60081，IEC 60188，IEC 60192，IEC 60662，IEC 60901，IEC 61167，GB 18774，GB 16843，GB 19510.9，GB 19510.10等标准所规定的灯和镇流器一起使用。

本部分不适用于辉光启动器或装入放电灯的启动装置或人工操纵的启动装置。荧光灯用预热变压器的要求由GB 19510.9给出。

注：辉光启动器见GB 20550。

性能要求参见GB/T 19655。

2　规范性引用文件

下列文件中的条款通过GB 19510的本部分的引用而成为本部分的条款。凡是注日期的引用文件，其随后所有的修改单(不包括勘误的内容)或修订版均不适用于本部分，然而，鼓励根据本部分达成协议的各方研究是否可使用这些文件的最新版本。凡是不注日期的引用文件，其最新版本适用于本部分。

本部分采用GB 19510.1—2009第2章所述引用标准，以及下述引用标准：

GB/T 311.6—2005　高电压测量标准空气间隙(IEC 60052:2002，IDT)

GB/T 2423.55—2006　电工电子产品环境试验　第2部分：环境测试　试验Eh：锤击试验(IEC 60068-2-75:1997，IDT)

GB/T 14598.15—1998　电气继电器　第8部分：电热继电器(idt IEC 60255-8:1990)

GB 16843　单端荧光灯的安全要求(GB 16843—2008，IEC 61199:1999，IDT)

GB 18774　双端荧光灯　安全要求(GB 18774—2002，idt IEC 61195:1999)

GB 19510.1—2009　灯的控制装置　第1部分：一般要求和安全要求(IEC 61347-1:2007，IDT)

GB 20550　荧光灯用辉光启动器(GB 20550—2006，IEC 60155:1993，IDT)

IEC 60188　高压汞灯

IEC 60192　低压钠灯

IEC 60662　高压钠灯

IEC 61167　金属卤化物灯

ISO 3864　安全色和安全标志

3　术语和定义

本部分采用GB 19510.1—2009第3章所给出的术语和定义以及下述术语和定义。

3.1

启动装置/触发器　starting device；ignitor

为启动放电灯提供所需要的适宜的电气条件的装置，这种电气条件由该装置本身或与线路中的其他元件一起产生。

3.2

启动器 starter

通常指荧光灯用的启动装置，用于为电极提供必需的预热，并和镇流器的串联阻抗一起对灯形成电压冲击。

注：能释放启动电压脉冲的启动器元件可以是触发式的，例如，相角同位式的；或者是非触发式的。

3.3

带工作时间限制的启动装置 starting device with operating time limitation

能防止长时间试图启动不能启动的灯(例如：电极已被去激活的灯)的启动装置。

注："防止试图启动"意味着在使用启动器的情况下，断开启动电流线路，和/或将启动线路中的电流限制在等于或小于灯的额定电流的程度。

在使用触发器的情况下，"防止试图启动"意味着脉冲的发生已经停止，或电压脉冲幅度明显下降。

3.4

峰值电压 peak voltage

U_p

在输出端由触发器产生的电压脉冲最大值。

3.5

短路功率(电压源的) **short-circuit power** (of a voltage source)

电压源的输出端(在开路状态下)产生的电压的平方与电源(同一终端)的内阻抗之比。

3.6

球形放电器 spherical spark gap

具有相同直径并按一定距离安装的两个金属球，用于在规定的条件下测量超过 15 kV 的峰值电压。

4 一般要求

按照 GB 19510.1—2009 第 4 章的要求。

5 一般试验说明

按照 GB 19510.1—2009 第 5 章的要求以及下述补充要求：

5.1 用于具有不同电特性的灯的启动装置

用于不同电特性的灯的启动装置，应和处于最不利状态的灯一起进行试验。

5.2 样品数量

应提交以下数量的样品用于试验：

——第 6 章～第 12 章和第 15 章～第 22 章要求所规定的试验：一个样品；

——第 14 章要求所规定的试验：一个样品(必要时，经与制造商协商，可增加样品或部件)。

6 分类

按照 GB 19510.1—2009 第 6 章的要求以及下述补充要求：

输出电压

根据输出电压将启动装置分类如下：

——5 kV 以下(含 5 kV)；

——5 kV～10 kV(含 10 kV)；

——10 kV～100 kV(含 100 kV)。

7 标志

7.1 强制性标志

根据 GB 19510.1—2009 中 7.2 的要求,启动装置应清晰并持久地标有下述标志:

——GB 19510.1—2009 中 7.1 的 a),b),c)和 f)所规定的内容;以及

——电压峰值的标志,该标志在电压峰值超过 1 500 V 时标出。具有这种电压的连接线应标出这种标志。对于脉冲电压超过 5 kV 的触发器,该标志应是一闪光符号(虚线箭头符号)(见 ISO 3864)。

5 kV 以上的触发器不需要接地端子标志,因为这种触发器被规定装有时间限制。

7.2 补充标志

除上述强制性标志外,必要时还应将下述内容标在启动装置上,或写入制造商的产品目录或类似文件中:

——GB 19510.1—2009 中 7.1 的 d),e),h),i),j),k)和 l)的内容;以及

——时间限制说明,如果启动装置具有这种时间限制的话;

——如果该种镇流器在设计上能控制脉冲电压的大小,应标出可与该启动装置配套使用的镇流器的产品目录号。

关于使用启动装置的特定条件。

8 防止意外接触带电部件的措施

按照 GB 19510.1—2009 第 10 章的要求。

9 接线端子

按照 GB 19510.1—2009 第 8 章的要求。

10 保护接地装置

按照 GB 19510.1—2009 第 9 章的要求。

11 防潮与绝缘

按照 GB 19510.1—2009 第 11 章的要求以及下述要求:

将不借助工具就能将其拆卸的电子部件、外壳以及其他部件全部拆下,如有必要,将它们与主要部件一起进行潮湿处理。

为了使试验箱达到规定条件,应确保箱内空气循环,一般使用隔热的试验箱。

对于双重绝缘或加强绝缘,电阻应不小于 7 MΩ。

应注意在潮湿处理结束时,并且在测量绝缘电阻之前,受试样品的湿度不应有明显的变化。

为了达到这一点,建议在测量绝缘电阻时仍将样品保留在潮湿箱内,或保留在邻近的不通风并且具有与潮湿箱相类似条件的室内。

12 介电强度

按照 GB 19510.1—2009 第 12 章的要求以及下述要求:

脉冲试验

对于装有高电压绕组的启动装置,采用下述脉冲试验检验其合格性:将该启动装置置于110%的额定电源电压的条件下不带灯工作,直到发生50次脉冲为止,必要时可断开或接通电源。

注:高压绕组指的是装在启动装置之内并能产生启动灯所必须的电压的绕组。

试验期间,该启动装置:

a) 不应有明显的或发出声音的击穿放电产生(电应力下绝缘失效的征兆);

b) 不应有跳火或飞弧现象发生;

c) 在示波器上观测到的脉冲电压波形的前部或尾部不应有折叠或压缩现象产生。

对于不带高压绕组的启动装置,其合格性通过GB 19510.1—2009中的12章的介电强度试验来检验。

13 绕组的耐热试验

不按照GB 19510.1—2009第13章的要求,独立试验要求尚在研究之中。

14 故障状态

按照GB 19510.1—2009中14章的要求以及下述补充要求:

14.1 启动装置发生故障时所引起的灯线路中电流升高的程度不应使镇流器过度发热,也就是说在异常状态下绕组温度应不超过t_w值。对于具备GB 20550所规定的外部尺寸的启动器,如果在5 min以上期间灯线路的电流不超过IEC 60081和IEC 60901所规定的最大预热电流,则可视为符合此项要求。

14.2 独立启动装置不应超过15.2中要求所规定的异常工作温度值。对于预热式灯电极,当启动装置被短路而预热电流的增加值未超过额定值的5%时,则可视为符合此要求。

如果当预热式灯电极处于额定电压的110%的条件下,通过镇流器的电流超过短路电流的105%并持续5 min以上时,则应将启动装置的机械断路器跨接。

当机械断路器符合GB/T 14598.15—1998的相应条件时,则可视其符合本要求。

15 独立式启动装置的发热

独立式启动装置在正常工作期间和异常工作期间不应过度发热。

注:内装式启动装置按照GB 7000.1和灯具一起进行检验。

合格性采用下述试验进行检验:

正常状态是采用下述一个或一个以上情况的工作状态:

a) 灯在正常工作;

b) 额定电流通过启动装置;

c) 启动装置已连接在电源上,例如,正常工作期间出现的电源电压或灯电压;

d) b)和c)两种状态同时存在。

将独立式启动装置安装在一由三块木纤维板构成的试验角内,这些木纤维板有深黑色漆,厚度为15 mm~25 mm,并模拟房屋的两面墙和天花板进行组装。将启动装置固定在天花板上,并尽可能靠近墙壁,天花板超出启动装置其他各面的部分应至少为250 mm。该试验角的位置应尽可能远离试验箱的五个内表面。

试验应按照GB 19510.1—2009中的5.5进行。

15.1 正常工作

将启动装置按正常使用要求与适用的灯连接。

当灯处于稳定工作状态时，通过改变所施加的电压，使灯的电流调节到额定值。在此条件下，使启动装置和灯工作，直到它们的温度达到稳定状态。

零部件的温度不应超过 GB 7000.1—2007 的表 12.1 和表 12.2 所规定之值。

所采用的镇流器应符合相应的 IEC 标准的要求，并与启动装置所启动的灯的类型相一致。

15.2 异常工作

将启动装置按正常使用要求与适用的灯连接。试验时要使用带去激活阴极的灯，或使用IEC 60081 和 IEC 60901 中灯的参数表所规定的替代电阻。还应使用启动器所适用的具有最大额定功率的灯以及通用的镇流器进行试验。

将触发器不带灯按正常使用要求连接。

在异常状态下，触发器要在 110%的额定电压的条件下工作，直到达到稳定的温度状态，或者对于有工作时间限制的触发器，则直到所要求的时间限制之内或之前停止工作。在此之后，测定零部件的温度。此温度不应超过 GB 7000.1—2007 中表 12.3 所规定之值。

启动装置完成这些试验并经过冷却之后应符合下述条件：

a） 启动装置的标志仍应清晰明了。

b） 启动装置应能承受本部分第 12 章所规定的介电强度试验而不被损坏，但是试验电压要降至 GB 19510.1—2009 中表 1 所规定值的 75%，但应不低于 500 V。

16 触发器的脉冲电压

当触发器采用图 1 所示线路在额定电压下以及 20 pF 的负载电容下工作时，脉冲电压的最大值（正脉冲或负脉冲）应不大于 5 kV，并且应将相关灯参数表中规定的最大脉冲电压考虑进去。

如果相应灯的参数表中未另作说明，对于脉冲超过 5 kV 的触发器，当它在额定电源电压下以及在 20 pF 的负载电容下工作时，脉冲电压的最大值应不超过 $1.3 \times U_p$（由制造商宣称）。

对于 100 kV 以下的峰值脉冲，用示波器或静电电压表进行测量。对于 15 kV 以上的峰值脉冲，可采用球形放电器进行测量，测量时采用 GB/T 311.6—2005 所规定的方法以及本部分的附录 J。

注：存储式示波器可作为图 1 所示静电电压表的替换品与具有下述特性的高压试验探头一起在线路使用中：

——输入电阻≥100 MΩ；

——输入电容≤15 pF；

——断路频率≥1 MHz。

如有疑问，用静电电压表进行测量作为基准方法。

17 机械强度

17.1 可更换式启动装置以及不使用工具就能更换的启动装置上易被触及的部件应具有足够的机械强度。

——质量在 100 g 以下的启动装置和零部件以及所有具备 GB 20550 所规定外形尺寸的启动器应接受附录 I 中 I.2 所规定的滚筒试验，每个样品应承受住 20 次跌落，并且未出现任何可能影响其安全性的损坏。

——质量在 100 g 以上的启动装置和零部件应接受附录 I 中 I.1 所规定的弹簧锤试验。试验装置的撞击能量为 0.35 Nm，弹簧压缩值为 17 mm。

试验之后，样品不应有任何可能削弱安全性的损坏。

17.2 可更换式启动装置以及不使用工具就能更换的启动装置上易被触及的部件，除了承受正常插入时的扭矩外，还应承受相对轴线的 0.6 Nm 的扭矩试验。

扭矩施加在金属外壳的顶部，夹紧插脚，将扭矩从零逐渐升至所规定值。

试验之后，样品不应有任何可能削弱安全性的损坏。

18 结构

按照 GB 19510.1—2009 第 15 章的要求以及下述补充要求。

18.1 所有可更换式启动装置以及不用工具就能更换的启动装置上易被触及的部件应具备与设备的所有等级的绝缘要求(包括Ⅱ级)相一致的双重绝缘或加强绝缘。

18.2 装有断路器的启动装置的结构在出现灯未能被触发点燃的情况下，能使其断路器切断启动电流线路和/或启动电压。

断路器的替换品可以是一能限制启动电流和启动电压的装置，该装置可使通过灯的电流不大于灯的额定电流的 10%。整个灯电流线路中另外的部件不必承受高于灯额定电流的负载。

合格性参照第 14 章或第 15 章所述试验进行检验。

脉冲电压超过 10 kV 的触发器应装有一启动工作时间限制装置。该装置在出现灯未能被触发燃点的情况下在 3 s 之内切断启动脉冲。时间限制可以延至 30 s 若标记上标注。在时间限制装置切断线路之后，启动脉冲只允许在触发器断开电源再接通电源时产生。

脉冲电压大于 5 kV 且小于或等于 10 kV 的触发器应装有一启动工作时间限制装置。该装置应在 60 s 之内切断脉冲。在时间限制装置切断线路之后，启动脉冲只允许在触发器断开电源之后再接通电源时产生。

合格性通过目视及第 15 章所述试验进行检验。

18.3 可与 GB 20550 所述辉光启动器互换的启动器应装有抗无线电干扰装置，该装置的效果应与 GB 20550中 7.12 所规定的抗无线电干扰电容器的效果等同。

19 爬电距离和电气间隙

按照 GB 19510.1—2009 第 16 章的要求。

20 螺钉、载流部件和连接件

按照 GB 19510.1—2009 第 17 章的要求。

21 耐热、防火和耐漏电起痕

按照 GB 19510.1—2009 第 18 章的要求。

22 耐腐蚀

按照 GB 19510.1—2009 第 19 章的要求。

a）电路

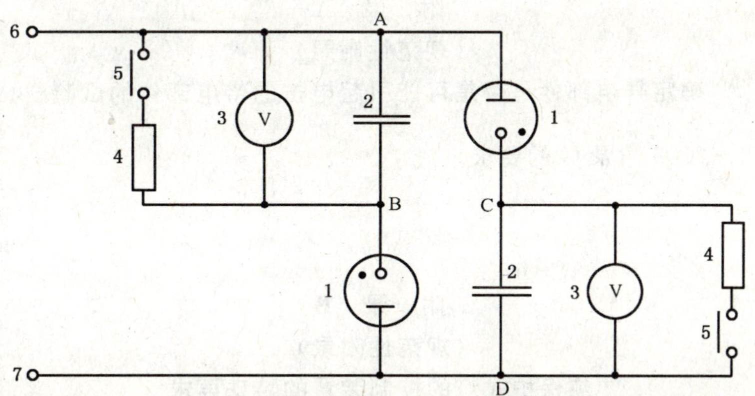

b）元器件

1　高压二极管

间歇电压：	$U_{RM}\geqslant 25$ kV
额定电流（平均值）：	$I_{FAVM}\geqslant 1.5$ mA
周期电流（峰值）：	$I_{FRM}\geqslant 0.1$ A
阳极/阴极电容：	$C_{a/k}\leqslant 2$ pF

注：例如，适用的部件为彩色电视机用的GY 501型高压整流管。

2　高压电容器

电容：	$C=500$ pF
额定电压：	$U\geqslant 6.3$ kV
相位角（在10 kHz）：	$\tan\delta=20\times10^{-3}$

3　高压测量仪

静电电压表：	0 kV～6 kV
最大偏转度时的电容：	<15 pF
击穿电压：	>10 kV
精度：	1级或高级

4　放电电阻　　1 MΩ

5　使高压电容器放电的短路装置

6　触发器的高压引线的连接点

7　中性导体的连接点

A和B之间以及C和D之间的泄漏电阻应不小于10^{13} Ω。

图1　触发器启动电压的测量线路

附 录 A
（规范性附录）
确定导电部件是否是可能引起电击的带电部件的试验

按照 GB 19510.1—2009 附录 G 的要求。

附 录 B
（规范性附录）
热保护式灯的控制装置的特殊要求

不按照 GB 19510.1—2009 附录 B 的要求。

附 录 C
（规范性附录）
带过热保护器的灯的电子控制装置的特殊要求

不按照 GB 19510.1—2009 附录 C 的要求。

附 录 D
（规范性附录）
热保护式灯的控制装置的加热试验要求

不按照 GB 19510.1—2009 附录 D 的要求。

附 录 E
（规范性附录）
不同于 4 500 的常数 S 在 t_w（绕组温度）试验中的应用

不按照 GB 19510.1—2009 附录 E 的要求。

附　录　F
（规范性附录）
防对流风试验箱

按照 GB 19510.1—2009 附录 F 的要求。

附　录　G
（规范性附录）
脉冲电压值的推导方法

不按照 GB 19510.1—2009 附录 G 的要求。

附　录　H
（规范性附录）
试　　验

按照 GB 19510.1—2009 附录 H 的要求。

附　录　I
（规范性附录）
机械强度试验

I.1　质量在 100 g 以上的可更换式启动装置和易被触及的部件

质量在 100 g 以上的可更换式启动装置和易被触及的部件应按照下述方法进行试验：

用 GB/T 2423.55—2006 所规定的弹簧撞击试验装置撞击受试部件。

将撞击试验装置固定成水平状态，使其撞击体在撞击前的动能恰好是 GB/T 2423.55—2006 的表 E.1所规定值，再使用撞击试验装置。

注：为了避免频繁的校正，建议对每一数值的撞击能量，各使用一单独的试验装置。

应通过用锥形释放头以垂直于启动装置表面方向撞击启动装置的方式来实施对受试点的撞击。

启动装置应被牢固支撑，引线入口要敞开，敲击孔要打开，外壳固定好，并以第 20 章所规定之值的 2/3 的扭力将类似的螺钉拧紧。

对每一个可能是薄弱的部位撞击三次，特别要注意封装带电部件的绝缘材料以及绝缘材料套管（如果有这种部件的话）这些试验完成之后，启动装置上不应有任何本部分所述损坏现象。

涂层的损坏程度及微小的压痕如果不会影响爬电距离和电气间隙，则可忽略不计。但防止潮气进入的功能不应有任何降低。

I.2　质量在 100 g 及以下的可更换式启动装置和易被触及的部件

质量在 100 g 及以下的可更换式启动装置和易被触及的部件应按照下述方法进行试验：

以每分钟五圈的速度转动滚筒，使受试部件从 500 mm 高处跌落至 3 mm 厚的钢板上，如此跌落 20 次（即每分钟 10 次）。

图 I.1 给出了该试验所适用的装置。

单位为毫米

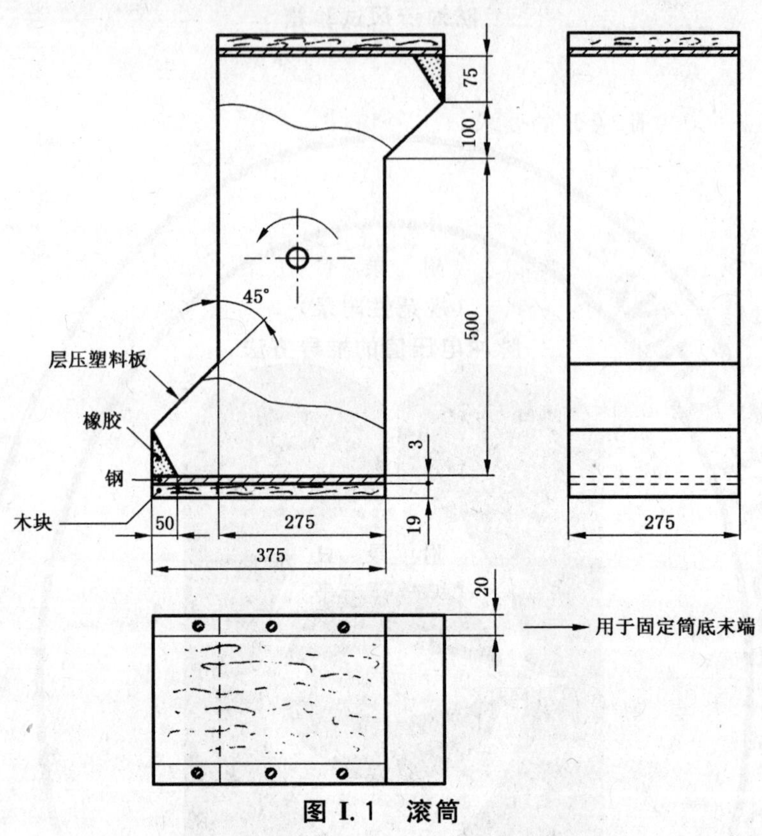

图 I.1 滚筒

附 录 J
（规范性附录）
球形放电器测量守则

由于许多触发器不具备一端处于地电位的引线输出端，所以不能直接采用 GB/T 311.6—2005 标准。但是应遵守下述条款的要求以及 GB/T 311.6—2005 中适用的要求。

J.1 球间隙

球间隙应大于预期击穿距离，并应逐步减少，直到击穿现象发生（也就是说，在非瞬态放电距离以下过于微小的球间隙不是确定标准电压值的有效方法）。

J.2 击穿间隙

记录下击穿间隙，并根据 GB/T 311.6—2005 的表 2 确定 50％峰值电压。

J.3 触发器的工作周期

为了确保零部件不产生过热或发生故障，应遵守触发器的工作周期。

J.4 试验结束

应遵守所有的安全措施，在试验结束时全部电压应放电。

参 考 文 献

[1] GB/T 19655 灯用附件 启动装置(辉光启动器除外) 性能要求(GB/T 19655—2005，IEC 60927:1996,IDT)

[2] IEC 60410:1973 计数检查抽样方案和程序

参 考 文 献

[1] [illegible]

[2] [illegible]

ICS 29.140.99
K 74

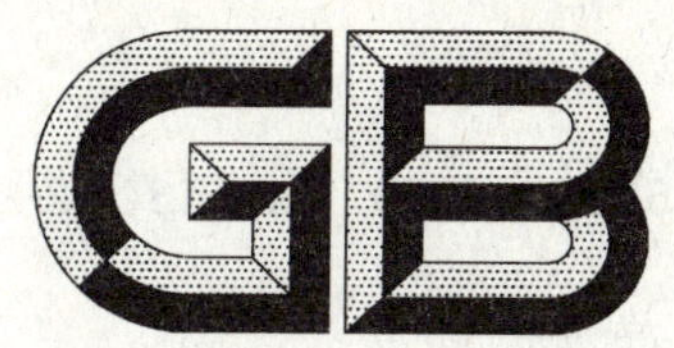

中华人民共和国国家标准

GB 19510.3—2009/IEC 61347-2-2:2006
代替 GB 19510.3—2004

灯的控制装置　第3部分:钨丝灯用直流/交流电子降压转换器的特殊要求

Lamp controlgear—Part 3: Particular requirements for d. c. or a. c. supplied electronic step-down convertors for filament lamps

(IEC 61347-2-2:2006,IDT)

2009-10-15 发布　　2010-12-01 实施

中华人民共和国国家质量监督检验检疫总局
中国国家标准化管理委员会　发布

前　言

本部分的全部技术内容为强制性。

GB 19510《灯的控制装置》分为14个部分：

——第1部分：一般要求和安全要求；

——第2部分：启动装置(辉光启动器除外)的特殊要求；

——第3部分：钨丝灯用直流/交流电子降压转换器的特殊要求；

——第4部分：荧光灯用交流电子镇流器的特殊要求；

——第5部分：普通照明用直流电子镇流器的特殊要求；

——第6部分：公共运输工具照明用直流镇流器的特殊要求；

——第7部分：航空器照明用直流电子镇流器的特殊要求；

——第8部分：应急照明用直流电子镇流器的特殊要求；

——第9部分：荧光灯用镇流器的特殊要求；

——第10部分：放电灯(荧光灯除外)用镇流器的特殊要求；

——第11部分：高频冷启动管形放电灯(霓虹灯)用电子换流器和变频器的特殊要求；

——第12部分：灯具用杂类电子线路的特殊要求；

——第13部分：放电灯(荧光灯除外)用直流或交流电子镇流器的特殊要求；

——第14部分：LED模块用直流或交流电子控制装置的特殊要求。

本部分为GB 19510.3的第3部分。

本部分应与GB 19510.1—2009一起使用，它是在对GB 19510.1—2009的相应条款进行补充或修改之后制定而成的。

本部分等同采用IEC 61347-2-2:2006《灯的控制装置　第2-2部分　钨丝灯用直流/交流电子降压转换器的特殊要求》(英文版)。

本部分等同翻译IEC 61347-2-2:2006。

为了便于使用，本部分做了下列编辑性修改：

a)　“IEC 61347-2-2”改为“本部分”；

b)　删除IEC 61347-2-2的前言，修改了IEC 61347-2-2的引言；

c)　将国际标准中的“(注：)”形式中的括号去除；

d)　用小数点“.”代替作为小数点的“,”；

e)　对于引用的其他国际标准中有被等同采用为我国标准的，本部分用引用我国的这些国家标准或行业标准代替对应的国际标准，其余未有等同采用为我国标准的国际标准，在本部分中均被直接引用(见本部分第2章)。

本部分代替GB 19510.3—2004《灯的控制装置　第3部分：钨丝灯用直流/交流电子降压转换器的特殊要求》。

本部分与GB 19510.3—2004的主要差异如下：

——第2章　规范性引用文件中增加标准IEC 60384-14:2005；

——第5章　试验说明中增加对试验用输出线缆的要求及说明；

——7.2　补充标志中增加声明允许的线缆长度的说明；

——第16章　异常状态中增加试验内容及要求；

——表格I.7中绝缘类型3)取消按照电流分类及相应数据的更改。

本部分的附录A、附录B、附录C、附录D、附录E、附录F、附录H和附录I为规范性附录，附录G为资料性附录。

本部分由中国轻工业联合会提出。

本部分由全国照明电器标准化技术委员会(SAC/TC 224)归口。

本部分起草单位：国家电光源质量监督检验中心(上海)、广州市中德电控有限公司、中山市欧普照明股份有限公司、惠州雷士光电科技有限公司、中山品上照明有限公司、霍尼韦尔朗能电器系统技术(广东)有限公司。

本部分起草人：陈颖、俞安琪、马国民、周明兴、熊飞、江智强、付宝成、李维升。

本部分于2004年首次发布，本次为第1次修订。

引　言

本部分和构成GB 19510.2～GB 19510.14的各个部分在引用GB 19510.1—2009的任一条款时规定了该条款的适用范围和各项试验的实施顺序，还规定了必要的补充要求。GB 19510.2～GB 19510.14的各个部分是各自独立的，相互之间互不参照。

如果本部分通过“按照GB 19510.1—2009的第某条要求”这一句子来引用GB 19510.1—2009的某一条款要求，则这句话的意思就是按照该条款的全部要求，但其中明显不适用于GB 19510.2～GB 19510.14所述特定类型的灯的控制装置的内容除外。

灯的控制装置　第3部分:钨丝灯用直流/交流电子降压转换器的特殊要求

1　范围

GB 19510 的本部分规定了 IEC 60357 所述卤钨灯和其他钨丝灯用电子降压转换器的特殊要求，这种电子降压转换器使用 250 V 以下的直流电源或 1 000 V 以下的 50 Hz/60 Hz 的 1 000 V 以下的交流电源，其在导线之间或任一导线与地线之间所产生的额定输出电压≤50 V(有效值，频率不同于电源频率)或≤$50\sqrt{2}$ V(脉动直流电源)。

注：50 V 额定输出电压极限值符合 GB/T 18379 中电压区段Ⅰ的要求。

装有过热保护装置的电子降压转换器的特殊要求在附录 C 中给出。

作为设备中线路的一部分的固定独立式安全特低压转换器的特殊要求在附录 I 中给出。

性能要求在 GB 19654 中给出。

作为灯具部件的插入式转换器参照灯具标准的补充要求，可视为内装式转换器。

2　规范性引用文件

下列文件中的条款通过 GB 19510 的本部分的引用而成为本部分的条款。凡是注日期的引用文件，其随后所有的修改单(不包括勘误的内容)或修订版均不适用于本部分，然而，鼓励根据本部分达成协议的各方研究是否可使用这些文件的最新版本。凡是不注日期的引用文件，其最新版本适用于本部分。

本部分采用 GB 19510.1—2009 中第 2 章所述规范性引用文件以及下述规范性引用文件：

GB 7000.6　灯具　第 2-6 部分:特殊要求　带内装式钨丝灯变压器或转换器的灯具(GB 7000.6—2007,IEC 60598-2-6:1996,IDT)

GB/T 7676(所有部分)　直接作用模拟指示电测量仪表及其附件(GB/T 7676—1998,idt IEC 60051)

GB/T 13539.2　低压熔断器　第 2 部分:专职人员使用的熔断器的补充要求(主要用于工业的熔断器)　标准化熔断器系统示例 A 至 I(GB/T 13539.2—2008,IEC 60269-2:2006,IDT)

GB 13539.3—2008　低压熔断器　第 3 部分:非熟练人员使用的熔断器的补充要求(主要用于家用和类似用途的熔断器)　标准化熔断器系统示例 A 至 F(IEC 60269-3:2006,IDT)

GB/T 18379　建筑物电气装置的电压区段(GB/T 18379—2001,idt IEC 60449:1973)

GB 19510.1—2009　灯的控制装置　第 1 部分:一般要求和安全要求(IEC 61347-1:2000,IDT)

GB/T 11021　电气绝缘　耐热性分级(GB/T 11021—2007,IEC 60085:2004,IDT)

GB 16895.21　建筑物电气装置　第 4-41 部分:安全防护　电击防护(GB 16895.21—2004,IEC 60364-4-41:2001,IDT)

GB 19654　灯用附件　钨丝灯用直流/交流电子降压转换器　性能要求(GB 19654—2005,IEC 61047:1991,IDT)

IEC 60065　电网电源供电的家用和类似一般用途的电子及有关设备的安全要求

IEC 60083　IEC 成员国已标准化的家用及类似用途的插头和插座

IEC 60127(所有部分)　小型熔断器

IEC 60269-2-1:2000　低压熔丝　第 2-1 部分:供指定人员使用的熔丝的补充要求(工业用熔丝)

第Ⅰ～Ⅴ章:标准化熔丝的类型实例

IEC 60357　卤钨灯(非机动车辆用)

IEC 60384-14:2005　电子设备用固定电容　第14部分:电磁抗扰及连接到电源的固定电容

IEC 60454(所有部分)　电工用压合胶带的规格

IEC 60742:1983　隔离变压器和安全型隔离变压器　要求(及修订1(1992))

IEC 60906(所有部分)　家用及类似用途IEC插头与插座

IEC 60906-1　家用及类似用途IEC插头与插座　第1部分:250 V交流电16 A插头与插座

3　术语和定义

本部分采用GB 19510.1—2009中第3章所给出的术语和定义以及下述术语和定义。

3.1

电子降压转换器(转换器)　electronic step-down convertor (convertor)

安装在电源与一只或几只卤钨灯或其他钨丝灯之间用来为灯提供其额定电压的装置,该装置通常在高频条件下工作,它由一个或几个单独的部件构成,还可包括调光、校正功率因数以及抑制无线电干扰的装置。

3.2

直流或交流转换器　d. c. or a. c. supplied convertor

装有能使一只或几只钨丝灯工作的稳定部件的转换器，通常在高频条件下工作。

3.3

等效安全特低电压转换器　safety extra-low voltage (SELV)-equivalent convertor

其输出电压为等效安全特低电压并能使一只或几只钨丝灯工作的内装式或组合式转换器。

注:就本部分而言,符合8.1和8.2规定的等效安全特低电压转换器所具备的防电击保护功能可视为与安全特低电压等效。

3.4

独立式安全特低电压转换器　independent SELV convertor

通过IEC 60742:1983所规定的安全隔离变压器来提供与电源隔绝的安全特低输出电压的转换器。

3.5

组合式转换器　associated convertor

设计用来向特定的设备或仪器供电的转换器,它可以装在或不装在这种设备和仪器中,但它是专为与这种特定的设备和仪器一起使用而设计的。

3.6

固定式转换器　stationary convertor

固定安装的转换器或不易从一个地方移到另一个地方的转换器。

3.7

插入式转换器　plug-in convertor

安装在外壳之内并具备一用来连接电源的整体式插头的转换器。

3.8

额定输出电压　rated output voltage

在额定电源电压、额定频率和功率因数为1时所确定的转换器的输出电压。

3.9

半电阻效应　half-resistance effect

在灯寿命结束时,由于灯丝变形或结晶导致灯丝局部短路而可能产生的效应,这种效应能造成转换器的超负荷。

3.10

闪络 arcing

在电压≥20 V时可能发生在灯泡之内并能造成转换器过负荷的一种效应。

4 一般要求

本部分按照GB 19510.1—2009中第4章的要求以及下述补充要求：

独立式安全特低电压转换器应按照附录I的要求。这些要求包括绝缘电阻、介电强度、外壳的爬电距离和电气间隙。

5 试验说明

按照GB 19510.1—2009第5章的要求以及下述补充要求：

样品的数量

应将下述数量的样品提交作试验：

——对于第6章～第12章和第15章～第21章所规定的试验，提交一个样品；

——对于第14章所规定的试验，提交一个样品(必要时，可与制造商协商要求补充样品)。

除非制造商特别声明，试验采用20 cm或200 cm长的输出线缆，并选择最不利的试验条件。可能的话采用双绞线或H03VV电缆。由额定功率决定导体横截面的大小，正常使用中电流密度不超过5 A/mm^2。

6 分类

转换器要按照GB 19510.1—2009第6章所给出的方法以及下述方法进行分类：

根据防电击保护措施分为：

——等效安全特低电压或隔离式转换器(这种类型的转换器可以用来代替具有加强绝缘的双绕组变压器，见GB 7000.6)；

——自耦式转换器；

——独立式安全特低压转换器。

7 标志

7.1 强制性标志

转换器(整体式转换器除外)应按照GB 19510.1—2009的7.2要求标有下述强制性标志，标志应清晰耐久。

——GB 19510.1—2009的7.1的a)，b)，c)，d)，e)，f)，k)，l)，m)的内容；以及

——额定输出电压。

7.2 补充标志

除上述强制性标志之外，还应将下述适用的内容标在转换器上，或标在制造商的产品目录或类似说明书中：

——GB 19510.1—2009的7.1的h)，i)和j)的内容；以及

——关于转换器是否具有连接电源的绕组的说明；

——关于等效安全特低电压转换器的说明(如果适用)；

——若输出线缆长度不介于20 cm～200 cm之间，应声明允许的线缆长度。

8 防止意外接触带电部件的措施

按照GB 19510.1—2009第10章的要求，以及下述补充要求：

8.1 对于等效安全特低电压转换器，应采用双重绝缘或加强绝缘使其易被触及的部件与带电部件绝缘。

还应按照 IEC 60065 的 9.3.4 和 9.3.5 的要求。

8.2 等效安全特低电压转换器的输出线路在下述情况下可装有外露的接线端子：

——承受负荷时的额定输出电压不超过 25 V(有效值)；

——无负载输出电压不超过 33 V(有效值)或 $33\sqrt{2}$ V(峰值)或 $33\sqrt{2}$ V(脉动直流电流)。

合格性通过下述试验进行检验：使转换器处于额定电源电压和额定频率下并达到稳定状态，然后测量输出电压。在负载情况下进行试验时，应给转换器装上一个在额定输出电压下能产生额定输出值的电阻。

对于具有一个以上额定电源电压的转换器，本要求适用于每一个额定电源电压。

注：25 V(有效值)极限值基于 GB 16895.21 得出。

额定输出电压超过 25 V 的转换器应装有绝缘的接线端子。

在等效安全特低电压输出和初级线路之间连接有电容器的情况下，应使用分别符合 IEC 60384-14：2005 中表 2 和表 3 说明和试验要求的单一电容 Y1 或二个串联的具有相同参数值的电容器 Y2。

在等效安全特低电压输出线路和初级线路之间连接有电阻的情况下，应使用二个串联的并具有同一参数值的电阻。

如果需要用其他元件将隔离变压器跨接，例如电阻，应按照 IEC 60065 第 14 章的要求。

8.3 装有总容量超过 0.5 μF 的电容器的转换器，其结构应能使其在与以额定电压供电的电源断开 1 min 后，其终端的电压不超过 50 V。

9 接线端子

按照 GB 19510.1—2009 第 8 章的要求。

10 接地装置

按照 GB 19510.1—2009 第 9 章的要求。

11 防潮与绝缘

按照 GB 19510.1—2009 第 11 章的要求以及下述补充要求：

对于等效安全特低电压转换器，其未被连接的输入端和输出端之间的绝缘性应充分满足要求。

对于双重绝缘或加强绝缘，电阻应不小于 4 MΩ。

12 介电强度

按照 GB 19510.1—2009 第 12 章的要求以及下述补充要求：

等效安全特低电压转换器内的隔离式变压器的绕组的绝缘条件应按照 IEC 60065 的 14.3.2 的要求。

13 绕组的耐热试验

不按照 GB 19510.1—2009 第 13 章的要求。

14 故障状态

按照 GB 19510.1—2009 第 14 章的要求以及下述补充要求：

在转换器具有▽标志的情况下，转换器应达到附录 C 所规定的要求。

此外，当转换器在故障状态下工作时，其输出电压不应超过额定输出电压的115%。

15 变压器的加热试验

等效安全特低电压转换器中隔离变压器的绕组应按照 IEC 60065 的 7.1 的要求进行试验。

15.1 正常工作

对于正常工作，应采用 IEC 60065 的表 3 中Ⅰ栏所示的值。

15.2 异常工作

对于本部分第 16 章所述异常状态下的工作以及第 14 章所述故障状态，应采用 IEC 60065 中表 3 的Ⅱ栏所示的值。

IEC 60065 中表 3 的Ⅰ栏和Ⅱ栏所示温升值是基于最大环境温度 35 ℃得出。由于试验在外壳温度为 t_c 的情况下进行，所以应测量相应的环境温度，并改动表 3 中的数值。如果这些温升值高于相应绝缘材料的类别所允许值，则该类材料的特性是决定因素。温升允许值基于 GB/T 11021 的推荐参数得出。IEC 60065 中表 3 所提供的材料只是作为样品。如果采用 GB/T 11021 中列表以外的材料，则最大温度不应超过已证明是符合要求的温度值。

试验应在能使转换器达到正常工作时的 t_c 的条件下进行。

注：可将转换器置于附录 F 所述试验箱中在正常条件下以及能使外壳温度达到 $t_{c}{}_{-5}^{\ 0}$℃的环境温度下工作并达到热平衡状态，以此种方式进行试验。

对于模压式变压器，应提交带热电偶的并经过专门处理的样品进行试验。

16 异常状态

转换器在异常状态下工作时不应损害其安全性。

此外，当转换器在故障状态下工作时，其输出电压不应超过额定输出电压的115%。

合格性采用在额定电源电压的90%～110%的任一电压下所进行的下述试验进行检验：

使转换器按照制造商的说明开始工作(如有规定，装上散热片)，再施加下述每一个条件并持续 1 h：

a) 不装灯；

b) 将二倍数量的转换器设计对应的灯并联在转换器的输出端上；

c) 将转换器的输出端短路。如果转换器的设计要求是带一只以上的灯工作，应依次将每一对连接灯的输出端短路。

在 a)～c)所规定的试验期间和试验结束时，转换器不应出现任何损害安全性的故障，也不应有任何烟雾或可燃气体产生。

试验后，当转换器温度降低到环境温度，以大约 500 V 直流电压测试，其绝缘电阻应不小于 1 MΩ。

使用高频火花发生器检查转换器释放的气体是否可燃。

非完全封闭转换器上各部件的温度不应超过其额定值。

17 结构

按照 GB 19510.1—2009 第 15 章的要求以及下述补充要求：

输出线路中的插口应不能使 IEC 60083 和 IEC 60906 所规定的插头插入其中，也不能使 IEC 60083 和 IEC 60906 所述可插入输出线路插口的插头插入其中。

合格性通过目视和人工试验进行检验。

18 爬电距离和电气间隙

除非第 14 章另有规定，均按照 GB 19510.1—2009 第 16 章的要求。

19 螺钉、载流部件及连接件

按照 GB 19510.1—2009 第 17 章的要求。

20 耐热、防火及耐漏电起痕

按照 GB 19510.1—2009 第 18 章的要求。

21 耐腐蚀

按照 GB 19510.1—2009 第 19 章的要求。

附 录 A
（规范性附录）
确定导电部件是否是可能引起电击的带电部件的试验

按照 GB 19510.1—2009 附录 A 的要求。

附 录 B
（规范性附录）
热保护式灯的控制装置的特殊要求

不按照 GB 19510.1—2009 附录 B 的要求。

附 录 C
（规范性附录）
带热保护器的灯的电子控制装置的特殊要求

按照 GB 19510.1—2009 附录 C 的要求。

附 录 D
（规范性附录）
热保护式灯的控制装置的加热试验要求

按照 GB 19510.1—2009 附录 D 的要求。

附 录 E
（规范性附录）
不同于 4 500 的常数 S 在 t_w（绕组温度）试验中的应用

GB 19510.1—2009 附录 E 的要求只对 50 Hz/60 Hz 绕组适用。

附 录 F
（规范性附录）
防对流风试验箱

按照 GB 19510.1—2009 附录 F 的要求。

附 录 G
（资料性附录）
脉冲电压值的推导方法

不按照 GB 19510.1—2009 附录 G 的要求。

附 录 H
（规范性附录）
试 验

按照 GB 19510.1—2009 附录 H 的要求。

附 录 I
（规范性附录）
钨丝灯用独立式安全特低电压直流或交流电子降压转换器的特殊补充要求

注：本附录的正文有一部分取自 IEC 60742:1983 及其修订 1。

I.1 适用范围

本附录适用于采用安全特低电压电源，供最大电流为 25 A 的Ⅲ类灯具使用的独立式转换器。它是按照 IEC 60742:1983 中关于配套式变压器的 4.12 要求，由该标准的相关要求组成。

I.2 定义

I.2.1

耐短路转换器 short-circuit proof convertor

当其在超负荷或短路时其温升不会超过规定极限值，并且在除去过负荷后仍能保持正常工作的转换器。

I.2.2

非固有式耐短路转换器 non-inherently short-circuit proof convertor

装有一种保护装置的抗短路转换器，这种保护装置在转换器超负荷或短路时能将线路断开或降低输入线路或输出线路中的电流。

注：保护装置指的是保险丝、过负荷断路器、热熔丝、热熔片、热熔断路器、正温度系数电阻以及自动断路机械装置。

I.2.3

固有式耐短路转换器 inherently short-circuit proof convertor

在其处于超负荷短路和不具备保护装置的情况下，其温度不会超过规定极限值并且在排除过负荷或短路以后仍能继续正常工作的抗短路转换器。

I.2.4

失效保护式转换器 fail-safe convertor

在异常条件下使用后不能正常工作但也不会对使用者或周围环境造成危险的一种转换器。

I.2.5

非耐短路转换器 non-short-circuit proof convertor

设计要求借助一保护装置来防止温度过度升高的转换器，该保护装置不应安装在转换器之内。

I.2.6

高频变压器 HF transformer

在与电源频率不同的频率下工作的转换器的组成部件。

I.3 分类

独立式转换器按下述方式进行分类：

I.3.1　根据防电击保护

——Ⅰ类转换器；

——Ⅱ类转换器。

I.3.2　根据短路保护或异常使用保护

——非固有式耐短路转换器；

——固有式耐短路转换器；

——失效保护式转换器；

——非耐短路转换器。

I.4　标志

在采用符号作标志时，应如下所示：

PRI	输入
SEC	输出
	直流电
N	中线
～	单相
	保险丝(时限电流特性的补充符号)
t_a	最大额定环境温度
	框架式终端或芯式终端
	安全隔离式转换器
F 或 F	失效保护式转换器
或	非耐短路转换器
或	耐短路转换器 (固有式或非固有式)

最后三个符号可作为隔离式转换器或安全隔离式转换器的符号。

示例：在Ⅱ类结构的符号的尺寸中，外部正方形各边的长度大约是内部正方形各边长度的二倍。外部正方形各边的长度应不小于 5 mm，除非转换器的最大尺寸未超过 15 cm，在这种情况下，该符号的尺寸可以缩小，但是，外部正方形的各边长度应不小于 3 mm。

I.5　防电击保护措施

I.5.1　在输出线路和壳体之间或在输出线路和接地保护线路(如果有这种线路的话)之间不应有任何连接，但在 8.2 所规定的条件下除外。

合格性通过目视进行检验。

I.5.2　输入线路和输出线路相互之间在电气上应当隔离，并且它们的结构应使这些线路之间不存在直接或间接通过其他金属部件形成任何接触的可能性。

如果转换器内装有高频变压器,“线路”一词也包括这种变压器的绕组。

尤其应防止下述情况发生:

——高频变压器的输入绕组、输出绕组或线圈出现过度位移;

——内部线路或外部连接线出现过度位移;

——在导线断裂或连接件松动的情况下,线路的部件或内部连接部件出现过度位移;

——导线、螺钉、垫圈等物,包括高频变压器绕组的连接件,开始松动或脱落,并跨接在输入线路和输出线路之间的绝缘体的任一部位上。

两个独立的附件不应同时松动。

采用目视法检验转换器是否符合I.5.2.1～I.5.2.5(包括I.5.2.5)的规定,转换器外壳的合格性按照GB 7000.1中4.13所述试验进行检验。

I.5.2.1 高频变压器的输入绕组和输出绕组之间的绝缘应由双重绝缘或加强绝缘构成,但在其按照I.5.2.4要求时除外。

此外,还需采用下述要求:

——对于Ⅱ类转换器,输入线路和壳体之间的绝缘以及输出线路和壳体之间的绝缘应由双重绝缘和加强绝缘构成;

——对于Ⅰ类转换器,输入线路和壳体之间的绝缘应由基本绝缘构成,输出线路和壳体之间的绝缘应由补充绝缘构成。

I.5.2.2 如果高频变压器的输入绕组和输出绕组之间装有未与壳体连接的中间金属部件(例如,高频变压器的磁芯),则经过该中间金属部件的输入绕组和输出绕组之间的绝缘,应由双重绝缘或加强绝缘构成;对于Ⅱ类转换器,经过高频变压器的这种中间金属部件的输入绕组和壳体之间的绝缘,以及输出绕组和壳体之间的绝缘应由双重绝缘或加强绝缘构成。

高频变压器的中间金属部件与输入绕组或输出绕组之间的绝缘,均应至少由适用于相应线路电压的基本绝缘构成。

高频变压器中用双重绝缘或加强绝缘与一个绕组隔离的中间金属部件,可将其视为已被连接在另一个绕组上。

I.5.2.3 如果采用锯齿形胶带作为绝缘,应至少再加贴一层胶带,以降低两相临胶带产生齿形的危险。

I.5.2.4 对于固定连接的Ⅰ类转换器,其高频变压器的输入绕组和输出绕组之间的绝缘可以由基本绝缘加保护屏蔽构成,而不是双重绝缘或加强绝缘,但是,它们应符合下述条件:

本条件中,“绕组”一词不包括内部线路。

a) 输入绕组和保护屏蔽之间的绝缘应符合基本绝缘的要求(适用于输入电压);

b) 保护屏蔽和输出绕组之间的绝缘应符合基本绝缘要求(适用于输出电压);

c) 除非另有规定,金属屏蔽应由金属箔或金属线绕网构成,它们至少延伸至邻近保护屏蔽的绕组的整个宽度;金属线绕网应结实、严密,线匝之间不应有空隙;

d) 为了防止由于线圈短路而产生的涡流电流损耗,金属屏蔽的两个边沿不应同时接触到磁芯;

e) 金属屏蔽及其引出线应具有足够大的横截面,以便确保在发生绝缘故障的情况下,过负荷装置在金属屏蔽被损坏之前断开线路;

f) 引出线应焊接在金属屏蔽上,或以同样可靠的方式加以固定。

I.5.2.5 高频变压器的每一个绕组的最后一圈应采用适宜的方式加以固定,例如使用胶带或适宜的粘接剂。

如果绕组采用无面板线圈架,每层的最后几圈应采用适当的方法加以固定。例如,可在每层线圈上交错施加充足的绝缘材料并凸出于每层的最后几圈,此外,

——或者给绕组灌注热凝材料或冷凝材料,这些材料应牢固填充在中间空隙处,并应将最后几圈线圈有效地密封住。

——或者,用绝缘材料将绕组固定在一起。

两个独立的固定件不应同时松动。

采用目视法检验转换器是否按照I.5.2.1～I.5.2.5要求,通过试验检验其是否按照第11章、第12章和I.8要求;转换器外壳的合格性通过GB 7000.1中4.13所述试验进行检验。

I.5.3 输入线路和输出线路允许用零部件跨接,例如,电容器、电阻以及光耦合器。

I.5.3.1 电容器和电阻应按照8.2的要求。

I.5.3.2 光耦合器的要求尚在研究之中。

I.6 加热

I.6.1 转换器及其支撑件在正常使用时不应产生过高的温度。

合格性按照I.6.2所述试验进行检验。此外,下述要求也适用于绕组。

I.6.1.1 如果制造商既未说明使用的是哪一类材料,也未说明 t_a 的值和所测得的温升值不超过表I.1所示A类材料温升值,则I.6.3所述试验不必进行。

但是,如果所测得的温升值超过表I.1所示A类材料的温升值,则转换器的有效部件(磁芯和绕组)应进行I.6.3所述试验。加热箱的温度按照表I.2进行选择。从表I.2中选出的温升值是所测得的温升值的次高值。

I.6.1.2 如果制造商没有说明使用的是哪一类材料,但已经说明 t_a 的值以及考虑到该值,所测得的温升值未超过表I.1所示A类材料的温升值,则不进行I.6.3所述试验。

但是,如果考虑到 t_a 的值,所测得的温升值超过表I.1所示A类材料的温升值,则转换器的有效部件(磁芯和绕组)要进行I.6.3所述试验。加热箱的温度按照表I.2进行选择,要考虑到 t_a 的值。从表I.2中选出的温升值是所计算得出的温升值的次高值。

I.6.1.3 如果制造商已经说明使用的是哪一类材料,但是未说明 t_a 的值和所测得的温升值没有超过表I.1所示相应的值,则不进行I.6.3所述试验。

但是,如果所测得的温升值超过表I.1所示之值,则该转换器被视为不符合本条款要求。

I.6.1.4 如果制造商已经说明使用的是哪一类材料,以及 t_a 的值,并且也已说明考虑到 t_a 的值,所测得的温升值没有超过表I.1所示相应的值,则不进行I.6.3所述试验。

但是,如果考虑到 t_a 的值,所测得的温升值超过表I.1所示之值,则转换器被视为不符合本条款要求。

I.6.2 在达到稳定状态时,在下述条件下确定温升值。

试验和测量应在无对流风的、其尺寸不会影响试验结果的场所进行。如果转换器的 t_a 额定值超过50 ℃,则试验期间的室温应在 t_a 额定值5 ℃的范围之内,并且最好是在 t_a 的额定值。

将便携式转换器安装在一涂有无光泽黑色漆的胶合板支架上,将固定式转换器按正常使用方式也安装在一涂有无光泽黑漆的胶合板支架上。该支架的厚度约为20 mm,其尺寸要超出支架上样品的垂直高度至少200 mm。

将转换器接上额定电压,并加载一个电阻,其在额定输出电压和额定功率因数(对交流电而言)的条件下能给出额定输出。

将电源电压升高6%,此外不再作任何调节。

当仪器或其他仪器在其技术要求所示正常使用条件下工作时,将组合式转换器置于这种条件下工作。如果这些设备或仪器在设计上可以使转换器不带负载工作,则应在无负载条件下重复此项试验。

绕组的温升用电阻法或热电偶进行测定,选用对受试部件的温度影响最小的方式和部位进行测量。在这种情况下,需提交经过专门处理的样品。

在测量绕组的温升时,应与样品相隔一段距离,也就是在不影响温度读数的范围内测量环境温度。在此部位,试验期间温度的变化应不超过10 K。

试验期间

——对于不带 t_a 标志的转换器，温升不应超过表 I.1 所示值；

——对于带 t_a 标志的转换器，温升和 t_a 值之和不应超过表 I.1 所示值与 25 ℃之和。

例如：绕组的允许温升：

a) 转换器的 $t_a=+35$ ℃，A 类材料：

$\Delta t+35\ \mathrm{K}\leqslant 75\ \mathrm{K}+25\ \mathrm{K}$

$\Delta t\leqslant 65\ \mathrm{K}$

b) 转换器的 $t_a=-10$ ℃，E 类材料：

$\Delta t+(-10\ \mathrm{K})\leqslant 90\ \mathrm{K}+25\ \mathrm{K}$

$\Delta t\leqslant 125\ \mathrm{K}$

此外，电气连接不应松动。爬电距离和电气间隙不应降至 I.11 的规定值以下。密封化合物不应溢出，过负荷保护装置不应启动工作。

表 I.1 正常使用时的温升值

部　件	温升 K
（与线圈架和铁芯片相接触的）绕组，其绝缘材料为：	
——A 类材料[a]	75
——E 类材料	90
——B 类材料	95
——F 类材料	115
——H 类材料	140
——其他材料[b]	
[a] 该类材料按照 GB/T 11021 或 IEC 60317-0-1 或等效的标准进行分类。	
[b] 如果使用 GB/T 11021 中规定的 A，E，B，F 和 H 类以外的材料，这些材料应承受住 I.6.3 所述试验。	

注：将来，这种分类法用 t_w 标志代替，此要求尚在研究之中。

表中的值基于通常不超过 25 ℃的环境温度得出，但有时达到 35 ℃。

绕组温度基于 GB/T 11021 得出，但是考虑到在试验中这些温度是平均值而不是过热部位的温度，已对绕组温度作了调整。

此试验之后，立即对样品施加 I.8.3 所规定的介电强度试验，试验电压只施加在输入绕组和输出绕组之间。

对于Ⅰ类转换器，注意不要使其他绝缘体受到超过 I.8.3 所规定之值的电压的冲击。

建议测量应在每个绕组上单独进行，并且通过在断开电源后立即测量电阻的方法来测量试验结束时绕组的电阻，然后，间隔一段时间，再进行测量，以便能绘出电阻与时间关系的曲线，并由此确定在断开电源的那一时刻的电阻。

对于带一个以上输出绕组或一个抽头式输出绕组的转换器，应考虑最大温升的试验结果。

对于不具备连续工作条件的转换器，试验条件可参见相应的条款。

绕组的温升值根据式(I.1)计算得出，其中对于铜线绕组，$x=234.5$；对于铝线绕组，$x=229$：

$$\Delta t=\frac{R_2-R_1}{R_1}(x+t_1)-(t_2-t_1) \qquad \text{(I.1)}$$

式中：

Δt——相对于 t_2 的温升，K；

R_1——在温度为 t_1 时，试验开始时的电阻，Ω；

R_2——已达到稳定状态时，试验结束时的电阻，Ω；

t_1——试验开始时的室温，℃；

t_2——试验结束时的室温,℃。

试验开始时,绕组应处在室温下。

I.6.3 试验

在适当的条件下(见I.6.1),转换器的主要部件(磁芯和绕组)要接受下述周期试验,每一周期由耐热试验、潮湿处理和振动试验组成。每一周期完成之后,再进行测量。

样品的数量应按第5章所示数量提交(三个补充样品)。样品应承受10个试验周期。

I.6.3.1 耐热试验

依据绝缘体的类型,将样品按照表I.2所规定的时间要求和温度要求放置在加热箱中。加热箱内的温度应保持在±3 ℃的公差范围之内。

表I.2 每一周期的试验温度和试验时间 (单位为天)

试验温度 ℃	绝缘系统的温升[a] K				
	75	90	95	115	140
220					4
210					7
200				4	14
190				7	
180				14	
170			4		
160			7		
150		4			
140		7			
130	4				
120	7				
仅指定用于I.7试验的临时分类	A	E	B	F	H

[a] 基于25 ℃的环境温度得出,有时达到35 ℃。

I.6.3.2 潮湿处理

样品应按照GB 19510.1—2009第11章的要求提交潮湿处理,并持续二天(48 h)。

I.6.3.3 振动试验

将样品提交作振动试验并持续1 h,试验时使绕组的轴线呈垂直状态,并以额定电源的频率施加1.5g的最大加速度。

I.6.3.4 测量

每个周期结束之后,按照I.8.1要求测量绝缘电阻和介电强度。耐热试验结束之后,应将样品冷却至环境温度再进行潮湿处理。

对于I.8所规定的绝缘试验,试验电压值应降至规定值的35%,试验时间应当加倍,但是在按照I.8.3进行绕组试验时,试验电压应至少是额定电源电压的1.2倍。如果空载电流或空载输入端的电阻分量与第一次测量所测得的相应参数相差30%以上,则该样品被视为不符合绕组试验要求。如果10个周期完成之后有一个以上样品试验失败,则该转换器被视为不符合耐久试验要求。

在由于绕组的线圈之间出现击穿而使一个样品试验失败的情况下,耐久试验不视为失败。该试验可在余下的两个样品上进行。

I.7 短路与超负荷保护

I.7.1 转换器不应由于正常使用中可能发生的超负荷而造成不安全。

合格性通过目视及下述试验进行检验:在完成 I.6.2 所规定的试验后,不改变转换器的位置将转换器置于额定电源电压的 1.06 倍的条件下,(对于非固有式防短路变压器,使其处于额定电源电压的 0.94 倍～1.06 倍之间的任一电压下),立即进行下述试验:

——固有式耐短路转换器进行 I.7.2 所规定的试验;

——非固有式耐短路转换器进行 I.7.3 所规定的试验;

——对于装有能复位或被替换的非自动复位式热断路器的转换器,如果它们是失效保护型的,进行 I.7.5 所规定的试验;

——非耐短路转换器进行 I.7.4 所规定的试验;

——失效保护式转换器进行 I.7.5 规定的试验;

——和整流器一起使用的转换器进行 I.7.2 或 I.7.3 所规定的试验,此试验进行二次,一次是在整流器的一侧被短路时进行,一次是在整流器的另一侧短路时进行;

——对于装有一个以上输出绕组或一个带抽头式输出绕组的高频变压器,应考虑其试验结果要给出最大温升值。所有预定要同时加上负载的绕组要先加至额定输出值,然后,按照规定将选出的绕组短路或使其超负荷。

对于 I.7.2,I.7.3 和 I.7.4 要求,温升值不应超过表 I.3 给出的值。

表 I.3 短路或超负荷状态下的最大温升值

绝缘材料的分类	A	E	B	F	H
	最大温升/K				
保护类型:					
固有保护式绕组	125	140	150	165	185
由保护装置提供保护的绕组:					
——在初始一小时内(对额定电流超过 63 A 的熔丝)或初始两个小时之内[a]	175	190	200	215	235
——第一个小时之后,峰值[b]	150	165	175	190	210
——第一个小时之后,算术平均值[b]	125	140	150	165	185
外壳(可接触到标准试验指)	80				
引线的橡胶绝缘层	60				
引线的聚氯乙烯绝缘层	60				
支撑面(即被转换器盖住的松木胶合板的任一部分表面)	80				

[a] I.7.3.3 所规定的试验完成之后,由于转换器的热惯性,这些值可能被超过。

[b] 不适用于 I.7.3.3 所规定的试验。

I.7.2 将固有式耐短路转换器的输出绕组短路,再进行试验,直至达到稳定状态。

I.7.3 非固有式耐短路转换器按照 I.7.3.1～I.7.3.5 要求进行试验。

I.7.3.1 将输出端短路。处于额定电源电压的 0.94 倍～1.06 倍之间的任一电压下的过负荷保护装置应在温升值超过表 I.3 所示值以前能够启动工作。

I.7.3.2 如果转换器由符合 GB/T 13539.2 或 GB 13539.3 的熔丝或技术上与此等效的熔丝提供保护,则以转换器标志电流的 K 倍的电流作为这些保险熔丝的额定电流,将其负荷在该转换器上,并持续时间 T。K 和 T 的值在表 I.4 中给出。

表 I.4 保险熔丝的额定电流

gG式保险熔丝额定电流 I_n 的标志值 A	T h	K
$I_n \leqslant 4$	1	2.1
$4 < I_n < 16$	1	1.9
$16 \leqslant I_n \leqslant 63$	1	1.6
$63 < I_n \leqslant 160$	2	1.6
$160 < I_n \leqslant 200$	3	1.6
对于非专业人员使用的gG式B类柱形熔丝(见GB/T 13539.3)以及带螺栓连接件的供指定人员使用的熔丝(见IEC 60269-2-1:2002),$I_n<16$ A时,K 值为1.6。 对于非专业人员使用的D类熔丝(见GB/T 13539.3),额定电流为16 A时,K 为1.9。		

I.7.3.3 如果转换器是由IEC 60127所规定的小型熔丝或技术上等效的熔丝提供保护,则使该转换器负荷2.1倍该熔丝的额定电流,并持续30 min。

I.7.3.4 如果转换器由过负荷保护装置而不是熔丝提供保护,则使该转换器负载能使保护装置工作的最小电流值的0.95倍的电流,直至达到稳定状态。

I.7.3.5 对于I.7.3.2和I.7.3.3所述试验,采用其阻抗可忽略不计的熔丝。

对于I.7.3.4所述试验,试验电流是在环境温度下获得的,首先,使转换器电流达到额定断路电流的1.1倍,然后以2%的幅度慢慢地降低电流,直到使电流值达到尚未使过负荷保护装置启动的电流值为止。

如果使用热熔丝,将一个样品的试验电流以5%的幅度升高,每升高一个幅度后,应使转换器达到稳定状态。如此连续操作,直到热熔丝断开。记录下该电流值。然后用0.95倍于所记录之值的电流在其他样品上重复进行该试验。

I.7.4 应按照I.7.3要求对非耐短路式转换器施加负荷。由制造商规定的保护装置要安装在相应的输入线路或输出线路中。

组合式非耐短路转换器要在其正常使用时的最不利条件下以及其所专用的设备或线路处于最不利的负荷状态下进行试验,试验时输出线路或输出线路中装有制造商所规定的适当的保护装置。最不利负荷状态可以是连续的,间歇的或是一时的。

I.7.5 失效保护式转换器

I.7.5.1 将三个补充样品只用于下述试验。在其他试验中使用过的转换器不允许接受本试验。

将这三个样品按正常使用方式安装在一厚度为20 mm,涂有无光泽黑色漆的胶合板上。使每个转换器样品在额定初级电压的1.06倍的电压下工作,从一开始就给在I.6.2所述试验期间能产生最大温升的输出绕组负荷额定输出电流的1.5倍的电流,(如果不能做到这点,则采用可以达到的最大输出电流值)直到达到稳定状态或转换器失效(取首先出现者)。

如果转换器失效,在试验期间和试验之后均应符合I.7.5.2的规定。

如果转换器没有失效,则记录下达到稳定状态的时间,再将所选出的输出绕组短路。试验要连续进行至转换器失效为止。对于试验的这一部分,每个样品所持续的时间应少于达到稳定状态所需要的时间,但应不超过5 h。

转换器在失效时应是安全的,并且在试验期间和试验之后均应符合I.7.5.2的规定。

I.7.5.2 在I.7.5.1所述试验期间的任一时刻:

——转换器外壳上可能被标准试验指触及到的任一部位的温升应不超过150 K;

——胶合板支架的任一部位的温升应不超过100 K;

——转换器不应有火苗、熔化材料、燃烧颗粒或绝缘材料的燃烧液滴逸出。

在 I.7.5.1 所述试验完成之后以及将样品冷却至环境温度后：

——转换器应承受住绝缘强度试验，试验电压为表 I.6 所示值的 35%，试验只在初级绕组和次级绕组之间以及初级绕组和壳体之间进行。

——外壳上不应出现能使标准试验指(见 IEC 60529)触及到裸露的带电部件的孔洞。如有疑问，采用电压不低于 40 V 的电子接触显示器来显示是否触及到带电部件。

如果有一个样品未通过试验，则整个试验被视为不合格。

I.8 绝缘电阻和介电强度

I.8.1 转换器应具有足够的绝缘电阻和介电强度。

合格性通过第 11 章和 12 章以及 I.8.2 和 I.8.3 所述试验进行检验，第 11 章所述试验在潮湿箱中或在能使样品达到规定温度的室内进行，此试验结束并将被拆除的那些部件重新组装好之后，立即进行第 12 章和 I.8.2 及 I.8.3 所述试验。

I.8.2 绝缘电阻的测量使用约 500 V 的直流电压，测量应在施加该电压 1 min 之后进行。

绝缘电阻不应低于表 I.5 所示值。

表 I.5 绝缘电阻值

受试绝缘部位	绝缘电阻 MΩ
带电部件与转换器壳体之间：	
——基本绝缘	2
——加强绝缘	4
输入线路与输出线路之间	5
只用基本绝缘与带电部件隔离的Ⅱ类转换器的金属部件与其壳体之间	5
与绝缘材料外壳的内表面和外表面相接触的金属箔之间	2

I.8.3 在 I.8.2 所述试验完成之后，立即使绝缘部件承受正弦波处于额定频率的电压 1 min，试验电压值和电压施加部位在表 I.6 中给出。

表 I.6 试验电压

试验电压的施加部位	工作电压[a] V				
	≤50	200	>200 ≤450	700	1 000
输入线路的带电部件和输出线路的带电部件之间[b]	500	2 000	3 750	5 000	5 500
下述部件之间的基本绝缘或补充绝缘： a) 具有(或可以成为)不同极性的带电部件之间(例如：由于熔丝的作用) b) 带电部件与规定接地的壳体之间 c) 易被触及的金属部件与一具有电线直径的金属棒(或包裹在该电线上的金属箔)之间，该电线应能插入引线套管，引线防护罩或锚式固定装置等部件 d) 带电部件与中间金属部件之间 e) 中间金属部件与壳体之间	250	1 000	1 875	2 500	2 750
壳体与带电部件之间的加强绝缘	500	2 000	3 750	5 000	5 500

[a] 对于工作电压的中间值，试验电压是通过在表中所列各值之间实施插入法得出的，但表中>200 且≤450 一栏除外，该处的电压值未实施插入法。

[b] 这些要求不适用于由 I.5.2.4 所述接地金属屏隔离的线路。

开始所施加的电压不应超过规定电压的一半，然后迅速将电压完全升高至规定值。

试验期间不应出现飞弧或击穿现象，辉光放电效应及类似现象可忽略不计。

试验所使用的高压变压器在输出端被短路时应能提供至少 200 mA 的电流。线路的过负荷断路器在电流小于 100 mA 时不应启动。测量试验电压有效值用的电压表应为 GB 7676 所规定的 2.5 级。

应注意施加在输入线路和输出线路之间的试验电压不应使其他绝缘体超载。如果制造商表明初级绕组与次级绕组之间具有双重绝缘系统，例如，从初级绕组至磁芯，从磁芯至次级绕组，那么每一种绝缘应单独进行试验。这种方式同样适用于初级绕组与壳体之间的双重绝缘。

对于具备加强绝缘和双重绝缘的Ⅱ类结构，应注意使施加在加强绝缘上的电压不应对基本绝缘或补充绝缘造成超载。

I.9 结构

I.9.1 转换器的结构应能使转换器符合规定的全部使用要求，并能够耐热、防潮、防水以及防冲击(机械的和磁性的)。

合格性通过相应的试验进行检验。

I.9.2 用于连接外部引线的输入接线端子和输出接线端子的位置应使这些接线端子的固定装置之间的距离不小于 25 mm。如果该距离是通过一隔板来实现的，则此隔板应是绝缘材料的，并被永久性地固定在转换器上。

合格性通过目视以及测量进行检验，测量时可将中间金属部件忽略不计。

I.10 零部件

I.10.1 输出线路中的插座出口不应被符合 IEC 60083 和 IEC 60906-1 的插头插入其中，能插入输出线路的插座出口的插头应不能插入符合 IEC 60083 和 IEC 60906-1 的插座出口。

合格性通过目视及人工试验进行检验。

I.10.2 除非确定转换器不存在危险，否则自动复位装置不应被使用。

合格性通过目视和下述试验进行检验：

将输出端子短路，并使转换器处于 1.06 倍额定输入电压下工作 48 h(二天)。

试验期间，不应出现持续飞弧现象，也不应由于其他原因发生危险，设备应正常工作。

I.11 爬电距离和电气间隙

爬电距离和电气间隙不应小于 GB 19510.1—2009 第 16 章中表 3 的值以及表 I.7 所示之值。

用表 I.7 所示爬电距离和电气间隙代替 GB 7000.1 中的相应要求，包括该标准中图 24 所示电源终端处爬电距离和电气间隙的测量说明。

表 I.7 所规定的距离适用于未插有导线的接线端子。

表 I.7 爬电距离(cr)和电气间隙(cl)以及绝缘距离(dti) 单位为毫米

绝缘类型		测量部位				工作电压[a] V											
		绕组瓷漆[b]		非绕组瓷漆		≤50		150		250		440		690		1 000	
		NP[c]	SP[d]	NP	SP	cl	cr	cl	cr	cl	cr	cl	cr	cl	cr	cl	cr
1) 输入线路与输出线路之间的绝缘	a) 输入线路的带电部件与输出线路的带电部件之间的爬电距离和电气间隙[e]			×		1.5	1.5	4.0	4.0	6.0	6.0	8.0	8.0	10.0	10.0	11.0	11.0
					×	1.5	2.0	4.0	5.0	6.0	7.0	8.0	9.7	10.0	13.2	11.0	15.4
		×				1.0	1.2	2.7	3.2	4.0	4.8	5.4	6.4	6.6	8.0	7.4	8.8
			×			1.0	1.6	2.7	4.0	4.0	5.2	5.4	7.8	6.6	10.6	7.4	12.4

表 I.7（续） 单位为毫米

绝缘类型		测量部位				工作电压[a] V											
		绕组瓷漆[b]		非绕组瓷漆		≤50		150		250		440		690		1 000	
		NP[c]	SP[d]	NP	SP	cl	cr	cl	cr	cl	cr	cl	cr	cl	cr	cl	cr
	b）输入或输出线路和接地金属屏之间的绝缘距离（见注 2，至少需要两层绝缘时除外）					dti		dti		dti		dti		dti		dti	
		×	×	×	×	0.1 (0.05)		0.25 (0.08)		0.5 (0.15)		0.65 (0.18)		0.75 (0.20)		1.0 (0.25)	
	c）输入线路和输出线路之间的绝缘距离（见注 2）	×	×	×	×	0.2 (0.1)		0.5 (0.15)		1.0 (0.3)		1.3 (0.35)		1.5 (0.4)		2.0 (0.5)	
2）临近的输入线路之间的绝缘或临近的输出线路之间的绝缘（见注 3）	爬电距离和电气间隙					cl	cr	cl	cr	cl	cr	cl	cr	cl	cr	cl	cr
				×	×	0.5	0.9	1.0	1.5	1.5	2.0	2.0	2.5	2.5	3.0	3.0	3.5
		×	×			0.5	0.5	0.7	1.0	1.0	1.4	1.4	1.7	1.7	2.0	2.0	2.4
3）连接外引线用的接线端子之间的爬电距离和电气间隙（不包括输入线路接线端子和输出线路接线端子之间的爬电距离和电气间隙）		×	×	×	×	3.0		4.0		6.0		8.0		10.0		12.0	
4）基本绝缘或补充绝缘	a）具有（或可能具有）不同极性的带电部件之间（例如通过熔丝的作用）					0.8	1.0	2.0	2.0	3.0	3.0	4.0	4.0	5.0	5.0	5.5	5.5
	b）带电部件和预定要接地的壳体之间				×	0.8	1.0	2.0	2.5	3.0	3.5	4.0	4.9	5.0	6.6	5.5	7.7
	c）易被触及的金属部件和具有挠性导线直径的金属棒或包裹在该导线上的金属箔之间（这些导线能插入引线套管，锚式装置等部件中）					0.5	1.0	1.4	1.6	2.0	2.4	2.7	3.2	3.3	4.0	3.7	4.4
	d）带电部件和中间金属部件之间																
	e）中间金属部件和壳体之间		×			0.5	1.0	1.4	2.0	2.0	2.6	2.7	3.9	3.3	5.8	3.7	6.2
5）加强绝缘	壳体和带电部件之间			×	×	1.5	1.5	4.0	4.0	6.0	6.0	8.0	8.0	10.0	10.0	11.0	11.0
						1.5	2.0	4.0	5.0	6.0	7.0	8.0	9.8	10.0	13.2	11.0	15.4
		×				1.0	1.2	2.7	1.2	4.0	4.8	5.4	6.4	6.6	8.0	7.4	8.8
			×			1.0	1.6	2.7	4.0	4.0	5.2	5.4	7.8	6.6	10.0	7.4	12.4

表 I.7（续）

单位为毫米

<table>
<tr><th colspan="2" rowspan="3">绝缘类型</th><th colspan="4">测量部位</th><th colspan="12">工作电压[a] V</th></tr>
<tr><th colspan="2">绕组瓷漆[b]</th><th colspan="2">非绕组瓷漆</th><th colspan="2">≤50</th><th colspan="2">150</th><th colspan="2">250</th><th colspan="2">440</th><th colspan="2">690</th><th colspan="2">1 000</th></tr>
<tr><th>NP[c]</th><th>SP[d]</th><th>NP</th><th>SP</th><th>cl</th><th>cr</th><th>cl</th><th>cr</th><th>cl</th><th>cr</th><th>cl</th><th>cr</th><th>cl</th><th>cr</th><th>cl</th><th>cr</th></tr>
<tr><td rowspan="5">6）穿过绝缘距离（不包括输入线路与输出线路之间的绝缘）[f]</td><td></td><td></td><td></td><td></td><td></td><td colspan="2">dti</td><td colspan="2">dti</td><td colspan="2">dti</td><td colspan="2">dti</td><td colspan="2">dti</td><td colspan="2">dti</td></tr>
<tr><td>a）由补充绝缘隔离的金属部件之间</td><td>×</td><td>×</td><td>×</td><td>×</td><td colspan="2">0.5</td><td colspan="2">0.6</td><td colspan="2">0.8</td><td colspan="2">1.0</td><td colspan="2">1.2</td><td colspan="2">1.5</td></tr>
<tr><td>b）由加强绝缘隔离的金属部件之间</td><td>×</td><td>×</td><td>×</td><td>×</td><td colspan="2">0.7</td><td colspan="2">0.8</td><td colspan="2">1.0</td><td colspan="2">1.5</td><td colspan="2">2.0</td><td colspan="2">2.5</td></tr>
<tr><td>c）没有金属部件的那一面的补充绝缘[e]</td><td>×</td><td>×</td><td>×</td><td>×</td><td colspan="2">0.3</td><td colspan="2">0.4</td><td colspan="2">0.5</td><td colspan="2">0.6</td><td colspan="2">0.8</td><td colspan="2">0.9</td></tr>
<tr><td>d）没有金属部件的那一面的加强绝缘[e]</td><td>×</td><td>×</td><td>×</td><td>×</td><td colspan="2">0.5</td><td colspan="2">0.6</td><td colspan="2">0.8</td><td colspan="2">1.0</td><td colspan="2">1.2</td><td colspan="2">1.5</td></tr>
</table>

注1：依照本部分，对于发生故障可能造成危险的印刷线路，其参数值应与表中所示带电部件的参数值相等。对于只用于工作目的的印刷线路，可采用 IEC 60065 所示基本绝缘的参数（图 9 的曲线 A）。

注2：如果绝缘材料是由至少三层薄片构成的，并且去掉一层后余下的几层仍能承受住 I.8.3 所规定的介电强度试验，则可以采用表中 1 栏括号内所示绝缘距离。

如果使用齿形胶带，可要求补充绝缘层。

对于额定输出值大于 100 VA 的变压器，采用括号中的数值。

对于额定输出值为 25 VA～100 VA（包括 100 VA）的变压器，可将括号内的值降低至该值的 2/3。

对于额定输出值小于 25 VA 的变压器，可将括号内的值降低至该值的 1/3。

如果能通过 I.6.3 所述试验表明绝缘材料具有足够的机械强度并能抗老化，可采用较小的绝缘距离。

注3：这些参数不适用于每个绕组的内侧，也不适用于预定要相互连接的每个绕组的内侧；但是，如果这种绕组可串联或并联连接，则可以采用这些参数（例如 110/220V 输入值）。

注4：如果污染能形成很高的和持久的导电性，例如通过导电的粉尘或雨雪，将严重污染一栏所示爬电距离和电气间隙随 1.6 mm 最小间隙和 IEC 60742 附录 ID 所示 4.0 mm 的 X 值进一步增大。

注5：对于采用浸渍方式加以密封的绕组，或采用粘接胶带覆盖至线圈的凸边的绕组，如果这些绝缘材料全部是按照 GB/T 11021 进行分类的，则这些绕组的这些部位被视为没有爬电距离或电气间隙。

注6：关于绝缘距离的要求并不意味着所规定的距离只用于实心绝缘材料，该距离可由实心绝缘材料加一层或几层空气的厚度构成。

注7：如果采用由未胶粘的推压式隔板构成的绝缘层，爬电距离要通过结合部位进行测量。如果结合部位用一符合 IEC 60454 号标准的粘接胶带覆盖，每一层粘接胶带要粘在隔板的每一面上，以便减少生产期间胶带发生褶皱的危险。

注8：具有十分牢固的外壳的变压器被视为具备正常的污染等级而不要求密封。

[a] 对于工作电压的中间值、爬电距离、电气间隙和绝缘距离可通过在表中所列各值之间作插入法计算得出。

[b] 如果绕组导线符合 IEC 60317-0-1 中 1 级的规定，则对绕组导线瓷漆进行测量。

[c] NP＝正常污染。

[d] SP＝严重污染。

[e] 此要求不适用于被 I.5.2.4 所述接地金属屏隔离的绕组。

[f] 此要求不适用于由三层绝缘材料构成的补充绝缘。

ICS 29.140.99
K 74

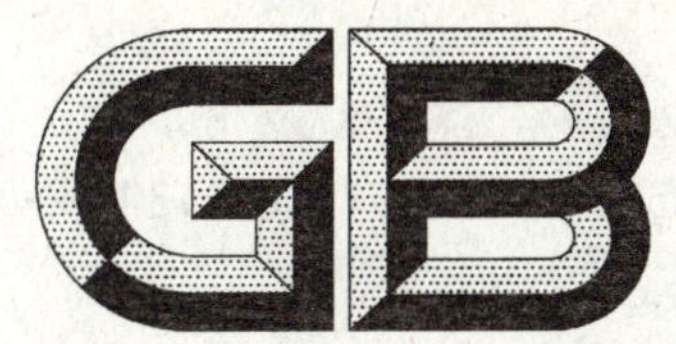

中华人民共和国国家标准

GB 19510.4—2009/IEC 61347-2-3:2000
代替 GB 19510.4—2005

灯的控制装置　第4部分:荧光灯用交流电子镇流器的特殊要求

Lamp controlgear—Part 4:Particular requirements for a.c. supplied electronic ballasts for fluorescent lamps

(IEC 61347-2-3:2000,IDT)

2009-10-15 发布　　2010-12-01 实施

中华人民共和国国家质量监督检验检疫总局
中国国家标准化管理委员会　发布

前　言

本部分的全部技术内容为强制性。

GB 19510《灯的控制装置》分为 14 个部分：

——第 1 部分：一般要求和安全要求；

——第 2 部分：启动装置(辉光启动器除外)的特殊要求；

——第 3 部分：钨丝灯用直流/交流电子降压转换器的特殊要求；

——第 4 部分：荧光灯用交流电子镇流器的特殊要求；

——第 5 部分：普通照明用直流电子镇流器的特殊要求；

——第 6 部分：公共交通运输工具照明用直流电子镇流器的特殊要求；

——第 7 部分：航空器照明用直流电子镇流器的特殊要求；

——第 8 部分：应急照明用直流电子镇流器的特殊要求；

——第 9 部分：荧光灯用镇流器的特殊要求；

——第 10 部分：放电灯(荧光灯除外)用镇流器的特殊要求；

——第 11 部分：高频冷启动管形放电灯(霓虹灯)用电子换流器和变频器的特殊要求；

——第 12 部分：与灯具联用的杂类电子线路的特殊要求；

——第 13 部分：放电灯(荧光灯除外)用直流或交流电子镇流器的特殊要求；

——第 14 部分：LED 模块用直流或交流电子控制装置的特殊要求。

本部分为 GB 19510 的第 4 部分。

本部分应与 GB 19510.1—2009 一起使用，它是在对 GB 19510.1—2009 的相应条款进行补充或修改之后制定而成的。

本部分等同采用 IEC 61347-2-3:2000《灯的控制装置　第 2-3 部分：荧光灯用交流电子镇流器的特殊要求》及其 2004 年的修订 1 和 2006 年的修订 2(英文版)。

本部分等同翻译 IEC 61347-2-3:2000，2004 年的修订 1(英文版)，2006 年的修订 2(英文版)。

为了便于使用，本部分做了下列编辑性修改：

a) “本国际标准”一词改为“本部分”；

b) 用小数点“.”代替作为小数点的“,”；

c) 删除 IEC 61347-2-3:2000 的前言；

d) 对于引用的其他国际标准中有被等同采用为我国标准的，本部分用引用我国的这些国家标准或行业标准代替对应的国际标准，其余未有等同采用为我国标准的国际标准，在本部分中均被直接引用(见本部分第 2 章)。

本部分代替 GB 19510.4—2005《灯的控制装置　第 4 部分：荧光灯用交流电子镇流器的特殊要求》。

本部分与 GB 19510.4—2005 相比主要差异如下：

a) 增加第 17 章灯寿命结束时镇流器的状态，并将第 17 章～第 21 章序号改为第 18 章～第 22 章；

增加：图 3 不对称脉冲试验电路

图 4 不对称功率测量电路

图 5 断开灯丝试验电路

b) 增加表 K.1 材料的规格和表 K.2 变压器规格；

c) 在第5章中所述的“第15章～第21章”改为“第15章～第22章”;

d) 在第16章中 I_n 定义为:额定灯电流;

e) 把图2标题改为:高频荧光灯容性泄漏电流限值,并将图2分解为图2a)、图2b)、图2c);

f) 3.1中的交流电子镇流器定义中的“管形荧光灯”改为“荧光灯”;

g) 删除定义3.2,并将定义3.3和3.4分别更改为3.2和3.3;

h) 删除定义3.6和3.7,并将定义3.5、3.8和3.9分别更改为3.4、3.5和3.6;

i) 在新的定义3.5中将“管形荧光灯”改为“荧光灯”;

j) 将附录H中的描述改为“按照GB 19510.1—2009的附录H的要求”;

k) 增加附录L;

l) 参考文献中增加GB 18774 双端荧光灯 安全要求。

本部分的附录A,附录B,附录C,附录D,附录E,附录F,附录G,附录H,附录I,附录J和附录L是规范性附录,附录K是资料性附录。

本部分由中国轻工业联合会提出。

本部分由全国照明电器标准化技术委员会(SAC/TC 224)归口。

本部分主要起草单位:国家电光源质量监督检验中心(上海)、浙江阳光集团股份有限公司、浙江晨辉照明有限公司、广州市中德电控有限公司、佛山市华全电气照明有限公司、中山市欧普照明股份有限公司、中山市亮迪照明有限公司、中山市名派照明电器有限公司、中山品上照明有限公司、霍尼韦尔朗能电器系统技术(广东)有限公司。

本部分主要起草人:王月丽、俞安琪、吴国明、陆光明、马国民、区志杨、周明兴、徐发石、程敬远、江智强、付宝成、柯柏权、黎培辉、华桥生、李维升。

本部分所代替标准的历次版本发布情况为:

——GB 15143—1994;

——GB 19510.4—2005。

引　言

本部分和构成 GB 19510.2～GB 19510.14 的各个部分在引用 GB 19510.1—2009 的任一条款时规定了该条款的适用范围和各项试验的实施顺序，还规定了必要的补充要求。GB 19510.2～GB 19510.14 的各个部分是各自独立的，相互之间互不参照。

如果本部分通过“按照 GB 19510.1—2009 的第某条要求”这一句子来引用 GB 19510.1—2009 的某一条款要求，则这句话的意思就是按照该条款的全部要求，但其中明显不适用于 GB 19510.2～GB 19510.14 所述特定类型的灯的控制装置的内容除外。

灯的控制装置 第4部分:荧光灯用交流电子镇流器的特殊要求

1 范围

本部分规定了供IEC 60081和IEC 60901所述荧光灯以及其他高频荧光灯使用的电子镇流器的特殊要求,这种电子镇流器使用50 Hz或60 Hz、1 000 V以下交流电源,但其工作频率不同于电源的频率。

带过热保护器的电子镇流器的特殊要求在附录C中给出。

应急照明用交流/直流电子镇流器的特殊要求在附录J中给出。

性能要求在GB/T 15144中给出。

2 规范性引用文件

下列文件中的条款通过GB 19510的本部分的引用而成为本部分的条款。凡是注日期的引用文件,其随后所有的修改单(不包括勘误的内容)或修订版均不适用于本部分,然而,鼓励根据本部分达成协议的各方研究是否可使用这些文件的最新版本。凡是不注日期的引用文件,其最新版本适用于本部分。

本部分采用GB 19510.1—2009第2章所述规范性引用文件以及下述规范性引用文件:

GB 19510.1—2009 灯的控制装置 第1部分:一般要求和安全要求(IEC 61347-1:2000,IDT)

GB 19510.8—2009 灯的控制装置 第8部分:应急照明用直流电子镇流器的特殊要求(IEC 61347-2-7:2006,IDT)

GB 7000.2 灯具 第2-22部分:特殊要求 应急照明灯具(GB 7000.2—2008,IEC 60598-2-22:2002,IDT)

3 术语和定义

GB 19510.1—2009确立的以及下列术语和定义适用于本部分。

3.1

交流电子镇流器 a.c. supplied electronic ballast

由电网电源供电的、并包含有稳定器件的交流-交流逆变器,其通常在高频下启动并使一支或几支荧光灯工作。

3.2

(可控式镇流器的)灯功率最大值 maximum value of lamp power (of a controllable ballast)

符合GB/T 15144—2009的8.1规定的灯功率(光输出),但制造商或相关销售商另有声明时除外。

3.3

最大允许峰值电压 maximum allowed peak voltage

在开路状态下以及任何正常工作状态和异常工作状态下允许跨接在任一绝缘体上的最高容许峰值电压。最大峰值电压与所标称的工作电压(有效值)有关,参见表1。

3.4

(可控式镇流器的)灯功率最小值 minimum value of lamp power (of a controllable ballast)

由制造商或相关销售商所宣称的、并在3.3中所定义的灯功率的最小百分比。

3.5

可维持应急照明用交流/直流电子镇流器 a.c./d.c. supplied electronic ballast for maintained emergency lighting

由电网电源或电池供电的、并包含有稳定器件的交流/直流-交流逆变器,其通常为应急照明而在高频下启动并使一支或几支荧光灯工作。

3.6

阴极模拟电阻　cathode dummy resistor

由 IEC 60081 和 IEC 60901 中相应灯参数表规定的或由制造商或相关销售商声明的阴极替代电阻。

4　一般要求

按照 GB 19510.1—2009 第 4 章的要求以及下述补充要求：

应急照明用交流/直流电子镇流器应按照附录 J 的要求。

5　试验说明

按照 GB 19510.1—2009 第 5 章的要求以及下述补充要求：

样品数量

应将下述数量的样品提交试验：

a)　对于第 6 章～第 12 章以及第 15 章～第 22 章要求所述试验，提交一个样品；

b)　对于第 14 章要求所述试验，提交一个样品(必要时可与制造商协商要求补充样品)。

检验应急照明用交流/直流电子镇流器的特殊要求的试验，在附录 J 所规定的条件下进行。

6　分类

按照 GB 19510.1—2009 第 6 章的要求。

7　标志

作为灯具组成部件的镇流器不必作标志。

7.1　强制性标志

镇流器(不包括整体式镇流器)应按照 GB 19510.1—2009 中 7.2 的要求，清晰耐久地标有下述强制性标志：

a)　GB 19510.1—2009 中 7.1 要求的 a)，b)，c)，d)，e)，l)和 k)的内容；以及，

b)　适用的接地符号；

c)　对于可控式镇流器，控制端子应能被识别；

d)　输出端子之间以及适用的任意输出端子与地线之间依据第 12 章要求的最大工作电压(有效值)声明。

当工作电压小于或等于 500 V 时，应以 10 V 为一级作出标志；当工作电压大于 500 V 时，应以 50 V 为一级作出标志，最大工作电压的标志参照两种情况作出，即输出端子之间的最大工作电压以及任意输出端子与地线之间的最大工作电压。并且只对这两个电压值中较高者作出标志。

标志应为 U-OUT=... V..

7.2　补充标志

除上述强制性标志以外，必要时还应将下述适用的内容标志在镇流器上，或标在制造商的产品目录或类似说明书中：

——GB 19510.1—2009 中 7.1 的 h)，i)和 j)的内容。

8　防止意外接触带电部件的措施

按照 GB 19510.1—2009 第 10 章的要求。

9　接线端子

按照 GB 19510.1—2009 第 8 章的要求。

10 保护接地装置

按照 GB 19510.1—2009 第 9 章的要求。

11 防潮与绝缘

按照 GB 19510.1—2009 第 11 章以及下述补充要求：

接触在高频下与交流电子镇流器一起工作的荧光灯可能会产生泄漏电流，此时应按照附录 I 来测量该泄漏电流。所测值不应超过图 2 中所示值，且测量值为有效值。

图 2 所示各频点之间的频率下的泄漏电流限值可根据该图中的公式(尚在考虑之中)计算得出。

注：频率在 50 kHz 以上的泄漏电流限值尚在考虑之中。

12 介电强度

按照 GB 19510.1—2009 第 12 章的要求。

13 绕组的耐热试验

不按照 GB 19510.1—2009 第 13 章的要求。

14 故障状态

按照 GB 19510.1—2009 第 14 章的要求。

15 关联部件的保护措施

15.1 在经接入模拟阴极电阻验证的正常工作状态下以及在第 16 章所规定的异常工作状态下，输出端的电压任何时候也不应超过表 1 所规定的最大容许峰值。

表 1 工作电压(有效值)和最大峰值电压的关系

输出端的电压/V	
工作电压(有效值)	最大容许峰值电压
250	2 200
500	2 900
750	3 100
1 000	3 200
注：允许在所规定的电压间隔之间实施直线插入法。	

15.2 在第 16 章所规定的正常工作状态下和异常工作状态下(整流效应除外)，在接通电源或开始启动的 5 s 后，输出端的电压不应超过所宣称的镇流器最大工作电压。

15.3 在整流效应，即第 16 章 d)所规定的异常工作状态下，镇流器在接通电源或开始启动的 30 s 后，输出端的电压(有效值)不应超过镇流器的设计所要求的最大允许值。

对于试图多次启动一支失效灯的镇流器，镇流器所标记的最大工作电压值以上的电压的总持续时间应不超过 30 s。

15.4 对于 15.1、15.2 和 15.3 所述试验，所测得的输出电压应是任一输出端与地线之间的电压。此外，在该电压出现在关联部件内的绝缘隔板之间的情况下时，还应测量各输出端之间的电压。

15.5 对于可控式电子镇流器，输入控制端应至少采用基本绝缘与电源线路隔离。

注：此要求不适用于通过电源端引入控制信号的镇流器，也不适用于由红外线或无线电发射器进行远距离发射而使控制信号与镇流器完全隔离的镇流器。

如果使用安全特低电压，那么应采用双重绝缘或加强绝缘。

16 异常状态

镇流器在额定电源电压的 90%～110% 的任何电压值下的异常状态下工作时，不应出现安全性受到损害的现象。

合格性通过下述试验进行检验：

在镇流器按照制造商的说明(如有规定,包括散热片)进行工作期间,施加下述各种异常状态,且各历时 1 h：

a) 一支灯或几支灯中的一支未被接入；

b) 灯因一个阴极损坏而不能启动；

c) 虽然阴极线路完好,但灯不能启动(去激活的灯)；

d) 灯工作,但阴极中的一个是被去激活的或损坏的(整流效应)；

e) 如果有启动器开关,将其短路。

对于模拟去激活灯工作状态的试验,采用连接一个电阻来代替每只灯的阴极的方法。该电阻的阻值可通过将 IEC 60081 和 IEC 60901 中相应的灯的参数表中所述的灯的标称工作电流值代入式(1)得出：

$$R=\frac{11.0}{2.1\times I_n}\Omega \qquad \cdots\cdots(1)$$

式中：

I_n——额定灯电流。

对于 IEC 60081 和 IEC 60901 中未涉及到的灯,应采用由灯的制造商所给出的工作电流值。

电子镇流器的整流效应试验,采用图 1 所示线路。将灯连接在合适的等效电阻的中间点。选择整流管的极性,以便提供最不利的工作状态。必要时,使用一个合适的启动装置来启动灯。

在进行 a)～e)的试验期间和试验结束时,镇流器应无损害安全性的故障,也无任何烟雾产生。

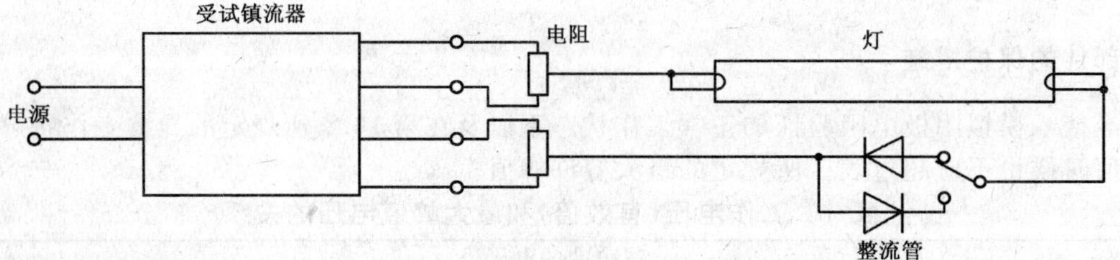

整流管的特性如下所述：

反向峰值电压 $U_{RRM}\geqslant$3 000 V

反向泄漏电流 $I_R\leqslant$10 μA

正向电流 $I_F\geqslant$灯标称工作电流的三倍

反向恢复时间 $t_{rr}\leqslant$500 ns

(最大频率:150 kHz)(测量条件:$I_F=0.5$ A,且 $I_R=1$ A 至 $I_R=0.25$ A)

a) 试验电路

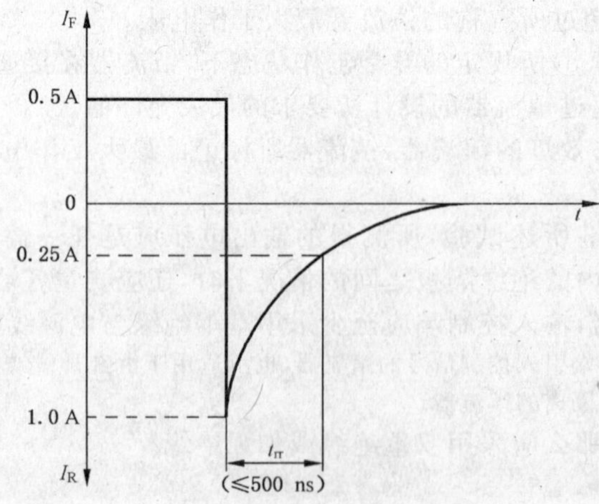

注：建议用下述类型的二极管(三个串联二极管)作为合适的整流管:RGP 30M,BYM 96E,BYV 16。

b) 二极管的恢复时间

图 1 整流效应试验

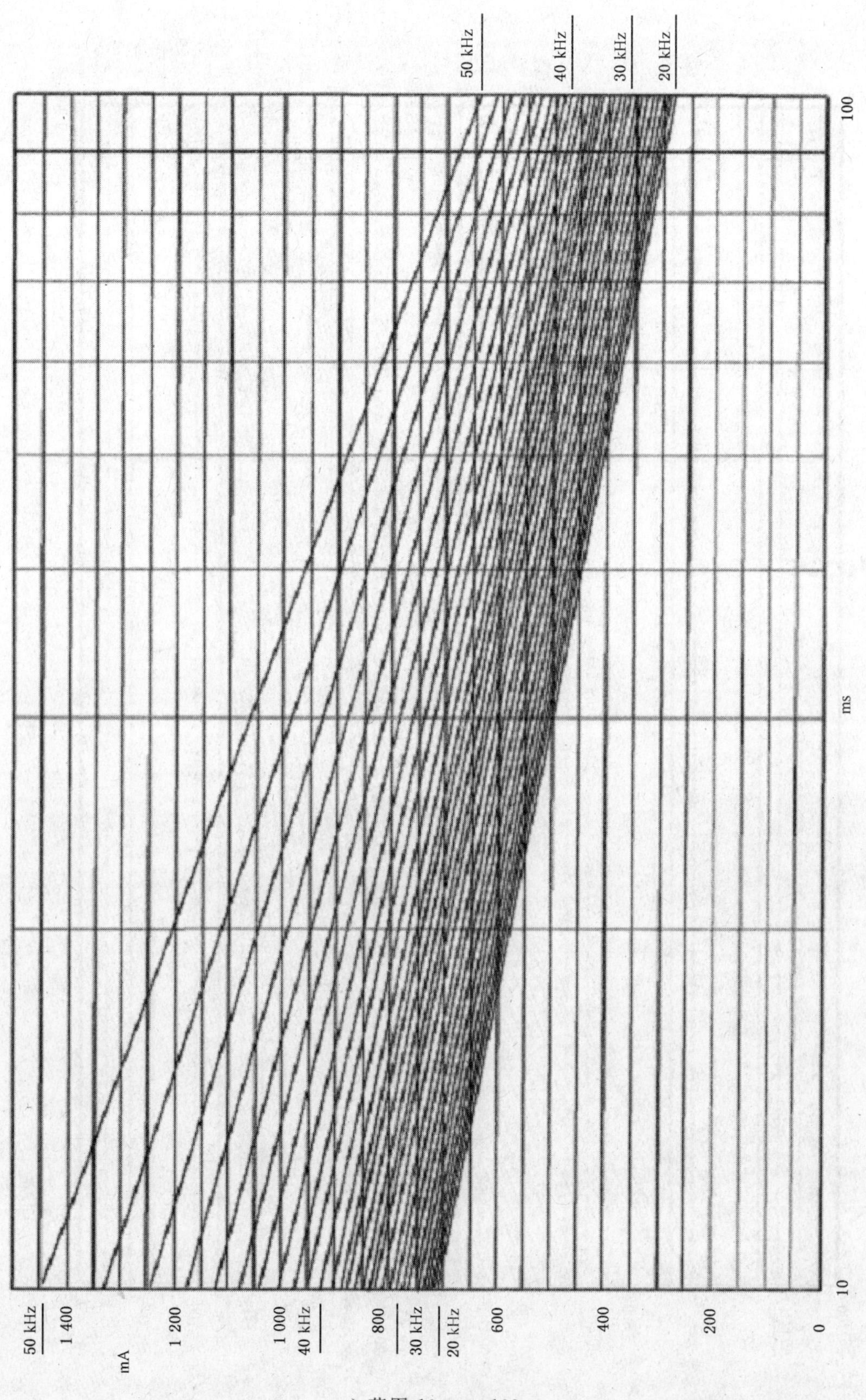

a) 范围 10 ms～100 ms

图 2　高频荧光灯的容性泄漏电流限值

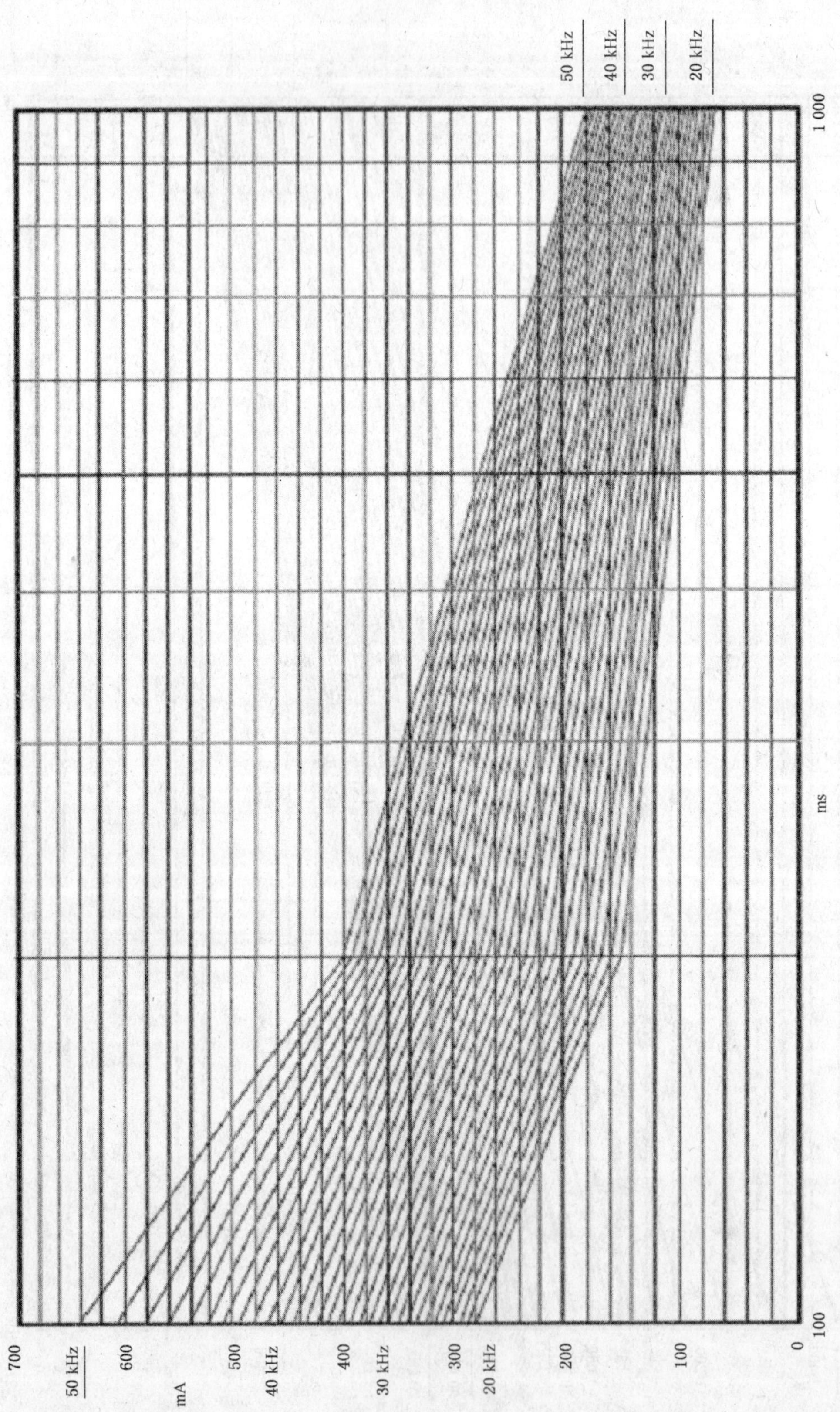

b）范围 100 ms～1 000 ms

图 2（续）

c) 范围 1 000 ms～10 000 ms

图 2（续）

17 灯寿命结束时镇流器的状态

17.1 在灯的寿命结束时，镇流器在额定电源电压的90%和110%之间任一电压下不应使灯头过度发热。

关于模拟灯寿命结束时的效应的试验，规定了三项：

a) 不对称脉冲试验(17.2)；

b) 不对称功率损耗试验(17.3)；

c) 断开灯丝试验(17.4)。

三项试验中的任一项均可用于证明电子镇流器的合格性。镇流器制造商应依据一给定镇流器的特定电路的类型来决定应采用三项试验中的哪一项来试验该镇流器。所选用的试验方法应在镇流器制造商的文献中注明。

注：参照镇流器克服局部整流效应的能力来校正该镇流器的推荐方法由GB 18774—2002的附录E和GB 16843—2008的附录H给出。

镇流器试验电路中所使用的灯应是已老炼过100 h的新灯。

17.2 不对称脉冲试验

镇流器应具备足够的保护措施来防止灯头在灯的寿命周期结束时过度发热。合格性通过下述试验进行检验。

试验时采用以下阴极最大功率值 P_{max}：

——对于13 mm(T4)灯，$P_{max}=5.0$ W；

——对于16 mm(T5)灯，$P_{max}=7.5$ W。

(其他直径尚在研究之中。)

试验程序

参照图3所示简图。

如果在镇流器和/或灯上只有一个电极的连接是有效适用的，应将T1移去，再将镇流器一端连接在J2上，将灯一端连接在J4上。镇流器的制造商应当清楚必须将输出端的哪一端连接在J4上，并且在每个电极存在两个输出终端的情况下，它们是否能被短路，或被一电阻器跨接。

1) 合开关S1和S4，并将开关S2调到位置A。

2) 接通受试镇流器的电源，使灯工作并持续5 min。

3) 闭合S3，断开S1，等待15 s，断开S4再等待15 s。

4) 测量电源电阻器R1A-R1C和R2A及R2B以及齐纳二极管D5和D8所消耗平均功率的总和。

注：所测得的功率应是具有接线端J5和J6之间的电压的产生的平均值，这种电压要与J8至J7的电流相一致。在测量电压时应使用一差分电压探头，并应使用一直流探头测量电流。可使用具有放大和求平均值功能的数字示波器。如果镇流器以循环的方式进行工作，应将平均间隔调节至包含整数周期(每个周期应大于1 s)。计算时所包括的抽样比例和样品数量应足以避免出现假频误差。

功率损耗应小于阴极最大功率(P_{max})。

如果功率损耗大于阴极最大功率(P_{max})，则镇流器试验失效，试验应中断。

5) 闭合S1和S4。

6) 将S2调节至位置B。

7) 重复步骤2)、3)和4)。

镇流器在位置"A"和位置"B"处均应通过试验。

8) 对于多灯镇流器，在每个灯的位置重复进行1)～7)。多灯镇流器应能通过在每一只灯位置上进行的试验。

9） 对于能使多种类型的灯(例如:26 W,32 W,42 W)工作的镇流器,应对所规定的每种类型的灯进行试验。对每种类型的灯重复进行 1)～8)步骤的试验。

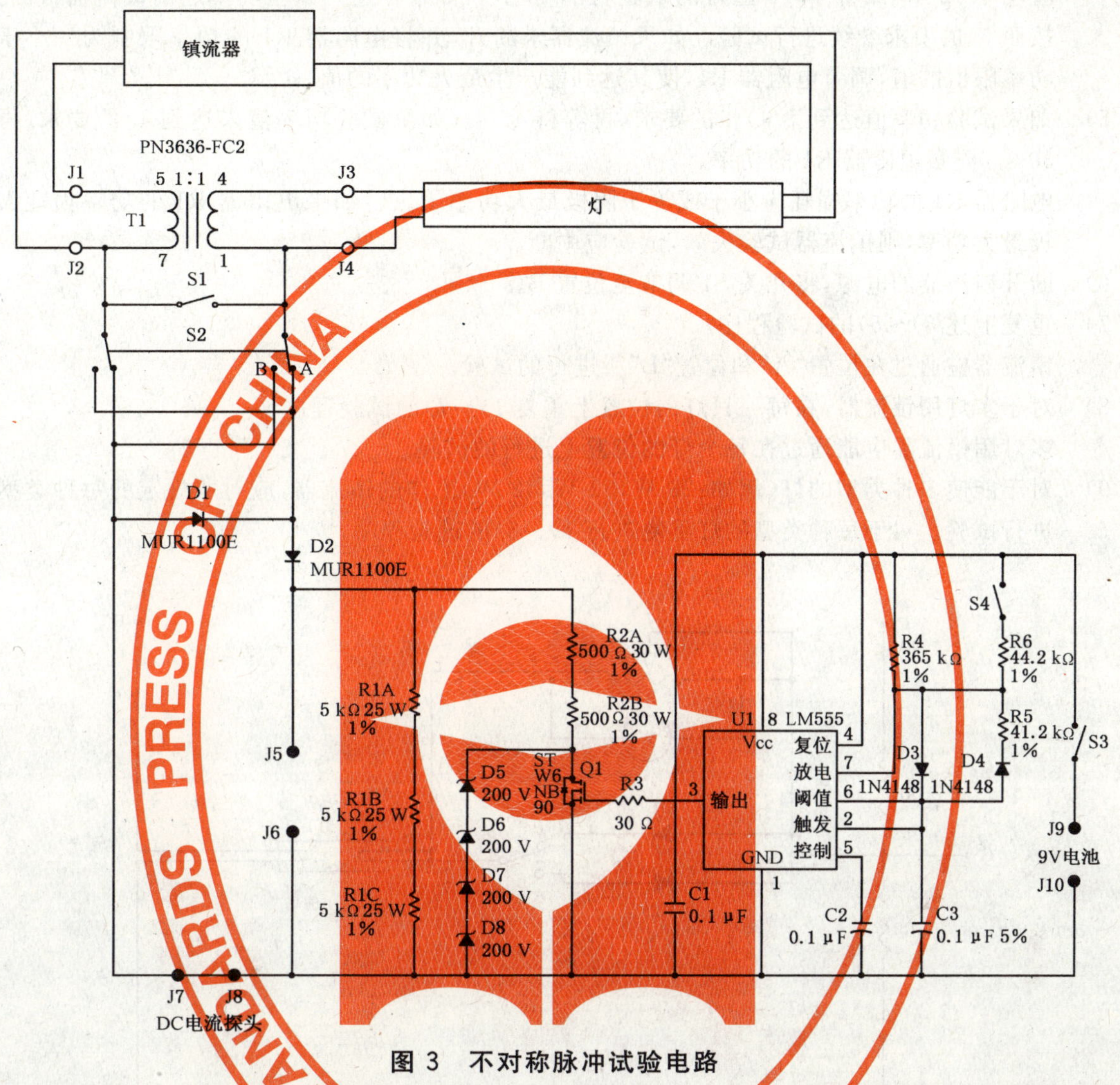

图 3 不对称脉冲试验电路

注:将开关 S4 闭合,使场效应晶体管 Q1 接通电源 3 ms,再断开 3 ms;将 S4 断开,使场院效应晶体管接通电源 27 ms,再断开 3 ms。

材料和变压器规格的清单在附录 K 中给出。允许使用任何具有相同功能的其他变压器。

17.3 不对称功率试验

镇流器应具备足够的保护措施,用以防止灯头在灯的寿命周期结束时过度发热。合格性通过下述试验进行检验。

试验采用以下阴极最大功率值 P_{max}:

——对于 13 mm(T4)灯,P_{max}=5.0 W;

——对于 16 mm(T5)灯,P_{max}=7.5 W。

(其他直径尚在研究之中。)

试验程序

见图 4 所示简图。

1） 将开关 S1 调节至位置 A。

2） 将电阻器 R1 的电阻调于 0。

3) 将受试镇流器的电源接通使灯启动，并使灯工作并持续 5 min。

4) （在 15 s 之内）快速升高电阻器 R1 的电阻，直至使电阻器 R1 所消耗的功率等于 T4 型灯的试验功率 10 W，或等于 T5 型灯的试验功率 15 W。如果在达到试验功率之前镇流器被断开，要按照 5)的要求继续进行试验。如果镇流器未断开，并将电阻器 R1 的功率限制为一小于试验功率限值的值，调节电阻器 R1，使其达到能产生最大功率的值。

5) 如果试验功率值达到第 4)步的要求，再等待 15 s。如果试验功率值未达到 4)的要求，再等待 30 s。测量电阻器 R1 的功率。

电阻器 R1 的功率损耗应小于或等于阴极最大功率 P_{max}。如果电阻器 R1 的功率损耗大于阴极最大功率，则镇流器试验失效，试验应中断。

6) 断开镇流器的电源，将开关 S1 调节至位置 B。

7) 重复上述 3)～5)的试验程序。

镇流器应通过在位置"A"和位置"B"所进行的试验。

8) 对于多灯用镇流器，在每一只灯的位置上重复 1)～7)的试验程序。

多灯用镇流器应能通过在每个灯的位置上进行的试验。

9) 对于能使多种类型的灯（例如：26 W，32 W，42 W）工作的镇流器，应对所规定的每种类型的灯进行试验。对于每种类型的灯重复进行 1)～8)的试验程序。

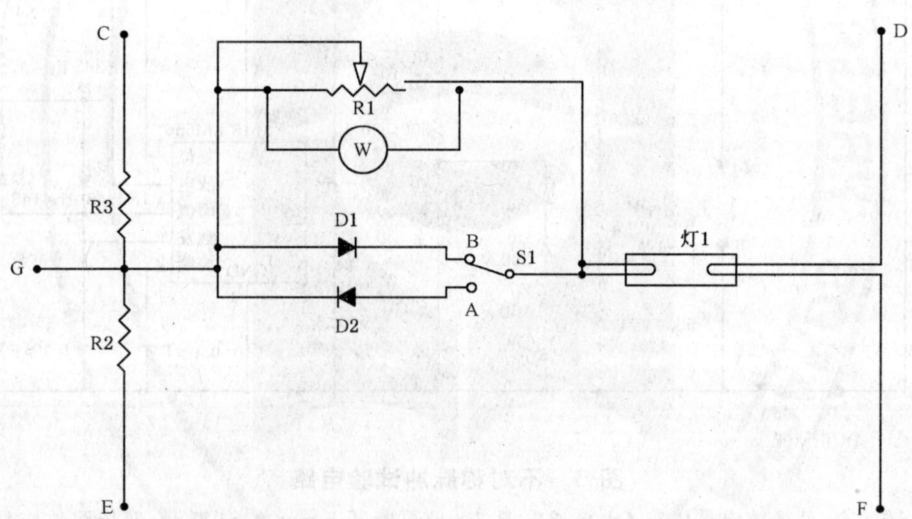

注 1：R2＝R3＝$X\Omega$（此电阻是热阴极电阻的 1/2——见灯的参数表）。

注 2：C，D，E 和 F 表示阴极对镇流器的连接上。

注 3：对于瞬时启动镇流器，将连接点 G 连接在一个接线端子上，将连接点 D 和 F 连后再接在另一个接线端子上。

图 4 不对称功率测量电路

17.4 断开灯丝试验

17.4.1 选择

镇流器应具备足够的保护措施，以便防止灯头在断开灯丝的条件下灯的寿命周期结束时过度发热。合格性采用由以下最大电流值 I_{max} 所确定的试验程序 A 或试验程序 B 进行检验：

——对于 13 mm(T4)灯，I_{max}＝1 mA；

——对于 16 mm(T5)灯，I_{max}＝1.5 mA。

（其他直径尚在研究之中。）

如果超过这些电流值，应采用试验程序 B；否则应采用试验程序 A。

17.4.2 在采用试验程序A之前应当进行的测量

使用一电流探头在输出接线终端ECG处测量有效值电流 $I_{LL}(1)$，$I_{LH}(1)$，$I_{LL}(2)$，$I_{LH}(2)$，其中：

$I_{LL}(1)$是通过电极1的引线的有效值电流的较低值。

$I_{LH}(1)$是通过电极1的引线的有效值电流的较高值。

$I_{LL}(2)$是通过电极2的引线的有效值电流的较低值。

$I_{LH}(2)$是通过电极2的引线的有效值电流的较高值。

按照图5a)连接电路。

17.4.3 试验程序A

见图5a)所示接线图。

1) 将开关S调节至位置1。

2) 接通受试镇流器的电源，使灯工作5 min。

3) 将开关S调至位置2并等待30 s。

4) 用电流探头在靠近灯末端的部位测量灯的有效值电流。如果灯的电流正在脉动，则应在包括断路时间在内的一完整脉冲周期计算此有效值电流。

灯的放电电流应不大于灯的最大电流 I_{max}。

如果灯的放电电流大于灯的最大电流 I_{max}，则镇流器试验失效，试验应中断。

见图5b)所示接线图。

5) 将开关S调节至位置1。

6) 接通受试镇流器的电源，使灯工作并持续5 min。

7) 将开关S调至位置2，并等待30 s。

8) 用电流探头在靠近灯末端的部位测量灯的有效值电流。如果灯的电流正在脉动，则应在包括断路时间在内的一完整脉冲周期计算此有效值电流。

9) 对于多灯用镇流器，在每一个灯的位置上重复1)～8)的试验程序。

多灯用镇流器应能通过在灯寿命终结试验合格的每个灯的位置上进行的试验。

10) 对于能使多种类型的灯(例如：26 W，32 W，42 W)工作的镇流器，应对所规定的每种类型的灯进行试验。对于每种类型的灯重复进行1)～9)的试验程序。

17.4.4 试验程序B

按照图5c)要求将图5a)和图5b)所示灯与测量装置相连接。如果镇流器具有隔离变压器，则将1 MΩ的电阻器连接在17.4.2所规定的相应接线终端上。

1) 将开关S调节至位置1。

2) 将受试镇流器接通电源，使灯工作并持续5 min。

3) 将开关S调节至位置2并等待30 s。使用差分探头在图5c)所示位置测量有效值电压。如果电压正在脉动，则应在包括断路时间在内的一完整脉冲周期计算此有效值电压。

4) 此电压应不大于灯的额定电压的25%。如果此电压超过灯的额定电压的25%，则要中断试验。

见图5b)所示接线图。

5) 重复上述1)～4)步试验程序。

6) 对于多灯用镇流器，在每一个灯的位置上重复1)～5)步骤试验程序。

多灯用镇流器应通过在灯寿命终结试验合格的每个灯的位置上进行的试验。

7) 对于能使多种类型的灯(例如：26 W，32 W，42 W)工作的镇流器，应对所规定的每种类型的灯进行试验。

对于每种类型的灯，重复第1)～6)步骤试验程序。多灯用镇流器应能通过对每种类型的灯的试验。

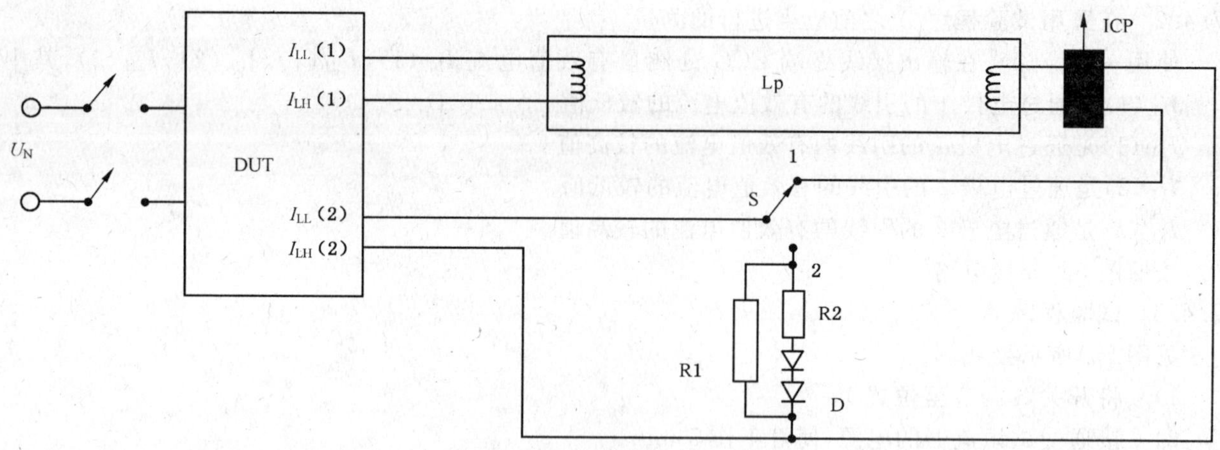

a) 断开灯丝试验电路；电极(1)检验

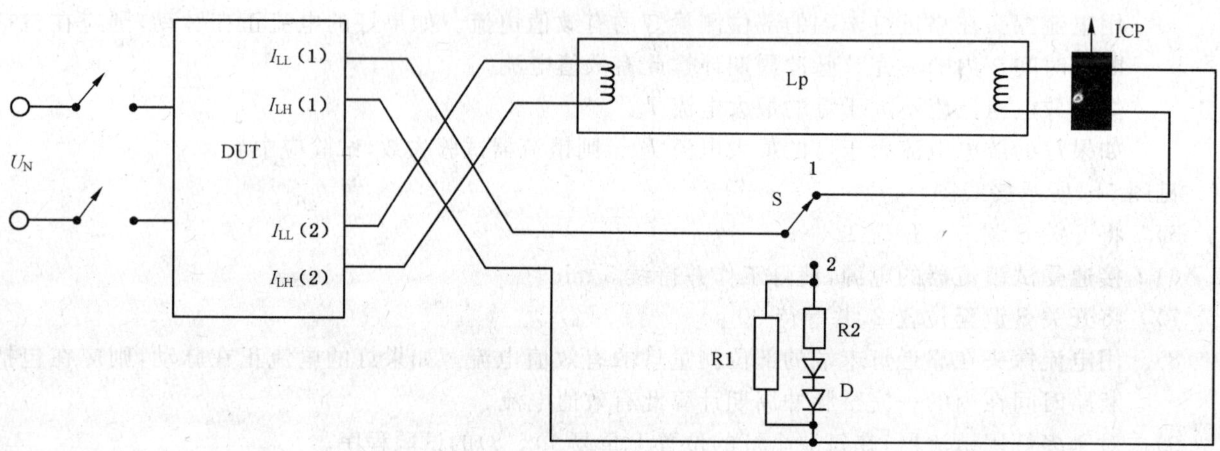

b) 断开灯丝试验电路；电极(2)检验

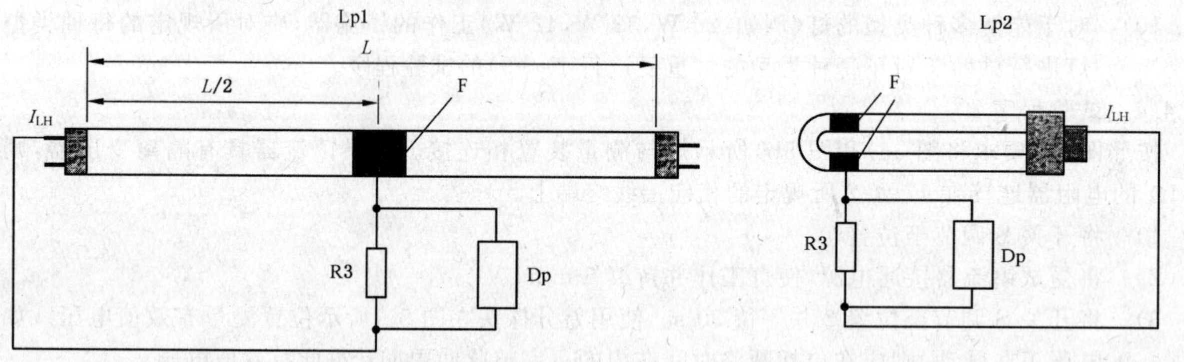

注：使用图5a)的终端 I_{LH}(2)或图5b)的终端 I_{LH}(1)。

c) 灯电流的探测

图5a)、图5b)和图5c)的关键字：

Lp——灯；

Lp1——直管形灯；铜箔宽度为4 cm；

Lp2——弯曲形灯(单端和环形)；铜箔为两块宽度为2 cm相互连接；

R1——10 kΩ；

R2——22 Ω，7 W；

R3——1 MΩ；

D——快速二极管；

U_N——电源；

DUT——受试设备(镇流器)；

F——铜箔，一块宽度为4 cm或两块宽度为2 cm；

Dp——差分探头<10 pF；

ICP——灯电流探头。

图5 断开灯丝试验电路

18 结构

不按照 GB 19510.1—2009 第 15 章的要求。

19 爬电距离和电气间隙

按照 GB 19510.1—2009 第 16 章的要求。

20 螺钉、载流部件及连接件

按照 GB 19510.1—2009 第 17 章的要求。

21 耐热、防火和耐漏电起痕

按照 GB 19510.1—2009 第 18 章的要求。

22 耐腐蚀

按照 GB 19510.1—2009 第 19 章的要求。

附 录 A
(规范性附录)
确定导电部件是否是可能引起电击的带电部件的试验

按照 GB 19510.1—2009 的附录 A 的要求。

附 录 B
(规范性附录)
热保护式灯的控制装置的特殊要求

不按照 GB 19510.1—2009 的附录 B 的要求。

附 录 C
(规范性附录)
带热保护器的灯的控制装置的特殊要求

按照 GB 19510.1—2009 的附录 C 的要求。

附 录 D
(规范性附录)
热保护式灯的控制装置的加热试验要求

按照 GB 19510.1—2009 的附录 D 的要求。

附 录 E
(规范性附录)
不同于 4 500 的常数 S 在 t_W(绕组温度)试验中的应用

不按照 GB 19510.1—2009 的附录 E 的要求。

附 录 F
(规范性附录)
防对流风试验箱

不按照 GB 19510.1—2009 的附录 F 的要求。

附 录 G
(规范性附录)
脉冲电压值的推导方法

不按照 GB 19510.1—2009 的附录 G 的要求。

附 录 H
(规范性附录)
试 验

按照 GB 19510.1—2009 的附录 H 的要求。

附 录 I
(规范性附录)
高频泄漏电流的测量方法

电子镇流器按照下述要求检验其电容性高频泄漏电流。

镇流器在图 I.1 所示线路中和两支常规灯一起进行试验,每支灯只有一端与线路连接(两灯呈横向状)。此种方法也会对地形成最不利的电流泄漏状态。

将两只灯中能给出最不利参数的一只灯的玻管用一宽度为 75 mm 的金属箔包裹,并在金属箔上连接一 2 000 Ω 无感电阻和试验线路所适用的测量装置。

进行试验时应用两块高 75 mm 的木块将灯加以支撑,并放置在木桌上,这样就不会造成来自金属表面的影响。

泄漏电流(即由金属箔通过 2 000 Ω±50 Ω 电阻流向大地的高频电流)应该在下述模拟工作条件下进行测量:

a) 将两支常规灯的每一支灯仅以其一端插入一对插座中,接通电源电压。
b) 为了得到最不利的状态(即为了确保测量到可能产生的最大泄漏电流),整个操作应能涵盖所有四种可能的灯座触点和灯头插脚的组合。
c) 对于带多支灯工作的镇流器,要单独测量每支灯的泄漏电流。
d) 如果提交试验的是一批镇流器,则每种型号的镇流器都应被检验,而不能只对较高功率或较低功率的镇流器进行检验。
e) 在所规定的每一种条件下,所测得的容性泄漏电流不应超过图 2 所示的限值。

注:泄漏电流值来自于 IEC 60479。

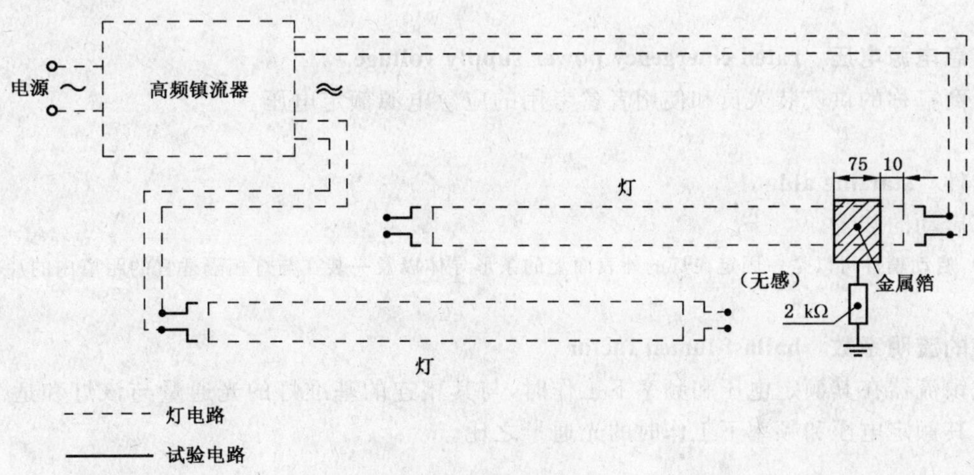

图 I.1 试验方法

附　录　J
（规范性附录）
应急照明用交流/直流电子镇流器的特殊补充安全要求

J.1　适用范围

本附录规定了持续式应急照明用交流/直流电子镇流器的特殊要求以及特定要求，这些要求在GB 7000.2 中均有所涉及。

本附录适用于本身不包含电池但与一应急供电电源相连的可维持应急照明用交流/直流电子镇流器。该应急电源可以是一个中央电池组供电系统。

本附录不适用于在自容式应急照明灯具中使用的镇流器。

本附录还包括在应急状态下使用交流电工作的电子镇流器的工作要求。

J.2　定义

采用第 3 章所述定义以及下述定义：

J.2.1

应急照明　emergency lighting

在正常照明的供电电源发生故障时可供使用的照明，包括太平门照明和备用照明。

J.2.2

持续式应急照明　maintained emergency lighting

需要正常照明和应急照明时所提供的照明。

J.2.3

交流/直流连续应急照明用的镇流器　a. c. /d. c. maintained emergency lighting operation ballast

既能使灯使用正常开关在正常照明电源下工作，也能使灯在正常照明电源发生故障时在应急照明电源下工作的镇流器。

J.2.4

额定电池电压　rated battery voltage

由电池的制造商所宣称的电压。

J.2.5

额定应急电源电压　rated emergency power supply voltage

由制造商宣称的供安装人员和使用者参考用的应急电源额定电压。

J.2.6

启动辅件　starting aid

帮助灯启动的装置。

注：例如，启动辅件可以是一固定在灯的外表面上的条形导体以及一装在与灯相隔适宜的距离内的片状导体。

J.2.7

镇流器的流明系数　ballast lumen factor

当受试镇流器在其额定电压和频率下工作时，与其相连的基准灯的光通量与该灯和适当的基准镇流器一起在其额定电压和频率下工作时的光通量之比。

J.2.8

基准镇流器　reference ballast

为了镇流器的检测、基准灯的筛选以及检验在标准条件下常规生产的灯而提供比对标准的目的而设计的特殊镇流器。其主要特征是在其额定频率下，具有稳定的电压/电流比，并不受在相关的镇流器标准中所提及的电流、温度和磁环境的变化的影响。

J.2.9

基准灯　reference lamp

为检测镇流器而挑选的放电灯，这种灯与基准镇流器一起在规定条件下工作时，其电参数接近于相应的灯的标准中所规定的额定值，或接近于由制造商或相关销售商对特殊灯所指定的额定值。

J.2.10

基准镇流器的校准电流　calibration current of a reference ballast

校准和调整镇流器时所依据的电流值。

J.2.11

线路总功率　total circuit power

在镇流器的额定电压和频率下，镇流器和灯共同消耗的总功率。

J.2.12

预热启动　preheat starting

一种在灯实际燃点之前使灯的电极达到发射温度的线路类型。

J.2.13

非预热启动　non-preheat starting

一种利用高的开路电压引起电极的场致发射的线路类型。

J.2.14

预启动时间　pre-start time

将 J.2.12 所述镇流器接通电源电压后灯电流≤10 mA 的时段。

J.3　标志

J.3.1　强制性标志

除按照 7.1 要求之外，镇流器还应清晰地标有下述强制性标志：

a）交流/直流可维持应急照明用镇流器（符号尚在考虑之中）；

b）额定应急电源电压和电压范围。

J.3.2　补充标志

除了上述强制性标志和 7.2 要求所述标志之外，还应将下述内容标在镇流器上或标在制造商的产品目录或类似说明书中。

a）关于启动类型的明确说明，即预热式或非预热式；

b）关于灯是否需要启动辅件的说明；

c）能使独立式镇流器在所标称的电压（范围）下良好工作的环境温度范围的限值；

d）应急工作模式下镇流器的流明系数。

J.4　一般说明

在额定应急电源电压的 90%～110% 的条件下，符合 GB/T 15144—2009 第 6 章的规定。

而且，在由于最高的和最低的电池电压所造成的最宽的额定直流电压范围内应能保证灯的启动和工作。

注 1：由 IEC 60081 和 IEC 60901 的灯的参数表所给出的电性能以及灯在 50 Hz 或 60 Hz 频率和额定电压下使用基准镇流器时的电性能，可能与其在使用高频镇流器和采用上述 J.3.2 的 c）所述条件时的电性能有所不同。

注 2：启动辅件只在其与灯的一端存在有足够大的电位差时才会起作用。

J.5 启动条件

符合 GB/T 15144—2009 的第 7 章规定。此外，应在额定直流电源电压下进行试验，在给出交流电压最高和最低限值的情况下，试验应分别在±10%的直流电压下进行。

J.6 工作条件

符合 GB/T 15144—2009 的第 8 章规定。此外，试验应在额定直流电源电压下进行。

J.7 电源电流

按照 GB/T 15144—2009 第 10 章的要求。

J.8 导入阴极的最大电流

符合 GB/T 15144—2009 的第 11 章规定。此外，应采用额定直流电源电压进行试验，在给出了交流电压最高和最低限值的情况下，试验应分别在±10%的直流电压下进行。

J.9 灯工作电流波形

符合 GB/T 15144—2009 中第 12 章规定。此外，试验应在额定直流电源电压下进行。

J.10 电源瞬时过电压

符合 GB/T 15144—2009 第 15 章规定。

J.11 中央电池组系统的脉冲电压

注：该脉冲电压尚在考虑之中。

镇流器应能承受由于开启同一线路中的其他设备所引起的任何脉冲而不发生故障。

合格性的检验方法是：将镇流器置于额定电压范围中的最大电压下与适当数量的灯一起在 25 ℃的环境温度中工作。镇流器应能承受表 J.1 中所示的规定次数的脉冲电压而不发生故障。脉冲电压以相同的极性叠加在电源电压上。

表 J.1 脉冲电压

电压脉冲的次数	脉冲电压		每次脉冲的时间间隔 s
	峰值 V	半峰值时的脉冲宽度 ms	
3	同设计电压	10	2
注：合适的测量线路见 GB 19510.1—2009 中图 G.2。			

J.12 异常状态试验

按照本部分的第 16 章要求以及 GB/T 15144—2009 的 14.1 和 14.2 要求。此外，试验应在额定直流电源电压的±20%的条件下进行。

J.13 温度周期试验和耐久试验

符合 GB 19510.8—2009 的第 26 章规定，试验应在直流电源电压下进行。

附 录 K
（资料性附录）
不对称脉冲试验电路（图 3）中使用的部件

表 K.1 材料的规格

参照符号	说 明
U1	555 记时器（集成电路）
T1	1∶1 变压器
D1、D2	超快速恢复二极管，1 000 V、1 A、75 ns
D3、D4	信号二级管，75 V、200 mA
D5…D8	200 V 齐纳二级管
Q1	金属氧化物半导体场效应晶体管 900 V、6 A
R1A～R1C	电阻器，5 kΩ、25 W、1%
R2A 和 R2B	电阻器，500 Ω、30 W、1%
S1、S3、S4	开关
S2	开关——双联
电池	电池 9 V
C1、C2、C3	电容器 0.1 μF、50 V、5%
R3	电阻器 30 Ω、1/4 W、5%
R4	电阻器 365 kΩ、1/4 W、1%
R5	电阻器 41.2 kΩ、1/4 W、1%
R6	电阻器 44.2 kΩ、1/4 W、1%

表 K.2 变压器规格

部 件	说 明
磁芯	两个 EI187（E19/8/5）磁芯面积 22.6 mm^2，磁导材料或等效物
绕线架	八个插头，水平安装
初级绕组	38 圈，26 号 AWG HN，19 圈/层。开始于插头 5，结束于插头 7
内部绕组绝缘层	5 层，3M＃56 3/8″或等效物
次级绕组	38 圈，＃26AWG HN，19 圈/层，开始于插头 4，结束于插头 1
覆盖物	2 层，3M＃56 3/8″或等效物
内部绕组电容	大约 22 pF
HIPOT	2 500 V（有效值）

附 录 L
（规范性附录）
镇流器设计资料

（来自 GB 18774—2002 的附录 E）

L.1 灯安全工作的要点

为确保灯的安全工作，应遵循 L.2。

L.2 工作电压的限值

直径为 16 mm 的 G5 灯头的灯管，任意输出端子与地线之间的最大工作电压不应超过 430 V 有效值。

参 考 文 献

[1] GB 18774—2002 双端荧光灯 安全要求(IEC 61195:1999,IDT)
[2] GB 16843—2008 单端荧光灯 安全要求(IEC 61199:1999,IDT)

ICS 29.140.99
K 74

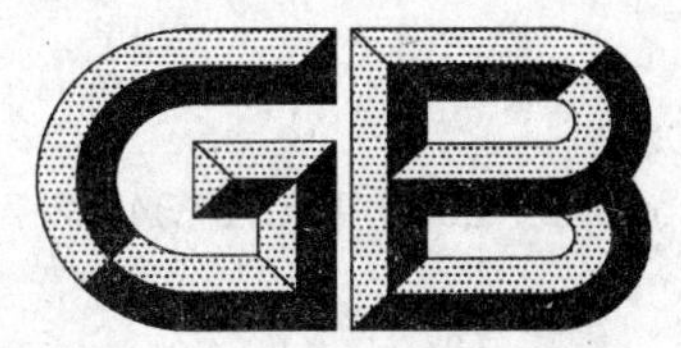

中华人民共和国国家标准

GB 19510.8—2009/IEC 61347-2-7:2006
代替 GB 19510.8—2005

灯的控制装置　第8部分：应急照明用直流电子镇流器的特殊要求

Lamp controlgear—Part 8:
Particular requirements for d.c. supplied electronic ballasts for emergency lighting

(IEC 61347-2-7:2006,IDT)

2009-10-15 发布　　　　2010-12-01 实施

中华人民共和国国家质量监督检验检疫总局
中国国家标准化管理委员会　发布

前言

本部分的全部技术内容为强制性。

GB 19510《灯的控制装置》分为14个部分：

——第1部分：一般要求和安全要求；

——第2部分：启动装置(辉光启动器除外)的特殊要求；

——第3部分：钨丝灯用直流/交流电子降压转换器的特殊要求；

——第4部分：荧光灯用交流电子镇流器的特殊要求；

——第5部分：普通照明用直流电子镇流器的特殊要求；

——第6部分：公共运输工具照明用直流镇流器的特殊要求；

——第7部分：航空器照明用直流电子镇流器的特殊要求；

——第8部分：应急照明用直流电子镇流器的特殊要求；

——第9部分：荧光灯用镇流器的特殊要求；

——第10部分：放电灯(荧光灯除外)用镇流器的特殊要求；

——第11部分：高频冷启动管形放电灯(霓虹灯)用电子换流器和变频器的特殊要求；

——第12部分：灯具用杂类电子线路的特殊要求；

——第13部分：放电灯(荧光灯除外)用直流或交流电子镇流器的特殊要求；

——第14部分：LED模块用直流或交流电子控制装置的特殊要求。

本部分为GB 19510《灯的控制装置》的第8部分：应急照明用直流电子镇流器的特殊要求。

本部分应与GB 19510.1一起使用，它是在对GB 19510.1的相应条款进行补充或修改之后制定而成的。

本部分等同采用IEC 61347-2-7:2006《灯的控制装置　第2-7部分：应急照明用直流电子镇流器的特殊要求》(英文版)。

本部分等同翻译IEC 61347-2-7:2006。

为了便于使用，本部分做了下列编辑性修改：

a) “IEC 61347-2-7”改为“本部分”；

b) 删除IEC 61347-2-7的前言，修改了IEC 61347-2-7的引言；

c) 将国际标准中的“(注：)”形式中的括号去除；

d) 用小数点“.”代替作为小数点的“,”；

e) 对于GB 19510.1—2009引用的其他国际标准中有被等同采用为我国标准的，本部分用引用我国的这些国家标准或行业标准代替对应的国际标准，其余为非等同采用为我国标准的国际标准，在本部分中均被直接引用(见本部分第2章)。

本部分代替GB 19510.8—2005《灯的控制装置　第8部分：应急照明用直流电子镇流器的特殊要求》。

本部分与GB 19510.8—2005的主要差异如下：

——第1章　范围中增加GB 19510.4附录J适用范围的注释；

——第2章　规范性引用文件中增加了IEC 60081、IEC 60901等标准的引用说明；

——第3章　定义中增加了额定应急工作时间、最大直流工作电压等新的名词定义；

——第5章　试验说明中不同试验对于样品数量的补充要求的说明；

——第7章　标志中强制性标志和补充标志要求的变化；

——第 15 章　启动要求中增加启动合格性的检验方法；

——第 16 章　灯电流和镇流器流明系数中增加对镇流器流明系数的要求，删除对光通量要求；

——第 18 章　任一引线(带预热阴极)的最大电流中合格性检验方法的变更；

——第 19 章　灯工作电流的波形中删除对间歇性镇流器的要求；

——第 20 章　功能安全(EBLF)为新增加的章；

——第 21 章　转换功能、充电装置、过量放电的保护、指示器、遥控、温度循环试验和耐久性试验、极性变换和结构合格性试验方法和要求的变更；

——增加附录 I 和附录 J。

本部分的附录 A、附录 B、附录 C、附录 D、附录 E、附录 F、附录 G、附录 H、附录 I 为规范性附录，附录 J 为资料性附录。

本部分由中国轻工业联合会提出。

本部分由全国照明电器标准化技术委员会(SAC/TC 224)归口。

本部分起草单位：国家电光源质量监督检验中心(上海)、佛山市顺德区本邦电器有限公司、广东拿斯特(国际)照明有限公司、北京电光源研究所。

本部分起草人：陈颖、俞安琪、黄世和、蔡干强、钟桂生、赵秀荣、江珊、段彦芳。

本部分于 2005 年首次发布，本次为第 1 次修订。

引　言

本部分适用于荧光灯用镇流器，也尽可能适用于白炽灯、高压气体放电灯和LED灯。

本部分和构成GB 19510.2～GB 19510.14的各个部分在引用GB 19510.1的任一条款时规定了该条款的适用范围和各项试验的实施顺序，还规定了必要的补充要求。GB 19510.2～GB 19510.14的各个部分是各自独立的，相互之间互不参照。

如果本部分通过“按照GB 19510.1的第某条要求”这一句子来引用GB 19510.1的某一条款要求，则这句话的意思就是按照该条款的全部要求，但其中明显不适用于GB 19510.2～GB 19510.14所述特定类型的灯的控制装置的内容除外。

灯的控制装置　第8部分：应急照明用直流电子镇流器的特殊要求

1　范围

本部分规定了持续应急照明和非持续应急照明用直流电子镇流器的特殊安全要求。

本部分包括了对 IEC 60598-2-22 所述应急照明灯具用的镇流器和控制装置的特定要求。

应急照明用直流电子镇流器可以装有也可以不装电池。

本部分还包括其他直流电子镇流器性能要求的所有工作条件要求。这是因为不工作的应急照明设备将会对安全造成危害。

注：GB 19510.4 附录 J 适用于交流镇流器(正常工作)，也适用于交/直流供电的应急照明工作情况。

2　规范性引用文件

下列文件中的条款通过 GB 19510 的本部分的引用而成为本部分的条款。凡是注日期的引用文件，其随后所有的修改单(不包括勘误的内容)或修订版均不适用于本部分，然而，鼓励根据本部分达成协议的各方研究是否可使用这些文件的最新版本。凡是不注日期的引用文件，其最新版本适用于本部分。

本部分采用 GB 19510.1 的第 2 章所述规范性引用文件，以及下述引用文件：

GB/T 15144　管型荧光灯用交流电子镇流器　性能要求(GB/T 15144—2009，IEC 60929:2006，IDT)

GB 19510.1　灯的控制装置　第 1 部分：一般要求和安全要求(GB 19510.1—2009，IEC 61347-1:2006，IDT)

GB 19510.4　灯的控制装置　第 4 部分：荧光灯用交流电子镇流器的特殊要求(GB 19510.4—2009，IEC 61347-2-3:2000，IDT)

IEC 60081　双端荧光灯　性能要求

IEC 60598-2-22:1997　灯具　第 2 部分：特殊要求　应急照明灯具

IEC 60901　单端荧光灯　性能要求

IEC 60921　管型荧光灯镇流器　性能要求

IEC 61558-1:1997　电源变压器、电源、扼流线圈及类似产品的安全　第 1 部分：一般要求和试验

IEC 61558-2-1:1997　电源变压器、电源及类似产品的安全　第 2-1 部分：一般用分离变压器特殊要求

IEC 61558-2-6:1997　电源变压器、电源及类似产品的安全　第 2-6 部分：一般用安全隔离变压器特殊要求

IEC 61558-2-17:1997　电源变压器、电源及类似产品的安全　第 2-17 部分：开关模式电源用变压器特殊要求

3　术语和定义

本部分采用 GB 19510.1 的第 3 章所述术语和定义和 IEC 60598-2-22:1997 的 22.8 以及下述术语和定义：

3.1

应急照明　emergency lighting

在正常照明的电源发生故障时可供使用的照明。

3.2

连续工作镇流器　continual operation ballast

既可使灯在带普通开关的正常照明电源下工作，又可使灯在正常照明电源中断时在应急照明电源下工作的镇流器。

3.3

间歇工作镇流器　intermittent operation ballast

只是在正常照明电源中断时使灯利用应急电源工作的镇流器。

3.4

转换功能　changeover operation

当正常照明电源中断时将灯自动连接到应急照明电源上，当正常照明电源恢复后将灯自动连接到正常照明电源上。

3.5

充电装置　recharging device

使电池保持带电状态，并可在规定的时间内对电池再次充电的装置。

3.6

过量放电保护器　protection device against extensive discharge

在电池电压降至一特定值以下时可使镇流器与电池断开的自动装置。

3.7

额定应急工作时间　rated duration of emergency operation

制造商声称的额定应急镇流器流明系数能达到的时间。

3.8

最大直流工作电压　maximum d. c. operating voltage

镇流器制造商声称的最大电源电压。对于电池供电的镇流器，它是整个充电过程中可得到的最大电池电压。

3.9

额定直流工作电压　minimum d. c. operating voltage

镇流器制造商声称的标称电源电压。对于电池供电的镇流器，它是电池制造商声称的标称电池电压。

3.10

最小直流工作电压　minimum d. c. operating voltage

镇流器制造商声称的最小电源电压。对于电池供电的镇流器，它是应急工作结束时可得到的最小电池电压。

3.11

直流电压范围　d. c. voltage range

最小额定直流工作电压和最大额定直流工作电压之间的电压范围。

3.12

最大交流工作电压　maximum a. c. operating voltage

镇流器制造商声称的用于电池充电器或维持镇流器工作的最大电源电压。

3.13

额定交流工作电压　rated a. c. operating voltage

镇流器制造商声称的用于电池充电器或维持镇流器工作的标称电源电压。

3.14

最小交流工作电压 minimum a. c. operating voltage

镇流器制造商声称的用于电池充电器或维持镇流器工作的最小电源电压。

3.15

交流电压范围 a. c. voltage range

最小额定交流工作电压和最大额定交流工作电压之间的电压范围。

3.16

遥控器 remote control

在正常照明被集中断电时(例如在夜间),用来防止灯的工作线路引起电池放电的装置。

3.17

指示器 indicator

设备用来指示:

a) 电池在充电;

b) 通过应急照明灯的钨丝的线路完好。

3.18

镇流器流明系数 ballast lumen factor

BLF

在镇流器额定电压下工作的灯的光通量与选用适宜的基准镇流器在额定电压和频率下工作的相同灯的光通量的比值。

3.19

应急镇流器流明系数 emergency ballast lumen factor

EBLF

采用应急镇流器工作的灯的应急光通量与选用适宜的基准镇流器在额定电压和频率下工作的相同灯的光通量的比值。应急镇流器流明系数是在正常电源失效后和额定工作时间结束之间测得的最小值。

3.20

启动辅助件 starting aid

一固定在灯的外表面上的条形导体或一装在与灯相隔适宜的距离内的片状导体。

3.21

控制装置 control unit

由电源转换系统和电池充电设备构成的装置,必要时还包括测试部件。

4 一般要求

按照 GB 19510.1 第 4 章的要求。

对于某一范围内的灯都适用的镇流器,第 15 章,第 16 章,第 17 章,第 18 章,第 19 章,第 20 章和第 22 章的试验应对每一类型的灯进行重复试验。对于其他试验则选择额定功率最高的灯来进行。

5 试验说明

按照 GB 19510.1 第 5 章要求以及下述补充要求:

——样品数量

应将以下数量的样品提交试验:

a) 对于第 6 章～第 12 章,第 14 章～第 27 章以及第 29 章～第 31 章所述试验,提交一个样品;

b) 对于第28章所述试验，异常状态，提交一个样品(必要时，可与制造商协商，要求补充样品或部件)。

6 分类

按照GB 19510.1第6章的要求。

7 标志

7.1 强制性标志

镇流器应按照GB 19510.1中7.2的要求，清晰耐久地标有下述强制性标志：

——GB 19510.1中7.1的a),b),c),d),e),f),k)和l)的内容；以及开路电压(仅用于警告，不做试验)；

——应说明熔丝的类型及其额定电流(若适用)。

7.2 补充标志

除了上述强制性标志之外，还应将下述适用的内容标在镇流器上，或标在制造商的产品目录或类似文件中：

——GB 19510.1中7.1的h),i),j)和n)的内容，以及

——关于镇流器是否适用于只有电池供电没有连续供电或间歇充电电路的说明；

——最小和最大直流、交流(若适用)工作电压；

——关于镇流器、灯和灯具关系的清晰说明，包括参考最佳电池类型和额定工作时间；

——额定应急工作时间；

——提供关于镇流器是否能使用在高危险任务区域照明专用灯具中的信息；

——关于镇流器是否能防止电源电压极性变换的说明；

——关于镇流器只用于应急照明的说明；

——应急镇流器的流明系数；

——在声称的额定电压范围内镇流器可以使灯启动并工作的环境温度范围极限值；

——制造商应声明在电源和电池线路之间使用的绝缘类型(比如：未绝缘、基本绝缘、双重绝缘或加强绝缘)；

——提供充电装置在22.3试验后能正常给电池充电(比如：使用自复位可替换熔丝)或不能正常给电池充电(比如：使用单工作保护设备)的信息；

——镇流器使各灯正常工作的电流。

8 防止意外接触带电部件的措施

按照GB 19510.1第10章的要求。

9 接线端子

按照GB 19510.1第8章的要求。

10 保护接地装置

按照GB 19510.1第9章的要求。

11 防潮与绝缘

按照GB 19510.1第11章的要求。

12 介电强度

按照 GB 19510.1 第 12 章的要求。

13 绕组的耐热试验

不按照 GB 19510.1 第 13 章的要求。

14 镇流器共电制的脉冲电压

镇流器应能承受住由于同一线路的其他装置的开关所引起的任何脉冲而不失效。

合格性采用下述试验进行检验：将镇流器置于额定电压范围的最大电压下与适宜数量的灯一起在 25 ℃的环境温度中工作，再使镇流器承受表 1 所示规定次数的脉冲电压而不失效，脉冲电压按照相同极性叠加在电源电压上。

表 1 脉冲电压

电压脉冲次数	脉冲电压		每次脉冲的间隔时间 s
	峰值 V	半峰值时的脉冲宽度 ms	
3	等于设计电压	10	2
注：GB 19510.1 的图 G.2 给出了适用的测量线路。			

15 启动要求

镇流器/控制装置在设计上应保证使适用的灯达到足够的开关次数。

合格性通过下述试验进行检验：

将三只新灯置于额定工作电压下以“开灯”30 s、“熄灯”120 s 为一个周期进行工作，每只灯应达到 200 次开关。如果其中一只灯达不到 200 次，另取三只灯进行试验，而且每只灯均应达到 200 次开关的要求。

200 次开关应从正常模式灯关闭到应急模式灯打开。

本试验后，镇流器/控制装置应启动，使这三个灯工作，在额定工作电压下开关 200 次。

另外，这三个灯应启动并在适宜的电源供电下的基准镇流器/电路中工作。

符合 GB 19510.4 附录 J 的镇流器不必做本章中的所有试验。

16 灯电流和镇流器流明系数(BLF)

镇流器应限制提供给基准灯的电弧电流，使该电流值不超过当该基准灯在使用基准镇流器工作时基准镇流器为其提供的电弧电流的 125%。试验应在 25 ℃的环境温度下进行，被测镇流器应在其额定工作电压下工作，适用的基准镇流器应在其额定电压和频率下工作。

在相同条件下，镇流器流明系数应不低于制造商声称值的 95%。

注：测量可采用与图 1 所示试验线路相当的试验线路，灯光通量通常用积分光度计测量。因为在一固定点处的光通量和照度存在很近的关系，所以一个合适的照度计就足够能进行光通比的测试。

基准灯和镇流器应符合 IEC 60081、IEC 60901、IEC 60921 和 GB/T 15144 的要求。

17 电源电流

在额定电压下，当镇流器与基准灯一起工作时，电源电流与镇流器的声称值的误差应不大于 ±15%。

电源应是低阻抗和低电感的(仅适用于远离镇流器的电池)。

对于由共电制供电的镇流器,直流输入电流中的交流电流成分(有效值)应不超过 10%,除非制造商特别声明。该值可通过测量与镇流器的输入端串联的一无感电阻两端的电压来确定。该电阻两端的直流压降应不超过额定电压的 2%。

如果制造商规定直流输入电流中交流成分允许超过 10%,则应采用其所宣称波形的电压(有效值)进行耐久性试验。

合格性通过测量进行检验。

18 任一引线(带预热阴极)的最大电流

流入阴极终端的任一端引线的电流不应超过 IEC 60081 和 IEC 60901 中相应灯的参数表所规定值。

合格性通过 GB/T 15144 第 11 章所述的相关试验和测量进行检验。

19 灯工作电流的波形

镇流器应能提供正确的波形。

在使用连续工作的镇流器的情况下,镇流器在其额定电压下工作时向基准灯提供的稳定状态下的电流波形应能使峰值电流不超过 IEC 60081 和 IEC 60901 中相应灯的参数表所规定的灯的标称工作电流的 1.7 倍。

合格性通过测量进行检验。

20 功能安全(EBLF)

连接镇流器的适用的灯应在切换到应急模式后提供必要的光输出。可通过在 25 ℃应急工作期间是否达到声称的应急镇流器流明系数来检验。

合格性判定通过以下试验:

a) 电池供电镇流器

电池以最小交流工作电压的 0.9 倍充电 24 h 后,在应急工作期间连续测量供给镇流器的电压。为 EBLF 测量保留 60 s 时的电压测量值(V_1)和在正常供电失效后 60 s 与额定工作时间终止时之间的最低电压(V_{min})。

b) 非电池供电的、直流集中供电的镇流器

为 EBLF 测量保留镇流器制造商声明的额定工作电压(V_1)和最小工作电压(V_{min})。除非控制装置制造商特别说明,V_{min}被认为是 0.85 倍的额定工作电压(V_1)。

注 1:0.85 倍的额定电压值与 IEC 60598-2-22:1997 中 22.16.1 保持一致。

EBLF 的测量应在 25 ℃时进行,使用适合类型的灯且未被燃点 24 h,第一次是在直流电压下 5 s 和 60 s 后的 V_1 时,然后是在 V_{min}的稳定条件下。

保留 60 s 时和 V_1 或 V_{min}的稳定条件下的最小值,该值至少应达到声称的 EBLF。

5 s 时的测量值和 V_1 至少应达到声称 EBLF 的 50%。

注 2:声称使用在高危险任务区域照明用灯具里的镇流器,用 0.5 s 替代 60 s 进行试验。因为声称的 EBLF 必须在 0.5 s 后达到,所以 5 s 时的测量未被考虑。

EBLF 的测量可采用与图 1 所示试验线路相当的试验线路,灯光通量通常用积分光度计测量。因为在一固定点处的光通量和照度存在很近的关系,所以一个合适的照度计就足够能进行光通比的测试。

注 3:也可采用永久记录试验中连接有镇流器的灯的光通量的特殊方法来测定 EBLF。

21 转换功能

从正常模式切换到应急模式时,不应低于额定电压的 0.6 倍,亦不能超过额定电源电压的 0.85 倍。

应急灯工作时，给镇流器供电的正常电源在 0.5 s 内应降低到 0.6 倍的额定电压。

镇流器应开关 500 次，每个周期由 2 s“熄灯”和 2 s“开灯”组成(以 0.85 倍的额定电压)，在这 500 个开关周期期间和结束时，镇流器应能使应急灯在应急模式下正常工作。

对于带休息模式的镇流器，应能以不超过 0.9 倍的额定电压自动从休息模式切换到正常模式。在本情况下，开关试验仍按上面所讲的方法进行，但把“熄灯”的周期延长到 3 s，在 500 个开关周期中在镇流器 2 s“熄灯”后切换进入休息模式。

22 充电装置

充电装置(若提供)应由电池制造商说明其额定充电性能，其能在额定环境温度范围内，以 0.9 倍到 1.06 倍的额定工作电压，24 h 内给电池充满电。

应急灯具控制装置里用来给电池充电的变压器应符合 IEC 61558-2-1：1997，IEC 61558-2-6：1997 和 IEC 61558-2-17：1997 的相关要求，IEC 61558-1：1997 的 5.12 和 5.13 中有详细说明。

不管连接还是未连接电池，充电装置的输出电压应不超过直流 50 V。

合格性采用 22.1 到 21.4 的试验进行检验。

22.1 给电池充电 48 h，然后使其放电，直至达到表 2 所示电压值。

表 2 放电电压

电池类型	放电条件/单元电池/V	
	持续时间 1 h	持续时间 3 h
镍镉	1.0	1.0
铅酸	1.75	1.80

这些值适用于 20 ℃±5 ℃的环境温度，最佳持续时间为 IEC 60598-2-22：1997[A.4.2～A.5.2c)]所规定之值。

然后使充电装置以 0.9 倍的额定电源电压和所声称的环境温度范围的最小值(若未声明则为室温)的条件下对已完全放电的电池连续充电 24 h。

试验期间，包括电池和灯的所有部件应放置在试验箱内。

接着模拟正常照明电源中断，此时电池应通过控制装置使灯工作，并持续至额定工作时间。

22.2 在 0.9 倍的额定电源电压和所声称的环境温度范围的最大值的条件下，重复 22.1 所述试验。

电池应能通过镇流器使灯工作，并持续至额定工作时间。在充电或放电期间的任一时刻，电池的温度不应超过其额定温度值。

合格性通过量规检验。

22.3 使充电装置在 1.1 倍的额定电源电压和所标志的环境温度的最大值的条件下工作，同时将电池拆下，用一短路连接件来代替。试验持续至达到稳定状态或保护装置(例如：熔丝或过热保护器件)开始起作用。

充电装置不应产生火焰、熔化物质或释放可燃气体。

试验结束之后，将短路连接件移开，重新连接上电池，必要时再换上可替换熔丝。充电装置应保持安全。在使用可自复位充电器或可替换保护装置的情况下，保证电池能正常充电。

22.4 不论是否连接电池，当在 1.1 倍的额定电源电压下工作时充电装置的输出电压应不超过直流 50 V。

23 过量放电的保护

电池应被防止极性变换和过度放电。

合格性按照 IEC 60598-2-22：1997 进行检验，但由参考 22.12.7 变为参考本部分中的 22.1。

试验在 t_a 温度或所标注温度范围的最大温度进行，无论是更高还是温度范围的最低值(若未标注则为室温)。

24 指示器

若镇流器有指示器，该指示器应符合 IEC 60598-2-22:1997 中 22.12.7 的要求。

合格性采用目视进行检验。

25 遥控

遥控器应符合 IEC 60598-2-22:1997 中 22.6.10,22.6.14,22.6.15,22.6.16,22.6.17 和 22.6.18 的要求。

合格性通过目视及模拟本部分 21.2 所述试验中接线异常进行检验。

26 温度循环试验和耐久性试验

镇流器在使用期间应能良好地工作。

合格性采用下述试验进行检验。

镇流器应按照制造商的说明安装(如有说明，装上散热片)，并使其与适用的灯一起在其额定电压范围的最大值下工作，接受下述的温度循环试验和耐久性试验。

a) 温度循环试验在环境温度范围的最低温度值开始进行，并持续 1 h。然后，将温度升高至环境温度范围的最高温度值并保持 1 h。如此温度循环应进行五次。

b) 耐久性试验应在能产生 t_c 的环境温度下进行，试验时间如下：

   1) 对于连续工作的镇流器：500 h；

   2) 对于间歇工作的镇流器：50 h。

在此试验时间结束时，将镇流器冷却至室温之后，镇流器应再启动并使灯在其额定电压下工作。

27 极性变换

当被声明是耐电源电压极性变换的，镇流器应能在反向电压下工作 1 h。

合格性的判定通过使镇流器连接适当的灯在最大反向直流电压下工作 1 h。试验结束后，将电源正确连接，灯能启动并正常工作。

28 故障条件

按照 GB 19510.1 的第 14 章要求。

29 结构

按照 GB 19510.1 的第 15 章要求，同时符合下述要求：

29.1.1 若适用，或设备有问题，那么应符合 IEC 60598-2-22:1997 中 22.6.1,22.6.7,22.6.9,22.6.11,22.6.19 和 22.20 的要求。

注：另外，对于镇流器的设计，制造商应牢记 IEC 60598-2-22:1997 中 22.16,22.18 适用于整个灯具。因为有疑问的试验不能在没有一个完整灯具的情况下进行，所以本部分中没有牵涉到那方面的要求(除了 22.16.1)。

29.1.2 由电池供电的镇流器和一符合附录 I 要求的电池一起工作，其设计正常使用寿命至少 4 年。该电池只在灯具或其附件中应急相关的功能中被使用到。

合格性通过目视和附录 I 中的试验进行检验。

30 爬电距离和电气间隙

按照 GB 19510.1 的第 16 章要求。

31 螺钉、载流部件和连接件

按照 GB 19510.1 的第 17 章要求。

32 耐热、防火及耐漏电起痕

按照 GB 19510.1 的第 18 章要求。

33 耐腐蚀

按照 GB 19510.1 第 19 章的要求。

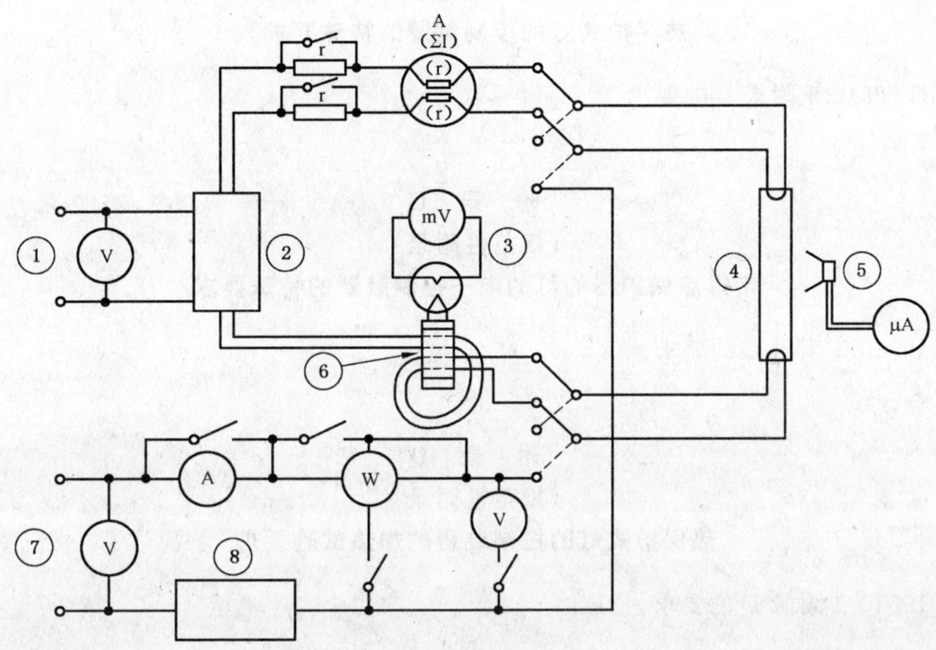

图中：
1——电源；
2——受试镇流器；
3——热电偶；
4——基准灯；
5——光电管；
6——电流互换器；
7——电源；
8——基准镇流器。

图 1 测量灯电流和光通量的适用线路

附　录　A
（规范性附录）
确定导电部件是否是可能引起电击的带电部件的试验

按照 GB 19510.1 附录 A 的要求。

附　录　B
（规范性附录）
热保护式灯的控制装置的特殊要求

不按照 GB 19510.1 附录 B 的要求。

附　录　C
（规范性附录）
带过热保护器的灯的电子控制装置的特殊要求

按照 GB 19510.1 附录 C 的要求。

附　录　D
（规范性附录）
热保护式灯的控制装置的加热试验要求

按照 GB 19510.1 附录 D 的要求。

附　录　E
（规范性附录）
不同于 4 500 的常数 S 在 t_w（绕组温度）试验中的应用

不按照 GB 19510.1 附录 E 的要求。

附　录　F
（规范性附录）
防对流风试验箱

按照 GB 19510.1 附录 F 的要求。

附　录　G
（规范性附录）
脉冲电压值的推导方法

按照 GB 19510.1 附录 G 的要求。

附　录　H
（规范性附录）
试　　验

按照 GB 19510.1 附录 H 的要求。

附　录　I
（规范性附录）
应急照明灯具用电池

按照 IEC 60598-2-22:1997 附录 A 的要求。

附　录　J
（资料性附录）
休息模式和禁止模式

按照 IEC 60598-2-22:1997 附录 D 的要求。

ICS 29.140.99
K 74

中华人民共和国国家标准

GB 19510.9—2009/IEC 61347-2-8:2006
代替 GB 19510.9—2004

灯的控制装置
第9部分:荧光灯用镇流器的特殊要求

Lamp controlgear—
Part 9:Particular requirements for ballasts for fluorescent lamps

(IEC 61347-2-8:2006,IDT)

2009-10-15 发布　　2010-12-01 实施

中华人民共和国国家质量监督检验检疫总局
中国国家标准化管理委员会　发布

前　言

本部分的全部技术内容为强制性。

GB 19510《灯的控制装置》分为 14 个部分：

——第 1 部分：一般要求和安全要求；

——第 2 部分：启动装置(辉光启动器除外)的特殊要求；

——第 3 部分：钨丝灯用直流/交流电子降压转换器的特殊要求；

——第 4 部分：荧光灯用交流电子镇流器的特殊要求；

——第 5 部分：普通照明用直流电子镇流器的特殊要求；

——第 6 部分：公共交通运输工具照明用直流电子镇流器的特殊要求；

——第 7 部分：航空器照明用直流电子镇流器的特殊要求；

——第 8 部分：应急照明用直流电子镇流器的特殊要求；

——第 9 部分：荧光灯用镇流器的特殊要求；

——第 10 部分：放电灯(荧光灯除外)用镇流器的特殊要求；

——第 11 部分：高频冷启动管形放电灯(霓虹灯)用电子换流器和变频器的特殊要求；

——第 12 部分：与灯具联用杂类电子线路的特殊要求；

——第 13 部分：放电灯(荧光灯除外)用直流或交流电子镇流器的特殊要求；

——第 14 部分：LED 模块用直流或交流电子控制装置的特殊要求。

本部分为 GB 19510 的第 9 部分。

本部分应与 GB 19510.1—2009 一起使用，它是在对 GB 19510.1—2009 的相应条款进行补充或修改之后制定而成的。

本部分等同采用 IEC 61347-2-8:2006《灯的控制装置　第 2-8 部分：荧光灯镇流器的特殊要求》(英文版)。

本部分等同翻译 IEC 61347-2-8:2006。

为了便于使用，本部分做了下列编辑性修改：

a) “IEC 61347-2-8”改为“本部分”；

b) 删除了 IEC 61347-2-8 的前言，修改了 IEC 61347-2-8 的引言；

c) 将国际标准中的“(注：)”形式中的括号去除；

d) 用小数点“.”代替作为小数点的“,”；

e) 对于引用的其他国际标准中有被等同采用为我国标准的，本部分用引用我国的这些国家标准或行业标准代替对应的国际标准，其余未有等同采用为我国标准的国际标准，在本部分中均被直接引用(见本部分第 2 章)。

本部分代替 GB 19510.9—2004《灯的控制装置　第 9 部分：荧光灯用镇流器的特殊要求》。

本部分与 GB 19510.9—2004 相比主要差异如下：

——原标准涉及的标准号均改为现最新版本的标准号；

——对原引用标准作了增加和删减，全部采用 IEC 61347-2-8 中引用标准；

——增加了图 I.1；

——增加第 22 章无负载输出电压的要求；

——在表 2 中增加“如有(电容与镇流器一体)情况，与镇流器外壳相邻近的电容器”的要求；

——将 15.1 中的绝缘强度改为电气强度、将“样品”更改为“镇流器”，增加“图 I.1”；

——将15.2“样品”更改为“镇流器”；

——增加了附录K。

本部分的附录A、附录B、附录C、附录D、附录E、附录F、附录G、附录H和附录I均为规范性附录，附录J和附录K为资料性附录。

本部分由中国轻工业联合会提出。

本部分由全国照明电器标准化技术委员会(SAC/TC 224)归口。

本部分起草单位：国家电光源质量监督检验中心(上海)、北京电光源研究所、佛山市华全电气照明有限公司、惠州雷士光电科技有限公司、吴江市华峰(华能)电子有限公司、上海国荣漆包线有限公司。

本部分起草人：顾怡华、俞安琪、杨小平、区志杨、熊飞、丁步雄、杨国钧、柯柏权、庾水荣、周安顺。

本部分所代替标准的历次版本发布情况为：

——GB 2313—1980；

——GB 2313—1993；

——GB 19510.9—2004。

引　言

本部分和构成 GB 19510.2～GB 19510.14 的各个部分在引用 GB 19510.1—2009 的任一条款时规定了该条款的适用范围和各项试验的实施顺序，还规定了必要的补充要求。GB 19510.2～GB 19510.14 的各个部分是各自独立的，相互之间互不参照。

如果本部分通过"按照 GB 19510.1—2009 的第某条要求"这一句子来引用 GB 19510.1—2009 的某一条款要求，则这句话的意思就是按照该条款的全部要求，但其中明显不适用于 GB 19510.2～GB 19510.14 所述特定类型的灯的控制装置的内容除外。

灯的控制装置
第9部分:荧光灯用镇流器的特殊要求

1 范围

GB 19510 的本部分规定了用于 1 000 V 以下 50 Hz 或 60 Hz 交流电源的荧光灯用镇流器的特殊要求(不包括电阻型镇流器)。与其配套的荧光灯可以带预热阴极,也可以不带预热阴极,可以带启动器工作,也可以不带启动器工作,这些灯的额定功率、尺寸及特性应符合 IEC 60081 和 IEC 60901 中的规定。

本部分适用于完整的镇流器及其组成部件,例如:电抗器、变压器和电容器。热保护式镇流器的特殊要求在附录 B 中给出。

本部分涉及的是在电网频率下正常工作的灯所用的镇流器,不包括高频工作的交流电子镇流器,该镇流器的要求见 GB 19510.4。

电容值大于 0.1 μF 的电容器的要求,见 GB 18489 和 IEC 61049。电容值小于或等于 0.1 μF 的电容器的要求见 IEC 60384-14。

性能要求在 IEC 60921 中给出。

2 规范性引用文件

下列文件中的条款通过 GB 19510 的本部分的引用而成为本部分的条款。凡是注日期的引用文件,其随后所有的修改单(不包括勘误的内容)或修订版均不适用于本部分,然而,鼓励根据本部分达成协议的各方研究是否可使用这些文件的最新版本。凡是不注日期的引用文件,其最新版本适用于本部分。

本部分采用 GB 19510.1—2009 的第 2 章所述规范性引用文件以及下述规范性引用文件:

GB 19510.1—2009　灯的控制装置　第 1 部分:一般要求和安全要求(IEC 61347-1:2007,IDT)

3 术语和定义

本部分采用 GB 19510.1—2009 的第 3 章所述术语和定义,以及下述术语和定义。

3.1

镇流器绕组的额定温升　rated temperature rise of a ballast winding

Δt

由制造商确定的在本部分所规定的条件下的绕组的温升。

注:电源的要求及镇流器的安装条件在附录 H 中给出。

3.2

(电压源的)短路功率　short-circuit power (of a voltage source)

(在开路状态下)电压源输出端所产生的电压的平方与该电压源的内阻抗(从同一端观察)之商。

4 一般要求

按照 GB 19510.1—2009 第 4 章的要求以及下述要求:

4.1 电容器及其他部件

装在镇流器中的电容器及其他部件应按照相关的 IEC 标准的要求。

4.2 热保护式镇流器

热保护式镇流器应按照附录B的要求。

5 试验说明

按照GB 19510.1—2009第5章的要求以及下述要求：

5.1 型式试验应在由提交型式试验的八个镇流器组成的一批样品上进行。其中七个镇流器用于耐久性试验，一个镇流器用于其他所有试验。关于耐久性试验的合格条件见第13章要求。

此外，还要用六个镇流器根据第15章要求进行高压脉冲试验，将受试镇流器接在可使镇流器内部产生高压脉冲的线路上。试验期间，不应出现不合格品。

5.2 试验在GB 19510.1—2009附录H所规定的条件下进行。通常，每一种类型的镇流器要进行全部试验，如果所涉及的是一批类似的镇流器，则对该批量中每一个额定功率的镇流器进行试验；或者与制造商协商，从该批量中选取有代表性的镇流器进行试验。在将结构相同但特性不同的一批镇流器一起提交验收时，当制造商或其他机构的试验报告被检验部门接受时，则按照第13章要求以及按照附录E所示不同于4 500的常数 S 的用法所进行的耐久性试验的样品的数量允许有所减少，甚至可以省去这些试验。

6 分类

按照GB 19510.1—2009第6章的要求。

7 标志

作为灯具的组成部件的镇流器不必作标志。

7.1 强制性标志

镇流器(不包括整体式镇流器)应按照GB 19510.1—2009中7.2的要求，清晰耐久地标有下述标志：

——GB 19510.1—2009中7.1的a)，b)，e)，f)，g)和r)的内容；以及

——如果电压峰值超过1 500V，标出该电压峰值，承受此电压的连接引线也要作出此种标志。

辉光启动器和镇流器一起产生的脉冲不必遵守此要求。

7.2 补充标志

除上述强制性标志以外，必要时还应将下述适用的内容标在镇流器上，或标在制造商的产品目录或类似说明书中：

——GB 19510.1—2009中7.1的c)，h)，i)，j)，k)，o)，p)和q)的内容；以及

——对于由一个以上的独立元件构成的镇流器，应在其控制电流的电感元件上标出其他元件和/或主要电容器的基本参数；

——对于使用一独立的串联电容器(而不是抑制无线电干扰的电容器)的镇流器，应重复标出额定电压、电容量和公差。

7.3 其他标志

制造商可提供下述适用的非强制性标志：

——绕组的额定温升，标在符号 Δt 之后，以5 K的倍数递增标出。

8 防止意外接触带电部件的措施

按照GB 19510.1—2009第10章的要求。

9 接线端子

按照 GB 19510.1—2009 第 8 章的要求。

10 接地装置

按照 GB 19510.1—2009 第 9 章的要求。

11 防潮与绝缘

按照 GB 19510.1—2009 第 11 章的要求。

12 介电强度

按照 GB 19510.1—2009 第 12 章的要求。

13 绕组的耐热试验

按照 GB 19510.1—2009 第 13 章的要求。

14 镇流器的发热极限

镇流器及其安装表面不应产生损害其安全性的温度。

合格性通过 14.1～14.4 所述试验进行检验。

14.1 预先试验，检验及测量

在进行试验之前，应进行下述检验和测量：

a) 镇流器应能使灯正常启动并工作；

b) 必要时，在环境温度下测量每个绕组的电阻。

14.2 电容器两端的电压

在额定频率下，装在镇流器内的电容器两端的电压应按照以下 a）和 b）的要求，这些要求不适用于安装在启动器中或启动装置中的电容器，也不适用于电容量小于或等于 0.1 μF（标称值）的电容器，b）项的要求不适用于自愈性电容器。

a) 在正常条件下，当镇流器在其额定电源电压下进行试验时，电容器两端的电压不应超过其额定电压；

b) 在异常状态下（见 14.3），当镇流器在其额定电压的 110％的条件下进行试验时，电容器两端的电压不应大于表 1 所示电容器适用的试验电压值。

表 1 异常状态 电容器试验电压

名　称	额定电压 U_n	极限电压
任意型	额定电压为 240 V 或 240 V 以下，50 Hz 或 60 Hz，最高额定温度低于或等于 50 ℃	$1.25U_n$
非自愈型	其他额定值，50 Hz 或 60 Hz	$1.50U_n$
自愈型	其他额定值，50 Hz 或 60 Hz	$1.25U_n$

14.3 镇流器发热极限试验

当镇流器按照附录 H 及附录 J 的条件进行试验时，温度不应超过表 2 中正常条件下的试验和异常条件下的试验各栏所规定的值。

注：异常线路条件的详细说明参见 GB 7000.1—2007 的附录 C。

表 2 最高温度

部 件	最高温度 ℃		
	在100%额定电压下的正常工作	在106%额定电压下的正常工作	在110%额定电压下的异常工作
标明温升值 Δt 的镇流器绕组	[a]		
标明异常条件下温度值的镇流器的绕组			[b]
如有(电容与镇流器一体)情况，与镇流器外壳相邻近的电容器：			
——不带温度标志		50	
——带标志 t_c		t_c	
各种材料的部件：			
——木填料酚醛模压部件		110	
——无机物填料酚醛模压部件		145	
——尿素塑料模压部件		90	
——密胺模压部件		100	
——层压树脂粘合纸部件		110	
——橡胶部件		70	
——热塑材料部件		[c]	

[a] 在100%额定电压的正常条件下测量绕组的温升旨在验证所标明的参数，以便为灯具的设计提供参考，因此并非必须进行。只有在镇流器上带有标志或者产品目录中另有要求时才进行这种测量。

[b] 只对可能产生异常状态的线路进行这种测量，异常状态下绕组的极限温度不应高于与耐久性试验理论天数的2/3以上的天数相对应的温度值(见表3)。

[c] 除用作导线的绝缘层以外，用于防止与带电部件接触或为带电部件提供支撑的热塑性材料，也要测量其温度。所测得的温度值用来确立GB 19510.1—2009中18.1所述试验的条件。

如果所用材料和制造方法与表中所列不同，则它们的工作温度不应高于业已证明的该材料所允许的温度。

当镇流器在其所声称的最高环境温度下工作时，不应超过表中的温度极限值。如果镇流器未标出最高环境温度，则应将镇流器的最高环境温度视为 t_w 值与在100%额定电压下测得的绕组温升之差。

表 3 在异常工作状态和在110%的额定电压下接受30天耐久性试验的镇流器的绕组的极限温度

常数 S	极限温度 ℃					
	S 4.5	S 5	S 6	S 8	S 11	S 16
t_w=90	171	161	147	131	119	110
95	178	168	154	138	125	115
100	186	176	161	144	131	121
105	194	183	168	150	137	126
110	201	190	175	156	143	132

表 3（续）

常数 S	极限温度 ℃					
	S 4.5	S 5	S 6	S 8	S 11	S 16
115	209	198	181	163	149	137
120	217	205	188	169	154	143
125	224	212	195	175	160	149
130	232	220	202	182	166	154
135	240	227	209	188	172	160
140	248	235	216	195	178	166
145	256	242	223	201	184	171
150	264	250	230	207	190	177
注：除镇流器另有规定，均采用 S 4.5 栏所示极限温度值。						

对于接受耐久性试验的天数超过 30 天的镇流器，极限温度应采用 GB 19510.1—2009 第 13 章所述式(2)计算得出，但试验的目标期限(天数)至少应等于耐久性试验理论期限值的 2/3。

14.4　在经过上述发热极限试验之后，将镇流器冷却至室温，此时它应符合下述条件：

a)　镇流器的标志仍应清晰；

b)　镇流器应能承受住第 12 章所规定的电压试验而不被损坏，试验电压可降至 GB 19510.1—2009 所示值的 75%，但不应低于 500 V。

15　高压脉冲试验

标有 7.1 补充要求所规定的标志的镇流器应承受住 15.1 或 15.2 所述试验。

简单电感型镇流器应承受住 15.1 所述试验。

简单电感镇流器之外的其他镇流器应承受住 15.2 所述试验。制造商应说明其产品已进行了哪种试验。

15.1　按照 5.1 要求取六个样品，用三个样品进行第 11 章和第 12 章规定的防潮试验和电气强度试验。

将余下的三个镇流器放置在烘箱中加热直至它们达到镇流器上所标出的 t_w 温度值。

在这些预处理试验完成之后，立即使全部六个样品接受高压脉冲试验。

将受试镇流器以及一个可变电阻和一个闭合时间(不包括反跳时间)为 3 ms～15 ms 的适用的继电开关，例如：H16 或 VR/312/412 型真空开关，连接在直流电源上，这样使能通过调节电流和操作线路继电器在镇流器中引起电压脉冲，然后，缓慢调节并升高电流，直至达到镇流器所标志的峰值电压。脉冲电压的测量应按照附录 I 和图 I.1 的要求直接在镇流器的接线端子上进行。

注 1：如果使用闭合时间很短的电子线路继电器，则应注意防止产生特别高的感应脉冲电压。

将达到启动电压时的直流电流值记下，然后使镇流器在此电流下工作 1 h，在此期间，每分钟内将电流断开 10 次，每次断开时间为 3 s。

此试验完成之后，立即使全部六个镇流器接受第 11 章和第 12 章规定的防潮绝缘和介电强度试验。

注 2：对于带串联电容器的试验线路，应将电容器短路。

15.2　在镇流器输出端不接灯的条件下，调节电源电压，使由启动器和镇流器产生的脉冲电压值达到镇流器上所标志的脉冲电压。将镇流器的阴极加热绕组加载模拟电阻。

然后，使镇流器不带灯在这些条件下工作 30 天。

镇流器的数量、试验前的处理以及试验后的状态均与 15.1 的规定相同。

对于其标志表明只使用带延时装置的触发器的镇流器,应接受相同的试验,只是试验为250个通/断周期,断开时间至少为2 min。

16 故障状态

不按照GB 19510.1—2009第14章的要求。

17 结构

按照GB 19510.1—2009第15章的要求。

18 爬电距离和电气间隙

按照GB 19510.1—2009第16章的要求以及下述要求:

在开启铁芯式镇流器中,作为导线的绝缘层并能承受住IEC 60317-0-1的第13章所述1级或2级电压试验的瓷漆或类似材料,在按照GB 19510.1—2009表3和表4所示值计算不同绕组的漆包线之间或漆包线与外壳、铁芯之间的距离时,可视为相当于1 mm距离。在爬电距离和电气间隙仍不小于2 mm及瓷漆涂层的情况下采用这种计算方法。

19 螺钉、载流部件及连接件

按照GB 19510.1—2009第17章的要求。

20 耐热、防火和耐漏电起痕

按照GB 19510.1—2009第18章的要求,但18.5要求除外。

21 耐腐蚀

按照GB 19510.1—2009第19章的要求。

22 无负载输出电压

按照GB 19510.1—2009第20章的要求。

附　录　A
（规范性附录）
确定导电部件是否是可能引起电击的带电部件的试验

按照 GB 19510.1—2009 附录 A 的要求。

附　录　B
（规范性附录）
热保护式灯的控制装置的特殊要求

按照 GB 19510.1—2009 附录 B 的要求。

附　录　C
（规范性附录）
带热保护器的灯的电子控制装置的特殊要求

不按照 GB 19510.1—2009 附录 C 的要求。

附　录　D
（规范性附录）
热保护式灯的控制装置的加热试验要求

按照 GB 19510.1—2009 附录 D 的要求。

附　录　E
（规范性附录）
不同于 4 500 的常数 *S* 在 t_w（绕组温度）试验中的应用

按照 GB 19510.1—2009 附录 E 的要求。

附　录　F
（规范性附录）
防对流风试验箱

按照 GB 19510.1—2009 附录 F 的要求。

附 录 G
(规范性附录)
脉冲电压值的推导方法

不按照 GB 19510.1—2009 附录 G 的要求。

附 录 H
(规范性附录)
试 验

按照 GB 19510.1—2009 附录 H 的要求。

附 录 I
(规范性附录)
压敏电阻的选择方法

I.1 一般要求

为了避免在测量电压脉冲期间电压发生变化，将若干串联的压敏电阻与受试镇流器并联连接。

由于涉及能量问题，采用最小型的压敏电阻足以达到上述目的。

镇流器内部电压的形成不仅取决于其电感、直流电流和电容量 C_2 也取决于真空开关的质量问题，因为镇流器内存储的能量会通过开关处发生瞬态放电而被释放掉。

因此，有必要对用于线路的压敏电阻及开关加以挑选。

由于压敏电阻所具有的公差可增强或补偿其自身，所以，对每一类型的受试镇流器应单独选择压敏电阻。

I.2 压敏电阻的选择

首先，调节镇流器的电流，直至使电容 C_2 两端的电压大约高于预定试验电压 15%～20%，然后，利用串联连接压敏电阻将电压降至预定值。

最好用二个或三个高压压敏电阻控制试验电压的绝大部分，再用一个或二个低压压敏电阻控制试验电压的其余部分。然后，改变通过镇流器的电流，使试验电压得到精确调节。

单个压敏电阻的电压近似值可根据相应压敏电阻所示电压电流特性确定(例如 $I=10$ mA 时的电压值)。

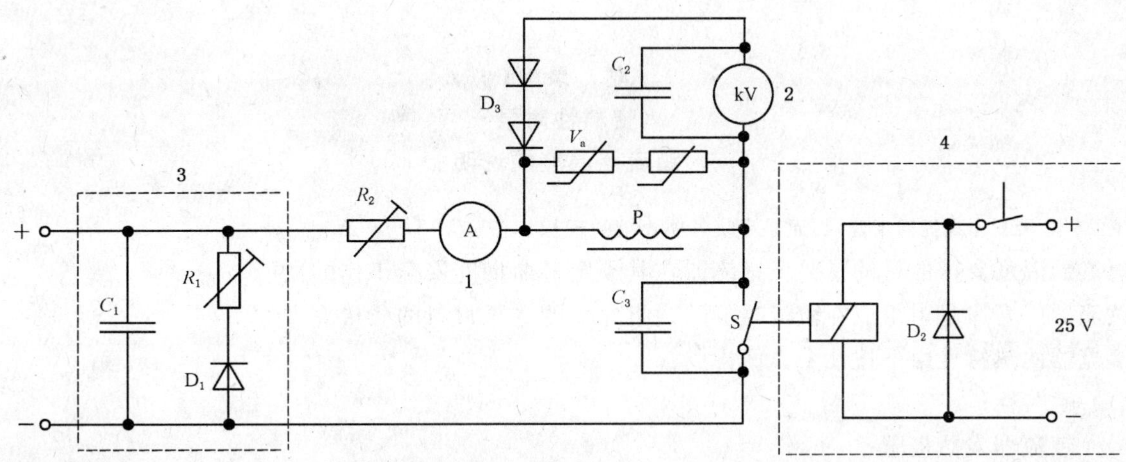

图中

1 直流电流表

2 用于测量脉冲电压的自身电容不超过 30 pF 的静电电压表

3 电源保护装置

4 提供开关控制:可选

C_1=0,66 μF

C_2=5 000 pF

C_3=50 pF

D_1=二极管 ZD22

D_2=二极管 IN4004

D_3=二极管(6 个)BYV96E

P 试验样品

R_1 可调电阻(约 100 Ω)

R_2 可调电阻:R_2≥镇流器阻值×20

S 真空开关

V_a 电阻器压敏电阻(见附录 I)

图 I.1 带整体式启动装置的灯用的镇流器的试验线路

附　录　J
（资料性附录）
镇流器温度的说明

注：本附录不介绍任何新建议，而是反映各项要求的现行状态。

镇流器温度要求的目的是验证镇流器在其预定寿命期间安全工作的性能。

镇流器的寿命是由组成在镇流器上的绕组导线的绝缘材料的质量决定的。

镇流器的热特性由下述几个方面构成：

a)　耐久性；

b)　镇流器发热极限；

c)　试验装置。

下述说明适用于绕组式镇流器。

J.1　耐久性

起点是所宣称的镇流器绕组温度 t_w，即镇流器在此温度下具有连续工作至少10年的预期寿命。绕组温度与镇流器寿命之间的关系可根据公式(J.1)计算得出。

$$\lg L = \lg L_0 + S(1/T - 1/T_w) \qquad \text{(J.1)}$$

式中：

L——实际试验寿命天数，30天为标准时间，但是在温度相对较低的情况下，制造商可要求较长的试验时间；

L_0——3 652天(10年)；

T——理论试验温度$(t+273)$K；

T_w——额定最高工作温度(t_w+273)K；

S——由镇流器的设计和绕组所用的绝缘材料决定的常数。如果没有异议，S值为4 500。但制造商可要求采用其他数值，只要能用相关的试验证明其合理性。

因此，耐久性试验可以在相对较高的绕组温度下和大大短于10年的时间内进行。耐久性试验的标准时间是30天，但120天以下的较长时间也是允许的。

J.2　镇流器的发热极限

对于设计安装在灯具内的镇流器，应按照灯具的标准进行检验：在正常状态下，灯具中镇流器绕组温度(t_w)不超过规定值。

此外，在异常工作状态下，(例如，在荧光灯线路中启动器短路)对灯具进行检验：温度不超过必须标志在镇流器上的极限值。该极限值所规定的温度就是镇流器耐久性试验时间三分之二时所对应的温度。此项要求是根据接受30天耐久性试验的镇流器的极限温度和理论试验温度参数表，并基于 t_w90而且其绕组是采用纸作隔离层的镇流器各方面要求(包括无温度标志)这一前提得出的。

上述内容是指在异常状态下的极限温度可以是接受30天耐久性试验的镇流器以20天为其寿命时所对应的温度。这种关系是基于耐久性试验时绕组极限温度的传统极限值和实际试验温度确定的。但是制造商可以按其意愿自由标出较低的温度值。

灯具的验证要依据镇流器上标出的极限值进行。这意味着如果制造商已决定以相应较低的温度进行较长时间的耐久性试验，那么要相应降低异常状态下的最高允许温度。

J.3 试验装置

最初，测量镇流器温度时是将镇流器放入模拟板条式灯具的试验装置内进行，还要调整几次镇流器以便改进重复性(见图 J.1)。最新的试验装置可使镇流器横卧在木支架上(见 GB 19510.1—2009 的图 H.1)。但是，实践证明，在置于这种试验装置中的镇流器上以及异常工作状态下测得的温度与镇流器被装入特定灯具时的实际温度之间几乎没有对应关系。因此，现已停止使用这种试验装置测试镇流器的发热极限，而用更加实际的以绕组的最高允许温度 t_w 为依据进行的测试取而代之。

单位为毫米

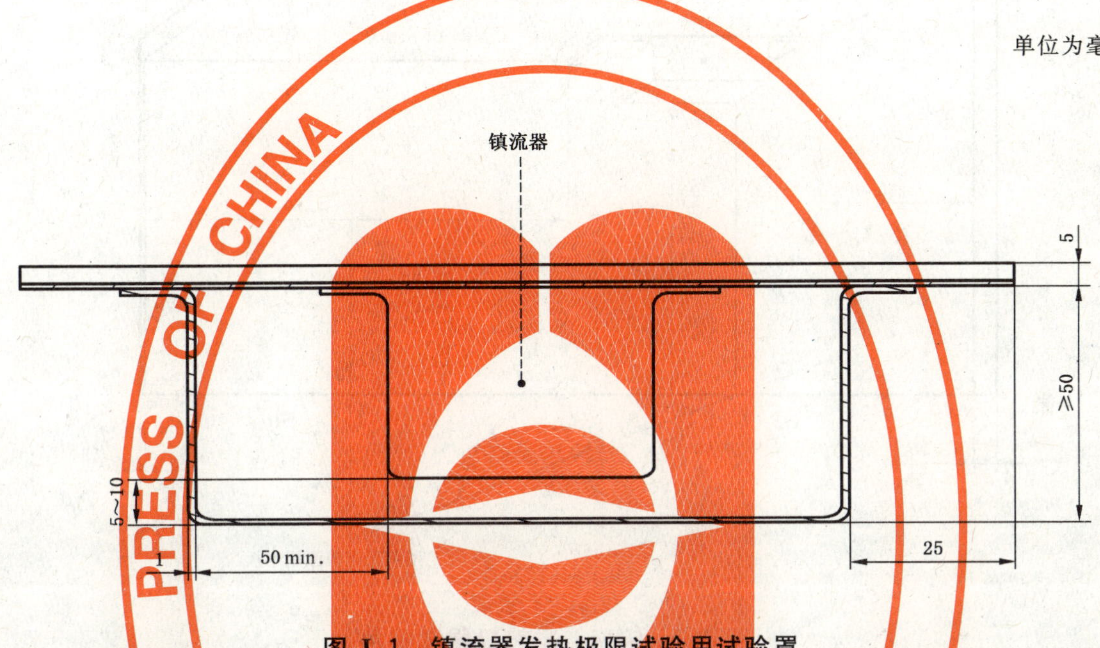

图 J.1 镇流器发热极限试验用试验罩

修改测试方法的目的是为了检验在处于恶劣状态下的镇流器的 t_w 值。

具体方法是将镇流器及其部件置于烘箱中工作，直至达到所标志的温度值，再对其进行检验。

接着在灯具中证实镇流器绕组的温度是否超标，只要在正常工作状态下测量镇流器绕组温度，并将其与标志值相比较。

设计安装在电线杆、接线盒等壳体中而不是灯具中的内装式镇流器也要按照内装式镇流器的规定在 GB 19510.1—2009 图 H.1 所示试验装置上进行试验。由于这些镇流器未安装在灯具中，也要用此试验装置检验它们是否符合灯具标准所规定的温度极限值要求。

独立式镇流器要在一试验角内进行试验。该试验角由三块木板构成，用来模拟房屋的两面墙和天花板(见图 J.2)。

所有的测量在由附录 F 所规定的防对流风试验箱中进行。

单位为毫米

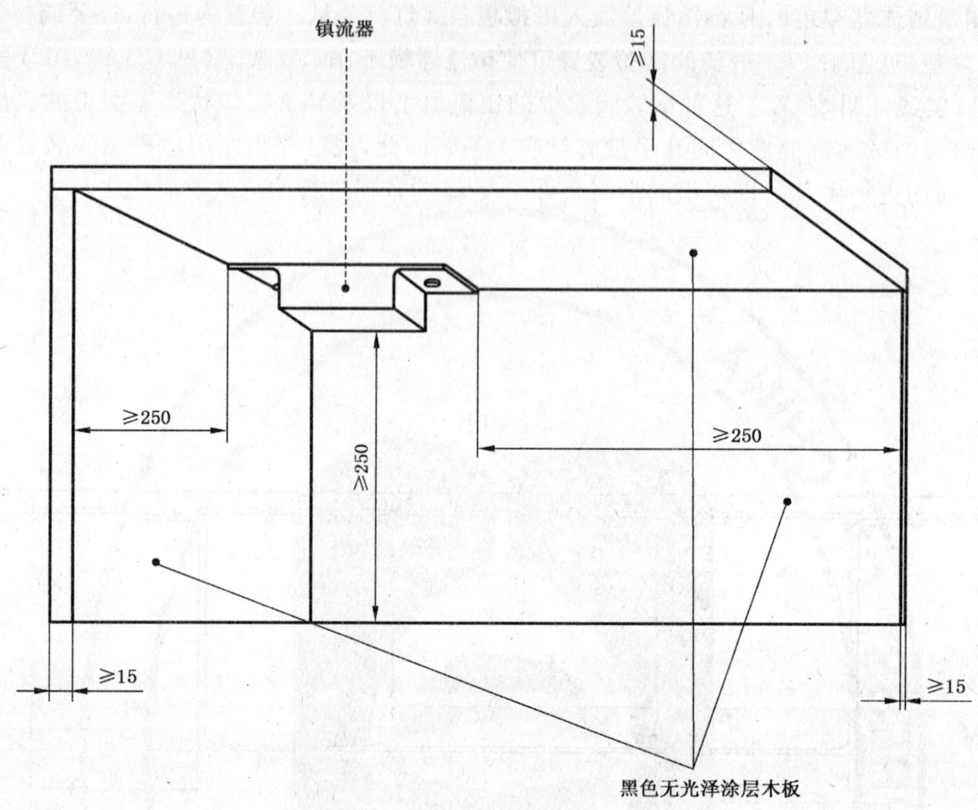

图 J.2 镇流器发热极限试验角

附 录 K
(资料性附录)
双重或加强绝缘的内装式电感镇流器的补充要求

按照 GB 19510.1—2009 附录 I 的要求。

参 考 文 献

[1] GB 18489 管形荧光灯和其他放电灯线路用电容器 一般要求和安全要求(GB 18489—2001,idt IEC 61048:1999).

[2] GB 19510.4 灯的控制装置 第4部分:荧光灯用交流电子镇流器的特殊要求(GB 19510.4—2009,IEC 61347-2-3:2000,IDT).

[3] IEC 60384-14,Fixed capacitors for use in electronic equipment—Part 14:Sectional specification:Fixed capacitors for electromagnetic interference suppression and connection to the supply mains.

[4] IEC 61049,Capacitors for use in tubular fluorescent and other discharge lamp circuits—Performance requirements.

ICS 29.140.99
K 74

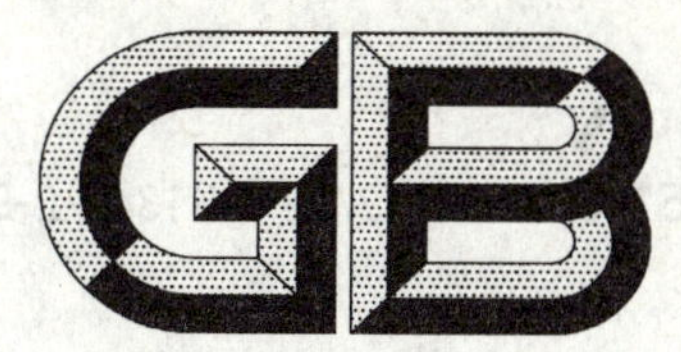

中华人民共和国国家标准

GB 19510.10—2009/IEC 61347-2-9:2003
代替 GB 19510.10—2004

灯的控制装置 第10部分:放电灯(荧光灯除外)用镇流器的特殊要求

Lamp controlgear—
Part 10:Particular requirements for ballasts for discharge lamps(excluding fluorescent lamps)

(IEC 61347-2-9:2003,Lamp controlgear—
Part 2-9:Particular requirements for ballasts for discharge lamps
(excluding fluorescent lamps),IDT)

2009-10-15 发布　　2010-12-01 实施

中华人民共和国国家质量监督检验检疫总局
中国国家标准化管理委员会　发布

前言

本部分的全部技术内容为强制性。

GB 19510《灯的控制装置》分为 14 个部分：

——第 1 部分：一般要求和安全要求；

——第 2 部分：启动装置(辉光启动器除外)的特殊要求；

——第 3 部分：钨丝灯用直流/交流电子降压转换器的特殊要求；

——第 4 部分：荧光灯用交流电子镇流器的特殊要求；

——第 5 部分：普通照明用直流电子镇流器的特殊要求；

——第 6 部分：公共运输工具照明用直流镇流器的特殊要求；

——第 7 部分：航空器照明用直流电子镇流器的特殊要求；

——第 8 部分：应急照明用直流电子镇流器的特殊要求；

——第 9 部分：荧光灯用镇流器的特殊要求；

——第 10 部分：放电灯(荧光灯除外)用镇流器的特殊要求；

——第 11 部分：高频冷启动管形放电灯(霓虹灯)用电子换流器和变频器的特殊要求；

——第 12 部分：灯具用杂类电子线路的特殊要求；

——第 13 部分：放电灯(荧光灯除外)用直流或交流电子镇流器的特殊要求；

——第 14 部分：LED 模块用直流或交流电子控制装置的特殊要求。

本部分为 GB 19510 的第 10 部分。

本部分应与 GB 19510.1 一起使用。它是在对 GB 19510.1 的相应条款进行补充或修改之后制定而成的。

本部分等同采用 IEC 61347-2-9:2003(第 1.1 版)《灯的控制装置　第 2-9 部分：放电灯(荧光灯除外)用镇流器的特殊要求》及 2006 年的修订 2(英文版)。

为便于使用，本部分做了下列编辑性修改：

a) “IEC 61347-2-9”改为“本部分”；

b) 删除 IEC 61347-2-9 的前言，修改了 IEC 61347-2-9 的引言；

c) 将国际标准中的“(注：)”形式中的括号去除；

d) 用小数点“.”代替作为小数点的“,”；

e) 对于引用的其他国际标准中有被等同采用为我国标准的，本部分用引用我国的这些国家标准或行业标准代替对应的国际标准，其余未有等同采用为我国标准的国际标准，在本部分中均被直接引用(见本部分第 2 章)。

本部分代替 GB 19510.10—2004《放电灯(管形荧光灯除外)用镇流器的一般要求和安全要求》。

本部分与 GB 19510.10—2004 相比主要差异如下：

a) 本部分 7.1 增加引用 GB 19510.1 的 7.1r)项内容要求；

b) 将 GB 19510.10—2004 中表 1 第一栏的内容“与镇流器外壳相邻的电容器：”改为本部分表 1 第一栏相应内容“镇流器外壳邻近的电容器，如有(电容与镇流器一体)”；

c) 增加第 22 章“无负载输出电压”；

d) 增加附录 K“对内置式有双绝缘或加强绝缘的电感镇流器的额外要求”；

e) 将 15 中“设计要求在带灯的外启动装置的线路中工作的镇流器”更改为“设计要求用外启动装置使灯工作的镇流器”；

f) 将15.2“标志”更改为“标识”。

本部分的附录A、附录B、附录C、附录D、附录E、附录F、附录G、附录H、附录I和附录K是规范性附录,附录J是资料性附录。

本部分由中国轻工业联合会提出。

本部分由全国照明电器标准化技术委员会(SAC/TC 224)归口。

本部分起草单位:福建源光亚明电器有限公司、国家电光源质量监督检验中心(上海)、佛山市华全电气照明有限公司、吴江市华峰(华能)电子有限公司、江苏亚示照明灯具有限公司。

本部分主要起草人:张和泉、张翼鹏、俞安琪、区志杨、丁步雄、庾水荣、殷金兴、柯柏权。

本部分于1993年首次发布,2004年第1次修订,本次为第2次修订。

引　言

本部分和构成 GB 19510.2～GB 19510.14 的各个部分在引用 GB 19510.1 的任一条款时规定了该条款的适用范围和各项试验的实施顺序，还规定了必要的补充要求。GB 19510.2～GB 19510.14 的各个部分是各自独立的，相互之间互不参照。

如果本部分通过“按照 GB 19510.1—2009 的第某条要求”这一句子来引用 GB 19510.1—2009 的某一条款要求，则这句话的意思就是按照该条款的全部要求，但其中明显不适用于 GB 19510.2～GB 19510.14 所述特定类型的灯的控制装置的内容除外。

灯的控制装置
第10部分:放电灯(荧光灯除外)
用镇流器的特殊要求

1 范围

GB 19510 的本部分规定了高压汞灯、低压钠灯、高压钠灯和金属卤化物灯用的镇流器的特殊要求。

本部分适用于采用 50 Hz 或 60 Hz 1 000 V 以下交流电的镇流器,与其配套的放电灯的额定功率、尺寸及特性应符合 IEC 60188、IEC 60192、IEC 60662 和 IEC 61167 的规定。

本部分适用于完整的镇流器及其组成部件,例如:电抗器、变压器和电容器。热保护式镇流器的特殊要求见附录 B。

注 1:某些类型的放电灯需要触发器。

注 2:荧光灯用镇流器见 GB 19510.9。

性能要求在 GB/T 15042 中给出。

2 规范性引用文件

下列文件中的条款通过 GB 19510 的本部分的引用而成为本部分的条款。凡是注日期的引用文件,其随后所有的修改单(不包括勘误的内容)或修订版均不适用于本部分,然而,鼓励根据本部分达成协议的各方研究是否可使用这些文件的最新版本。凡是不注日期的引用文件,其最新版本适用于本部分。

本部分采用 GB 19510.1—2009 的第 2 章所述的规范性引用文件以及下述规范性引用文件。

GB/T 15042 灯用附件 放电灯(管形荧光灯除外)用镇流器 性能要求(GB 15042—2009,IEC 60923:2006,IDT)

GB 19510.1—2009 灯的控制装置 第 1 部分:一般要求和安全要求(IEC 61347-1:2007,IDT)

GB 19510.2 灯的控制装置 第 2 部分:启动装置(辉光启动器除外)的特殊要求(GB 19510.2—2009,IEC 61347-2-1:2006,IDT)

IEC 60188 高压汞灯

IEC 60192 低压钠灯

IEC 60662 高压钠灯

IEC 61167 金属卤化物灯

3 术语和定义

GB 19510.1—2009 第 3 章所确定的以及下列术语和定义适用于本部分。

3.1

镇流器绕组的额定温升 rated temperature rise of a ballast winding

Δt

由制造商在本部分所规定的条件下确定的温升。

注:镇流器的电源要求及安装条件见附录 H。

3.2

高压脉冲 high-voltage impulse

有意施加的非周期性瞬时电压,施加该电压时,应迅速地使其升至峰值,然后通常是缓慢地使其降至零。此种脉冲一般用两个指数的和来表示。

注：术语“脉冲”与“电涌”有区别，后者是指电气设备的电网在使用过程中所产生的瞬变现象。

4 一般要求

按照 GB 19510.1—2009 第 4 章以及下列要求。

4.1 电容器及其他部件

装在镇流器中的电容器和其他部件应按照相应标准的要求。

4.2 热保护式镇流器

热保护式镇流器的要求见附录 B。

5 试验说明

按照 GB 19510.1—2009 第 5 章以及下列要求：

5.1 型式试验应在提交型式试验的八个镇流器组成的一批样品上进行。其中的七个镇流器用于耐热性试验，一个镇流器用于其他的全部试验。关于耐热性试验的合格条件，见第 13 章要求。

对于金属卤化物灯和高压钠灯用镇流器，还要按照第 15 章要求另取六个镇流器进行高压脉冲试验，试验期间不应出现不合格品。

5.2 试验应在 GB 19510.1—2009 附录 H 所规定的条件下进行。通常，每一种类型的镇流器要进行全部试验。如果所涉及的是一批类似的镇流器，可以对该批量中的每一个额定功率的镇流器进行试验，或与制造商协商，从该批量中选取有代表性的镇流器进行试验。在将结构相同但性能不同的一批镇流器一起提交验收时，如果制造商或其他被授权机构提供的试验报告被检验部门接受，则按照第 13 章要求以及附录 E 所示“不同于 4 500 的常数 S 的用法”所进行的耐热试验的样品数量允许有所减少，甚至可以省去这些试验。

6 分类

按照 GB 19510.1—2009 第 6 章的要求。

7 标志

作为灯具的组成部分的镇流器不必作标志。对于安装在路灯柱基座内的镇流器，应将 7.1 和 7.2 所列的全部标志标在镇流器上。标志应符合 GB 19510.1—2009 中 7.2 的规定。

7.1 强制性标志

镇流器(不包括整体式镇流器)应清晰耐久地标有下述强制性标志：

——GB 19510.1—2009 中 7.1 的 a)，b)，e)，f)，g)和 r)项的内容；

——对于需要和触发器(GB 19510.2)一起使用的镇流器，应在镇流器上标出承受脉冲电压的接线端子(终端装置)。

注：该标志可采用接线图的形式。但供高压汞灯和某些金属卤化物灯使用的具有多种用途的简单电抗线圈式镇流器不必以这种方式作标志。

7.2 补充标志

除上述强制性标志以外，还应将下列适用的内容标在镇流器上，或者标在制造商的产品目录或类似说明书中：

——GB 19510.1—2009 中 7.1 的 c)，h)，i)，j)，k)，o)，p)和 q)项的内容；

——对于高压钠灯或金属卤化物灯用镇流器：

1) 如果镇流器所能承受的脉冲电压最大峰值超过 1 500 V，应标出该值；

2) 可与镇流器匹配使用的触发器的产品目录号；

——对于由一个以上的独立元件构成的镇流器，应在其控制电流的电感元件上标出其他元件的主要参数；

——对于带一个独立的串联电容器（而不是抑制无线电干扰的电容器）的镇流器，应重复标出额定电压、电容量和公差；

——对于安装在灯杆、接线盒中的多个镇流器整体，标出能防止镇流器和相关部件过热的安装建议。

7.3 其他标志

制造商可提供下述适用的非强制性标志：

——绕组的额定温升以 5 K 的倍数递增标在符号 Δt 之后。

8 防止意外接触带电部件的措施

按照 GB 19510.1—2009 第 10 章的要求。

9 接线端子

按照 GB 19510.1—2009 第 8 章的要求。

10 接地装置

按照 GB 19510.1—2009 第 9 章的要求。

11 防潮与绝缘

按照 GB 19510.1—2009 第 11 章的要求。

12 介电强度

按照 GB 19510.1—2009 第 12 章的要求。

此外，对于使用触发器并且脉冲电压产生在其内部的镇流器，还应在承受触发电压的绝缘物上进行介电强度试验。试验电压如下表所示（U＝工作电压）：

	脉冲电压≤$4U\times1.414$	脉冲电压＞$4U\times1.414$
双重绝缘和加强绝缘	$4U+2\ 750$ V	$U_{pmax}/1.414+2\ 750$ V
基本绝缘和补充绝缘	$2U+1\ 000$ V	$U_{pmax}/(2\times1.414)+1\ 000$ V

13 绕组的耐热试验

按照 GB 19510.1—2009 第 13 章的要求。

14 镇流器的发热极限

镇流器及其安装表面不应产生损害其安全性的温度。合格性按 14.1 和 14.2 的试验及 GB 19510.1—2009 的 H.12 试验进行检验。

14.1 当镇流器按 14.2 的要求进行试验时，其在正常状态和异常状态下试验时的温度不应超过表 1 所示相应的值。

在试验之前，应进行下述检验和测量：

a) 镇流器应能使灯正常启动并工作；

b) 必要时应在环境温度下测量每个绕组的电阻。

加热试验结束之后，将镇流器冷却至室温，此时镇流器应符合下列要求：

a) 镇流器的标志依然清晰可见；

b) 镇流器应承受住第12章中的介电强度试验而不应被损坏，试验电压要降至GB 19510.1—2009中表1所示之值的75%，但不小于500 V。

14.2 将镇流器置于正常条件下进行试验。如有要求，按照下述说明将镇流器置于异常条件下进行试验：把镇流器置于110%额定电压和额定频率下工作直至温度达到稳定，但是如有 Δt 标志，应在额定电源电压下对该标志值进行验证。

对于正常条件下的试验，镇流器应与适宜的灯一起工作，灯所在位置应使其所产生的热量不会对镇流器的加热产生影响。如果在规定的试验条件下，通过这些灯的电流与通过基准灯的电流在同一公差范围之内，则这些灯可视为是适宜的灯。

对于异常条件下的试验，将镇流器直接连接在电源上，同时使灯的两端短路来模拟在异常状态下能使镇流器短路的线路。

注1：对于感抗线圈式镇流器（与灯串联的简单扼流圈感抗），允许制造商自行决定在进行试验和测量时不装灯，但是，应将电流调节到在106%额定电压下带灯试验时的值。对于非感抗线圈式镇流器，应确保达到具有代表性的损耗程度。

注2：如果需要测量镇流器绕组温升（非必需项目），应使镇流器和适宜的灯一起在额定电源电压和额定频率下工作并使温度达到稳定时再进行测量。在这种情况下，对于感抗线圈式镇流器（与灯串联的简单扼流圈感抗），试验和测量可以在不装灯的情况下进行，但是，应将电流调节到在额定电源电压下带灯试验时的值。

表1 最高温度

部件	最高温度 ℃		
	在100%额定电压下的正常工作	在106%额定电压下的正常工作	在110%额定电压下的异常工作
标明温升值 Δt 的镇流器绕组	a		
标明异常状态下温度值的镇流器绕组			b
镇流器外壳邻近的电容器，如有（电容与镇流器一体）：			
——不带温度标志		50	
——带标志 t_c		t_c	
各种材料的部件：			
——木填料酚醛模压部件		110	
——无机物填料酚醛模压部件		145	
——尿素塑料模压部件		90	
——密胺模压部件		100	
——层压树脂粘合纸部件		110	
——橡胶部件		70	
——热塑材料部件		c	

注1：如果所用材料的制造方法与表中所列者不相同，则它们的工作温度不应高于业已证明的该种材料所允许的温度。

注2：当镇流器在其标称的最高环境温度下工作时，不应超过表中所示温度值。表中之值是基于25 ℃环境温度得出的。

[a] 在100%额定电压的正常条件下测量绕组的温升旨在验证所标明的参数，以便为灯具的设计提供参考，因此并非必须进行。只有在镇流器上带有标志或者产品目录中另有要求时才进行这种测量。

[b] 只对可能产生异常状态的线路进行这种测量。异常状态下绕组的极限温度不应高于与耐久性试验理论天数的2/3以上的天数相对应的温度值（见表2、表3）。

[c] 除导线的绝缘层外，用于防止与带电部件相接触或作为带电部件支撑的热塑性材料也应确定其温度。测得的温度值用来确立GB 19510.1—2009中18.1规定的试验条件。

表 2　接受 30 天耐久性试验的镇流器在异常工作状态和 110% 额定电压下的绕组温度极限值

常数 S	极限温度 ℃					
	$S4.5$	$S5$	$S6$	$S8$	$S11$	$S16$
$t_w=90$	171	161	147	131	119	110
95	178	168	154	138	125	115
100	186	176	161	144	131	121
105	194	183	168	150	137	126
110	201	190	175	156	143	132
115	209	198	181	163	149	137
120	217	205	188	169	154	143
125	224	212	195	175	160	149
130	232	220	202	182	166	154
135	240	227	209	188	172	160
140	248	235	216	195	178	166
145	256	242	223	201	184	171
150	264	250	230	207	190	177

表 3　接受 60 天耐久性试验带"D6"标志的镇流器在异常工作状态下和 110% 额定电压下的绕组温度极限值

常数 S	极限温度 ℃					
	$S4.5$	$S5$	$S6$	$S8$	$S11$	$S16$
$t_w=90$	158	150	139	125	115	107
95	165	157	145	131	121	112
100	172	164	152	137	127	118
105	179	171	158	144	132	123
110	187	178	165	150	138	129
115	194	185	171	156	144	134
120	201	192	178	162	150	140
125	208	199	184	168	155	145
130	216	206	191	174	161	151
135	223	213	198	180	167	156
140	231	220	204	186	173	162
145	238	227	211	193	179	168
150	246	234	218	199	184	173

15 耐高压脉冲试验

如金属卤化物灯和高压钠灯用镇流器所接线路会在镇流器上施加高压脉冲，因此镇流器应能经受住 15.1 或 15.2 所规定的试验，其分为两种情况：

设计要求用外启动装置使灯工作的镇流器应接受 15.1 所规定的试验；

设计要求用内启动装置使灯工作的镇流器应接受 15.2 规定的试验。制造商应说明其产品已经受了哪一种试验。

15.1 给 5.1 中六个镇流器各接上一个 20 pF 的负载电容，使其与触发器一起工作，并测量脉冲电压。然后，将触发器移开，并按照以下方法试验承受脉冲电压的部件的介电强度。

用另一个类似的触发器和镇流器一起在 1.1 倍额定电压下不接负载电容也不接灯泡工作 30 天。如果触发器不到 30 天便损坏，应及时更换被损坏的触发器，直至试验期满 30 天为止。

对于其标志表明只使用带延时脉冲关断装置的触发器(见 7.2 中第二项中 2)项的说明)的镇流器，应接受相同的试验，只是试验期为 250 个通断周期，断开时间至少为 2 min。

此试验结束之后，再进行第 12 章规定的介电强度试验，试验时应将除接地导线之外的各个终端相互连接在一起，不应产生飞弧或击穿现象。然后，再接上原来的触发器和 20 pF 负载电容，测量脉冲电压，所测得的值与最初的测量值的误差应不大于 10%。

15.2 用于 5.1 中六个样品中的三个样品进行第 11 章防潮与绝缘性能试验和第 12 章介电强度试验。

将其余三个样品放置在烘箱中加热，直至样品达到镇流器上标明的 t_w 额定温度。经过这些预处理试验之后，立即对全部六个样品进行下述高压脉冲试验。

将受试镇流器以及一可变电阻和一闭合时间(不包括反跳时间)为 3 ms～15 ms 的适用继电器(例如 H16 或 VR 312/412 型真空开关)一起接入直流电源，通过调节电流和操作继电器在镇流器中产生电压脉冲。然后缓慢地调节电流，使电压增加到镇流器上所标识的峰值电压，并按照附录 J 和图 J.1 的要求在镇流器的端子上测定电压脉冲。

注 1：如果使用接通时间极短的电子继电器，应注意防止产生特别高的感应脉冲电压。

将达到启动电压时的直流电流值记下，然后使样品在此电流下工作 1 h，在此期间，每分钟内将电流断开 10 次，每次断开时间为 3 s。

此试验完成之后，立即使全部六个镇流器样品接受第 11 章防潮与绝缘性能试验和第 12 章介电强度试验。

注 2：除简单电感线圈式镇流器以外的镇流器用于本试验的问题尚在研究之中。

16 故障状态

不按照 GB 19510.1—2009 第 14 章的要求。

17 结构

按照 GB 19510.1—2009 第 15 章的要求。

18 爬电距离和电气间隙

按照 GB 19510.1—2009 第 16 章以及下列要求：

在开启铁芯式镇流器中，作为导线的绝缘层并能承受住 IEC 60317-0-1 的第 13 章中的一级或二级电压试验的瓷漆或类似材料，在按照 GB 19510.1—2009 表 3 和表 4 所示的值计算不同绕组的漆包线之间或漆包线与外壳、铁芯之间的距离时，可视为相当于 1 mm 距离。但只能在除瓷漆涂层以外，爬电距离和电气间隙仍不小于 2 mm 的情况下采用这种算法。

19 螺钉、载流部件和连接件

按照 GB 19510.1—2009 第 17 章的要求。

20 耐热、防火及耐漏电起痕

按照 GB 19510.1—2009 第 18 章的要求。

21 耐腐蚀

按照 GB 19510.1—2009 第 19 章的要求。

22 无负载输出电压

按照 GB 19510.1—2009 第 20 章的要求。

附 录 A
(规范性附录)
确定导电部件是否是可能引起电击的带电部件的试验

按照 GB 19510.1—2009 附录 A 的要求。

附 录 B
(规范性附录)
热保护式灯的控制装置的特殊要求

按照 GB 19510.1—2009 附录 B 的要求和以下要求:
镇流器的制造商应为型式试验提交经过特殊处理的样品。

附 录 C
(规范性附录)
带热保护器的灯的电子控制装置的特殊要求

不按照 GB 19510.1—2009 附录 C 的要求。

附 录 D
(规范性附录)
热保护式灯的控制装置的加热试验要求

按照 GB 19510.1—2009 附录 D 的要求。

附 录 E
(规范性附录)
不同于 4 500 的常数 S 在 t_w(绕组温度)试验中的应用

按照 GB 19510.1—2009 附录 E 的要求。

附 录 F
(规范性附录)
防对流风试验箱

按照 GB 19510.1—2009 附录 F 的要求。

附 录 G
(规范性附录)
脉冲电压值的推导方法

不按照 GB 19510.1—2009 附录 G 的要求。

附 录 H
(规范性附录)
试 验

按照 GB 19510.1—2009 附录 H 的要求。

附 录 I
（规范性附录）
压敏电阻的选择方法

I.1 一般要求

为了避免在测量电压脉冲期间电压发生变化，将若干串联的压敏电阻与受试镇流器并联连接。

由于涉及能量问题，用于上述目的时采用最小型的压敏电阻。

镇流器内部电压的形成不仅取决于其电感、直流电流和 C_2 的电容量，也取决于真空开关的质量，因为存贮于镇流器内的能量将通过发生于开关处的火花而被释放掉，因此，应与线路内所用的开关一起选用压敏电阻。

由于压敏电阻的误差可自行增加或补偿，所以，对每一类型的受试镇流器应单独选择压敏电阻。

I.2 压敏电阻的选择

首先，调节镇流器的电流，直至使电容 C_2 两端的电压大约高于预定试验电压 15％～20％，然后，利用串联连接的压敏电阻将电压降至预定值。

最好用二个或三个高压压敏电阻控制试验电压的绝大部分，再用一个或二个低压压敏电阻控制试验电压的其余部分。然后，改变通过镇流器的电流，使试验电压得到精确调节。

单个压敏电阻的电压近似值，可根据相应压敏电阻数据中给出的电压-电流特性曲线选定（例如：I＝10 mA 时的电压值）。

附 录 J
（资料性附录）
镇流器温度的说明

注：本附录不介绍任何新建议，而是反映各项要求的现行状态。

镇流器温度要求的目的是验证镇流器在其预定寿命期间安全工作的性能。

镇流器的寿命是由镇流器绕组的绝缘材料的质量决定的。

镇流器的热特性由下述几方面构成：

a） 耐久性；

b） 镇流器发热极限；

c） 试验装置。

以下说明适用于绕组式镇流器。

J.1 耐久性

镇流器标称绕组温度 t_w 表示镇流器具有至少连续工作 10 年的预期寿命的温度。绕组温度与镇流器寿命之间的关系可根据式(J.1)计算得出：

$$\lg L = \lg L_0 + S[(1/T) - (1/T_w)] \qquad \text{(J.1)}$$

式中：

L——实际试验寿命天数，30 天为标准时间，但是在温度相对较低的情况下，制造商可要求较长的试验时间；

L_0——3 652 天(10 年)；

S——由镇流器的设计和绕组所用的绝缘材料所决定的常数，如果没有异议，S 值为 4 500。但制造商可要求采用其他数值，只要能用相关的试验证明其合理性；

T——理论试验温度$(t+273)$K；

T_w——额定最高工作温度(t_w+273)K。

因此，耐久性试验可以在相对较高的绕组温度下和大大短于 10 年的时间内进行。耐久性试验的标准时间是 30 天，但 120 天以下的较长时间也是允许的。

J.2 镇流器发热极限

对于设计安装在灯具之内的镇流器，应按照灯具的标准进行核查：在正常工作状态下，灯具中镇流器绕组的温度(t_w)不应超过规定值。

此外，在异常工作状态下(类似于荧光灯线路中启动器短路)应对灯具进行检查：温度不应超过标志在镇流器上的极限值。该极限值所规定的温度值就是寿命为镇流器耐久性试验时间的三分之二时所对应的温度值。此项要求是根据接受 30 天耐久性试验的镇流器的极限温度和理论试验温度参数表，并基于 t_w 为 90 时，镇流器在各项要求方面与无温度标志的其绕组用纸作隔离层的镇流器相同这一假设得出的。

上述内容表示异常状态下的极限温度可以是接受 30 天耐久试验的镇流器以 20 天为其寿命时所对应的温度。这种关系是基于耐久试验时绕组极限温度的传统极限值和实际试验温度确定的。但是制造商可按照其意愿标出较低的温度值。

灯具的验证要依据镇流器上标出的极限值进行。这意味着如果制造商已决定以相应较低的温度进行较长时间的耐久试验，那么要相应降低异常状态下的最高允许温度。

J.3 试验装置

最初，测量镇流器温度时是将镇流器放入模拟板条式灯具的试验装置内进行的，还要调整几次镇流器以便改进重复性(见图J.2)。最新的试验装置可使镇流器横卧在木支架上(见GB 19510.1—2009图H.1)。但实践证明在置于这种试验装置中的镇流器上测得的温度与在镇流器被装入特定灯具的实际温度之间几乎没有对应关系,因此,现已停止使用这种试验装置测试镇流器的发热极限,而用更加实际的以绕组的允许最高工作温度 t_w 为依据进行的测试取而代之。

将镇流器置于烘箱中工作,调节烘箱温度,使镇流器的绕组温度达到制造商所允许的 t_w 值,来模拟镇流器置于灯具中最恶劣的工作状态,对其部件进行检验。

接着在灯具中证实镇流器绕组的温度是否超标,只要在正常工作状态下或异常工作状态下测量镇流器绕组的温度,并将其与标志值比较。

设计安装在电线杆、接线盒等外壳中而不是灯具中的内装式镇流器也要按照内装式镇流器的规定在GB 19510.1—2009图H.1所示试验装置上进行试验。由于这些镇流器未装在灯具中,也要用此试验装置检验它们是否符合灯具标准所规定的温度极限值要求。

独立式镇流器要在试验角内进行试验。此试验角由三块木板构成,用来模拟房屋的两面墙和天花板(见图J.3)。

所有的测量应在由附录F规定的无对流风试验箱中进行。

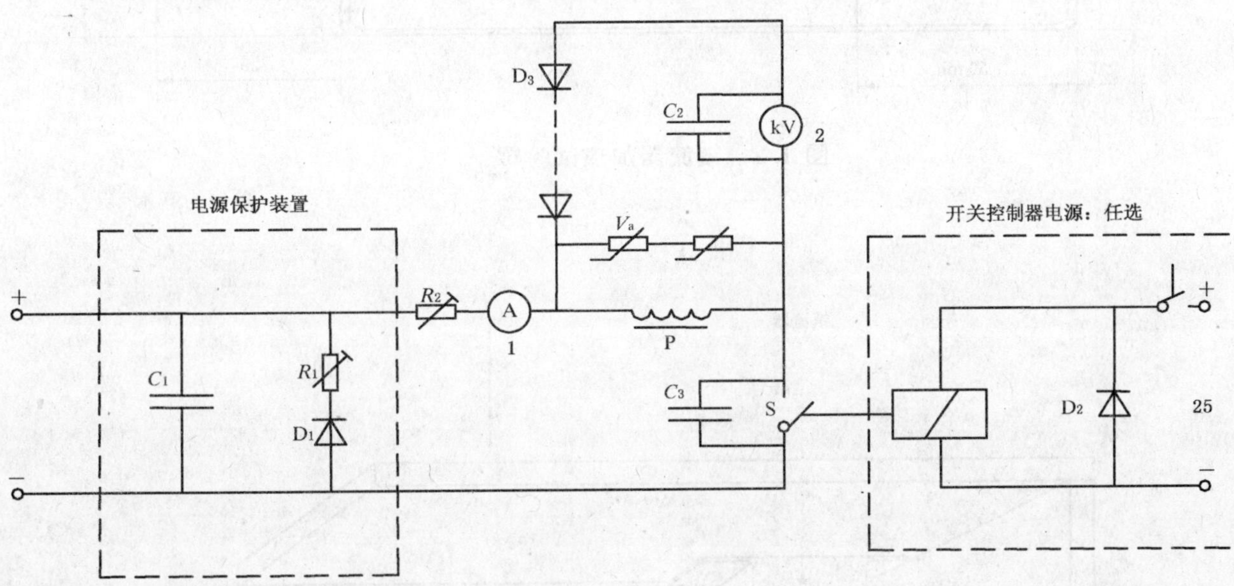

图中:

1——测量直流电流的电流表;

2——自身电容不超过30 pF、测量脉冲电压用的静电电压表;

C_1——0.66 μF;

C_2——5 000 pF;

C_3——50 pF;

D_1——ZD22二极管;

D_2——IN4004二极管;

D_3——(六支)BYV 96E二极管;

P——试验样品;

R_1——可调电阻(约100 Ω);

R_2——可调电阻 R_2≥镇流器阻值×20;

S——真空开关;

V_a——压敏电阻(供选择,见附录D)。

图J.1 带整体式启动装置的灯用的镇流器的试验线路

单位为毫米

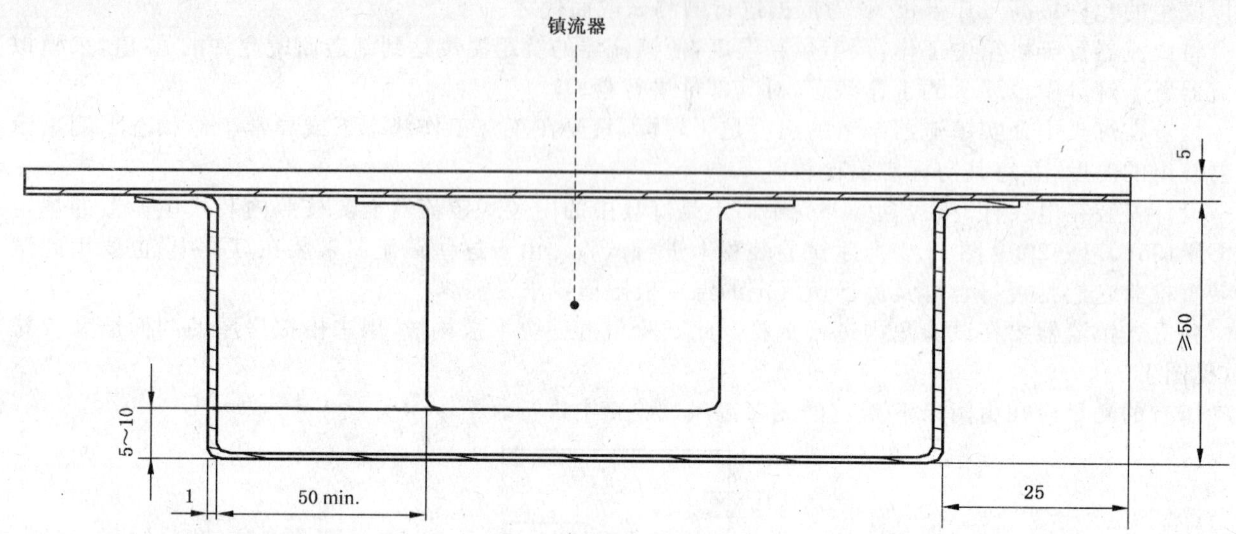

图 J.2　镇流器加热试验罩

单位为毫米

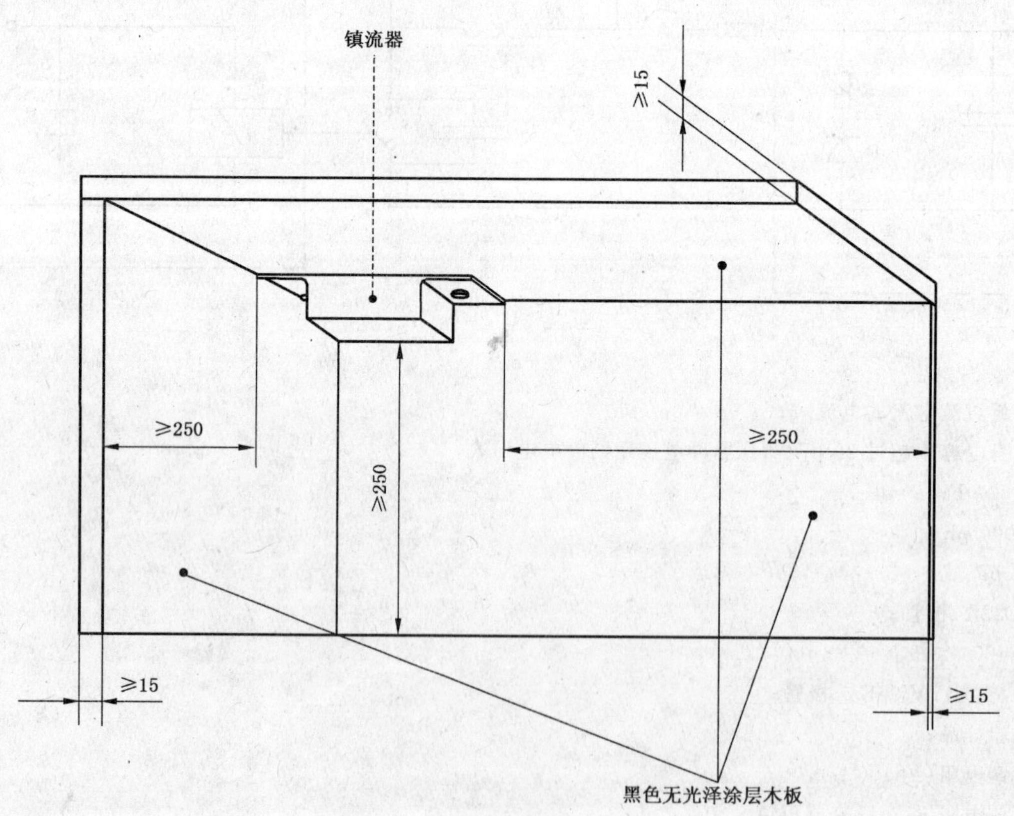

图 J.3　镇流器加热试验角

附 录 K
（规范性附录）
双重绝缘或加强绝缘的内装式电感镇流器的补充要求

按照 GB 19510.1—2009 附录 I 的要求。

ICS 29.140.99
K 74

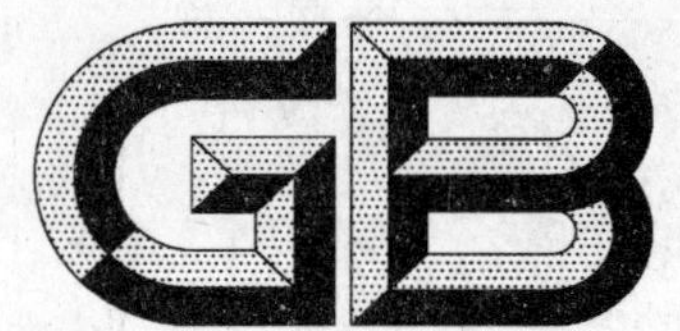

中华人民共和国国家标准

GB 19510.14—2009/IEC 61347-2-13:2006

灯的控制装置 第14部分:LED模块用直流或交流电子控制装置的特殊要求

Lamp controlgear—Part 14: Particular requirements for d. c. or a. c. supplied electronic controlgear for LED modules

(IEC 61347-2-13:2006,IDT)

2009-10-15 发布　　2010-12-01 实施

中华人民共和国国家质量监督检验检疫总局
中国国家标准化管理委员会　发布

前　言

本部分的全部技术内容为强制性。

GB 19510《灯的控制装置》分为14个部分：

——第1部分：一般要求和安全要求；

——第2部分：启动装置(辉光启动器除外)的特殊要求；

——第3部分：钨丝灯用直流/交流电子降压转换器的特殊要求；

——第4部分：荧光灯用交流电子镇流器的特殊要求；

——第5部分：普通照明用直流电子镇流器的特殊要求；

——第6部分：公共运输工具照明用直流镇流器的特殊要求；

——第7部分：航空器照明用直流电子镇流器的特殊要求；

——第8部分：应急照明用直流电子镇流器的特殊要求；

——第9部分：荧光灯用镇流器的特殊要求；

——第10部分：放电灯(荧光灯除外)用镇流器的特殊要求；

——第11部分：高频冷启动管形放电灯(霓虹灯)用电子换流器和变频器的特殊要求；

——第12部分：灯具用杂类电子线路的特殊要求；

——第13部分：放电灯(荧光灯除外)用直流或交流电子镇流器的特殊要求；

——第14部分：LED模块用直流或交流电子控制装置的特殊要求。

本部分为GB 19510的第14部分。

本部分应与GB 19510.1一起使用，它是在对GB 19510.1的相应条款进行补充或修改之后制定而成的。

本部分等同采用IEC 61347-2-13:2006《灯的控制装置　第2-13部分：LED模块用直流或交流电子控制装置的特殊要求》(英文版)。

本部分等同翻译IEC 61347-2-13:2006。

为了便于使用，本部分做了下列编辑性修改：

a) “IEC 61347-2-13”改为“本部分”；

b) 删除IEC 61347-2-13的前言，修改了IEC 61347-2-13的引言；

c) 将国际标准中的“(注：)”形式中的括号去除；

d) 用小数点“.”代替作为小数点的“,”；

e) 对于引用的其他国际标准中有被等同采用为我国标准的，本部分用引用我国的这些国家标准或行业标准代替对应的国际标准，其余未有等同采用为我国标准的国际标准，在本部分中均被直接引用(见本部分第2章)。

本部分的附录A、附录B、附录C、附录D、附录E、附录F、附录G、附录H和附录I为规范性附录。

本部分由中国轻工业联合会提出。

本部分由全国照明电器标准化技术委员会(SAC/TC 224)归口。

本部分起草单位：中国质量认证中心、国家电光源质量监督检验中心(上海)、广州市中德电控有限公司、佛山市华全电气照明有限公司、广东明家科技股份有限公司、中山市欧普照明股份有限公司、桐乡市生辉照明电器有限公司、佛山市顺德区本邦电器有限公司、惠州雷士光电科技有限公司、南京汉德森科技股份有限公司、霍尼韦尔朗能电器系统技术(广东)有限公司、江西名派光电科技有限公司。

本部分起草人：李维泉、安丽、邢合萍、俞安琪、马国民、区志杨、王平、周明兴、沈锦祥、黄世和、熊飞、周鸣、付宝成、程敬远、柯柏权、蔡干强、李维升、华桥生。

本部分为首次制定。

引　言

本部分和构成 GB 19510.2～GB 19510.14 的各个部分在引用 GB 19510.1—2009 的任一条款时规定了该条款的适用范围和各项试验的试验顺序，并规定了必要的补充要求。组成 GB 19510.2～GB 19510.14 的各个部分是各自独立的，相互之间互不参照。

如果本部分通过"按照 GB 19510.1—2009 的第某条要求"这一句子来引用 GB 19510.1—2009 的条款要求，则这句话的意思就是按照该条款的全部要求，但其中明显不适用于 GB 19510.2～GB 19510.14 所述特定类型的灯的控制装置的内容除外。

灯的控制装置
第14部分:LED模块用直流或交流电子控制装置的特殊要求

1 范围

GB 19510的本部分规定了使用250 V以下直流电源和1 000 V以下、50 Hz或60 Hz交流电源的LED模块用电子控制装置的特殊安全要求,该电子控制装置的输出频率不同于电源频率。

本部分中规定的LED模块控制装置是设计在安全特低电压或等效安全特低电压或更高的电压下能够为LED模块提供恒定的电压或电流的控制装置。非纯电压源和电流源类型控制装置也包括在本部分之内。

适用于本部分的GB 19510.1—2009的附录和所使用的名词"灯"也理解为包含LED模块。

固定的并且作为安装线路一部分的独立式安全特低电压控制装置的特殊要求在附录I中给出。

性能要求在IEC 62384中给出。

作为灯具部件的插入式控制装置可视为内装式控制装置,包含在灯具标准的补充要求中。

2 规范性引用文件

下列文件中的条款通过GB 19510的本部分的引用而成为本部分的条款。凡是注日期的引用文件,其随后所有的修改单(不包括勘误的内容)或修订版均不适用于本部分,然而,鼓励根据本部分达成协议的各方研究是否可使用这些文件的最新版本。凡是不注日期的引用文件,其最新版本适用于本部分。

本部分采用GB 19510.1—2009第2章所述规范性引用文件以及下述规范性引用文件:

GB 7000.6 灯具 第2部分:特殊要求 第6章:内装变压器的钨丝灯灯具(GB 7000.6—2008,IEC 60598-2-6:1996,IDT)

GB/T 7676(所有部分) 直接作用模拟指示电测量仪表及其附件(GB/T 7676—1998,idt IEC 60051)

GB/T 11021—2007 电气绝缘 耐热性分级(IEC 60085:2004,IDT)

GB/T 13539.2 低压熔丝 第2部分:供指定人员使用的熔丝的补充要求(工业用熔丝)(GB/T 13539.2—2008,IEC 60269-2:1986,IDT)

GB 13539.3—1999 低压熔断器 第3部分:非熟练人员使用的熔断器的补充要求(主要用于家用和类似用途的熔断器)(idt IEC 60269-3:1987)

GB 19510.1—2009 灯的控制装置 第1部分:一般要求和安全要求(IEC 61347-1:2007,IDT)

IEC 60065:1985 音频、视频及类似电子设备 安全要求

IEC 60083:2004 IEC成员国已标准化的家用及类似用途的插头插座

IEC 60127(所有部分) 微型熔断器

IEC 60269-2-1:2004 低压熔断器 第2-1部分:供指定人员使用的熔断器的补充要求(工业用熔断器)第Ⅰ~Ⅴ章:标准化熔断器的类型实例

IEC 60269-3-1:2004 低压熔断器 第3部分:供非专业人员使用的熔断器(家用和类似用途的熔断器)的补充要求 第Ⅰ~Ⅳ章

IEC 60317-0-1:1997 特种绕组线规范 第0部分:一般要求 第1节:漆包圆铜线

IEC 60384-14:2005　电子设备用固定电容器;第 14 部分:分规范:抑制电磁干扰和连接供电电源用固定式电容器

IEC 60417-DB:2002[1)]　设备用图形符号

IEC 60454(所有部分)　电工用压敏粘胶带的规范

IEC 60529:1989　由外壳提供的防护等级(IP 代码)

IEC 60598-1:2003　灯具　第 1 部分:一般安全要求与试验　及 IEC 60598-1 修订 1(2006)

IEC 60906(所有部分)　家用和类似用途插头和插座的 IEC 系统

IEC 60906-1:1986　家用和类似用途插头插座的 IEC 系统

IEC 60950-1:2005　信息技术设备的安全

IEC 61558-1:1998　电力变压器、电源装置及类似设备的安全

3　术语和定义

GB 19510.1—2009 第 3 章所确定的以及下列术语和定义适用于本部分。

3.1

LED 模块用电子控制装置　electronic controlgear for LED modules

置于电源和一个或多个 LED 模块之间,为 LED 模块提供额定电压或电流的装置。此装置可以由一个或多个独立的部件组成,并且可以具有调光、校正功率因数和抑制无线电干扰的功能。

3.2

直流或交流控制装置　d. c. or a. c. supplied controlgear

装有能使一个或几个 LED 模块工作的稳定部件的控制装置。

3.3

等效安全特低电压控制装置(考虑中)　safety extra-low voltage(SELV)-equivalent controlgear(under consideration)

其输出电压等效为安全特低电压并能使一个或多个 LED 模块工作的内装式或组合式控制装置。

注:就本部分而言,符合 8.1 和 8.2 规定的等效安全特低电压控制装置可视为提供与安全特低电压控制装置等效的防电击保护功能。

3.4

独立式安全特低电压控制装置　independent SELV controlgear

通过 IEC 61558-1:1998 所规定的安全隔离变压器来提供与供电电源隔绝的安全特低电压输出电压的控制装置。

3.5

组合式控制装置　associated controlgear

设计用来向特定的设备或仪器供电的控制装置,它可以装在或不装在这种设备或仪器中。

注:组合式控制装置的一个例子是应急照明装置中的电子控制装置,在该应急照明装置中,电子控制装置和电池驱动的镇流器以一对一的关系分配。

3.6

固定式控制装置　stationary controlgear

一个固定安装的控制装置或者一个不易从一个位置移到另一个位置的控制装置。

3.7

插入式控制装置　plug-in controlgear

安装在外壳之内并具备一用来连接电源的整体式插头的控制装置。

---

1)　"DB"指 IEC 在线数据库。

3.8

恒压控制装置的额定输出电压　rated output voltage for constant voltage controlgear

在额定电源电压、额定频率和额定输出功率下，控制装置的输出电压。

3.9

恒流控制装置的额定输出电流　rated output current for constant current controlgear

在额定电源电压、额定频率和额定输出功率下，控制装置的输出电流。

3.10

发光二极管　light emitting diode

LED

包含一个P-N结的固体装置，当受到电流激发时能发出光辐射。[GB/T 2900.65 中 845-04-40]。

注：本定义与外壳及端子的存在无关。

3.11

LED模块　LED module

作为照明光源的单元，除一个或多个发光二极管(LED)外，还可以包括其他元件，例如光、电气、机械和电子元件。

3.12

最大输出电压　maximum output voltage

在任何负载条件下，恒流控制装置的输出端子之间可能出现的最大电压。

4　一般要求

按照 GB 19510.1—2009 第4章的要求及下述补充要求：

——独式安全特低电压控制装置应符合附录I的要求。这包括对绝缘电阻、介电强度、外壳的爬电距离和电气间隙的要求。

——非纯电压源和电流源类型的控制装置根据电压源和电流源的要求进行试验，控制装置与哪个的电气特性接近就按照其要求进行试验。

5　试验说明

按照 GB 19510.1—2009 第5章的要求及下述补充要求：

应将下述数量的样品提交进行试验：

——对于第6章～第12章和第15章～第21章所规定的试验，提交一个样品；

——对于第14章的试验提交一个样品(必要时，可与制造商协商要求补充样品)。

6　分类

控制装置按照 GB 19510.1—2009 的第6章给出的安装方法以及下述方法进行分类：

防电击保护措施：

——等效安全特低电压或隔离式控制装置(这种类型的控制装置可以用来代替具有加强绝缘的双绕组变压器；见 GB 7000.6(在提及灯处，认为包含LED模块))；

——自耦式控制装置；

——独立式安全特低电压控制装置。

7　标志

7.1　强制性标志

按照 GB 19510.1—2009 的7.2要求，控制装置应清晰耐久地标志下述强制性标志，整体式控制装置除外：

——GB 19510.1—2009 的第 7.1 的 a)、b)、c)、d)、e)、f)、k)、l)和 m)条款，以及

——恒压型：额定输出电压；

——恒流型：额定输出电流和最大输出电压；

——如适用：控制装置仅适用于 LED 模块的声明。

7.2 补充标志

除上述强制性标志外，还应将下述适用内容标在控制装置上，或标在制造商的产品目录或类似说明书中：

——GB 19510.1—2009 的 7.1 的 h)、i)和 j)条款，以及

——关于控制装置是否有主连接绕组的说明；

——关于等效安全特低电压控制装置的说明。

8 防止意外接触带电部件的措施

注：安全特低电压或等效安全特低电压控制装置的输出电压限值按照 IEC 60364-4-41。

按照 GB 19510.1—2009 第 10 章的要求和下述补充要求：

8.1 对于等效安全特低电压控制装置，应采用双重绝缘或加强绝缘使其易触及部件和带电部件绝缘。

按照 IEC 60065:1985 的 8.6 和 13.1 的要求。

8.2 安全特低电压或等效安全特低电压控制装置的输出线路在下述情况下可装有外露的接线端子：

——带负载时的恒压控制装置的额定输出电压或恒流控制装置的最大输出电压不超过 25 V(有效值)；

——无负载输出电压不超过 33 V(有效值)，并且峰值不超过 $33\sqrt{2}$ V。

合格性通过下述试验进行检验：控制装置在额定电源电压和额定频率下达到稳定状态，测量输出电压。在带负载试验，应给控制装置装上一个在额定输出电压下能产生额定输出的电阻。

对于具有一个以上额定电源电压的控制装置，本要求适用于每一个额定电源电压。

额定输出电压超过 25 V 的控制装置应装有绝缘接线端子。

在安全特低电压和等效安全特低电压输出线路和初级线路之间连接有电容器的情况下，应使用符合 IEC 60384-14:2005 表 2 和表 3 规定的 Y1 电容或两个串联的并有同一参数的 Y2 电容。

每个电容应符合 IEC 60065:1985 中 14.2 的要求。

如果需要用其他元件将隔离变压器跨接，例如电阻，应按照 IEC 60065:1985 第 14 章的要求。

9 接线端子

按照 GB 19510.1—2009 第 8 章的要求。

10 保护接地装置

按照 GB 19510.1—2009 第 9 章的要求。

11 防潮与绝缘

按照 GB 19510.1—2009 第 11 章的要求以及下述补充要求：

对于等效安全特低电压控制装置，其输入端和输出端之间的绝缘性应充分满足要求。

对于双重绝缘或加强绝缘，电阻应不小于 4 MΩ。

12 介电强度

按照 GB 19510.1—2009 第 12 章的要求以及下述补充要求：

等效安全特低电压控制装置内隔离式变压器绕组的绝缘条件应按照 IEC 60065:1985 的 14.3.2 的要求。

13 控制装置绕组的耐热试验

不按照 GB 19510.1—2009 第 13 章的要求。

14 故障状态

按照 GB 19510.1—2009 第 14 章的要求以及下述补充要求：

控制装置带有▽标志时，应符合附录 C 规定。

15 变压器加热试验

等效安全特低电压控制装置中隔离变压器的绕组应按照 IEC 60065:1985 的 7.1 和 11.2 的要求进行试验。

15.1 正常工作

对于正常工作，应采用 IEC 60065:1985 的表 3 中 2 栏所示的值。

15.2 异常工作

对于本部分第 16 章所述异常状态以及第 14 章所述故障状态，应采用 IEC 60065:1985 中表 3 的第 3 栏的值。

IEC 60065:1985 中表 3 的 2 栏和 3 栏所示温升值是基于最大环境温度 35 ℃得出。由于试验在外壳温度为 t_c 的情况下进行，应测量相应的环境温度，并改动表 3 中的数值。如果这些温升值高于相应绝缘材料的类别所允许值，则该类材料的特性是决定因素。温升允许值基于 GB/T 11021—2007 的推荐参数得出。IEC 60065:1985 中表 3 所提供的材料只是作为样品。如果采用 GB/T 11021—2007 中列表以外的材料，则最大温度不应超过已证明是符合要求的温度值。

试验应在能使控制装置达到正常工作时的 t_c 的条件下进行

注：控制装置置于附录 F 所述试验箱中在正常条件下以及能使外壳温度达到 $t_c{}^{+0}_{-5}$ ℃ 的环境温度下工作并达到热平衡状态，以此种方式进行试验。

对于模压式变压器，应提交带热电偶的并经过专门处理的样品进行试验。

16 异常状态

控制装置在异常状态下工作时不应损害其安全性。在进行 16.1 和 16.2 中的短路试验时应采用两根长度分别为 20 cm 和 200 cm 的输出电缆，制造商另有声明除外。

16.1 恒压输出型控制装置

合格性采用在额定电源电压的 90%～110%的任一电压下所进行的下述试验进行检验。

根据制造商的说明（如有规定，包括散热片），下述每个条件都应施加在控制装置上 1 h。

a) 不连接 LED 模块；

　如果控制装置设计有多路输出，则应将连接 LED 模块的每一对相应的输出端开路。

b) 二倍于控制装置设计连接的 LED 模块或等效负载并联在控制装置的输出端上；

c) 将控制装置的输出端短路。

　如果控制装置设计有多路输出，应依次将每一对相应连接 LED 模块的输出端短路。

在 a)～c)所规定的试验期间和试验结束时，控制装置不应出现任何损害安全性的故障，也不应有任何烟雾或可燃气体产生。

16.2 恒流输出型控制装置

不应超过最大输出电压。

合格性采用在额定电源电压的 90%～110%的任一电压下所进行的下述试验进行检验：

使控制装置按照制造商的说明开始工作（如有规定，装上散热片），再施加下述每一个条件并持续 1 h：

a) 不连接 LED 模块；

如果控制装置设计有多路输出，应依次将每一对相应连接 LED 模块的输出端开路，然后同时断开所有连接 LED 模块的每一对相应的输出端子。

注：同时断开所有端子对于开路负载条件是很重要的。

b) 二倍于控制装置设计连接的 LED 模块或等效负载串联在控制装置的输出端上；

c) 将控制装置的输出端短路。

如果控制装置设计有多路输出，应依次将每一对相应连接 LED 模块的输出端短路。

在 a)～c)所规定的试验期间和试验结束时，控制装置不应出现任何损害安全性的故障，也不应有任何烟雾或可燃气体产生。

17 结构

按照 GB 19510.1—2009 第 15 章的要求以及下述补充要求：

输出线路中的插座不应使符合 IEC 60083 和 IEC 60906 规定的插头插入，可插入输出线路插座的插头不应插入符合 IEC 60083 和 IEC 60906 要求的插座。

合格性通过目视和人工试验进行检验。

18 爬电距离和电气间隙

除非第 14 章另有规定，均按照 GB 19510.1—2009 第 16 章的要求。

19 螺钉、载流部件及连接件

按照 GB 19510.1—2009 第 17 章的要求。

20 耐热、防火及耐漏电起痕

按照 GB 19510.1—2009 第 18 章的要求。

21 耐腐蚀

按照 GB 19510.1—2009 第 19 章的要求。

附　录　A
（规范性附录）
确定导电部件是否是可引起电击的带电部件的试验

按照 GB 19510.1—2009 附录 A 的要求。

附　录　B
（规范性附录）
热保护式灯控制装置的特殊要求

不按照 GB 19510.1—2009 附录 B 的要求。

附　录　C
（规范性附录）
带热保护器的灯的电子控制装置的特殊要求

按照 GB 19510.1—2009 附录 C 的要求。

附　录　D
（规范性附录）
热保护式灯的控制装置的加热试验要求

按照 GB 19510.1—2009 附录 D 的要求。

附　录　E
（规范性附录）
不同于 4 500 的常数 S 在 t_w 试验中的应用

按照 GB 19510.1—2009 附录 E 的要求（仅适用于 50 Hz/60 Hz 的绕组）。

附　录　F
（规范性附录）
防对流风试验箱

按照 GB 19510.1—2009 附录 F 的要求。

附　录　G
（规范性附录）
脉冲电压值的推导方法

不按照 GB 19510.1—2009 附录 G 的要求。

附 录 H
（规范性附录）
试 验

按照 GB 19510.1—2009 附录 H 的要求。

附 录 I
（规范性附录）
LED 模块用独立式安全特低电压直流或交流电子控制装置的特殊补充要求

注：本附录尚在研究中。

I.1 总则

本附录适用于作为最大电流为 25 A 的Ⅲ类灯具的安全特低电压电源的独立式控制装置。

I.2 定义

I.2.1

耐短路控制装置 short-circuit proof controlgear

当其在过载或短路时其温升不会超过规定极限值，并且在除去过载后仍能保持正常工作的控制装置。

I.2.2

非固有式耐短路控制装置 non-inherently short-circuit proof controlgear

装有一种保护装置的耐短路控制装置，这种保护装置在控制装置过载或短路时能将线路断开或降低输入线路或输出线路中的电流。

注：保护装置指的是保险丝过载断路器、热熔片、正温度系数电阻以及自动断路机械装置。

I.2.3

固有式耐短路控制装置 inherently short-circuit proof controlgear

在其处于过载短路和不具备保护装置的情况下，其温度不会超过规定极限值，在排除过载或短路以后，并且仍能继续正常工作的耐短路控制装置。

I.2.4

失效保护式控制装置 fail-safe controlgear

在异常条件下使用后不能正常工作但也不会对使用者或周围环境造成危险的控制装置。

I.2.5

非耐短路控制装置 non-short-circuit proof controlgear

设计要求借助一保护装置来防止温度过度升高的控制装置，该保护装置不应安装在控制装置之内。

I.2.6

高频变压器 HF transformer

在与电源频率不同的频率下工作的控制装置的组成部件。

I.2.7

耐开路控制装置 open-circuit proof controlgear

当其在过载或开路时其温升不会超过规定极限值，并且在消除开路后仍能保持正常工作的控制装置。

注：在接线端开路的情况下，例如控制装置能关断，在这种情况下，对于控制装置的最严酷工作条件不是开路，而是

接近开路(引起过载状态的负载接近无穷大电阻)。这与耐短路控制装置在过载(负载接近零电阻)和短路两种情况下的概念相同。

I.2.8

非固有式耐开路控制装置　non-inherently open circuit proof controlgear

装有一种保护装置的抗开路控制装置,这种保护装置在控制装置过载或开路时能将线路断开或降低输入线路或输出线路中的电流。

注1:见I.2.7的注。

注2:"耐开路"条件与可能引起控制装置的过载状态的输出端有关。保护装置使控制装置处于安全工作状态,例如,降低输入电流或输出电压。

I.2.9

固有式耐开路控制装置　inherently open circuit proof controlgear

在其处于开路和不具备保护装置的情况下,其温度不会超过规定极限值并且在消除开路以后仍能继续正常工作的抗开路控制装置。

I.3　分类

I.3.1　根据防电击保护

——Ⅰ类控制装置;

——Ⅱ类控制装置。

I.3.2　根据短路保护和开路保护或异常使用保护

a)　非固有式耐短路控制装置;

b)　非固有式耐开路控制装置;

c)　固有式耐短路控制装置;

d)　固有式耐开路控制装置;

e)　失效保护式控制装置;

f)　非耐短路控制装置;

g)　非耐开路控制装置。

根据b)、d)和g)分类的控制装置的试验应和根据a)、c)和f)分类的控制装置的试验一样进行,但有"无负载"条件。

I.4　标志

在采用符号作标志时,应如下所示:

PRI	输入	
SEC	输出	
⎓	直流	IEC 60417-5031(DB:2002-10)
N	中线	类似IEC 60417-5032-2(DB:2002-10)
~	单相	类似IEC 60417-5032-1(DB:2002-10)
—▭—	保险丝(时限电流特性的补充符号)	IEC 60417-5016(DB:2002-10)
t_a	最大额定环境温度	
⏊	框架式终端或芯式终端	IEC 60417-5020(DB:2002-10)

	安全隔离式控制装置	IEC 60417-5222(DB:2002-10)
F或 F	失效保护式控制装置	类似 IEC 60417-5222(DB:2002-10)
或	非耐短路控制装置	类似 IEC 60417-5946(DB:2002-10)
或	耐短路控制装置 (固有式或非固有式)	类似 IEC 60417-5947(DB:2002-10)

最后三个符号可作为隔离控制装置或安全隔离控制装置的符号。

示例:在Ⅱ类结构的符号的尺寸中,外部正方形各边的长度大约是内部正方形各边长度的二倍。外部正方形各边的长度应不小于 5 mm,除非控制装置的最大尺寸未超过 15 cm,在这种情况下,该符号的尺寸可以缩小,但是,外部正方形的各边长度应不小于 3 mm。

I.5 防电击保护措施

I.5.1 在输出线路和壳体之间或在输出线路和接地保护线路(如果有这种线路的话)之间不应有任何连接,但在 8.2 所规定的条件下除外。

合格性通过目视进行检验。

I.5.2 输入线路和输出线路相互之间在电气上应当隔离,并且它们的结构应使这些线路之间不存在直接或间接通过其他金属部件形成任何接触的可能性。

如果控制装置内装有高频变压器,“线路”一词也包括这种变压器的绕组。

尤其应防止下述情况发生:

——高频变压器的输入绕组、输出绕组或线圈出现过度位移;

——内部线路或外部连接线出现过度位移;

——在导线断裂或连接件松动的情况下线路的部件或内部连接部件出现过度位移;

——导线、螺钉、垫圈和包括高频变压器绕组的连接件,开始松动或脱落,并跨接在输入线路和输出线路之间的绝缘体的任一部位上。

两个独立的附件不应同时松动。

采用目视法检验控制装置是否符合 I.5.2.1～I.5.2.5(包括 I.5.2.5)的规定,控制装置外壳的合格性按照 IEC 60598-1 中 4.13 所述试验进行检验。

I.5.2.1 高频变压器的输入绕组和输出绕组之间的绝缘应由双重绝缘或加强绝缘构成,但在其按照 I.5.2.4 要求时除外。

此外,还需采用下述要求:

——对于Ⅱ类控制装置,输入线路和壳体之间的绝缘以及输出线路和壳体之间的绝缘应由双重绝缘和加强绝缘构成;

——对于Ⅰ类控制装置,输入线路和壳体之间的绝缘应由基本绝缘构成,输出线路和壳体之间的绝缘应由补充绝缘构成。

I.5.2.2 如果高频变压器的输入绕组和输出绕组之间装有未与壳体连接的中间金属部件(例如,高频变压器的磁芯),则经过该中间金属部件的输入绕组和输出绕组之间的绝缘应由双重绝缘或加强绝缘构成;对于Ⅱ类控制装置,经过高频变压器的这种中间金属部件的输入绕组和壳体之间的绝缘,以及输出绕组和壳体之间的绝缘应由双重绝缘或加强绝缘构成。

高频变压器的中间金属部件与输入绕组或输出绕组之间的绝缘均应至少由适用于相应线路电压的基本绝缘构成。

高频变压器中用双重绝缘或加强绝缘与一个绕组隔离的中间金属部件，可将其视为已被连接在另一个绕组上。

I.5.2.3 如果采用锯齿形胶带作为绝缘，应至少再加贴一层胶带，以降低两相临胶带产生齿形的危险。

I.5.2.4 对于固定连接的Ⅰ类控制装置，其高频变压器的输入绕组和输出绕组之间的绝缘可以由基本绝缘加保护屏蔽代替双重绝缘或加强绝缘，但是，应符合下述条件：

本条件中，“绕组”一词不包括内部线路。

a) 输入绕组和保护屏蔽之间的绝缘应符合基本绝缘的要求（适用于输入电压）；

b) 保护屏蔽和输出绕组之间的绝缘应符合基本绝缘要求（适用于输出电压）；

c) 除非另有规定，金属屏蔽应由金属箔或金属线绕网构成，它们至少延伸至邻近保护屏蔽的绕组的整个宽度；金属线绕网应结实、严密，线匝之间不应有空隙；

d) 为了防止由于线圈短路而产生的涡流电流损耗，金属屏蔽的两个边沿不允许同时接触到磁芯；

e) 金属屏蔽及其引出线应具有足够大的横截面，以便确保在发生绝缘失效的情况下，过载装置在金属屏蔽被损坏之前断开线路；

f) 引出线应焊接在金属屏蔽上，或以同样可靠的方式加以固定。

I.5.2.5 高频变压器的每一个绕组的最后一圈应采用适宜的方式加以固定，例如使用胶带或适宜的粘接剂。

如果绕组采用无面板线圈架，每层的最后几圈应采用适当的方法加以固定。例如，可在每层线圈上交错施加充足的绝缘材料并凸出于每层的最后几圈，此外，

——或者给绕组灌注热凝材料或冷凝材料，这些材料要牢固填充在中间空隙处，并要将最后几圈线圈有效地密封住；

——或者，用绝缘材料将绕组固定在一起。

两个独立的固定件不应同时松动。

采用目视法检验控制装置是否按照 I.5.2.1～I.5.2.5（包括 I.5.2.5）要求，通过试验检验其是否按照本部分第 11 章、第 12 章和 I.8 要求；控制装置外壳的合格性通过 IEC 60598-1:2003 中 4.13 所述试验进行检验。

I.5.3 输入线路和输出线路允许用零部件跨接，例如，电容器、电阻以及光耦合器。

I.5.3.1 电容器和电阻应按照本部分 8.2 的要求。

I.5.3.2 光耦合器

光耦合器在符合 IEC 60950-1:2005 中 2.10.5.2 的双重绝缘或加强绝缘要求情况下，如果独立绝缘充分密封并且绝缘材料独立层之间没有空隙处，则不用对光耦合器内通过绝缘的距离进行测试。否则，光耦合器的输入和输出之间通过绝缘的距离应至少为 0.4 mm。这两种情况均采用 I.8 的要求进行试验。

I.6 加热

I.6.1 控制装置及其支撑件在正常使用中不应产生过高温度

合格性按照 I.6.2 所述试验进行检验。此外，下述要求也适用于绕组。

I.6.1.1 如果制造商既未说明使用的是哪一类材料，也未说明 t_a 的值，并且测得的温升值不超过表 I.1 所示 A 类材料温升值，则 I.6.3 所述试验不必进行。

但是，如果所测得的温升值超过表 I.1 所示 A 类材料的温升值，则控制装置的带电部件（磁芯和绕组）应进行 I.6.3 所述试验。加热箱的温度按照表 I.2 进行选择。表 I.2 中的温升值选择测量温升值的旁边高的温升值。

I.6.1.2 如果制造商没有说明使用的是哪一类材料，但已经说明 t_a 的值以及考虑到该值，所测得的温升值未超过表 I.1 所示 A 类材料的温升值，则不进行 I.6.3 所述试验。

但是，如果考虑到 t_a 的值，所测得的温升值超过表 I.1 所示 A 类材料的温升值，则控制装置的有效部件(磁芯和绕组)要进行 I.6.3 所述试验。加热箱的温度按照表 I.2 进行选择，要考虑到 t_a 的值。从表 I.2 中选出的温升值是所计算得出的温升值的次高值。

I.6.1.3 如果制造商已经说明使用的是哪一类材料，但是未说明 t_a 的值和所测得的温升值没有超过表 I.1 所示相应的值，则不进行 I.6.3 所述试验。

但是，如果所测得的温升值超过表 I.1 所示之值，则该控制装置被视为不符合本条款要求。

I.6.1.4 如果制造商已经说明使用的是哪一类材料，以及 t_a 的值，并且也已说明考虑到 t_a 的值，所测得的温升值没有超过表 I.1 所示相应的值，则不进行 I.6.3 所述试验。

但是，如果考虑到 t_a 的值，所测得的温升值超过表 I.1 所示之值，则控制装置被视为不符合本条款要求。

I.6.2 在达到稳定状态时，在下述条件下确定温升值

试验和测量在无对流风的、其尺寸不会影响试验结果的场所进行。如果控制装置的 t_a 额定值超过 50 ℃，则试验期间的室温应在 t_a 额定值 5 ℃的范围之内，并且最好是在 t_a 的额定值。

将便携式控制装置安装在一涂有无光泽黑色漆的胶合板支架上，将固定式控制装置按正常使用方式也安装在一涂有无光泽黑漆的胶合板支架上。该支架的厚度约为 20 mm，其尺寸要超出支架上样品的垂直高度至少 200 mm。

将控制装置接上额定电压，并加载一个电阻，其在额定输出电压和额定功率因数(对交流电而言)的条件下能给出额定输出。

将电源电压升高 6%，此外不再作任何调节。

当仪器或其他仪器在其技术要求所示正常使用条件下工作时，将组合式控制装置置于这种条件下工作。如果这些设备或仪器在设计上可以使控制装置不带负载工作，则应在无负载条件下重复此项试验。

绕组的温升用电阻法或热电偶进行测定，选用对受试部件的温度影响最小的方式和部位进行测量。在这种情况下，应提交经过专门处理的样品。

在测量绕组的温升时，应与样品相隔一段距离，也就是在不影响温度读数的范围内测量环境温度。在此部位，试验期间温度的变化应不超过 10 K。

试验期间

——对于不带 t_a 标志的控制装置，温升不应超过表 I.1 所示值；

——对于带 t_a 标志的控制装置，温升和 t_a 值之和不应超过表 I.1 所示值与 25 ℃之和。

例如：绕组的允许温升：

a) 控制装置的 $t_a=+35$ ℃，A 类材料：

$\Delta t+35\text{K}\leqslant75\text{K}+25\text{K}$

$\Delta t\leqslant65\text{K}$

b) 控制装置的 $t_a=-10$ ℃，E 类材料：

$\Delta t+(-10\text{K})\leqslant90\text{K}+25\text{K}$

$\Delta t\leqslant125\text{K}$

此外，电气连接不应松动。爬电距离和电气间隙不应降至 I.11 的规定值以下。密封化合物不应溢出，过载保护装置不应启动工作。

表 I.1 正常使用时的温升值

部　件	温升/K
(与线圈架和铁芯片相接触的)绕组，其绝缘材料为：	
——105 类材料[a]	75
——120 类材料	90
——130 类材料	95
——155 类材料	115
——180 类材料	140
——其他材料[b]	

a 该类材料按照 GB/T 11021—2007 或 IEC 60317-0-1:1997 或等效的标准进行分类。

b 如果使用 GB/T 11021—2007 中规定的 105,120,130,155 和 180 类以外的材料，这些材料应承受住 I.6.3 所述试验。在 2004 版本中，使用热等级编号 105,120,130,155 和 180 分别代替 1984 版本中的热等级 A,E,B,F,H。

注：将来，这种分类法用 t_w 标志代替，此要求尚在研究之中。

表中的值基于通常不超过 25 ℃的环境温度得出，但有时达到 35 ℃。

绕组温度基于 GB/T 11021—2007 得出，但是考虑到在试验中这些温度是平均值而不是过热部位的温度，已对绕组温度作了调整。

此试验之后，立即对样品施加 I.8.3 所规定的介电强度试验，试验电压只施加在输入绕组和输出绕组之间。

对于 I 类控制装置，注意不要使其他绝缘体受到超过 I.8.3 所规定之值的电压的冲击。

建议测量应在每个绕组上单独进行，并且通过在断开电源后立即测量电阻的方法来测量试验结束时绕组的电阻，然后，间隔一段时间，再进行测量，以便能绘出电阻与时间关系的曲线，并由此确定在断开电源的那一时刻的电阻。

对于带一个以上输出绕组或一个抽头式输出绕组的控制装置，应考虑最大温升的试验结果。

对于不具备连续工作条件的控制装置，试验条件可参见相应的条款。

绕组的温升值根据式(I.1)计算得出，其中对于铜线绕组，$x=234.5$；对于铝线绕组，$x=229$：

$$\Delta t=\frac{R_2-R_1}{R_1}(x+t_1)-(t_2-t_1) \qquad \text{(I.1)}$$

式中：

Δt——相对于 t_2 的温升，K；

R_1——在温度为 t_1 时，试验开始时的电阻，Ω；

R_2——已达到稳定状态时，试验结束时的电阻，Ω；

t_1——试验开始时的室温，℃；

t_2——试验结束时的室温，℃。

试验开始时，绕组应处在室温下。

I.6.3 试验

在适当的条件下(见 I.6.1)，控制装置的主要部件(磁芯和绕组)要接受下述周期试验，每一周期由耐热试验、潮湿处理和振动试验组成。每一周期完成之后，再进行测量。

样品的数量应按第 5 章所示数量提交(三个补充样品)。样品应承受 10 个试验周期。

I.6.3.1 耐热试验

依据绝缘体的类型，将样品按照表 I.2 所规定的时间要求和温度要求放置在加热箱中。加热箱内的温度应保持在±3 ℃的公差范围之内。

表 I.2 每一周期的试验温度和试验时间

试验温度 ℃	绝缘系统的温升[a] K				
	75	90	95	115	140
220	—	—	—	—	4
210	—	—	—	—	7
200	—	—	—	—	14
190	—	—	—	4	—
180	—	—	—	7	—
170	—	—	—	14	—
160	—	—	4	—	—
150	—	4	7	—	—
140	—	7	—	—	—
130	4	—	—	—	—
120	7	—	—	—	—
仅指定用于 I.7 试验的临时分类	A	E	B	F	H

[a] 基于 25 ℃的环境温度得出，有时达到 35 ℃。

I.6.3.2 潮湿处理

样品应按照 GB 19510.1—2009 第 11 章的要求提交潮湿处理，并持续两天(48 h)。

I.6.3.3 振动试验

将样品提交作振动试验并持续 1 h，试验时使绕组的轴线呈垂直状态，并以额定电源的频率施加 1.5g 的最大加速度。

I.6.3.4 测量

每个周期结束之后，按照 I.8.1 要求测量绝缘电阻和介电强度。耐热试验结束之后，应将样品冷却至环境温度再进行潮湿处理。

对于 I.8 所规定的绝缘试验，试验电压值应降至规定值的 35%，试验时间应当加倍，但是在按照 I.8.3 进行绕组试验时，试验电压应至少是额定电源电压的 1.2 倍。如果空载电流或空载输入端的电阻分量与第一次测量所测得的相应参数相差 30%以上，则该样品被视为不符合绕组试验要求。如果 10 个周期完成之后有一个以上样品试验失败，则该控制装置被视为不符合耐久试验要求。

在由于绕组的线圈之间出现击穿而使一个样品试验失败的情况下，耐久试验不视为失败。该试验可在余下的两个样品上进行。

I.7 短路与过载保护

I.7.1 控制装置不应由于正常使用中可能发生的短路和过载而变得不安全。

合格性通过目视及下述试验进行检验：在 I.6.2 试验后立即进行下述试验：控制装置位置不动，在 1.06 倍额定电压下，或者对于非固有式防短路变压器，使其处于额定电源电压的 0.94 倍～1.06 倍之间的任一电压下：

——固有式耐短路控制装置进行 I.7.2 所规定的试验；

——非固有式耐短路控制装置进行 I.7.3 所规定的试验；

——对于装有不能复位也不能被替换的非自动复位式热断路器的控制装置，如果它们是失效保护型的，进行 I.7.5 所规定的试验。

——非耐短路控制装置进行 I.7.4 所规定的试验；

——失效保护式控制装置进行 I.7.5 规定的试验；

——和整流器一起使用的控制装置进行 I.7.2 或 I.7.3 所规定的试验二次，一次是在整流器的一侧被短路时进行，一次是在整流器的另一侧短路时进行；

——对于装有一个以上输出绕组或一个带抽头式输出绕组的高频变压器，应考虑其试验结果要给出最大温升值。所有预定要同时加上负载的绕组要先加至额定输出值，然后，按照规定将选出的绕组短路或使其过载。

对于 I.7.2，I.7.3 和 I.7.4 要求，温升不应超过表 I.3 给出的值。

表 I.3 短路或过载状态下的最大温升值

绝缘的分类	A	E	B	F	H
	最大温升/K				
保护类型：					
固有保护式绕组	125	140	150	165	185
由保护装置提供保护的绕组：					
——在初始一小时内，或对额定电流超过 63 A 的熔丝在初始两个小时之内[a]：	175	190	200	215	235
——第一个小时之后，峰值[b]	150	165	175	190	210
——第一个小时之后，算术平均值[b]：	125	140	150	165	185
外壳(可接触到标准试验指)	80				
导线的橡胶绝缘	60				
导线的 PVC 绝缘	60				
支撑面(即被控制装置盖住的松木胶合板的任一部分表面)	80				

[a] I.7.3.3 所规定的试验完成之后，由于控制装置的热惯性，这些值可能被超过。

[b] 不适用于 I.7.3.3 所规定的试验。

I.7.2 固有式耐短路控制装置的试验，将输出绕组短路直至达到稳定状态。

I.7.3 非固有式耐短路控制装置按照 I.7.3.1 至 I.7.3.5 要求进行试验。

I.7.3.1 将输出端短路。处于额定电源电压的 0.94 倍～1.06 倍之间的任一电压下的过负荷保护装置应在温升值超过表 I.3 所示值以前能够启动工作。

I.7.3.2 如果控制装置由符合 GB/T 13539.2 或 GB 13539.3 的熔断器或技术上等效的熔断器提供保护，则以控制装置标志电流的 k 倍的电流作为这些保险熔丝的额定电流，将其负荷在该控制装置上，并持续时间 T。K 和 T 的值在表 I.4 中给出。

表 I.4 保险熔丝的额定电流

gG 式保险熔丝额定电流 I_n 的标志值 A	T h	K
$I_n \leqslant 4$	1	2.1
$4 < I_n < 16$	1	1.9
$16 \leqslant I_n \leqslant 63$	1	1.6
$63 < I_n \leqslant 160$	2	1.6
$160 < I_n \leqslant 200$	3	1.6

对于非专业人员使用的 gG 式 B 类柱形熔丝(见 IEC 60269-3-1)以及带螺栓连接件的供指定人员使用的熔丝(见 IEC 60269-2-1)，$I_n < 16$ A 时，K 值为 1.6。

对于非专业人员使用的 D 类熔丝(见 IEC 60269-3-1)，额定电流为 16 A 时，K 为 1.9。

I.7.3.3 如果控制装置是由 IEC 60127 所规定的小型熔丝或技术上等效的熔断器提供保护，则使该控制装置负荷 2.1 倍该熔丝的额定电流，并持续 30 min。

I.7.3.4 如果控制装置由过载保护装置而不是熔断器提供保护，则使该控制装置负载能使保护装置工作的最小电流值的 0.95 倍的电流，直至达到稳定状态。

I.7.3.5 对于 I.7.3.2 和 I.7.3.3 所述试验，采用其阻抗可忽略不计的熔丝。

对于 I.7.3.4 所述试验，试验电流是在环境温度下获得的，首先，使控制装置电流达到额定断路电流的 1.1 倍，然后以 2 %的幅度慢慢地降低电流，直到使电流值达到尚未使过载保护装置启动的电流值为止。

如果使用热熔丝，将一个样品的试验电流以 5 %的幅度升高，每升高一个幅度后，应使控制装置达到稳定状态。如此连续操作，直到热熔丝断开。记录下该电流值。然后用 0.95 倍于所记录之值的电流在其他样品上重复进行该试验。

I.7.4 应按照 I.7.3 要求对非耐短路控制装置施加负载。由制造商规定的保护装置要安装在相应的输入线路或输出线路中。

组合式非耐短路控制装置要在其正常使用时的最不利条件下以及其所专用的设备或线路处于最不利的负载状态下进行试验，试验时输出线路或输出线路中装有制造商所规定的适当的保护装置。最不利负载状态可以是连续的，间歇的或是瞬时的。

I.7.5 失效保护式控制装置

I.7.5.1 将三个补充样品只用于下述试验。在其他试验中使用过的控制装置不应进行本试验。

将这三个样品按正常使用方式安装在一厚度为 20 mm，涂有无光泽黑色漆的胶合板上。使每个控制装置在额定初级电压的 1.06 倍的电压下工作，从一开始就给在 I.6.2 所述试验期间能产生最大温升的输出绕组负载额定输出电流的 1.5 倍的电流(或者如果不能做到这点，则采用可以达到的最大输出电流值)直到达到稳定状态或控制装置失效(取首先出现者)。

如果控制装置失效，则其在试验期间和试验之后均应符合 I.7.5.2 的规定。

如果控制装置没有失效，则记录下达到稳定状态的时间，再将所选出的输出绕组短路。试验要连续进行至控制装置失效为止。对于试验的这一部分，每个样品所持续的时间应少于达到稳定状态所需要的时间，但应不超过 5 h。

控制装置在失效时应是安全的，并且在试验期间和试验之后均应符合 I.7.5.2 的规定。

I.7.5.2 在 I.7.5.1 所述试验期间的任一时刻：

——控制装置外壳上可能被标准试验指触及到的任一部位的温升应不超过 150 K；

——胶合板支架的任一部位的温升不允许超过 100 K；

——控制装置不应有火苗、熔化材料、燃烧颗粒或绝缘材料的燃烧液滴。

I.7.5.1 所述试验结束后，样品冷却至环境温度：

——控制装置应承受住绝缘强度试验，试验电压为表 I.6 所示值的 35%，试验只在初级绕组和次级绕组之间以及初级绕组和壳体之间进行。

——外壳上不应出现能使标准试验指(见 IEC 60529)触及到裸露的带电部件的孔洞。如有疑问，采用电压不低于 40 V 的电子接触显示器来显示是否触及到带电部件。

如果有一个样品未通过试验，则整个试验被视为不合格。

I.8 绝缘电阻和介电强度

I.8.1 控制装置应具有足够的绝缘电阻和介电强度

合格性通过第 11 章和第 12 章以及 I.8.2 和 I.8.3 所述试验进行检验，第 11 章所述试验在潮湿箱中或在能使样品达到规定温度的室内进行，此试验结束并将被拆除的那些部件重新组装好之后，立即进行第 12 章和 I.8.2 及 I.8.3 所述试验。

I.8.2 绝缘电阻

绝缘电阻的测量使用约 500 V 的直流电压，测量应在施加该电压 1 min 之后进行。

绝缘电阻不应低于表 I.5 所示值。

表 I.5 绝缘电阻值

受试绝缘部位	绝缘电阻 MΩ
带电部件与壳体之间： ——基本绝缘 ——加强绝缘	 2 4
输入线路与输出线路之间	5
只用基本绝缘与带电部件隔离的Ⅱ类控制装置的金属部件与壳体之间	5
与绝缘材料外壳的内表面和外表面相接触的金属箔之间	2

I.8.3 介电强度

在 I.8.2 试验完成之后，立即使绝缘部件承受正弦波处于额定频率的电压 1 min，试验电压值和电压施加部位在表 I.6 中给出。

表 I.6 试验电压

试验电压的施加部位	工作电压[a] V				
	≤50	200	>200 ≤450	700	1 000
输入线路的带电部件和输出线路的带电部件之间[b]	500	2 000	3 750	5 000	5 500
下述部件之间的基本绝缘或补充绝缘： a) 具有(或可以成为)不同极性的带电部件之间(例如：由于熔丝的作用) b) 带电部件与规定接地的壳体之间 c) 易被触及的金属部件与一具有电线直径的金属棒(或包裹在该电线上的金属箔)之间，该电线应能插入引线套管，引线防护罩或锚式固定装置等部件 d) 带电部件与中间金属部件之间 e) 中间金属部件与壳体之间	250	1 000	1 875	2 500	2 750
壳体与带电部件之间的加强绝缘	500	2 000	3 750	5 000	5 500

a 对于工作电压的中间值，试验电压是通过在表中所列各值之间实施插入法得出的，但表中>200 且≤450 一栏除外，该处的电压值未实施插入法。

b 这些要求不适用于由 I.5.2.4 所述接地金属屏隔离的线路。

开始所施加的电压不应超过规定电压的一半，然后迅速将电压完全升高至规定值。

试验期间不应出现飞弧或击穿现象，辉光放电效应及类似现象可忽略不计。

试验所使用的高压变压器在输出端被短路时应能提供至少 200 mA 的电流。线路的过载断路器在电流小于 100 mA 时不应启动。测量试验电压有效值用的电压表应为 GB/T 7676 所规定的 2.5 级。

应注意施加在输入线路和输出线路之间的试验电压不应使其他绝缘体超载。如果制造商表明初级绕组与次级绕组之间具有双重绝缘系统，例如，从初级绕组至磁芯，从磁芯至次级绕组，那么每一种绝缘应单独进行试验。这种方式同样适用于初级绕组与壳体之间的双重绝缘。

对于具备加强绝缘和双重绝缘的Ⅱ类结构，应注意使施加在加强绝缘上的电压不允许对基本绝缘或补充绝缘造成超载。

I.9 结构

I.9.1 控制装置的结构应能使控制装置符合规定的全部使用要求，并能够耐热、防潮、防水以及防冲击(机械的和磁性的)。

合格性通过相应的试验进行检验。

I.9.2 用于连接外部引线的输入接线端子和输出接线端子的位置应使这些接线端子的固定装置之间的距离不小于 25 mm。如果该距离是通过一隔板来实现的，则此隔板应是绝缘材料的，并被永久性地固定在控制装置上。

合格性通过目视以及测量进行检验，测量时可将中间金属部件忽略不计。

I.10 零部件

I.10.1 输出线路中的插座不应使符合 IEC 60083:2004 和 IEC 60906 规定的插头插入，可插入输出线路插座的插头不应插入符合 IEC 60083:2004 和 IEC 60906 要求的插座。

合格性通过目视及人工试验进行检验。

I.10.2 除非能确定控制装置不存在危险，否则不应使用自动复位装置。

合格性通过目视和下述试验进行检验：将输出端子短路，并使控制装置处于 1.06 倍额定输入电压下工作 48 h(二天)。

试验期间，不应出现持续飞弧现象，也不应出现由于其他原因发生的故障。装置应能工作。

I.11 爬电距离和电气间隙

爬电距离和电气间隙不应小于 GB 19510.1—2009 第 16 章的表 3 的值以及表 I.7 的值。

用表 I.7 所示爬电距离和电气间隙代替 IEC 60598-1 中的相应要求，包括该标准中图 24 所示电源终端处爬电距离和电气间隙的测量说明。

表 I.7 所规定的距离适用于未插有导线的接线端子。

表 I.7 爬电距离(cr)和电气间隙(cl)以及绝缘距离(dti)

绝缘类型		测量部位				工作电压[a]/V											
		绕组瓷漆[b]		非绕组瓷漆		≤50		150		250		440		690		1 000	
		NP[c]	SP[d]	NP	SP	cl	cr	cl	cr	cl	cr	cl	cr	cl	cr	cl	cr
1) 输入线路与输出线路之间的绝缘	a) 输入线路的带电部件与输出线路的带电部件之间的爬电距离和电气间隙[e]			×		1.5	1.5	4.0	4.0	6.0	6.0	8.0	8.0	10.0	10.0	11.0	11.0
					×	1.5	2.0	4.0	5.0	6.0	7.0	8.0	9.7	10.0	13.2	11.0	15.4
		×				1.0	1.2	2.7	3.2	4.0	4.8	5.4	6.4	6.6	8.0	7.4	8.8
			×			1.0	1.6	2.7	4.0	4.0	5.2	5.4	7.8	6.6	10.6	7.4	12.4
	b) 输入或输出线路和接地金属屏之间的绝缘距离(见注2,至少需要两层绝缘时除外)					dti		dti		dti		dti		dti		dti	
		×	×	×	×	0.1 (0.05)		0.25 (0.08)		0.5 (0.15)		0.65 (0.18)		0.75 (0.20)		1.0 (0.25)	
	c) 输入线路与输出线路之间的绝缘距离(见注2)	×	×	×	×	0.2 (0.1)		0.5 (0.15)		1.0 (0.3)		1.3 (0.35)		1.5 (0.4)		2.0 (0.5)	
2) 邻近的输入线路之间的绝缘或邻近输出线路之间的绝缘(见注3)	爬电距离和电气间隙					cl	cr	cl	cr	cl	cr	cl	cr	cl	cr	cl	cr
		×		×		0.5	0.9	1.0	1.5	1.5	2.0	2.0	2.5	2.5	3.0	3.0	3.5
			×		×	0.5	0.5	0.7	1.0	1.0	1.4	1.4	1.7	1.7	2.0	2.0	2.4
3) 连接外引线用的接线端子之间的爬电距离和电气间隙(不包括输入线路和输出线路接线端子之间的爬电距离和电气间隙)						cl	cr	cl	cr	cl	cr	cl	cr	cl	cr	cl	cr
	a) 6 A以下(包括6 A)	×	×	×	×	3.0		4.0		6.0		8.0		10.0		12.0	
	b) 6 A~16 A(包括16 A)	×	×	×	×	5.0		7.0		10.0		12.0		14.0		16.0	
	c) 16 A以上	×	×	×	×	10.0		12.0		14.0		16.0		18.0		20.0	

表 I.7（续）

绝缘类型		测量部位				工作电压[a]/V											
		绕组瓷漆[b]		非绕组瓷漆		≤50		150		250		440		690		1 000	
		NP[c]	SP[d]	NP	SP	cl	cr	cl	cr	cl	cr	cl	cr	cl	cr	cl	cr
4） 基本绝缘或补充绝缘	a） 具有（或可能具有）不同极性的带电部件之间（例如通过熔丝的作用）			×		0.8	1.0	2.0	2.0	3.0	3.0	4.0	4.0	5.0	5.0	5.5	5.5
	b） 带电部件和预定要接地的壳体之间				×	0.8	1.0	2.0	2.5	3.0	3.5	4.0	4.9	5.0	6.6	5.5	7.7
	c） 易被触及的金属部件和具有挠性导线直径的金属棒或包裹在该导线上的金属箔之间（这些导线能插入引线套管，锚式装置等部件中）	×				0.5	1.0	1.4	1.6	2.0	2.4	2.7	3.2	3.3	4.0	3.7	4.4
	d） 带电部件和中间金属部件之间 e） 中间金属部件和外壳之间		×			0.5	1.0	1.4	2.0	2.0	2.6	2.7	3.9	3.3	5.8	3.7	6.2
5） 加强绝缘	壳体和带电部件之间			×		1.5	1.5	4.0	4.0	6.0	6.0	8.0	8.0	10.0	10.0	11.0	11.0
					×	1.5	2.0	4.0	5.0	6.0	7.0	8.0	9.8	10.0	13.2	11.0	15.4
		×				1.0	1.2	2.7	1.2	4.0	4.8	5.4	6.4	6.6	8.0	7.4	8.8
			×			1.0	1.6	2.7	4.0	4.0	5.2	5.4	7.8	6.6	10.6	7.4	12.4
6） 穿过绝缘距离（不包括输入线路与输出线路之间的绝缘）[f]						dti		dti		dti		dti		dti		dti	
	a） 由补充绝缘隔离的金属部件之间	×	×	×	×	0.5		0.6		0.8		1.0		1.2		1.5	
	b） 由加强绝缘隔离的金属部件之间	×	×	×	×	0.7		0.8		1.0		1.5		2.0		2.5	
	c） 没有金属部件的那一面的补充绝缘[e]	×	×	×	×	0.3		0.4		0.5		0.6		0.8		0.9	
	d） 没有金属部件的那一面的加强绝缘[e]	×	×	×	×	0.5		0.6		0.8		1.0		1.2		1.5	

表 I.7（续）

绝缘类型	测量部位				工作电压[a]/V											
	绕组瓷漆[b]		非绕组瓷漆		≤50		150		250		440		690		1 000	
	NP[c]	SP[d]	NP	SP	cl	cr	cl	cr	cl	cr	cl	cr	cl	cr	cl	cr

注 1：依照本部分，对于发生故障可能造成危险的印刷线路，其参数值必须与表中所示带电部件的参数值相等。对于只用于工作目的的印刷线路，可采用 IEC 60065(13.5～13.7)所示基本绝缘的参数(图 9 的曲线 A)。

注 2：如果绝缘材料是由至少 3 层薄片构成的，并且去掉一层后余下的几层仍能承受住 I.8.3 所规定的介电强度试验，则可以采用表中 1 栏括号内所示绝缘距离。

如果使用齿形胶带，可要求补充绝缘层。

对于额定输出值大于 100 VA 的控制装置，采用括号中的数值。

对于额定输出值为 25 VA～100 VA(包括 100 VA)的控制装置，可将括号内的值降低至该值的 2/3。

对于额定输出值小于 25 VA 的控制装置，可将括号内的值降低至该值的 1/3。

如果能通过 I.6.3 所述试验表明绝缘材料具有足够的机械强度并能抗老化，可采用较小的绝缘距离。

注 3：这些参数不适用于每个绕组的内侧，也不适用于预定要相互连接的每个绕组的内侧；但是，如果这种绕组可串联或并联连接，则可以采用这些参数(例如 110/220 V 输入值)。

注 4：如果污染能形成很高的和持久的导电性，例如通过导电的粉尘或雨雪，将严重污染一栏所示爬电距离和电气间隙随 1.6 mm 最小间隙和 IEC 61558-1:1998 附录 A 所示 4.0 mm 的 X 值进一步增大。

注 5：对于采用浸渍方式加以密封的绕组，或采用粘接胶带覆盖至线圈的凸边的绕组，如果这些绝缘材料全部是按照 GB/T 11021—2007 进行分类的，则这些绕组的这些部位被视为没有爬电距离或电气间隙。

注 6：关于绝缘距离的要求并不意味着所规定的距离只用于实心绝缘材料，该距离可由实心绝缘材料加一层或几层空气的厚度构成。

注 7：如果采用由未胶粘的推压式隔板构成的绝缘层，爬电距离要通过结合部位进行测量。如果结合部位用一符合 IEC 60454 标准的粘接胶带覆盖，每一层粘接胶带要粘在隔板的每一面上，以便减少生产期间胶带发生褶皱的危险。

注 8：具有十分牢固的外壳的控制装置被视为具备正常的污染等级而不要求密封。

[a] 对于工作电压的中间值、爬电距离、电气间隙和绝缘距离可通过在表中所列各值之间作插入法计算得出。

[b] 如果绕组导线符合 IEC 60317-0-1:1997 中 1 级的规定，则对绕组导线瓷漆进行测量。

[c] NP＝正常污染。

[d] SP＝严重污染。

[e] 此要求不适用于被 I.5.2.4 所述接地金属屏隔离的绕组。

[f] 此要求不适用于由 3 层绝缘材料构成的补充绝缘。

参 考 文 献

[1] GB/T 2900.65 电工术语 照明(GB/T 2900.65—2004,IEC 60050(845):1987,MOD)

[2] IEC 60364-4-41:2005 低压电气安装 第4-41部分:安全防护 电击防护

[3] IEC 60449:1973+A1:1979 建筑物电气装置的电压区段

[4] IEC 62384 普通照明LED模块用直流/交流电子控制装置 性能要求

ICS 29.020
K 09

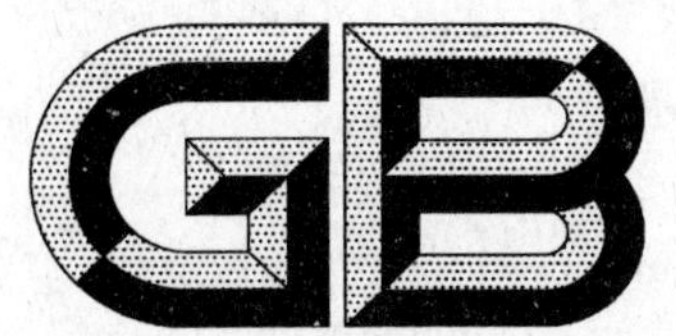

中华人民共和国国家标准

GB 19517—2009
代替 GB 19517—2004

国家电气设备安全技术规范

National safety technical code for electric equipments

2009-11-15 发布　　　　2010-10-01 实施

中华人民共和国国家质量监督检验检疫总局
中国国家标准化管理委员会　发布

前　言

本标准的全部技术内容为强制性。

本标准代替GB 19517—2004《国家电气设备安全技术规范》。

本标准与GB 19517—2004相比，主要差异如下：

——在总则1.1适用范围中，取消了电气设备交流电压的下限值50 V和直流电压的下限值75 V，使本标准也适用于特低电压范围的电气产品；

——总则1.1适用范围中“……交流额定电压1 500 V以下，”改为“……交流额定电压1 200 V以下，”；

——取消了3.3.2“检验报告的有效期为12月”；

——附录A中，在原有15个专业符合性标准中，新增了相关国家标准目录；增加了小型熔断器、工业电热设备、电工电子环境(着火危险试验)、低压电涌保护器等4专业相关的国家标准目录；对原包括的我国专业的标准，做了相应的补充；附录A中的符合性标准由原来的164个，增加到331个；

——附录B按照GB/T 1.1的要求进行编写，增加了术语词条对应的英文。

列入附录A中的标准是满足电气设备必备安全要素的、不注日期的各专业产品的符合性标准，为规范性附录；附录B为规范性附录。

本标准由中国电器工业协会提出。

本标准由全国电气安全标准化技术委员会(SAC/TC 25)归口。

本标准负责起草单位：机械工业北京电工技术经济研究所、上海电动工具研究所。

本标准参加起草单位：上海电器科学研究所(集团)有限公司、上海电缆研究所、中国电器科学研究院、桂林电器科学研究所、广东省产品质量监督检验中心、西安电力电子研究所、许昌继电器研究所、南阳防爆电气研究所、正泰电气股份有限公司、北京ABB低压电器有限公司、青岛艾诺仪器公司、施耐德电气(中国)投资有限公司。

本标准主要起草人：李锋、方晓燕、李邦协、陈昆、刘江、季慧玉、曾雁鸿、杨启明、刘世昌、王学林、罗怀平、包革、项雅丽、刘文、蔚红旗、赖静、张刚。

本标准参加起草人：李春法、王中丹、何才夫、杨之峰。

本标准所代替标准的历次版本发布情况为：

GB 19517—2004。

引 言

本标准的制定是为了期望在人、环境和产品之间的安全总水平得到最佳平衡，使电气设备设计、制造、销售和使用时最大程度减少对生命、健康和财产损害的风险，并达到可接受的水平。

各类电气产品的专业安全标准必须符合本标准，并应将技术规范中的必备安全要素，结合各类电气产品的特性补充相应数据、规定和专用要求。

本标准规范了电气设备共性安全要求，具体产品安全要求由产品标准规定，两者配合使用。

本标准由必备安全要素为技术主体的正文和列有各类符合性标准的规范性附录 A 构成，其正文与规范性附录 A 的关系是要求与符合、被认可的关系。

导电材料、绝缘材料、软电缆、软线等电工材料是安全必备要素的重要组成部分，对符合上述规定的电工材料标准也列入规范性附录 A。

本标准仅提出安全必备要素中的数据、限值或允许值、技术要求及防范措施等共性的原则要求，而具体详尽的要求和措施在列入规范性附录 A 中的符合性标准中补充、完善。

必备安全要素中的试验方法、检验规则、方法由列入规范性附录 A 中的符合性标准规定。

根据实际需求，只要科学、适当、合理，规范性附录 A 中列入的符合性标准可以增减，符合性标准在不降低产品安全的总体水平条件下，不一定全部满足本标准所有必备安全要素，可以增补、修改。

国家电气设备安全技术规范

1 总则

1.1 本标准适用于交流额定电压1 200 V以下、直流额定电压1 500 V以下的各类电气设备。这些电气设备包括：

——由非专业人员按设计用途使用、接触或直接由使用者手持操作的电气设备；

——按其结构类型或功能应用于电气作业场或封闭的电气作业场，主要或完全由专业或受过初级训练人员操作的电气设备。

1.2 在中华人民共和国境内设计、制造、销售和使用的电气设备必须符合本标准。出口产品可依据合同的约定执行。

1.3 本标准规定了电气设备在设计、制造、销售和使用时的共性安全技术要求。用作：

——各类电气产品安全技术内容的结构基础；

——对无专业安全标准的电气产品，初步评价其安全水平；

——电气设备设计、制造、销售和使用的技术基础。

1.4 若其他法律、法规对电气设备还规定了其他方面的安全要求，则电气设备也应当符合相应要求。

本标准规定的电气设备安全技术要求应在电气设备的专业标准中具体化，并通过相应的论证、验证，补充技术数据加以规定。

1.5 本标准不适用于：

——本规范规定的电气设备的材料和辅助材料除外；

——不能独立使用的半成品或初级产品；

——用于医疗目的的电气设备；

——爆炸环境中使用的电气设备；

——电梯；

——电栅栏激发器；

——船舶、飞行器和铁路等特殊电气设备。

1.6 本标准指的“危险”不包括由于不恰当的安装和维修电气设备所产生的危险以及未按设计用途使用电气设备所产生的危险。

2 安全技术要求

2.1 一般要求

2.1.1 电气设备必须按本标准制造，在规定使用期限内保证安全，不应发生危险。电气设备采用的安全技术按直接安全技术、间接安全技术、提示性安全技术的顺序实现。

2.1.2 电气设备的设计制造应保证产品有最大可能的安全性，按电击防护的方法，可设计制造成：

——0类电气设备；

——Ⅰ类电气设备；

——Ⅱ类电气设备；

——Ⅲ类电气设备。

2.1.3 电气设备在使用时可采用专门的、与电气设备的特性和功能无关的安全技术措施。如果对使用者或第三者都能达到结果一样和必要的安全，则允许个别措施与本标准的规定有所不同。

2.1.4 电气设备在按设计用途使用时遇到特殊环境或运行条件，则在特殊条件下也必须符合本标准。

2.1.5 电气设备必须承受预见会出现的诸如静态或动态负载、液体或气体作用、热或特殊气候等引起危险的物理和化学作用，不造成危险。

2.1.6 电气设备上必须防止危险的静电积聚，或采取专门安全技术手段使其无危害或释放。

2.1.7 电气设备使用的燃料和工作介质不能有有害影响，设计时必须使其内部或周围聚集的外溢燃料量不能达到危险的程度。

2.1.8 制造电气设备时，只允许使用能够承受在按设计用途使用时所出现的如老化、腐蚀、气体、辐射等物理或化学影响的材料。

2.1.9 电气设备的设计应符合人类工效学的结构、减轻劳动强度和便于使用，使之能预防危险。

2.2 电击危险防护

可以采用绝缘保护技术，直接接触保护技术、间接接触保护技术等对电气设备按设计用途使用时由于电能直接作用而造成的危险提供足够的保护。

2.2.1 为保证正常运行和防止由于电流的直接作用造成的危险，电气设备必须有足够的绝缘电阻、介质强度、耐热能力、防潮湿、防污秽、阻燃性、抗漏电起痕性等电气绝缘性能。

2.2.2 在基本绝缘损坏时，有可能产生故障接触电压的危险，附加绝缘或加强绝缘应单独考核。

2.2.3 为防止意外接触带电部分，可以采用电气设备结构与外壳，或将其装置在封闭的电气作业场中等直接接触保护技术。外壳等用作防止直接接触保护的部件只允许用工具拆卸或打开。

由安全特低电压供电的电气设备，并且直接接触时，只有一个频率，作用时间和能量大小限制在一个无危险程度的电流流过，则可不采用上述的直接接触保护措施。

2.2.4 电气设备必须保证基本绝缘发生故障或出现电弧时，故障接触电压不产生危害。

电气设备必须有接地保护，或双重绝缘结构，或安全特低电压供电的防护措施。

双重绝缘结构和安全特低电压供电的防护措施中不允许有保护接地装置。

所有由于工作电压、故障电流、泄漏电流或类似作用而会发生危害的部位，必须留有足够的电气间隙和爬电距离。

2.2.5 应采取适当的措施，防止电气设备自身或旁邻设备产生的高温、电弧、辐射、气体、噪声、振动等电能和非电能的间接作用所造成的危险。

应采取适当的措施，防止电气设备由于过载、冲击、压力、潮湿、异物等外界因素的间接作用而造成的危险。

2.3 机械危险防护

2.3.1 电气设备应具有足够的机械强度、良好的外壳防护和相应的稳定性，以及适应运输的结构。

2.3.2 应采取适当的措施，避免电气设备的尖角、棱以及粗糙的表面造成伤害。

2.3.3 应采取适当的措施，避免电气设备正常使用时接触或接近危险的运动部件，避免金属屑、粉尘的飞甩，避免液体、气体的溢出，避免外壳灼热或低温。

2.4 电气联接和机械联接

2.4.1 电气设备必须设置电源联接装置。电源线应选用橡皮绝缘软线或软电缆，或聚氯乙烯绝缘软电缆。电源线中的绿/黄组合绝缘线芯只能与专门的接地端子联接。电源线应采用螺钉、螺母或等效件进行联接，并由专门固定装置定位。

联接电源的耦合器、连接器或插头插座应在切断保护接地联接之前切断供电导体，在接通供电导体之前接通保护接地联接。

2.4.2 凡因失效而可能有损于按设计用途使用的紧固件，应能经受正常使用中产生的机械应力。用金属材料制造的螺纹联接件不允许采用易蠕变的金属材料，传递接触压力的电气联接螺钉应旋入金属中。

2.4.3 绝缘材料制成的螺纹件不能应用于任何电气联接。用绝缘材料制成的螺钉如果被金属螺钉替代会损害电气绝缘，则螺纹件也不能用绝缘材料制造。

日常维修时更换电气设备的外部螺钉，如果被替换的螺钉能用长螺钉替代，则不应对电击防护造成危害。

2.4.4 电气设备的电气联接、机械联接和既是电气联接又是机械联接的联接件、装置、连接器、端子、导体等必须可靠锁定。使用中发热、松动、位移或其他变动应保持在允许的范围内，并能承受电、热、机械的应力。

2.5 运行危险防护

2.5.1 电气设备运行时，可采用防护罩、或防护窗、或排屑装置等专门技术手段防止工件、刃具或部件以及作业时的金属屑、粉尘等飞甩出去。

2.5.2 应采用平衡、减振、隔声、消声、导声等技术，降低电气设备噪声和振动，使其控制值尽可能低。

2.5.3 应采取适当措施避免电气设备灼热或低温，防止危险热辐射。使用液体介质的电气设备，液体介质不应溢出或飞溅到使用者身上和作业场所。

2.5.4 为了应用而装入电气设备内的有危害粉尘、蒸汽或气体，或者在工作过程产生的这类物质，必须将其可靠地密封起来或排出，不能造成危险。

2.6 电源控制及其危险防护

2.6.1 电气设备的电源必须能通、断或控制，使其有最大限度的安全性。

2.6.2 控制装置和联锁机构必须具有危险防护功能。

2.6.3 下列情况，电气设备必须装设应急切断电源线路：

——危险情况，操作开关不能快速和无危险地切断；

——有数个能造成危险的运动单元存在，且不能通过一个共同的快速和无危险地操作的开关来切断；

——通过切断某个单元会出现附带的危险；

——从控制台上不能全面监视的电气设备。

2.6.4 对应在安装、维修、检验和保养时有察看维修区域或人体部分(例如手)有伸进维修区域要求的电气设备必须能够保证防止误起动。

2.6.5 手持式电气器具必须保证使用者在不松开器具的手柄时能切断电源，或松开手柄时自动回到"断开"位置。

2.7 标志

标志是电气设备必要的组成部分，基本特性、接线，符合标准必须明示。识别必须使用中文，并清晰、持久地标记在产品上。如不能标记在产品上，应在包装箱上标记或使用说明书中说明。

电气设备的制造商名称或商标、产地应清楚地标记在产品上，如不能标记，则应在最小包装箱上标记。

3 检验

3.1 检验项目

3.1.1 检验项目的规定应符合可检验性原则。一项技术要求只应规定一种可重现的试验方法，如果必须同时规定两种以上的试验方法时，则必须规定仲裁方法。

3.1.2 检验项目的试验程序、环境温度等如果会影响试验结果，则应对检验程序、试验时的环境温度等作出相应规定。对具有危险性的检验方法，应对预防危险的措施作出严格规定。

3.1.3 检验中使用的仪器、工具、设备等均应规定精度等级，计量器具应具有可溯源性。

3.2 检验规则

3.2.1 电气设备的检验有出厂检验和型式检验。凡遇下列情况之一者，应进行型式检验：

——新产品完成；

——设计、材料或工艺上的变更足以引起某些性能发生变化；

——出厂检验的结果与以前进行的型式检验结果发生不可容许的偏差；

——定期质量抽查检验。

3.2.2 检验的样品有送检样品和抽检样品。检验要规定判定产品为合格或不合格的条件;规定不合格产品再次提出检验的复验规则。

3.2.3 型式检验可采用统计评定的抽样检验,或为了简化只在一个样品上进行。抽样检验要规定抽样方案,抽样和取样方法,判定规则及复验规则。

3.3 **检验报告**

检验报告应由国家认可、指定的检测机构出具。

4 实施与监督

4.1 依据《中华人民共和国标准化法》及《中华人民共和国标准化法实施条例》的有关规定,从事电气设备科研、生产、经营的单位和个人,必须严格执行本标准。不符合本标准的产品,禁止生产、销售和进口。

4.2 依据《中华人民共和国标准化法》及《中华人民共和国标准化法实施条例》的有关规定,国家机关、企事业单位及全体公民均有权检举、申诉、投诉违反本标准的行为。

4.3 依据《中华人民共和国产品质量法》的有关规定,国家对电气设备(产品)质量实施以抽查为主要方式的监督检查制度。

4.4 本标准涉及的安全认证工作按国家有关法律、法规、规定执行。

4.5 本标准涉及的生产许可证工作按国家有关法律、法规、规定执行。

4.6 本标准涉及的进出口电气设备法定检验工作按国家进出口商品检验的有关法律、法规、规定执行。

附　录　A
（规范性附录）
符合性标准

低压电器：

GB/Z 6829	剩余电流动作保护器的一般要求
GB 10963	家用及类似场所用过电流保护断路器
GB 10963.1	电气附件　家用及类似场所用过电流保护断路器　第1部分：用于交流的断路器
GB 10963.2	家用和类似场所用过电流保护断路器　第2部分：用于交流和直流的断路器
GB 13539.1	低压熔断器　第1部分：基本要求
GB/T 13539.2	低压熔断器　第2部分：专职人员使用的熔断器的补充要求（主要用于工业的熔断器）　标准化熔断器系统示例A至I
GB 13539.3	低压熔断器　第3部分：非熟练人员使用的熔断器的补充要求（主要用于家用和类似用途的熔断器）　标准化熔断器系统示例A至F
GB/T 13539.4	低压熔断器　半导体器件保护用熔断体的补充要求
GB/T 13539.5	低压熔断器　第3部分：非熟练人员使用的熔断器的补充要求（主要用于家用和类似用途的熔断器）　标准化熔断器示例
GB/T 13539.6	低压熔断器　第2部分：专职人员使用的熔断器的补充要求（主要用于工业的熔断器）　第1至5篇：标准化熔断器示例
GB/T 13539.7	低压熔断器　第4部分：半导体设备保护用熔断体的补充要求　第1至3篇：标准化熔断体示例
GB 14048.1	低压开关设备和控制设备　第1部分：总则
GB 14048.2	低压开关设备和控制设备　第2部分：低压断路器
GB 14048.3	低压开关设备和控制设备　第3部分：开关、隔离器、隔离开关及熔断器组合电器
GB 14048.4	低压开关设备和控制设备　低压机电式接触器和电动机起动器
GB 14048.5	低压开关设备和控制设备　第5-1部分：控制电路电器和开关元件　机电式控制电路电器
GB 14048.6	低压开关设备和控制设备　第4-2部分：接触器和电动机起动器　交流半导体电动机控制器和起动器（含软起动器）
GB/T 14048.7	低压开关设备和控制设备　第7-1部分：辅助器件　铜导体的接线端子排
GB/T 14048.8	低压开关设备和控制设备　第7-2部分：辅助器件　铜导体的保护导体接线端子排
GB 14048.9	低压开关设备和控制设备　第6-2部分：多功能电器（设备）控制与保护开关电器（设备）（CPS）
GB/T 14048.10	低压开关设备和控制设备　第5-2部分：控制电路电器和开关元件　接近开关
GB/T 14048.11	低压开关设备和控制设备　第6-1部分：多功能电器　转换开关电器
GB/T 14048.12	低压开关设备和控制设备　第4-3部分：接触器和电动机起动器非电动机负载用交流半导体控制器和接触器

GB/T 14048.13	低压开关设备和控制设备　第5-3部分:控制电路电器和开关元件　在故障条件下具有确定功能的接近开关(PDF)的要求
GB/T 14048.14	低压开关设备和控制设备　第5-5部分:控制电路电器和开关元件　具有机械锁闩功能的电气紧急制动装置
GB/T 14048.16	低压开关设备和控制设备　第8部分:旋转电机用装入式热保护(PTC)控制单元
GB 16916.1	家用和类似用途的不带过电流保护的剩余电流动作断路器(RCCB)　第1部分:一般规则
GB 16916.21	家用和类似用途的不带过电流保护的剩余电流动作断路器(RCCB)　第21部分:一般规则对动作功能与电源电压无关的RCCB的适用性
GB 16916.22	家用和类似用途的不带过电流保护的剩余电流动作断路器(RCCB)　第22部分:一般规则对动作功能与电源电压有关的RCCB的适用性
GB 16917.1	家用和类似用途的带过电流保护的剩余电流动作断路器(RCBO)　第1部分:一般规则
GB 16917.21	家用和类似用途的带过电流保护的剩余电流动作断路器(RCBO)　第21部分:一般规则对动作功能与电源电压无关的RCBO的适用性
GB 16917.22	家用和类似用途的带过电流保护的剩余　电流动作断路器(RCBO)　第22部分:一般规则对动作功能与电源电压有关的RCBO的适用性
GB/T 16935.1	低压系统内设备的绝缘配合　第1部分:原理、要求和试验
GB/T 16935.3	低压系统内设备的绝缘配合　第3部分:利用涂层、罐封和模压进行防污保护
GB 17701	设备用断路器
GB 17885	家用和类似用途机电式接触器
GB 19214	电气附件　家用和类似用途剩余电流监视器
GB/T 19334	低压开关设备和控制设备的尺寸　在成套开关设备和控制设备中作电器机械支承的标准安装轨
GB 20044	电气附件　家用和类似用途的不带过电流保护的移动式剩余电流保护装置(PRCD)
GB/T 20636	连接器件　电气铜导线　螺纹型和非螺纹型夹紧件的安全要求　适用于35mm² 以上到300 mm² 导线的特殊要求
GB/T 20640	电气附件　家用断路器和类似设备　辅助触头组件
GB/T 20645	特殊环境条件　高原用低压电器技术要求
GB/T 21208	低压开关设备和控制设备　固定式消防泵驱动器用控制器
GB/T 21705	低压电器电量监控器
GB/T 21706	模数化终端组合电器

低压成套开关设备和控制设备：

GB 7251.1	低压成套开关设备和控制设备　第1部分:型式试验和部分型式试验　成套设备
GB 7251.2	低压成套开关设备和控制设备　第2部分:对母线干线系统(母线槽)的特殊要求
GB 7251.3	低压成套开关设备和控制设备　第3部分:对非专业人员可进入场地的低压成套开关设备和控制设备——配电板的特殊要求

GB 7251.4	低压成套开关设备和控制设备　第 4 部分:对建筑工地用成套设备(ACS)的特殊要求
GB 7251.5	低压成套开关设备和控制设备　第 5 部分:对公用电网动力配电成套设备的特殊要求
GB/T 3797	电气控制设备

旋转电机:

GB 12350	小功率电动机的安全要求
GB 14711	中小型旋转电机安全要求
GB 755	旋转电机　定额和性能
GB/T 4942.1	旋转电机　整体结构的防护等级(IP)代号　分级
GB/T 1993	旋转电机　冷却方法
GB/T 997	旋转电机结构型式、安装型式及接线盒位置的分类(IM 代号)
GB 1971	旋转电机　线端标志与旋转方向
GB 10069.3	旋转电机噪声测定方法及限值　第 3 部分:噪声限值
GB/T 13002	旋转电机　热保护
GB/T 21210	单速三相笼性感应电动机起动性能
GB 10068	轴中心高为 56 mm 及以上电机的机械振动　振动的测量、评定及限值

电力变压器、电源装置和类似产品:

GB 19212.1	电力变压器、电源、电抗器和类似产品的安全　第 1 部分:通用要求和试验
GB 19212.2	电力变压器、电源装置和类似产品的安全　第 2 部分:一般用途分离变压器的特殊要求
GB 19212.3	电力变压器、电源装置和类似产品的安全　第 3 部分:控制变压器的特殊要求
GB 19212.4	电力变压器、电源装置和类似产品的安全　第 4 部分:燃气和燃油燃烧器点火变压器的特殊要求
GB 19212.5—2006	电力变压器、电源装置和类似产品的安全　第 5 部分:一般用途隔离变压器的特殊要求
GB 19212.6—2006	电力变压器、电源装置和类似产品的安全　第 6 部分:剃须刀用变压器和剃须刀用电源装置的特殊要求
GB 19212.7—2006	电力变压器、电源装置和类似产品的安全　第 7 部分:一般用途安全隔离变压器的特殊要求
GB 19212.8—2006	电力变压器、电源装置和类似产品的安全　第 8 部分:玩具用变压器的特殊要求
GB 19212.9	电力变压器、电源装置和类似产品的安全　第 9 部分:电铃和电钟变压器的特殊要求
GB 19212.10	电力变压器、电源装置和类似产品的安全　第 10 部分:Ⅲ类手提钨丝灯用变压器的特殊要求
GB 19212.13	电力变压器、电源装置和类似产品的安全　第 13 部分:恒压变压器的特殊要求
GB 19212.14	电力变压器、电源装置和类似产品的安全　第 14 部分:一般用途自耦变压器的特殊要求

GB 19212.16	电力变压器、电源装置和类似产品的安全　第16部分：医疗场所供电用隔离变压器的特殊要求
GB 19212.18—2006	电力变压器、电源装置和类似产品的安全　第18部分：开关型电源用变压器的特殊要求
GB 19212.20—2008	电力变压器　电源装置和类似产品的安全　第20部分：干扰衰减速变压器的特殊要求
GB 19212.21	电力变压器、电源装置和类似产品的安全　第21部分：小型电抗器的特殊要求
GB 19212.24	电力变压器、电源装置和类似产品的安全　第24部分：建筑工地用变压器的特殊要求

电动工具：

GB 3883.1	手持式电动工具的安全　第一部分：通用要求
GB 3883.2	手持式电动工具的安全　第二部分：螺丝刀和冲击板手的专用要求
GB 3883.3	手持式电动工具的安全　第二部分：砂轮机、抛光机和盘式砂光机的专用要求
GB 3883.4	手持式电动工具的安全　第二部分：非盘式砂光机和抛光机的专用要求
GB 3883.5	手持式电动工具的安全　第二部分：圆锯的专用要求
GB 3883.6	手持式电动工具的安全　第二部分：电钻和冲击钻的专用要求
GB 3883.7	手持式电动工具的安全　第二部分：锤类工具的专用要求
GB 3883.8	手持式电动工具的安全　第二部分：电剪刀和电冲剪的专用要求
GB 3883.9	手持式电动工具的安全　第二部分：攻丝机的专用要求
GB 3883.10	手持式电动工具的安全　第二部分：电刨的专用要求
GB 3883.11	手持式电动工具的安全　第二部分：电动往复锯(曲线锯、刀锯)的专用要求
GB 3883.12	手持式电动工具的安全　第二部分：混凝土振动器的专用要求
GB 3883.13	手持式电动工具的安全　第二部分：不易燃液体电喷枪的专用要求
GB 3883.14	手持式电动工具的安全　第二部分：链锯的专用要求
GB 3883.15	手持式电动工具的安全　第二部分：修枝剪的专用要求
GB 3883.16	手持式电动工具的安全　第二部分：电动钉钉机的专用要求
GB 3883.17	手持式电动工具的安全　第二部分：木铣和修边机的专用要求
GB 3883.18	手持式电动工具的安全　第二部分：电动石材切割机的专用要求
GB 3883.19	手持式电动工具的安全　第二部分：管道疏通机的专用要求
GB 3883.20	手持式电动工具的安全　第二部分：捆扎机的专用要求
GB 3883.21	手持式电动工具的安全　第二部分：带锯的专用要求
GB 19636	用作圆锯台架的锯台　最大锯片直径为315 mm的手持式圆锯的锯台　安全要求
GB 13960.1	可移式电动工具的安全　第一部分：一般要求
GB 13960.2	可移式电动工具的安全　第二部分：圆锯的专用要求
GB 13960.3	可移式电动工具的安全　摇臂锯的专用要求
GB 13960.4	可移式电动工具的安全　平刨和厚度刨的专用要求
GB 13960.5	可移式电动工具的安全　第二部分：台式砂轮机的专用要求
GB 13960.6	可移式电动工具的安全　带锯的专用要求
GB 13960.7	可移式电动工具的安全　第二部分：带水源金刚石钻的专用要求

GB 13960.8　　可移式电动工具的安全　第二部分:带水源金刚石锯的专用要求
GB 13960.9　　可移式电动工具的安全　第二部分:斜切割机的专用要求
GB 13960.10　　可移式电动工具的安全　第二部分:单轴立式木铣的专用要求
GB 13960.11　　可移式电动工具的安全　第二部分:型材切割机的专用要求
GB 13960.12　　可移式电动工具的安全　第二部分:高压清洗机的专用要求
GB 13960.13　　可移式电动工具的安全　第二部分:斜切割台锯的专用要求
GB 4706.54　　家用和类似用途电器的安全　第2部分:步行式和手持式草坪修整机、草坪修边机的专用要求
GB 4706.64　　家用和类似用途电器的安全　剪刀型草剪的专用要求
GB 4706.65　　家用和类似用途电器的安全　步行控制的电动草坪松土机和松砂机的专用要求
GB 4706.78　　家用和类似用途电器的安全　第二部分:步行控制的电动割草机的特殊要求
GB 4706.79　　家用和类似用途电器的安全　第二部分:手持式电动园艺吹屑机、吸屑机及吹吸两用机的特殊要求

电焊机:
GB 10235　　弧焊变压器防触电装置
GB 15578　　电阻焊机的安全要求
GB 15579.1　　弧焊设备　第1部分:焊接电源
GB 15579.11　　弧焊设备安全要求　第11部分:电焊钳
GB 15579.12　　弧焊设备安全要求　第12部分:焊接电缆耦合装置
GB/T 15579.5　　弧焊设备安全要求　第5部分:送丝装置
GB/T 15579.7　　弧焊设备安全要求　第7部分:焊炬(枪)
GB 19213　　小型弧焊变压器安全要求

自动控制器:
GB 14536.1　　家用和类似用途电自动控制器　第1部分:通用要求
GB 14536.3　　家用和类似用途电自动控制器　电动机热保护器的特殊要求
GB 14536.4　　家用和类似用途电自动控制器　管形荧光灯镇流器热保护器的特殊要求
GB 14536.5　　家用和类似用途电自动控制器　密封和半密封电动机-压缩机用电动机热保护器的特殊要求
GB 14536.6　　家用和类似用途电自动控制器　燃烧器电自动控制系统的特殊要求
GB 14536.7　　家用和类似用途电自动控制器　压力敏感电自动控制器的特殊要求(包括机械要求)
GB 14536.8　　家用和类似用途电自动控制器　定时器和定时开关的特殊要求
GB 14536.9　　家用和类似用途电自动控制器　电动水阀的特殊要求(包括机械要求)
GB 14536.10　　家用和类似用途电自动控制器　温度敏感控制器的特殊要求
GB 14536.11　　家用和类似用途电自动控制器　电动机用起动继电器的特殊要求
GB 14536.12　　家用和类似用途电自动控制器　能量调节器的特殊要求
GB 14536.13　　家用和类似用途电自动控制器　电动门锁的特殊要求
GB 14536.15　　家用和类似用途电自动控制器　湿度敏感控制器的特殊要求

GB 14536.16　　家用和类似用途电自动控制器　电起动器的特殊要求
GB 14536.17　　家用和类似用途电自动控制器　锅炉器具中使用的浮子型或电极敏感型水位敏感电自动控制器的特殊要求
GB 14536.18　　家用和类似用途电自动控制器　家用和类似应用浮子型水位控制器的特殊要求
GB 14536.19　　家用和类似用途电自动控制器　电动燃气阀的特殊要求

量度继电器和保护装置：

GB 16836　　量度继电器和保护装置安全设计的一般要求
GB/T 14598.3　　电气继电器　第 5 部分：量度继电器和保护装置的绝缘配合要求和试验

电器附件：

GB 1002　　家用和类似用途单相插头插座　型式、基本参数和尺寸
GB 1003　　家用和类似用途三相插头插座型式、基本参数和尺寸
GB 2099.1　　家用和类似用途插头插座　第 1 部分：通用要求
GB 2099.2　　家用和类似用途插头插座　第二部分：器具插座的特殊要求
GB 2099.3　　家用和类似用途插头插座　第 2 部分：转换器的特殊要求
GB 2099.4　　家用和类似用途插头插座　第 2 部分：固定式无联锁带开关插座的特殊要求
GB 2099.5　　家用和类似用途插头插座　第 2 部分：固定式有联锁带开关插座的特殊要求
GB 2099.6　　家用和类似用途插头插座　第 2 部分：带熔断器插头的特殊要求
GB/T 11918　　工业用插头插座和耦合器　第 1 部分：通用要求
GB/T 11919　　工业用插头插座和耦合器　第 2 部分：带插销和插套的电器附件的尺寸互换性要求
GB 13140.1　　家用和类似用途低压电路用的连接器件　第 1 部分：通用要求
GB 13140.2　　家用和类似用途低压电路用的连接器件　第 2 部分：作为独立部件的带螺纹型夹紧件的连接器件的特殊要求
GB 13140.3　　家用和类似用途低压电路用的连接器件　第 2 部分：作为独立单元的带无螺纹型夹紧件的连接器件的特殊要求
GB 13140.4　　家用和类似用途低压电路用的连接器件　第 2 部分：作为独立单元的带刺穿绝缘型夹紧件的连接器件的特殊要求
GB 13140.5　　家用和类似用途低压电路用的连接器件　第 2 部分：扭接式连接器件的特殊要求
GB 13140.6　　家用和类似用途低压电路用的连接器件　第 2 部分：端子或连接器件用(端接和/或分接)接线盒的特殊要求
GB 15934　　电器附件　电线组件和互连电线组件
GB 16915.1　　家用和类似用途固定式电气装置的开关　第 1 部分：通用要求
GB 16915.2　　家用和类似用途固定式电气装置的开关　第 2 部分：特殊要求　第 1 节：电子开关
GB 16915.3　　家用和类似用途固定式电气装置的开关　第 2 部分：特殊要求　第 2 节：遥控开关(RCS)
GB 16915.4　　家用和类似用途固定式电气装置的开关　第 2 部分：特殊要求 第 3 节：延时开关(TDS)

GB 17196　　连接器件　连接铜导线用的扁形快速连接端头　安全要求
GB 17464　　连接器件　连接铜导线用的螺纹型和无螺纹型夹紧件的安全要求
GB 17465.1　　家用和类似用途器具耦合器　第1部分:通用要求
GB 17465.2　　家用和类似用途器具耦合器　第2部分:家用和类似设备用互连耦合器
GB 17465.3　　家用和类似用途器具耦合器　第2部分:防护等级高于IPX0的器具耦合器
GB 17465.4　　家用和类似用途器具耦合器　第2部分:靠器具重量啮合的耦合器
GB 17466.1　　家用和类似用途固定式电气装置电器附件安装盒和外壳　第1部分:通用要求
GB 17466.21　　家用和类似用途固定式电气装置的电器附件安装盒和外壳　第21部分:用于悬吊装置的安装盒和外壳的特殊要求
GB 17466.22　　家用和类似用途固定式电气装置的电器附件安装盒和外壳　第22部分:连接盒与外壳的特殊要求
GB 17466.23　　家用和类似用途固定式电气装置的电器附件安装盒和外壳　第23部分:地面安装盒和外壳的特殊要求
GB 17466.24　　家用和类似用途固定式电气装置的电器附件安装盒和外壳　第24部分:住宅保护装置和类似电源功耗装置的外壳的特殊要求
GB 19215.1　　电气安装用电缆槽管系统　第1部分:通用要求
GB 19215.2　　电气安装用电缆槽管系统　第2部分:特殊要求　第1节:用于安装在墙上或天花板上的电缆槽管系统
GB 19637　　电器附件　家用和类似用途电缆卷盘
GB/T 20041.1　　电气安装用导管系统　第1部分:通用要求
GB 20041.21　　电缆管理用导管系统　第21部分:刚性导管系统的特殊要求
GB 20041.22　　电缆管理用导管系统　第22部分:可弯曲导管系统的特殊要求
GB 20041.23　　电缆管理用导管系统　第23部分:柔性导管系统的特殊要求
GB 20041.24　　电缆管理用导管系统　第24部分:埋入地下的导管系统的特殊要求

器具开关:

GB 15092.1　　器具开关　第1部分:通用要求
GB 15092.2　　器具开关　第2部分:软线开关的特殊要求
GB 15092.3　　器具开关　第2部分:转换选择器的特殊要求
GB 15092.4　　器具开关　第2部分:独立安装开关的特殊要求
GB/T 9536　　电子设备用机电开关　第1部分:总规范
GB/T 17209　　电子设备用机电开关　第2部分:旋转开关分规范
GB/T 17210　　电子设备用机电开关　第2部分:旋转开关分规范　第一篇　空白详细规范
GB/T 15461　　电子设备用机电开关　第3部分:成列直插封装式开关分规范
GB/T 15462　　电子设备用机电开关　第3-1部分:成列直插封装式开关　空白详细规范
GB/T 18496　　电子设备用机电开关　第4部分:钮子(倒板)开关分规范
GB/T 18496.2　　电子设备用机电开关　第4-1部分:钮子(倒板)开关　空白详细规范
GB/T 16514　　电子设备用机电开关　第5部分:按钮开关分规范
GB/T 16514.2　　电子设备用机电开关　第5-1部分:按钮开关空白详细规范
GB/T 13419　　电子设备用机电开关　第6部分:微动开关分规范

GB/T 13420	电子设备用机电开关 第6部分:微动开关分规范 第1篇 空白详细规范

电工材料:

GB/T 5013.1	额定电压450/750 V及以下橡皮绝缘电缆 第1部分:一般要求
GB/T 5013.2	额定电压450/750 V及以下橡皮绝缘电缆 第2部分:试验方法
GB/T 5013.3	额定电压450/750 V及以下橡皮绝缘电缆 第3部分:耐热硅橡胶绝缘电缆
GB/T 5013.4	额定电压450/750 V及以下橡皮绝缘电缆 第4部分:软线和软电缆
GB/T 5013.5	额定电压450/750 V及以下橡皮绝缘电缆 第5部分:电梯电缆
GB/T 5013.6	额定电压450/750 V及以下橡皮绝缘电缆 第6部分:电焊机电缆
GB/T 5013.7	额定电压450/750 V及以下橡皮绝缘电缆 第7部分:耐热乙烯-乙酸乙烯酯橡皮绝缘电缆
GB/T 5013.8	额定电压450/750 V及以下橡皮绝缘电缆 第8部分:特软电线
GB/T 5023.1	额定电压450/750 V及以下聚氯乙烯绝缘电缆 第1部分:一般要求
GB/T 5023.2	额定电压450/750 V及以下聚氯乙烯绝缘电缆 第2部分:试验方法
GB/T 5023.3	额定电压450/750 V及以下聚氯乙烯绝缘电缆 第3部分:固定布线用无护套电缆
GB/T 5023.4	额定电压450/750 V及以下聚氯乙烯绝缘电缆 第4部分:固定布线用护套电缆
GB/T 5023.5	额定电压450/750 V及以下聚氯乙烯绝缘电缆 第5部分:软电缆(软线)
GB/T 5023.6	额定电压450/750 V及以下聚氯乙烯绝缘电缆 第6部分:电梯电缆和挠性连接用电缆
GB/T 5023.7	额定电压450/750 V及以下聚氯乙烯绝缘电缆 第7部分:2芯或多芯屏蔽和非屏蔽软电缆
GB/T 12528	交流额定电压3 kV及以下轨道交通车辆用电缆
GB/T 12972.1	矿用橡套软电缆 第1部分:一般规定
GB/T 12972.2	矿用橡套软电缆 第2部分:额定电压1.9/3.3 kV及以下采煤机软电缆
GB/T 12972.3	矿用橡套软电缆 第3部分:额定电压0.66/1.14 kV采煤机屏蔽监视加强型软电缆
GB/T 12972.5	矿用橡套软电缆 第5部分:额定电压0.66/1.14 kV及以下移动橡套软电缆
GB/T 12972.8	矿用橡套软电缆 第8部分:额定电压0.3/0.5 kV矿用电钻电缆
GB/T 12972.9	矿用橡套软电缆 第9部分:额定电压0.3/0.5 kV矿用移动轻型软电缆
GB/T 12972.10	矿用橡套软电缆 第10部分:矿工帽灯电线
GB/T 15934	电器附件 电线组件和互连电线组件
GB/T 1981.3	电气绝缘用漆 第3部分:热固化浸渍漆通用规范
GB/T 1303.4	电气用热固性树脂工业硬质层压板 第4部分:环氧树脂硬质层压板
GB/T 1303.8	电气用热固性树脂工业硬质层压板 第8部分:有机硅树脂硬质层压板
GB/T 5132.5	电气用热固性树脂工业硬质圆形层压管和棒 第5部分:圆形层压模制棒
GB/T 5019.3	以云母为基的绝缘材料 第3部分:换向器隔板和材料
GB/T 5022—1998	电热设备用云母板
GB/T 13542.3—2006	电气绝缘用薄膜 第3部分:电容器用双轴定向聚丙烯薄膜
GB 12802.2—2004	电气绝缘用薄膜 第2部分:电气绝缘用聚酯薄膜

GB/T 1303.2—2002　电气用热固性树脂工业硬质层压板规范　第3部分:单项材料规范　第3篇:对三聚氰胺树脂层压板的要求
GB/T 5019.4　以云母为基的绝缘材料　第4部分:云母纸
GB/T 5019.6　以云母为基的绝缘材料　第6部分:聚酯薄膜补强B阶环氧树脂粘合云母带
GB/T 13542.6　电气绝缘用薄膜　第6部分:电气绝缘用聚酰亚胺薄膜
GB/T 19264.3—2003　电工用压纸板和薄纸板规范　第3部分:单项材料规范　对B.0.1,B.2.1,B.2.3,B.3.1,B.3.3,B.4.1,B.4.3,B.5.1,B.6.1和B.7.1型纸板的要求
GB/T 8320　铜钨及银钨电触头
GB/T 5588　银镍、银铁电触头技术条件
GB/T 13397　合金内氧化法银金属氧化物电触头技术条件
GB 12940　银石墨电触头技术条件
GB/T 20235　银氧化锡电触头材料技术条件
GB/T 13033.1　额定电压750 V及以下矿物绝缘电缆及终端　第1部分:电缆
GB/T 13033.2　额定电压750 V及以下矿物绝缘电缆及终端　第2部分:终端
GB/T 2951.11　电缆和光缆绝缘和护套材料通用试验方法　第11部分:通用试验方法　厚度和外形尺寸测量　机械性能试验
GB/T 2951.12　电缆和光缆绝缘和护套材料通用试验方法　第12部分:通用试验方法　热老化试验方法
GB/T 2951.13　电缆和光缆绝缘和护套材料通用试验方法　第13部分:通用试验方法　密度测定方法　吸水试验　收缩试验
GB/T 2951.14　电缆和光缆绝缘和护套材料通用试验方法　第14部分:通用试验方法　低温试验
GB/T 2951.21　电缆和光缆绝缘和护套材料通用试验方法　第21部分:弹性体混合料专用试验方法　耐臭氧试验——热延伸试验——浸矿物油试验
GB/T 2951.31　电缆和光缆绝缘和护套材料通用试验方法　第31部分:聚氯乙烯混合料专用试验方法　高温压力试验——抗开裂试验
GB/T 2951.32　电缆和光缆绝缘和护套材料通用试验方法　第32部分:聚氯乙烯混合料专用试验方法　失重试验——热稳定性试验
GB/T 2951.41　电缆和光缆绝缘和护套材料通用试验方法　第41部分:聚乙烯和聚丙烯混合料专用试验方法　耐环境应力开裂试验　熔体指数测量方法　直接燃烧法测量聚乙烯中碳黑和/或矿物质填料含量　热重分析法(TGA)测量碳黑含量　显微镜法评估聚乙烯中碳黑分散度
GB/T 2951.42　电缆和光缆绝缘和护套材料通用试验方法　第42部分:聚乙烯和聚丙烯混合料专用试验方法　高温处理后抗张强度和断裂伸长率试验　高温处理后卷绕试验　空气热老化后的卷绕试验　测定质量的增加　长期热稳定性试验　铜催化氧化降解试验方法
GB/T 2951.51　电缆和光缆绝缘和护套材料通用试验方法　第51部分:填充膏专用试验方法　滴点　油分离　低温脆性　总酸值　腐蚀性　23 ℃时的介电常数　23 ℃和100 ℃时的直流电阻率
GB/T 17651.1　电缆或光缆在特定条件下燃烧的烟密度测定　第1部分:试验装置
GB/T 17651.2　电缆或光缆在特定条件下燃烧的烟密度测定　第2部分:试验步骤和要求

电力电容器：

GB/T 3984.1　　感应加热装置用电力电容器　第1部分：总则

GB/T 3984.2　　感应加热装置用电力电容器　第2部分：老化试验、破坏试验和内部熔丝隔离要求

GB 3667.1　　交流电动机电容器　第1部分：总则　性能、试验和定额　安全要求　安装和运行导则

GB 3667.2　　交流电动机电容器　第2部分：电动机起动电容器

GB/T 6115.1　　电力系统用串联电容器　第1部分：总则

GB/T 6115.2　　电力系统用串联电容器　第2部分：串联电容器组用保护设备

GB/T 6115.3　　电力系统用串联电容器　第3部分：内部熔丝

GB/T 12747.1　　标称电压1 kV及以下交流电力系统用自愈式并联电容器　第1部分：总则　性能、试验和定额　安全要求　安装和运行导则

GB/T 12747.2　　标称电压1 kV及以下交流电力系统用自愈式并联电容器　第2部分：老化试验、自愈性试验和破坏试验

GB/T 17702.1　　电力电子电容器　第1部分：总则

GB/T 17702.2　　电力电子电容器　第2部分：熔丝的隔离试验、破坏试验、自愈性试验及耐久性试验的要求

GB/T 17886.1　　标称电压1 kV及以下交流电力系统用非自愈式并联电容器　第1部分：总则　性能、试验和定额　安全要求　安装和运行导则

GB/T 17886.2　　标称电压1 kV及以下交流电力系统用非自愈式并联电容器　第2部分：老化试验和破坏试验

GB/T 17886.3　　标称电压1 kV及以下交流电力系统用非自愈式并联电容器　第3部分：内部熔丝

GB/T 18939.1　　微波炉电容器 第1部分：总则

电力电子器件：

GB/T 17478　　低压直流电源设备的特性安全要求

GB 7260.1　　不间断电源设备(UPS)　第1-1部分：操作人员触及区使用的UPS的一般规定和安全要求

GB 7260.2　　不间断电源设备(UPS)　第2部分：电磁兼容性(EMC)要求

GB/T 7260.3　　不间断电源设备(UPS)　第3部分：确定性能的方法和试验要求

GB 7260.4　　不间断电源设备(UPS)　第1-2部分：限制触及区使用的UPS的一般规定和安全要求

GB/T 10236　　半导体变流器与供电系统的兼容及干扰防护导则

GB 12668.3　　调速电气传动系统　第3部分：产品电磁兼容性标准及其特定的试验方法

GB/T 17478　　低压直流电源设备的性能特性

GB/T 21560.3　　低压直流电源　第3部分：电磁兼容性

GB/T 21560.6　　低压直流电源　第6部分：评定低压直流电源性能的要求

小型熔断器：

GB 9364.1　　小型熔断器　第1部分：小型熔断器定义和小型熔断体通用要求

GB 9364.2　　小型熔断器　第2部分：管状熔断体

GB 9364.3　　小型熔断器　第3部分：超小型熔断体
GB 9364.4　　小型熔断器　第4部分：通用模件熔断体
GB 9364.6　　小型熔断器　第6部分：小型管状熔断体的熔断器座
GB 9816　　热熔断体的要求和应用导则

工业电热装置：

GB 5959.1　　电热装置的安全　第1部分：通用要求
GB 5959.2　　电热装置的安全　第2部分：对电弧炉设备的特殊要求
GB 5959.3　　电热装置的安全　第3部分：对感应和导电加热设备以及感应熔炼设备的特殊要求
GB 5959.4　　电热装置的安全　第4部分：对电阻加热装置的特殊要求
GB 5959.5　　电热设备的安全　第5部分：等离子设备的安全规程
GB 5959.6　　电热装置的安全　第6部分：工业微波加热设备的安全规范
GB 5959.7　　电热装置的安全　第7部分：对具有电子枪的装置的特殊要求
GB 5959.8　　电热装置的安全　第8部分：对电渣重熔炉的特殊要求
GB 5959.9　　电热装置的安全　第9部分：对高频介质加热装置的特殊要求
GB 5959.11　　电热设备的安全　第11部分：对液态金属电磁搅拌、输送或浇铸设备的特殊要求
GB 5959.41　　电热设备的安全　第41部分：对电阻加热装置——玻璃加热和熔化装置的特殊要求

电工电子产品环境着火危险试验：

GB/T 5169.1　　电工电子产品着火危险试验　第1部分：着火试验术语
GB/T 5169.2　　电工电子产品着火危险试验　第2部分：着火危险评定导则　总则
GB/T 5169.3　　电工电子产品着火危险试验　第3部分：电子元件着火危险评定技术要求和试验规范制定导则
GB/T 5169.5　　电工电子产品着火危险试验　第5部分：试验火焰 针焰试验方法　装置、确认试验方法和导则
GB/T 5169.7　　电工电子产品着火危险试验　试验方法 扩散型和预混合型火焰试验方法
GB/T 5169.9　　电工电子产品着火危险试验　第9部分：着火危险评定导则　预选试验规程的使用
GB/T 5169.10　　电工电子产品着火危险试验　第10部分：灼热丝/热丝基本试验方法　灼热丝装置和通用试验方法
GB/T 5169.11　　电工电子产品着火危险试验　第11部分：灼热丝/热丝基本试验方法　成品的灼热丝可燃性试验方法
GB/T 5169.12　　电工电子产品着火危险试验　第12部分：灼热丝/热丝基本试验方法　材料的灼热丝可燃性试验方法
GB/T 5169.13　　电工电子产品着火危险试验　第13部分：灼热丝/热丝基本试验方法　材料的灼热丝起燃性试验方法
GB/T 5169.14　　电工电子产品着火危险试验　第14部分：试验火焰 1 kW 标称预混合型火焰装置、确认试验方法和导则

GB/T 5169.15　　电工电子产品着火危险试验　第15部分:试验火焰500 W火焰 装置和确认试验方法

GB/T 5169.16　　电工电子产品着火危险试验　第16部分:试验火焰50 W水平与垂直火焰试验方法

GB/T 5169.17　　电工电子产品着火危险试验　第17部分:试验火焰500 W火焰试验方法

GB/T 5169.18　　电工电子产品着火危险试验　第18部分:将电工电子产品的火灾中毒危险减至最小的导则　总则

GB/T 5169.19　　电工电子产品着火危险试验　第19部分:非正常热　模压应力释放变形试验

GB/T 5169.20　　电工电子产品着火危险试验　第20部分:火焰表面蔓延　试验方法概要和相关性

GB/T 5169.21　　电工电子产品着火危险试验　第21部分:非正常热　球压试验

GB/T 5169.22　　电工电子产品着火危险试验　第22部分:试验火焰　50 W火焰　装置和确认试验方法

低压电涌保护器:

GB 18802.1　　低压配电系统的电涌保护器(SPD)　第1部分:性能要求和试验方法

GB/T 18802.12　　低压配电系统的电涌保护器(SPD)第12部分:选择和使用导则

GB/T 18802.21　　低压电涌保护器　第21部分:电信和信号网络的电涌保护器(SPD)——性能要求和试验方法

音频、视频设备:

GB 8898　　音频、视频及类似电子设备安全要求

测量、控制和试验室用电气设备:

GB 4793.1　　测量、控制和试验室用电气设备的安全要求　第1部分:通用要求

GB 4793.2　　测量、控制和试验室用电气设备的安全要求　第2部分:电工测量和试验用手持和手操电流传感器的特殊要求

GB 4793.3　　测量、控制和试验室用电气设备的安全要求　第3部分:实验室用混合和搅拌设备的特殊要求

GB 4793.4　　测量、控制和试验室用电气设备的安全要求　实验室用处理医用材料的蒸压器的特殊要求

GB 4793.5　　测量、控制和试验室用电气设备的安全要求　第5部分:电工测量和试验用手持探头的特殊要求

GB 4793.6　　测量、控制和试验室用电气设备的安全要求　第6部分:实验室用材料加热设备的特殊要求

GB 4793.7　　测量、控制和试验室用电气设备的安全要求　第7部分:实验室用离心机的特殊要求

附 录 B
（规范性附录）
术语和定义

本标准采用下述术语和定义。

B.1

电气设备 electrical equipment

凡按功能和结构适用于电能应用的产品或部件。例如发电、输电、配电、贮存、测量、控制、调节、转换、监督、保护和消费电能的产品，还包括通讯技术领域中的及由他们组合成的电气设备、电气装置、电气器具。

B.2

0 类设备 class 0 equipment

依靠基本绝缘进行防电击保护，即在易接近的导电部分（如果有的话）和设备固定布线中的保护导体之间没有连接措施，在基本绝缘损坏的情况下便依赖于周围环境进行防护的设备。

B.3

Ⅰ类设备 class Ⅰ equipment

不仅依靠基本绝缘进行防电击保护，而且还包括一个附加的安全措施，即把易电击的导电部分连接到设备固定布线中的保护（接地）导体上，使易触及导电部分在基本绝缘失效时，也不会成为带电部分的设备。

B.4

Ⅱ类设备 class Ⅱ equipment

不仅依靠基本绝缘进行防电击保护，而且还包括附加的安全措施（例如双重绝缘或加强绝缘），但对保护接地或依赖设备条件未作规定的设备。

B.5

Ⅲ类设备 class Ⅲ equipment

依靠安全特低电压供电进行防电击保护，而且在其中产生的电压不会高于安全特低电压的设备。

B.6

危险（源） hazard

可能导致伤害的潜在根源。

〔GB/T 20000.4—2003，定义 3.5〕

B.7

安全技术措施 safety technical measures

所有为了避免危险而采取结构上和/或说明的措施。分为直接、间接和提示性安全技术措施。

B.8

专门安全技术措施（手段） professional safety technical measures (measures)

所有在电气设备中，不设附加功能就能达到和保证无危险应用的措施。

B.9

外露可导电部分 exposed conductive part

设备上能触及到的可导电部分，它在正常状况下不带电，但是在基本绝缘损坏时会带电。

〔GB/T 2900.1—2008，定义 3.5.74〕

B.10

带电部分 live part

正常使用时被通电的导体或导电部分，它包括中性导体，但按惯例不包括 PEN 导体、PEM 导体和

PEL 导体。

〔GB/T 2900.1—2008,定义 3.5.34〕

B.11

保护接地 protective earthing

为防止发生电击危险而与下列部件进行电气连接的一种措施：

——裸露导电部件；

——主接地端子；

——外部导电部件；

——接地电极；

——电源的接地点或人为的中性点。

B.12

直接接触保护 protection against direct contact

所有保护人和动物不受与电气设备带电部分接触危险的措施。

B.13

间接接触保护 protection against indirect contact

所有保护人和动物不受由于外露导电部分上危险的接触电压所造成危险的措施。

B.14

专业人员 skilled person

受过专业教育并具备经验,有能力识别风险并能够避免电气危险的人员。

〔IEC 60050-826:2004,定义 826-18-01〕

注：为评价专业教育程度,也可以把在有关技术领域上的多年实践活动计算在内。

B.15

受过培训的人员(电气) instructed person (electrically)

在熟练电气技术人员建议或监督下,有能力识别风险并能够避免电气危险的人员。

〔IEC 60050-826:2004,定义 826-18-02〕

B.16

非专业人员 unskilled person

既不是专业人员,也没受过初级训练的人员。

B.17

电气作业场所 electrical workplace

主要是用于电气设备运行且一般只有专业人员或受过初级训练人员进入的空间或场所。

B.18

封闭电气作业场所 enclosed electrical workplace

只用于电气设备运行且处于封闭的空间或场所,只有授权的人员才可开锁,只允许专业人员或受过初级训练的人员进入。

参 考 文 献

[1] GB/T 2900.1—2008 电工术语 基本术语
[2] GB/T 20000.4—2003 标准化工作指南 第4部分:标准中涉及安全的内容
[3] IEC 60050-826:2004 国际电工词汇 第826部分:第826章:建筑物的电力装置

ICS 31.240
K 05

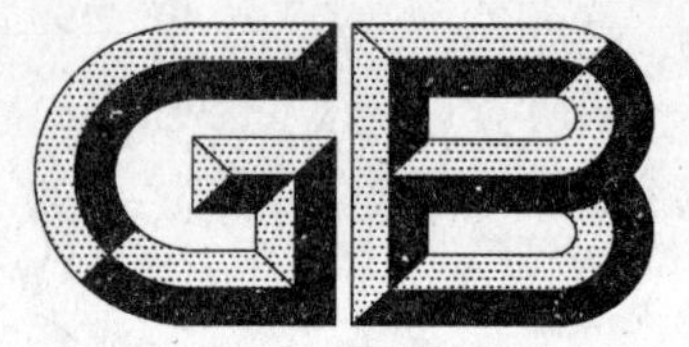

中华人民共和国国家标准

GB/T 19520.12—2009/IEC 60297-3-101:2004
代替 GB/T 19520.3—2004、GB/T 19520.5—2004、GB/T 19520.7～19520.8—2004、
GB/T 19520.11—2004，部分代替 GB/T 19520.4—2004

电子设备机械结构 482.6 mm(19 in)系列机械结构尺寸 第3-101部分:插箱及其插件

Mechanical structures for electronic equipment—Dimensions of mechanical structures of the 482.6 mm (19 in) series—Part 3-101:Subracks and associated plug-in units

(IEC 60297-3-101:2004,IDT)

2009-03-19 发布　　2009-12-01 实施

中华人民共和国国家质量监督检验检疫总局
中国国家标准化管理委员会　发布

前　言

GB/T 19520《电子设备机械结构　482.6 mm(19 in)系列机械结构尺寸》分为以下 6 个部分：

——第 1 部分:面板和机架；

——第 2 部分:机柜和机架结构的格距；

——第 12 部分:插箱及其插件；

——第 13 部分:插拔器手柄；

——第 14 部分:编码键和定位销；

——第 15 部分:基于连接器的插箱和插件的接口尺寸。

本部分为 GB/T 19520 的第 12 部分。

本部分等同采用 IEC 60297-3-101:2004《电子设备机械结构　482.6 mm(19 in)系列机械结构尺寸　第 3-101 部分:插箱及其插件》(英文版)。

本部分等同翻译 IEC 60297-3-101:2004。

为便于使用,本部分做了下列编辑性修改：

a)　"本标准"一词改为"本部分"；

b)　删除了国际标准的前言；

c)　小数点","改为"."。

本部分代替 GB/T 19520.3—2004《电子设备机械结构　482.6 mm(19 in)系列机械结构尺寸　第 3 部分:插箱及其插件》、GB/T 19520.5—2004《电子设备机械结构　482.6 mm(19 in)系列机械结构尺寸　第 5-100 部分:插箱及其插件　设计概述》、GB/T 19520.7—2004《电子设备机械结构　482.6 mm (19 in)系列机械结构尺寸　第 5-102 部分:插箱及其插件　电磁屏蔽结构》、GB/T 19520.8—2004《电子设备机械结构　482.6 mm(19 in)系列机械结构尺寸　第 5-103 部分:插箱及其插件　静电放电防护》和 GB/T 19520.11—2004《电子设备机械结构　482.6 mm(19 in)系列机械结构尺寸　第 5-107 部分:插箱及其插件　后安装插件》,部分代替 GB/T 19520.4—2004《电子设备机械结构　482.6 mm (19 in)系列机械结构尺寸　第 4 部分:插箱及其插件　附加尺寸》。

本部分由全国电工电子设备结构综合标准化技术委员会(SAC/TC 34)提出并归口。

本部分起草单位:四方电气(集团)有限公司、华为技术有限公司、国网电力科学研究院、国电南京自动化股份有限公司、中兴通讯股份有限公司、机械工业北京电工技术经济研究所。

本部分主要起草人:张开国、田蘅、张明灿、张实、张钰、吴蓓、王蔚、李剑侠。

本部分所代替标准的历次版本发布情况为：

——GB/T 19520.3—2004、GB/T 19520.4—2004、GB/T 19520.5—2004、GB/T 19520.7—2004、GB/T 19520.8—2004 和 GB/T 19520.11—2004。

引 言

482.6 mm(19 in)机械结构尺寸标准规定在 GB/T 19520(IEC 60297)之中。最初的标准为 GB/T 19520.3—2004(IDT IEC 60297-3:1988+A1:1995),以及附加的要求 GB/T 19520.4—2004(IEC 60297-4:1995+A1:1999)。

扩展的要求以 GB/T 19520.5~19520.11—2004 出版。为对市场的要求做出响应,以及使标准变得更清晰,有必要使这些"分散的"标准整合为技术上有所提升的 3 项新的插箱及其插件标准。整合后的现今定义为 GB/T 19520.12(IEC 60297-3-101)、GB/T 19520.13(IEC 60297-3-102)和 GB/T 19520.14(IEC 60297-3-103)的标准系列,与先前的"分散"的 GB/T 19520.3~19520.11 标准的关系见图 1。

这些新的标准的名称已经变更。与 GB/T 19520.1(IEC 60297-1——第 1 部分:面板和机架)和 GB/T 19520.2(IEC 60297-2——第 2 部分:机柜和机架结构的格距)的关系保持不变。增加了与 GB/T 18663.1(IEC 61587-1——第 1 部分:机柜、机架、插箱和机箱的气候、机械试验和安全要求)和 GB/T 18663.3(IEC 61587-3——第 3 部分:机柜、机架和插箱的电磁屏蔽性能试验)的关系[1)]。

本部分规定了 482.6 mm(19 in)插箱及其插件的基本接口。

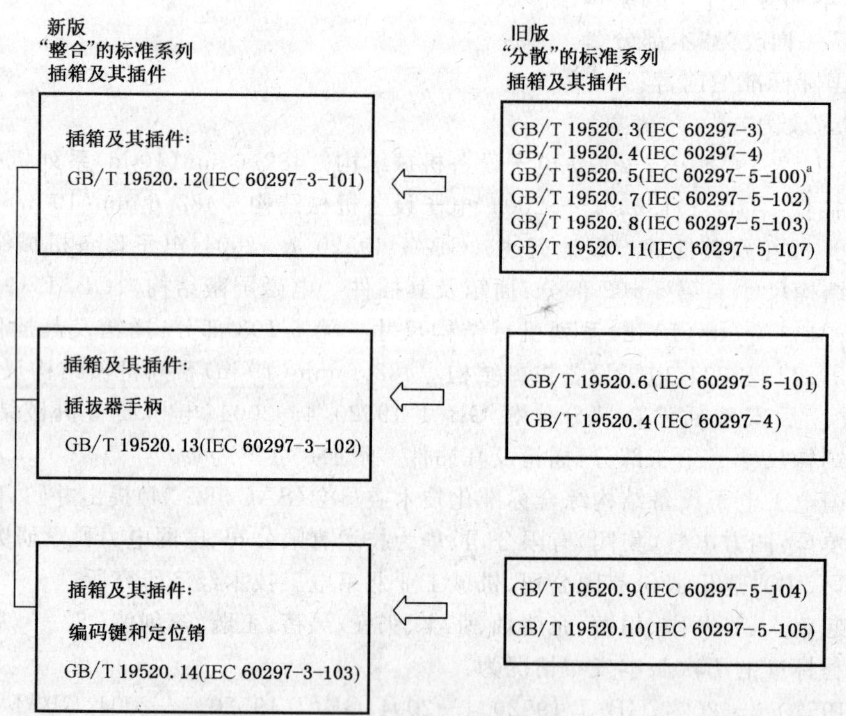

[a] IEC 原文遗漏。

图 1 新老 GB/T 19520(IEC 60297)系列标准的关系

1) 这两项标准已经以 GB/T 18663.1—2008 和 GB/T 18663.3—2007 发布。

电子设备机械结构
482.6 mm(19 in)系列机械结构尺寸
第3-101部分:插箱及其插件

1 范围

GB/T 19520的本部分包括了符合GB/T 19520系列插箱及其插件的模数范围的基本尺寸关系。

本部分的目的是规定保证插箱及其插件互换性的尺寸。与连接器有关的尺寸仅限于检验尺寸。

机械试验和气候试验见GB/T 18663.1。

电磁屏蔽性能试验见GB/T 18663.3。

2 规范性引用文件

下列文件中的条款通过GB/T 19520的本部分的引用而成为本部分的条款。凡是注日期的引用文件,其随后所有的修改单(不包括勘误的内容)或修订版均不适用于本部分,然而,鼓励根据本部分达成协议的各方研究是否可使用这些文件的最新版本。凡是不注日期的引用文件,其最新版本适用于本部分。

GB/T 15157.2—1998 印制板用频率低于3 MHz的连接器 第2部分:有质量评定和具有通用安装特性、基本网格为2.54 mm(0.1 in)的印制板用两件式连接器详细规范(idt IEC 60603-2:1995)

GB/T 18663.1—2008 电子设备机械结构 公制系列和英制系列的试验 第1部分:机柜、机架、插箱和机箱的气候、机械试验及安全要求(IEC 61587-1:2007,IDT)

GB/T 18663.3—2007 电子设备机械结构 公制系列和英制系列的试验 第3部分:机柜、机架和插箱的电磁屏蔽性能试验(IEC 61587-3:2006,IDT)

GB/T 19290.1—2003 发展中的电子设备构体机械结构模数序列 第1部分:总规范(IEC 60917-1:1998,IDT)

GB/T 19520.1—2007 电子设备机械结构 482.6 mm(19 in)系列机械结构尺寸 第1部分:面板和机架(IEC 60297-1:1986,IDT)

GB/T 19520.2—2007 电子设备机械结构 482.6 mm(19 in)系列机械结构尺寸 第2部分:机柜和机架结构的格距(IEC 60297-2:1982,IDT)

IEC 60249-2-1:印制电路用基材 第2部分:规范 第1号规范:高电气质量的酚醛纤维覆铜层压纸板

IEC 61076-4-101:2001 电子设备用连接器 第4-101部分:有质量评定的印制板连接器 适用于符合IEC 60917的印制板及背板的、基本网格为2.0 mm的两件式连接器组件的详细规范

IEC 61076-4-113:2002 电子设备用连接器 印制板连接器 第4-113部分:总线应用中印制板和背板用5排2.54 mm网格的两件式连接器的详细规范

3 术语和定义

GB/T 19290.1中确立的术语和定义适用于本部分。

4 布置概览

图2所示的布置概览列举了一个典型的带有分层的和后安装插件的6*U*插箱。

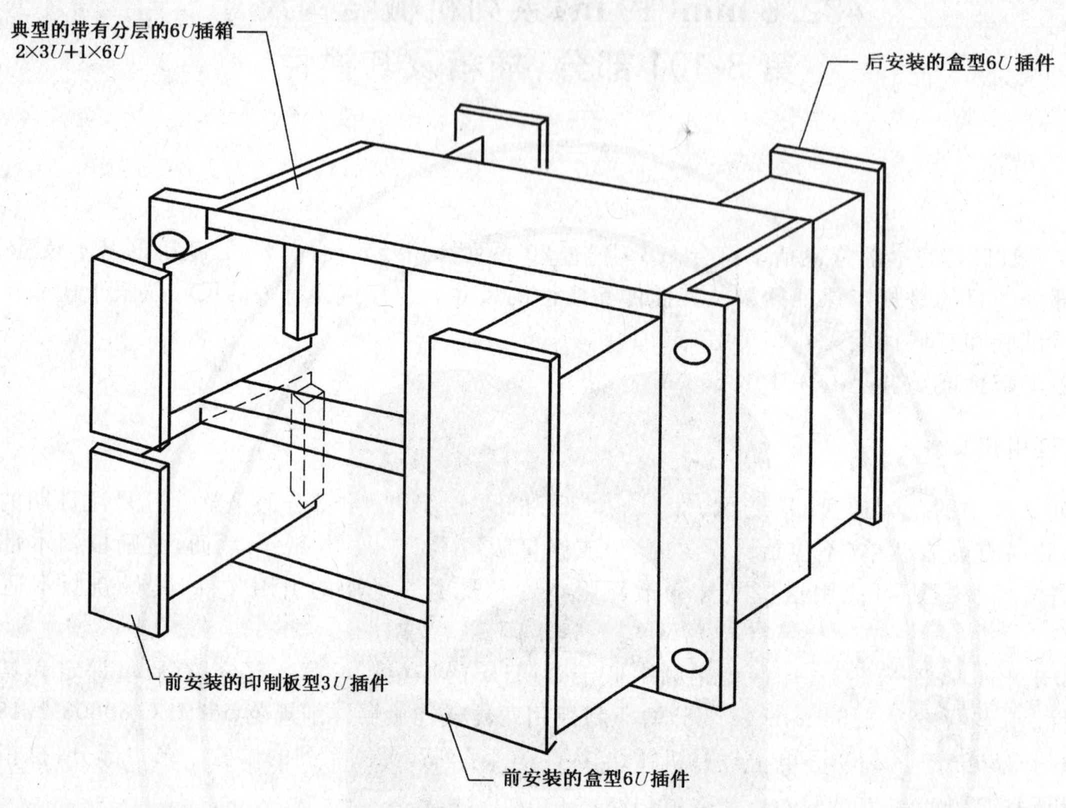

缩写符号：1U＝44.45 mm。

可选特性：插箱和插件电磁屏蔽结构（见第10章）。

插件静电放电结构（见第11章）。

图2 布置概览

5 前部安装区的插箱尺寸

对于前部安装区，本部分规定了用于插件的框口尺寸、导轨位置，与机柜的安装尺寸和与连接器关联的深度尺寸，见图3～图5。

单位为毫米

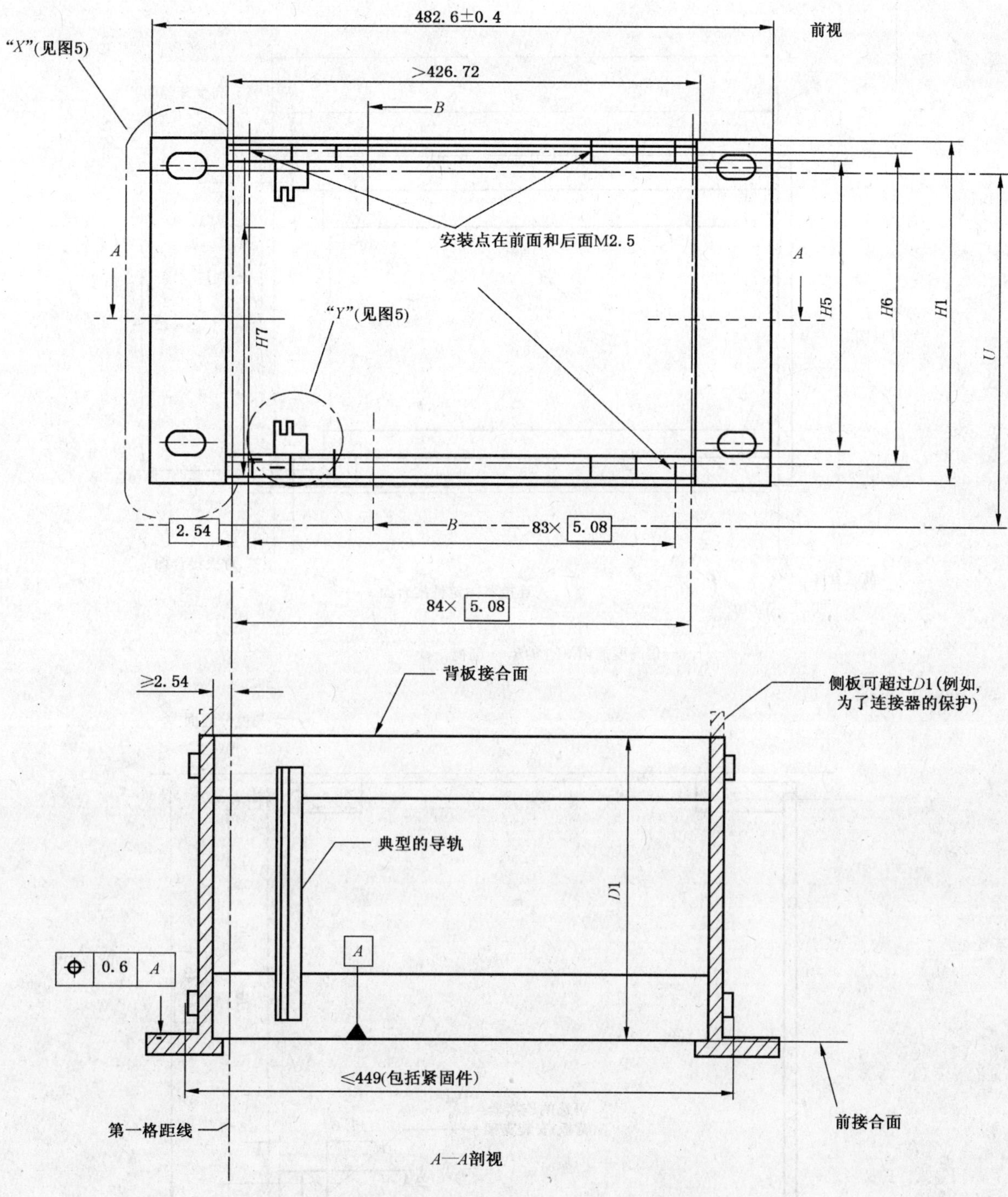

图3 前部安装区的插箱尺寸——第1部分

单位为毫米

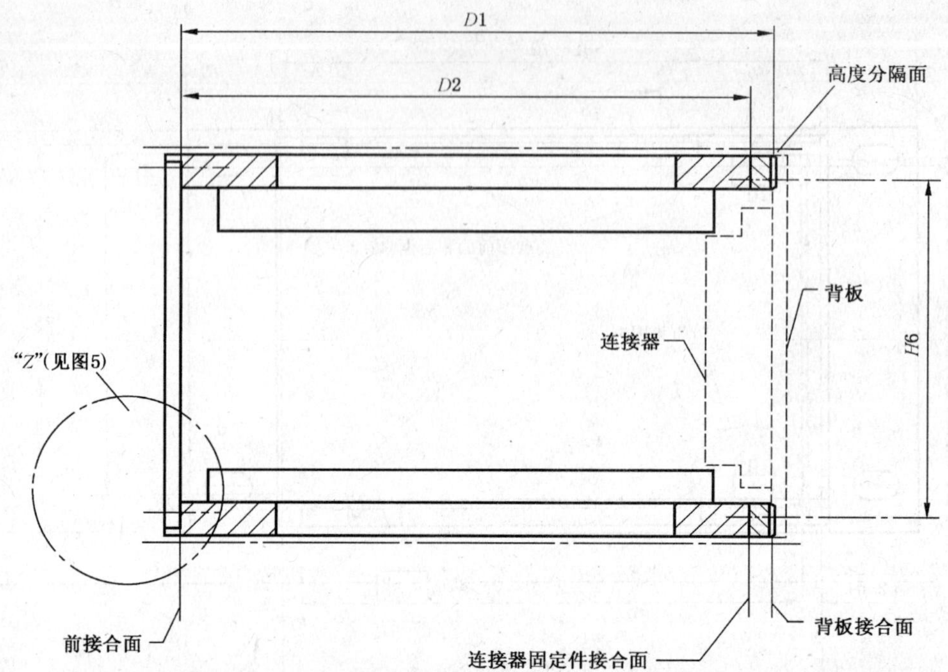

一倍高度插箱(3U)的B—B剖视

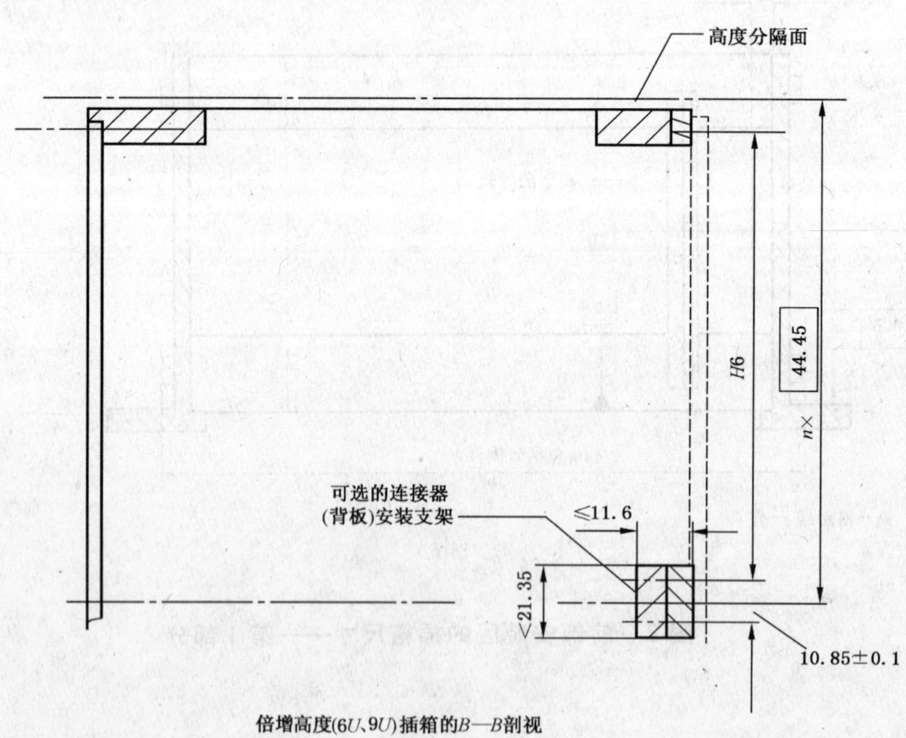

倍增高度(6U、9U)插箱的B—B剖视

图4　前部安装区的插箱尺寸——第2部分

单位为毫米

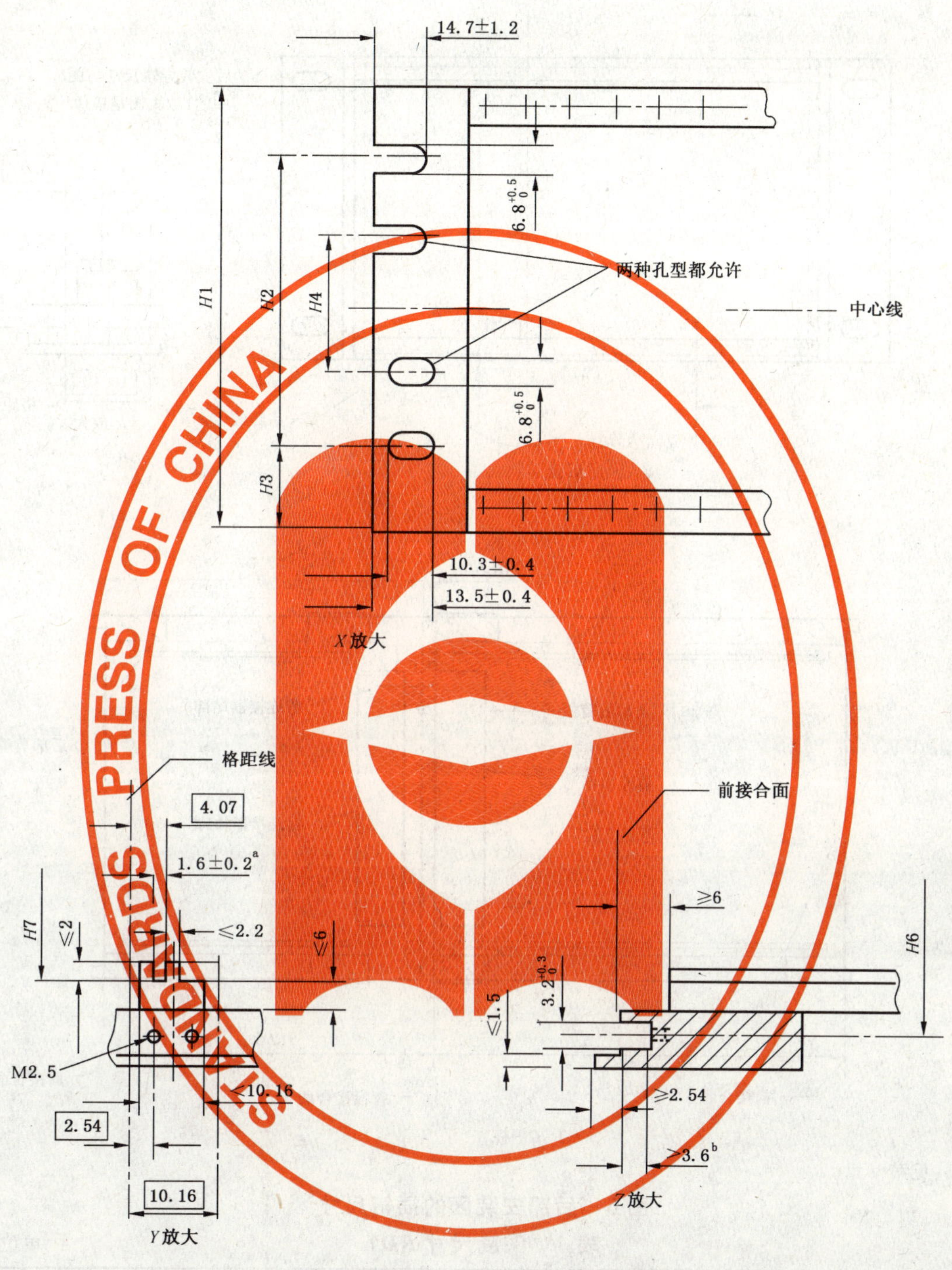

a 印制板厚度 1.6 mm 符合 IEC 60249-2。尺寸 4.07 mm 是印制板右侧的基准位置。更厚的印制板只能向左扩展。导轨应采用电气绝缘材料制造。

b 螺钉尺寸的 V 放大图见第 7 章。

图 5　前部安装区的插箱尺寸——第 3 部分

6　后部安装区的插箱尺寸

对于后部安装区，本部分规定了用于后安装插件的框口尺寸、导轨位置以及与连接器关联的深度尺寸，见表 1 和图 6。

单位为毫米

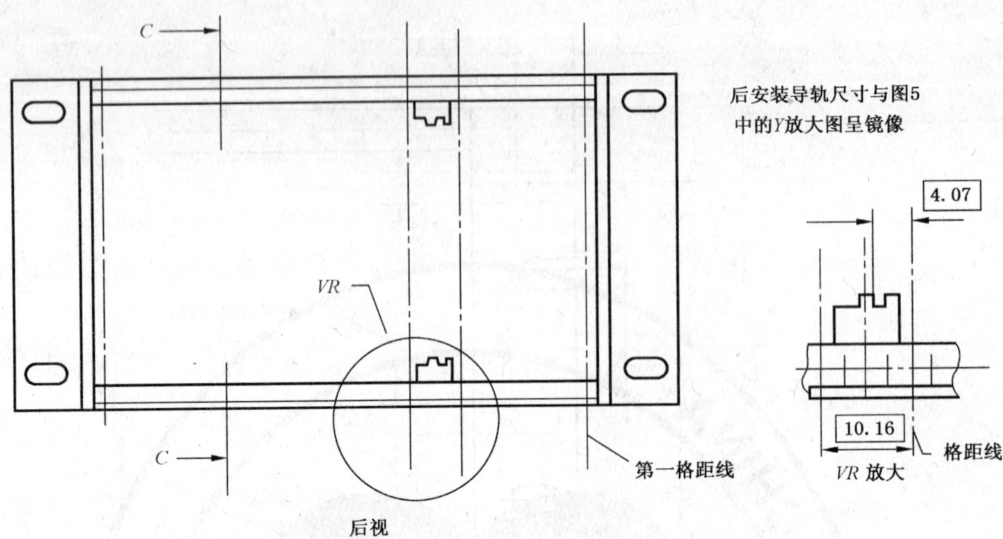

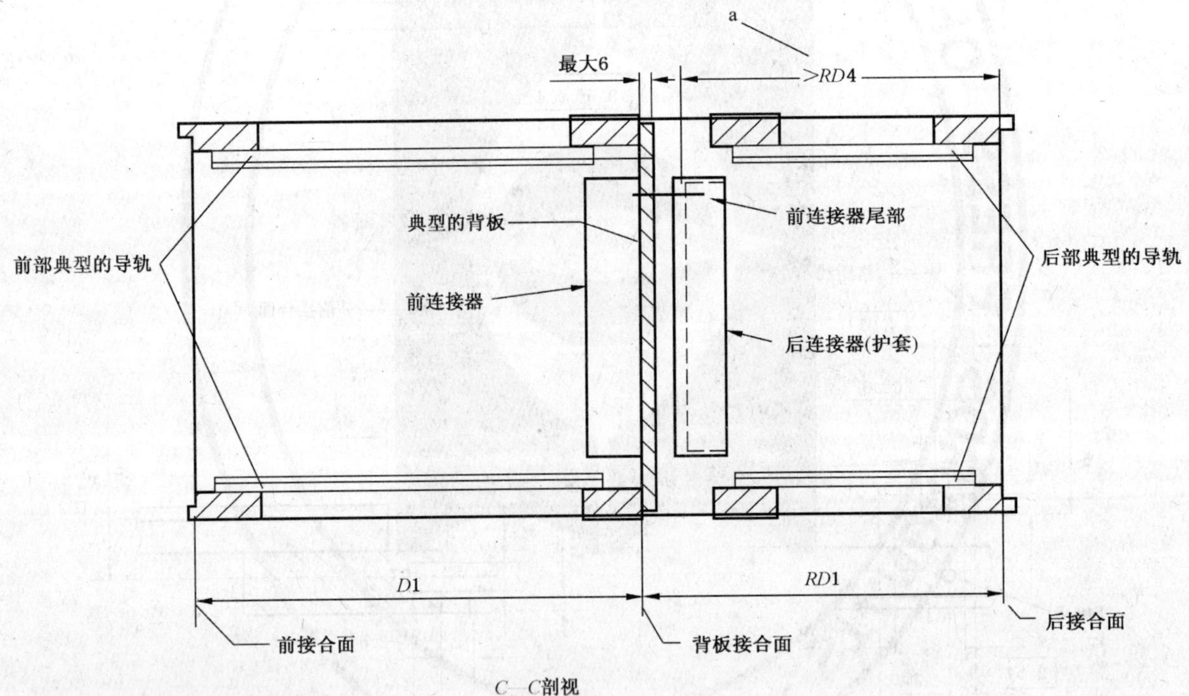

[a] RD4:见第 9 章。

图 6 后部安装区的插箱尺寸

表 1 深度尺寸 *RD*1

单位为毫米

印制板深度 基准(D3)	60	80	100	120	140	160	220	280
A 型插箱[a] *RD*1 (±0.25)	82.48	102.48	122.48	142.48	162.48	182.48	242.48	302.48
B 型插箱[b] *RD*1 (±0.25)	80	100	120	140	160	180	240	300

*RD*1:用于连接器的深度检验尺寸。

[a] 采用 GB/T 15157.2—1998 和 IEC 61076-4-113:2002 连接器。

[b] 采用 IEC 61076-4-101:2001 连接器。

7 前部安装的印制板型插件

面板、印制板和固定件的尺寸将确保前安装插件安装到插箱的兼容性，见图 7～图 9。

单位为毫米

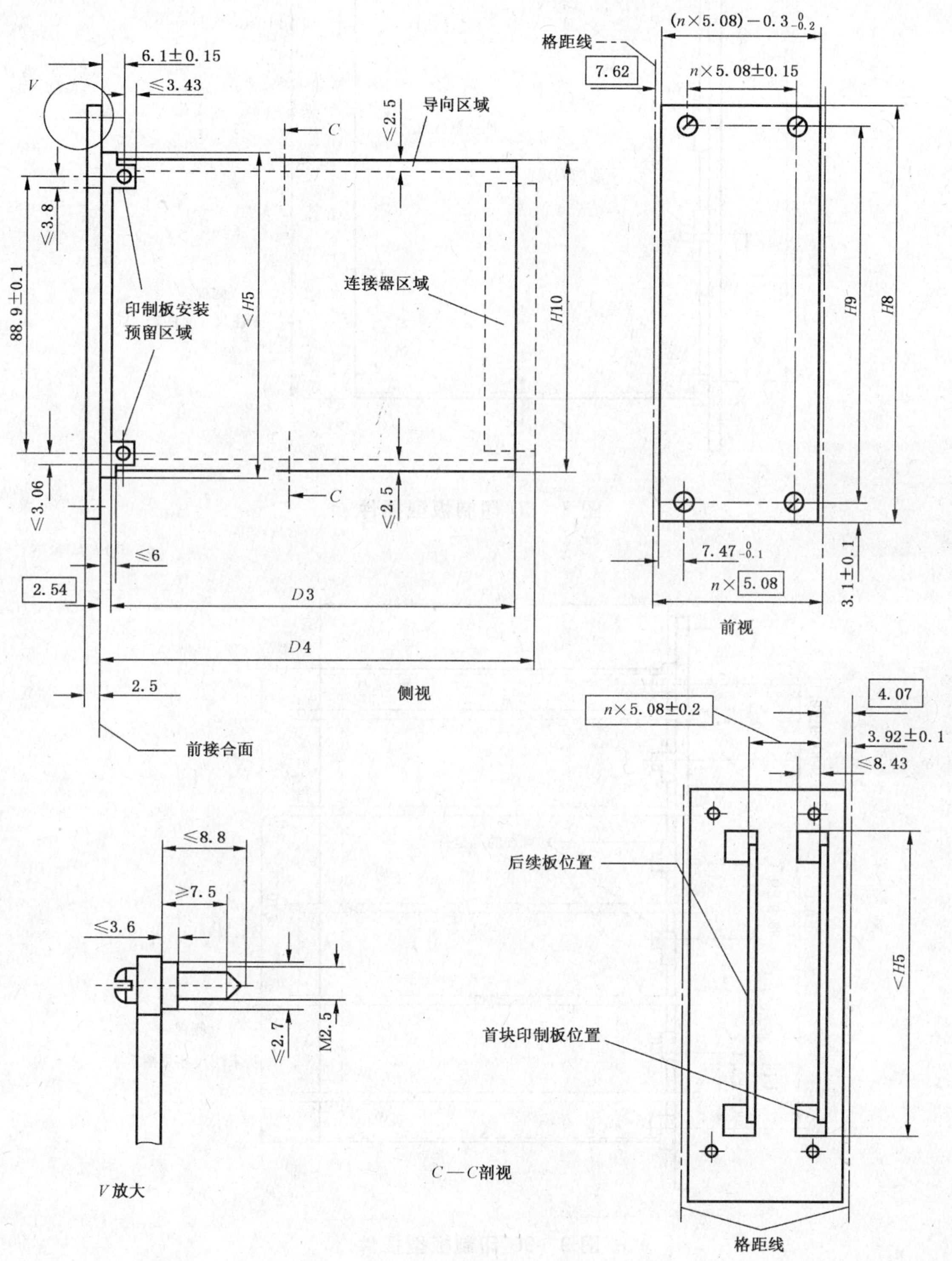

图 7　3U 印制板型插件

单位为毫米

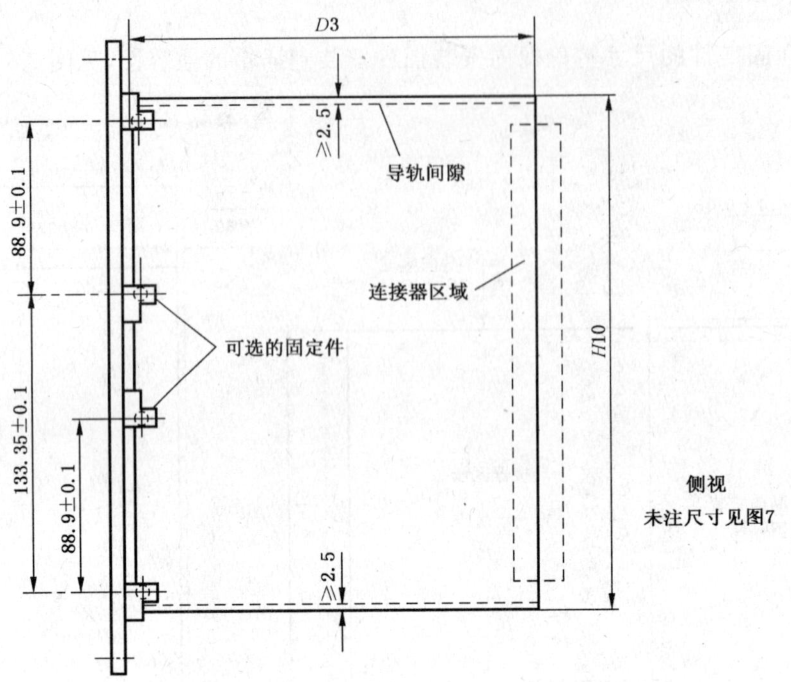

图 8　6*U* 印制板型插件

单位为毫米

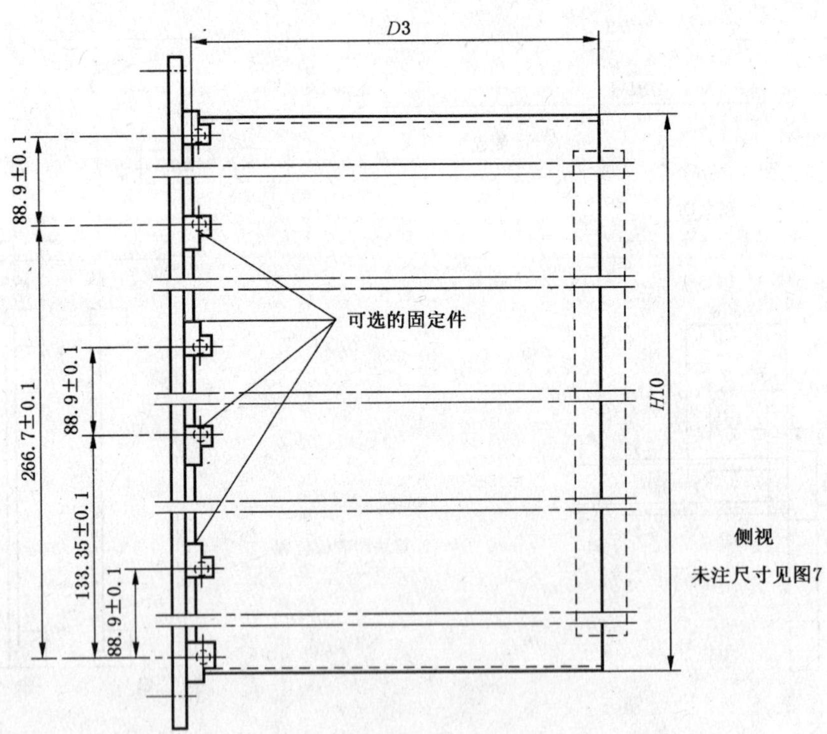

图 9　9*U* 印制板型插件

8　前部安装的盒型插件

盒型插件具有详细而特定的几何形状以装入与印制板型插件相同的导轨。其内部的框口尺寸也适用于相同尺寸的印制板，如同其装入插箱时一样，见图10～图12。

单位为毫米

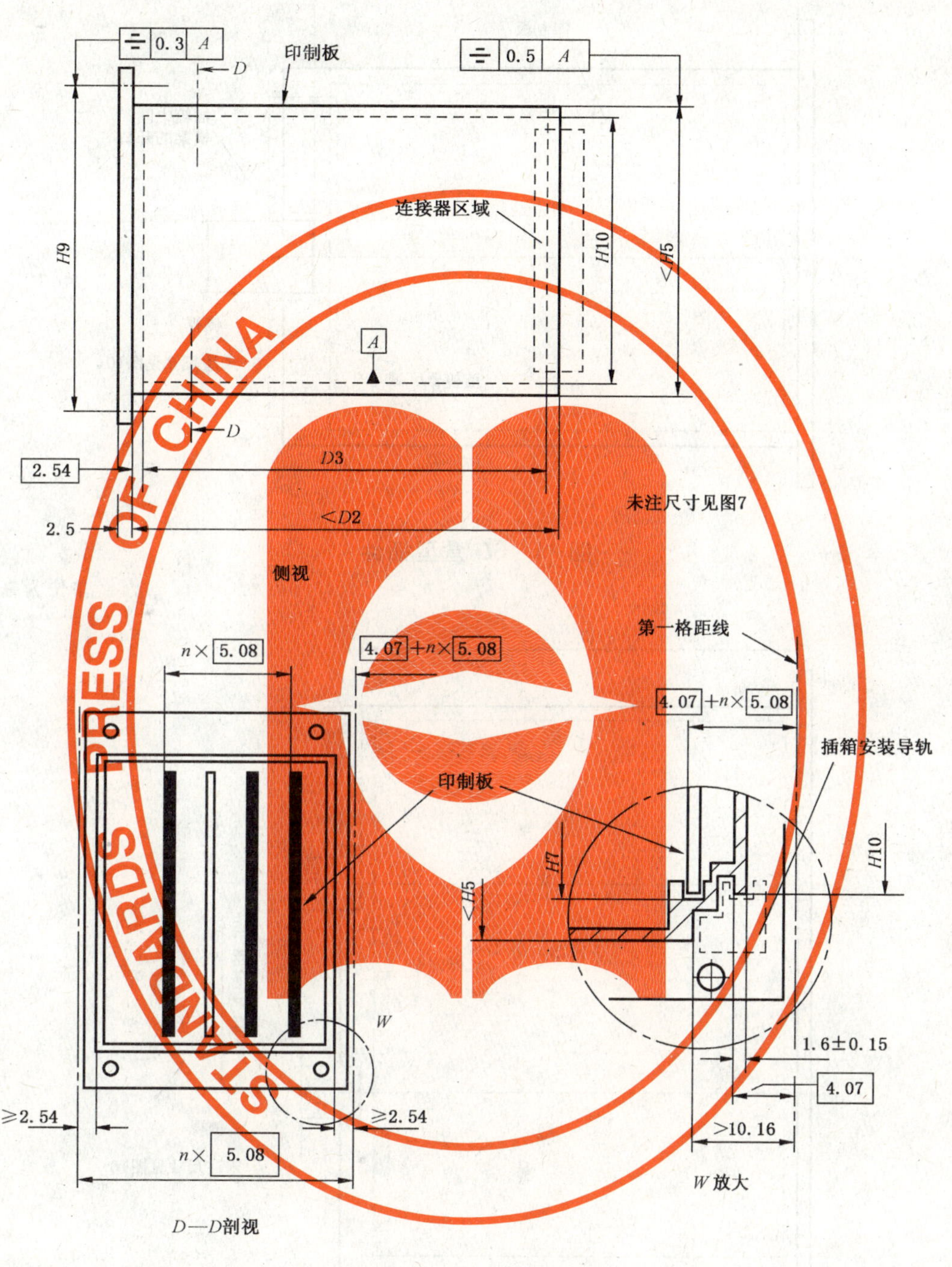

图10　3U盒型插件

单位为毫米

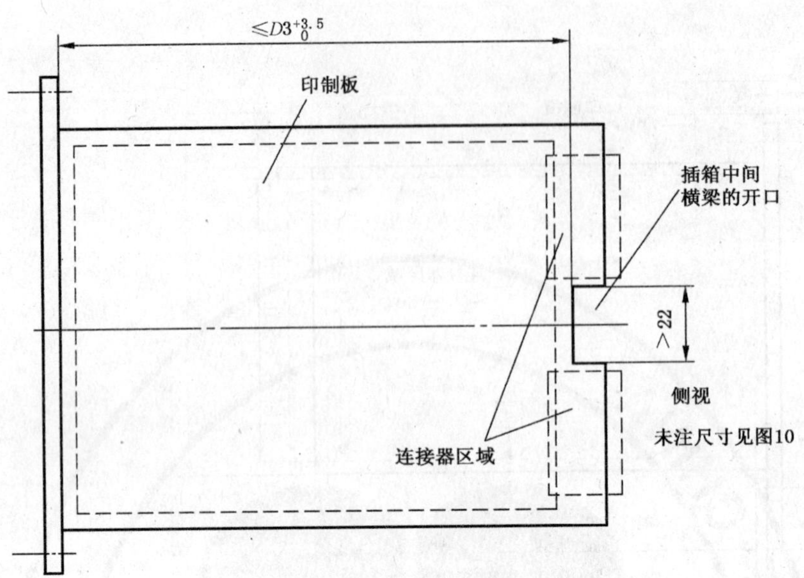

图 11　6*U* 盒型插件

单位为毫米

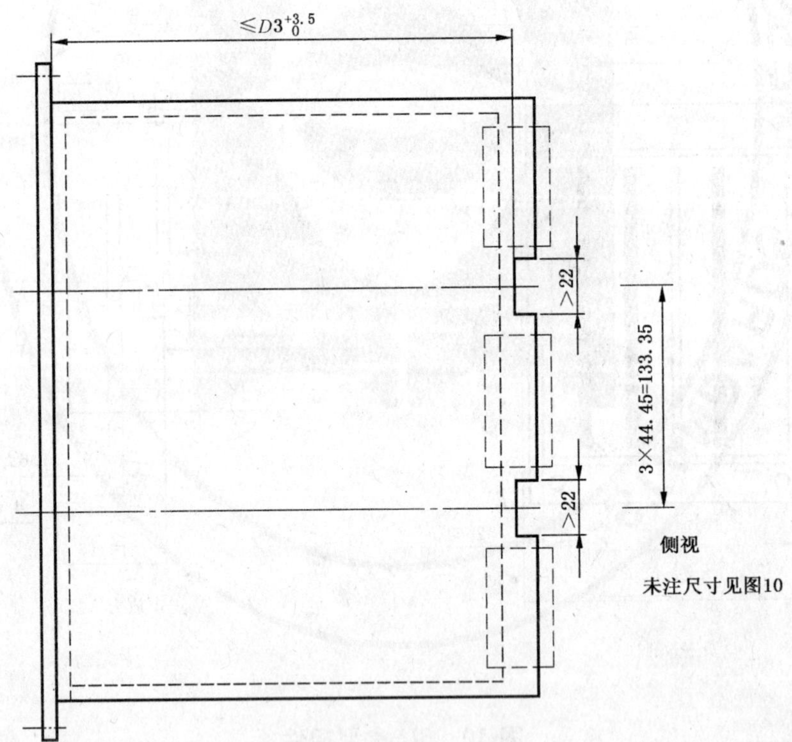

图 12　9*U* 盒型插件

9　后部安装的印制板型插件

后安装的印制板型插件为前安装插件的镜像。与相应的连接器相适应的深度尺寸见表 2 和图 13。

表 2 深度尺寸 *RD*3 和 *RD*4

单位为毫米

*RD*3 $\left(\begin{smallmatrix}0\\-0.3\end{smallmatrix}\right)$	60	80	100	120	140	160
*RD*4 (±0.4) IEC 61076-4-101:2001	71.74	91.74	111.74	131.74	151.74	171.74
*RD*4 (±0.4) GB/T 15157.2—1998(IEC 60603-2:1995)	69.88	89.88	109.88	129.88	149.88	169.88
*RD*4 (±0.4) IEC 61076-4-113:2002	72.38	92.38	112.38	132.38	152.38	172.38
注：*RD*4 取决于连接器类型[GB/T 15157.2—1998(IEC 60603-2:1995)和 IEC 61076-4-113:2002 采用相反的类型]。						

单位为毫米

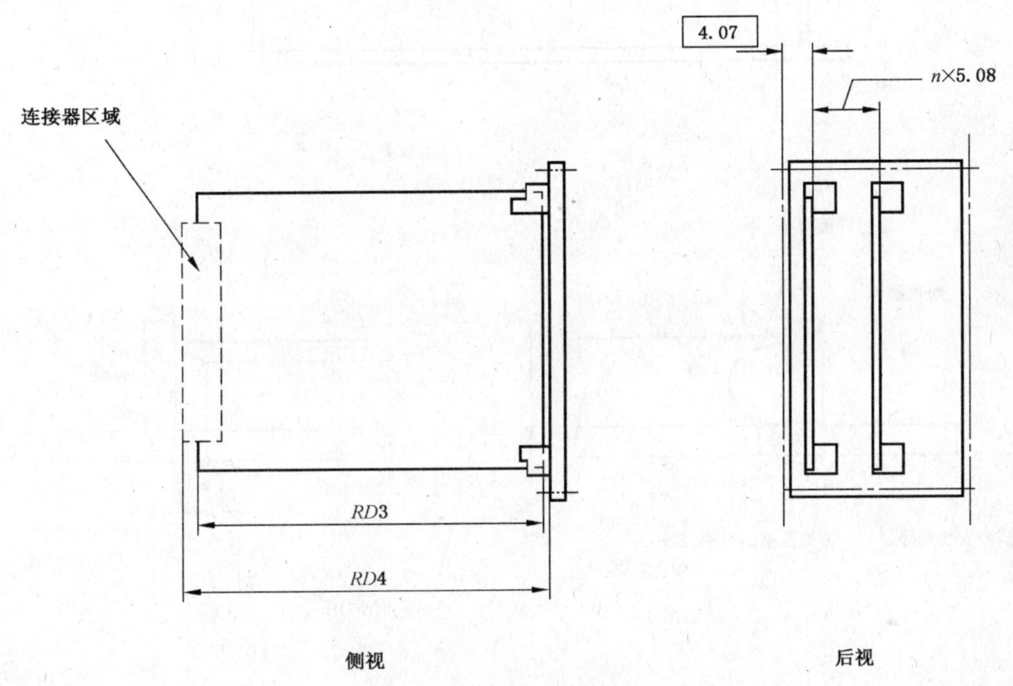

未注尺寸见图 7。

图 13 后部安装的印制板型插件尺寸

10 带有电磁屏蔽结构的插箱及其插件

10.1 总则

插箱及其插件的电磁屏蔽结构的尺寸规范限制在插箱及其插件的接口。基本尺寸符合本部分的第 5 章、第 6 章、第 7 章和第 8 章。仅屏蔽接口的扩展尺寸为本章的主题。屏蔽的接口宜选择具有适当接触性能的材料。

10.2 插箱屏蔽接口尺寸

插箱屏蔽接口尺寸见图 14，相应的插件尺寸见 10.3。

单位为毫米

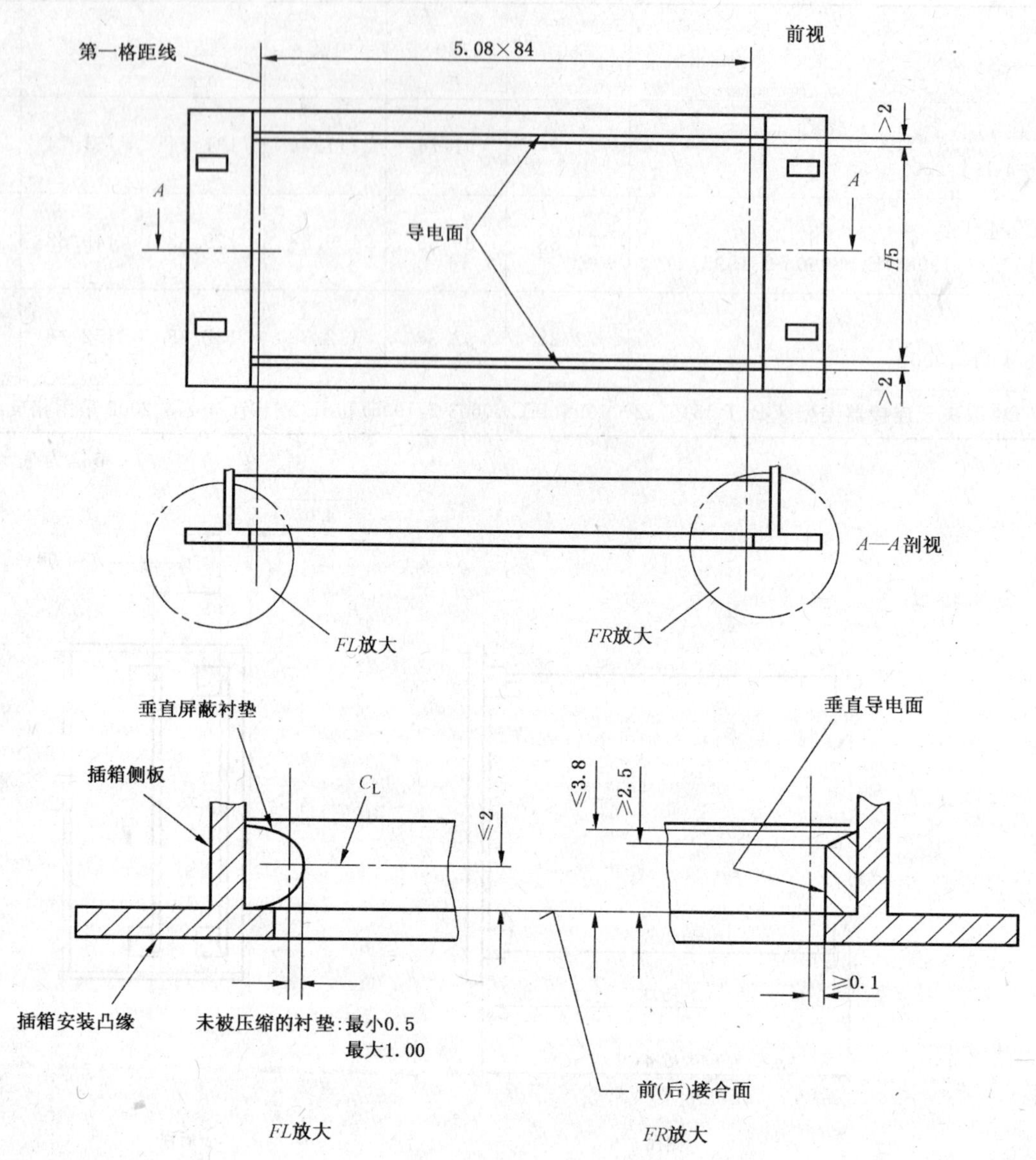

注：插箱的前和后互为镜像。

图 14 插箱屏蔽接口尺寸

10.3 带有电磁屏蔽结构的插件和填充板

基本尺寸符合本部分的第 7 章和第 8 章。仅示出屏蔽接口的扩展尺寸，见图 15。

单位为毫米

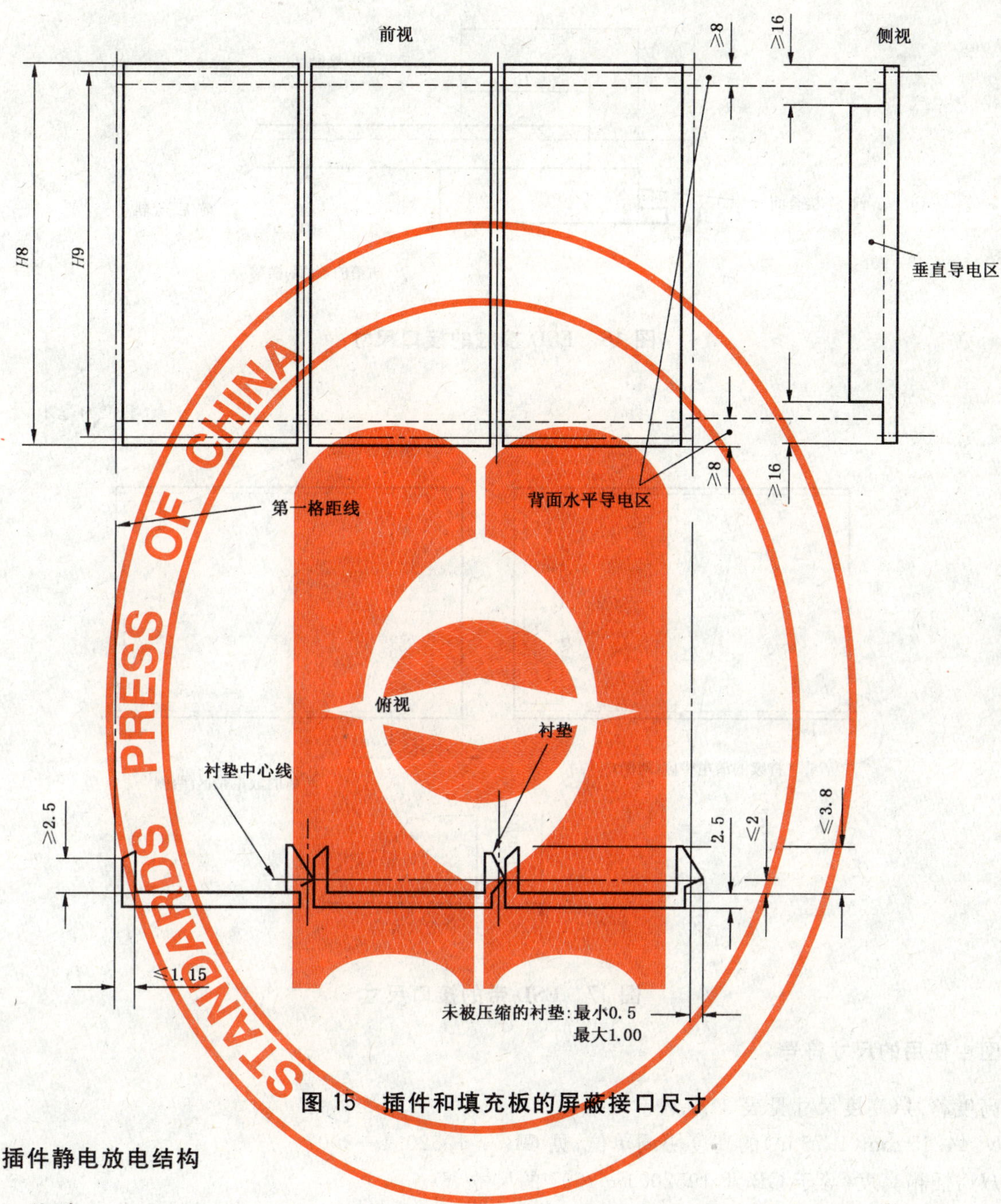

图 15 插件和填充板的屏蔽接口尺寸

11 插件静电放电结构

11.1 总则

本章详细规定了在导轨和插件印制板的相应导电带上实现静电放电(ESD)接触的接口尺寸,见图 16和图 17。

上述两图说明了印制板上的导电带有两种应用上的要求:在印制板的整个深度方向上具有持久的连接,或者在印制板完全插入连接器之前断开。

11.2 ESD 接触接口尺寸

ESD 接触应连接到插箱的横梁上,并且弹性负载固定在所确定的导轨区域之内。ESD 接触也应能够连接到插入的印制板的两侧。

单位为毫米

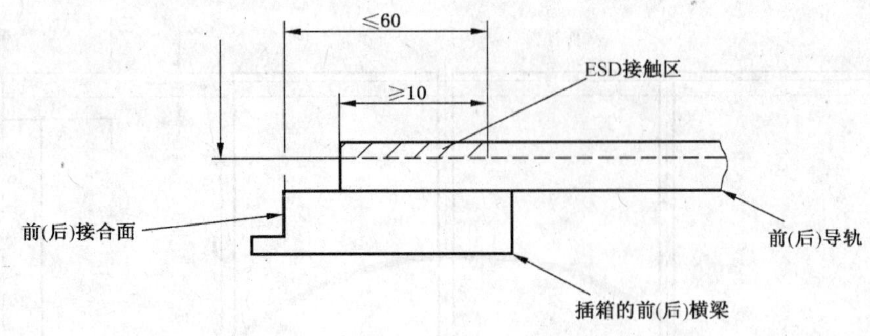

图 16　ESD 接触的接口尺寸

单位为毫米

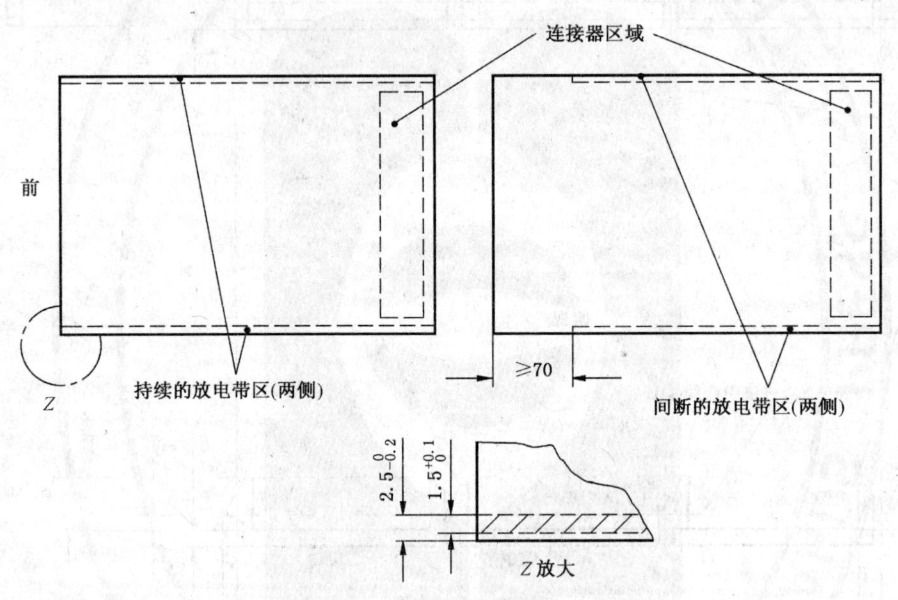

图 17　ESD 带的接口尺寸

12　图中使用的尺寸符号

高度符号(高度尺寸见表 3)

U:44.45 mm(1.75 in)的高度协调单位,见 GB/T 19520.1—2007。

$H1$:插箱高度(等于 GB/T 19520.1—2007 的尺寸 E)。

$H2$:插箱对机柜或机架的安装孔位置(等于 GB/T 19520.1—2007 的尺寸 Y/Z)。

$H3$:插箱对机柜或机架的安装孔位置(等于 GB/T 19520.1—2007 的尺寸 A)。

$H4$:插箱对机柜或机架的安装孔位置(等于 GB/T 19520.1—2007 的尺寸 Y/Z)。

$H5$:插箱垂直方向上用于插件插入的框口尺寸。

$H6$:插件、面板、背板和连接器支架的安装中心距离。

$H7$:插件和印制板的导正高度。

$H8$:插件面板高度。

$H9$:垂直的插件面板或背板在插箱上的安装尺寸。

$H10$:印制板高度或插件进入插箱的导正高度。

宽度符号

HP:插箱框口在理论上划分为 84 个 5.08 mm 的水平格距(*HP*)。

插箱框口可划分为 168 个 2.54 mm 的倍分格距。

插件面板宽度划分为 $N\times5.08$ mm 的水平格距。

插件面板宽度可划分为 $N\times2.54$ mm 的倍分格距。

插件导轨到导轨的位置划分为 $N\times5.08$ mm 的水平格距。

插件导轨到导轨的位置可划分为 $N\times2.54$ mm 的倍分格距。

深度符号(深度尺寸见表 4)

*D*1:前安装插件的插箱检验尺寸。

*RD*1:后安装插件的插箱检验尺寸。

*D*2:不相关且宜去除,或者(两者择一)仅宜定义为没有尺寸的“可选择的背板绝缘空间”。

*D*3:前安装印制板的推荐深度(根据连接器的选择可增可减)。

*RD*3:后安装印制板的推荐深度(根据连接器的选择可增可减)。

*D*4:前部插件的检验尺寸,由连接器确定。

*RD*4:后部插件的检验尺寸,由连接器确定。

表 3 高度尺寸

单位为毫米

高度单元	2*U*	**3*U***	4*U*	5*U*	**6*U***	7*U*	8*U*	**9*U***	10*U*	11*U*	12*U*
*H*1 (±0.4)	88.10	**132.55**	177.00	221.45	**265.90**	310.35	354.80	**399.25**	443.70	488.15	532.60
*H*2 (±0.4)	76.20	**57.15**	101.60	146.05	**190.50**	234.95	279.40	**323.85**	368.30	412.75	457.20
*H*3 (±0.4)	5.95	**37.70**	37.70	37.70	**37.70**	37.70	37.70	**37.70**	37.70	37.70	37.70
*H*4 (±0.4)	—	—	—	—	**76.20**[a]	57.15	76.20	**120.65**	165.10	146.05	190.50
*H*5 ≥	67.55	**112.00**	156.45	200.90	**245.35**	289.80	334.25	**378.70**	423.15	467.60	512.05
*H*6 (±0.2)	78.05	**122.50**	166.95	211.40	**255.85**	300.30	344.75	**389.20**	433.65	478.10	522.55
*H*7 $\left(^{+0.5}_{0}\right)$	55.75	**100.20**	144.65	189.10	**233.55**	278.00	322.45	**366.90**	411.35	455.80	500.25
*H*8 (±0.15)	84.10	**128.55**	173.00	217.45	**261.90**	306.35	350.80	**395.25**	439.70	484.15	528.60
*H*9 (±0.2)	78.05	**122.50**	166.95	211.40	**255.85**	300.30	344.75	**389.20**	433.65	478.10	522.55
*H*10 $\left(^{0}_{-0.3}\right)$	55.55	**100.00**	144.45	188.90	**233.35**	277.80	322.25	**366.70**	411.15	455.60	500.05

注:粗体为优选尺寸。

[a] 可选择。

表 4 深度尺寸

单位为毫米

*D*1 (±0.5)	75.6	95.60	115.60	135.60	155.60	**175.60**	**235.60**	295.60
*D*2 (±0.5)	72.24	92.24	112.24	132.24	152.24	**172.24**	**232.24**	292.24
*D*3 $\left(\begin{smallmatrix}0\\-0.3\end{smallmatrix}\right)$	60	80.00	100.00	120	140	**160.00**	**220.00**	280.00
*D*4[a] (±0.4)	69.93	89.93	109.93	129.93	149.93	**169.93**	**229.93**	289.93
*D*4[b] (±0.4)	71.93	91.93	111.93	131.93	151.93	**171.93**	**231.93**	291.93
*D*4[c] (±0.4)	71.74	91.74	111.74	131.74	151.74	**171.74**	**231.74**	291.74

注：粗体为优选尺寸。

[a] 具有连接器的深度检验尺寸见 GB/T 15157.2—1998 的 B、C、D 型以及 IEC 61076-4-113:2002。

[b] 具有连接器的深度检验尺寸见 GB/T 15157.2—1998 的 F、G、H 型。

[c] 具有连接器的深度检验尺寸见 IEC 61076-4-101:2001。

ICS 31.240
K 05

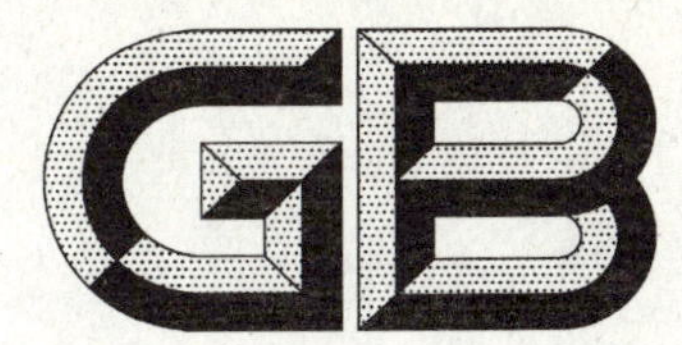

中华人民共和国国家标准

GB/T 19520.13—2009/IEC 60297-3-102:2004
代替 GB/T 19520.6—2004,部分代替 GB/T 19520.4—2004

电子设备机械结构 482.6 mm(19 in)系列机械结构尺寸 第 3-102 部分:插拔器手柄

Mechanical structures for electronic equipment—Dimensions of mechanical structures of the 482.6 mm(19 in) series—Part 3-102:Injector/extractor handle

(IEC 60297-3-102:2004,IDT)

2009-03-19 发布　　2009-12-01 实施

中华人民共和国国家质量监督检验检疫总局
中国国家标准化管理委员会　发布

前　言

GB/T 19520《电子设备机械结构　482.6 mm(19 in)系列机械结构尺寸》分为以下 6 个部分：

——第 1 部分：面板和机架；

——第 2 部分：机架和机柜结构的格距；

——第 12 部分：插箱及其插件；

——第 13 部分：插拔器手柄；

——第 14 部分：编码键和定位销；

——第 15 部分：基于连接器的插箱和插件的接口尺寸。

本部分为 GB/T 19520 的第 13 部分。

本部分等同采用 IEC 60297-3-102:2004《电子设备机械结构　482.6 mm(19 in)系列机械结构尺寸　第 3-102 部分：插拔器手柄》(英文版)。

本部分等同翻译 IEC 60297-3-102:2004。

为便于使用，本部分做了下列编辑性修改：

a)　“本标准”一词改为“本部分”；

b)　删除了国际标准的前言；

c)　小数点“,”改为“.”。

本部分代替 GB/T 19520.6—2004《电子设备机械结构　482.6 mm(19 in)系列机械结构尺寸　第 5-101 部分：插箱及其插件　插拔器手柄》，部分代替 GB/T 19520.4—2004《电子设备机械结构　482.6 mm(19 in)系列机械结构尺寸　第 4 部分：插箱及其插件　附加尺寸》。

本部分由全国电工电子设备结构综合标准化技术委员会(SAC/TC 34)提出并归口。

本部分起草单位：华为技术有限公司、四方电气(集团)有限公司、国网电力科学研究院、国电南京自动化股份有限公司、中兴通讯股份有限公司、机械工业北京电工技术经济研究所。

本部分主要起草人：张明灿、张实、张开国、田蘅、张钰、吴蓓、王蔚、李剑侠。

本部分所代替标准的历次发布情况为：

——GB/T 19520.6—2004、GB/T 19520.4—2004。

引　言

482.6 mm(19 in)机械结构尺寸标准规定在 GB/T 19520(IEC 60297)之中。最初的标准为 GB/T 19520.3—2004 (IDT IEC 60297-3:1988+A1:1995),以及附加的要求 GB/T 19520.4—2004 (IEC 60297-4:1995+修改 A1:1999)。

扩展的要求以 GB/T 19520.5～19520.11—2004 出版。为对市场的要求做出响应,以及使标准变得更清晰,有必要使这些“分散的”标准整合为技术上有所提升的 3 项新的插箱及其插件标准。整合后的现今定义为 GB/T 19520.12(IEC 60297-3-101)、GB/T 19520.13(IEC 60297-3-102)和 GB/T 19520.14 (IEC 60297-3-103)的标准系列,与先前的“分散”的 GB/T 19520.3～19520.11 标准的关系见图 1。

这些新的标准的名称已经变更。与 GB/T 19520.1(IEC 60297-1——第 1 部分:面板和机架)和 GB/T 19520.2 (IEC 60297-2——第 2 部分:机柜和机架结构的格距)的关系保持不变。增加了与 GB/T 18663.1(IEC 61587-1——第 1 部分:机柜、机架、插箱和机箱的气候、机械试验和安全要求)和 GB/T 18663.3(IEC 61587-3——第 3 部分:机柜、机架和插箱的电磁屏蔽性能试验)的关系[1]。

本部分规定了附加在 GB/T 19520.12 中插拔器手柄的接口尺寸。

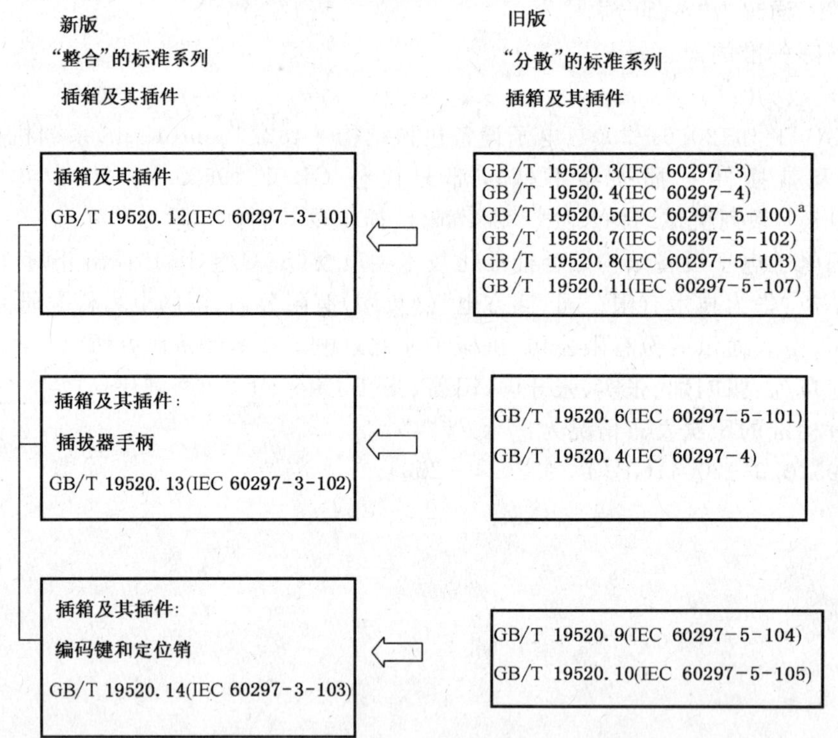

a IEC 原文遗漏。

图 1　新老 GB/T 19520(IEC 60297)系列标准的关系

1)　这两项标准已经以 GB/T 18663.1—2008 和 GB/T 18663.3—2007 发布。

电子设备机械结构
482.6 mm(19 in)系列机械结构尺寸
第 3-102 部分:插拔器手柄

1 范围

GB/T 19520 的本部分仅包括了与符合 GB/T 19520.12 的插箱和插件一起使用的插拔器的附加接口尺寸。本部分也可与 GB/T 19520.14 一起联合使用。

2 规范性引用文件

下列文件中的条款通过 GB/T 19520 的本部分的引用而成为本部分的条款。凡是注日期的引用文件，其随后所有的修改单(不包括勘误的内容)或修订版均不适用于本部分，然而，鼓励根据本部分达成协议的各方研究是否可使用这些文件的最新版本。凡是不注日期的引用文件，其最新版本适用于本部分。

GB/T 19290.1—2003 发展中的电子设备构体机械结构模数序列 第 1 部分：总规范(IEC 60917-1:1998,IDT)

GB/T 19520.12 电子设备机械结构 482.6 mm(19 in)系列机械结构尺寸 第 3-101 部分：插箱及其插件(GB/T 19520.12—2009,IEC 60297-3-101:2004,IDT)

3 术语和定义

GB/T 19290.1 中确立的术语和定义适用于本部分。

4 面板安装的 A 型插拔器手柄的布置概览

A 型插拔器的特征造成了插箱与 GB/T 19520.12 不兼容，见图 2。

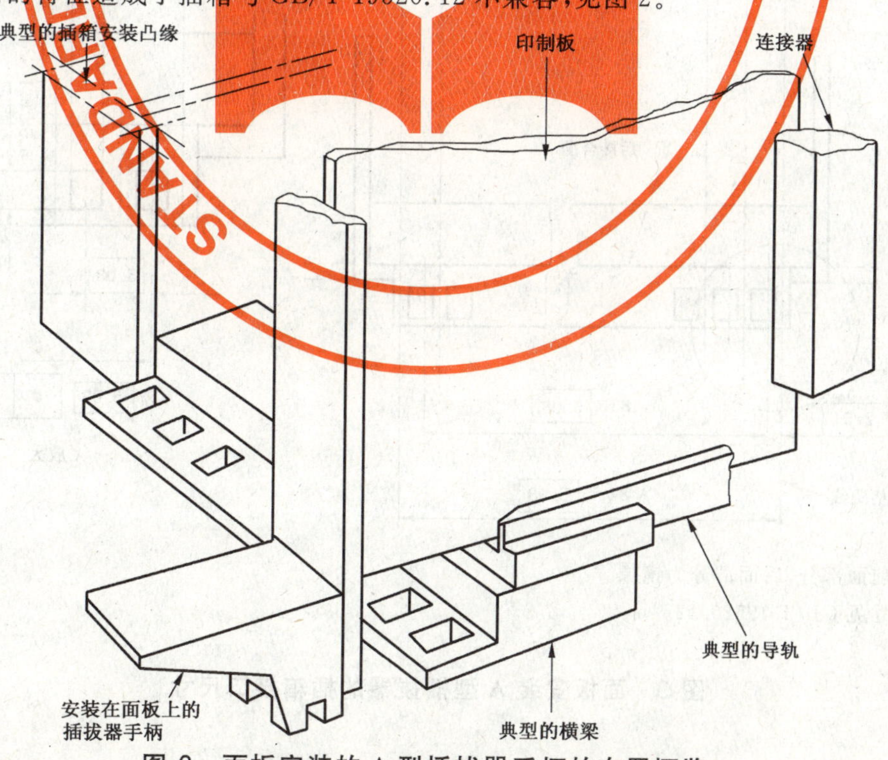

图 2 面板安装的 A 型插拔器手柄的布置概览

5 面板安装A型插拔器手柄的插箱接口尺寸

面板安装的插拔器和插箱上的适配器需要对GB/T 19520.12的插箱增加接口尺寸，见表1和图3。

表1 插箱的框口尺寸

单位为毫米

插箱高度	3*U*	6*U*	9*U*
框口 *H*21 （±0.3）	129.2	262.55	395.9

单位为毫米

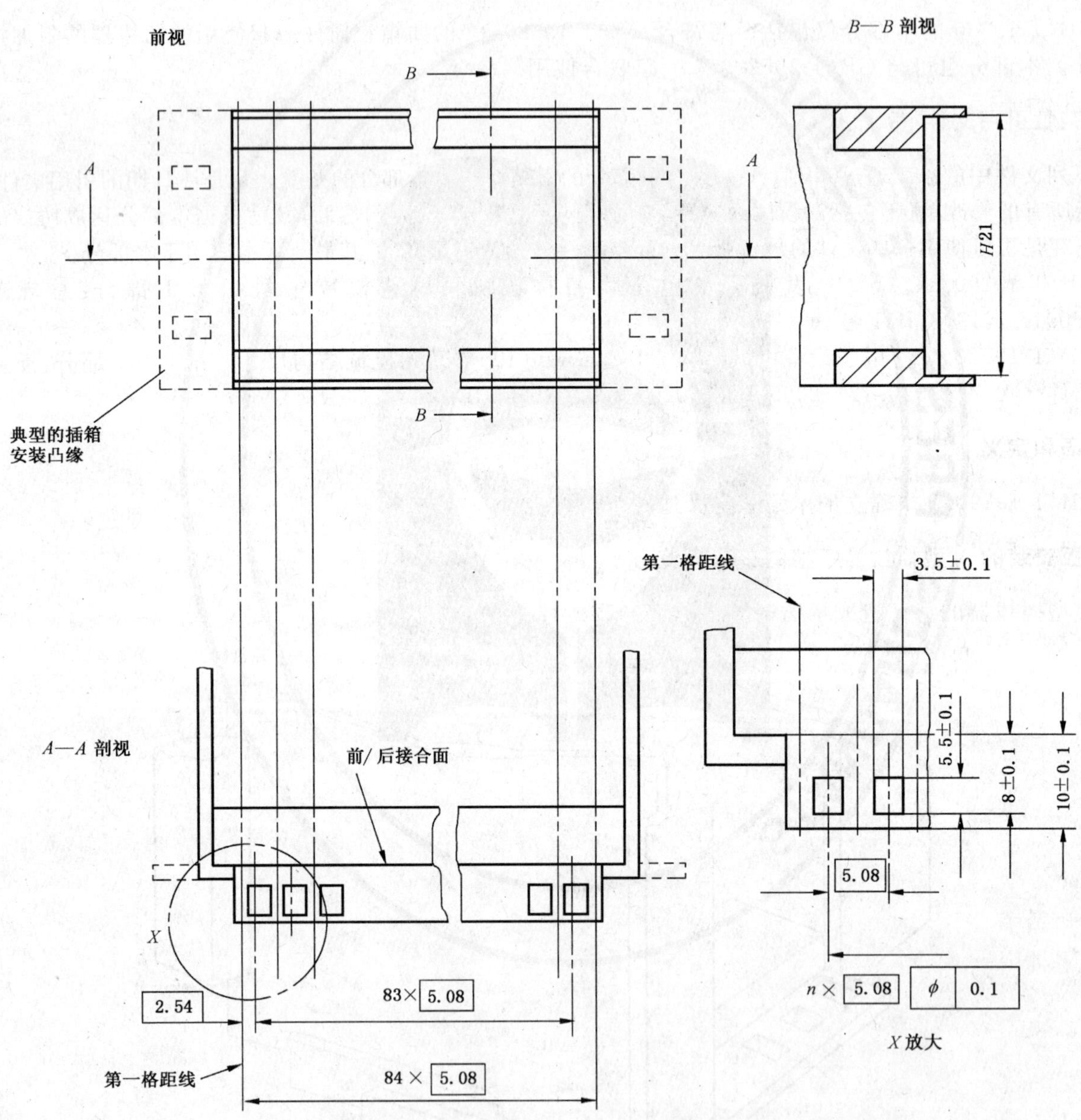

注：仅示出前面部分，后面部分为镜像。

未注尺寸见GB/T 19520.12。

图3 面板安装A型插拔器的插箱接口尺寸

6 面板安装 A 型插拔器手柄的插件接口尺寸

插拔器手柄的宽度可以是任何的水平格距(>1HP)。手柄接口尺寸不应超过格距线,也不应进入到可用的元件区域或伸出插箱高度的分隔面,见图 4。

括号内的尺寸见 GB/T 19520.12。

单位为毫米

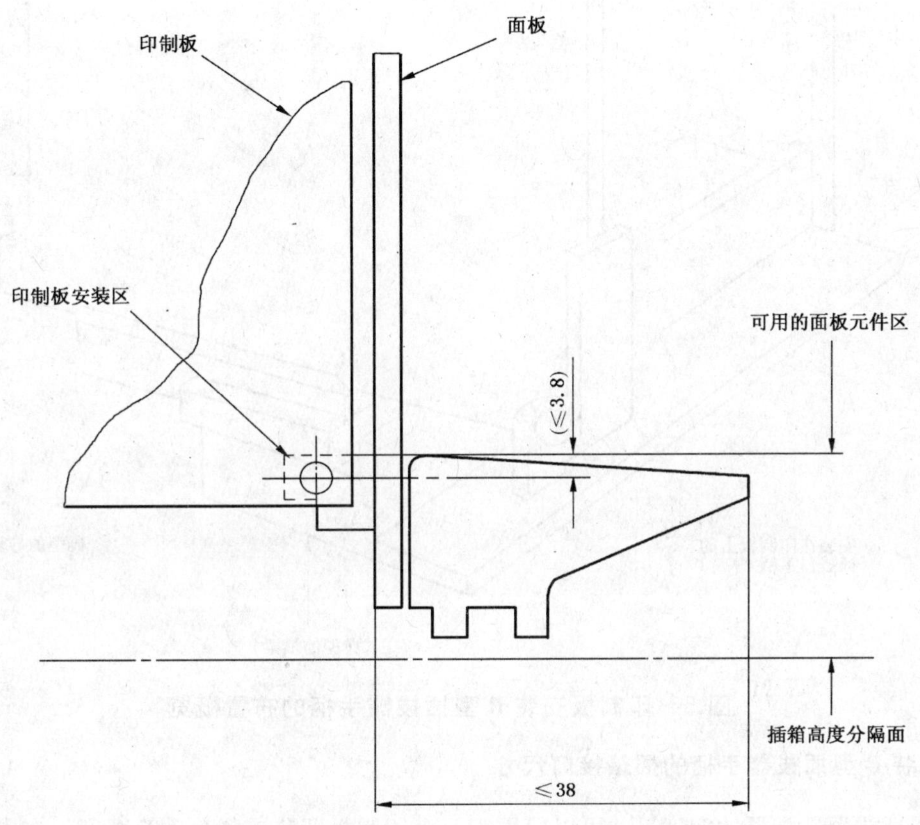

注:未注尺寸见 GB/T 19520.12。

图 4 面板安装 A 型插拔器手柄的插件接口尺寸

7 印制板安装 B 型插拔器手柄的布置概览

印制板安装的 B 型插拔器手柄的布置概览见图 5。

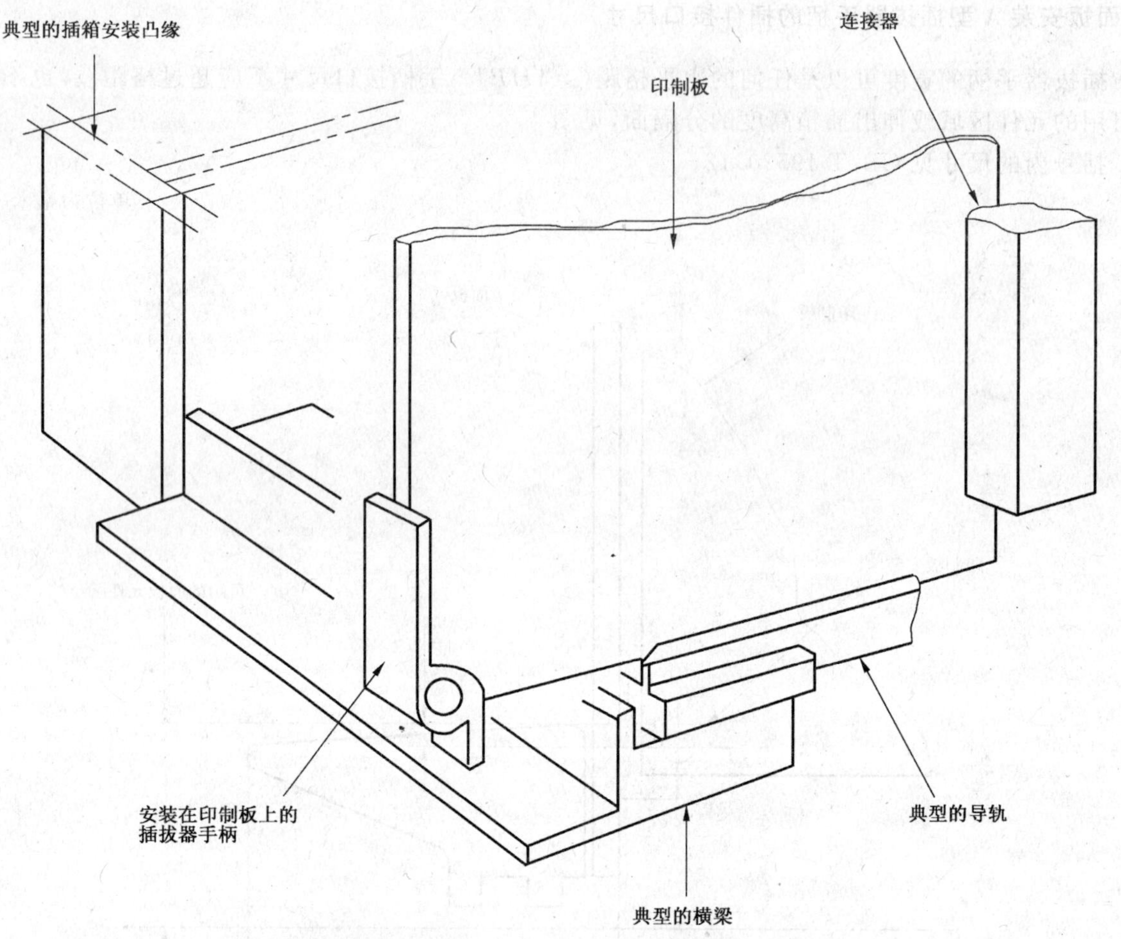

图 5 印制板安装 B 型插拔器手柄的布置概览

8 印制板安装 B 型插拔器手柄的插箱接口尺寸

插箱上的插拔器适配器的宽度尺寸可以仅用于一个印制板部分或整个插箱宽度。在占据整个插箱宽度的情况下，存在与 GB/T 19520.12 插箱的框口高度尺寸的不兼容性，因而不能使用 GB/T 19520.12 中规定的盒型插件。

单位为毫米

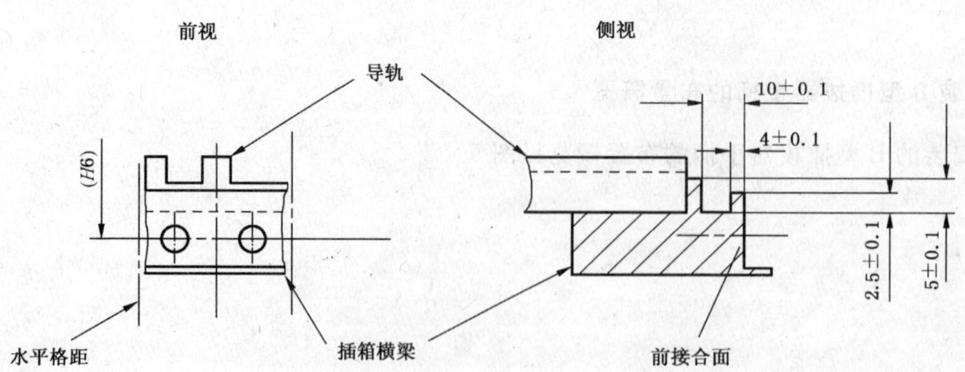

注：未注尺寸和括号内的尺寸见 GB/T 19520.12。

图 6 印制板安装 B 型插拔器手柄的插箱接口尺寸

9 印制板安装B型插拔器手柄的插件接口尺寸

印制板安装的B型插拔器手柄的插件接口尺寸见图7。

单位为毫米

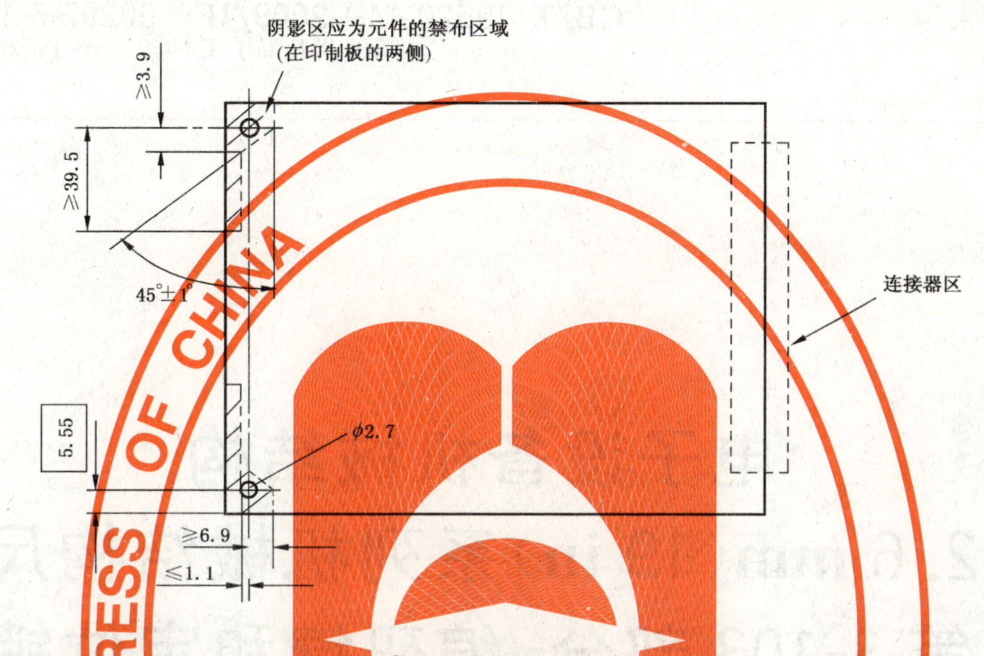

注：适应于3U插箱尺寸的印制板可安装一个或两个手柄。适应于6U和9U尺寸的印制板应安装两个手柄。
未注尺寸见GB/T 19520.12。

图7 印制板安装B型插拔器手柄的插件接口尺寸

10 图中使用的尺寸

高度

*H*21：插件面板上的插拔器功能所要求的插箱框口高度。

ICS 31.240
K 05

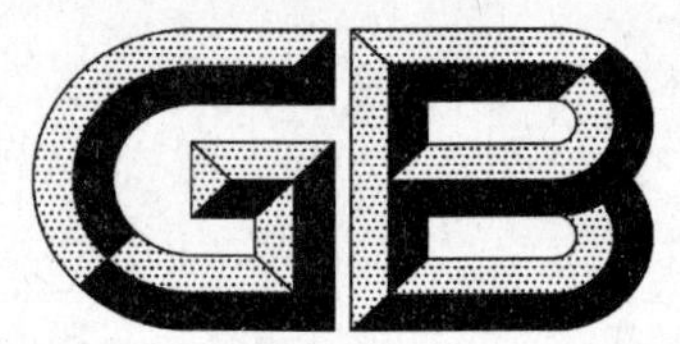

中华人民共和国国家标准

GB/T 19520.14—2009/IEC 60297-3-103:2004
代替 GB/T 19520.9～19520.10—2004

电子设备机械结构 482.6 mm(19 in)系列机械结构尺寸 第3-103部分:编码键和定位销

Mechanical structures for electronic equipment—Dimensions of mechanical structures of the 482.6 mm(19 in)series—Part 3-103:Keying and alignment pin

(IEC 60297-3-103:2004,IDT)

2009-03-19 发布　　　　2009-12-01 实施

中华人民共和国国家质量监督检验检疫总局
中国国家标准化管理委员会　发布

前　言

GB/T 19520《电子设备机械结构　482.6 mm(19 in)系列机械结构尺寸》分为以下6个部分：

——第1部分：面板和机架；

——第2部分：机架和机柜结构的格距；

——第12部分：插箱及其插件；

——第13部分：插拔器手柄；

——第14部分：编码键和定位销；

——第15部分：基于连接器的插箱和插件的接口尺寸。

本部分为GB/T 19520的第14部分。

本部分等同采用IEC 60297-3-103:2004《电子设备机械结构　482.6 mm(19 in)系列机械结构尺寸　第3-103部分：编码键和定位销》(英文版)。

本部分等同翻译IEC 60297-3-103:2004。

为便于使用，本部分做了下列编辑性修改：

a)　“本标准”一词改为“本部分”；

b)　删除了国际标准的前言；

c)　小数点“,”改为“.”。

本部分代替GB/T 19520.9—2004《电子设备机械结构　482.6 mm(19 in)系列机械结构尺寸　第5-104部分：插箱及其插件　编码键》和GB/T 19520.10—2004《电子设备机械结构　482.6 mm(19 in)系列机械结构尺寸　第5-105部分：插箱及其插件　定位/接地销》。

本部分由全国电工电子设备结构综合标准化技术委员会(SAC/TC 34)提出并归口。

本部分起草单位：华为技术有限公司、四方电气(集团)有限公司、国网电力科学研究院、国电南京自动化股份有限公司、中兴通讯股份有限公司、机械工业北京电工技术经济研究所。

本部分主要起草人：张明灿、张实、张开国、田蘅、张钰、吴蓓、王蔚、李剑侠。

本部分所代替标准的历次发布情况为：

——GB/T 19520.9—2004、GB/T 19520.10—2004。

引　言

482.6 mm(19 in)机械结构尺寸标准规定在 GB/T 19520(IEC 60297)之中。最初的标准为 GB/T 19520.3—2004(IDT IEC 60297-3:1988＋A1:1995),以及附加的要求 GB/T 19520.4—2004(IEC 60297-4:1995＋修改 A1:1999)。

扩展的要求以 GB/T 19520.5～19520.11—2004 出版。为对市场的要求做出响应,以及使标准变得更清晰,有必要使这些“分散的”标准整合为技术上有所提升的 3 项新的插箱及其插件标准。整合后的现今定义为 GB/T 19520.12(IEC 60297-3-101)、GB/T 19520.13(IEC 60297-3-102)和 GB/T 19520.14(IEC 60297-3-103)的标准系列,与先前的“分散”的 GB/T 19520.3～19520.11 标准的关系见图 1。

这些新的标准的名称已经变更。与 GB/T 19520.1(IEC 60297-1——第 1 部分:面板和机架)和 GB/T 19520.2(IEC 60297-2——第 2 部分:机柜和机架结构的格距)的关系保持不变。增加了与 GB/T 18663.1(IEC 61587-1——第 1 部分:机柜、机架、插箱和机箱的气候、机械试验和安全要求)和 GB/T 18663.3(IEC 61587-3——第 3 部分:机柜、机架和插箱的电磁屏蔽性能试验)的关系[1)]。

本部分只规定了附加在 GB/T 19520.12 中的定位销和编码键的接口尺寸。

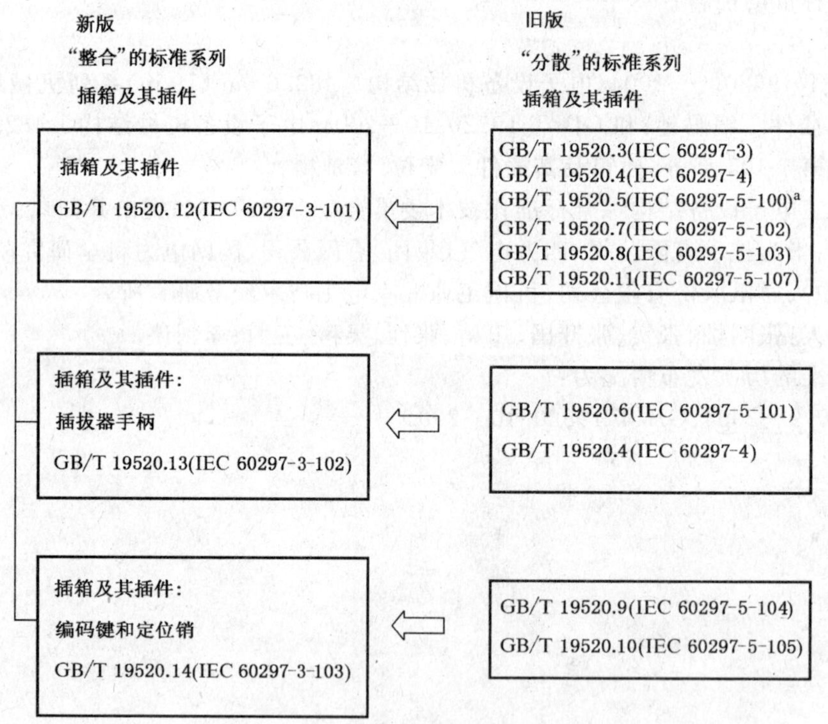

[a] IEC 原文遗漏。

图 1　新老 GB/T 19520(IEC 60297)系列标准的关系

1)　这两项标准已经以 GB/T 18663.1—2008 和 GB/T 18663.3—2007 发布。

电子设备机械结构
482.6 mm(19 in)系列机械结构尺寸
第3-103部分:编码键和定位销

1 范围

GB/T 19520的本部分仅包括与符合GB/T 19520.12的插箱和插件一起使用的定位销和编码键的新增接口尺寸。本部分也可与GB/T 19520.13一起联合使用。

2 规范性引用文件

下列文件中的条款通过GB/T 19520的本部分的引用而成为本部分的条款。凡是注日期的引用文件,其随后所有的修改单(不包括勘误的内容)或修订版均不适用于本部分,然而,鼓励根据本部分达成协议的各方研究是否可使用这些文件的最新版本。凡是不注日期的引用文件,其最新版本适用于本部分。

GB/T 19290.1—2003 发展中的电子设备构体机械结构模数序列 总规范(IEC 60917-1:1998,IDT)

GB/T 19520.1—2007 电子设备机械结构 482.6 mm(19 in)系列机械结构尺寸 第1部分:面板和机架(IEC 60297-1:1986,IDT)[2)]

GB/T 19520.12 电子设备机械结构 482.6 mm(19 in)系列机械结构尺寸 第3-101部分:插箱及其插件(GB/T 19520.12—2009,IEC 60297-3-101:2004,IDT)

GB/T 19520.13 电子设备机械结构 482.6 mm(19 in)系列机械结构尺寸 第3-102部分:插拔器手柄(GB/T 19520.13—2009,IEC 60297-3-102:2004)

3 术语和定义

GB/T 19290.1中确立的术语和定义适用于本部分。

4 插箱中插件编码键的布置概览

4.1 总则

使用编码键可防止印制板型插件在插箱中误插。

出于符合应用顺序的改变和(或)更新的目的,编码键应为快速安装。

编码键的特征需要在插件以及插箱导轨上有特殊的适配器,如图2～图7所示。

2) IEC原文遗漏。

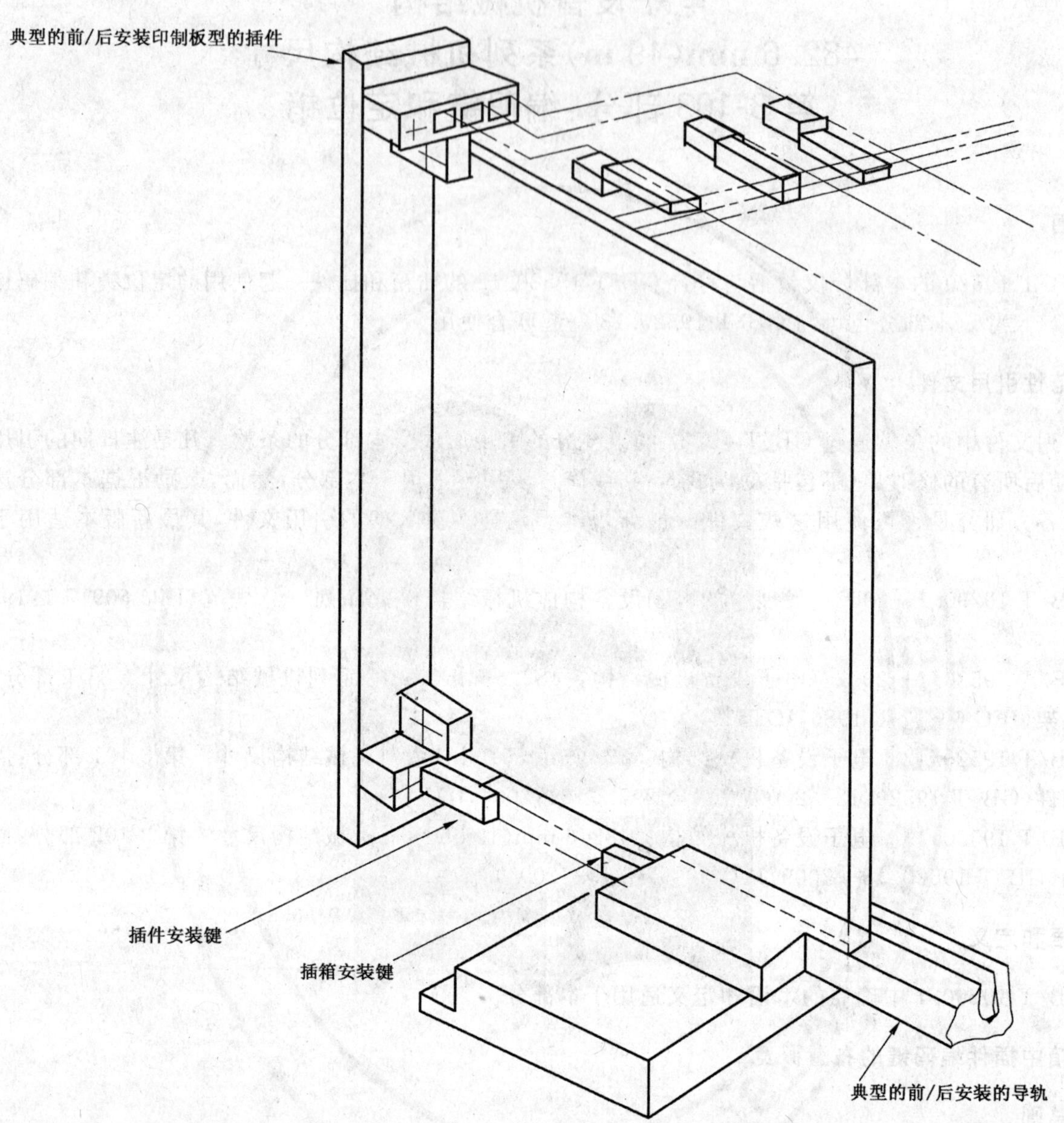

图 2　插箱中插件的编码键的布置概览

4.2 编码键的插箱接口尺寸

单位为毫米

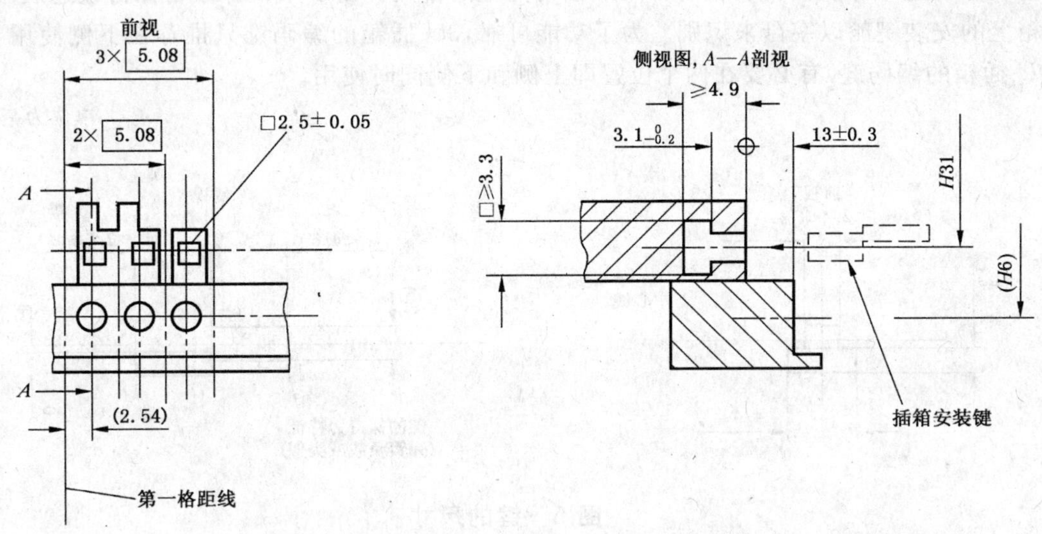

注：两舱式解决方案可用于盒型插件。三舱式解决方案适用于印制板型插件。插箱后部的编码键为镜像。

未注尺寸和括号内的尺寸见 GB/T 19520.12。

图 3 编码键的插箱接口尺寸

4.3 插件的编码键接口尺寸

单位为毫米

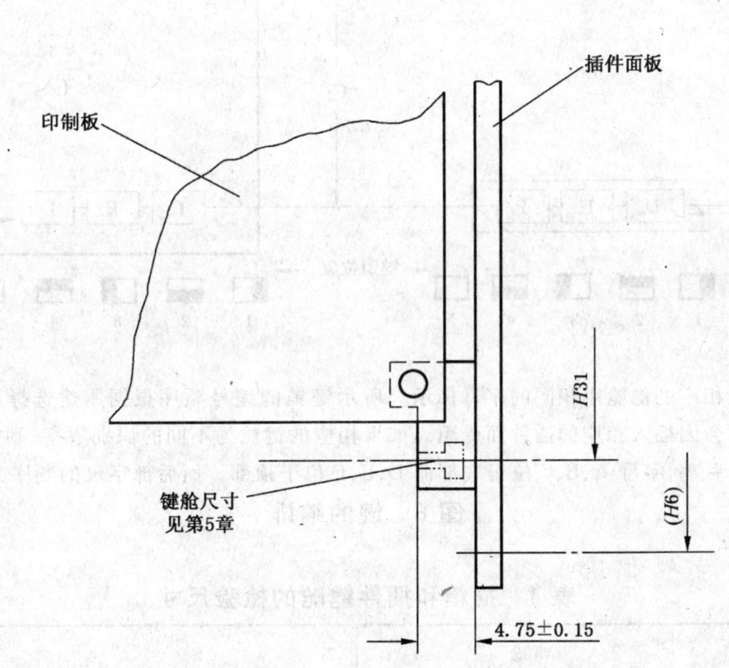

注：未注尺寸见 4.2。

图 4 插件的编码键接口尺寸

4.4 键的尺寸

键的尺寸将允许在插箱安装舱内有四个编码位置的排列。键要求设计成自保持快速装配方式。

插箱上的安装键舱以字母来识别。为了功能可靠，3*U* 插箱的编码键只推荐在下侧使用，然而对于 6*U* 和 9*U* 插箱的编码键，有必要在两个位置即上侧和下侧同时使用。

单位为毫米

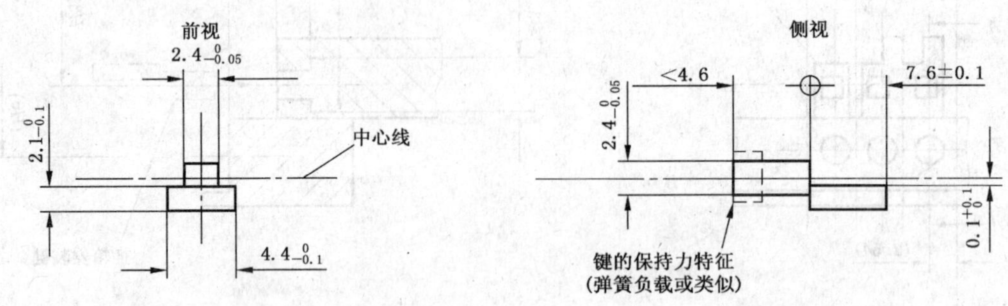

图 5 键的尺寸

4.5 键的编排

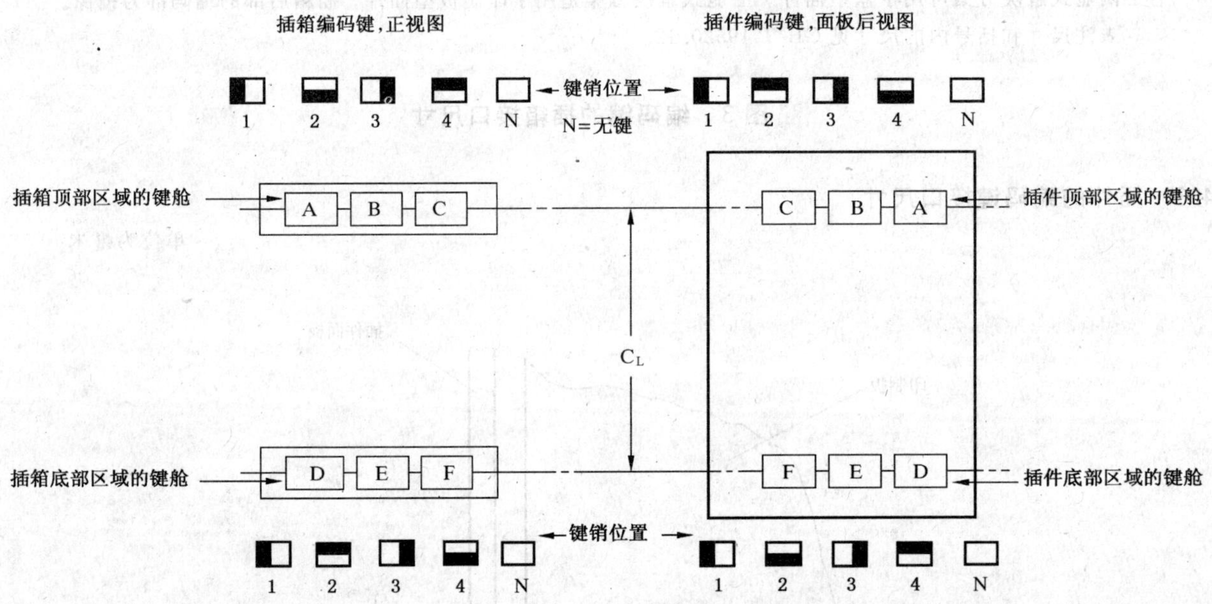

注：在插箱和插件上相应的键舱用相同的字母标示。所示键销的编号顺序根据用途选择，即具有相同键销识别数字的相应键舱不会因插入相应的插件而受阻。如果相应的键舱为不同的识别数字，则插件会受阻而不能插入。在插箱(插件)的后部，字母 A、B、C 位于底部而 D、E、F 位于顶部。而后部字母的顺序为镜像。

图 6 键的编排

4.6 键舱的检验尺寸

表 1 插箱和插件键舱的检验尺寸

单位为毫米

U	3	6	9
*H*31 (±0.3)	106	239.35	372.7

单位为毫米

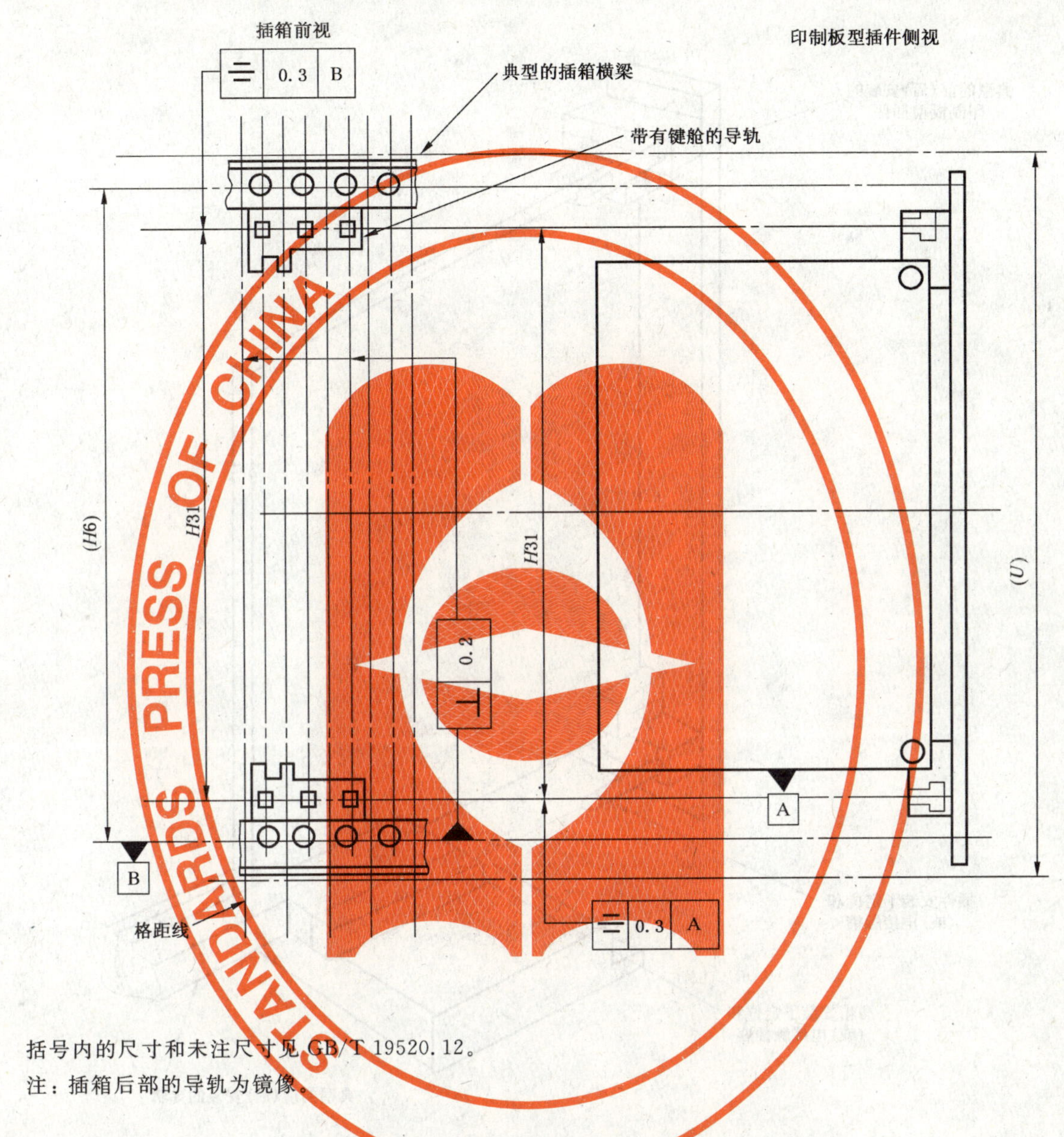

括号内的尺寸和未注尺寸见 GB/T 19520.12。

注：插箱后部的导轨为镜像。

图 7 前和(或)后插箱及插件的键舱检验尺寸

5 插件与插箱的定位和(或)电接触布置概览

5.1 总则

这种定位和(或)电接触的特性的使用：用于插箱中可控范围内插件面板的定位(例如使用屏蔽衬垫，见 GB/T 19520.12)，或作为在插箱内插孔的预先接触。见图 8～图 10。

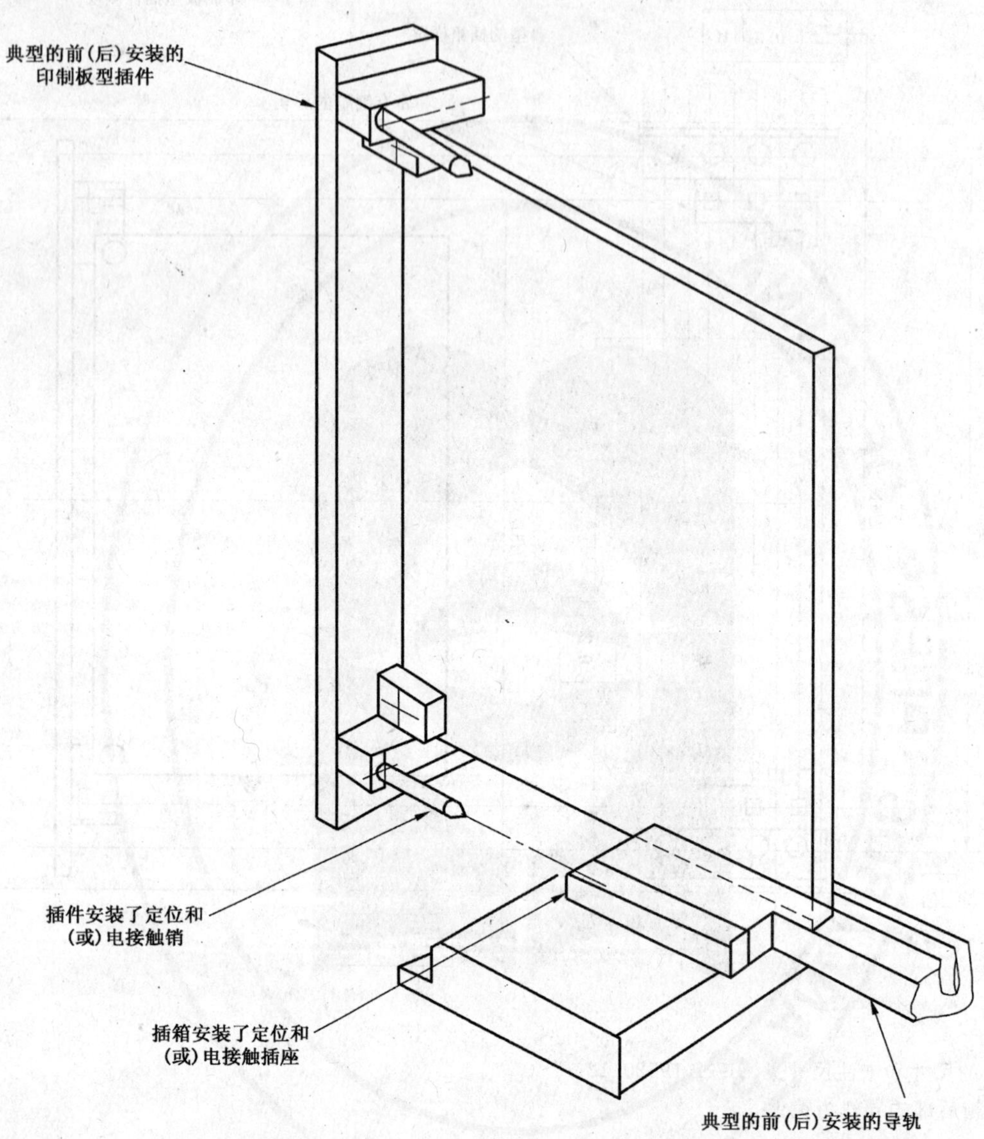

图 8 插箱插件的定位和(或)电接触

5.2 印制板型插件用插箱导轨内的定位和(或)电接触插孔(宽度尺寸≥4×5.08 mm)

单位为毫米

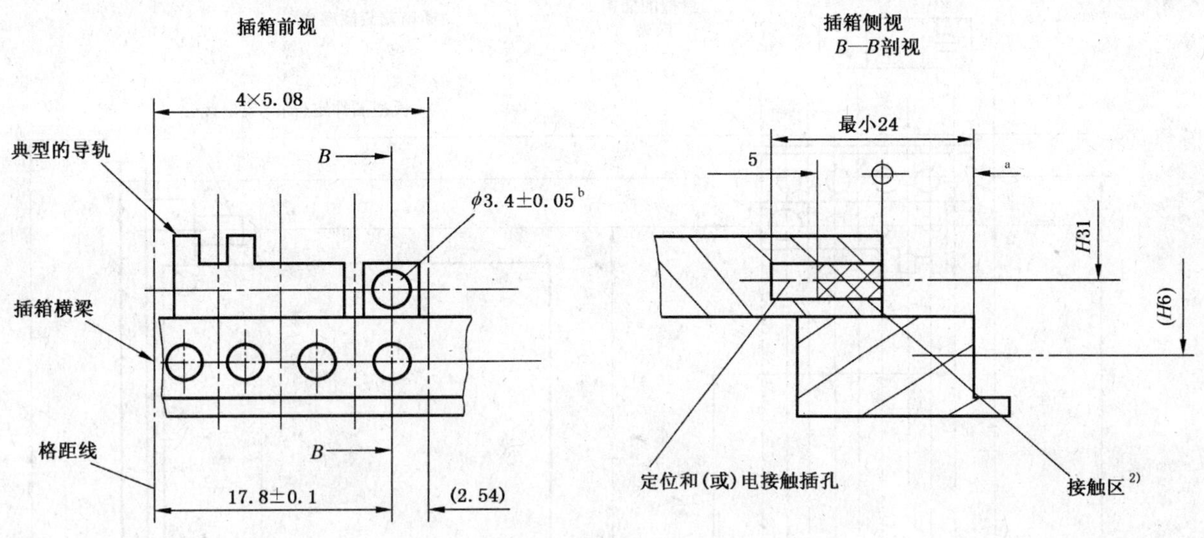

括号内的尺寸和未注尺寸见 GB/T 19520.12。

注：插箱后部插座的位置为镜像。

[a] 见 4.2。

[b] 定位销插座可以是导轨的一个集成部分。定位销插孔的尺寸将为定位销提供导向。接地可在 5 mm 的规定区域内实现。电接触应实现定位销与插箱的机壳地互连。

图 9 插箱中定位和(或)电接触插座位置

5.3 定位和(或)电接触接口检验尺寸

单位为毫米

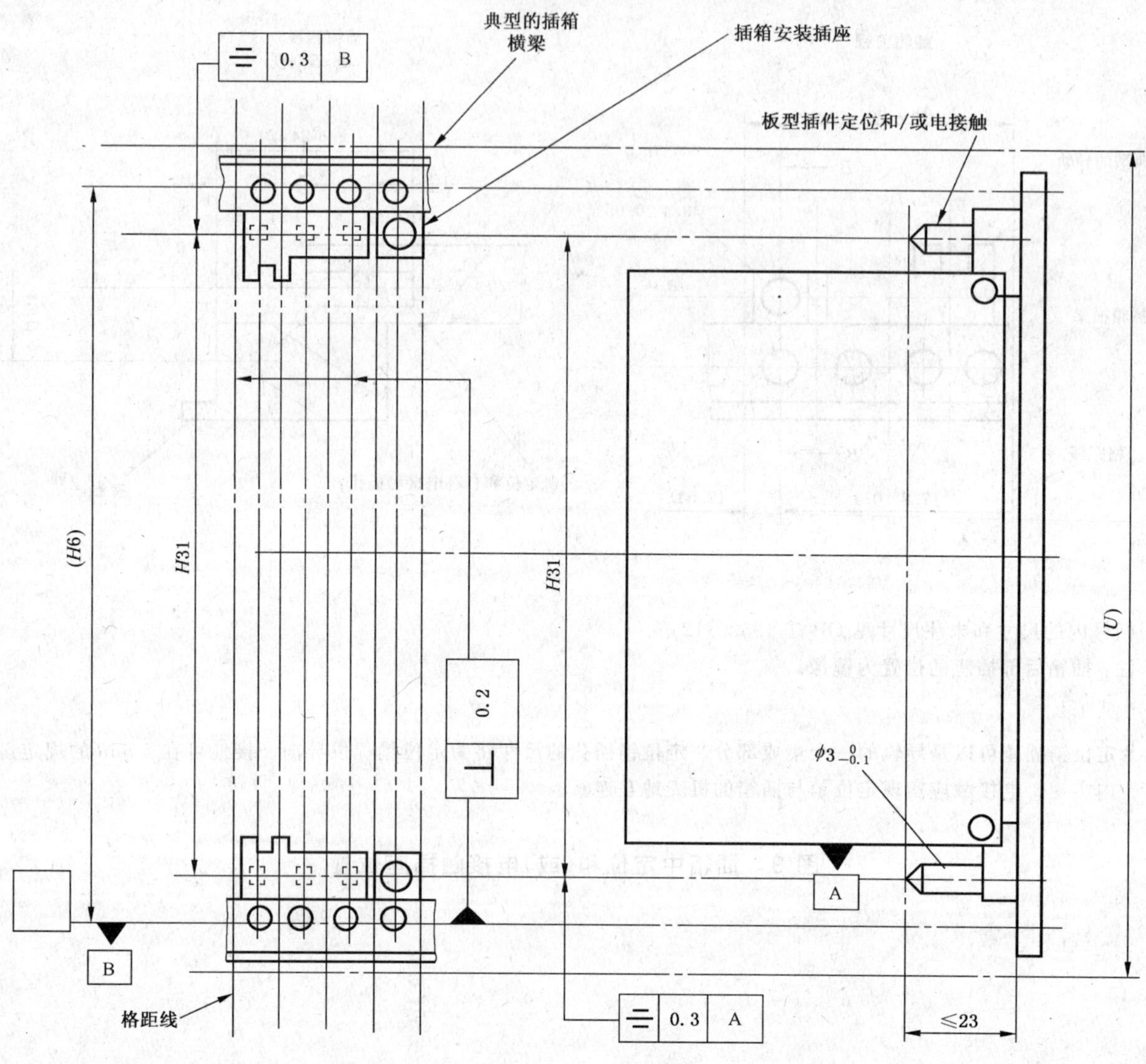

括号内的尺寸和未注尺寸见 GB/T 19520.12。尺寸 $H31$ 见表 1。

图 10 定位和(或)电接触接口的检验尺寸

6 布置概览:插箱导轨和印制板,印制板基准面偏移 2.54 mm

6.1 总则

导轨的偏移并不改变其在插箱内的位置,而是将其印制板导槽向右偏移 2.54 mm,如图 11～图 13 所示。

单位为毫米

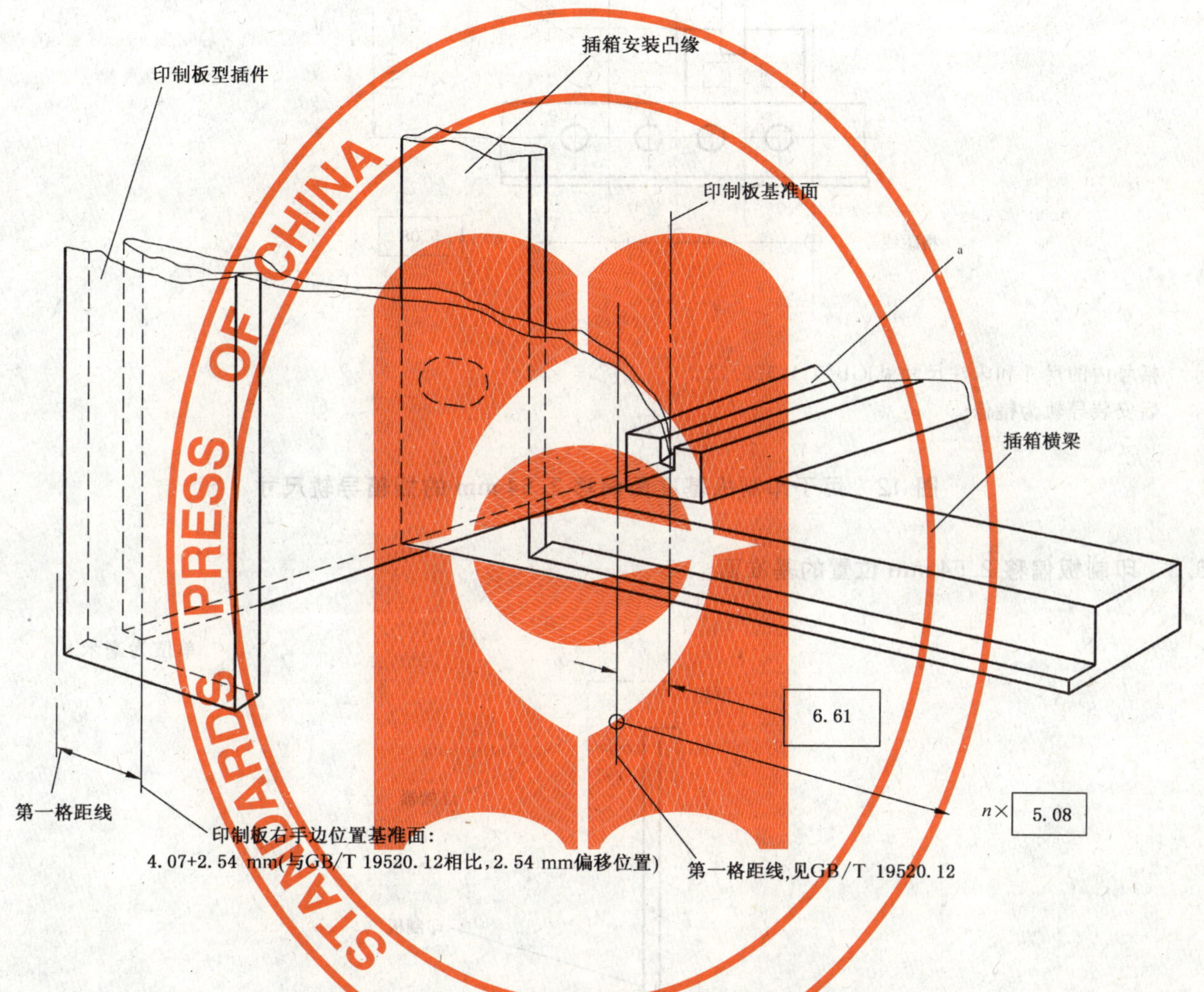

[a] 导轨的位置可在任何水平格距上。与遵循 GB/T 19520.12 的导轨组合使用也是可能的。

图 11 插箱导轨和印制板,印制板基准面偏移 2.54 mm

6.2 用于印制板基准面偏移 2.54 mm 的插箱导轨尺寸

单位为毫米

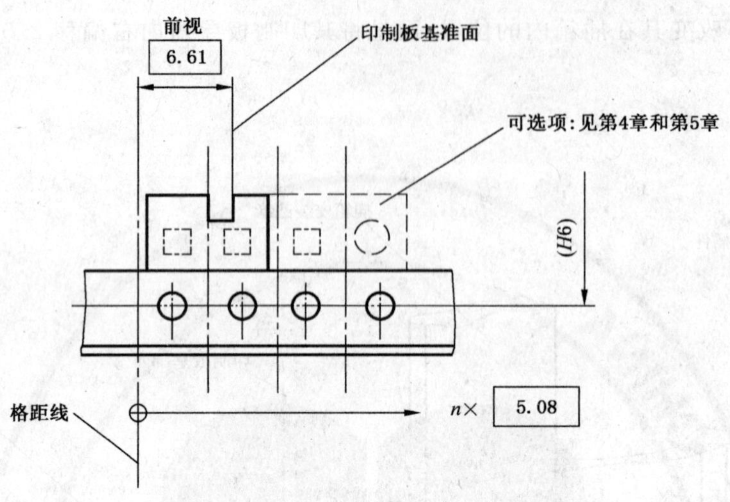

括号内的尺寸和未注尺寸见 GB/T 19520.12。

后安装导轨为镜像。

图 12 用于印制板基准面偏移 2.54 mm 的插箱导轨尺寸

6.3 印制板偏移 2.54 mm 位置的基准面

单位为毫米

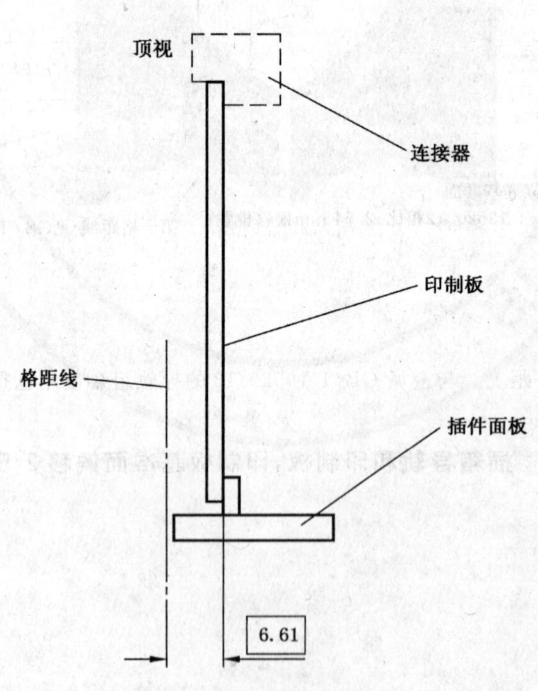

图 13 印制板偏移 2.54 mm 位置的基准面

7 图中使用的尺寸符号

高度

U:44.45 mm(1.75 in)协调高度单位,见 GB/T 19520.1—2007。

*H*6:插件、面板、背板和连接器支件的安装中心距离。

*H*31:定位销和编码键中心的垂直距离。

ICS 31.240
K 05

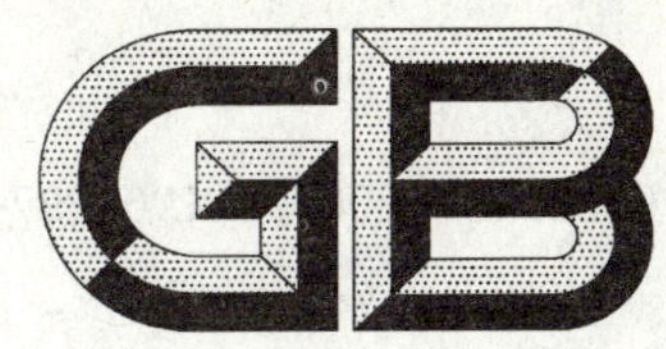

中华人民共和国国家标准

GB/T 19520.15—2009/IEC 60297-3-104:2006

电子设备机械结构 482.6 mm(19 in)系列机械结构尺寸 第3-104部分:基于连接器的插箱和插件的接口尺寸

Mechanical structures for electronic equipment—Dimensions of mechanical structures of the 482.6 mm(19 in)series—Part 3-104:Connector dependent interface dimensions of subracks and plug-in units

(IEC 60297-3-104:2006,IDT)

2009-03-19 发布

2009-12-01 实施

中华人民共和国国家质量监督检验检疫总局
中国国家标准化管理委员会
发布

前　言

GB/T 19520《电子设备机械结构　482.6 mm(19 in)系列机械结构尺寸》分为如下6部分：

——第1部分：面板和机架；

——第2部分：机架和机柜结构的格距；

——第12部分：插箱及其插件；

——第13部分：插拔器手柄；

——第14部分：编码键和定位销；

——第15部分：基于连接器的插箱和插件的接口尺寸。

本部分为GB/T 19520的第15部分。

本部分等同采用IEC 60297-3-104:2006《电子设备机械结构　482.6 mm(19 in)系列机械结构尺寸　第3-104部分：基于连接器的插箱和插件的接口尺寸》(英文版)。

本部分等同翻译IEC 60297-3-104:2006。

为了便于使用，本部分做了下列编辑性修改：

a) “本标准”一词改为“本部分”；

b) 删除国际标准的前言；

c) 小数点‘，’改为号‘.’。

本部分由全国电工电子设备结构综合标准化技术委员会(SAC/TC 34)提出并归口。

本部分起草单位：华为技术有限公司、四方电气(集团)有限公司、国网电力科学研究院、国电南京自动化股份有限公司、中兴通讯股份有限公司、机械工业北京电工技术经济研究所。

本部分主要起草人：张明灿、张实、张开国、田蘅、张钰、吴蓓、王蔚、李剑侠。

电子设备机械结构
482.6 mm(19 in)系列机械结构尺寸
第3-104部分:基于连接器的
插箱和插件的接口尺寸

1 范围

GB/T 19520的本部分包括基于连接器的符合GB/T 19520.12的插箱和插件的接口尺寸。本部分涉及GB/T 15157.2、IEC 61076-4-101和IEC 61076-4-113系列的两件式连接器。由于连接器的专门标准只包含了连接器的尺寸,本部分的目的是提出与上述连接器相关的插箱和插件的接口尺寸。本部分也将以规定插箱安装格距与印制板型插件和背板的相互关系,为其他连接器的应用提供尺寸指南。

2 规范性引用文件

下列文件中的条款通过GB/T 19520的本部分的引用而成为本部分的条款。凡是注日期的引用文件,其随后所有的修改单(不包括勘误的内容)或修订版均不适用于本部分,然而,鼓励根据本部分达成协议的各方研究是否可使用这些文件的最新版本。凡是不注日期的引用文件,其最新版本适用于本部分。

GB/T 15157.2—1998 印制板用频率低于3 MHz的连接器 第2部分:有质量评定和具有通用安装特性、基本网格为2.54 mm(0.1 in)的印制板用两件式连接器详细规范(idt IEC 60603-2:1995)

GB/T 19290.1—2003 发展中的电子设备构体机械结构模数序列 第1部分:总规范(IEC 60917-1:1998,IDT)

GB/T 19520.12—2009 电子设备机械结构 482.6 mm(19 in)系列机械结构尺寸 第3-101部分:插箱及其插件(IEC 60297-3-101:2004,IDT)

IEC 61076-4-101:2001 电子设备用连接器 第4-101部分:有质量评定的印制板连接器 适用于符合IEC 60917的印制板及背板的、基本网格为2.0 mm的两件式连接器组件的详细规范

IEC 61076-4-113:2002 电子设备用连接器 印制板连接器 第4-113部分:总线应用中印制板和背板用5排2.54 mm网格的两件式连接器的详细规范

3 术语和定义

GB/T 19290.1确立的术语和定义适用于本部分。

4 布置概览

图1所示的布置概览,说明了一个典型的带有前安装和后安装的印制板型插件的插箱。

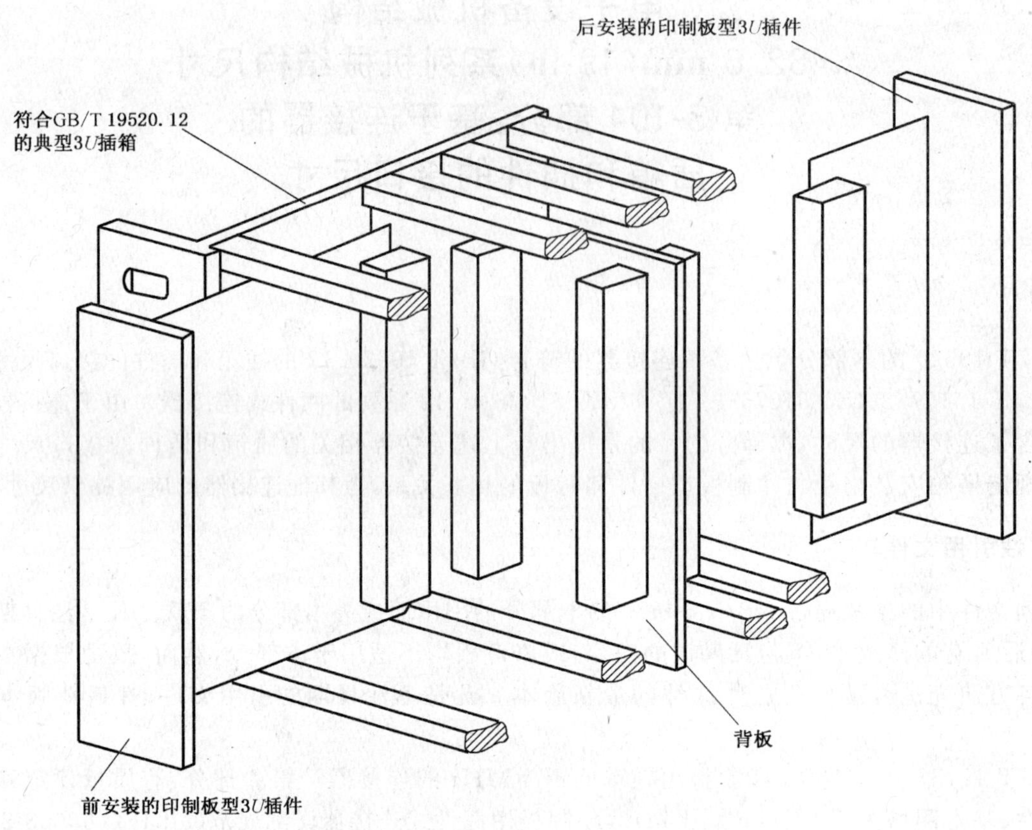

图 1 布置概览

5 深度尺寸概览

图 2 说明了符合 GB/T 19520.12 的典型 3*U* 插箱内深度尺寸的规定。本概览中的缩写符号适用于图 3、图 4、图 5、图 6 和图 7 及其各表，所有尺寸单位为毫米。

单位为毫米

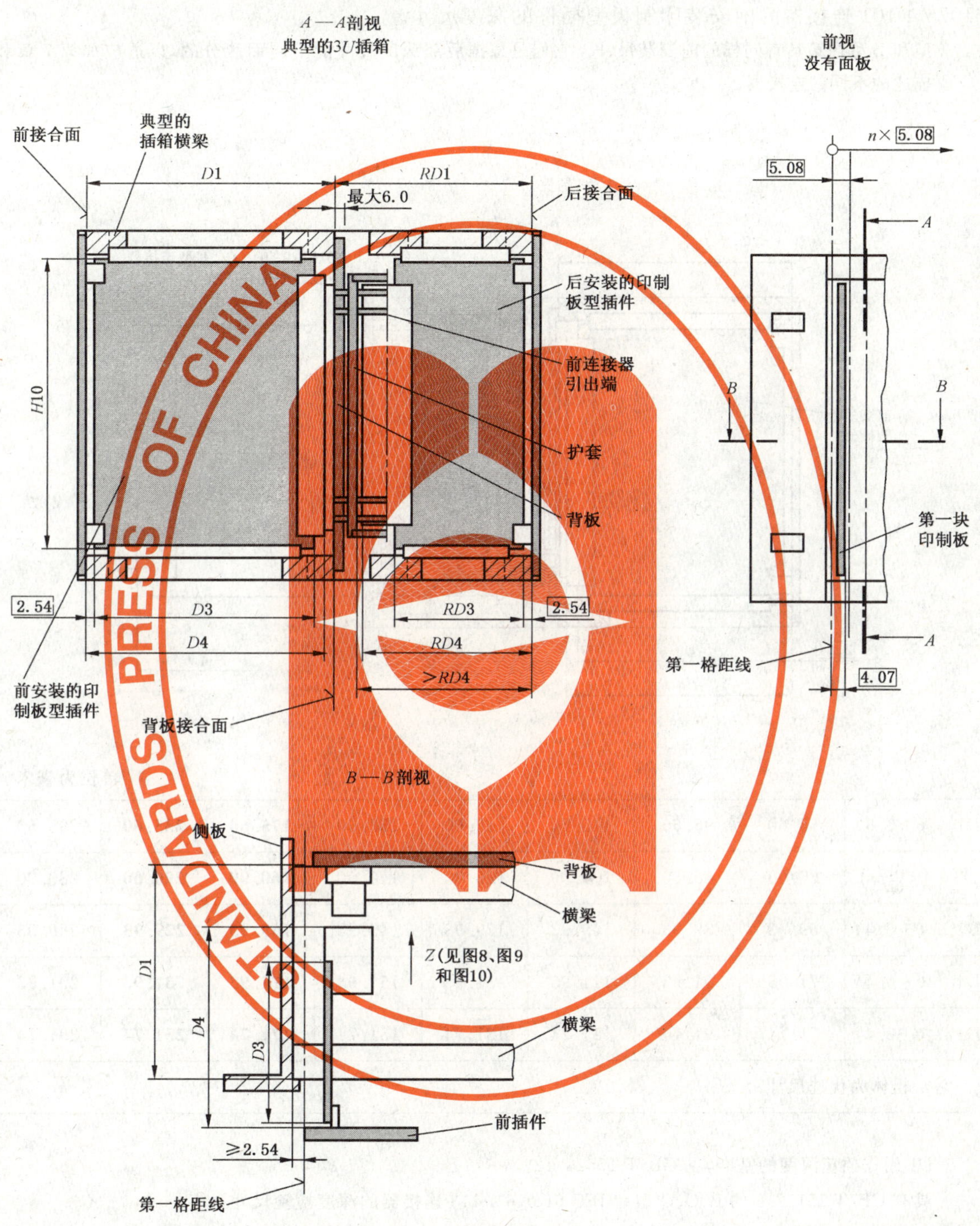

图 2 典型的 3U 插箱，深度尺寸的规定

6 前安装插件的深度尺寸

图 3 表示符合 GB/T 19520.12 的 A 型或 B 型，采用了符合 GB/T 15157.2、IEC 61076-4-113 或 IEC 61076-4-101 连接器的前安装印制板型插件的深度尺寸。

注：A 型和 B 型插箱具有同样的前安装尺寸。它们是根据后部深度尺寸的不同而区分的，以适应如第 7 章和如下所描述的不同的连接器。

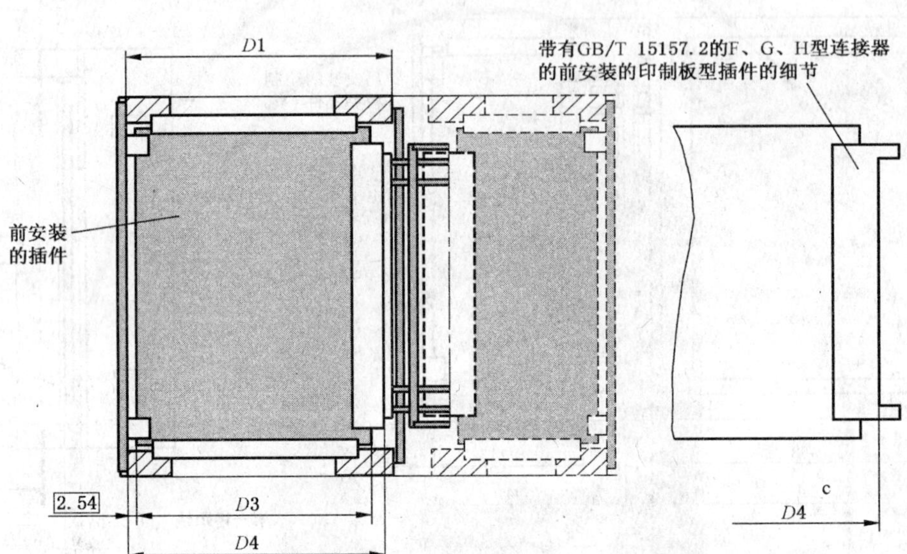

单位为毫米

D1[a] (±0.5)	75.60	95.60	115.60	135.60	155.60	**175.60**	**235.60**	295.60
D3 $\left(\begin{smallmatrix}0\\-0.3\end{smallmatrix}\right)$	60.00	80.00	100.00	120.00	140.00	**160.00**	**220.00**	280.00
D4[b] (±0.4)	69.93	89.93	109.93	129.93	149.93	**169.93**	**229.93**	289.93
D4[c] (±0.4)	71.93	91.93	111.93	131.93	151.93	**171.93**	**231.93**	291.93
D4[d] (±0.4)	71.74	91.74	111.74	131.74	151.74	**171.74**	**231.74**	291.74

注：粗体为优选尺寸。

[a] D1 用作插箱深度的基准，见 GB/T 19520.12。

[b] 具有 GB/T 15157.2 的 B、C、D 型和 IEC 61 076-4-113 连接器的深度检验尺寸。

[c] 具有 GB/T 15157.2 的 F、G、H 型连接器的深度检验尺寸。

[d] 具有 IEC 61076-4-101 型连接器的深度检验尺寸。

图 3 前安装印制板型插件的深度尺寸

7 A型插箱内后安装印制板型插件的深度尺寸

图4说明了符合GB/T 19520.12,采用了符合GB/T 15157.2或IEC 61076-4-113连接器的A型插箱内后安装的印制板型插件的深度尺寸。所有尺寸的单位为毫米。

注:A型或B型的插箱是由不同的*RD*1的尺寸确定的。

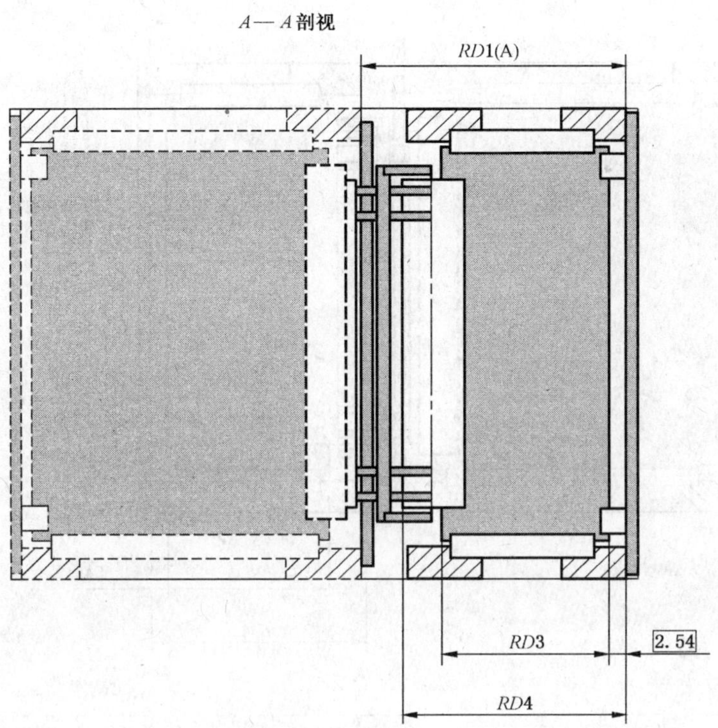

单位为毫米

*RD*1(A)[a] (±0.25)	82.48	102.48	122.48	142.48	162.48	182.48
*RD*3 $\left(\begin{smallmatrix}0\\-0.3\end{smallmatrix}\right)$	60.00	80.00	100.00	120.00	140.00	160.00
*RD*4[b] (±0.4)	69.88	89.88	109.88	129.88	149.88	169.88
*RD*4[c] (±0.4)	72.38	92.38	112.38	132.38	152.38	172.38

[a] *RD*1用作插箱深度的基准,见GB/T 19520.12。

[b] 具有GB/T 15157.2型连接器的深度检验尺寸(反向的)。

[c] 具有IEC 61076-4-113型连接器的深度检验尺寸(反向的)。

图4 A型插箱内后安装印制板型插件的深度尺寸

8 B型插箱内后安装插件的深度尺寸

图5说明了符合GB/T 19520.12,采用了符合IEC 61076-4-101连接器的B型插箱内后安装的印制板型插件的深度尺寸。

注：A型或B型的插箱是由不同的*RD*1的尺寸确定的。

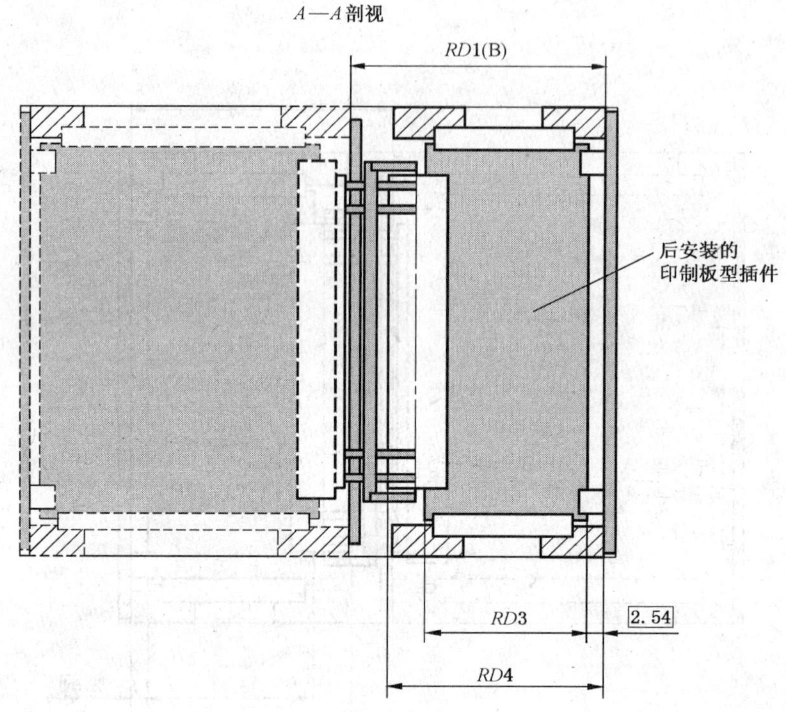

单位为毫米

*RD*1(B)[a] (±0.25)	80.00	100.00	120.00	140.00	160.00	180.00
*RD*3 $\left(\begin{smallmatrix}0\\-0.3\end{smallmatrix}\right)$	60.00	80.00	100.00	120.00	140.00	160.00
*RD*4[b] (±0.4)	71.74	91.74	111.74	131.74	151.74	171.74

[a] *RD*1用作插箱深度的基准，见GB/T 19520.12。

[b] 具有IEC 61076-4-101型连接器的深度检验尺寸。

图5 B型插箱内后安装印制板型插件的深度尺寸

9 混用连接器情况下A型插箱内后安装插件的深度尺寸

图6说明了符合GB/T 19520.12,采用了符合IEC 61076-4-101、GB/T 15157.2和IEC 61076-4-113连接器的A型插箱内印制板型插件的深度尺寸。

注：在A型插箱内，由于上述标准连接器的混用，需要不同的印制板深度尺寸*RD*3。此应用示例说明了通过后插件印制板深度的变化，在普通插箱深度*RD*1内适应不同的连接器的情况。

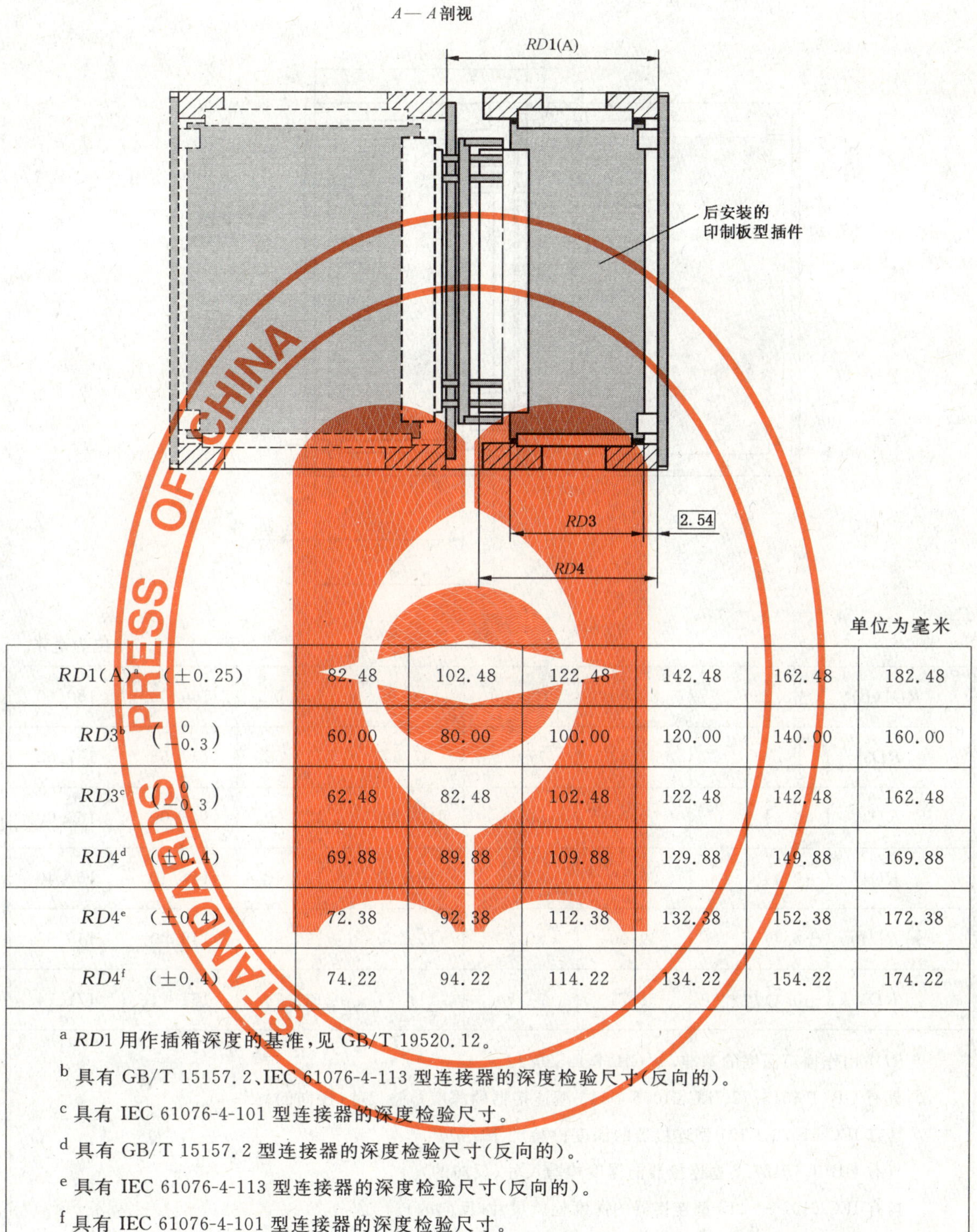

单位为毫米

$RD1(A)$[a] (±0.25)	82.48	102.48	122.48	142.48	162.48	182.48
$RD3$[b] $\left(\begin{smallmatrix}0\\-0.3\end{smallmatrix}\right)$	60.00	80.00	100.00	120.00	140.00	160.00
$RD3$[c] $\left(\begin{smallmatrix}0\\-0.3\end{smallmatrix}\right)$	62.48	82.48	102.48	122.48	142.48	162.48
$RD4$[d] (±0.4)	69.88	89.88	109.88	129.88	149.88	169.88
$RD4$[e] (±0.4)	72.38	92.38	112.38	132.38	152.38	172.38
$RD4$[f] (±0.4)	74.22	94.22	114.22	134.22	154.22	174.22

[a] *RD*1 用作插箱深度的基准，见 GB/T 19520.12。

[b] 具有 GB/T 15157.2、IEC 61076-4-113 型连接器的深度检验尺寸(反向的)。

[c] 具有 IEC 61076-4-101 型连接器的深度检验尺寸。

[d] 具有 GB/T 15157.2 型连接器的深度检验尺寸(反向的)。

[e] 具有 IEC 61076-4-113 型连接器的深度检验尺寸(反向的)。

[f] 具有 IEC 61076-4-101 型连接器的深度检验尺寸。

图 6　混用连接器情况下的 A 型插箱内后安装印制板型插件的深度尺寸

10　混用连接器情况下 B 型插箱内后安装插件的深度尺寸

图 7 说明了符合 GB/T 19520.12，采用了符合 IEC 61076-4-101、GB/T 15157.2 和 IEC 61076-4-113 连接器的 B 型插箱内印制板型插件的深度尺寸。所有的尺寸单位为毫米。

注：在 B 型插箱内，上述标准连接器的混用需要不同的印制板深度尺寸 *RD*3。此应用示例说明了通过后插件印制板深度的变化，在普通插箱深度 *RD*1 内适应不同连接器的情况。

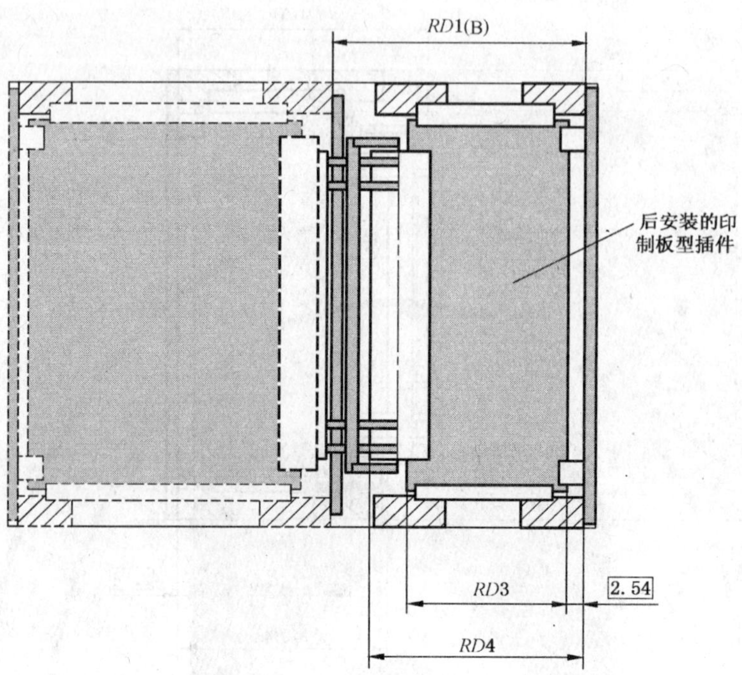

单位为毫米

RD1(B)[a] (±0.25)	80.00	100.00	120.00	140.00	160.00	180.00
RD3[b] $\left(\begin{smallmatrix}0\\-0.3\end{smallmatrix}\right)$	57.52	77.52	97.52	117.52	137.52	157.52
RD3[c] $\left(\begin{smallmatrix}0\\-0.3\end{smallmatrix}\right)$	60.00	80.00	100.00	120.00	140.00	160.00
RD4[d] (±0.4)	67.40	87.40	107.40	127.40	147.40	167.40
RD4[e] (±0.4)	69.90	89.90	109.90	129.90	149.90	149.90
RD4[f] (±0.4)	71.74	91.74	111.74	131.74	151.74	171.74

[a] RD1 用作插箱深度的基准,见 GB/T 19520.12。

[b] 具有 GB/T 15157.2、IEC 61076-4-113 型连接器的深度检验尺寸(反向的)。

[c] 具有 IEC 61076-4-101 型连接器的深度检验尺寸。

[d] 具有 GB/T 15157.2 型连接器的深度检验尺寸(反向的)。

[e] 具有 IEC 61076-4-113 型连接器的深度检验尺寸(反向的)。

[f] 具有 IEC 61076-4-101 型连接器的深度检验尺寸。

图 7 混用连接器情况下 B 型插箱内后安装印制板型插件的深度尺寸

11 背板尺寸

11.1 采用 GB/T 15157.2 和 IEC 61076-4-113 型连接器的背板高度和宽度尺寸

图 8 说明了采用 GB/T 15157.2 和 IEC 61076-4-113 型连接器的背板高度和宽度尺寸,以及第一个连接器位置。背板高度尺寸见表 1,表 1 适用于图 8、图 9 和图 10。

单位为毫米

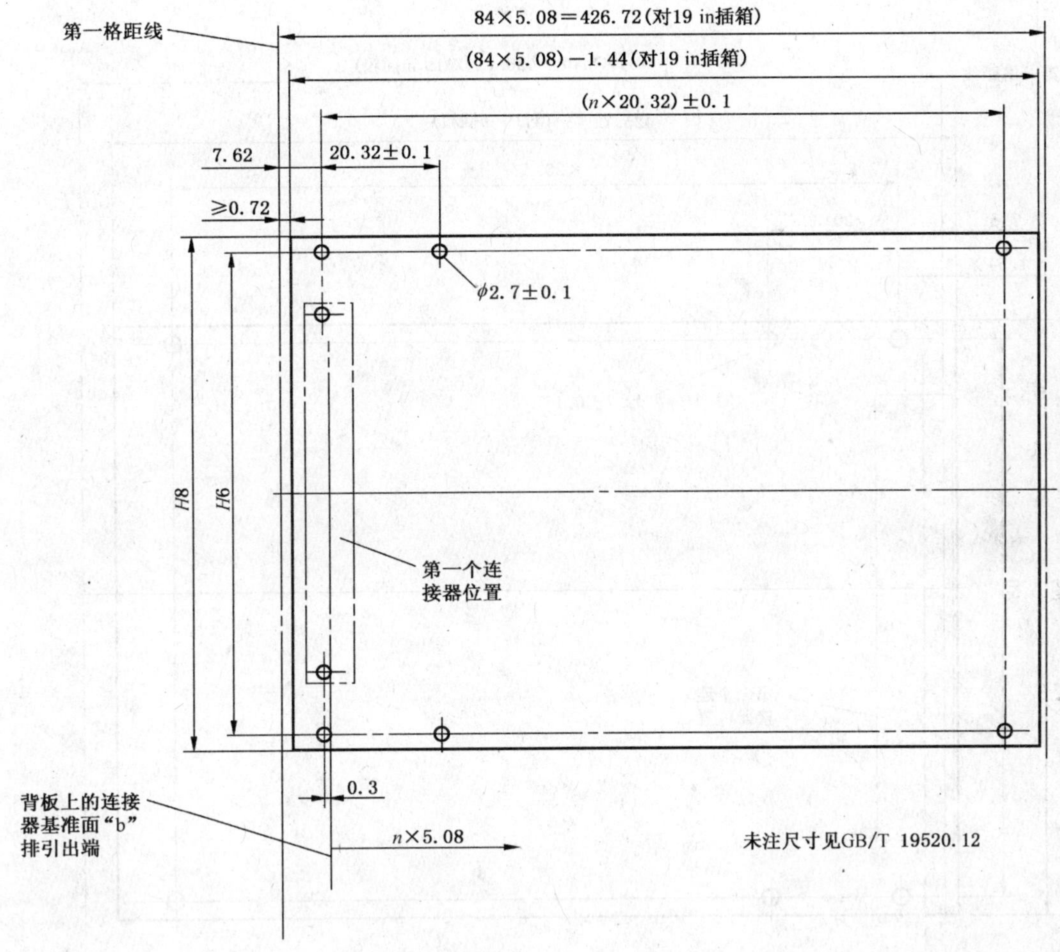

图 8　采用 GB/T 15157.2 和 IEC 61076-4-113 型连接器的背板尺寸

11.2　采用 IEC 61076-4-101 型连接器的背板高度和宽度尺寸

图 9 说明了采用 IEC 61076-4-101 型连接器的背板高度和宽度尺寸，以及第一个连接器位置。背板高度尺寸见表 1。

单位为毫米

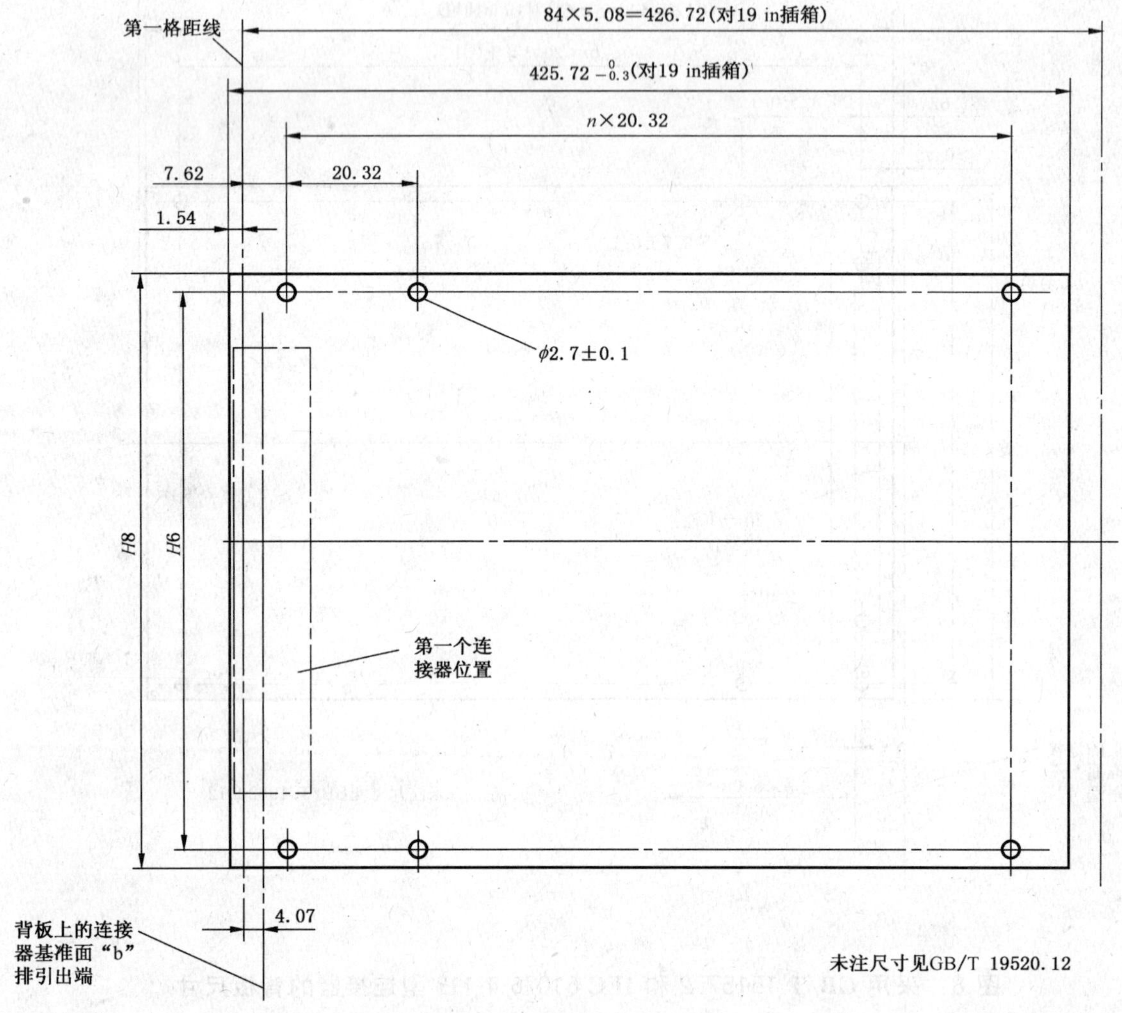

注：由于连接器宽度，背板左侧边缘超出第一格距线。右侧边缘要满足并排安装的背板要求。

图 9 采用 IEC 61076-4-101 型连接器的背板尺寸

11.3 通用的背板尺寸

图 10 说明了符合 GB/T 19520.12 的通用背板高度和宽度尺寸，以及第一个印制板位置。所有尺寸单位为毫米。

注：如果任何其他的连接器系列被用于 GB/T 19520.12 系列的插箱中，图 10 中所示的尺寸宜予以重视。

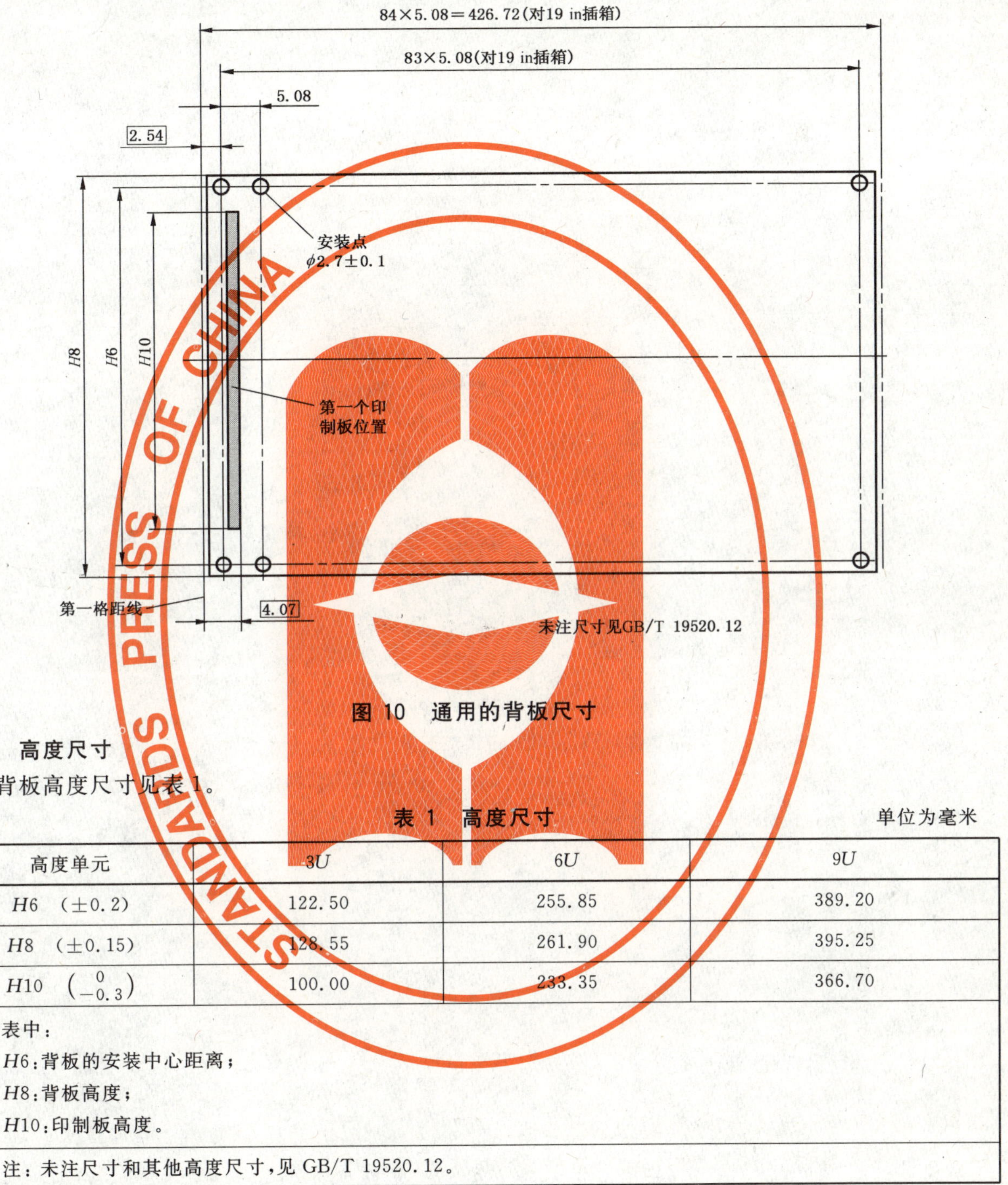

图 10 通用的背板尺寸

11.4 高度尺寸

背板高度尺寸见表1。

表 1 高度尺寸

单位为毫米

高度单元	3*U*	6*U*	9*U*
*H*6 (±0.2)	122.50	255.85	389.20
*H*8 (±0.15)	128.55	261.90	395.25
*H*10 $\left(\begin{smallmatrix}0\\-0.3\end{smallmatrix}\right)$	100.00	233.35	366.70
表中： *H*6:背板的安装中心距离； *H*8:背板高度； *H*10:印制板高度。			
注：未注尺寸和其他高度尺寸，见 GB/T 19520.12。			

ICS 11.180.10
C 45

中华人民共和国国家标准

GB/T 19545.2—2009

单臂操作助行器 要求和试验方法
第2部分:腋拐

Walking aids manipulated by one arm—Requirements and test methods—
Part 2: Axillary crutches

2009-09-30 发布 2009-12-01 实施

中华人民共和国国家质量监督检验检疫总局
中国国家标准化管理委员会 发布

前　言

GB/T 19545《单臂操作助行器　要求和试验方法》分为四部分：

——第1部分：肘拐；

——第2部分：腋拐；

——第3部分：手杖；

——第4部分：三脚或多脚手杖。

本部分为GB/T 19545的第2部分。

本部分由中华人民共和国民政部提出。

本部分由全国残疾人康复和专用设备标准化技术委员会(SAC/TC 148)提出并归口。

本部分起草单位：国家康复器械质量监督检验中心、上海互邦医疗器械有限公司、四川省肢体伤残康复中心、广州市残疾人用品用具供应服务中心。

本部分主要起草人：贾亚玲、贺一鸣、李明辉、阮剑华、王保华、于娟娟、张健。

本部分首次发布。

单臂操作助行器　要求和试验方法
第2部分:腋拐

1　范围

GB/T 19545的本部分规定了腋拐产品的术语和定义、分类及代号、要求、试验方法、检验规则及标志、包装、运输及贮存等。

本部分适用于木材、铝合金、碳素钢、不锈钢及其他材料制作的腋拐。

2　规范性引用文件

下列文件中的条款通过GB/T 19545的本部分的引用而成为本部分的条款。凡是注日期的引用文件，其随后有的修改单(不包括勘误的内容)或修订版均不适用于本部分，然而，鼓励根据本部分达成协议的各方研究是否可使用这些文件的最新版本。凡是不标注日期的引用文件，其最新版本适用于本部分。

GB/T 191　包装储运图示标志(GB/T 191—2008,ISO 780:1997,MOD)

GB/T 14730　助行器具　分类和术语

3　术语和定义

GB/T 14730确立的以及下列术语和定义适用于GB/T 19545的本部分。

3.1

腋拐　axillary crutch

有一个支脚和一个手柄，使用中置于身体上部，靠近腋下部位有一个支撑托的助行器具。

3.2

腋托　axillary support

使用中置于身体上部、靠近腋下部位的支撑托。

3.3

手柄　handgrip

使用中用于手握持的部件。

3.4

手柄套　handgrip cover

覆盖手柄的部件。

3.5

侧弓　side bows

连接腋托、手柄和腋拐腿(伸缩杆)的部件。

3.6

腋拐腿(伸缩杆)　footpiece/extension bar

连接于侧弓下端可调节的部件。

3.7

支脚　tip

使用中与地面接触并承受载荷的部件。

3.8

基准线　datum line

通过腋托上表面中心最低点的水平线。

4 产品分类及代号

4.1 腋拐代号由企业或商标代号、分类代号、规格代号和设计改型代号组成。

4.2 各代号分别选用具有代表意义的汉语拼音首位大写字母、英文单词缩写和阿拉伯数字表示。

4.2.1 企业或商标代号用企业或商标名称中两个或三个汉字的汉语拼音首位大写字母表示。

4.2.2 分类代号按主体材质分类，见表1。

表1 分类代号

材质	木材	铝合金	碳素钢	不锈钢	其他
代号	M	L	TG	BG	Q

4.2.3 规格代号用小、中、大的英文单词缩写表示，见表2。

表2 规格代号

规格	小号	中号	大号
代号	S	M	L

4.2.4 设计改型代号用阿拉伯数字表示，当设计改型代号为1时可省略。

4.3 腋拐代号示例

东方牌铝合金材质、中号、第3次设计的腋拐，其产品代号为：DFLM-3。

5 技术要求

5.1 结构尺寸

腋拐的结构尺寸、参数、参数代号见表3及图1。

表3 腋拐结构尺寸、参数及参数代号

名　　称	参数代号	结构参数		
		大号(L)	中号(M)	小号(S)
最大高度/mm	L_1	≥1 330	≥1 150	≥1 000
最小高度/mm	L_2	≤1 150	≤1 000	≤880
腋托最小长度/mm	L_3	190	190	190
腋托中心宽度/mm	L_4	25～35	25～35	25～35
手柄最小长度/mm	L_5	110	100	95
手柄最小直径/mm	D	25	25	25
基准线到手柄第一个定位孔距离/mm	L_6	≤325	≤230	≤175
相邻两个手柄定位孔中心距离/mm	L_7	≤40	≤40	≤40
侧弓与伸缩杆连接螺栓孔间距/mm	L_8	75～120	75～120	75～120
调节递增高度值/mm	L_9	25～30	25～30	25～30

表 3（续）

名　　称	参数代号	结构参数		
		大号(L)	中号(M)	小号(S)
腋托最高点与基准线间垂直距离/mm	L_{10}	20	20	20
手柄调节孔数/个		≥5	≥4	≥3
腋拐质量/kg		≤1.5	≤1.3	≤1

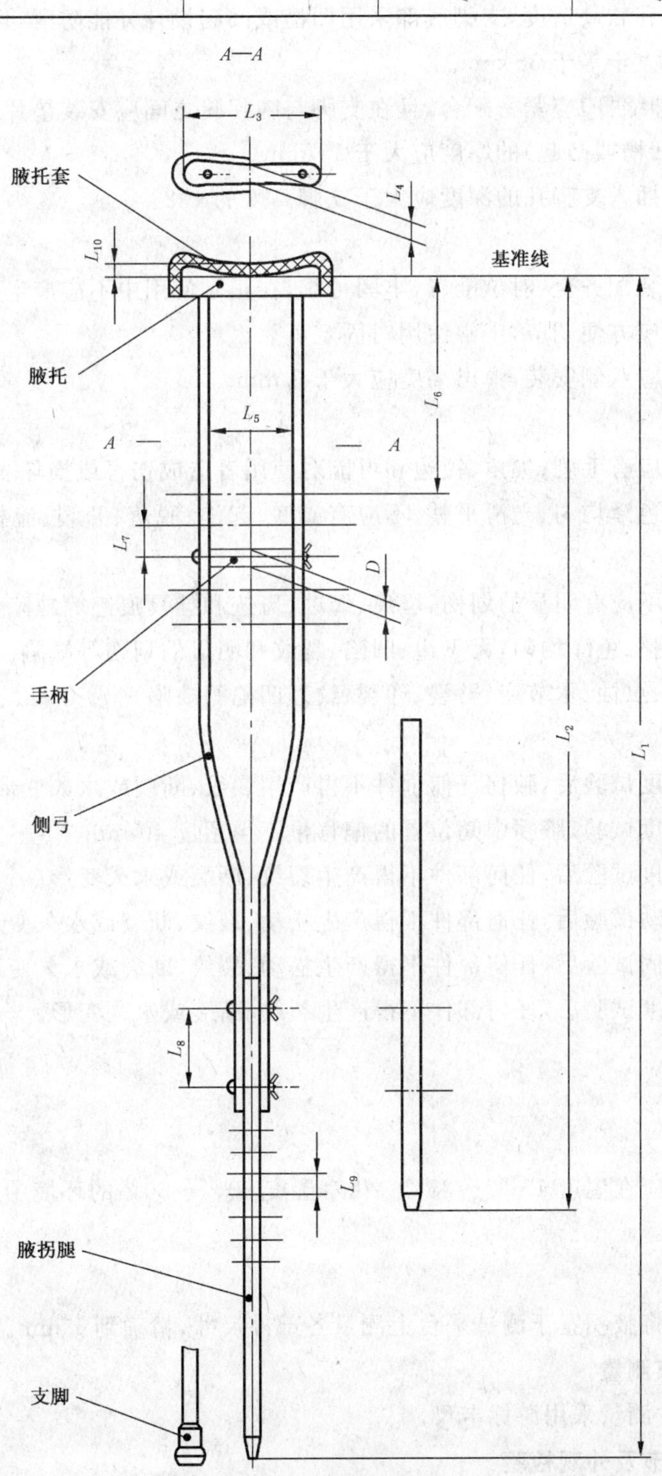

图 1　结构尺寸

5.2 腋托和手柄

5.2.1 腋托套和手柄套应有弹性、不吸水、不掉色、无毒并有良好的防滑性能。

5.2.2 手柄、手柄套应采用防转动结构设计,使用中不应产生转动和相对滑动。

5.2.3 腋托与腋托套在使用中不应产生相对滑动及脱落。

5.2.4 腋托套和手柄套应易于清洁。

5.3 支脚

5.3.1 支脚材料应耐磨和软硬适度,支脚底部采用凹槽或凸起设计并能防滑,且不应产生吸合现象。

5.3.2 支脚底部直径应大于等于 35 mm。

5.3.3 支脚与腋拐腿(伸缩杆)应紧密配合,且在支脚与腋拐腿之间应安装垫片,支脚应可更换。

5.3.4 支脚底部(除去凹槽或凸起)的厚度应大于 10 mm。

5.3.5 腋拐腿(伸缩杆)插入支脚孔的深度应大于支脚高度的 1/2。

5.4 装配与调节要求

5.4.1 腋拐各零部件应装配齐全、对位准确、牢固可靠,在正常使用中不应产生异响。

5.4.2 用手调节的装置应方便调节,正常使用时固定可靠。

5.4.3 高度调节弹簧销应双侧安装,弹出高度应大于 3 mm。

5.5 外观要求

5.5.1 可触及的表面不应有毛刺、尖角、锐边和可能对使用者造成伤害或损坏衣服的缺陷。

5.5.2 镀(涂)层表面应色泽均匀、光滑平整,不应有露底、起泡、脱落、开裂、流挂、起皱和明显的擦伤、碰伤等缺陷。

5.5.3 铝制件的氧化膜不应有明显的划伤、烧痕、腐蚀、斑迹和挂具痕迹等缺陷。

5.5.4 塑料件表面应平整、色泽均匀,无飞边、凹陷、裂纹和明显的划伤等缺陷。

5.5.5 木料不应有腐蚀、虫蚀、木节疤、劈裂、环裂、纹理凹陷等缺陷。

5.6 机械强度

5.6.1 按 6.4.2 静载强度试验后,腋拐任何部件不得产生裂纹、断裂或永久变形。

5.6.2 按 6.4.3 弯曲强度试验,腋拐中间位置的偏移量不得超过 40 mm。

5.6.3 按 6.4.4 冲击强度试验后,任何部件不得产生裂纹、断裂或永久变形。

5.6.4 按 6.4.5 重物摆动试验后,任何部件不得产生松动、裂纹、断裂或永久变形。

5.6.5 按 6.4.6 腋托牢固试验后,任何部件不得产生松动、裂纹、断裂或永久变形。

5.6.6 按 6.4.7 疲劳强度试验后,任何部件不得产生裂纹、断裂或永久变形。

6 试验方法

6.1 试验环境

除特殊说明外,测试应在温度 15 ℃～35 ℃、相对湿度 20%～80%的环境中进行。

6.2 尺寸测量

6.2.1 结构尺寸测量

去掉腋托套和支脚,将腋拐置于测试平台上测量各部件尺寸,精确到 1 mm。

6.2.2 支脚、装配与调节测量

支脚和调节装配尺寸测量采用游标卡尺。

6.3 腋拐部件、装配、调节及外观检验

对腋托、手柄、支脚、装配、调节及外观等无数据要求的项目,均采用目测、手感、试用、观察等方法确定。

6.4 **机械强度试验方法**

6.4.1 试验条件以下各项试验均应将腋拐调至最大高度尺寸下进行。载荷允差±2%，尺寸允差±2 mm。

6.4.2 静载强度试验

将腋拐固定在试验支架上，如图2所示，在腋托上放置一块不易变形的平板，通过平板加载，其力的作用线与腋拐的轴线重合，施加载荷时不得产生冲击。

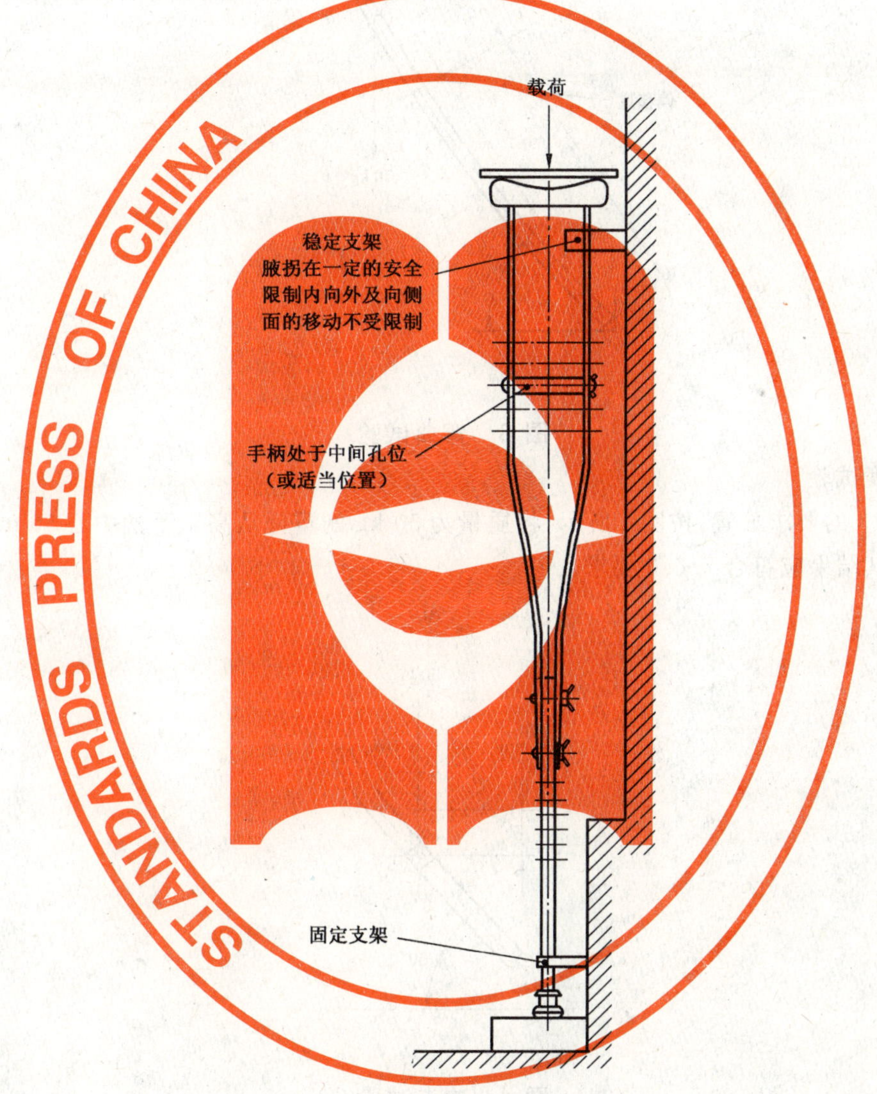

图2 强度试验

静载荷1 600 N，施加载荷时间为10 min，试验后目测其结果应符合5.6.1要求。

6.4.3 弯曲强度试验

将腋拐手柄与腋托之间调至最大位置，并如图3所示放置在试验支架上。

通过手柄中心悬挂质量为50 kg的重锤，然后立即测量腋拐高度中间位置的偏移量。目测其结果符合5.6.2要求。

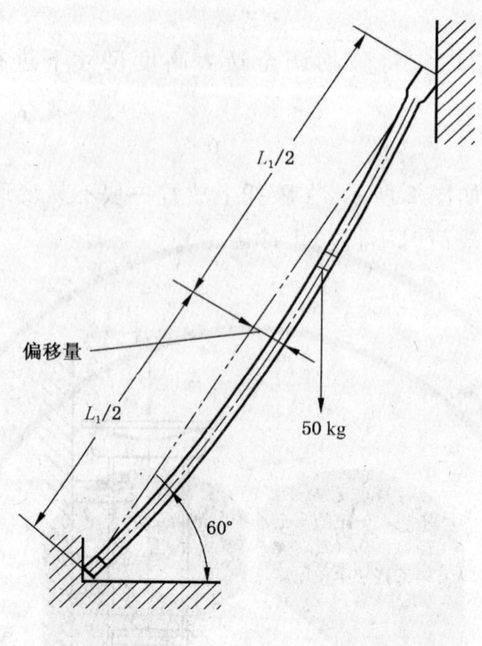

图 3 弯曲试验

6.4.4 冲击强度试验

将腋拐按图 3 的要求放置，按图 4 所示，将质量为 50 kg 的重锤从高于手柄中心 50 mm 处自由落体冲击手柄，目测其结果应符合 5.6.3 要求。

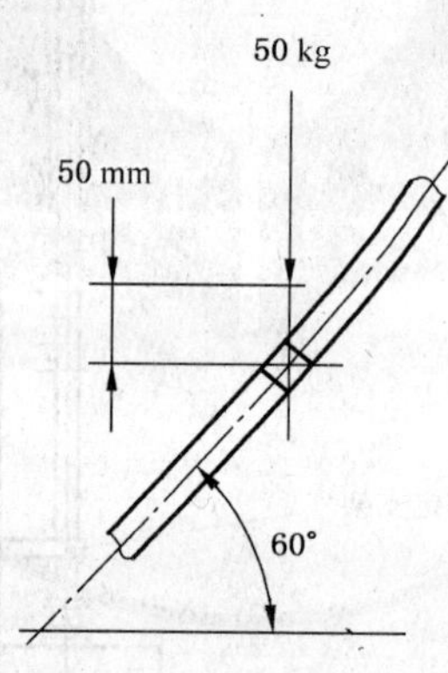

图 4 冲击试验

6.4.5 重物摆动试验

将腋拐按图 3 的要求放置，在手柄中心悬挂质量为 50 kg 重物，重物的重心距离手柄顶端 560 mm，使重物以悬挂点为中心，垂直于通过腋拐纵向对称轴的铅垂面，偏移 150 mm 的距离，如图 5 所示，然后自由摆动至停止，卸载后目测其结果应符合 5.6.4 要求。

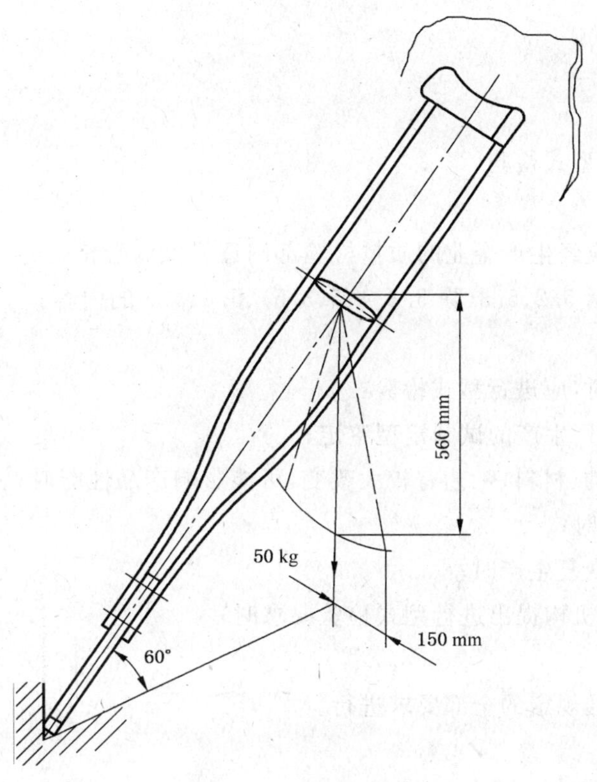

图 5 重物摆动试验

6.4.6 腋托牢固试验

将腋拐按图 6 的要求放置,在腋拐下端悬挂质量为 10 kg 重物,10 min 后去掉重物,目测其结果应符合 5.6.5 要求。

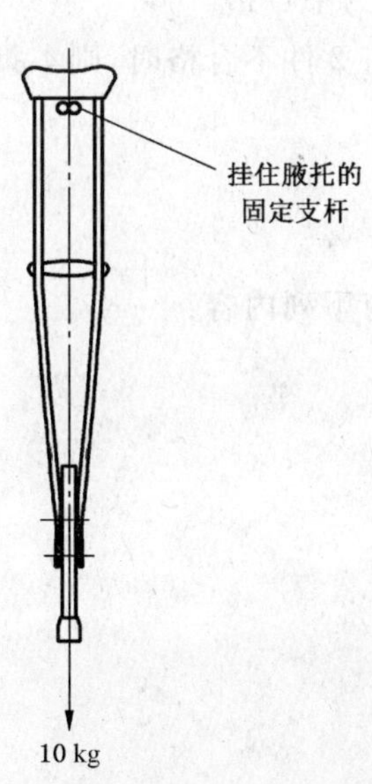

图 6 腋托牢固试验

6.4.7 疲劳强度试验

将腋拐按图 2 要求放置,通过平板对腋拐施加 450 N 循环载荷,加载频率≤1 Hz,循环次数为

5×10^5 次，试验后目测其结果应符合 5.6.6 要求。

7 检验规则

7.1 检验分类

产品检验分出厂检验和型式检验。

7.1.1 出厂检验

7.1.1.1 腋拐产品出厂前应经生产企业的质量检验部门逐一检验合格，并附有检验合格证方能出厂。

7.1.1.2 出厂检验项目包括 5.2、5.3(除 5.3.4、5.3.5)、5.4、5.5 的内容。

7.1.2 型式检验

7.1.2.1 有下列情况之一时，应进行型式检验：

a) 新产品或老产品转厂生产的试制定型鉴定；

b) 正式生产后，如结构、材料、工艺有较大改变，可能影响产品性能时；

c) 正常生产定期检验时；

d) 产品停产一年后，恢复生产时；

e) 国家质量监督检验机构提出进行型式检验要求时；

f) 合同规定等。

7.1.2.2 型式检验按本标准规定的全部要求进行。

7.2 抽样和判定规则

7.2.1 样本应从出厂检验合格产品中随机抽取。

7.2.2 型式检验的样品不得少于 3 件。抽样比率按年产量 3 000 件检验 3 件的比例抽取，年产量低于 3 000 件的按 3 件抽取。

7.2.3 样本在进行检验后，如其性能指标有任何 1 项未达到第 5 章的要求时，则认为该样本为不合格。

7.2.4 进行型式检验的 3 件样本中，有 1 件不合格，可以抽取不合格样本的 2 倍重新进行检验，检验后仍有 1 件或以上不合格则本批产品为不合格。

7.2.5 进行型式检验的 3 件样本有 2 件不合格时，则本批产品不合格。

8 标志、包装、运输及贮存

8.1 标志

每支腋拐应有标志，其上至少有下列内容：

a) 制造厂名称；

b) 产品名称和型号；

c) 商标；

d) 出厂日期；

e) 最大高度和最小高度；

f) 使用者最大允许重量。

8.2 包装

8.2.1 包装应牢固可靠、标志清晰，包装图示标志符合 GB/T 191 的规定，并注明商标、数量、净重、毛重、箱体尺寸、出厂日期、防潮等标志。

8.2.2 包装箱内附有以下文件：

a) 产品合格证(标有检验员代号、检验日期等)；

b) 使用说明书；

c) 装箱清单。

8.3 运输及贮存

8.3.1 产品在运输过程中应避免雨淋及化学品的腐蚀。

8.3.2 产品应保存在通风良好有遮篷处，并与能引起产品腐蚀变化的物品隔开。

ICS 35.240.30
A 14

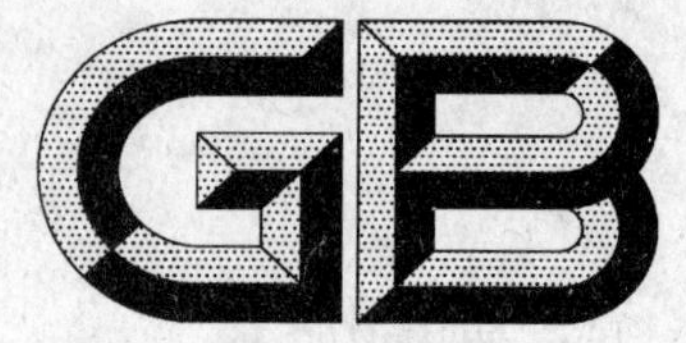

中华人民共和国国家标准

GB/T 19688.5—2009/ISO 8459-5:2002

信息与文献　书目数据元目录
第5部分:编目和元数据交换用数据元

Information and documentation—Bibliographic data element directory—Part 5:Data elements for the exchange of cataloguing and metadata

(ISO 8459-5:2002,IDT)

2009-03-13 发布　　2009-09-01 实施

中华人民共和国国家质量监督检验检疫总局
中国国家标准化管理委员会　发布

前　言

GB/T 19688《信息与文献　书目数据元目录》共分五部分：

——第1部分：互借应用；

——第2部分：采访应用；

——第3部分：情报检索；

——第4部分：流通应用；

——第5部分：编目和元数据交换用数据元。

本部分为第5部分。

本部分等同采用ISO 8459-5:2002《信息与文献　书目数据元目录　第5部分：编目和元数据交换用数据元》。为了符合国情，又不影响整个标准的结构，标准起草工作组对国际标准ISO 8459-5的索引部分进行了变动，将原第5章中的英文排序的索引改成按汉语拼音顺序排序的索引，以符合中国人的使用习惯。同时，在本部分的附录中增加了附录NA英文索引以便于用户方便地对照查找。

本部分的附录A为规范性附录，附录B、附录C、附录NA为资料性附录。

本部分由全国信息与文献标准化技术委员会提出。

本部分由全国信息与文献标准化技术委员会归口。

本部分起草单位：中国科学技术信息研究所、中国医学科学院信息研究所。

本部分主要起草人：王莉、张志平、李秀锦、梁冰、吕世炅、白海燕。

引　言

数据是为了启动或支持一个过程而进行交换的。为了传输支持一个过程所需要的信息，在相互交换的消息中的各种数据元必须被相关过程完全理解。本部分以目录的形式描述了用于支持编目过程的数据元。

在一次编目事务过程中可能产生的数据元用下列四种方式表示：

a) 数据元目录(见第4章)以及消息的代码值和描述(见A.2)和日期/时间限定符(见A.3)。

b) 索引(见第5章)包括数据元名称、关键词和同义词，以及包含消息名称在内的数据元值。

c) 数据元的结构化序列(见第6章)，把相似数据元排列成一个有层次的结构体系。

d) 矩阵(见第7章)，表示特定编目消息与数据元的对应关系。

本标准构成一个用于书目工作的综合的数据元目录。本部分作为标准的第5部分，主要面向新的编目系统，用于在不同系统之间交换编目消息，以及在客户机/服务器模式中用于客户机与服务器之间的数据交换。

信息与文献　书目数据元目录
第5部分:编目和元数据交换用数据元

1　范围

本部分规定和描述了在编目系统之间(即终端与计算机或计算机与计算机之间)交换数据时所需要的数据元,也确定了编目系统中使用的消息及其数据元。

本部分既支持批式编目事务,也支持交互式编目事务。

附录B给出了如何使用本标准的案例。

如何把数据元构造成消息不属于本标准的范围。

2　规范性引用文件

下列文件中的条款通过GB/T 19688的本部分的引用而成为本部分的条款。凡是注日期的引用文件,其随后所有的修改单(不包括勘误内容)或修订版均不适用于本部分,然而,鼓励根据本部分达成协议的各方研究是否可使用这些文件的最新版本。凡是不注日期的引用文件,其最新版本适用于本部分。

GB/T 2659—2000　世界各国和地区名称代码(eqv ISO 3166-1:1997)

GB/T 4880.1—2005　语种名称代码　第1部分:2字母代码(ISO 639-1:2002,MOD)

GB/T 4880.2—2000　语种名称代码　第2部分:3字母代码(eqv ISO 639-2:1998)

GB/T 7408—2005　数据元和交换格式　信息交换　日期和时间表示法(ISO 8601:2000,IDT)

GB/T 9387.3—1995　信息处理系统　开放系统互连　基本参考模型　第3部分:命名与编址

ISO 2709:1996　信息与文献　信息交换格式

ISO 10324:1997　信息与文献——馆藏说明——概要级

ISO 23950:1998　信息与文献——情报检索(Z39.50)——应用服务定义和协议规范

UCP联合编目规程　国际注册规程(与ISO 23950联合使用)http://www.nla.gov.au/UCP

3　术语和定义

下列术语和定义适用于本部分。

3.1

规范记录　authority record

在编目系统中描述、分析和控制名称标目、主题标目、丛编标目或其他标目的规范形式的记录。

3.2

书目实体　bibliographic item

作为一个实体或一部著作而出版、发行或处理的,连续或非连续的任何物理形式的出版物,形成单一书目描述的对象。

3.3

书目记录　bibliographic record

在编目系统中描述、分析和控制一个书目实体的记录。

3.4

字符串　character string

由字母、数字、标点符号或其他符号构成的任意组合。

3.5

目录记录　catalogue record

在编目系统中描述、分析和控制书目或规范数据或馆藏的记录。

3.6

编目　cataloguing

为纳入一个或多个目录或索引而编辑一条记录的过程，它描述一个实体并协助其检索。

3.7

复本　copy

一书目实体的物理表示或部分表示。

3.8

数据元　data element

可标识和定义的数据基本单元，它有一个用标记作为标识符的数据元名和表示特定事实的一个或几个值。

3.9

数据元目录　data element directory

数据元一览表，它附有相应的数据元值的详细说明。

3.10

数据元组　data element group

一组相关的数据元。

3.11

数据元组名　data element group name

标识一个数据元组的一个或几个自然语言的词。

3.12

数据元名　data element name

标识一个数据元的一个或几个自然语言的词。

3.13

数据元值　data element value

与数据元描述和说明相对应的，用代码、数字或自然语言表示的一个事实。

3.14

馆藏记录　holding record

编目系统中用以描述、分析和控制与书目记录相关收藏的记录。

3.15

馆藏说明　holdings statement

用以记录一个特定书目实体的具体位置，也可包括该处收藏量的说明。

3.16

消息　message

在一个事务中使用的结构化的数据元组合。

3.17

元数据　metadata

描述某实体并辅助其检索的数据，该数据可包含在该实体中或链接到该实体上。

3.18

记录　record

通常作为一个处理单位的一组数据。

3.19

表示法　representation

用一个或几个数字、字母或符号表示一个特定数据元值的方法。

3.20

连续出版物的卷期　serial issue

一个书目实体单元。连续出版物是定期或不定期地分若干部分连续出版，并打算无限期出版的出版物。

3.21

标记　tag

用来代替数据元名或数据元组名的标识符。

注：本部分采用四位数字的组合。

3.22

事务　transaction

为支持一个实体或一个书目馆藏实体编目需要而创建或修改一条消息。

4　目录

本目录命名和定义用于支持编目事务使用的数据元和数据元组。用标记、名称、描述、表示法和注释四栏表示每个数据元或数据元组的内容。“标记”用于标识一个数据元或一个数据元组。“名称”是数据元名和数据元组名，数据元组名用黑体字印刷以区别于数据元名。“描述”包含每个数据元或数据元组的定义，若是数据元组，则定义之后还列出了该数据元组的相应标记和该组所包含的各数据元的定义。“表示法和注释”是用于表示一个数据元或数据元组在取值方面的相关约定和/或标准的说明性语句，有可能还附有例子。

表 1　目录

标记	名称	描述	表示法和注释
0001	**消息标识 (Message identification)**	用于标识一个特定消息的数据。 它是数据元 0002-0004 的组标识符。	
0002	消息名 (Message name)	标识消息功能的短语或代码。	见 A.2
0003	日期 (Date)	事务执行、消息发送或事件发生的年、月、日。	也可与日期/时间限定符(9005)联用。能指定的各种限定符由 A.3 所示。见 GB/T 7408—2005。
0004	时间戳 (Time stamp)	发出一个事务，发送或接收一个消息或事件发生的时间。	由系统自动标记的一个事务发生的精确时、分、秒。与 A.3 联用，见 GB/T 7408—2005。
0010	事务号 (Transaction number)	在一事务中分配给交换的资料或消息的代码或编号。	该号码由负责创建文件或消息的类型的机构负责分配(如：记录插入，条目替换等)
0011	事务完成标记 (Transaction completion flag)	指明事务成功与否的代码。	可能的取值：0＝不成功的 1＝成功的
0020	**附加事务信息组 (Additional transaction information group)**	可伴随一事务提供附加信息的数据元组。 它是数据元 0021-0022 的组标识符。	
0021	附加事务信息 (Additional transaction information)	识别附加事务信息内容性质的代码或短语。	例如： 由目标方送出： ——与事务无关的信息，如：系统有效性； ——安全限制指令。 由起始方送出： ——浏览指令。

表 1(续)

标记	名称	描述	表示法和注释
0022	指令无效 (Instruction override)	系统内部定义的代码,指明可跟随特定消息或部分消息其后的行为。	与附加事务信息(0021)及事务错误状态(0025)联合使用。 可能的取值: 0=可忽略 1=用口令可忽略 2=通过安全检查可忽略 3=不能忽略 4=无需确认,仅有信息
0025	事务错误状态 (Transaction error condition)	由系统发出,指明与事务请求相关的错误状态性质的代码或标准化短语。	与帮助主题(9010)有关,但通常准确的简要描述和精确的错误比文字阐述和过程概述更具体,可与指令无效(0022)联合使用。
1000	**会话细节** **(Session details)**	标识一次特定会话中各种细节的数据。 它是数据元 1000-1024,1030,1150,1200-1214,1250-1254 的组标识符。	
1010	**事务参与者** **(Transaction participant)**	标识事务参与机构的数据。 它是数据元 1011-1014,1030 的组标识符。	
1011	参与者职能 (Participant's function)	说明参与一方在一次会话时执行的功能或角色的词或代码。	可能的取值: 0=服务提供者 1=数据库提供者 2=中介、网关服务器 3=操作者
1012	口令 (Password)	当个人或自动进程请求或使用一种系统功能或服务时,系统用来验证其身份的代码。	该代码可定期修改以保证其安全性。口令一般在会话开始时由用户提供,但也可在会话的任何时候由系统要求用户给出。
1013	口令版本 (Password edition)	用于标识当前和早先的口令的代码或短语。	该数据元同机构标识符(1036)和通讯网络用户标识符(1074)联用。
1014	口令类型 (Password type)	用于指示口令持有者允许使用的特定服务的代码或短语。	该数据元被系统用来支持多级验证。 可能的取值: 0=系统连接 1=数据库连接 2=读取 3=写入 4=删除权限 5=输出指令 安全级(1254)用于控制对分类信息的访问,与访问权限(1250)有关,该数据元提供与一权限类型相关的各种细节。1014 阐明权限类型。

表 1(续)

标记	名称	描述	表示法和注释
1015	会话标识符 (Session identifier)	标识用户与自动化系统之间一次特定交互过程的代码或编号。	一个典型的会话包括了用户和系统从登录到退出的全部事务。会话可被异常的系统故障或通信故障中断,产生一个人工退出点。高级系统允许挂起会话稍后再恢复,或在一个特定的会话中改变应用。
1016	子会话标识符 (Subsession identifier)	标识自动化系统某次会话中与某一特定服务相交互的过程的代码或编号。	
1017	参考标识符 (Reference identifier)	为交互系统通信而分配的代码或编号。	该标识符用于监控和验证所有系统交互行为按适当的次序传输和处理。
1018	继续标记 (Continue flag)	指示已经突破了资源限制(1020、1021、1251),处理是否仍将继续。	可能的取值: 0=继续 1=停止
1019	挂起标记 (Suspend flag)	指示在突破资源限制(1020、1021、1251)时,处理是否已被挂起。	可能的取值: 0=处理未挂起 1=处理挂起
1020	费用限制 (Cost constraint)	一个预设的金额,当超过该金额时将引发一个特定的系统动作。	常用于限制一个用户在给定时间范围内可消耗的系统资源。
1021	会话长度限制 (Session length constraint)	预定义的时间限制,当超出该限制时将产生预定的系统动作。	系统工作或暂停超过一定时间后,往往会终止会话。
1022	资源使用类型 (Resource usage type)	数值型值,指出在一次会话中或给定时间段内所用系统资源的类型。	系统通常维护下列资源的信息,以支持对这些资源的规划、监测和控制。 可能的取值: 0=CPU 时间 1=连接类型 4=会话数 7=传输包 8=内存 9=终端事务 10=磁盘访问次数 11=磁带数 与使用总量(1024)联用

表 1（续）

标记	名称	描述	表示法和注释
1023	系统性能 (System performance)	收集起来通知管理人员的关于系统性能的数据。	可能的取值： 0=启动延迟 1=停机率 2=系统故障数 3=远程通信中断数 4=平均响应时间 与使用总量(1024)联用
1024	使用总量 (Amount of usage)	数字，用来测量在资源使用类型(1022)和系统性能(1023)下建立的值。	
1030	**机构标识** **(Institution identification)**	用于标识一次会话中参与机构的数据元组或代码。 它是数据元 1031-1037，1050-1063，1070-1075 的组标识符。	
1031	**机构名** **(Name of institution)**	用于标识机构或团体的词、短语或首字母缩写。 它是数据元 1032-1034 的组标识符。	
1032	机构名主要单元 (Main unit of institution name)	机构的基本名称，通常是管理主体的名称。	
1033	机构名下属单元 (subordinate unit of institution name)	机构名的一部分，它定义了一个机构的分部、部门或单元。	该数据元可重复地定义下属机构的下属机构。
1034	缩写名 (Abbreviated name)	机构名(1031)的简短形式。	
1035	机构标识符代码 (Institution identifier code)	标识包含在机构标识符中的编码系统的代码。	例如 ISIL(ISO 15511)
1036	机构标识符 (Institution identifier)	标识机构的唯一编号或代码。	
1037	机构公章 (Official seal of institution)	以一种正式方式标识机构的图案、首字母或其他设计。	
1050	**地址** **(Address)**	给出与机构有关的地理位置或场所的代码或短语。 它是数据元 1051-1063，1070-1075 的组标识符。	该数据元可同机构标识(1030)联用。 通讯网络地址见 1070。

表 1（续）

标记	名称	描述	表示法和注释
1051	地址指示 (Address instruction)	指示送往具有多个地址的机构或个人的消息或邮件的类型的词或代码。	该数据元同地址(1050)联用。 可能的取值： 0＝运送 1＝开帐单
1052	地址类型 (Address type)	定义具有多个地址的机构的某个特定地址的性质的代码、词或短语。	可能的取值： 0＝临时地址 1＝永久地址 4＝其他
1053	传递服务 (Delivery service)	指示将要递送到一个地址的邮政服务的代码、词或短语。	可能的取值： 0＝国家邮政服务 1＝校园邮政 2＝内部信使 3＝其他
1054	当前地址标记 (Current address flag)	指示机构的多个地址中哪个有效的代码、词或短语。	当所有类型的消息或邮件只能送往一个地址时，该数据元用来指示当前地址；当不同类型消息和邮件可送往不同地址时，要使用地址指示数据元(1051)代替本数据元。 可能的取值： 0＝当前地址 1＝非当前地址 2＝未知
1055	邮政信箱 (Post office box)	邮政当局分配的信箱号。	
1056	建筑物内位置 (Location within building)	用于标识建筑物内或建筑群内具体位置的代码、编号和/或短语。	当除街道名和门牌号(数据元 1057、1058)外还要使用第二序列编号时使用。例如：儿童图书馆　预约阅览室　第 4 层　第 42 号房间。
1057	街道名 (Street name)	标识城市、农村和地区内街、路、林荫大道、干道等路线所使用的短语。	
1058	街道门牌号 (Street number)	标识街道上某幢建筑物的位置的编号和/或短语。	该数据元可包含建筑物名称，它同数据元建筑物内的位置(1056)和街道名(1057)联用，该数据元可被组合成一个地址。
1059	城市 (City)	标识城市(包括郊区或邮政区域)的词或短语。	
1060	地域 (Locality)	标识一个国家内的下属实体的词或短语。	包括郡、教区等。

表 1（续）

标记	名称	描述	表示法和注释
1061	地区 (Region)	标识某国家内某一地区的词或短语。	包括州、省、部门和县。
1062	国家 (Country)	用于标识一个国家的词或短语。	国家代码参见 GB/T 2659。
1063	邮政编码 (Postal code)	由国家邮政部门分配的代码，它唯一地标识一个地址或一组地址。	
1064	通讯载体 (Telecommunication carrier)	用于标识访问远程系统所使用的通讯载体的代码、词、短语或首字母缩写。	它有可能要标识多个载体。载体名也可暗示所使用的交换技术（如分组交换或电路交换）。
1070	**通讯网络地址** **(Telenetwork address)**	用于唯一标识通讯网络中一个设备的编号或代码。 它是数据元 1071-1075 的组标识符。	
1071	电话号码 (Telephone number)	分配给一条电话线的唯一号码。	
1072	传真号码 (Telefacsimile number)	用于发送和接收传真的通信号码。	
1073	电子邮件标识符 (Electronic mail identifier)	分配给电子信箱或服务连接的唯一号码。	
1074	通讯网络用户标识符 (Telenetwork user identifier)	分配给网络用户的唯一代码。	这个数据元与机构标识符(1036)可能相同也可能不同。
1075	主机系统网络地址 (Host system network address)	用于标识通讯网络内一个主机系统的唯一编号与代码。	见 GB/T 9387.3
1090	**用户标识** **(User identification)**	用于标识参与一个事务的个人或机构的数据元组或代码。 它是数据元 1091-1100 的组标识符。	
1091	用户所属单位 (User affiliation)	已登记唯一编号或代码以标识一个用户的系统的名称。	与用户内部标识(1092)一起用于唯一标识系统中的一个用户。 可包含标准代码，如 SAN 和供应商机构代码。

表 1（续）

标记	名称	描述	表示法和注释
1092	用户内部标识 (User's internal identification)	系统用于标识参与某一事务的个人或机构的唯一编号或代码。	它是系统用于标识用户的编号，与可出现在用户标识卡上的用户标识号(1093)不同。
1093	用户标识号 (User identification number)	提交给系统的用于标识用户的编号。	
1094	校验位算法 (Check digit algorithm)	在用户标识号中产生校验位的算法名。	
1096	用户口令 (User password)	对从事受限或保密活动的用户进行身份验证的字符串。	当用户要求执行个人事务（如目录更新、借阅、续借、预约）时系统可要求提供一个口令。该口令可加密。它通常与开始一次会话所需要的口令(1012)不同。
1097	用户角色 (User's role)	用户在一个事务中的身份。	可能的取值： 0＝目录记录或部分目录的生产者 1＝目录记录或部分目录的修正者 2＝浏览者
1100	用户名 (User's name)	参与事务的个人或机构的名称	
1150	会话事务历史 (Session transaction history)	在一次会话中已执行事务的清单。	
1200	**会话参数 (Session parameters)**	将缺省值（由系统预定义和/或用户提供）和其他变量、非指令信息传送给系统或会话所使用的短语或代码的集合。 它是数据元 1211-1214、1251 的组标识符。	
1210	**服务文档 (Service profile)**	标识与某服务提供者有关的政策、服务、价格、服务时间等的代码号或自由文本描述。 它是数据元 1211-1214、3003，3005 和 3007 的组标识符。	
1211	协议选项 (Protocol options)	指明一服务提供者或用户的特定提供能力的代码、词或短语。	ISO 23950 中提供的值： 0＝搜索 1＝展现 2＝删除结果集 3＝资源报告 4＝触发资源控制

表 1(续)

标记	名称	描述	表示法和注释
			5=资源控制 6=访问控制 7=扫描 8=排序 9=空白(保留的) 10=扩展服务 11=分段级 1 12=分段级 2 13=同时操作 14=命名的结果集 15=扩展服务—保留结果集 16=扩展服务—保留查询 17=扩展服务—定期查询时间表 18=扩展服务—订购项 19=扩展服务—数据库更新 20=扩展服务—输出说明 21=扩展服务—输出调用 22=关闭
1212	对话语种 (Language of dialogue)	用户发出系统命令、接收系统帮助和应答等所选择语种使用的代码或词。	用户可在会话开始时指明语种或者由用户文档自动提供,如果用代码形式表达,则使用 GB/T 4880。
1213	对话字符集 (Character set of dialogue)	标识编码数据所使用的字符集代码或词,或指明系统在一个或多个脚本中处理数据编码的软硬件能力所使用的代码或词。	分配给一字符集的国际标准号通常是普遍使用的字符集。如: GB/T 1988—1998, ISO 5427, GB/T 13141—1991,GB/T 13142—1991, GB/T 13000.1。
1214	协议版本指示符 (Protocol version indicator)	标识正在使用的特定版本的号码或词。	
1250	访问权限 (Access privileges)	在用户成功地与系统连接后被允许的服务。	典型的服务可包括:插入记录、更新记录、更新授权记录、全部更改请求、合并请求、查看帐单。 1250 与 1014 口令类型有关,1014 描述了权限类型,1250 则提供与某种权限类型相关的各种细节。
1251	资源限制 (Resource limitation)	预定义的可消耗的系统资源总量,如果超过该值将导致系统的特定动作。	多数系统将限制用户可使用的磁盘容量,可处理的资源,及在一次批式处理中可更新的记录数。 与 1022 一起用以标识资源类型。补充 1020 和 1021。与 1024 联用。

表 1（续）

标记	名称	描述	表示法和注释
1252	操作确认 (Operation confirmation)	一项预置的计算机操作中的用户授权。	可能的取值： 0＝无 1＝有
1253	安全违规 (Security violation)	在操作过程中报告安全方面问题的短语和代码。	可能的取值： 0＝不适当的身份认证 1＝无效证书 2＝不能识别的安全级 3＝不足的访问权限 4＝无效签名
1254	安全级 (Security level)	标识用户访问各种密级信息的权限的短语或代码。	该数据元可能与特定记录或记录内的字段有关。它也可用于划分记录中数据字段。
2000	**任务包** **(Task package)**	消息集合，通常组织在一条消息里请求处理。 它是数据元 2001-2009 的组标识符。	任务包可在一次会话中生成，然后继续存留直到一特殊会话结束。
2001	任务包标识符 (Task package identifier)	唯一标识一任务包的代码或短语。	
2002	任务包类型 (Task package type)	指明任务包中内容性质的代码。	ISO 23950 中定义的值： 0＝未定义 1＝保留结果集 2＝保留查询 3＝定期查询时间表 4＝订购项 5＝更新 6＝输出 7＝输出调用
2003	任务状态 (Task status)	指明任务完成过程中的阶段或任务完成的性质的代码或短语。	ISO 23950 中定义的值： 0＝挂起 1＝激活 2＝完成 3＝中止
2004	任务包保留周期 (Task package retention period)	表示任务包多长时间周期之后可被删除。	例如： 2 小时 3 天 1 周

表 1（续）

标记	名称	描述	表示法和注释
2005	任务包许可 (Task package permission)	指明可以访问或更新一个任务包的一个或多个用户的代码或短语。	
2006	任务包描述 (Task package description)	指明一个任务包的内容或目的的短语。	
2007	任务包目标端参考 (Task package target reference)	短语，指明从存储或处理一个任务包的目标中检索信息而必要的标识符。	
2008	等待行为 (Wait action)	指明一个请求应该多快被执行的代码，与确认一个请求有关。	ISO 23950 中定义的值： 0＝未指定 1＝等待 2＝如可行等待 3＝不等待 4＝响应中不发送任务包
2009	任务包元素集 (Task package element set)	标识一条任务包记录的元素子集的短语或代码。	
3000	**更新信息** **(Update information)**	标识被更新数据和应采用的更新方式所需要的信息的数据。 它是数据元 3001-3007 的组标识符。	
3001	更新行为 (Update action)	要求或执行更新的性质的代码。	ISO 23950 中定义的值： 0＝未指定 1＝插入记录 2＝替换记录 3＝删除记录 4＝元素更新 5＝特别更新
3002	更新行为限定符 (Update action qualifier)	执行一次更新事务所必须的更多的信息的代码或短语。	UCP 示例： 空白或未定义 编辑/替换限定符 大批量编辑/替换限定符 合并限定符 其他
3003	数据库标识符 (Database identifier)	集成一个或多个数据库的唯一名称或代码。	
3004	记录样式	用抽象的记录结构的方式说明记录中数	ISO 23950 示例：

表 1（续）

标记	名称	描述	表示法和注释
	(Record schema)	据元的普遍定义。	Dublin 核心元数据 WAIS GILS 更新模式 编辑/替换模式
3005	记录句法 (Record syntax)	标识包含在一条消息中的一条或多条记录的结构的代码或短语。	例如： 未知或未定义 ISO 2709 XML HTML SGML MAB ISO 23950 示例： GRS-1 SUTRS
3006	任务更新状态 (Task update status)	指明完成一次更新任务，成功、部分成功或失败的代码或短语。	ISO 23950 中的取值： 0=未定义或未决定 1=成功(任务中所有记录被更新) 2=部分成功(任务中部分记录被更新) 3=失败(任务中没有记录被更新)
3007	记录构成 (Record composition)	指明一抽象数据库记录中元素子集的短语或代码。	这些数据可用于控制显示、保存、传输数据的总数。可请求或传输用户指定字段的完整记录。 在 ISO 23950 中源端和目标端都必须明确下列元素集名称： F=完全 B=简明
3010	结果集标识符 (Result set identifier)	由系统分配给查询命令执行后返回的结果集的词、短语或代码。	本标识符用于结果集的调用，用来显示，列入二次检索，或在一条批式编辑/替换消息中标识可使用的记录集。
3011	结果集限定符 (Resule set qualifier)	限定结果集标识符的代码或短语。	
3012	结果集大小 (Result set size)	执行查询命令检索到的记录数。	

表 1（续）

标记	名称	描述	表示法和注释
3013	**变更数据** **（Change data）**	标识被修改数据或数据修改方式的数据元组。 它是 3014-3025 的组标识符。	
3014	**变更数据旧版本** **（Change data old version）**	标识将被修改的数据的数据元组。 它是 3015-3018 的组标识符。	
3015	**变更数据旧版本标识符** **（Change data old version identifier）**	标识被变更数据的目录记录的一个字段或其他元素的数据元组。 它是数据元 4051、4054、4057-4058 的组标识符。	
3016	变更数据旧值 （Change data old value）	将被替换或删除的一个数据串的短语。	
3017	数据截断属性 （Data truncation attribute）	指明数据是否被截断和截断性质的代码或短语。	ISO 23950:1998，附录 3 Bib-1 属性集中的取值： 0＝未定义 1＝右截断 2＝左截断 3＝左和右截断 100＝无截断 101＝搜索条件中的处理数 102＝规则表达式 1 103＝规则表达式 2
3018	字符大小写敏感 （Data case sensitivity）	指明数据串中大小写是否有意义的代码。	可能的取值： 0＝大小写无意义 1＝大小写有意义
3019	**变更数据的条件数据** **（Change data conditional data）**	标识数据被修改之前用于识别这些数据的附加条件的数据元组。 它是数据元 3017-3018，3020-3021 的组标识符。	
3020	**条件数据标识符** **（Conditional data identifier）**	标识目录记录的一个字段或其他子元素的数据元组，该目录记录包含在变更其他数据前将测试的数据。 它是数据元 4051，4054，4057-4058 的组标识符。	

表 1（续）

标记	名称	描述	表示法和注释
3021	条件数据值 (Conditional data value)	标识在其他数据变更前将测试的数据串的短语。	
3022	**变更数据新版本** **(Change data new version)**	标识替换旧数据的数据的数据元组。 它是数据元 3023-3024 的组标识符。	
3023	**变更数据新版本标识符** **(Change data new version identifier)**	标识目录记录的一个字段或其他子元素的数据元组，该目录记录包含新数据或变化后的数据。 它是数据元 4051、4054、4057-4058 的组标识符。	
3024	变更数据新值 (Change data new value)	包含一个数据串的短语，该数据串将代替记录中指定的数据串或将被追加到记录中。	
3025	编辑替换类型 (Edit replace type)	标识编辑一条记录或一组命名记录的性质的代码或短语。	来自 UCP 的可能的取值： 字段替换 字段删除 字段插入 子字段替换 子字段删除 子字段插入 指示符变更 子字段合并 数据串变更
3026	合并限定符 (Merge qualifier)	标识一条目标记录的代码或短语，通过传递数据库链接与一条选择的记录或多条记录合并而成。	合并请求是一种通过传递链接数据到另外一条记录实现删除操作的形式。 合并通常用于识别重复记录。
3027	**链接限定符** **(Link qualifier)**	在两个数据库记录或记录部分之间建立链接的数据元组。 它是数据元 4026-4027 的组标识符。	
4000	**目录记录** **(Catalogue record)**	用于标识、描述和检索一个特殊实体的数据元组。 它是数据元 4001、5000、5100、5200 的组标识符。	该实体包括： 书目实体 书目实体部分 电子资源

表 1（续）

标记	名称	描述	表示法和注释
			规范标目 馆藏(复本)记录 团体信息记录 分类标目 同义词:元数据记录
4001	**编目信息** **(Cataloguing information)**	标识一特殊实体的数据元组。 它是数据元 4002-4073 的组标识符。	同义词:元数据
4002	目录记录类型 (Catalogue record type)	指明目录记录内容的性质的代码或短语。	例如: 书目 团体信息 规范 馆藏(复本) 分类 电子资源元数据
4010	**记录标识符** **(Record identifier)**	标识目录、元数据记录或文件的字符串。 它是数据元 4011-4016 的组标识符。	一条目录记录可能包含多个不同作用的标识符。如: 一个用来标识目录记录本身,另一个用来标识书目项或规范。
4011	国际标准编码名 (International standard numbering code name)	标识一个实体(如书目项或部分、规范标目或馆藏)的国际标准编号代码名称。	例如: 0=ISBN(ISO 2108) 1=ISSN(ISO 3297) 2=ISRC(ISO 3901) 3=ISMN(ISO 10957)
4012	国际标准号 (International standard number)	分配给一实体(如书目项或某部分,规范标目或馆藏)的国际标准号。	
4013	目录记录标识符代码 (Catalogue record identifier code)	标识数字系统或目录记录标识符(4014)中包含的检索数据的类型的代码或短语。	例如: 英国国家书目号 美国国会图书馆控制号 题名查找串 作者/题名查找串 URI 统一资源标识符 URL 统一资源定位符 URN 统一资源名 PURL 永久通用资源地址

表 1（续）

标记	名称	描述	表示法和注释
			DOI 数字资源对象标识符
4014	目录记录标识符 (Catalogue record identifier)	分配给一个实体（如：书目记录、规范标目、馆藏（复本）或文献）的唯一标识符。	可取值包括由国家书目和其他机构分配的编号。该数据元也可包含用于标识题名的字母顺序的关键数据。 例如：英国国家书目号 美国国会图书馆控制号 题名查找串 作者/题名查找串 同义词：资源标识符
4015	附加标识符 (Supplemental identifier)	与目录记录标识符联合，唯一地标识目录记录的短语。	它可是一个时间标记（见 0004）或版本号，也可采用其他形式，如：一个记录的早先版本。
4016	相关信息 (Correlation information)	在特定任务中用来标识一条记录的短语。	可用于一个记录标识符不明确的记录的任务包中。
4017	**属性 (Attributes)**	在一条目录记录中定义数据属性的数据元组。 它是数据元 4018-4020 的组标识符。	
4018	目录记录语种 (Catalogue record language)	指明生成目录记录所用的语种或书目记录或部分书目记录所用语种的代码或词。	所用语种代码引自 GB/T 4880.2
4019	目录记录字符集 (Catalogue record character set)	代码或词，用于指明数据编码字符集，或用于指明在一个或多个脚本中系统硬件和软件处理一种或多种编码数据的能力。	给一字符集分配的国际标准号通常用于标识该字符集。如： GB/T 1988—1998，GB/T 13142—1991，ISO 5427，GB/T 13141—1991。
4020	目录记录转换模式 (Catalogue record transliteration scheme)	标识格式的代码或短语，该格式表示由转换字母字符书写的一个完整的按字母顺序排序的系统；或表示一种语言字符，无论原系统是否由转换语言的字母或符号的语音系统书写。	例如： ISO 9 ISO 233 ISO 259 ISO 843 ISO 3602 ISO 7098
4021	查重测试标记 (Duplicate test flag)	指明一条目录记录是否与数据库中已存在的另一条记录重复的代码或短语。	来自 UCP 的可取的值： 没有重复 怀疑重复 认定重复

表 1(续)

标记	名称	描述	表示法和注释
4022	目录记录状态 (Catalogue record status)	指明记录更新过程中一个阶段,或一次更新完成的性质的代码或短语。	取自 ISO 23950 值: 0=未定义 1=排队 2=处理中 3=成功 4=失败
4023	记录可获得性标记 (Record availability flag)	由数据库提供者发出的标记,用于指示一条记录当前不能修改或展示。	取自 UCP 可能的取值: 记录有效 记录无效 根据以前的请求已经锁定记录
4024	设置锁定标记 (Set lock flag)	发送给数据库提供者的标记,用于表示请求更改一条目录记录的状态。	可能的取值: 0=不锁定记录 1=锁定记录
4025	记录锁定描述 (Record lock description)	指明锁定一条记录和用户请求锁定的理由的短语。	
4026	链接类型 (Link type)	指明两种资源之间或数据库记录之间或部分记录之间关系的代码或短语。	可能的取值: 所有记录: 0=未定义关系 1=早期形式 2=最新形式 11=其他 书目记录: 3=较小部分,如:分析级 4=继续 规范记录: 5=首字母缩写 6=假名 7=实名 8=广义形式 9=狭义形式 10=相关形式 同义词:关系
4027	链接层次关系 (Link hierarchical relationship)	指明两个书目之间或规范记录之间或部分记录之间相关层次等级的代码或短语。	可能的取值: 0=等于 1=低到高 2=高到低

表 1（续）

标记	名称	描述	表示法和注释
4028	提供的理由 (Reason for supply)	用于指明提供书目或规范记录的原因的代码或短语。	例如： 响应联机请求 变更记录 响应保留提问 伴随一条诊断消息
4030	**自由文本注释信息** **(Free text note information)**	与一条带有附加信息的数据库记录相关的消息。 它是数据元 4031-4032 的组标识符。	
4031	自由文本注释代码 (Free text note code)	系统内部定义的，用于标识自由文本注释内容性质的代码。	例如： 书目项信息 书目部分信息 复本信息 浏览信息 有效性信息 位置信息 复制品注释 使用术语注释
4032	自由文本注释内容 (Free text note content)	与一条带有附加信息的数据库记录相关的短语。	这些自由文本注释可按需要附加在数据库记录中，诸如书目记录、书目部分记录、复本记录或规范记录等等。
4050	**编目字段信息** **(Cataloguing field information)**	标识与一个字段有关的信息的数据元组。 它是数据元 4051-4073 的组标识符。	
4051	字段标记 (Field tag)	用作一个字段标识符的数据串。	
4052	字段描述 (Field description)	定义一个字段内容的性质的短语。	
4053	**字段属性** **(Field attributes)**	在一个字段内定义数据属性的数据元组。 它是数据元 4018-4020 的组标识符。	
4054	字段序号 (Field sequence number)	定义一条记录内一个字段位置的编号。	
4055	字段指示符	与一个字段相关的字符（字母或数字），提	

表 1（续）

标记	名称	描述	表示法和注释
	(Field indicator)	供有关该字段内容的附加信息，有关同一记录中该字段与其他字段之间的关系或在某数据操作过程中要求行为的附加信息。	
4056	子字段 (Subfield)	在一个字段内定义的信息单元。	
4057	子字段标识符 (Subfield identifier)	标识在一个变长字段内单个子字段的代码。	
4058	子字段序号 (Subfield sequence number)	在一条目录记录的某一字段内定义的一个子字段位置的编号。	
4059	不排序开始 (Non-sort begin)	指明在该代码后的数据不用来构造索引或归档。	
4060	不排序结束 (Non-sort end)	指明不用来索引或归档的数据串终止的代码。	
4061	字符集变更标记 (Character set change flag)	指明本标记后面的数据与先前的数据使用不同的字符集。	
4070	**子字段属性** **(Subfield attributes)**	定义一个子字段内的数据属性的数据元组。 它是数据元 4018-4020 的组标识符。	
4071	校验指示符 (Validation indicator)	指明一记录、字段或子字段中的编目数据是否正确的代码或短语。	该指示符在错误情况下发送数据，以响应一个编目事务。 取自 UCP 的值： 0＝有效并接受 1＝无效标记-拒绝字段 2＝无效子字段-拒绝子字段 3＝无效子字段-拒绝字段 4＝无效指示符-拒绝字段 5＝无效指示符-警告 6＝丢失或无效的固定代码元素-缺省应用 7＝丢失或无效的固定代码元素-拒绝字段 8＝丢失或无效的固定字段元素-拒绝元素或子字段 9＝无效数值-拒绝字段 10＝无效数值-拒绝元素或子字段 11＝字段无效重复-拒绝字段 12＝无效元素或子字段重复-拒绝元素或子字段 13＝元素或子字段无效重复-拒绝字段 14＝丢失或无效的必备字段-拒绝记录

表 1（续）

标记	名称	描述	表示法和注释
			15＝丢失或无效的必备字段-缺省应用 16＝丢失或无效的必备元素或子字段-拒绝记录 17＝丢失或无效的必备元素或子字段-拒绝字段 18＝丢失或无效的必备元素或子字段-缺省应用 19＝非排序元素的无效结构-拒绝记录 20＝非排序元素的无效结构-拒绝字段 21＝非排序元素的无效结构-拒绝元素或子字段 22＝非排序元素的无效结构-带警告接受 23＝固定字段的无效长度-拒绝字段 24＝其他
4072	规范指示符 （Authorized indicator）	指明一个新标目同数据库中已经存在的规范标目相比较的结果代码。	可能的取值： 从导入的书目记录中获取标目： 0＝同文件上现存的标目匹配 1＝生成新标目 2＝用较好标目替换不好的数据 3＝不可用，数据没有经过规范 从导入的规范记录中获取标目： 4＝生成新标目 5＝拒绝新标目-与现存标目匹配 6＝拒绝新标目-与现有不推荐的标目匹配
4073	规范状态 （Authority status）	标识一个标目是否经过规范的代码或短语。	可能的取值： 0＝未规范或未决定 1＝规范
5000	**书目信息** **（Bibliographic information）**	组成书目记录特定信息的数据元组。 它是数据元 5001-5070 的组标识符。	
5001	记录内容类型 （Record content type）	标识书目实体或资源的内容的词或代码。	例如： 文本 音乐乐谱 测绘资料 投影和视频材料 录音，非音乐的 录音，音乐的 二维图 计算机介质

表 1（续）

标记	名称	描述	表示法和注释
			多媒体 立体资料 其他
5002	书目级别 (Bibliographic level)	用于标识实体的出版级别的词或代码。	例如： 专著 连续出版物 分析或组成部分 文集 其他
5003	书目编码等级 (Bibliographic encoding level)	指明书目记录编目内容完成情况的代码或短语	例如： 完全(空的) 级 1,未审查条目 级 2,在版编目(CIP) 级 3,未完成,不是在版编目
5004	复本数量 (Copies count)	与书目记录相关的物理拷贝或部分拷贝数量总计。	该信息可包含在书目记录中,或用于响应书目记录合并请求。
5005	位置计数 (Locations count)	拥有书目实体或资源的一个或多个复本的物理位置的数量总计。	该信息可包含在书目记录中给出,或用于响应书目记录合并请求。
5010	**书目著录** **(Bibliographic description)**	描述书目实体或资源的主要数据元组。它是数据元 4010,5011-5050 的组标识符。	书目信息在 MARC 语法(ISO 2709)中是非结构化的，该数据元组在 Dublin 核心格式或类似馆际互借或采访信息的数据元素中使用。当使用 MARC 语法时,数据元 4051-4058 分别用作字段标记、子字段和指示符。 同义词:资源描述
5011	作者或创作者 (Author or creator)	为生产书目实体或资源的知识内容负主要责任的个人或团体。	包括文章作者、艺术家、生成可视资源的摄影师或绘图师,也包括音乐作品的作曲家。 某些国家实际规定作者名应按结构化形式,姓名结构化是为文件存取而实际考虑的,然而 GB/T 19688 没有相关说明。
5012	题名	通常由生产者或出版者给出的书目实	涉及各类题名的例子：

表 1（续）

标记	名称	描述	表示法和注释
	(Title)	体或资源的名称。	主要题名 识别题名 统一题名 并列题名 其他变化题名
5013	丛书 (Series)	给予相互关联而又各自独立的出版物编号的名称，每个出版物有自己的题名和适于整个组或亚组的总题名。	
5014	版本 (Edition)	标识实体的一组拷贝，从主版拷贝而来，或者是生产的，具有相同类型映象、相同的内容。在非书资料的情况下，由特定出版机构或同类出版机构团体发行。	
5015	出版地 (Place of publication)	出版商或制造商的地理位置。	
5016	出版者 (Publisher)	生产书目实体或资源的责任实体。	包括出版社、大学院系和合作团体。如适用，可包含发行者或生产商。
5017	其他贡献者 (Other contributor)	书目实体或资源的第二生产者(个人或团体)，并不是最重要的知识贡献者。	例如： 编者、转录者、插图画家、翻译者
5018	值 (Value)	替换一实体的成本估算，或以实体展示的值。	
5019	内容形式 (Form of contents)	描述书目实体或资源的内容、部分内容的类型或性质的代码或短语。	例如： 书目、目录、索引、文摘或摘要、字典、百科全书、名录、专利、学位论文、技术报告 同义词：资源类型
5020	卷号 (Number of volumes)	标识组成一个实体(如：缩微胶片、卷、记录、邮箱、套等)的物理卷号。	
5021	页码 (Pagination)	实体页数的编码。	
5022	实体大小 (Size of item)	实体的物理容积。	包括音乐出版物的格式(即乐谱、乐谱一部分)和视听材料的相关细节(如运行时间)。

表 1(续)

标记	名称	描述	表示法和注释
			包括与文件存储格式的尺寸相对应的文件尺寸(如:按字符或兆字节)。
5023	附件 (Accompanying material)	有关实体其他材料的描述。	
5024	实体格式(技术说明) (Format of item (technical specifications))	书目项或资源的物理或数字化表现,通常制约其用途。	如:胶片规格、缩微原片的还原率、微机软件版本、计算机磁盘或盒式盘的容量、磁盘格式(即指示读取电子实体的系统要求)、无酸纸
5025	装订类型 (Binding type)	一实体的封面类型	例如:平装本、布封面、图书馆装订、其他
5026	频率 (Frequency)	连续出版物的出版间隔。	如:按日、按周、按月、按双月、按季、按年、按半月、按半年、不定期、按两年、按半周、按双周、一年三期、三年一期、未知、其他
5027	馆藏摘要 (Summary holdings statement)	指明连续出版的书目项或资源的馆藏开始、结束和完成的短语。	通常与发行标识(5040)联用表示一个范围,指明持续馆藏和状态,或用一对发行标识符指明一个特定范围。 也可在该范围内包括一个完整显示。
5028	保留政策 (Retention policy)	指明连续出版物或多部题名的单个发行实体的保留范围和保留时间周期的代码或短语。	如:未知;其他;除更新过的保留;保留发行的样本;保留到缩微制品替换前;保留到有累加、修订版或替换卷代替之前;保留一有限周期;不保留;永久保留
5029	资源来源 (Resource source)	参考书目项或资源,现有书目项和资源是由其衍生的。	在现有资源中可全部或部分使用源资源。
5030	资源范围 (Resource coverage)	对书目项或资源的内容范围的陈述。	范围包含具体位置(地名或地理座标)、临时周期(一个周期标记、日期或日期范围)或管辖范围(一命名的行政实体)。 临时范围与其关注资源是什么,不如关注它是何时生成的(见 A.3/29)或何时有效的(见 A.3/28)。
5031	**版权管理 (Rights management)**	描述访问、拷贝、修改或删除一资源的知识产权和发布权的数据元组。	

表 1（续）

标记	名称	描述	表示法和注释
		它是数据元 5032-5034，5210，5213-5214 的组标识符。	
5032	版权所有人 (Owner of rights)	拥有书目项或资源的知识产权和/或发布权的个人、团体或服务部门。	
5033	版权接收者 (Receiver of rights)	有资格存取、拷贝、修改、删除书目项或资源的个人和团体。	
5034	版权 (Rights)	关于存取、拷贝、修改和删除一个书目项或资源知识产权或发布权的陈述。	
5035	资源语种 (Language of resource)	指明资源知识内容语种的代码或词。	语种代码见 GB/T 4880
5040	**期标识** **(Issue identification)**	标识按分册出版的一实体单元并标识这分册与整个实体关系的数据元组。 它是数据元 5041-5050 的组标识符。	
5041	**计数和年代** **(Enumeration and chronology)**	标识按分册连续出版的实体的一个单元的数据元组。 它是数据元 5042-5049 的组标识符。	
5042	**计数描述** **(Enumeration description)**	由按分册出版的实体单元的数字标识组成的数据元组。 它是数据元 5043-5045 的组标识符。	
5043	计数等级 (Enumeration level)	一个数字，标识在计数和年代组中同其他类似元素有关的计数元素的序列。	
5044	计数标题 (Enumeration caption)	描述计数元素内容和级的标记。	
5045	计数 (Enumeration)	标识按分册出版的实体单元并标识该部分与整个实体关系的数字、字母或词。	
5046	**年代描述** **(Chronological description)**	由按分册出版的实体单元的年代标识组成的数据元组。 它是数据元 5047-5049 的组标识符。	
5047	年代级别 (Chronology level)	一个数字，标识在计数和年代组中同其他类似元素有关的年代元素的序列。	

表 1（续）

标记	名称	描述	表示法和注释
5048	年代标题 (Chronology caption)	描述年代元素内容和级别的标记。	
5049	年代 (Chronology)	表示一个时间周期的短语，标识按分册出版的实体单元并标识该部分与整个实体的关系。	
5050	期标识符 (Issue identifier)	唯一标识按分册连续出版的实体单元的编号或短语。	可包含一个连续出版物的单册标识或在一期中的一篇文章的标识。 例如：SICI
5060	非描述性的书目元 (Non-descriptive bibliographic element)	标识书目记录中编码、检索、注释和其他信息部分的数据元组，没有描述书目实体或资源。 它是数据元 5061-5066 的组标识符。	书目信息在 MARC 语法(ISO 2709)中是非结构化的，该数据元组在 Dublin 核心格式或类似馆际互借或采访信息的数据元素中使用。当使用 MARC 语法时，数据元 4051-4058 分别用作字段标记、子字段和指示符。
5061	**附加数据检索元素** **(Additional data retrieval element)**	附加到书目或元数据记录中方便书目实体或资源检索的数据元组。 它是数据元 5062-5064 的组标识符。	
5062	主题或关键词 (Subject or keyword)	指明书目实体或资源的主题的词或短语。	一般用描述主题或内容的关键词或短语表达主题。 主题标目可使用控制词表。
5063	分类 (Classification)	结构化字符串，用于指明一个书目项或资源的主题，以及它与相关项的序列关系。	
5064	主题检索代码 (Subject retrieval code)	描述书目实体或资源的主题属性，以方便检索的代码。	如： 地理区域代码 历史阶段代码
5065	书目注释 (Bibliographic note)	提供有关书目记录的附加信息的词或短语。	例如： 一般注释 装订注释 复制注释
5066	文摘或描述 (Abstract or description)	资源或书目实体内容的文本描述。	包括文摘、内容的图形表示和自由文本内容的描述。 如：可视资源

表 1（续）

标记	名称	描述	表示法和注释
5070	**资源发现元数据（Resource discovery metadata）**	由描述电子资源的核心元素组成的数据元组。 它是数据元 4013、4014、4026、5011、5012、5016、5017、5019、5024、5029-5035、5062、5066、A.3/28-A.3/31 的组标识符。	该数据元被定义为跨学科资源发现的核心元素。 同义词：Dublin 核心元数据
5100	**规范信息（Authority information）**	组成规范记录信息的数据元组。 它是数据元 4010、5101-5104 的组标识符。	书目信息在 MARC 语法（ISO 2709）中是非结构化的，该数据元组在 Dublin 核心格式或类似馆际互借或采访信息的数据元素中使用。当使用 MARC 语法时，数据元 4051-4058 分别用作字段标记、子字段和指示符。
5101	规范标目（Established heading）	指明名称、题名、主题或其他标目的标准形式，以便于数据库记录存储和检索的短语。	
5102	标目类型（Heading type）	指明有关数据对照和标目数据标准化的特定标目的标目组代码或短语。	如： 未知或未定义 个人名称 团体名称 区域或地理名称 家族名称 统一题名 文集统一题名 名称/题名 名称/文集统一题名 学科主题 其他
5103	交替标目形式（Alternative heading form）	标识不用于数据库存储和检索的名称、主题、题名和其他标目类型形式的短语，但链接到可用于数据库存储和检索短语的相同标目的其他形式。	同义词：参见。
5104	书目出现计数（Bibliographic occurrence count）	直接与规范记录有关的数据库中的书目记录的数量计算。	该信息可在一条规范记录中给出，或在响应一条规范记录合并请求时给出。

表 1（续）

标记	名称	描述	表示法和注释
5200	**复本标识** **(Copy identification)**	标识图书馆收藏中一个书目项或资源的特殊拷贝的数据元组。 它是数据元 4010、5201-5216 的组标识符。	书目信息在 MARC 语法(ISO 2709)中是非结构化的，该数据元组在 Dublin 核心格式或类似馆际互借或采访信息的数据元素中使用。当使用 MARC 语法时，数据元 4051-4058 分别用作字段标记、子字段和指示符。
5201	内部复本标识 (Internal copy identification)	系统用来标识事务中涉及拷贝的唯一编号或代码。	该编号是系统标识一拷贝时使用的号码。它与条形码形式出现在拷贝上的拷贝标识号(5202)明显不同。
5202	复本标识号 (Copy identification number)	发送给一个系统标识一拷贝的的编号或短语。	通常是一个条形码。该码可与机构标识符代码(1035)和/或永久位置(5204)组合使用，以保证它的唯一性。它与系统内部拷贝标识(5201)明显不同。
5203	复本号校验位算法 (Copy number check digit algorithm)	为了生成和校正一个拷贝标识号中的校正位而使用的算法的名称。	
5204	**永久位置** **(Permanent location)**	当一个拷贝不使用、不出借或不预约时，在图书馆存放的部门名称或代码。 它是数据元 1036、1037 和 1056 的组标识符。	如果一个不同于永久位置的当前位置(5206)存在，它通常指明一拷贝相对于永久位置的实际位置。
5205	**临时位置** **(Temporary location)**	在某段时间内存放拷贝的图书馆部门的名称或代码，此时永久位置无效。 它是数据元 1036、1037 和 1056 的组标识符。	如果一个不同于临时位置的当前位置(5206)存在。它通常指明一拷贝相对于临时位置的实际位置。
5206	**当前位置** **(Current location)**	在某一特定时间一个拷贝在馆内的部门或最后出借、归还或被发现的位置的名称或代码。 它是数据元 1036、1037 和 1056 的组标识符。	与永久位置(5204)和临时位置(5205)有关。
5207	复本架位 (Copy shelf locater)	标识某拷贝与其他拷贝相关的放置位置的字符串。	一般包括一个前缀、主体字符串，如：分类号和后缀。 同义词：索取号

表 1（续）

标记	名称	描述	表示法和注释
5208	复本号 (Copy number)	附加到拷贝架位上，用以区别指定拷贝与同一书目项或资源的其他拷贝的编号或短语。	
5209	物理条件 (Physical condition)	对一个实体的特定拷贝的物理条件的描述。	
5210	使用条件 (Conditions of use)	对提供或使用一个拷贝的限制说明。	例如： 无限制 仅在珍藏图书室使用 仅限空调房使用 不允许图书馆外使用 不能拍照 预付
5211	馆藏编码等级 (Holdings encoding level)	标识书目馆藏记录的详细等级的代码。	取自 ISO 10324 的值 级 1—仅位置 级 2—位置加一般内容信息 级 3—位置加馆藏概要内容
5212	采访状态 (Acquisitions status)	标识一个订购实体的接受状态的代码。	取自 ISO 10324 的值 0＝未知 1＝其他 2＝已完成 3＝订购中 4＝现已收到(连续出版物) 5＝现未收到(连续出版物)
5213	费用类型 (Fee type)	表示罚款或费用产生原因的代码。	可能的取值： 0＝未定义费用 1＝管理费 2＝损坏费 3＝过期罚款 4＝处理费 5＝借阅或租用费 6＝替换费 7＝提供或复制费
5214	费用总计 (Amount of fee)	表示与一个事务相关的罚款或费用的钱款总和。	
5215	流通类别 (Circulation category)	指明一事物处理时的特别限制的代码。	在确定一个借阅周期时，该代码可与用户类型和安全级(1254)组合使用。 可能的取值：

表 1（续）

标记	名称	描述	表示法和注释
			0=未决定 1=不借阅 2=仅在图书馆内使用 3=仅可出借一天 4=仅在珍藏图书室使用 5=不允许续借 6=由用户类型限制流通，短借阅周期 7=由用户类型限制流通，普通借阅周期 8=由用户类型限制流通，长借阅周期 9=学年借阅 10=学期借阅 11=提供有效，不用还 同义词：借阅政策
5216	复制政策 (Reproduction policy)	指明一个实体可否提供复制的代码或短语。	可能的取值： 0=未决定 1=可复制 2=不可复制
9005	日期/时间限定符 (Date/time qualifier)	指明在给定日期将发生或已发生的一个活动或状态的词或代码。	附录 A.3 给出了一组指定限定符。与日期(0003)和时间戳(0004)连用。
9010	帮助主题 (Help topic)	指明系统功能、操作或服务的词或短语。这些向用户提供的说明性信息可用来阐明系统的功能以及使用这些功能的步骤。	可向附加事务信息(0020)和事务错误状态(0025)提供帮助信息。

5 索引

索引款目包括在目录中所列的中文数据元组和数据元值(即代码)的名称、关键词和同义词，还包括附录 A.2 所列的特殊消息和数据类型的名称、关键词和同义词。款目按汉语拼音排列。标有“参照”的右列给出索引款目的标记或附录号和代码(如果可用)。

表 2　索引(按款目中文名称汉语拼音顺序排列)

款目		参照
中文名称	英文名称	
CPU 时间	CPU time	1022 代码 0
DOI(数字资源对象标识符)	DOI (digital object identifier)	4013,例
Dublin 核心	Dublin core	3004,例
Dublin 核心元数据	Dublin core metadata	5070
ISO 233	ISO 233	4020,例
ISO 259	ISO 259	4020,例
ISO 2709	ISO 2709	3005,例
ISO 3602	ISO 3602	4020,例
ISO 7098	ISO 7098	4020,例
ISO 843	ISO 843	4020,例
ISO 9	ISO 9	4020,例
MAB	MAB	3005,例
URI(统一资源标识符)	URI (uniform resource identifier)	4013,例
URL(统一资源定位符)	URL (uniform resource locator)	4013,例
URN(统一资源名)	URN (uniform resource name)	4013,例
WAIS	WAIS	3004,例
安全级	Security level	1254
安全违规	Security violation	1253
按半年	Semi-annually	5026,例
按半月	Semi-monthly	5026,例
按半周	Semi-weekly	5026,例
按季	Quarterly	5026,例
按两年	Biennially	5026,例
按两月	Bi-monthly	5026,例
按两周	Bi-weekly	5026,例
按年	Annually	5026,例
按日	Daily	5026,例
按月	Monthly	5026,例
按周	Weekly	5026,例
百科全书	Encyclopaedia	5019,例
版本	Edition	5014
版权	Rights	5034
版权管理	Rights management	5031
版权接收者	Receiver of rights	5033
版权结束日期/时间	Date/time rights terminate	A.3 代码 31
版权开始日期/时间	Date/time rights commence	A.3 代码 30
版权所有人	Owner of rights	5032
伴随一条诊断信息	Accompanying a diagnostic message	4028,例

表 2（续）

款目		参照
中文名称	英文名称	
帮助主题	Help topic	9010
保留查询	Persistent query	2002 代码 2
保留到缩微制品替换前	Retained until replaced by microform	5028,例
保留到有累加、修订版或替换卷替换之前	Retained until replaced by cumulation, revision or replacement volume	5028,例
保留结果集	Persistent result set	2002 代码 1
保留样本发行	Sample issue retained	5028,例
保留一有限周期	Retained for a limited period	5028,例
保留政策	Retention policy	5028
编辑/替换模式	Edit/replace schema	3004,例
编辑/替换限定符	Edit/replace qualifier	3002,例
编辑替换类型	Edit replace type	3025
编目信息	Cataloguing information	4001
编目字段信息	Cataloguing field information	4050
编者	Editor	5017,例
变更记录	Record changed	4028,例
变更数据	Change data	3013
变更数据旧版本	Change data old version	3014
变更数据旧版本标识符	Change data old version Identifier	3015
变更数据旧值	Change data old value	3016
变更数据的条件数据	Change data conditional data	3019
变更数据新版本	Change data new version	3022
变更数据新版本标识符	Change data new version Identifier	3023
变更数据新值	Change data new value	3024
标目类型	Heading type	5102
标识请求	Identification request	A. 2 代码 002
标识应答	Identification response	A. 2 代码 003
标准通用置标语言	SGML	3005,例
不保留	Not retained	5028,例
不等待	Do not wait	2008 代码 3
不定期	Irregularly	5026,例
不借阅	Not for loan	5215 代码 1
不可复制	Will not reproduce	5216 代码 2
不可用,数据没有经过规范	Not applicable, data not authorized	4072 代码 3
不能拍照	May not be photocopied	5210,例
不能识别的安全级	Unrecognized security level	1253 代码 2

表 2(续)

款目		参照
中文名称	英文名称	
不能使其无效	Override not possible	0022 代码 3
不排序结束	Non-sort end	4060
不排序开始	Non-sort begin	4059
不适合的规范	Inappropriate authentication	1253 代码 0
不锁定记录	Unlock record	4024 代码 0
不锁定请求	Unlock request	A.2 代码 421
不锁定响应	Unlock response	A.2 代码 422
不允许图书馆外使用	Use outside library building not permitted	5210,例
不允许续借	Renewals not permitted	5215 代码 5
不足的访问权限	Insufficient access rights	1253 代码 3
布封面	Cloth	5025,例
部分成功(任务中部分记录被更新)	Partially successful (some records in task updated)	3006 代码 2
采访状态	Acquisitions status	5212
采访状态日期/时间	Date/time acquisitions status	A.3 代码 27
参见	See reference	5103
参考标识符	Reference identifier	1017
参与者职能	Participant's function	1011
操作确认	Operation confirmation	1252
操作认可	Operation approval	A.2 代码 008
操作者	Operator	1011 代码 3
测绘资料	Cartographic material	5001,例
查重测试标记	Duplicate test flag	4021
插入记录	Record insert	3001 代码 1
插图画家	Illustrator	5017,例
超文本标记语言	HTML	3005,例
成功(目录记录状态)	Success (catalogue record status)	4022 代码 3
成功(任务中所有记录被更新)	Success (all records in task updated)	3006 代码 1
成功的	Successful	0011 代码 1
城市	City	1059
出版地	Place of publication	5015
出版日期/时间	Date/time of publication	A.3 代码 28
出版者	Publisher	5016
初始请求	Initialize request	A.2 代码 004
初始响应	Initialize response	A.2 代码 005
除更新过的保留	Retained except where updated	5028,例
处理费	Processing fee	5213 代码 4
处理挂起	Processing suspended	1019 代码 1

表 2(续)

款目		参照
中文名称	英文名称	
处理未挂起	Processing not suspended	1019 代码 0
处理中	In process	4022 代码 2
触发资源控制	Trigger resource control	1211 代码 4
传递服务	Delivery service	1053
传输包	Packets transmitted	1022 代码 7
传真号码	Telefacsimile number	1072
磁带数	Number of tapes	1022 代码 11
磁盘访问次数	Number of disk accesses	1022 代码 10
磁盘格式	Diskette format	5024,例
丛书	Series	5013
大批量编辑/替换请求	Bulk edit/replace request	A.2 代码 423
大批量编辑/替换限定符	Bulk edit/replace qualifier	3002,例
大批量编辑/替换响应	Bulk edit/replace response	A.2 代码 424
大小写无意义	Case not significant	3018 代码 0
大小写有意义	Case significant	3018 代码 1
当前地址(当前地址标记)	Current (Current address flag)	1054 代码 0
当前地址标记	Current address flag	1054
当前会话开始日期/时间	Date/time current session begins	A.3 代码 02
当前位置	Current location	5206
等待	Wait	2008 代码 1
等待行为	Wait action	2008
等于	Equal	4027 代码 0
低到高	Lower to higher	4027 代码 1
地理区域代码	Geographic area code	5064,例
地区	Region	1061
地域	Locality	1060
地址	Address	1050
地址类型	Address type	1052
地址无效日期/时间	Date/time address invalid	A.3 代码 14
地址有效日期/时间	Date/time address valid	A.3 代码 13
地址指示	Address instruction	1051
电话号码	Telephone number	1071
电子邮件标识符	Electronic mail identifier	1073
电子资源	Electronic resources	4000,例
订购项	Item order	2002 代码 4
订购中	On order	5212 代码 3
定期查询时间表	Periodic query schedule	2002 代码 3
丢失或无效的必备元素或子字段—拒绝记录	Missing or invalid mandatory element or subfield-record rejected	4071 代码 16
丢失或无效的必备元素或子字段—拒绝字段	Missing or invalid mandatory element or subfield- field rejected	4071 代码 17

表 2（续）

款目		参照
中文名称	英文名称	
丢失或无效的必备元素或子字段—缺省应用	Missing or invalid mandatory element or subfield-default applied	4071 代码 18
丢失或无效的必备字段—拒绝记录	Missing or invalid mandatory field-record rejected	4071 代码 14
丢失或无效的必备字段—缺省应用	Missing or invalid mandatory field-default applied	4071 代码 15
丢失或无效的固定代码元素—拒绝字段	Missing or invalid fixed code element-field rejected	4071 代码 7
丢失或无效的固定代码元素—缺省应用	Missing or invalid fixed code element-default applied	4071 代码 6
丢失或无效的固定字段元素—拒绝元素或子字段	Missing or invalid fixed field element-element or subfield rejected	4071 代码 8
读取	Read access	1014 代码 2
对话语种	Language of dialogue	1212
对话字符集	Character set of dialogue	1213
多媒体	Multimedia	5001，例
二维图	Two-dimensional graphic	5001，例
翻译者	Translator	5017，例
访问控制	Access control	1211 代码 6
访问请求	Access request	A.2 代码 001
访问权限	Access privileges	1250
非当前地址（当前地址标记）	Not current (current address flag)	1054 代码 1
非描述性的书目元	Non-descriptive bibliographic element	5060
非排序元素的无效结构—带警告接受	Invalid structure of non-sort element-accepted with warning	4071 代码 22
非排序元素的无效结构—拒绝记录	Invalid structure of non-sort element-record rejected	4071 代码 19
非排序元素的无效结构—拒绝元素或子字段	Invalid structure of non-sort element-element or subfield rejected	4071 代码 21
非排序元素的无效结构—拒绝字段	Invalid structure of non-sort element-field rejected	4071 代码 20
费用类型	Fee type	5213
费用限制	Cost constraint	1020
费用总计	Amount of fee	5214
分段级 1	Segmentation level 1	1211 代码 11
分段级 2	Segmentation level 2	1211 代码 12

表 2（续）

款目		参照
中文名称	英文名称	
分类	Classification	5063
分类标目	Classification headings	4000,例
分析或组成部分	Analytic or component part	5002,例
服务提供者	Service provider	1011 代码 0
服务文档	Service profile	1210
附加标识符	Supplemental identifier	4015
附加事务信息	Additional transaction information	0021
附加事务信息组	Additional transaction information group	0020
附加数据检索元素	Additional data retrieval element	5061
附件	Accompanying material	5023
复本标识	Copy identification	5200
复本标识号	Copy identification number	5202
复本号	Copy number	5208
复本号校验位算法	Copy number check digit algorithm	5203
复本架位	Copy shelf locater	5207
复本数量	Copies count	5004
复制费	Reproduction fee	5213 代码 7
复制政策	Reproduction policy	5216
复制注释	Reproduction note	5065,例
高到低	Higher to lower	4027 代码 2
个人名称	Personal name	5102,例
根据以前的请求已经锁定记录	Record locked as per request	4023,例
更新	Update	2002 代码 5
更新模式	Update schema	3004,例
更新信息	Update information	3000
更新行为	Update action	3001
更新行为限定符	Update action qualifier	3002
固定字段的无效长度—拒绝字段	Invalid length of fixed field-field rejected	4071 代码 23
挂起	Suspend	A.2 代码 007
挂起(任务状态)	Pending (Task status)	2003 代码 0
挂起标记	Suspend flag	1019
关闭	Close	1211 代码 22
关系	Relation	4026
馆藏(复本)记录	Holdings (copies) records	4000,例
馆藏编码等级	Holdings encoding level	5211
馆藏日期/时间报告	Date/time holdings statement reported	A.3 代码 26
馆藏摘要	Summary holdings statement	5027

表 2（续）

款目		参照
中文名称	英文名称	
管理费	Administrative fee	5213 代码 1
广义形式	Broader form	4026 代码 8
规范	Authorized	4073 代码 1
规范标目	Authority headings	4000，例
规范标目	Established heading	5101
规范信息	Authority information	5100
规范指示符	Authorized indicator	4072
规范状态	Authority status	4073
规则表达式 1	Regular expression 1	3017 代码 102
规则表达式 2	Regular expression 2	3017 代码 103
国际标准号	International standard number	4012
国际标准编码名	International standard numbering code name	4011
国际标准乐谱编号（ISO 10957）	ISMN（ISO 10957）	4011，例代码 3
国际标准连续出版物编号（ISO 3297）	ISSN（ISO 3297）	4011，例代码 1
国际标准识别符（ISO 15511）	ISIL（ISO 15511）	1035，例
国际标准图书编号（ISO 2108）	ISBN（ISO 2108）	4011，例代码 0
国际标准音像制品编号（ISO 3901）	ISRC（ISO 3901）	4011，例代码 2
国家	Country	1062
国家邮件服务	National mail sevice	1053 代码 0
过期罚款	Overdue fine	5213 代码 3
合并限定符	Merge qualifier	3002，例 3026
怀疑重复	Suspected duplicate	4021
欢迎使用	Welcome herald	A.2 代码 006
会话标识符	Session identifier	1015
会话参数	Session parameters	1200
会话长度限制	Session length constraint	1021
会话结束日期/时间	Date/time session ended	A.3 代码 11
会话开始日期/时间	Date/time session started	A.3 代码 10
会话事务历史	Session transaction history	1150
会话数	Number of sessions	1022 代码 4
会话细节	Session details	1000
机构标识	Institution identification	1030
机构标识符	Institution identifier	1036
机构标识符代码	Institution identifier code	1035
机构公章	Official seal of institution	1037
机构名	Name of institution	1031

表 2(续)

款目		参照
中文名称	英文名称	
机构名下属单元	Subordinate unit of institution name	1033
机构名主要单元	Main unit of institution name	1032
激活(任务状态)	Active (Task status)	2003 代码 1
级 1(馆藏编码等级)—仅位置	Level 1 (holdings encoding level)-locations only	5211,例
级 1(书目编码等级)未审查条目	Level 1 (Bibliographic encoding level), item not examined	5003,例
级 2(馆藏编码等级)—位置加一般内容信息	Level 2 (holdings encoding level)-locations plus general extent information	5211,例
级 2(书目编码等级)在版编目	Level 2 (Bibliographic encoding level), pre-publication(CIP)	5003,例
级 3(馆藏编码等级)—位置加馆藏概括内容	Level 3 (holdings encoding level)-locations plus summary extent of holding	5211,例
级 3(书目编码等级)未完成,不是在版编目	Level 3 (Bibliographic encoding level), less than complete, not CIP	5003,例
计数	Enumeration	5045
计数标题	Enumeration caption	5044
计数等级	Enumeration level	5043
计数和年代	Enumeration and chronology	5041
计数描述	Enumeration description	5042
计算机磁盘或盒式盘的容量	Size of computer disk or cassette	5024,例
计算机介质	Computer media	5001,例
记录标识符	Record identifier	4010
记录构成	Record composition	3007
记录句法	Record syntax	3005
记录可获得性标记	Record availability flag	4023
记录内容类型	Record content type	5001
记录生成日期/时间	Date/time record created	A.3 代码 23
记录锁定描述	Record lock description	4025
记录锁定终止日期/时间	Date/time record lock expires	A.3 代码 25
记录无效	Record unavailable	4023
记录修改日期/时间	Date/time record modified	A.3 代码 24
记录样式	Record schema	3004
记录有效	Record available	4023
技术报告	Technical report	5019,例
继续	Continuation	4026 代码 4
继续	Continue	1018 代码 0
继续标记	Continue flag	1018

表 2(续)

款目		参照
中文名称	英文名称	
家族名称	Family name	5102,例
假名	Pseudonym	4026 代码 6
简单无格式文本记录语法	SUTRS	3005,例
简明(记录构成)	Brief (Record composition)	3007 代码 B
建筑物内位置	Location within building	1056
胶片规格	Gauge of a film	5024,例
交替标目形式	Alternative heading form	5103
较小部分如:分析级	Smaller part, e.g. analytic	4026 代码 3
街道门牌号	Street number	1058
街道名	Street name	1057
结果集标识符	Result set identifier	3010
结果集大小	Result set size	3012
结果集生成日期/时间	Date/time results set created	A.3 代码 22
结果集限定符	Result set qualifier	3011
结束	Terminate	A.2 代码 009
解释请求	Explain request	A.2 代码 063
解释响应	Explain response	A.2 代码 064
借阅或租用费	Loan or rental fee	5213 代码 5
借阅政策	Lending policy	5215 同义词
仅可出借一天	Overnight only	5215 代码 3
仅限空调房使用	Use in air-conditioned room only	5210,例
仅在图书馆使用	In-library use only	5215 代码 2
仅在珍藏图书室使用(流通类别)	Use only in rare book room (circulation category)	5215 代码 4
仅在珍藏图书室使用(使用条件)	Use in rare book room only (conditions of use)	5210,例
拒绝新标目—与现有标目匹配	New heading rejected-matches with existing heading	4072 代码 5
拒绝新标目—与现有不推荐的标目匹配	New heading rejected-matches with existing non-preferred heading	4072 代码 6
卷号	Number of volumes	5020
开帐单	Bill to	1051 代码 1
可复制	Will reproduce	5216 代码 1
可扩展置标语言	XML	3005,例
可使其无效	Override opssible	0022 代码 0
空白(保留的)	Blank (reserved)	1211 代码 9
空白或未定义(更新行为限定符)	Blank or undefined (Update action qualifier)	3002,例
口令	Password	1012
口令版本	Password edition	1013
口令类型	Password type	1014

表 2(续)

款目		参照
中文名称	英文名称	
口令使其无效	Override possible with password	0022 代码 1
扩展服务(ES)	Extended services (ES)	1211 代码 10
扩展服务—保留查询	ES-persistent query	1211 代码 16
扩展服务—保留结果集	ES-persistent result set	1211 代码 15
扩展服务—订购项	ES-item order	1211 代码 18
扩展服务—定期查询时间表	ES-periodic query schedule	1211 代码 17
扩展服务—输出调用	ES-export invocation	1211 代码 21
扩展服务—输出说明	ES-export specification	1211 代码 20
扩展服务—数据库更新	ES-database update	1211 代码 19
历史阶段代码	Historical period code	5064,例
立体资料	Three-dimensional artefacts and realia	5001,例
连接/断开日期/时间	Date/time connect/disconnect	A.3 代码 01
连接类型	Connect type	1022 代码 1
连续出版物	Serial	5002,例
链接层次关系	Link hierarchical relationship	4027
链接类型	Link type	4026
链接限定符	Link qualifier	3027
临时地址	Temporary address	1052 代码 0
临时位置	Temporary location	5205
浏览者	Reviewer	1097 代码 2
流通类别	Circulation category	5215
录音,非音乐的	Sound recording, non-musical	5001,例
录音,音乐的	Sound recording, musical	5001,例
没有重复	Not a duplicate	4021
美国国会图书馆控制号	Library of congress control number	4013,例 4014,例
名称/题名	Name/title	5102,例
名称/文集统一题名	Name/collective uniform title	5102,例
名录	Directory	5019,例
命名的结果集	Named results sets	1211 代码 14
目录	Catalogue	5019,例
目录记录	Catalogue record	4000
目录记录标识符	Catalogue record identifier	4014
目录记录标识符代码	Catalogue record identifier code	4013
目录记录不链接请求	Catalogue record unlink request	A.2 代码 415
目录记录不链接响应	Catalogue record unlink response	A.2 代码 416
目录记录插入请求	Catalogue record insert request	A.2 代码 401

表 2（续）

款目		参照
中文名称	英文名称	
目录记录插入响应	Catalogue record insert response	A.2 代码 402
目录记录合并请求	Catalogue record merge request	A.2 代码 417
目录记录合并响应	Catalogue record merge response	A.2 代码 418
目录记录或部分记录生产者	Creator of catalogue record or part	1097 代码 0
目录记录或部分记录修改者	Modifier of catalogue record or part	1097 代码 1
目录记录类型	Catalogue record type	4002
目录记录链接请求	Catalogue record link request	A.2 代码 413
目录记录链接响应	Catalogue record link response	A.2 代码 414
目录记录删除请求	Catalogue record delete request	A.2 代码 405
目录记录删除应答	Catalogue record delete response	A.2 代码 406
目录记录替换请求	Catalogue record replace request	A.2 代码 403
目录记录替换响应	Catalogue record replace response	A.2 代码 404
目录记录语种	Catalogue record language	4018
目录记录转换模式	Catalogue record transliteration scheme	4020
目录记录状态	Catalogue record status	4022
目录记录字符集	Catalogue record character set	4019
内部复本标识	Internal copy identification	5201
内部信使	Internal courier	1053 代码 2
内存	Memory	1022 代码 8
内容形式	Form of contents	5019
年代	Chronology	5049
年代标题	Chronology caption	5048
年代级别	Chronology level	5047
年代描述	Chronological description	5046
排队	Queued	4022 代码 1
排序	Sort	1211 代码 8
批式编辑/替换：见大批量编辑/替换	Batch edit/replace: see Bulk edit/replace	
频率	Frequency	5026
平均响应时间	Average response time	1023 代码 4
平装本	Paperback	5025，例
期标识	Issue identification	5040
期标识符	Issue identifier	5050
其他（保留政策）	Other (Retention policy)	5028，例
其他（采访状态）	Other (Acquisitions status)	5212 代码 1
其他（传递服务）	Other (Delivery service)	1053 代码 3
其他（地址类型）	Other (Address type)	1052 代码 4

表 2（续）

款目		参照
中文名称	英文名称	
其他(记录内容类型)	Other (Record content type)	5001,例
其他(链接类型)	Other (Link type)	4026 代码 11
其他(频率)	Other (Frequency)	5026,例
其他(书目级别)	Other (Bibliographic level)	5002,例
其他(校验指示符)	Other (Validation indicator)	4071 代码 24
其他(装订类型)	Other (binding type)	5025,例
其他贡献者	Other contributor	5017
启动延迟	Start-up delay	1023 代码 0
区域或地理名称	Territorial or geographic name	5102,例
认定重复	Confirmed duplicate	4021,例
任务包	Task package	2000
任务包保留周期	Task package retention period	2004
任务包标识符	Task package identifier	2001
任务包类型	Task package type	2002
任务包描述	Task package description	2006
任务包目标参数	Task package target reference	2007
任务包生成日期/时间	Date/time task package created	A.3 代码 20
任务包修改日期/时间	Date/time task package modified	A.3 代码 21
任务包许可	Task package permission	2005
任务包元素集	Task package element set	2009
任务更新状态	Task update status	3006
任务状态	Task status	2003
日期	Date	0003
日期/时间限定符	Date/time qualifier	9005
如可行等待	Wait if possible	2008 代码 2
三年一次	Triennial	5026,例
扫描	Scan	1211 代码 7
删除记录	Record delete	3001 代码 3
删除结果集	Delete results set	1211 代码 2
删除权限	Delete privileges	1014 代码 4
设置锁定标记	Set lock flag	4024
生成日期/时间	Date/time of creation	A.3 代码 29
生成新标目(来自规范记录)	New heading created (from authority record)	4072 代码 4
生成新标目(来自书目记录)	New heading created (from bibliographic record)	4072 代码 1
失败(目录记录的状态)	Failure (catalogue record status)	4022 代码 4
失败(任务中没有记录被更新)	Failure (no records in task updated)	3006 代码 3
时间戳	Time stamp	0004
实名	Real name	4026 代码 7

表 2（续）

款目		参照
中文名称	英文名称	
实体大小	Size of item	5022
实体格式(技术说明)	Format of item (technical specifications)	5024
识别题名	Key title	5012,例
使用条件	Conditions of use	5210
使用总量	Amount of usage	1024
事务参与者	Transaction participant	1010
事务错误条件	Transaction error condition	0025
事务号	Transaction number	0010
事务会话历史请求	Transaction session log request	A.2 代码 067
事务会话历史响应	Transaction session log response	A.2 代码 068
事务日期/时间	Date/time of transaction	A.3 代码 12
事务完成标记	Transaction completion flag	0011
首字母缩写	Acronym	4026 代码 5
书目	Bibliography	5019,例
书目编码等级	Bibliographic encoding level	5003
书目出现计数	Bibliographic occurrence count	5104
书目级别	Bibliographic level	5002
书目记录标识符代码	Bibliographic record identifier code	4013
书目实体	Bibliographic items	4000,例
书目实体部分	Parts of bibliographic items	4000,例
书目信息	Bibliographic information	5000
书目注释	Bibliographic note	5065
书目著录	Bibliographic description	5010
输出	Export	2002 代码 6
输出调用	Export invocation	2002 代码 7
输出指令	Output instructions	1014 代码 5
数据串变更	Data string change	3025
数据截断属性	Data truncation attribute	3017
数据库标识符	Database identifier	3003
数据库连接	Database connection	1014 代码 1
数据库提供者	Database provider	1011 代码 1
搜索	Search	1211 代码 0
搜索条件中的处理数	Process number in search term	3017 代码 101
损坏费	Damage fee	5213 代码 2
缩微原片还原率	Reduction ratio of microfilm	5024,例
缩写名	Abbreviated name	1034
索取号	Call number	5207
索引	Index	5019,例
锁定记录	Lock record	4024 代码 1
锁定请求	Lock request	A.2 代码 419

表 2(续)

款目		参照
中文名称	英文名称	
锁定响应	Lock response	A.2 代码 420
特别更新	Special update	3001 代码 5
提供的理由	Reason for supply	4028
提供或复制费	Supply or reproduction fee	5213 代码 7
提供有效,不用还	Available for supply without return	5215 代码 11
题名	Title	5012
题名查找串	Title search string	4013,例 4014,例
替换费	Replacement fee	5213 代码 6
替换记录	Record replace	3001 代码 2
条件数据标识符	Conditional data identifier	3020
条件数据值	Conditional data value	3021
停机率	Percentage of downtime	1023 代码 1
停止	Stop	1018 代码 1
通过安全检查可忽略	Override possible with security clearance	0022 代码 2
通讯载体	Telecommunication carrier	1064
通讯网络地址	Telenetwork address	1070
通讯网络用户标识符	Telenetwork user identifier	1074
通用记录语法-1	GRS-1	3005,例
同时操作	Concurrent operations	1211 代码 13
同文件上现存的标目匹配	Matches with an existing heading of file	4072 代码 0
统一题名	Uniform title	5012,例 5102,例
投影和视频材料	Projected and video material	5001,例
图书馆装订	Library binding	5025,例
团体名称	Corporate name	5102,例
团体信息记录	Community information records	4000,例
完成(任务状态)	Complete (Task status)	2003 代码 2
完全(记录构成)	Full (Record composition)	3007 代码 F
完全(空的)(书目编码等级)	Full (blank)(bibliographic encoding level)	5003,例
微机软件版本	Microcomputer software version	5024,例
未成功	Unsuccessful	0011 代码 0
未定义(目录记录状态)	Undefined (Catalogue record status)	4022 代码 0
未定义(任务包类型)	Undefined (Task package type)	2002 代码 0
未定义(数据截断属性)	Undefined (Data truncation attribute)	3017 代码 0
未定义费用	Undefined fee	5213 代码 0
未定义关系(链接类型)	Undefined relationship (Link type)	4026 代码 0
未定义或未决定(任务更新状态)	Undefined or undetermined (Task update status)	3006 代码 0
未规范或未决定	Unauthorized or undetermined	4073 代码 0

表 2（续）

款目		参照
中文名称	英文名称	
未决定(复制政策)	Undetermined (Reproduction policy)	5216 代码 0
未决定(流通类别)	Undetermined (Circulation category)	5215 代码 0
未知(保留政策)	Unknown (Retention policy)	5028,例
未知(采访状态)	Unknown (Acquisitions status)	5212 代码 0
未知(当前地址标记)	Unknown (Current address flag)	1054 代码 2
未知(频率)	Unknown (Frequency)	5026,例
未知或未定义(记录句法)	Unknown or undefined (Record syntax)	3005,例
未指定(等待行为)	Unspecified (Wait action)	2008 代码 0
未指定(更新行为)	Unspecified (Update action)	3001 代码 0
位置计数	Locations count	5005
文本	Text	5001,例
文集	Collection	5002,例
文集统一题名	Collective uniform title	5102,例
文摘或描述	Abstract or description	5066
文摘或摘要	Abstract or summary	5019,例
无截断	Do not truncate	3017 代码 100
无酸纸	Acid-free paper	5024,例
无限制	No restriction	5210,例
无效标记—拒绝字段	Invalid tag-field rejected	4071 代码 1
无效签名	Invalid signature	1253 代码 4
无效数值—拒绝元素或子字段	Invalid numeric-element or subfield rejected	4071 代码 10
无效数值—拒绝字段	Invalid numeric-field rejected	4071 代码 9
无效元素或子字段重复—拒绝元素或子字段	Invalid repetition of element or subfield-element or subfield rejected	4071 代码 12
无效证书	Invalid credentials	1253 代码 1
无效指示符—警告	Invalid indicators-warning	4071 代码 5
无效指示符—拒绝字段	Invalid indicators-field rejected	4071 代码 4
无效子字段—拒绝子字段	Invalid subfield-subfield rejected	4071 代码 2
无效子字段—拒绝字段	Invalid subfield-field rejected	4071 代码 3
无需确认,仅有信息	Affirmation not required;information only	0022 代码 4
物理条件	Physical condition	5209
系统故障数	Number of system malfunctions	1023 代码 2
系统连接	System connection	1014 代码 0
系统性能	System performance	1023
狭义形式	Narrower form	4026 代码 9
现未收到(连续出版物)	Not currently received (serial)	5212 代码 5
现已收到(连续出版物)	Currently received (serial)	5212 代码 4
相关信息	Correlation information	4016
相关形式	Related form	4026 代码 10

表 2(续)

款目 中文名称	英文名称	参照
响应保留提问	Response to persistent query	4028,例
响应联机请求	Response to online request	4028,例
响应中不送任务包	Do not send task package in response	2008 代码 4
消息标识	Message identification	0001
消息名	Message name	0002
校验位算法	Check digit algorithm	1094
校验指示符	Validation indicator	4071
校园邮政	Campus mail	1053 代码 1
协议版本指示符	Protocol version indicator	1214
协议选择	Protocol options	1211
写入	Write access	1014 代码 3
学科主题	Topical subject	5102,例
学年借阅	Term loan	5215 代码 9
学期借阅	Semester loan	5215 代码 10
学位论文	Dissertation	5019,例
页码	Pagination	5021
一般注释	General note	5065,例
一年三次	Three times a year	5026,例
已完成(采访状态)	Completed (Acquisitions status)	5212 代码 2
音乐乐谱	Music score	5001,例
英国国家书目号	British National Bibliography number	4013,例 4014,例
永久保留	Permanently retained	5028,例
永久地址	Permanent address	1052 代码 1
永久通用资源地址	PURL (permanent universal resource locater)	4013,例
永久位置	Permanent location	5204
用户标识	User identification	1090
用户标识号	User identification number	1093
用户角色	User's role	1097
用户口令	User password	1096
用户名	User's name	1100
用户内部标识	User's internal identification	1092
用户所属单位	User affiliation	1091
用较好的标目替换不好的数据	Non-preferred data replaced with preferred heading	4072 代码 2
由用户类型限制流通,长借阅周期	Circulation limited by user type, long loan period	5215 代码 8

表 2（续）

款目		参照
中文名称	英文名称	
由用户类型限制流通，短借阅周期	Circulation limited by user type, short loan period	5215 代码 6
由用户类型限制流通，普通借阅周期	Circulation limited by user type, normal loan period	5215 代码 7
邮政编码	Postal code	1063
邮政信箱	Post office box	1055
有效并接收	Valid and accepted	4071 代码 0
右截断	Right truncation	3017 代码 1
预付	Prepayment	5210，例
元数据	Metadata	4001，例
元数据记录	Metadata record	4000，例
元素更新	Element update	3001 代码 4
元素或子字段无效重复—拒绝字段	Invalid repetition of element or subfield-field rejected	4071 代码 13
远程通讯中断数	Number of telecommunication interruptions	1023 代码 3
运送	Ship to	1051 代码 0
早期形式	Earlier form	4026 代码 1
展现	Present	1211 代码 1
政府资源索引服务	GILS	3004，例
值	Value	5018
指令无效	Instruction override	0022
指示符变更	Indicator change	3025，例
中介、网关服务器	Intermediary, gateway server	1011 代码 2
中止（任务状态）	Aborted (Task status)	2003 代码 3
终端事务	Terminal transactions	1022 代码 9
主机系统网络地址	Host system network address	1075
主题或关键词	Subject or keyword	5062
主题检索代码	Subject retrieval code	5064
属性	Attributes	4017
专利	Patent	5019，例
专著	Monograph	5002，例
转录者	Transcriber	5017，例
装订类型	Binding type	5025
装订注释	Binding note	5065，例
资源报告	Resource report	1211 代码 3
资源报告请求	Resource report request	A.2 代码 065
资源报告响应	Resource report response	A.2 代码 066

表 2（续）

款　目		参 照
中文名称	英文名称	
资源标识符	Resource identifier	4014,同义词
资源发现元数据	Resource discovery metadata	5070
资源范围	Resource coverage	5030
资源控制	Resource control	1211 代码 5
资源来源	Resource source	5029
资源类型	Resource type	5019,同义词
资源使用类型	Resource usage type	1022
资源限制	Resource limitation	1251
资源语种	Language of resource	5035
资源著录	Resource description	5010
子会话标识符	Subsession identifier	1016
子字段	Subfield	4056
子字段标识符	Subfield identifier	4057
子字段插入	Subfield insert	3025,例
子字段合并	Subfield merge	3025,例
子字段删除	Subfield delete	3025,例
子字段替换	Subfield replace	3025,例
子字段序号	Subfield sequence number	4058
子字段属性	Subfield attributes	4070
字典	Dictionary	5019,例
字段标记	Field tag	4051
字段插入	Field insert	3025,例
字段或元素插入请求	Field or element insert request	A.2 代码 407
字段或元素插入响应	Field or element insert response	A.2 代码 408
字段或元素删除请求	Field or element delete request	A.2 代码 411
字段或元素删除响应	Field or element delete response	A.2 代码 412
字段或元素替换请求	Field or element replace request	A.2 代码 409
字段或元素替换响应	Field or element replace response	A.2 代码 410
字段描述	Field description	4052
字段删除	Field delete	3025,例
字段替换	Field replace	3025,例
字段无效重复—拒绝字段	Invalid repetition of field-field rejected	4071 代码 11
字段序号	Field sequence number	4054
字段指示符	Field indicator	4055
字段属性	Field attributes	4053
字符大小写敏感	Data case sensitivity	3018
字符集变更标记	Character set change flag	4061
自由文本注释代码	Free text note code	4031
自由文本注释内容	Free text note content	4032

表 2（续）

款目		参照
中文名称	英文名称	
自由文本注释信息	Free text note information	4030
最新会话日期/时间	Date/time of last session	A.3 代码 03
最新形式	Later form	4026 代码 2
左和右截断	Left and right truncation	3017 代码 3
左截断	Left truncation	3017 代码 2
作者/题名查找串	Author/title search string	4013,例 4014,例
作者或创作者	Author or creator	5011

6 数据元结构序列

本章给出第 4 章中所列出的数据元、数据元组的结构化表示。

用文字形式标识信息的方式给出数据元比用其他形式(如代码、图片等)标识相同信息给出数据元要好。表示某个数据元值的各种形式已在第 4 章中说明,这里不再重复。

数据元之间的逻辑关系可以用表格来反映,表格由三列组成:序号、名称和标记。这里的名称和标记分别对应于第 4 章中的第二栏和第一栏中给出数据元和数据元组的名称和标记。序号标记层次结构中的级别,如下图所示,多级序号的每一级用横杠分开。

01 一级
01-01 二级
01-01-01 三级

注:级别数量不受限制。

本结构序列可使用户更加全面地理解第 4 章目录中列出的数据元。结构化序列是本目录中数据元之间关系的说明,而不是规定。

表 3 数据元结构序列

序号	名称	标记
01	消息标识	0001
01-01	消息名	0002
01-02	日期	0003
01-03	时间戳	0004
01-04	日期/时间限定符	9005
01-05	事务号	0010
01-06	事务日期/时间	0003/0004 9005/12
01-07	事务完成标记	0011
01-08	附加事务信息组	0020
01-08-01	附加事务信息	0021
01-08-02	指令无效	0022
01-09	事务错误状态	0025
02	会话细节	1000
02-01	当前会话开始日期/时间	0003/0004 9005/02

表 3（续）

序　号	名　称	标　记
02-02	最新会话日期/时间	0003/0004 9005/03
02-03	事务参与者	1010
02-03-01	参与者职能	1011
02-03-01-01	机构标识	1030
02-03-01-01-01	机构名	1031
02-03-01-01-01-01	机构名主要单元	1032
02-03-01-01-01-02	机构名下属单元	1033
02-03-01-01-01-03	缩写名	1034
02-03-01-01-02	机构标识符代码	1035
02-03-01-01-03	机构标识符	1036
02-03-01-01-04	机构公章	1037
02-03-01-02	地址	1050
02-03-01-02-01	地址指示	1051
02-03-01-02-02	地址类型	1052
02-03-01-02-03	传递服务	1053
02-03-01-02-03-01	邮政信箱	1055
02-03-01-02-03-02	建筑物内位置	1056
02-03-01-02-03-03	街道名	1057
02-03-01-02-03-04	街道门牌号	1058
02-03-01-02-03-05	城市	1059
02-03-01-02-03-06	地域	1060
02-03-01-02-03-07	地区	1061
02-03-01-02-03-08	邮政编码	1063
02-03-01-02-03-09	国家	1062
02-03-01-02-03-10	地址有效日期/时间	0003/0004 9005/13
02-03-01-02-03-11	地址无效日期/时间	0003/0004 9005/14
02-03-01-02-03-12	地址类型	1052
02-03-01-02-03-13	当前地址标记	1054
02-03-01-02-04	通讯网络地址	1070
02-03-01-02-04-01	电话号码	1071
02-03-01-02-04-02	传真号码	1072
02-03-01-02-04-03	电子邮件标识符	1073
02-03-01-02-04-04	通讯网络用户标识符	1074
02-03-01-02-04-05	主机系统网络地址	1075
02-03-01-02-04-06	通讯载体	1064
02-03-01-02-04-07	地址有效日期/时间	0003/0004 9005/13
02-03-01-02-04-08	地址无效日期/时间	0003/0004 9005/14

表 3（续）

序　号	名　称	标　记
02-04	会话标识符	1015
02-04-01	子会话标识符	1016
02-05	参考标识符	1017
02-06	会话参数	1200
02-06-01	服务文档	1210
02-06-01-01	协议选择	1211
02-06-01-02	对话语种	1212
02-06-01-03	对话字符集	1213
02-06-01-04	协议版本指示符	1214
02-06-01-05	数据库标识符	3003
02-06-01-06	记录句法	3005
02-06-01-07	记录构成	3007
02-07	费用限制	1020
02-08	会话长度限制	1021
02-09	资源使用类型	1022
02-10	使用总量	1024
02-11	系统性能	1023
02-12	口令	1012
02-12-01	口令版本	1013
02-12-02	口令类型	1014
02-13	访问权限	1250
02-14	资源限制	1251
02-15	安全级	1254
02-16	安全违规	1253
02-17	继续标记	1018
02-18	挂起标记	1019
02-19	帮助主题	9010
02-20	会话事物历史	1150
02-20-01	会话开始日期/时间	0003/0004 9005-10
02-20-02	会话结束日期/时间	0003/0004 9005-11
03	用户标识	1090
03-01	用户角色	1097
03-02	用户控制号	
03-02-01	用户所属单位	1091
03-02-02	用户内部标识	1092
03-03	用户标识信息	
03-03-01	用户标识号	1093
03-03-02	校验位算法	1094
03-03-03	用户口令	1096

表 3（续）

序　　号	名　　称	标　　记
03-04	用户名	1100
04	任务包	2000
04-01	任务包标识符	2001
04-02	任务包类型	2002
04-03	任务状态	2003
04-04	任务包保留周期	2004
04-05	任务包许可	2005
04-06	任务包描述	2006
04-07	任务包目标参考	2007
04-08	等待行为	2008
04-09	任务包元素集	2009
04-10	任务包生成日期/时间	0003/0004 9005/20
04-11	任务包修改日期/时间	0003/0004 9005/21
05	更新信息	3000
05-01	更新行为	3001
05-02	更新行为限定符	3002
05-02-01	编辑替换限定符	
05-02-01-01	变更数据	3013
05-02-01-01-01	变更数据旧版本	3014
05-02-01-01-01-01	变更数据旧版本标识符	3015
05-02-01-01-01-01-01	字段标记	4051
05-02-01-01-01-01-02	字段序号	4054
05-02-01-01-01-01-03	子字段标识符	4057
05-02-01-01-01-01-04	子字段序号	4058
05-02-01-01-01-02	变更数据旧值	3016
05-02-01-01-01-03	数据截断属性	3017
05-02-01-01-01-04	字符大小写敏感	3018
05-02-01-01-02	变更数据条件的数据	3019
05-02-01-01-02-01	条件数据标识符	3020
05-02-01-01-02-01-01	字段标记	4051
05-02-01-01-02-01-02	字段序号	4054
05-02-01-01-02-01-03	子字段标识符	4057
05-02-01-01-02-01-04	子字段序号	4058
05-02-01-01-02-02	条件数据值	3021
05-02-01-01-03	变更数据新版本	3022
05-02-01-01-03-01	变更数据新版标识符	3023
05-02-01-01-03-01-01	字段标记	4051
05-02-01-01-03-01-02	字段序号	4054

表 3（续）

序　　号	名　　称	标　　记
05-02-01-01-03-01-03	子字段标识符	4057
05-02-01-01-03-01-04	子字段序号	4058
05-02-01-01-03-02	变更数据新值	3024
05-02-01-01-04	编辑替换类型	3025
05-02-01-02	批式编辑替换信息	
05-02-01-02-01	结果集标识符	3010
05-02-01-02-02	结果集限定符	3011
05-02-01-02-03	结果集大小	3012
05-02-01-02-04	结果集生成日期/时间	0003/0004 9005/22
05-02-01-03	合并限定符	3026
05-02-01-04	链接限定符	3027
05-02-01-04-01	链接类型	4026
05-02-01-04-02	链接层次关系	4027
05-02-01-05	记录锁定信息(由源方送出)	
05-02-01-05-01	设置锁定标记	4024
05-02-01-05-02	记录锁定描述	4025
05-02-01-05-03	记录锁定终止日期/时间	0003/0004 9005/25
05-02-01-06	记录锁定信息(由目标方送出)	
05-02-01-06-01	记录可获得性标记	4023 代码 0 或 2
05-02-01-06-02	记录锁定描述	4025
05-02-01-06-03	记录锁定终止日期/时间	0003/0004 9005/25
05-03	数据库标识符	3003
05-04	记录样式	3004
05-05	记录句法	3005
05-06	任务更新状态	3006
05-07	记录构成	3007
05-08	记录生成日期/时间	0003/0004 9005/23
05-09	用户标识	1090
05-09-01	用户角色	1097
05-09-02	用户控制号	
05-09-02-01	用户所属单位	1091
05-09-02-02	用户内部标识	1092
05-09-03	用户名	1100
05-10	记录修改日期/时间	0003/0004 9005/24
05-11	操作确认	1252
06	目录记录	4000
06-01	编目信息	4001

表 3（续）

序　　号	名　　称	标　　记
06-01-01	目录记录类型	4002
06-01-02	记录标识符	4010
06-01-02-01	国际标准编码名	4011
06-01-02-02	国际标准号	4012
06-01-02-03	目录记录标识符代码	4013
06-01-02-04	目录记录标识符	4014
06-01-02-05	附加标识符	4015
06-01-02-06	相关信息	4016
06-01-03	属性	4017
06-01-03-01	目录记录语种	4018
06-01-03-02	目录记录字符集	4019
06-01-03-03	目录记录转换模式	4020
06-01-04	查重测试标记	4021
06-01-05	目录记录状态	4022
06-01-06	记录可获得性标记	4023
06-01-07	自由文本注释信息	4030
06-01-07-01	自由文本注释代码	4031
06-01-07-02	自由文本注释内容	4032
06-01-08	编目字段信息	4050
06-01-08-01	字段标记	4051
06-01-08-02	字段描述	4052
06-01-08-03	字段属性	4053
06-01-08-03-01	目录记录语种	4018
06-01-08-03-02	字符集变更标记	4061
06-01-08-03-03	目录记录字符集	4019
06-01-08-03-04	目录记录转换模式	4020
06-01-08-04	字段序号	4054
06-01-08-05	字段指示符	4055
06-01-08-06	子字段	4056
06-01-08-07	子字段标识符	4057
06-01-08-08	子字段序号	4058
06-01-08-09	不排序开始	4059
06-01-08-10	不排序结束	4060
06-01-08-11	子字段属性	4070
06-01-08-11-01	目录记录语种	4018
06-01-08-11-02	字符集变更标记	4061
06-01-08-11-03	目录记录字符集	4019
06-01-08-11-04	目录记录转换模式	4020
06-02	由目标方提供的编目信息	
06-02-01	校验指示符	4071
06-02-02	规范指示符	4072
06-02-03	规范状态	4073

表 3（续）

序　　号	名　　称	标　　记
06-02-04	事务错误状态	0025
06-02-05	提供的理由	4028
06-02-06	记录修改日期/时间	0003/0004 9005/24
07	书目信息	5000
07-01	记录内容类型	5001
07-02	书目级别	5002
07-03	书目编码等级	5003
07-04	复本数量	5004
07-05	位置计数	5005
07-06	书目著录	5010
07-06-01	作者或创作者	5011
07-06-02	题名	5012
07-06-03	丛书	5013
07-06-04	版本	5014
07-06-05	出版地	5015
07-06-06	出版者	5016
07-06-07	其他贡献者	5017
07-06-08	出版日期	0003/0004 9005/28
07-06-08-01	生成日期	0003/0004 9005/29
07-06-09	值	5018
07-06-10	内容形式	5019
07-06-11	卷号	5020
07-06-12	页码	5021
07-06-13	实体大小	5022
07-06-14	附件	5023
07-06-15	实体格式(技术说明)	5024
07-06-16	装订类型	5025
07-06-17	频率	5026
07-06-18	馆藏摘要	5027
07-06-19	馆藏报告日期/时间	0003/0004 9005/26
07-06-20	保留政策	5028
07-06-21	资源来源	5029
07-06-22	资源范围	5030
07-06-23	版权管理	5031
07-06-23-01	版权所有人	5032
07-06-23-02	版权接收者	5033
07-06-23-03	版权	5034
07-06-23-04	使用条件	5210

表 3（续）

序号	名称	标记
07-06-23-05	费用类型	5213
07-06-23-06	费用总计	5214
07-06-23-07	版权开始日期/时间	0003/0004 9005/30
07-06-23-08	版权结束日期/时间	0003/0004 9005/31
07-06-24	期标识	5040
07-06-24-01	计数和年代	5041
07-06-24-01-01	计数描述	5042
07-06-24-01-01-01	计数等级	5043
07-06-24-01-01-02	计数标题	5044
07-06-24-01-01-03	计数	5045
07-06-24-01-02	年代描述	5046
07-06-24-01-02-01	年代级别	5047
07-06-24-01-02-02	年代标题	5048
07-06-24-01-02-03	年代	5049
07-06-24-02	期标识符	5050
07-07	非描述的书目元	5060
07-07-01	附加数据检索元	5061
07-07-01-01	主题或关键词	5062
07-07-01-02	分类	5063
07-07-01-03	主题检索代码	5064
07-07-02	书目注释	5065
07-07-03	文摘或描述	5066
08	资源发现元数据	5070
08-01	目录记录标识符	4014
08-02	资源语种	5035
08-03	链接类型	4026
08-04	作者或创作者	5011
08-05	题名	5012
08-06	出版者	5016
08-07	其他贡献者	5017
08-08	内容形式	5019
08-09	实体格式(技术说明)	5024
08-10	资源来源	5029
08-11	资源范围	5030
08-12	版权管理	5031
08-12-01	版权所有人	5032
08-12-02	版权接收者	5033
08-12-03	版权	5034
08-12-04	使用条件	5210

表 3（续）

序　号	名　称	标　记
08-12-05	费用类型	5213
08-12-06	费用总计	5214
08-12-07	版权开始日期/时间	0003/0004 9005/30
08-12-08	版权结束日期/时间	0003/0004 9005/31
08-13	主题或关键词	5062
08-14	文摘或描述	5066
08-15	出版日期	0003/0004 9005/28
08-15-01	生成日期	0003/0004 9005/29
09	规范信息	5100
09-01	规范标目	5101
09-02	标目类型	5102
09-03	交替标目形式	5103
09-04	书目出现计数	5104
09-05	规范指示符	4072
09-06	链接类型	4026
09-07	链接层次关系	4027
10	复本标识	5200
10-01	内部复本标识	5201
10-02	永久位置	5204
10-02-01	机构标识符代码	1035
10-02-02	机构标识符	1036
10-02-03	建筑物内位置	1056
10-03	临时位置	5205
10-03-01	机构标识符代码	1035
10-03-02	机构标识符	1036
10-03-03	建筑物内位置	1056
10-04	当前位置	5206
10-04-01	机构标识符代码	1035
10-04-02	机构标识符	1036
10-04-03	建筑物内位置	1056
10-05	复本标识号	5202
10-06	复本号校验位算法	5203
10-07	复本架位	5207
10-08	复本号	5208
10-09	物理条件	5209
10-10	使用条件	5210
10-11	馆藏编码等级	5211
10-12	采访状态	5212
10-13	采访状态日期/时间	0003/0004 9005/27
10-14	费用类型	5213

表 3（续）

序　　号	名　　称	标　　记
10-15	费用总计	5214
10-16	流通类别	5215
10-17	复制政策	5216
11	链接/断开日期/时间	0003/0004 9005/01

7　编目应用消息矩阵

包含特定数据元素的消息，通过参与者之间的交换来支持编目过程或应用。每条信息有一个可以标识其的名称和代码。

下面矩阵所标识的数据元在每一条消息中都是最基本的，这些数据元能确保支持一特定事务处理所需要的所有信息都是可用的。每条消息横跨在矩阵上方排列，从 001 至 424 的序号与 A.2 中的代码值相对应。

左边列出每条消息可使用的数据元，它们与第 4 章中的数据元相对应，但仅仅是个别部分而不是全部。

给定的款目信息可通过指定的数据元组进行传递，也可通过该组的几个数据元来传递。对消息中包含数据的更精确的描述将由其他国际标准来说明。这些标准负责规定交换这些信息的机构使用的通讯方式（如：手工的或机械的）和系统的操作要求（如：定题服务的纸本输出格式，可视显示或系统对系统的通信等）。

下列符号按四个类别分组，用于指明特定消息中需要提供的每个数据元。交换编目信息的参与者可以发现，基于运行经验调整矩阵中给定数据元的规定是必要的。

a）　所有条件下是强制性的

　　m＝必备

b）　为提供强制信息可选择使用的

　　a＝可替换的数据元

c）　选择用的

　　p＝可选的

d）　0－99＝数字，标识适用于某个数据元组的一个数据元值

	访问请求 001	标识请求 002	标识响应 003	初始请求 004	初始响应 005	欢迎使用 006	挂起 007	操作认可 008	结束 009	解释请求 063	解释响应 064	资源报告请求 065	资源报告响应 066	事务会话历史请求 067	事务会话历史响应 068	目录记录插入请求 401	目录记录插入响应 402	目录记录替换请求 403	目录记录替换响应 404	目录记录删除请求 405	目录记录删除响应 406	字段或元素插入请求 407	字段或元素插入响应 408	字段或元素替换请求 409	字段或元素替换响应 410	字段或元素删除请求 411	字段或元素删除响应 412	目录记录链接请求 413	目录记录链接响应 414	目录记录不链接请求 415	目录记录不链接响应 416	目录记录合并请求 417	目录记录合并响应 418	锁定请求 419	锁定响应 420	不锁定请求 421	不锁定响应 422	批量编辑/替换请求 423	批量编辑/替换响应 424
0001 消息标识																																							
0002 消息名																																							
0003 日期	p	p	p	p	p	p	p		p	p	p	p	p	p	p	p	p	p	p	p	p	p	p	p	p	p	p	p	p	p	p	p	p	p	p	p	p	p	p
0004 时间戳	p	p	p	p	p	p	p		p	p	p	p	p	p	p	p	p	p	p	p	p	p	p	p	p	p	p	p	p	p	p	p	p	p	p	p	p	p	p
0010 事务号	p	p	p	p	p	p	p		p	p	p	p	p	p	p	p	p	p	p	p	p	p	p	p	p	p	p	p	p	p	p	p	p	p	p	p	p	p	p
0011 事务完成标记																	m		m		m		m		m		m		m		m		m		m		m		m
0020 附加事务信息组										m	m		p			p	p	p	p	p	p	p	p	p	p	p	p	p	p	p	p	p	p	p	p	p	p	p	p
0021 附加事务信息										p	p		p			p	p	p	p	p	p	p	p	p	p	p	p	p	p	p	p	p	p	p	p	p	p	p	p
0022 指令无效											p		p				p		p		p		p		p		p		p		p		p		p		p		p
0025 事务错误条件											p		p				p		p		p		p		p		p		p		p		p		p		p		p
1000 会话细节	p	p	p	p	p	p	p	p	p																														
1010 事务参与者	p	m	m	p	p	p	p	p	p																														
1011 参与者职能	p	0	3	p	p	p	3	3	p																														
1012 口令			m																																				
1013 口令版本			p																																				

	001 访问请求	002 标识请求	003 标识响应	004 初始请求	005 初始响应	006 欢迎使用	007 挂起	008 操作认可	009 结束	063 解释请求	064 解释响应	065 资源报告请求	066 资源报告响应	067 事务会话历史请求	068 事务会话历史响应	401 目录记录插入请求	402 目录记录插入响应	403 目录记录替换请求	404 目录记录替换响应	405 目录记录删除请求	406 目录记录删除响应	407 字段或元素插入请求	408 字段或元素插入响应	409 字段或元素替换请求	410 字段或元素替换响应	411 字段或元素删除请求	412 字段或元素删除响应	413 目录记录链接请求	414 目录记录链接响应	415 目录记录不链接请求	416 目录记录不链接响应	417 目录记录合并请求	418 目录记录合并响应	419 锁定请求	420 锁定响应	421 不锁定请求	422 不锁定响应	423 批量编辑/替换请求	424 批量编辑/替换响应
1014 口令类型			p																																				
1015 会话标识符				p	p		m																																
1016 子会话标识符				p	p		p																																
1017 参考标识符	p	p	p	p	p	p	p	p	p	p	p	p	p	p	p	p	p	p	p	p	p	p	p	p	p	p	p	p	p	p	p	p	p	p	p	p	p	p	p
1018 继续标记								m																															
1019 挂起标记							m																																
1020 费用限制								p																															
1021 会话长度限制								p																															
1022 资源使用类型												p																											
1023 系统性能												p																											
1024 使用总量												p																											
1030 机构标识		m	m			m						m	m																										
1031 机构名		a	a			a						a	a																										
1032 机构名主要单元		a	a			a						a	a																										

		001 访问请求	002 标识请求	003 标识响应	004 初始请求	005 初始响应	006 欢迎使用	007 挂起	008 操作认可	009 结束	063 解释请求	064 解释响应	065 资源报告请求	066 资源报告响应	067 事务会话历史请求	068 事务会话历史响应
1033	机构名下属单元		p	p			p						p	p		
1034	缩写名		a	a			a						a	a		
1035	机构标识符代码		p	p			p						p	p		
1036	机构标识符		a	a			a						a	a		
1037	机构公章						p						p	p		
1050	地址		p	p												
1051	地址指示		p	p												
1052	地址类型		p	p												
1053	传递服务		p	p												
1054	当前地址标记		p	p												
1055	邮政信箱		p	p												
1056	建筑物内位置		p	p												
1057	街道名		p	p												
1058	街道门牌号		p	p												

		401 目录记录插入请求	402 目录记录插入响应	403 目录记录替换请求	404 目录记录替换响应	405 目录记录删除请求	406 目录记录删除响应	407 字段或元素插入请求	408 字段或元素插入响应	409 字段或元素替换请求	410 字段或元素替换响应	411 字段或元素删除请求	412 字段或元素删除响应
1033	机构名下属单元												
1034	缩写名												
1035	机构标识符代码												
1036	机构标识符												
1037	机构公章												
1050	地址												
1051	地址指示												
1052	地址类型												
1053	传递服务												
1054	当前地址标记												
1055	邮政信箱												
1056	建筑物内位置												
1057	街道名												
1058	街道门牌号												

		413 目录记录链接请求	414 目录记录链接响应	415 目录记录不链接请求	416 目录记录不链接响应	417 目录记录合并请求	418 目录记录合并响应	419 锁定请求	420 锁定响应	421 不锁定请求	422 不锁定响应	423 批量编辑/替换请求	424 批量编辑/替换响应
1033	机构名下属单元												
1034	缩写名												
1035	机构标识符代码												
1036	机构标识符												
1037	机构公章												
1050	地址												
1051	地址指示												
1052	地址类型												
1053	传递服务												
1054	当前地址标记												
1055	邮政信箱												
1056	建筑物内位置												
1057	街道名												
1058	街道门牌号												

	访问请求	标识请求	标识响应	初始请求	初始响应	欢迎使用	挂起	操作认可	结束	解释请求	解释响应	资源报告请求	资源报告响应	事务会话历史请求	事务会话历史响应	目录记录插入请求	目录记录插入响应	目录记录替换请求	目录记录替换响应	目录记录删除请求	目录记录删除响应	字段或元素插入请求	字段或元素插入响应	字段或元素替换请求	字段或元素替换响应	字段或元素删除请求	字段或元素删除响应	目录记录链接请求	目录记录链接响应	目录记录不链接请求	目录记录不链接响应	目录记录合并请求	目录记录合并响应	锁定请求	锁定响应	不锁定请求	不锁定响应	批量编辑/替换请求	批量编辑/替换响应
	001	002	003	004	005	006	007	008	009	063	064	065	066	067	068	401	402	403	404	405	406	407	408	409	410	411	412	413	414	415	416	417	418	419	420	421	422	423	424
1059 城市		p	p																																				
1060 地域		p	p																																				
1061 地区		p	p																																				
1062 国家		p	p																																				
1063 邮政编码		p	p																																				
1064 通讯载体		p	p																																				
1070 通讯网络地址	m																																						
1071 电话号码	a																																						
1072 传真号码	a																																						
1073 电子邮件标识符	a																																						
1074 通讯网络用户标识符		p	p																																				
1075 主机系统网络地址	a																																						
1090 用户标识																m		m		m		m		m		m		m		m		m		m		m		m	
1091 用户所属单位																p		p		p		p		p		p		p		p		p		p		p		p	

	访问请求 001	标识请求 002	标识响应 003	初始请求 004	初始响应 005	欢迎使用 006	挂起 007	操作认可 008	结束 009	解释请求 063	解释响应 064	资源报告请求 065	资源报告响应 066	事务会话历史请求 067	事务会话历史响应 068	目录记录插入请求 401	目录记录插入响应 402	目录记录替换请求 403	目录记录替换响应 404	目录记录删除请求 405	目录记录删除响应 406	字段或元素插入请求 407	字段或元素插入响应 408	字段或元素替换请求 409	字段或元素替换响应 410	字段或元素删除请求 411	字段或元素删除响应 412	目录记录链接请求 413	目录记录链接响应 414	目录记录不链接请求 415	目录记录不链接响应 416	目录记录合并请求 417	目录记录合并响应 418	锁定请求 419	锁定响应 420	不锁定请求 421	不锁定响应 422	批量编辑/替换请求 423	批量编辑/替换响应 424
1092 用户内部标识																a		a		a		a		a		a		a		a		a		a		a		a	
1093 用户标识号																a		a		a		a		a		a		a		a		a		a		a		a	
1094 校验位算法																p		p		p		p		p		p		p		p		p		p		p			
1096 用户口令																p		p		p		p		p		p		p		p		p		p		p			
1097 用户角色																p		p		p		p		p		p		p		p		p		p		p			
1100 用户名																p		p		p		p		p		p		p		p		p		p		p			
1150 会话事务历史															m																								
1200 会话参数																																							
1210 服务文档																																							
1211 协议选择				m	m																																		
1212 对话语种				p	p																																		
1213 对话字符集				p	p																																		
1214 协议版本指示符				p	p																																		
1250 访问权限	m																																						

		访问请求 001	标识请求 002	标识响应 003	初始请求 004	初始响应 005	欢迎使用 006	挂起 007	操作认可 008	结束 009	解释请求 063	解释响应 064	资源报告请求 065	资源报告响应 066	事务会话历史请求 067	事务会话历史响应 068	目录记录插入请求 401	目录记录插入响应 402	目录记录替换请求 403	目录记录替换响应 404	目录记录删除请求 405	目录记录删除响应 406	字段或元素插入请求 407	字段或元素插入响应 408	字段或元素替换请求 409	字段或元素替换响应 410	字段或元素删除请求 411	字段或元素删除响应 412	目录记录链接请求 413	目录记录链接响应 414	目录记录不链接请求 415	目录记录不链接响应 416	目录记录合并请求 417	目录记录合并响应 418	锁定请求 419	锁定响应 420	不锁定请求 421	不锁定响应 422	批量编辑/替换请求 423	批量编辑/替换响应 424
1251	资源限制				p	p								p																										
1252	操作确认								m								p		p		m		p		p		p		p		p		p		p		p		p	
1253	安全违规			m														p		p		p		p		p		p		p		p		p		p		p		p
1254	安全级											m					p		p		p		p		p		p		p		p		p		p		p		p	
2000	任务包																m		m		m		m		m		m		m		m		m		m		m		m	
2001	任务包标识符																m		m		m		m		m		m		m		m		m		m		m		m	
2002	任务包类型																m		m		m		m		m		m		m		m		m		m		m		m	
2003	任务状态																	m		m		m		m		m		m		m		m		m		m		m		m
2004	任务包保留周期																p	p	p	p	p	p	p	p	p	p	p	p	p	p	p	p	p	p	p	p	p	p	p	p
2005	任务包许可																p	p	p	p	p	p	p	p	p	p	p	p	p	p	p	p	p	p	p	p	p	p	p	p
2006	任务包描述																p	p	p	p	p	p	p	p	p	p	p	p	p	p	p	p	p	p	p	p	p	p	p	p
2007	任务包目标参考																	p		p		p		p		p		p		p		p		p		p		p		p
2008	等待行为																m		m		m		m		m		m		m		m		m		m		m		m	
2009	任务包元素集																m		m		m		m		m		m		m		m		m		m		m		m	

	001 访问请求	002 标识请求	003 标识响应	004 初始请求	005 初始响应	006 欢迎使用	007 挂起	008 操作认可	009 结束	063 解释请求	064 解释响应	065 资源报告请求	066 资源报告响应	067 事务会话历史请求	068 事务会话历史响应	401 目录记录插入请求	402 目录记录插入响应	403 目录记录替换请求	404 目录记录替换响应	405 目录记录删除请求	406 目录记录删除响应	407 字段或元素插入请求	408 字段或元素插入响应	409 字段或元素替换请求	410 字段或元素替换响应	411 字段或元素删除请求	412 字段或元素删除响应	413 目录记录链接请求	414 目录记录链接响应	415 目录记录不链接请求	416 目录记录不链接响应	417 目录记录合并请求	418 目录记录合并响应	419 锁定请求	420 锁定响应	421 不锁定请求	422 不锁定响应	423 批量编辑/替换请求	424 批量编辑/替换响应
3000 更新信息																m	m	m	m	m	m	m	m	m	m	m	m	m	m	m	m	m	m	m	m	m	m	m	m
3001 更新行为																m	m	m	m	m	m	m	m	m	m	m	m	m	m	m	m	m	m	m	m	m	m	m	m
3002 更新行为限定符																		p	p			p	p	p	p	p	p	p	m	m	m	m	m					m	m
3003 数据库标识符																m	m	m	m	m	m	m	m	m	m	m	m	m	m	m	m	m	m	m	m	m	m	m	m
3004 记录样式																p	p	p	p	p	p	p	p	p	p	p	p	p	p	p	p	p	p	m	m	m	m	p	p
3005 记录句法																p	p	p	p	p	p	p	p	p	p	p	p	p	p	p	p	p	p	p	p	p	p	p	p
3006 任务更新状态																	p		p		p		p		p		p		p		p		p		p		p		p
3007 记录构成																p	p	p	p	p	p	p	p	p	p	p	p	p	p	p	p	p	p	p	p	p	p	p	p
3010 结果集标识符																																						m	
3011 结果集限定符																																						p	
3012 结果集大小																																						m	
3013 变更数据																		p				p		p		m												m	
3014 变更数据旧版本																		p						p		m												m	

		访问请求	标识请求	标识响应	初始请求	初始响应	欢迎使用	挂起	操作认可	结束	解释请求	解释响应	资源报告请求	资源报告响应	事务会话历史请求	事务会话历史响应	目录记录插入请求	目录记录插入响应	目录记录替换请求	目录记录替换响应	目录记录删除请求	目录记录删除响应	字段或元素插入请求	字段或元素插入响应	字段或元素替换请求	字段或元素替换响应	字段或元素删除请求	字段或元素删除响应	目录记录链接请求	目录记录链接响应	目录记录不链接请求	目录记录不链接响应	目录记录合并请求	目录记录合并响应	锁定请求	锁定响应	不锁定请求	不锁定响应	批量编辑/替换请求	批量编辑/替换响应
		001	002	003	004	005	006	007	008	009	063	064	065	066	067	068	401	402	403	404	405	406	407	408	409	410	411	412	413	414	415	416	417	418	419	420	421	422	423	424
3015	变更数据旧版本标识符																		p						p		p												p	
3016	变更数据旧值																		p						p		p												m	
3017	数据截断属性																		p				p		p		p												p	
3018	字符大小写区分																		p				p		p		p												p	
3019	变更数据条件的数据																		p				p		p		p												p	
3020	条件数据的标识符																		p				p		p		p												p	
3021	条件数据值																		p				p		p		p												p	
3022	变更数据新版本																		p				p		p		p												p	
3023	变更数据新版本标识符																		p				p		p		p												p	
3024	变更数据新值																		p				p		p		p												p	
3025	编辑替换类型																		p				p		p		p												m	

		001 访问请求	002 标识请求	003 标识响应	004 初始请求	005 初始响应	006 欢迎使用	007 挂起	008 操作认可	009 结束	063 解释请求	064 解释响应	065 资源报告请求	066 资源报告响应	067 事务会话历史请求	068 事务会话历史响应	401 目录记录插入请求	402 目录记录插入响应	403 目录记录替换请求	404 目录记录替换响应	405 目录记录删除请求	406 目录记录删除响应	407 字段或元素插入请求	408 字段或元素插入响应	409 字段或元素替换请求	410 字段或元素替换响应	411 字段或元素删除请求	412 字段或元素删除响应	413 目录记录链接请求	414 目录记录链接响应	415 目录记录不链接请求	416 目录记录不链接响应	417 目录记录合并请求	418 目录记录合并响应	419 锁定请求	420 锁定响应	421 不锁定请求	422 不锁定响应	423 批量编辑/替换请求	424 批量编辑/替换响应
3026	合并限定符																																m							
3027	链接限定符																												m		m									
4000	目录记录																m		m		m		m		m		m		m		m		m		m		m		m	
4001	编目信息																m	p	m	p			p	p	p	p	p	p												
4002	目录记录类型																m	p	m	p			p	p	p	p	p	p												
4010	记录标识符																m	m	m	m	m	m	m	m	m	m	m	m	m	m	m	m	m	m	m	m	m	m	m	m
4011	国际标准编码名																a	a	a	a	a	a	a	a	a	a	a	a	a	a	a	a	a	a	a	a	a	a	a	a
4012	国际标准号																a	a	a	a	a	a	a	a	a	a	a	a	a	a	a	a	a	a	a	a	a	a	a	a
4013	目录记录标识符代码																a	a	a	a	a	a	a	a	a	a	a	a	a	a	a	a	a	a	a	a	a	a	a	a
4014	目录记录标识符																a	a	a	a	a	a	a	a	a	a	a	a	a	a	a	a	a	a	a	a	a	a	a	a
4015	附加标识符																p	p	m	m	m	m	p	p	p	p	p	p	p	p	p	p	p	p	p	p	p	p	p	p
4016	相关信息																p	p	p	p	p	p	p	p	p	p	p	p	p	p	p	p	p	p	p	p	p	p	p	p
4017	属性																p	p	p	p			p	p	p	p														

		001 访问请求	002 标识请求	003 标识响应	004 初始请求	005 初始响应	006 欢迎使用	007 挂起	008 操作认可	009 结束	063 解释请求	064 解释响应	065 资源报告请求	066 资源报告响应	067 事务会话历史请求	068 事务会话历史响应	401 目录记录插入请求	402 目录记录插入响应	403 目录记录替换请求	404 目录记录替换响应	405 目录记录删除请求	406 目录记录删除响应	407 字段或元素插入请求	408 字段或元素插入响应	409 字段或元素替换请求	410 字段或元素替换响应	411 字段或元素删除请求	412 字段或元素删除响应	413 目录记录链接请求	414 目录记录链接响应	415 目录记录不链接请求	416 目录记录不链接响应	417 目录记录合并请求	418 目录记录合并响应	419 锁定请求	420 锁定响应	421 不锁定请求	422 不锁定响应	423 批量编辑/替换请求	424 批量编辑/替换响应
4018	目录记录语种																p	p	p	p			p	p	p	p														
4019	目录记录字符集																p	p	p	p			p	p	p	p														
4020	目录记录转换模式																p	p	p	p			p	p	p	p														
4021	查重测试标记																p	p																						
4022	目录记录状态																	m		m		m		m		m		m		m		m		m		m		m		m
4023	记录可获得性标记																			p		p		p		p		p		p		p		p		m		m		p
4024	设置锁定标记																																		m		m			
4025	记录锁定描述																																		p	p	p	p		
4026	链接类型																												m	p	p	p								
4027	链接层次关系																												m	p	p	p								
4028	提供的理由																	p		p		p		p		p		p		p		p		p		p		p		p
4030	自由文本注释信息																p	p	p	p			p	p	p	p	p	p	p	p	p	p	p	p	p	p	p	p	p	p

		访问请求 001	标识请求 002	标识响应 003	初始请求 004	初始响应 005	欢迎使用 006	挂起 007	.操作认可 008	结束 009	解释请求 063	解释响应 064	资源报告请求 065	资源报告响应 066	事务会话历史请求 067	事务会话历史响应 068	目录记录插入请求 401	目录记录插入响应 402	目录记录替换请求 403	目录记录替换响应 404	目录记录删除请求 405	目录记录删除响应 406	字段或元素插入请求 407	字段或元素插入响应 408	字段或元素替换请求 409	字段或元素替换响应 410	字段或元素删除请求 411	字段或元素删除响应 412	目录记录链接请求 413	目录记录链接响应 414	目录记录不链接请求 415	目录记录不链接响应 416	目录记录合并请求 417	目录记录合并响应 418	锁定请求 419	锁定响应 420	不锁定请求 421	不锁定响应 422	批量编辑/替换请求 423	批量编辑/替换响应 424
4031	自由文本注释代码																p	p	p	p			p	p	p	p	p	p	p	p	p	p	p	p	p	p	p	p	p	p
4032	自由文本注释内容																p	p	p	p			p	p	p	p	p	p	p	p	p	p	p	p	p	p	p	p	p	p
4050	编目字段信息																a	p	a	p			a	p	a	p	a	p											p	
4051	字段标记																a	p	a	p			a	p	a	p	a	p											p	
4052	字段描述																p	p	p	p			a	p	a	p	a	p											p	
4053	字段属性																p	p	p	p			p	p	p	p	p	p												
4054	字段序号																p	p	p	p			p	p	p	p	p	p											p	
4055	字段指示符																p	p	p	p			p	p	p	p	p	p											p	
4056	子字段																p	p	p	p			p	p	p	p	p	p											p	
4057	子字段标识符																p	p	p	p			p	p	p	p	p	p											p	
4058	子字段序号																p	p	p	p			p	p	p	p	p	p											p	
4059	不排序开始																p	p	p	p			p	p	p	p	p	p											p	
4060	不排序结束																p	p	p	p			p	p	p	p	p	p											p	

		访问请求	标识请求	标识响应	初始请求	初始响应	欢迎使用	挂起	操作认可	结束	解释请求	解释响应	资源报告请求	资源报告响应	事务会话历史请求	事务会话历史响应	目录记录插入请求	目录记录插入响应	目录记录替换请求	目录记录替换响应	目录记录删除请求	目录记录删除响应	字段或元素插入请求	字段或元素插入响应	字段或元素替换请求	字段或元素替换响应	字段或元素删除请求	字段或元素删除响应	目录记录链接请求	目录记录链接响应	目录记录不链接请求	目录记录不链接响应	目录记录合并请求	目录记录合并响应	锁定请求	锁定响应	不锁定请求	不锁定响应	批量编辑/替换请求	批量编辑/替换响应
		001	002	003	004	005	006	007	008	009	063	064	065	066	067	068	401	402	403	404	405	406	407	408	409	410	411	412	413	414	415	416	417	418	419	420	421	422	423	424
4061	字符集变更标记																p	p	p	p			p	p	p	p	p	p											p	
4070	子字段属性																p	p	p	p			p	p	p	p	p	p												
4071	校验指示符																	p		p				p		p		p												p
4072	规范指示符																	p		p				p		p		p												p
4073	规范状态																	p		p				p		p		p												p
5000	书目信息																m	p	m	p			p	p	p	p	p	p											p	p
5001	记录内容类型																m	p	m	p			p	p	p	p	p	p											p	p
5002	书目级别																p	p	p	p			p	p	p	p	p	p											p	p
5003	书目编码等级																p	p	p	p			p	p	p	p	p	p											p	p
5004	复本数量																p	p	p	p			p	p	p	p	p	p											p	p
5005	位置计数																p	p	p	p			p	p	p	p	p	p											p	p
5010	书目著录																a	p	a	p			p	p	p	p	p	p											p	p
5011	作者或创作者																p	p	p	p			p	p	p	p	p	p											p	p
5012	题名																m	p	m	p			p	p	p	p	p	p											p	p

		001 访问请求	002 标识请求	003 标识响应	004 初始请求	005 初始响应	006 欢迎使用	007 挂起	008 操作认可	009 结束	063 解释请求	064 解释响应	065 资源报告请求	066 资源报告响应	067 事务会话历史请求	068 事务会话历史响应	401 目录记录插入请求	402 目录记录插入响应	403 目录记录替换请求	404 目录记录替换响应	405 目录记录删除请求	406 目录记录删除响应	407 字段或元素插入请求	408 字段或元素插入响应	409 字段或元素替换请求	410 字段或元素替换响应	411 字段或元素删除请求	412 字段或元素删除响应	413 目录记录链接请求	414 目录记录链接响应	415 目录记录不链接请求	416 目录记录不链接响应	417 目录记录合并请求	418 目录记录合并响应	419 锁定请求	420 锁定响应	421 不锁定请求	422 不锁定响应	423 批量编辑/替换请求	424 批量编辑/替换响应
5013	丛书																p	p	p	p			p	p	p	p	p	p											p	p
5014	版本																p	p	p	p			p	p	p	p	p	p											p	p
5015	出版地																p	p	p	p			p	p	p	p	p	p											p	p
5016	出版者																p	p	p	p			p	p	p	p	p	p											p	p
5017	其他贡献者																p	p	p	p			p	p	p	p	p	p												
5018	值																p	p	p	p			p	p	p	p	p	p											p	p
5019	内容形式																p	p	p	p			p	p	p	p	p	p											p	p
5020	卷号																p	p	p	p			p	p	p	p	p	p											p	p
5021	页码																p	p	p	p			p	p	p	p	p	p											p	p
5022	实体大小																p	p	p	p			p	p	p	p	p	p											p	p
5023	附件																p	p	p	p			p	p	p	p	p	p											p	p
5024	实体格式(技术说明)																p	p	p	p			p	p	p	p	p	p											p	p
5025	装订类型																p	p	p	p			p	p	p	p	p	p												
5026	频率																p	p	p	p			p	p	p	p	p	p											p	p
5027	馆藏摘要																p	p	p	p			p	p	p	p	p	p											p	p

	访问请求 001	标识请求 002	标识响应 003	初始请求 004	初始响应 005	欢迎使用 006	挂起 007	操作认可 008	结束 009	解释请求 063	解释响应 064	资源报告请求 065	资源报告响应 066	事务会话历史请求 067	事务会话历史响应 068	目录记录插入请求 401	目录记录插入响应 402	目录记录替换请求 403	目录记录替换响应 404	目录记录删除请求 405	目录记录删除响应 406	字段或元素插入请求 407	字段或元素插入响应 408	字段或元素替换请求 409	字段或元素替换响应 410	字段或元素删除请求 411	字段或元素删除响应 412	目录记录链接请求 413	目录记录链接响应 414	目录记录不链接请求 415	目录记录不链接响应 416	目录记录合并请求 417	目录记录合并响应 418	锁定请求 419	锁定响应 420	不锁定请求 421	不锁定响应 422	批量编辑/替换请求 423	批量编辑/替换响应 424
5028 保留政策																p	p	p	p			p	p	p	p	p	p											p	p
5029 资源来源																p	p	p	p			p	p	p	p	p	p												
5030 资源范围																p	p	p	p			p	p	p	p	p	p												
5031 版权管理																p	p	p	p			p	p	p	p	p	p												
5032 版权所有者																p	p	p	p			p	p	p	p	p	p												
5033 版权接收者																p	p	p	p			p	p	p	p	p	p												
5034 版权																p	p	p	p			p	p	p	p	p	p												
5035 资源语种																p	p	p	p			p	p	p	p	p	p												
5040 期标识																p	p	p	p			p	p	p	p	p	p											p	p
5041 计数和年代																p	p	p	p			p	p	p	p	p	p												
5042 计数描述																p	p	p	p			p	p	p	p	p	p												
5043 计数等级																p	p	p	p			p	p	p	p	p	p												
5044 计数标题																p	p	p	p			p	p	p	p	p	p												
5045 计数																p	p	p	p			p	p	p	p	p	p											p	p
5046 年代描述																p	p	p	p			p	p	p	p	p	p												
5047 年代级别																p	p	p	p			p	p	p	p	p	p												

		访问请求	标识请求	标识响应	初始请求	初始响应	欢迎使用	挂起	操作认可	结束	解释请求	解释响应	资源报告请求	资源报告响应	事务会话历史请求	事务会话历史响应	目录记录插入请求	目录记录插入响应	目录记录替换请求	目录记录替换响应	目录记录删除请求	目录记录删除响应	字段或元素插入请求	字段或元素插入响应	字段或元素替换请求	字段或元素替换响应	字段或元素删除请求	字段或元素删除响应	目录记录链接请求	目录记录链接响应	目录记录不链接请求	目录记录不链接响应	目录记录合并请求	目录记录合并响应	锁定请求	锁定响应	不锁定请求	不锁定响应	批量编辑/替换请求	批量编辑/替换响应
		001	002	003	004	005	006	007	008	009	063	064	065	066	067	068	401	402	403	404	405	406	407	408	409	410	411	412	413	414	415	416	417	418	419	420	421	422	423	424
5048	年代标题																p	p	p	p			p	p	p	p	p	p												
5049	年代																p	p	p	p			p	p	p	p	p	p											p	p
5050	期标识符																p	p	p	p			p	p	p	p	p	p											p	p
5060	非描述的书目元																p	p	p	p			p	p	p	p	p	p											p	p
5061	附加数据检索元																p	p	p	p			p	p	p	p	p	p											p	p
5062	主题或关键词																p	p	p	p			p	p	p	p	p	p												
5063	分类																p	p	p	p			p	p	p	p	p	p												
5064	主题检索代码																p	p	p	p			p	p	p	p	p	p												
5065	书目注释																p	p	p	p			p	p	p	p	p	p											p	p
5066	文摘或描述																p	p	p	p			p	p	p	p	p	p												
5070	资源发现元数据																p	p	p	p			p	p	p	p	p	p												
5100	规范信息																a	p	a	p			p	p	p	p	p	p											p	p
5101	规范标目																a	p	a	p			p	p	p	p	p	p											p	p
5102	标目类型																a	p	a	p			p	p	p	p	p	p											p	p

	001 访问请求	002 标识请求	003 标识响应	004 初始请求	005 初始响应	006 欢迎使用	007 挂起	008 操作认可	009 结束	063 解释请求	064 解释响应	065 资源报告请求	066 资源报告响应	067 事务会话历史请求	068 事务会话历史响应	401 目录记录插入请求	402 目录记录插入响应	403 目录记录替换请求	404 目录记录替换响应	405 目录记录删除请求	406 目录记录删除响应	407 字段或元素插入请求	408 字段或元素插入响应	409 字段或元素替换请求	410 字段或元素替换响应	411 字段或元素删除请求	412 字段或元素删除响应	413 目录记录链接请求	414 目录记录链接响应	415 目录记录不链接请求	416 目录记录不链接响应	417 目录记录合并请求	418 目录记录合并响应	419 锁定请求	420 锁定响应	421 不锁定请求	422 不锁定响应	423 批量编辑/替换请求	424 批量编辑/替换响应
5103 交替标目形式																p	p	p	p			p	p	p	p	p	p											p	p
5104 书目出现计数																p	p	p	p			p	p	p	p	p	p											p	p
5200 复本标识																a	p	a	p			p	p	p	p	p	p											p	p
5201 内部复本标识																a	p	a	p			p	p	p	p	p	p											p	p
5202 复本标识号																a	p	a	p			p	p	p	p	p	p											p	p
5203 复本号校验位算法																p	p	p	p			p	p	p	p	p	p											p	p
5204 永久位置																p	p	p	p			p	p	p	p	p	p											p	p
5205 临时位置																p	p	p	p			p	p	p	p	p	p											p	p
5206 当前位置																																							
5207 复本架位																p	p	p	p			p	p	p	p	p	p											P	p
5208 复本号																p	p	p	p			p	p	p	p	p	p											P	p
5209 物理条件																p	p	p	p			p	p	p	p	p	p											P	p
5210 使用条件																p	p	p	p			p	p	p	p	p	p											P	p
5211 馆藏编码等级																p	p	p	p			p	p	p	p	p	p											P	p

		001 访问请求	002 标识请求	003 标识响应	004 初始请求	005 初始响应	006 欢迎使用	007 挂起	008 操作认可	009 结束	063 解释请求	064 解释响应	065 资源报告请求	066 资源报告响应	067 事务会话历史请求	068 事务会话历史响应	401 目录记录插入请求	402 目录记录插入响应	403 目录记录替换请求	404 目录记录替换响应	405 目录记录删除请求	406 目录记录删除响应	407 字段或元素插入请求	408 字段或元素插入响应	409 字段或元素替换请求	410 字段或元素替换响应	411 字段或元素删除请求	412 字段或元素删除响应	413 目录记录链接请求	414 目录记录链接响应	415 记录不链接请求	416 记录不链接响应	417 目录记录合并请求	418 目录记录合并响应	419 锁定请求	420 锁定响应	421 不锁定请求	422 不锁定响应	423 批量编辑/替换请求	424 批量编辑/替换响应
5212	采访状态																p	p	p	p			p	p	p	p	p	p											p	p
5213	费用类型																p	p	p	p			p	p	p	p	p	p												
5214	费用总计																p	p	p	p			p	p	p	p	p	p												
5215	流通类别																p	p	p	p			p	p	p	p	p	p												
5216	复制政策																p	p	p	p			p	p	p	p	p	p												
9005	日期/时间限定符		13 14				02									03 10 11	12 23 26 27 28 29 30 31	12 20 21 23 26 27 28 29 30 31	12 23 24 26 27 28 29 30 31	12 20 21 23 24 26 27 28 29 30 31	12 23 24	12 20 21	12 23 24 26 27 28 29 30 31	12 20 21 23 24 26 27 28 29 30 31	12 23 24 26 27 28 29 30 31	12 20 21 23 24 26 27 28 29 30 31	12 23 24 26 27 29 30 31	12 20 21 23 24 26 27 28 29 30 31	12 23 24	12 20 21 23 24	12 23 24	12 20 21 23 24	12 23 24	12 20 21 23 24	12 23 24 25	12 20 21 23 24	12 23 24 25	12 20 21 23 24	12 22 23 24	12 20 21 23 24
9010	帮助主题											m																												

附 录 A
（规范性附录）
选择的数据元值

A.1 概要

本附录以代码和文本形式给出本部分标识的有限数量的数据元的值。这些值说明在编目应用中特殊数据元传递的信息。

必要时给出说明某些值含义的定义描述。

A.2 消息名(数据元 0002)

关于编目的消息表示编目应用的三个独立方面。它们是：

a） 编目会话的开始和结束；

b） 提供用户帮助和信息；

c） 目录记录维护。

表 A.1 消息名

代码	名称	描述
1	**开始和结束一次会话**	
001	访问请求	用户请求访问系统、数据库或服务。
002	标识请求	系统向用户请求用户标识。
003	标识响应	用户对标识请求的响应。
004	初始请求	系统提出在某次会话执行中诸如借阅、归还等能力的建议。
005	初始响应	系统对给定某次会话适用的能力的响应。
006	欢迎使用	系统、数据库或服务对一次访问请求的响应。
007	挂起	用户打算停止一次处理或会话而稍后将恢复该处理或会话的请求。
008	操作认可	用户向目标系统发出确认，给定事务应继续完成。
009	结束	用户或系统请求结束本次会话。
2	**提供用户帮助和信息**	
063	解释请求	用户请求有关系统、系统使用、事务处理和响应及数据库信息。
064	解释响应	系统对解释请求的响应。
065	资源报告请求	用户对一特殊会话使用的有关系统资源总量信息的请求。
066	资源报告响应	系统对资源报告请求的回答。
067	事务会话历史请求	请求一会话或一部分会话中包含的事务或响应的列表。
068	事务会话历史响应	系统对事务会话历史请求的响应。

表 A.1（续）

代码	名称	描述
3	目录记录维护	
401	目录记录插入请求	请求把书目、规范或书目馆藏记录加入到一个数据库中。
402	目录记录插入响应	对目录记录插入请求的响应，指明请求已被接受、部分接受还是不接受。
403	目录记录替换请求	请求替换数据库中的一个已经存在的书目、规范或书目馆藏记录。
404	目录记录替换响应	对目录记录替换请求的响应，指明该请求已被接受、部分接受还是不接受。
405	目录记录删除请求	请求删除数据库中已经存在的书目、规范或书目馆藏记录。
406	目录记录删除响应	对目录记录删除请求的响应，指明该请求已被接受、部分接受还是不接受。
407	字段或元素插入请求	请求把一个字段、子字段、指示符或数据串加到已经存在的书目、规范或书目馆藏数据库记录中。
408	字段或元素插入响应	对字段或元素插入请求的响应，指明该请求是否被接受。
409	字段或元素替换请求	请求替换在一条已经存在的书目、规范或书目馆藏数据库记录内的一个字段、子字段或指示符。
410	字段或元素替换响应	对字段或元素替换请求的响应，指明请求是否被接受。
411	字段或元素删除请求	请求从一条已经存在的书目、规范或书目馆藏数据库记录中删除一个字段、子字段、指示符或数据串。
412	字段或元素删除响应	对字段或元素删除请求的响应，指明该请求是否被接受。
413	目录记录链接请求	请求在一个数据库中的一条记录和一条或多条其他记录之间建立链接。
414	目录记录链接响应	对目录记录链接请求的响应，指明该请求是否已被接受。
415	目录记录不链接请求	请求删除数据库中两条记录之间的链接。
416	目录记录不链接响应	对目录不链接请求的响应，指明该请求是否已被接受。
417	目录记录合并请求	请求用另外的记录替换数据库中一条或多条书目或规范记录，相关联的数据库记录的链接参考自动改变。可选择性地把那些被替换记录中的某些字段加到保留的记录中。
418	目录记录合并响应	对目录记录合并请求的响应，指明该记录已被接受、部分接受还是不接受。
419	锁定请求	请求锁定一条记录或部分记录的用户行为，防止被其他用户修改。
420	锁定响应	对锁定请求的响应，指明一条记录或部分记录是否已经被成功锁定。
421	不锁定请求	请求对一条记录或部分记录解锁，允许其他用户修改。
422	不锁定响应	对不锁定请求的响应，指明对一条记录或部分记录的解锁是否成功。
423	批量编辑/替换请求	请求用类似的方式变更标识出的一组记录。
424	批量编辑/替换响应	对批式编辑/替换请求的响应，指明请求是否已被成功处理。

消息 401-406 涉及整个记录的处理，消息 407-412 关系到记录的部分更新，消息 413-418 及 423 和 424 关注特殊更新，而 419-422 是在更新请求执行前可选的处理。表 A.1 阐明如何在 ISO 23950 中描述的更新扩展服务使用中和联合目录文档（UCP）中表达这些消息。

表 A.2 本部分与 ISO 23950 的消息关系

操　　作	本部分的消息	ISO 23950 更新扩展服务
目录记录插入	401/402	记录插入
目录记录替换	403/404	记录替换
目录记录删除	405/406	记录删除
字段插入	407/408	记录替换
字段替换	409/410	元素更新或记录替换
字段删除	411/412	记录替换
子字段插入	407/408	整个字段元素更新或记录替换
子字段替换	409/410	元素更新或记录替换
子字段删除	411/412	整个字段元素更新或记录替换
指示符变更	409/410	元素更新或记录替换
数据串变更	409/410	元素更新或记录替换
目录记录链接/不链接	413/414/415/416	没有明确涵盖。链接产生的数据可作为被插入到记录中的字段而传送。没演变成链接修改或删除
目录记录合并	417/418	使用合并行为限定符的特殊更新
锁定/不锁定	419/420/421/422	使用更新方法的元素更新
批量编辑/替换	423/424	使用编辑/替换方法的特殊更新

A.3 日期/时间限定符(数据元 9005)

表 A.3 日期/时间限定符

代码	名称	描述
1	**开始和结束一次会话**	
01	连接/断开日期/时间	一个特定会话发生期间的时间。
02	当前会话开始日期/时间	当前会话开始的时间。
03	最新会话日期/时间	用户结束最近会话的日期和时间。
10	会话开始日期/时间	特定会话开始的日期和时间。
11	会话结束日期/时间	特定会话结束的日期和时间。
12	事务日期/时间	产生特定事务的日期和时间。
2	**用户数据**	
13	地址有效日期/时间	日期和时间,从该时刻起一个地址对用户有效。
14	地址无效日期/时间	日期和时间,从该时刻起一个地址对用户无效。
3	**更新数据**	
20	任务包生成日期/时间	任务包产生的日期/时间。
21	任务包修改日期/时间	任务包更新的最新日期/时间。
22	结果集生成日期/时间	结果集在目标方产生的日期/时间,该任务包包括由一个查询操作或显示操作获得的一组记录。

表 A.3（续）

代码	名称	描述
23	记录生成日期/时间	数据库中一条记录生成的日期和时间。
24	记录修改日期/时间	数据库中一条记录更新的最新日期和时间。
25	记录锁定终止日期/时间	一条被锁定的数据库记录将自动解锁的日期和时间。
26	馆藏报告日期/时间	馆藏陈述更新的最新日期和时间。
27	采访状态日期/时间	一个实体采访状态更新的最新日期和时间。
28	出版日期/时间	当书目项或资源可用的日期和时间。
29	生成日期/时间	当资源形成时的日期和时间。
30	版权开始日期/时间	在版权开始时的日期和时间。
31	版权结束日期/时间	在版权结束时的日期和时间。

附 录 B
（资料性附录）
本部分可使用的实例

B.1 手工编目形式设计

本部分中的数据元和信息逻辑单元的名称用于标记那些为编目目的设计的特定数据元值而保留的区域。

B.2 编目应用的用户界面设计

用户界面能通过在终端屏幕上为本部分中的各种数据元保留区域的方式设计。

如果用户界面支持交互方式的驱动菜单，数据元名可用于提示用户需要特定的数据用以：

——登录应用；

——执行特殊的编目操作；

——结束本次会话等。

帮助功能将使用本部分提供的定义来解释用户同系统交互时任何指定步骤中所需要的数据。

在本部分表示法和标记栏中给出值，可用于指定由一个用户为特殊数据元所提供的值。

命令驱动的用户界面设定用户了解支持所有编目操作所需的数据。可能不需作用户提示，但仍可使用帮助功能和显示有效的数据元值，以帮助用户从错误条件中恢复正常。

B.3 相关标准的补充

本部分参照其他为编目应用使用的特殊数据元提供更多精确度的国际标准。为了扩大应用，本部分符合计算机之间通讯的协议标准。本部分也符合 ISO 23950 和联合目录文档国际注册文档。

B.4 数据字典/数据目录的输入

本部分的数据元名、定义和表示法能直接输入到自动数据字典/数据目录(DD/DD)系统。这些系统为应用设计者和用户提供存贮、检索和使用有关数据的简便方法，基于 DD/DD 系统的功能，本部分给出的名称、定义和表示法可为编目应用定义数据结构，可用于：

——支持编目应用程序开发；

——控制构成编目消息的数据元；

——监控编目应用的各个方面具体消息的使用和显示等。

ISO/IEC 10027，“信息源字典系统(IRDS)框架”定义了一个数据字典系统，该系统可使用数据元名、定义和表示法控制和见证编目应用，并通过标准 IRDS 服务界面与其他系统分享该信息。

附 录 C
（资料性附录）
本标准五部分的关系

本部分可能需要与较早期出版的1、2、3、4部分连同使用。本附录准备帮助需要执行本标准全部系列的那些用户。它标识出与其余四部分共有的数据元、数据元组和数据元值。

当本标准的各个部分最终被合并成一个单一的国际标准时，标记被重新分配以生成一个单一的序列。在该合并标准产生之前，本附录将包括在每一个部分中，用以标识该部分与它的前者共同拥有的数据元和数据元组。

表C.1按每个数据元、数据元值和数据元组的共同名称的汉语拼音顺序排列，标记用于识别每个部分中的每个元素。表C.2按每个数据元、数据元值和数据元组的共同名称的英文字母顺序排列。

表C.1 本标准五部分的关系(按中文名称的汉语拼音排序)

名称		第5部分	第4部分	第3部分	第2部分	第1部分
中文名称	英文名称					
安全级	Security level	1254	849	849		
安全违规	Security violation	1253	848	848		
版本	Edition	5014			305	021
版本指示符(协议)	Version indicator (protocol)	1214		607		
帮助主题	Help topic	9010	910	910		
保留结束日期/时间	Date/time reservation expires		A.2(33)			A.2(09)
标识请求	Identification request	A.2(002)	A.1(02)	A.1(02)		
标识响应	Identification response	A.2(003)	A.1(03)	A.1(03)		
参考标识符	Reference identifier	1017	087	086		
参与者职能	Participant's function	1011	060	060	080	080
操作认可	Operation approval	A.2(008)	A.1(08)	A.1(08)		
城市	City	1059	138	134	114	161
出版地	Place of publication	5015			037	022
出版者	Publisher	5016			306	023
初始请求	Initialize request	A.2(004)	A.1(04)	A.1(04)		
初始响应	Initialize response	A.2(005)	A.1(05)	A.1(05)		
传递服务	Delivery service	1053	133			
传真号码	Telefacsimile number	1072	162	162	127	
丛书	Series	5013				013
当前地址标记	Current address flag	1054	134			
当前会话开始日期/时间	Date/time current session begins	A.3(02)	A.2(02)	A.2(02)		

表 C.1(续)

名　称		第5部分	第4部分	第3部分	第2部分	第1部分
中文名称	英文名称					
当前位置	Current location	5206	504			
地区	Region	1061	140	135	140	
地域	Locality	1060	139			
地址(组标识符)	Address (group identifier)	1050	130	130	112	159
地址类型	Address type	1052	132			
地址指示	Address instruction	1051	131	131	090	
电话号码	Telephone number	1071	161	161	121	066
电子邮件标识符	Electronic mail identifier	1073	164	164	124	068
对话语种	Language of dialogue	1212		603		
对话字符集	Character set of dialogue	1213		604		
发票号	Invoice number			010	005	
发票总计	Invoice total			434	434	
翻译/转录	Transliteration/transcription	4020			335	
访问请求	Access request	A.2(001)	A.1(01)	A.1(01)		
访问权限	Access privileges	1250	724	724		
费用类型	Fee type	5213	534			
费用限制	Cost constraint	1020	090	090		
费用总计	Amount of fee	5214	531			
服务费用	Service charge			420	505(5)	
服务文档	Service profile	1210		600		
附加事务信息	Additional transaction information	0021	591			
附加事务信息组	Additional transaction information group	0020	590			
附件	Accompanying material	5023			326	
复本标识(组标识符)	Copy identification (group identifier)	5200	500	300	300	010
复本标识号	Copy identification code	5202	506			
复本号	Copy number	5208			760	038
复本号校验位算法	Copy number check digit algorithm	5203	507			
复本架位	Copy shelf locater	5207			756	037
复本描述	Copy description	5010			300	010
挂起	Suspend	A.2(007)	A.1(07)	A.1(07)		

表 C.1(续)

名称		第5部分	第4部分	第3部分	第2部分	第1部分
中文名称	英文名称					
挂起标记	Suspend flag	1019	088	088		
归还日期/时间	Date/time of return		A.2(31)		A.2(17)	A.2(08)
归还通知	Return notification		A.1(13)		A.1(12)	A.1(13)
归还响应	Return response		A.1(14)		A.1(13)	
国际标准号	International standard number	4012	512			
国际标准编码名	International standard number ingcode name	4011	511			
国际标准连续出版物编号	ISSN	4011(1)	511(1)		314	036
国际标准图书编号	ISBN	4011(0)	511(0)		313	035
国际标准音像制品编号	ISRC	4011(2)	511(2)		319	
国家	Country	1062	141	136	115	162
欢迎使用	Welcome herald	A.2(006)	A.1(06)	A.1(06)		
会话标识符	Session identifier	1015	080	080		
会话参数	Session parameters	1200		550		
会话长度限制	Session length constraint	1021	092	092		
会话结束日期/时间	Date/time session ended	A.3(11)	A.2(11)	A.2(11)		
会话开始日期/时间	Date/time session started	A.3(10)	A.2(10)	A.2(10)		
会话事务历史	Session transaction history	1150	231			
会话细节	Session details	1000	040	040		
货币代码	Currency code		533	421	421	
机构标识(组标识符)	Institution identification (group identifier)	1030	110	110	110	060
机构标识符	Institution identifier	1036	116	113	130	
机构标识符代码	Institution identifier code	1035	115			
机构公章	Official seal of institution	1037	117		910	062
机构角色	Institution role		118		100	079
机构名	Name of institution	1031	111	111	111	061
机构名下属单元	Subordinate unit of institution name	1033	113			
机构名主要单元	Main unit of institution name	1032	112			
记录构成	Record composition	3007		606		
记录句法	Record syntax	3005		605		
记录类型(提供的理由/作用)	Record type (role/reason for supply)	4028		608		

表 C.1(续)

名称		第5部分	第4部分	第3部分	第2部分	第1部分
中文名称	英文名称					
继续标记	Continue flag	1018	087	087		
建筑物内位置	Location within building	1056	136			
街道和门牌号	Street and number	1057和1058	137	133	113	160
校验位算法	Check digit algorithm	1094	304			
结果集标识符	Result set identifier	3010		280		
结果集大小	Result set size	3012		282		
结果集限定符	Result set qualifier	3011		281		
结束	Terminate	A.2(009)	A.1(09)	A.1(09)		
解释请求	Explain request	A.2(063)	A.1(63)	A.1(63)		
解释响应	Explain response	A.2(064)	A.1(64)	A.1(64)		
卷号	Number of volumes	5020				
客户(用户标识)	Client (User identification)	1090	300	120	802	050
口令	Password	1012	076	076		
口令版本	Password edition	1013	077	077		
口令类型	Password type	1014	078	078		
连接/断开日期/时间	Date/time connect/disconnect	A.3(01)	A.2(01)	A.2(01)		
临时位置	Temporary location	5205	509			
流通类别	Circulation category	5215	503			131
盲文	Braille				304(8)	017(7)
目录记录标识符	Catalogue record identifier	4014	514			
目录记录标识符代码	Catalogue record identifier code	4013	513		317	082
目录记录转换模式	Catalogue record transliteration schema	4020			335	
内部复本标识	Internal copy identification	5201	505			
内容形式	Form of contents	5019			323	
频率	Frequency	5026			324	
日期	Date	A.3,0003	A.2,003	A.2,003	A.2,003	A.2,003
日期/时间限定符	Date/time qualifier	9005	905	905	751	151
时间戳	Time stamp	0004	004	004	004	004
实体大小	Size of item	5022			328	029
实体格式(技术说明)	Format of item (technical specifications)	5024			329	018

表 C.1(续)

名称		第5部分	第4部分	第3部分	第2部分	第1部分
中文名称	英文名称					
使用条件	Conditions of use	5210				110
使用总量	Amount of usage	1024	097	097		
事务参与者	Transaction participant	1010	050	050	050	059
事务号(请求号)	Transaction number (Request number)	0010	010	010	005	005
事务完成标记	Transaction completion flag	0011	598			
书籍费率	Book rate				406(0)	116(0)
书目记录标识符	Bibliographic record identifier	4014	514			
书目记录标识符代码	Bibliographic record identifier code	4013	513		317	082
书目信息	Bibliographic information	5000	510			
书目著录	Bibliographic description	5010			300	010
数据库标识符	Database identifier	3003		610		
缩写名	Abbreviated name	1034	114	112	117	063
索取号	Call number	5207			756	037
提供的理由	Reason for supply	4028		608		
题名	Title	5012			301	012
通讯载体	Telecommunication cattier	1064	150	150		
通讯网络地址	Telenetwork address	1070	160	160	120	065
通讯网络用户标识符	Telenetwork user identifier	1074	165	165		
文件类型	Document type	5019			323	
物理条件	Physical condition	5209				031
系统性能	System performance	1023	096	096		
消息标识(组标识符)	Message identification (group identifier)	0001	001	001	001	001
消息名	Message name	0002	A.1(01)	A.1(01)	A.1(01)	A.1(01)
协议版本指示符	Protocol version indicator	1214		607		
协议选择	Protocol option	1211		602		
信用额	Credit amount			470	442	
信用响应	Credit response			A.1(45)	A.1(15)	
信用证明	Credit justification			473	555	
续借请求	Renewal request		A.1(15)			A.1(09)
续借响应	Renewal response		A.1(16)			A.1(10)
要求保留的日期/时间	Date/time reservation required		A.2(34)			A.2(10)

表 C.1（续）

名称		第5部分	第4部分	第3部分	第2部分	第1部分
中文名称	英文名称					
页码	Pagination	5021			311	025
永久位置	Permanent location	5204	508			
用户标识(组标识符)	User identification (group identifier)	1090	300	120	802	050
用户标识号	User identification number	1093	303			
用户角色	User's role	1097	307			
用户口令	User password	1096	306			
用户名	User's name	1100	310	121	803	051
用户内部标识	User's internal identification	1092	302	122	804	052
用户所属单位	User affiliation	1091	301	123	811	054
邮政编码	Postal code	1063	142	137	116	163
邮政信箱	Post office box	1055	135	132	119	164
预期日期/时间	Date/time due		A.2(29)		A.2(12)	A.2(07)
预约请求	Reservation request		A.1(29)			A.1(20)
预约响应	Reservation response		A.1(30)			A.1(21)
运送	Ship to	1051(0)	131(0)	131(0)	090(0)	
帐号	Account number			450	450	126
折扣	Discount			430	441	
支付日期	Payment date			A.2(04)	A.2(06)	
值	Value	5018				030
指令代码	Instruction code	0021	591			
指令无效	Instruction override	0022	592			
中介	Intermediary			101(0)	100(2)	079(2)
主机系统网络地址	Host system network address	1075	166	166		
注释	Remark			900	905	150
装订类型	Binding type	5025			322	
资源报告响应	Resource report response	A.2(066)	A.1(66)	A.1(42)		
资源使用类型	Resource usage type	1022	095	095		
资源限制	Resource limitation	1251	725	725		
子会话标识符	Subsession identifier	1016	081	081		
自由文本指令	Free text instruction	0020	590			
自由文本注释代码	Free text note code	4031	595			
自由文本注释内容	Free text note content	4032	594			
最新会话日期/时间	Date/time of last session	A.3(03)	A.2(03)	A.2(03)		
作者或创作者	Author or creator	5011			301	011

表 C.2　本标准五部分的关系(按英文名称的字母顺序排列)

名称		第5部分	第4部分	第3部分	第2部分	第1部分
中文名称	英文名称					
缩写名	Abbreviated name	1034	114	112	117	063
访问权限	Access privileges	1250	724	724		
访问请求	Access request	A.2(001)	A.1(01)	A.1(01)		
附件	Accompanying material	5023			326	
帐号	Account number			450	450	126
附加事务信息	Additional transaction information	0021	591			
附加事务信息组	Additional transaction information group	0020	590			
地址(组标识符)	Address (group identifier)	1050	130	130	112	159
地址指示	Address instruction	1051	131	131	090	
地址类型	Address type	1052	132			
费用总计	Amount of fee	5214	531			
使用总量	Amount of usage	1024	097	097		
作者或创作者	Author or creator	5011			301	011
书目著录	Bibliographic description	5010			300	010
书目信息	Bibliographic information	5000	510			
书目记录标识符	Bibliographic record identifier	4014	514			
书目记录标识符代码	Bibliographic record identifier code	4013	513		317	082
装订类型	Binding type	5025			322	
书籍费率	Book rate				406(0)	116(0)
盲文	Braille				304(8)	017(7)
索取号	Call number	5207			756	037
目录记录标识符	Catalogue record identifier	4014	514			
目录记录标识符代码	Catalogue record identifier code	4013	513		317	082
目录记录转换模式	Catalogue record transliteration schema	4020			335	
对话字符集	Character set of dialogue	1213		604		
校验位算法	Check digit algorithm	1094	304			
流通类别	Circulation category	5215	503			131
城市	City	1059	138	134	114	161
客户(用户标识)	Client (User identification)	1090	300	120	802	050
使用条件	Conditions of use	5210				110
继续标记	Continue flag	1018	087	087		
复本描述	Copy description	5010			300	010

表 C.2(续)

中文名称	英文名称	第5部分	第4部分	第3部分	第2部分	第1部分
复本标识(组标识符)	Copy identification (group identifier)	5200	500	300	300	010
复本标识号	Copy identification code	5202	506			
复本号	Copy number	5208			760	038
复本号校验位算法	Copy number check digit algorithm	5203	507			
复本架位	Copy shelf locater	5207			756	037
费用限制	Cost constraint	1020	090	090		
国家	Country	1062	141	136	115	162
信用额	Credit amount			470	442	
信用响应	Credit response			A.1(45)	A.1(15)	
信用证明	Credit justification			473	555	
货币代码	Currency code		533	421	421	
当前地址标记	Current address flag	1054	134			
当前位置	Current location	5206	504			
数据库标识符	Database identifier	3003		610		
日期	Date	A.3,0003	A.2,003	A.2,003	A.2,003	A.2,003
连接/断开日期/时间	Date/time connect/disconnect	A.3(01)	A.2(01)	A.2(01)		
当前会话开始日期/时间	Date/time current session begins	A.3(02)	A.2(02)	A.2(02)		
预期日期/时间	Date/time due		A.2(29)		A.2(12)	A.2(07)
最新会话日期/时间	Date/time of last session	A.3(03)	A.2(03)	A.2(03)		
归还日期/时间	Date/time of return		A.2(31)		A.2(17)	A.2(08)
日期/时间限定符	Date/time qualifier	9005	905	905	751	151
保留结束日期/时间	Date/time reservation expires		A.2(33)			A.2(09)
要求保留的日期/时间	Date/time reservation required		A.2(34)			A.2(10)
会话结束日期/时间	Date/time session ended	A.3(11)	A.2(11)	A.2(11)		
会话开始日期/时间	Date/time session started	A.3(10)	A.2(10)	A.2(10)		
传递服务	Delivery service	1053	133			
折扣	Discount			430	441	
文件类型	Document type	5019			323	
版本	Edition	5014			305	021
电子邮件标识符	Electronic mail identifier	1073	164	164	124	068
解释请求	Explain request	A.2(063)	A.1(63)	A.1(63)		
解释响应	Explain response	A.2(064)	A.1(64)	A.1(64)		

表 C.2（续）

名称		第5部分	第4部分	第3部分	第2部分	第1部分
中文名称	英文名称					
费用类型	Fee type	5213	534			
内容形式	Form of contents	5019			323	
实体格式(技术说明)	Format of item (technical specifications)	5024			329	018
自由文本指令	Free text instruction	0020	590			
自由文本注释代码	Free text note code	4031	595			
自由文本注释内容	Free text note content	4032	594			
频率	Frequency	5026			324	
帮助主题	Help topic	9010	910	910		
主机系统网络地址	Host system network address	1075	166	166		
标识请求	Identification request	A.2(002)	A.1(02)	A.1(02)		
标识响应	Identification response	A.2(003)	A.1(03)	A.1(03)		
初始请求	Initialize request	A.2(004)	A.1(04)	A.1(04)		
初始响应	Initialize response	A.2(005)	A.1(05)	A.1(05)		
机构标识(组标识符)	Institution identification (group identifier)	1030	110	110	110	060
机构标识符	Institution identifier	1036	116	113	130	
机构标识符代码	Institution identifier code	1035	115			
机构角色	Institution role		118		100	079
指令代码	Instruction code	0021	591			
指令无效	Instruction override	0022	592			
中介	Intermediary			101(0)	100(2)	079(2)
内部复本标识	Internal copy identification	5201	505			
国际标准号	International standard number	4012	512			
国际标准编码名	International standard number ingcode name	4011	511			
发票号	Invoice number			010	005	
发票总计	Invoice total			434	434	
国际标准图书编号	ISBN	4011(0)	511(0)		313	035
国际标准音像制品编号	ISRC	4011(2)	511(2)		319	
国际标准连续出版物编号	ISSN	4011(1)	511(1)		314	036
对话语种	Language of dialogue	1212		603		
地域	Locality	1060	139			
建筑物内位置	Location within building	1056	136			
机构名主要单元	Main unit of institution name	1032	112			
消息标识(组标识符)	Message identification (group identifier)	0001	001	001	001	001

表 C.2(续)

名称		第5部分	第4部分	第3部分	第2部分	第1部分
中文名称	英文名称					
消息名	Message name	0002	A.1(01)	A.1(01)	A.1(01)	A.1(01)
机构名	Name of institution	1031	111	111	111	061
卷号	Number of volumes	5020				
机构公章	Official seal of institution	1037	117		910	062
操作认可	Operation approval	A.2(008)	A.1(08)	A.1(08)		
页码	Pagination	5021			311	025
参与者职能	Participant's function	1011	060	060	080	080
口令	Password	1012	076	076		
口令版本	Password edition	1013	077	077		
口令类型	Password type	1014	078	078		
支付日期	Payment date			A.2(04)	A.2(06)	
永久位置	Permanent location	5204	508			
物理条件	Physical condition	5209				031
出版地	Place of publication	5015			037	022
邮政信箱	Post office box	1055	135	132	119	164
邮政编码	Postal code	1063	142	137	116	163
协议选择	Protocol option	1211		602		
协议版本指示符	Protocol version indicator	1214		607		
出版者	Publisher	5016			306	023
提供的理由	Reason for supply	4028		608		
记录构成	Record composition	3007		606		
记录句法	Record syntax	3005		605		
记录类型(提供的理由/作用)	Record type (role/reason for supply)	4028		608		
参考标识符	Reference identifier	1017	087	086		
地区	Region	1061	140	135	140	
注释	Remark			900	905	150
续借请求	Renewal request		A.1(15)			A.1(09)
续借响应	Renewal response		A.1(16)			A.1(10)
预约请求	Reservation request		A.1(29)			A.1(20)
预约响应	Reservation response		A.1(30)			A.1(21)
资源限制	Resource limitation	1251	725	725		
资源报告响应	Resource report response	A.2(066)	A.1(66)	A.1(42)		
资源使用类型	Resource usage type	1022	095	095		
结果集标识符	Result set identifier	3010		280		

表 C.2（续）

名称		第5部分	第4部分	第3部分	第2部分	第1部分
中文名称	英文名称					
结果集限定符	Result set qualifier	3011		281		
结果集大小	Result set size	3012		282		
归还通知	Return notification		A.1(13)		A.1(12)	A.1(13)
归还响应	Return response		A.1(14)		A.1(13)	
安全级	Security level	1254	849	849		
安全违规	Security violation	1253	848	848		
丛书	Series	5013				013
服务费用	Service charge			420	505(5)	
服务文档	Service profile	1210		600		
会话细节	Session details	1000	040	040		
会话标识符	Session identifier	1015	080	080		
会话长度限制	Session length constraint	1021	092	092		
会话参数	Session parameters	1200		550		
会话事务历史	Session transaction history	1150	231			
运送	Ship to	1051(0)	131(0)	131(0)	090(0)	
实体大小	Size of item	5022			328	029
街道和门牌号	Street and number	1057 和 1058	137	133	113	160
机构名下属单元	Subordinate unit of institution name	1033	113			
子会话标识符	Subsession identifier	1016	081	081		
挂起	Suspend	A.2(007)	A.1(07)	A.1(07)		
挂起标记	Suspend flag	1019	088	088		
系统性能	System performance	1023	096	096		
通讯载体	Telecommunication cattier	1064	150	150		
传真号码	Telefacsimile number	1072	162	162	127	
通讯网络地址	Telenetwork address	1070	160	160	120	065
通讯网络用户标识符	Telenetwork user identifier	1074	165	165		
电话号码	Telephone number	1071	161	161	121	066
临时位置	Temporary location	5205	509			
结束	Terminate	A.2(009)	A.1(09)	A.1(09)		
时间戳	Time stamp	0004	004	004	004	004
题名	Title	5012			301	012
事务完成标记	Transaction completion flag	0011	598			
事务号(请求号)	Transaction number (Request number)	0010	010	010	005	005

表 C.2(续)

名称		第5部分	第4部分	第3部分	第2部分	第1部分
中文名称	英文名称					
事务参与者	Transaction participant	1010	050	050	050	059
翻译/转录	Transliteration/transcription	4020			335	
用户所属单位	User affiliation	1091	301	123	811	054
用户标识(组标识符)	User identification (group identifier)	1090	300	120	802	050
用户标识号	User identification number	1093	303			
用户口令	User password	1096	306			
用户内部标识	User's internal identification	1092	302	122	804	052
用户名	User's name	1100	310	121	803	051
用户角色	User's role	1097	307			
值	Value	5018				030
版本指示符(协议)	Version indicator (protocol)	1214		607		
欢迎使用	Welcome herald	A.2(006)	A.1(06)	A.1(06)		

附 录 NA
（资料性附录）
英文索引

索引款目包括在目录中所列的中文数据元组和数据元值（即代码）的名称、关键词和同义词，还包括附录 A.2 所列的特殊消息和数据类型的名称、关键词和同义词。款目按英文排列。标有“参照”的右列给出索引款目的标记或附录号和代码（如果可用）。

表 NA.1 索引（按款目英文名称字母顺序排列）

表 NA.1(续)

款目		参照
英文名称	中文名称	
Author or creator	作者或创作者	5011
Author/title search string	作者/题名查找串	4013,例 4014,例
Authority headings	规范标目	4000,例
Authority information	规范信息	5100
Authority status	规范状态	4073
Authorized	规范	4073 代码 1
Authorized indicator	规范指示符	4072
Available for supply without return	提供有效,不用还	5215 代码 11
Average response time	平均响应时间	1023 代码 4
Batch edit/replace: see Bulk edit/replace	批式编辑/替换:见大批量编辑/替换	
Bibliographic description	书目著录	5010
Bibliographic encoding level	书目编码等级	5003
Bibliographic information	书目信息	5000
Bibliographic items	书目实体	4000,例
Bibliographic level	书目级别	5002
Bibliographic note	书目注释	5065
Bibliographic occurrence count	书目出现计数	5104
Bibliographic record identifier code	书目记录标识符代码	4013
Bibliography	书目	5019,例
Biennially	按两年	5026,例
Bill to	开帐单	1051 代码 1
Bi-monthly	按两月	5026,例
Binding note	装订注释	5065,例
Binding type	装订类型	5025
Bi-weekly	按两周	5026,例
Blank (reserved)	空白(保留的)	1211 代码 9
Blank or undefined (Update action qualifier)	空白或未定义(更新行为限定符)	3002,例
Brief (Record composition)	简明(记录构成)	3007 代码 B
British National Bibliography number	英国国家书目号	4013,例 4014,例
Broader form	广义形式	4026 代码 8
Bulk edit/replace qualifier	大批量编辑/替换限定符	3002,例
Bulk edit/replace request	大批量编辑/替换请求	A.2 代码 423
Bulk edit/replace response	大批量编辑/替换响应	A.2 代码 424

表 NA.1(续)

款目		参照
英文名称	中文名称	
Call number	索取号	5207
Campus mail	校园邮政	1053 代码 1
Cartographic material	测绘资料	5001,例
Case not significant	大小写无意义	3018 代码 0
Case significant	大小写有意义	3018 代码 1
Catalogue	目录	5019,例
Catalogue record	目录记录	4000
Catalogue record transliteration scheme	目录记录转换模式	4020
Catalogue record character set	目录记录字符集	4019
Catalogue record delete request	目录记录删除请求	A.2 代码 405
Catalogue record delete response	目录记录删除应答	A.2 代码 406
Catalogue record identifier	目录记录标识符	4014
Catalogue record identifier code	目录记录标识符代码	4013
Catalogue record insert request	目录记录插入请求	A.2 代码 401
Catalogue record insert response	目录记录插入响应	A.2 代码 402
Catalogue record language	目录记录语种	4018
Catalogue record link request	目录记录链接请求	A.2 代码 413
Catalogue record link response	目录记录链接响应	A.2 代码 414
Catalogue record merge request	目录记录合并请求	A.2 代码 417
Catalogue record merge response	目录记录合并响应	A.2 代码 418
Catalogue record replace request	目录记录替换请求	A.2 代码 403
Catalogue record replace response	目录记录替换响应	A.2 代码 404
Catalogue record status	目录记录状态	4022
Catalogue record type	目录记录类型	4002
Catalogue record unlink request	目录记录不链接请求	A.2 代码 415
Catalogue record unlink response	目录记录不链接响应	A.2 代码 416
Cataloguing field information	编目字段信息	4050
Cataloguing information	编目信息	4001
Change data	变更数据	3013
Change data conditional data	变更数据条件的数据	3019
Change data new value	变更数据新值	3024
Change data new version	变更数据新版本	3022
Change data new version Identifier	变更数据新版本标识符	3023
Change data old value	变更数据旧值	3016

表 NA.1（续）

款目		参照
英文名称	中文名称	
Change data old version	变更数据旧版本	3014
Change data old version Identifier	变更数据旧版本标识符	3015
Character set change flag	字符集变更标记	4061
Character set of dialogue	对话字符集	1213
Check digit algorithm	校验位算法	1094
Chronological description	年代描述	5046
Chronology caption	年代标题	5048
Chronology level	年代级别	5047
Chronology	年代	5049
Circulation category	流通类别	5215
Circulation limited by user type, long loan period	由用户类型限制流通,长借阅周期	5215 代码 8
Circulation limited by user type, normal loan period	由用户类型限制流通,普通借阅周期	5215 代码 7
Circulation limited by user type, short loan period	由用户类型限制流通,短借阅周期	5215 代码 6
City	城市	1059
Classification	分类	5063
Classification headings	分类标目	4000,例
Close	关闭	1211 代码 22
Cloth	布封面	5025,例
Collection	文集	5002,例
Collective uniform title	文集统一题名	5102,例
Community information records	团体信息记录	4000,例
Complete (Task status)	完成(任务状态)	2003 代码 2
Completed (Acquisitions status)	已完成(采访状态)	5212 代码 2
Computer media	计算机介质	5001,例
Concurrent operations	同时操作	1211 代码 13
Conditional data identifier	条件数据标识符	3020
Conditional data value	条件数据值	3021
Conditions of use	使用条件	5210
Confirmed duplicate	认定重复	4021,例
Connect type	连接类型	1022 代码 1
Continuation	继续	4026 代码 4
Continue	继续	1018 代码 0
Continue flag	继续标记	1018
Copies count	复本数量	5004

表 NA.1(续)

款目		参照
英文名称	中文名称	
Copy identification	复本标识	5200
Copy identification number	复本标识号	5202
Copy number	复本号	5208
Copy number check digit algorithm	复本号校验位算法	5203
Copy shelf locater	复本架位	5207
Corporate name	团体名称	5102,例
Correlation information	相关信息	4016
Cost constraint	费用限制	1020
Country	国家	1062
CPU time	CPU 时间	1022 代码 0
Creator of catalogue record or part	目录记录或部分记录生产者	1097 代码 0
Current (Current address flag)	当前地址(当前地址标记)	1054 代码 0
Current address flag	当前地址标记	1054
Current location	当前位置	5206
Currently received (serial)	现已收到(连续出版物)	5212 代码 4
Daily	按日	5026,例
Damage fee	损坏费	5213 代码 2
Data case sensitivity	字符大小写敏感	3018
Data string change	数据串变更	3025
Data truncation attribute	数据截断属性	3017
Database connection	数据库连接	1014 代码 1
Database identifier	数据库标识符	3003
Database provider	数据库提供者	1011 代码 1
Date	日期	0003
Date/time acquisitions status	采访状态日期/时间	A.3 代码 27
Date/time address invalid	地址无效日期/时间	A.3 代码 14
Date/time address valid	地址有效日期/时间	A.3 代码 13
Date/time connect/disconnect	连接/断开日期/时间	A.3 代码 01
Date/time current session begins	当前会话开始日期/时间	A.3 代码 02
Date/time holdings statement reported	馆藏日期/时间报告	A.3 代码 26
Date/time of creation	生成日期/时间	A.3 代码 29
Date/time of last session	最新会话日期/时间	A.3 代码 03
Date/time of publication	出版日期/时间	A.3 代码 28
Date/time of transaction	事务日期/时间	A.3 代码 12

表 NA.1(续)

款目		参照
英文名称	中文名称	
Date/time qualifier	日期/时间限定符	9005
Date/time record created	记录生成日期/时间	A.3 代码 23
Date/time record lock Expires	记录锁定终止日期/时间	A.3 代码 25
Date/time record modified	记录修改日期/时间	A.3 代码 24
Date/time results set created	结果集生成日期/时间	A.3 代码 22
Date/time rights commence	版权开始日期/时间	A.3 代码 30
Date/time rights terminate	版权结束日期/时间	A.3 代码 31
Date/time session ended	会话结束日期/时间	A.3 代码 11
Date/time session started	会话开始日期/时间	A.3 代码 10
Date/time task package created	任务包生成日期/时间	A.3 代码 20
Date/time task package modified	任务包修改日期/时间	A.3 代码 21
Delete privileges	删除权限	1014 代码 4
Delete results set	删除结果集	1211 代码 2
Delivery service	传递服务	1053
Dictionary	字典	5019,例
Directory	名录	5019,例
Diskette format	磁盘格式	5024,例
Dissertation	学位论文	5019,例
Do not send task package in response	响应中不送任务包	2008 代码 4
Do not truncate	无截断	3017 代码 100
Do not wait	不等待	2008 代码 3
DOI (digital object identifier)	DOI(数字资源对象标识符)	4013,例
Dublin core	Dublin 核心	3004,例
Dublin core metadata	Dublin 核心元数据	5070
Duplicate test flag	查重测试标记	4021
Earlier form	早期形式	4026 代码 1
Edit replace type	编辑替换类型	3025
Edit/replace qualifier	编辑/替换限定符	3002,例
Edit/replace schema	编辑/替换模式	3004,例
Edition	版本	5014
Editor	编者	5017,例
Electronic mail identifier	电子邮件标识符	1073
Electronic resources	电子资源	4000,例
Element update	元素更新	3001 代码 4

表 NA.1(续)

款目		参照
英文名称	中文名称	
Encyclopaedia	百科全书	5019,例
Enumeration	计数	5045
Enumeration and chronology	计数和年代	5041
Enumeration caption	计数标题	5044
Enumeration description	计数描述	5042
Enumeration level	计数等级	5043
Equal	等于	4027 代码 0
ES-database update	扩展服务—数据库更新	1211 代码 19
ES-export invocation	扩展服务—输出调用	1211 代码 21
ES-export specification	扩展服务—输出说明	1211 代码 20
ES-item order	扩展服务—订购项	1211 代码 18
ES-periodic query schedule	扩展服务—定期查询时间表	1211 代码 17
ES-persistent query	扩展服务—保留查询	1211 代码 16
ES-persistent result set	扩展服务—保留结果集	1211 代码 15
Established heading	规范标目	5101
Explain request	解释请求	A.2 代码 063
Explain response	解释响应	A.2 代码 064
Export	输出	2002 代码 6
Export invocation	输出调用	2002 代码 7
Extended services (ES)	扩展服务(ES)	1211 代码 10
Failure (catalogue record status)	失败(目录记录的状态)	4022 代码 4
Failure (no records in task updated)	失败(任务中没有记录被更新)	3006 代码 3
Family name	家族名称	5102,例
Fee type	费用类型	5213
Field attributes	字段属性	4053
Field delete	字段删除	3025,例
Field description	字段描述	4052
Field indicator	字段指示符	4055
Field insert	字段插入	3025,例
Field or element delete request	字段或元素删除请求	A.2 代码 411
Field or element delete response	字段或元素删除响应	A.2 代码 412
Field or element insert request	字段或元素插入请求	A.2 代码 407
Field or element insert response	字段或元素插入响应	A.2 代码 408
Field or element replace request	字段或元素替换请求	A.2 代码 409

表 NA.1(续)

款目		参照
英文名称	中文名称	
Field or element replace response	字段或元素替换响应	A.2 代码 410
Field replace	字段替换	3025,例
Field sequence number	字段序号	4054
Field tag	字段标记	4051
Form of contents	内容形式	5019
Format of item (technical specifications)	实体格式(技术说明)	5024
Free text note code	自由文本注释代码	4031
Free text note content	自由文本注释内容	4032
Free text note information	自由文本注释信息	4030
Frequency	频率	5026
Full (blank)(bibliographic encoding level)	完全(空的)(书目编码等级)	5003,例
Full (Record composition)	完全(记录构成)	3007 代码 F
Gauge of a film	胶片规格	5024,例
General note	一般注释	5065,例
Geographic area code	地理区域代码	5064,例
GILS	政府资源索引服务	3004,例
GRS-1	通用记录语法-1	3005,例
Heading type	标目类型	5102
Help topic	帮助主题	9010
Higher to lower	高到低	4027 代码 2
Historical period code	历史阶段代码	5064,例
Holdings (copies) records	馆藏(复本)记录	4000,例
Holdings encoding level	馆藏编码等级	5211
Host system network address	主机系统网络地址	1075
HTML	超文本标记语言	3005,例
Identification request	标识请求	A.2 代码 002
Identification response	标识应答	A.2 代码 003
Illustrator	插图画家	5017,例
In process	处理中	4022 代码 2
Inappropriate authentication	不适合的规范	1253 代码 0
Index	索引	5019,例
Indicator change	指示符变更	3025,例
Initialize request	初始请求	A.2 代码 004

表 NA.1(续)

款目		参照
英文名称	中文名称	
Initialize response	初始响应	A.2 代码 005
In-library use only	仅在图书馆使用	5215 代码 2
Institution identification	机构标识	1030
Institution identifier	机构标识符	1036
Institution identifier code	机构标识符代码	1035
Instruction override	指令无效	0022
Insufficient access rights	不足的访问权限	1253 代码 3
Intermediary, gateway server	中介、网关服务器	1011 代码 2
Internal copy identification	内部复本标识	5201
Internal courier	内部信使	1053 代码 2
International standard number	国际标准号	4012
International standard numbering code name	国际标准编码名	4011
Invalid credentials	无效证书	1253 代码 1
Invalid indicators-field rejected	无效指示符-拒绝字段	4071 代码 4
Invalid indicators-warning	无效指示符-警告	4071 代码 5
Invalid length of fixed field-field rejected	固定字段的无效长度-拒绝字段	4071 代码 23
Invalid numeric-element or subfield rejected	无效数值-拒绝元素或子字段	4071 代码 10
Invalid numeric-field rejected	无效数值-拒绝字段	4071 代码 9
Invalid repetition of element or subfield-field rejected	元素或子字段无效重复-拒绝字段	4071 代码 13
Invalid repetition of field-field rejected	字段无效重复-拒绝字段	4071 代码 11
Invalid repetition of element or subfield-element or subfield rejected	无效元素或子字段重复-拒绝元素或子字段	4071 代码 12
Invalid signature	无效签名	1253 代码 4
Invalid structure of non-sort element-accepted with warning	非排序元素的无效结构-带警告接受	4071 代码 22
Invalid structure of non-sort element-element or subfield rejected	非排序元素的无效结构-拒绝元素或子字段	4071 代码 21
Invalid structure of non-sort element-field rejected	非排序元素的无效结构-拒绝字段	4071 代码 20
Invalid structure of non-sort element-record rejected	非排序元素的无效结构-拒绝记录	4071 代码 19
Invalid subfield-field rejected	无效子字段-拒绝字段	4071 代码 3
Invalid subfield-subfield rejected	无效子字段-拒绝子字段	4071 代码 2
Invalid tag-field rejected	无效标记-拒绝字段	4071 代码 1
Irregularly	不定期	5026,例
ISBN (GB 5795—1986)	国际标准图书编号(GB 5795—1986)	4011,例代码 0
ISIL (ISO 15511)	国际标准识别符 (ISO 15511)	1035,例

表 NA.1（续）

款目		参照
英文名称	中文名称	
ISMN (ISO 10957)	国际标准乐谱编号（ISO 10957）	4011,例代码 3
ISO 233	ISO 233	4020,例
ISO 259	ISO 259	4020,例
ISO 2709	ISO 2709	3005,例
ISO 3602	ISO 3602	4020,例
ISO 7098	ISO 7098	4020,例
ISO 843	ISO 843	4020,例
ISO 9	ISO 9	4020,例
ISRC (ISO 3901)	国际标准音像制品编号(ISO 3901)	4011,例代码 2
ISSN (GB 9999—1988)	国际标准连续出版物编号(GB 9999—1988)	4011,例代码 1
Issue identification	期标识	5040
Issue identifier	期标识符	5050
Item order	订购项	2002 代码 4
Key title	识别题名	5012,例
Language of dialogue	对话语种	1212
Language of resource	资源语种	5035
Later form	最新形式	4026 代码 2
Left and right truncation	左和右截断	3017 代码 3
Left truncation	左截断	3017 代码 2
Lending policy	借阅政策	5215 同义词
Level 1 (Bibliographic encoding level), item not examined	级 1(书目编码等级)未审查条目	5003,例
Level 1 (holdings encoding level)-locations only	级 1(馆藏编码等级)—仅位置	5211,例
Level 2 (Bibliographic encoding level), pre-publication(CIP)	级 2(书目编码等级)在版编目	5003,例
Level 2 (holdings encoding level)-locations plus general extent information	级 2(馆藏编码等级)—位置加一般内容信息	5211,例
Level 3 (Bibliographic encoding level), less than complete, not CIP	级 3(书目编码等级)未完成,不是在版编目	5003,例
Level 3 (holdings encoding level)-locations plus summary extent of holding	级 3(馆藏编码等级)—位置加馆藏概括内容	5211,例
Library binding	图书馆装订	5025,例
Library of congress control number	美国国会图书馆控制号	4013,例 4014,例
Link hierarchical relationship	链接层次关系	4027
Link qualifier	链接限定符	3027
Link type	链接类型	4026

表 NA.1（续）

款目		参照
英文名称	中文名称	
Loan or rental fee	借阅或租用费	5213 代码 5
Locality	地域	1060
Location within building	建筑物内位置	1056
Locations count	位置计数	5005
Lock record	锁定记录	4024 代码 1
Lock request	锁定请求	A.2 代码 419
Lock response	锁定响应	A.2 代码 420
Lower to higher	低到高	4027 代码 1
MAB	MAB	3005,例
Main unit of institution name	机构名主要单元	1032
Matches with an existing heading of file	同文件上现存的标目匹配	4072 代码 0
May not be photocopied	不能拍照	5210,例
Memory	内存	1022 代码 8
Merge qualifier	合并限定符	3002,例 3026
Message identification	消息标识	0001
Message name	消息名	0002
Metadata	元数据	4001,例
Metadata record	元数据记录	4000,例
Microcomputer software version	微机软件版本	5024,例
Missing or invalid fixed code element-default applied	丢失或无效的固定代码元素—缺省应用	4071 代码 6
Missing or invalid fixed code element-field Rejected	丢失或无效的固定代码元素—拒绝字段	4071 代码 7
Missing or invalid fixed field element-element or subfield rejected	丢失或无效的固定字段元素—拒绝元素或子字段	4071 代码 8
Missing or invalid mandatory element or subfield-record rejected	丢失或无效的必备元素或子字段—拒绝记录	4071 代码 16
Missing or invalid mandatory element or subfield- field rejected	丢失或无效的必备元素或子字段—拒绝字段	4071 代码 17
Missing or invalid mandatory element or subfield-default applied	丢失或无效的必备元素或子字段—缺省应用	4071 代码 18
Missing or invalid mandatory field-default applied	丢失或无效的必备字段—缺省应用	4071 代码 15
Missing or invalid mandatory field-record rejected	丢失或无效的必备字段—拒绝记录	4071 代码 14
Modifier of catalogue record or part	目录记录或部分记录修改者	1097 代码 1
Monograph	专著	5002,例
Monthly	按月	5026,例

表 NA.1(续)

款目		参照
英文名称	中文名称	
Multimedia	多媒体	5001,例
Music score	音乐乐谱	5001,例
Name of institution	机构名	1031
Name/collective uniform title	名称/文集统一题名	5102,例
Name/title	名称/题名	5102,例
Named results sets	命名的结果集	1211 代码 14
Narrower form	狭义形式	4026 代码 9
National mail service	国家邮件服务	1053 代码 0
New heading created (from authority record)	生成新标目(来自规范记录)	4072 代码 4
New heading created (from bibliographic record)	生成新标目(来自书目记录)	4072 代码 1
New heading rejected-matches with existing heading	拒绝新标目-与现有标目匹配	4072 代码 5
New heading rejected-matches with existing non-preferred heading	拒绝新标目-与现有不推荐的标目匹配	4072 代码 6
No restriction	无限制	5210,例
Non-descriptive bibliographic element	非描述性的书目元	5060
Non-preferred data replaced with preferred heading	用较好的标目替换不好的数据	4072 代码 2
Non-sort begin	不排序开始	4059
Non-sort end	不排序结束	4060
Not a duplicate	没有重复	4021
Not applicable, data not authorized	不可用,数据没有经过规范	4072 代码 3
Not current (current address flag)	非当前地址(当前地址标记)	1054 代码 1
Not currently received (serial)	现未收到(连续出版物)	5212 代码 5
Not for loan	不借阅	5215 代码 1
Not retained	不保留	5028,例
Number of disk accesses	磁盘访问次数	1022 代码 10
Number of sessions	会话数	1022 代码 4
Number of system malfunctions	系统故障数	1023 代码 2
Number of tapes	磁带数	1022 代码 11
Number of telecommunication interruptions	远程通讯中断数	1023 代码 3
Number of volumes	卷号	5020
Official seal of institution	机构公章	1037
On order	订购中	5212 代码 3
Operation approval	操作认可	A.2 代码 008
Operation confirmation	操作确认	1252

表 NA.1（续）

款目		参照
英文名称	中文名称	
Operator	操作者	1011 代码 3
Other (Acquisitions status)	其他(采访状态)	5212 代码 1
Other (Address type)	其他(地址类型)	1052 代码 4
Other (Bibliographic level)	其他(书目级别)	5002,例
Other (binding type)	其他(装订类型)	5025,例
Other (Delivery service)	其他(传递服务)	1053 代码 3
Other (Frequency)	其他(频率)	5026,例
Other (Link type)	其他(链接类型)	4026 代码 11
Other (Record content type)	其他(记录内容类型)	5001,例
Other (Retention policy)	其他(保留政策)	5028,例
Other (Validation indicator)	其他(校验指示符)	4071 代码 24
Other contributor	其他贡献者	5017
Output instructions	输出指令	1014 代码 5
Overdue fine	过期罚款	5213 代码 3
Overnight only	仅可出借一天	5215 代码 3
Override not possible	不能忽略	0022 代码 3
Override possible	可忽略	0022 代码 0
Override possible with password	用口令可忽略	0022 代码 1
Override possible with security clearance	通过安全检查可忽略	0022 代码 2
Owner of rights	版权所有人	5032
Packets transmitted	传输包	1022 代码 7
Pagination	页码	5021
Paperback	平装本	5025,例
Partially successful (some records in task updated)	部分成功(任务中部分记录被更新)	3006 代码 2
Participant's function	参与者职能	1011
Parts of bibliographic items	书目实体部分	4000,例
Password	口令	1012
Password edition	口令版本	1013
Password type	口令类型	1014
Patent	专利	5019,例
Pending (Task status)	挂起(任务状态)	2003 代码 0
Percentage of downtime	停机率	1023 代码 1
Periodic query schedule	定期查询时间表	2002 代码 3
Permanent address	永久地址	1052 代码 1

表 NA.1（续）

款目		参照
英文名称	中文名称	
Permanent location	永久位置	5204
Permanently retained	永久保留	5028,例
Persistent query	保留查询	2002 代码 2
Persistent result set	保留结果集	2002 代码 1
Personal name	个人名称	5102,例
Physical condition	物理条件	5209
Place of publication	出版地	5015
Post office box	邮政信箱	1055
Postal code	邮政编码	1063
Prepayment	预付	5210,例
Present	展现	1211 代码 1
Process number in search term	搜索条件中的处理数	3017 代码 101
Processing fee	处理费	5213 代码 4
Processing not suspended	处理未挂起	1019 代码 0
Processing suspended	处理挂起	1019 代码 1
Projected and video material	投影和视频资料	5001,例
Protocol options	协议选择	1211
Protocol version indicator	协议版本指示符	1214
Pseudonym	假名	4026 代码 6
Publisher	出版者	5016
PURL (permanent universal resource locater)	永久通用资源地址	4013,例
Quarterly	按季	5026,例
Queued	排队	4022 代码 1
Read access	读取	1014 代码 2
Real name	实名	4026 代码 7
Reason for supply	提供的理由	4028
Receiver of rights	版权接收者	5033
Record availability flag	记录可获得性标记	4023
Record available	记录有效	4023
Record changed	变更记录	4028,例
Record composition	记录构成	3007
Record content type	记录内容类型	5001
Record delete	删除记录	3001 代码 3

表 NA.1(续)

款目		参照
英文名称	中文名称	
Record identifier	记录标识符	4010
Record insert	插入记录	3001 代码 1
Record lock description	记录锁定描述	4025
Record locked as per request	根据以前的请求已经锁定记录	4023,例
Record replace	替换记录	3001 代码 2
Record schema	记录样式	3004
Record syntax	记录句法	3005
Record unavailable	记录无效	4023
Reduction ratio of microfilm	缩微原片还原率	5024,例
Reference identifier	参考标识符	1017
Region	地区	1061
Regular expression 1	规则表达式 1	3017 代码 102
Regular expression 2	规则表达式 2	3017 代码 103
Related form	相关形式	4026 代码 10
Relation	关系	4026
Renewals not permitted	不允许续借	5215 代码 5
Replacement fee	替换费	5213 代码 6
Reproduction fee	复制费	5213 代码 7
Reproduction note	复制注释	5065,例
Reproduction policy	复制政策	5216
Resource control	资源控制	1211 代码 5
Resource coverage	资源范围	5030
Resource description	资源著录	5010
Resource discovery metadata	资源发现元数据	5070
Resource identifier	资源标识符	4014,同义词
Resource limitation	资源限制	1251
Resource report	资源报告	1211 代码 3
Resource report request	资源报告请求	A.2 代码 065
Resource report response	资源报告响应	A.2 代码 066
Resource source	资源来源	5029
Resource type	资源类型	5019,同义词
Resource usage type	资源使用类型	1022
Response to online request	响应联机请求	4028,例
Response to persistent query	响应保留提问	4028,例

表 NA.1(续)

款目		参照
英文名称	中文名称	
Result set identifier	结果集标识符	3010
Result set qualifier	结果集限定符	3011
Result set size	结果集大小	3012
Retained except where updated	除更新过的保留	5028,例
Retained for a limited period	保留一有限周期	5028,例
Retained until replaced by cumulation, revision or replacement volume	保留到有累加、修订版或替换卷替换之前	5028,例
Retained until replaced by microform	保留到缩微制品替换前	5028,例
Retention policy	保留政策	5028
Reviewer	浏览者	1097 代码 2
Right truncation	右截断	3017 代码 1
Rights	版权	5034
Rights management	版权管理	5031
Sample issue retained	保留样本发行	5028,例
Scan	扫描	1211 代码 7
Search	搜索	1211 代码 0
Security level	安全级	1254
Security violation	安全违规	1253
See reference	参见	5103
Segmentation level 1	分段级 1	1211 代码 11
Segmentation level 2	分段级 2	1211 代码 12
Semester loan	学期借阅	5215 代码 10
Semi-annually	按半年	5026,例
Semi-monthly	按半月	5026,例
Semi-weekly	按半周	5026,例
Serial	连续出版物	5002,例
Series	丛书	5013
Service profile	服务文档	1210
Service provider	服务提供者	1011 代码 0
Session details	会话细节	1000
Session identifier	会话标识符	1015
Session length constraint	会话长度限制	1021
Session parameters	会话参数	1200
Session transaction history	会话事务历史	1150
Set lock flag	设置锁定标记	4024

表 NA.1(续)

款目		参照
英文名称	中文名称	
SGML	标准通用置标语言	3005,例
Ship to	运送	1051 代码 0
Size of computer disk or cassette	计算机磁盘或盒式盘的容量	5024,例
Size of item	实体大小	5022
Smaller part, e. g. analytic	较小部分如:分析级	4026 代码 3
Sort	排序	1211 代码 8
Sound recording, musical	录音,音乐的	5001,例
Sound recording, non-musical	录音,非音乐的	5001,例
Special update	特别更新	3001 代码 5
Start-up delay	启动延迟	1023 代码 0
Stop	停止	1018 代码 1
Street name	街道名	1057
Street number	街道门牌号	1058
Subfield	子字段	4056
Subfield attributes	子字段属性	4070
Subfield delete	子字段删除	3025,例
Subfield identifier	子字段标识符	4057
Subfield insert	子字段插入	3025,例
Subfield merge	子字段合并	3025,例
Subfield replace	子字段替换	3025,例
Subfield sequence number	子字段序号	4058
Subject or keyword	主题或关键词	5062
Subject retrieval code	主题检索代码	5064
Subordinate unit of institution name	机构名下属单元	1033
Subsession identifier	子会话标识符	1016
Success (all records in task updated)	成功(任务中所有记录被更新)	3006 代码 1
Success (catalogue record status)	成功(目录记录状态)	4022 代码 3
Successful	成功的	0011 代码 1
Summary holdings statement	馆藏摘要	5027
Supplemental identifier	附加标识符	4015
Supply or reproduction fee	提供或复制费	5213 代码 7
Suspected duplicate	怀疑重复	4021
Suspend	挂起	A.2 代码 007
Suspend flag	挂起标记	1019

表 NA.1（续）

款目		参照
英文名称	中文名称	
SUTRS	简单无格式文本记录语法	3005,例
System connection	系统连接	1014 代码 0
System performance	系统性能	1023
Task package	任务包	2000
Task package description	任务包描述	2006
Task package element set	任务包元素集	2009
Task package identifier	任务包标识符	2001
Task package permission	任务包许可	2005
Task package retention period	任务包保留周期	2004
Task package target reference	任务包目标参数	2007
Task package type	任务包类型	2002
Task status	任务状态	2003
Task update status	任务更新状态	3006
Technical report	技术报告	5019,例
Telecommunication carrier	通讯载体	1064
Telefacsimile number	传真号码	1072
Telenetwork address	通讯网络地址	1070
Telenetwork user identifier	通讯网络用户标识符	1074
Telephone number	电话号码	1071
Temporary address	临时地址	1052 代码 0
Temporary location	临时位置	5205
Term loan	学年借阅	5215 代码 9
Terminal transactions	终端事务	1022 代码 9
Terminate	结束	A.2 代码 009
Territorial or geographic name	区域或地理名称	5102,例
Text	文本	5001,例
Three times a year	一年三次	5026,例
Three-dimensional artefacts and realia	立体资料	5001,例
Time stamp	时间戳	0004
Title	题名	5012
Title search string	题名查找串	4013,例 4014,例
Topical subject	学科主题	5102,例
Transaction completion flag	事务完成标记	0011

表 NA.1（续）

款目		参照
英文名称	中文名称	
Transaction error condition	事务错误条件	0025
Transaction number	事务号	0010
Transaction participant	事务参与者	1010
Transaction session log Request	事务会话历史请求	A.2 代码 067
Transaction session log response	事务会话历史响应	A.2 代码 068
Transcriber	转录者	5017,例
Translator	翻译者	5017,例
Triennial	三年一次	5026,例
Trigger resource control	触发资源控制	1211 代码 4
Two-dimensional graphic	二维图	5001,例
Unauthorized or undetermined	未规范或未决定	4073 代码 0
Undefined (Catalogue record status)	未定义(目录记录状态)	4022 代码 0
Undefined (Data truncation attribute)	未定义(数据截断属性)	3017 代码 0
Undefined (Task package type)	未定义(任务包类型)	2002 代码 0
Undefined fee	未定义费用	5213 代码 0
Undefined or undetermined (Task update status)	未定义或未决定(任务更新状态)	3006 代码 0
Undefined relationship (Link type)	未定义关系(链接类型)	4026 代码 0
Undetermined (Circulation category)	未决定(流通类别)	5215 代码 0
Undetermined (Reproduction policy)	未决定(复制政策)	5216 代码 0
Uniform title	统一题名	5012,例 5102,例
Unknown (Acquisitions status)	未知(采访状态)	5212 代码 0
Unknown (Current address flag)	未知(当前地址标记)	1054 代码 2
Unknown (Frequency)	未知(频率)	5026,例
Unknown (Retention policy)	未知(保留政策)	5028,例
Unknown or undefined (Record syntax)	未知或未定义(记录句法)	3005,例
Unlock record	不锁定记录	4024 代码 0
Unlock request	不锁定请求	A.2 代码 421
Unlock response	不锁定响应	A.2 代码 422
Unrecognized security level	不能识别的安全级	1253 代码 2
Unspecified (Update action)	未指定(更新行为)	3001 代码 0
Unspecified (Wait action)	未指定(等待行为)	2008 代码 0
Unsuccessful	未成功	0011 代码 0
Update	更新	2002 代码 5

表 NA.1(续)

款目		参照
英文名称	中文名称	
Update action	更新行为	3001
Update action qualifier	更新行为限定符	3002
Update information	更新信息	3000
Update schema	更新模式	3004,例
URI (uniform resource identifier)	URI(统一资源标识符)	4013,例
URL (uniform resource locator)	URL(统一资源定位符)	4013,例
URN (uniform resource name)	URN(统一资源名)	4013,例
Use in air-conditioned room only	仅限空调房使用	5210,例
Use in rare book room only(conditions of use)	仅在珍藏图书室使用(使用条件)	5210,例
Use only in rare book room (circulation category)	仅在珍藏图书室使用(流通类别)	5215 代码 4
Use outside library building not permitted	不允许图书馆外使用	5210,例
User affiliation	用户所属单位	1091
User identification	用户标识	1090
User identification number	用户标识号	1093
User password	用户口令	1096
User's internal identification	用户内部标识	1092
User's name	用户名	1100
User's role	用户角色	1097
Valid and accepted	有效并接收	4071 代码 0
Validation indicator	校验指示符	4071
Value	值	5018
WAIS	WAIS	3004,例
Wait	等待	2008 代码 1
Wait action	等待行为	2008
Wait if possible	如可行等待	2008 代码 2
Weekly	按周	5026,例
Welcome herald	欢迎使用	A.2 代码 006
Will not reproduce	不可复制	5216 代码 2
Will reproduce	可复制	5216 代码 1
Write access	写入	1014 代码 3
XML	可扩展置标语言	3005,例

参 考 文 献

[1] ISO 9:1995 信息与文献 斯拉夫与非斯拉夫语西里尔字符转写为拉丁字符的规则

[2] ISO 233:1984 文献 阿拉伯字符到拉丁字符的转写

[3] ISO 259:1984 文献 希伯来字符到拉丁字符的转写

[4] GB/T 1988—1998 信息技术 信息交换 ISO 7 位编码字符集

[5] ISO 843:1997 信息与文献 希腊字符到拉丁字符的转写

[6] ISO 2108:1992 信息与文献 国际标准书号(ISBN)

[7] ISO 3297:1998 信息与文献 国际标准刊号(ISSN)

[8] ISO 3602:1989 文献 日文(假名手写体)的罗马化

[9] ISO 3901:1986 信息与文献 国际标准音像制品代码

[10] GB/T 13142—1991 书目信息交换用拉丁字母代码字符扩充集

[11] ISO 5427:1984 书目信息交换用斯拉夫西里尔字母扩展字符集

[12] GB/T 13141—1991 书目信息交换用希腊字母编码字符集

[13] ISO 7098:1991 信息与文献 中文的罗马化

[14] GB/T 16647—1996 信息技术 信息资源辞典系统(IRDS)框架

[15] GB/T 13000.1—1993 信息技术 通用多 8 位编码字符集(UCS) 第一部分:体系结构与基本多文种平面

[16] ISO 10957:1993 信息与文献 国际标准乐谱编号

[17] ISO 12083:1994 信息与文献 电子手稿的制备和标注

[18] ISO 15511 信息与文献 图书馆和相关组织用的国际标准标识符

ICS 23.120
F 01

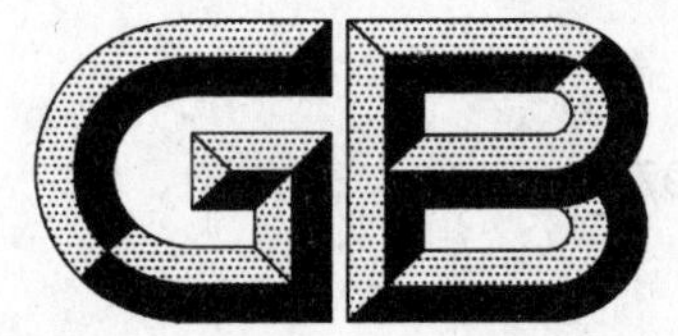

中华人民共和国国家标准

GB 19761—2009
代替 GB 19761—2005

通风机能效限定值及能效等级

Minimum allowable values of energy efficiency and energy efficiency grades for fan

2009-10-30 发布　　　　2010-09-01 实施

中华人民共和国国家质量监督检验检疫总局
中国国家标准化管理委员会　发布

前言

本标准4.4为强制性的，其余为推荐性的。

本标准代替GB 19761—2005《通风机能效限定值及节能评价值》。

本标准与GB 19761—2005相比主要变化如下：

——标准名称由《通风机能效限定值及节能评价值》改为《通风机能效限定值及能效等级》，英文名称由《Limited values of energy efficiency and evaluating values of energy conservation for fan》改为《Minimum allowable values of energy efficiency and energy efficiency grades for fan》；

——增加了能效等级，将原能效限定值作为能效3级，原节能评价值作为能效2级；

——删除了原标准中的表4、表5和表6，将原表中的能效值合并在表1、表2和表3中。

本标准由国家发展和改革委员会资源节约和环境保护司提出。

本标准由全国能源基础与管理标准化技术委员会合理用电分委员会归口。

本标准负责起草单位：沈阳鼓风机研究所、中国标准化研究院、合肥通用机械研究院。

本标准参加起草单位：西安热工研究院、陕西鼓风机(集团)有限公司、天津鼓风机总厂、上海鼓风机厂有限公司、长沙鼓风机厂有限责任公司和机械工业节能中心。

本标准主要起草人：陈凤义、朱艳丽、赵跃进、郑华、朱晓农、刘家钰、洪士强、赵学录、万方、朱贵秀、姜韵竹、刘英洲、李爱仙。

本标准于2005年05月13日首次发布。

通风机能效限定值及能效等级

1 范围

本标准规定了通风机的能效等级、能效限定值、节能评价值及试验方法。

本标准适用于一般用途的离心式和轴流式通风机、工业蒸汽锅炉用离心引风机、电站锅炉离心送风机和引风机、电站轴流式通风机、空调离心式通风机。

本标准不适用于射流式通风机、横流式通风机、屋顶风机等特殊结构和特殊用途的通风机。

2 规范性引用文件

下列文件中的条款通过本标准的引用而成为本标准的条款。凡是注日期的引用文件，其随后所有的修改单(不包括勘误的内容)或修订版均不适用于本标准，然而，鼓励根据本标准达成协议的各方研究是否可使用这些文件的最新版本。凡是不注日期的引用文件，其最新版本适用于本标准。

GB/T 1236 工业通风机 用标准化风道进行性能试验

GB/T 10178 工业通风机 现场性能试验

JB/T 2977 工业通风机、透平鼓风机、压缩机名词术语

JB/T 4357 工业锅炉用离心引风机

JB/T 4358 电站锅炉离心式通风机

JB/T 4362 电站轴流式通风机

JB/T 10562 一般用途轴流通风机技术条件

JB/T 10563 一般用途离心通风机技术条件

3 术语和定义

GB/T 1236、JB/T 2977 中确立的以及下列术语和定义适用于本标准。

3.1

通风机能效限定值 minimum allowable values of energy efficiency for fan

在标准规定测试条件下，允许通风机的效率最低的保证值。

3.2

通风机节能评价值 evaluating values of energy conservation for fan

在标准规定测试条件下，节能型通风机效率应达到的最低保证值。

3.3

机组 unit

交流电动机和通风机所组成的装置。

3.4

使用区 service range

通风机效率大于或等于最高通风机效率的90%时，外转子电动机的空调离心式通风机机组效率大于或等于最高机组效率的90%时的运行范围；通风机产品样本给出的性能使用范围。

4 技术要求

4.1 基本要求

通风机产品的设计、制造和质量应符合 JB/T 10562、JB/T 10563、JB/T 4357、JB/T 4358、

JB/T 4362 的规定。

4.2 通风机效率、压力系数及比转速

4.2.1 通风机效率计算

$$\eta_r = \frac{q_{vsg1} \cdot p_F \cdot k_p}{1\,000 P_r} \times 100 \qquad \cdots\cdots(1)$$

式中：

η_r——通风机效率，%；

q_{vsg1}——通风机进口滞止容积流量，单位为立方米每秒(m^3/s)；

k_p——压缩性修正系数；

P_r——叶轮功率，即供给通风机叶轮的机械功率，单位为千瓦(kW)；

p_F——通风机压力，单位为帕(Pa)；

$$p_F = p_{sg2} - p_{sg1} \qquad \cdots\cdots(2)$$

p_{sg2}——通风机出口滞止压力，单位为帕(Pa)；

p_{sg1}——通风机进口滞止压力，单位为帕(Pa)。

4.2.2 通风机机组效率计算

$$\eta_e = \frac{q_{vsg1} \cdot p_F \cdot k_p}{1\,000 P_e} \times 100 \qquad \cdots\cdots(3)$$

式中：

η_e——通风机机组效率，%；

P_e——电动机输入功率，单位为千瓦(kW)。

4.2.3 压力系数计算

$$\psi = \frac{p_F \cdot k_p}{\rho_{sg1} \cdot u^2} \qquad \cdots\cdots(4)$$

式中：

ψ——压力系数；

u——通风机叶轮叶片外缘的圆周速度，单位为米每秒(m/s)；

ρ_{sg1}——通风机进口滞止密度，单位为千克每立方米(kg/m^3)。

以通风机最高效率点的压力系数作为该通风机的压力系数。

4.2.4 比转速计算

单级单进气通风机比转速计算：

$$n_s = 5.54n \frac{q_{vsg1}^{1/2}}{\left(\dfrac{1.2 p_F k_p}{p_{sg1}}\right)^{3/4}} \qquad \cdots\cdots(5)$$

式中：

n_s——通风机比转速；

n——通风机主轴的转速，单位为转每分(r/min)。

单级双进气通风机比转速计算：

$$n_s = 5.54n \frac{(q_{vsg1}/2)^{1/2}}{\left(\dfrac{1.2 p_F k_p}{p_{sg1}}\right)^{3/4}} \qquad \cdots\cdots(6)$$

4.2.5 以通风机最高效率点比转速作为该通风机比转速。

4.3 通风机能效等级

4.3.1 通风机的能效等级分为 3 级，其中 1 级能效最高，3 级能效最低。

4.3.2 对于采用普通电动机的通风机，以使用区最高通风机效率 η_r 作为能效等级的考核值。

4.3.2.1　各等级离心通风机在使用区内，其最高效率 η_r 应不低于表 1 中的规定。

当离心通风机进口有进气箱时，其各等级效率 η_r 应下降 4 个百分点。

表 1　离心通风机能效等级

<table>
<tr><th rowspan="3">压力系数
ψ</th><th rowspan="3" colspan="2">比转速
n_s</th><th colspan="12">效率 η_r/%</th></tr>
<tr><th colspan="6">№2<机号<№5</th><th colspan="3">№5≤机号<№10</th><th colspan="3">机号≥№10</th></tr>
<tr><th colspan="2">3 级</th><th colspan="2">2 级</th><th colspan="2">1 级</th><th>3 级</th><th>2 级</th><th>1 级</th><th>3 级</th><th>2 级</th><th>1 级</th></tr>
<tr><td>1.4～1.5</td><td colspan="2">$45<n_s\leqslant 65$</td><td colspan="2">55</td><td colspan="2">61</td><td colspan="2">64</td><td>59</td><td>65</td><td>68</td><td></td><td></td><td></td></tr>
<tr><td>1.1～1.3</td><td colspan="2">$35<n_s\leqslant 55$</td><td colspan="2">59</td><td colspan="2">65</td><td colspan="2">68</td><td>63</td><td>69</td><td>72</td><td></td><td></td><td></td></tr>
<tr><td rowspan="2">1.0</td><td colspan="2">$10\leqslant n_s<20$</td><td colspan="2">63</td><td colspan="2">69</td><td colspan="2">72</td><td>66</td><td>72</td><td>75</td><td>69</td><td>75</td><td>78</td></tr>
<tr><td colspan="2">$20\leqslant n_s<30$</td><td colspan="2">65</td><td colspan="2">71</td><td colspan="2">74</td><td>68</td><td>74</td><td>77</td><td>71</td><td>77</td><td>80</td></tr>
<tr><td rowspan="3">0.9</td><td colspan="2">$5\leqslant n_s<15$</td><td colspan="2">66</td><td colspan="2">72</td><td colspan="2">75</td><td>69</td><td>75</td><td>78</td><td>72</td><td>78</td><td>81</td></tr>
<tr><td colspan="2">$15\leqslant n_s<30$</td><td colspan="2">68</td><td colspan="2">74</td><td colspan="2">77</td><td>71</td><td>77</td><td>80</td><td>74</td><td>80</td><td>83</td></tr>
<tr><td colspan="2">$30\leqslant n_s<45$</td><td colspan="2">70</td><td colspan="2">76</td><td colspan="2">79</td><td>73</td><td>79</td><td>82</td><td>76</td><td>82</td><td>85</td></tr>
<tr><td rowspan="3">0.8</td><td colspan="2">$5\leqslant n_s<15$</td><td colspan="2">66</td><td colspan="2">72</td><td colspan="2">75</td><td>69</td><td>75</td><td>78</td><td>72</td><td>78</td><td>81</td></tr>
<tr><td colspan="2">$15\leqslant n_s<30$</td><td colspan="2">69</td><td colspan="2">75</td><td colspan="2">78</td><td>72</td><td>78</td><td>81</td><td>75</td><td>81</td><td>84</td></tr>
<tr><td colspan="2">$30\leqslant n_s<45$</td><td colspan="2">71</td><td colspan="2">77</td><td colspan="2">80</td><td>74</td><td>80</td><td>83</td><td>76</td><td>82</td><td>85</td></tr>
<tr><td rowspan="2">0.7</td><td colspan="2">$10\leqslant n_s<30$</td><td colspan="2">68</td><td colspan="2">74</td><td colspan="2">77</td><td>70</td><td>76</td><td>79</td><td>72</td><td>79</td><td>83</td></tr>
<tr><td colspan="2">$30\leqslant n_s<50$</td><td colspan="2">70</td><td colspan="2">76</td><td colspan="2">79</td><td>72</td><td>78</td><td>81</td><td>74</td><td>81</td><td>84</td></tr>
<tr><td rowspan="4">0.6</td><td rowspan="2">$20\leqslant n_s<45$</td><td>翼型</td><td colspan="2">72</td><td colspan="2">77</td><td colspan="2">80</td><td>74</td><td>79</td><td>82</td><td>76</td><td>82</td><td>85</td></tr>
<tr><td>板型</td><td colspan="2">69</td><td colspan="2">74</td><td colspan="2">77</td><td>71</td><td>76</td><td>79</td><td>73</td><td>79</td><td>83</td></tr>
<tr><td rowspan="2">$45\leqslant n_s<70$</td><td>翼型</td><td colspan="2">73</td><td colspan="2">78</td><td colspan="2">81</td><td>75</td><td>80</td><td>83</td><td>77</td><td>83</td><td>86</td></tr>
<tr><td>板型</td><td colspan="2">70</td><td colspan="2">75</td><td colspan="2">78</td><td>72</td><td>77</td><td>80</td><td>74</td><td>80</td><td>83</td></tr>
<tr><td rowspan="6">0.5</td><td rowspan="2">$10\leqslant n_s<30$</td><td>翼型</td><td colspan="2">70</td><td colspan="2">76</td><td colspan="2">79</td><td>72</td><td>78</td><td>81</td><td>74</td><td>81</td><td>84</td></tr>
<tr><td>板型</td><td colspan="2">67</td><td colspan="2">73</td><td colspan="2">76</td><td>69</td><td>75</td><td>78</td><td>71</td><td>78</td><td>81</td></tr>
<tr><td rowspan="2">$30\leqslant n_s<50$</td><td>翼型</td><td colspan="2">73</td><td colspan="2">79</td><td colspan="2">82</td><td>75</td><td>81</td><td>84</td><td>77</td><td>83</td><td>86</td></tr>
<tr><td>板型</td><td colspan="2">70</td><td colspan="2">76</td><td colspan="2">79</td><td>72</td><td>77</td><td>80</td><td>74</td><td>81</td><td>84</td></tr>
<tr><td rowspan="2">$50\leqslant n_s<70$</td><td>翼型</td><td colspan="2">75</td><td colspan="2">80</td><td colspan="2">83</td><td>77</td><td>82</td><td>85</td><td>79</td><td>84</td><td>87</td></tr>
<tr><td>板型</td><td colspan="2">72</td><td colspan="2">77</td><td colspan="2">80</td><td>74</td><td>79</td><td>82</td><td>76</td><td>81</td><td>84</td></tr>
<tr><td rowspan="6">0.4</td><td rowspan="2">$50\leqslant n_s<65$</td><td>翼型</td><td colspan="2">76</td><td colspan="2">81</td><td colspan="2">84</td><td>78</td><td>83</td><td>86</td><td>80</td><td>85</td><td>88</td></tr>
<tr><td>板型</td><td colspan="2">73</td><td colspan="2">78</td><td colspan="2">81</td><td>75</td><td>80</td><td>83</td><td>77</td><td>82</td><td>85</td></tr>
<tr><td rowspan="4">$65\leqslant n_s<80$</td><td rowspan="2"></td><td colspan="3">机号<№3.5</td><td colspan="3">№3.5≤机号<№5</td><td rowspan="2"></td><td rowspan="2"></td><td rowspan="2"></td><td rowspan="2"></td><td rowspan="2"></td><td rowspan="2"></td></tr>
<tr><td>3 级</td><td>2 级</td><td>1 级</td><td>3 级</td><td>2 级</td><td>1 级</td></tr>
<tr><td>翼型</td><td>70</td><td>75</td><td>78</td><td>75</td><td>80</td><td>83</td><td>78</td><td>84</td><td>87</td><td>81</td><td>86</td><td>89</td></tr>
<tr><td>板型</td><td>67</td><td>72</td><td>75</td><td>72</td><td>77</td><td>80</td><td>75</td><td>81</td><td>84</td><td>78</td><td>83</td><td>86</td></tr>
<tr><td rowspan="2">0.3</td><td rowspan="2">$65\leqslant n_s<85$</td><td>翼型</td><td colspan="3"></td><td colspan="3"></td><td>76</td><td>81</td><td>84</td><td>78</td><td>83</td><td>86</td></tr>
<tr><td>板型</td><td colspan="3"></td><td colspan="3"></td><td>73</td><td>78</td><td>81</td><td>75</td><td>80</td><td>83</td></tr>
<tr><td colspan="15">注：此表也适用于非外转子电动机的空调离心式风机。</td></tr>
</table>

4.3.2.2 各等级轴流通风机在使用区内，最高通风机效率 η_r 应不低于表 2 中的规定。

表 2 轴流通风机能效等级

毂比 γ	效率 η_r/%								
	№2.5≤机号<№5			№5≤机号<№10			机号≥№10		
	3 级	2 级	1 级	3 级	2 级	1 级	3 级	2 级	1 级
γ<0.3	60	66	69	63	69	72	66	73	77
0.3≤γ<0.4	62	68	71	65	71	74	68	75	79
0.4≤γ<0.55	65	70	73	68	73	76	71	77	81
0.55≤γ<0.75	67	72	75	70	75	78	73	79	83

注 1：$\gamma=d/D$，γ——轴流通风机轮毂比；d——叶轮的轮毂外径；D——叶轮的叶片外径。

注 2：子午加速轴流通风机毂比按轮毂出口直径计算。

注 3：轴流通风机出口面积按圆面积计算。

4.3.2.3 有以下情况时，轴流通风机的能效等级按以下规定确定：

a) 当轴流通风机进口有进气箱时，其各等级效率 η_r 应下降 3 个百分点；

b) 表 2 中给出的是 0.55≤γ<0.75，机号≥10 时，通风机出口带扩散筒时的各等级效率 η_r 值，当风机出口无扩散筒时，各等级效率 η_r 值应提高 2 个百分点；

c) 对动叶可调（在运行中完成动叶片角度同步调节功能）的轴流通风机，在进口无进气箱，出口无扩散筒条件下，出口按环面积计算时，各等级效率 η_r 值为：1 级 η_r≥89.5%、2 级 η_r≥87%、3 级 η_r≥82%。

4.3.3 对于采用外转子电动机（单相及三相多速式除外）的空调离心通风机，以使用区内最高机组效率 η_e 作为能效等级的考核值，最高机组效率 η_e 应不低于表 3 的规定。

表 3 采用外转子电动机的空调离心式通风机能效等级

压力系数	比转数 n_s	机组效率 η_e/%														
		机号≤№2			№2<机号≤№2.5			№2.5<机号≤№3.5			№3.5<机号≤№4.5			机号≥№4.5		
		3 级	2 级	1 级	3 级	2 级	1 级	3 级	2 级	1 级	3 级	2 级	1 级	3 级	2 级	1 级
1.0～1.4	40<n_s≤65	38	43	46												
1.1～1.3	40<n_s≤65				44	49	52									
1.0～1.2	40<n_s≤65							46	50	53						
1.3～1.5	40<n_s≤65							44	48	51						
1.2～1.4	40<n_s≤65										51	55	58	55	59	62

4.4 通风机能效限定值

通风机的能效限定值应不低于表 1、表 2、表 3 中 3 级的数值。

4.5 通风机节能评价值

通风机的节能评价值应不低于表 1、表 2、表 3 中 2 级的数值。

5 试验方法

通风机的性能试验按照 GB/T 1236 或 GB/T 10178 规定进行;采用电测法计算效率的被测通风机应提供配套电动机的效率特性曲线。

ICS 17.160
J 04

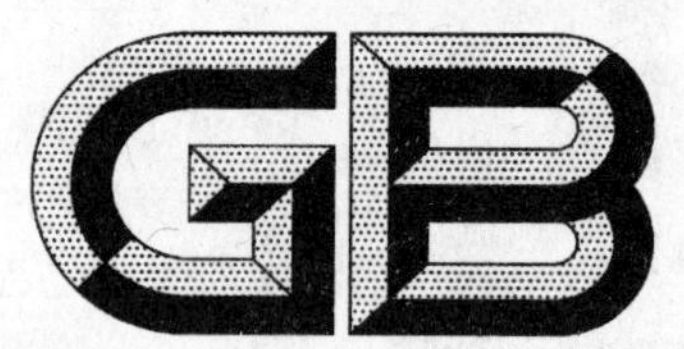

中华人民共和国国家标准

GB/T 19873.2—2009/ISO 13373-2:2005

机器状态监测与诊断 振动状态监测 第2部分:振动数据处理、分析与描述

Condition monitoring and diagnostics of machines—Vibration condition monitoring—Part2:Processing,analysis and presentation of vibration data

(ISO 13373-2:2005,IDT)

2009-04-24 发布　　　　2009-12-01 实施

中华人民共和国国家质量监督检验检疫总局
中国国家标准化管理委员会　发布

前　言

GB/T 19873《机器状态监测与诊断　振动状态监测》由以下部分组成：

——第1部分：总则；

——第2部分：振动数据处理、分析与描述；

——第3部分：诊断基本技术。

本部分是GB/T 19873的第2部分。

本部分等同采用ISO 13373-2:2005《机器状态监测与诊断　振动状态监测　第2部分：振动数据的处理、分析与描述》(英文版)。

本部分等同翻译ISO 13373-2:2005。

为了便于使用，本部分做了下列编辑性修改：

——用“本部分”代替“ISO 13373的本部分”；

——删除了国际标准前言，重新编写了本部分的前言；

——对ISO 13373-2:2005引用的其他国际标准，有被等同采用为我国标准的，用我国标准代替对应的国际标准，未被等同采用为我国标准的直接引用国际标准。

本部分由全国机械振动、冲击与状态监测标准化技术委员会(SAC/TC 53)提出并归口。

本部分起草单位：郑州机械研究所、西安热工研究院有限公司、东南大学、中国石油化工股份有限公司九江分公司。

本部分主要起草人：韩国明、张学延、傅行军、李海英、张刚、王义翠。

引　言

本部分涵盖机器振动状态监测领域，其目的是为得到监测机器的动态性能，对安装在选定位置上的振动传感器获得信号和数据，进行处理和分析时提供推荐的方法和程序。

宽带振动测量提供机器振动烈度的概况，当机器出现反常时能被观察到并预警使用机器的用户。按照本部分规定的程序进一步处理和分析振动信号，为用户提供诊断机器问题的一个或多个原因的途径，它可用于更集中的连续的状态监测。

这一监测程序的优点是：不但使机器操作人员认识到机器在某一时刻可能失效，并能在失效之前安排维修计划，而且提供关于如何安排维修计划和执行的有价值的信息。振动是诸如不对中、不平衡、磨损加速、流体和润滑等问题的现象或症状。

GB/T 19873.1 包含了机器振动状态监测的指南。本部分包含了对测得的振动数据处理、分析和描述的指南，这些采集的数据可以用于诊断确定问题内在原因或根本原因。

用于振动状态监测的信号处理、分析与诊断程序可能会随着监测的过程、期望的准确度和可用资源等而变化。一个完善而有效的状态监测程序应考虑多种因素，如系统的过程优先次序、关键性和复杂性、成本效益、各种失效机理的可能性和初期失效指示的识别。

一个正确的过程分析需要指定用于监测机器状态期望的数据类型。

振动分析师需要积累尽可能多的关于被监测机器的相关信息。比如，从设计和分析的信息中得知共振频率和激振频率，将提供有关预期振动频率和随后的被监测的频率范围。同样，了解机器的初始状态、机器的运行历史和运行状态也能为分析师提供其他附加的信息。

这种预试验计划过程的其他优点是：能够就选择需要什么类型的传感器、最优的安装位置、需要哪种信号调理设备、可能最适宜的分析类型和相关的准则提供指南。

更多的关于机器状态监测与诊断的标准正在起草中。这些标准旨在通过包括振动、油纯度、热成像和性能参数等要素的监测，为机器“健康”的综合监测提供指南。一些基础的诊断技术将在GB/T 19873的其余部分描述，这些标准目前正在制定中。

机器状态监测与诊断　振动状态监测
第2部分:振动数据处理、分析与描述

1　范围

GB/T 19873的本部分为正确监测旋转机械振动状态和实施诊断,推荐了处理和描述振动数据以及分析振动信号的方法。描述了不同应用场合的不同技术。包括研究个别机器动态现象的信号增强技术和分析方法。这些技术中的许多方法也可以应用到其他的机器类型,包括往复式机器。本部分提供了为评价和诊断机器状态绘制的通用参数的格式。

当分析振动信号时,本部分主要分为两个基本方法:时域法和频域法。本部分也包含了通过改变运行工况细化诊断结果的一些方法。

本部分仅包括了用于机器振动状态监测、分析和诊断的最通用的技术。有许多其他技术用深入的振动分析和诊断研究来确定机器的状态,这些技术超出了机器状态正常的连续监测范围。这些技术详细的描述不属于本部分的范围。但是这些更加先进的用于特定目的的技术在第5章作为补充信息列出。

对于特定的机器类型和尺寸,GB/T 11348和GB/T 6075系列标准为应用宽带振动幅值进行状态监测提供了指南。其他的文件,如VDI 3839和VDI 3841,提供了指导振动诊断时能被探测到的有关具体机器的问题的附加信息。

2　规范性引用文件

下列文件中的条款通过GB/T 19873的本部分的引用而成为本部分的条款。凡是注日期的引用文件,其随后所有的修改单(不包括勘误的内容)或修订版均不适用于本部分,然而,鼓励根据本部分达成协议的各方研究是否可使用这些文件的最新版本。凡是不注日期的引用文件,其最新版本适用于本部分。

ISO 1683　声学　声级的首选参考量

3　信号调理

3.1　总则

所有的振动测量都是通过测量传感器产生一个与振动加速度、速度和位移的瞬时值成比例的模拟电信号得到的。这个信号可以被记录在动态分析仪上,供后来分析或显示,比如在示波器上显示。为了得到实际的振动幅值,输出电压乘上一个校准系数,它由传感器的灵敏度以及放大器和记录仪的增益决定。大部分振动分析在频域进行,但也有一些包括振动时间历程的有用的工具。

图1表示了在时域和频域中振动信号之间的关系。在图中,四个重叠的信号组合成了分析仪显示器中显示的复合轨迹(黑色轨迹)。通过傅里叶处理,分析仪将这个合成信号转换为四个离散的频率分量。

图2是在分析仪屏幕上看到的单一的传感器信号的复合轨迹的比较简单的示例。在这个例子中,仅有三个重叠的信号,如图3所示,它的离散的频率示于图4中。

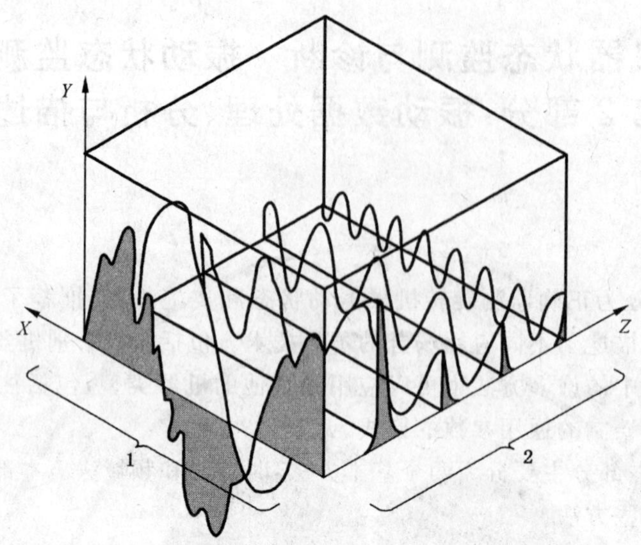

X——时间；

Y——振幅/幅度；

Z——频率；

1——时域振动图；

2——频域频谱。

图 1　时域和频域

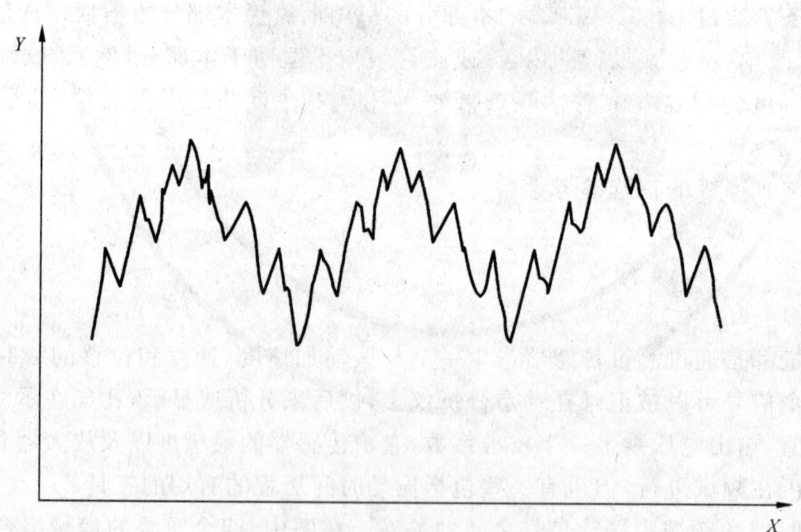

X——时间；

Y——幅值。

图 2　基本的谱线合成信号

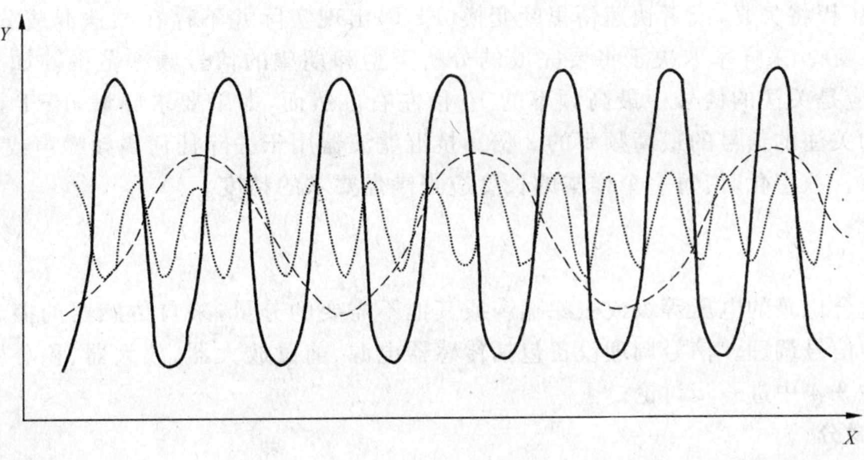

X——时间；

Y——幅值。

图 3 重叠信号

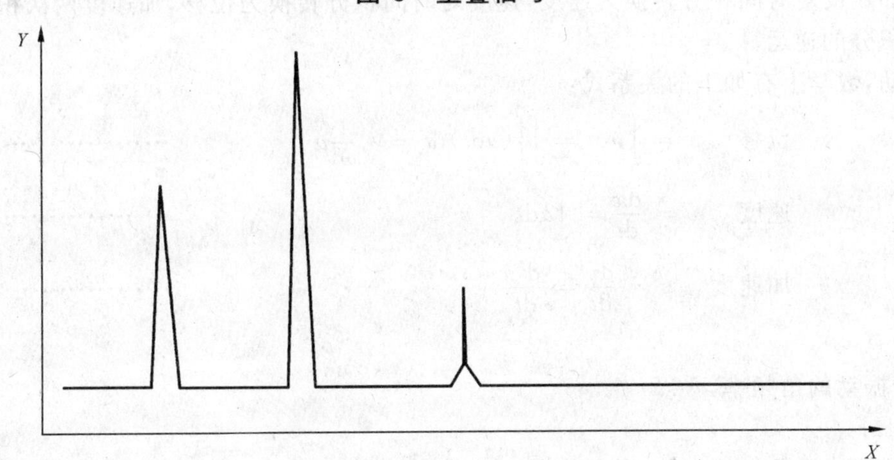

X——频率；

Y——幅值。

图 4 离散的频率

对许多研究而言，结构上不同点处的振动或不同振动方向之间的关系与单独的振动数据本身一样重要。基于这个原因，带内置两通道分析特征的多通道信号分析仪是适用的。当用这一技术检查信号时，振动信号的幅值和相位关系都很重要。

3.2 模拟系统和数字系统

3.2.1 总则

来自传感器的模拟信号可以用模拟或数字系统处理。传统上，模拟系统包括滤波器、放大器、记录仪、积分器和其他可以改进但不改变模拟特性的元件。最近，数字化信号的优点越来越明显。一个模数转换器重复地采集模拟信号并将之转换为数值序列。计算机的数学程序可以用来滤波、积分、求频谱(见 4.3.2)、建直方图或任何要求的工作。当然，数字化的信号也可以被描绘成时间的函数。在正确选择采样频率的前提下，模拟信号和数字信号包含有相同的信息。

当使用模拟方法或数字方法时，知道被测信号的灵敏度是很重要的。灵敏度是信号实际输出电压值与实际测量的参数大小的比率。为了得到足够的精确度，所关注的信号应该显著地大于环境噪声，但不能大到使信号失真(如致使信号峰值被削平)。

3.2.2 数字化技术

在数字化处理中最重要的参数是采样率和分辨率。确保分析的频率不大于采样率的一半是很重要的。否则,时间历程将失真,或者快速傅里叶变换(FFT)出现实际并不存在的迭混成分(关于迭混的更多的信息见4.3.7)。采样率取决于将要完成的分析类型和期望的信号频率范围。如果需要振动时域图,建议采样率应是关注的信号中最高频率的10倍左右。然而,如果要求频谱,FFT计算要求采样率要大于被测量的关注的信号的最高频率的2倍。抗混滤波器用于去除任何高频噪声或其他超过1/2采样率的高频成分。数字化时,每一个样本的长度应当满足要求的精度。

3.3 信号调理器

3.3.1 总则

为了得到适合记录的电压等级或去除噪声或其他不需要的分量,来自传感器的振动信号一般在记录前要进行某种信号调理。信号调理设备包括传感器电源、前置放大器、放大器、积分器和多种滤波器等。滤波器将在3.4中进一步讨论。

3.3.2 积分和微分

振动记录数据可以是位移、速度或加速度。通常由关注的频率范围(当用位移时,低频信号比较敏感,用加速度时,高频信号比较敏感)或适用准则选用这些参数之一。振动信号可以通过积分或微分转换为不同量。加速度对时间积分转换为速度,速度对时间积分转换为位移,加速度两次积分直接转换为位移。微分是积分的逆运算。

对简谐运动,数学上有如下的关系式:

$$\text{位移}\quad x=\int v\,\mathrm{d}t=\iint(a\,\mathrm{d}t)\,\mathrm{d}t=-\frac{1}{\omega^2}a \tag{1}$$

$$\text{速度}\quad v=\frac{\mathrm{d}x}{\mathrm{d}t}=\int a\,\mathrm{d}t \tag{2}$$

$$\text{加速度}\quad a=\frac{\mathrm{d}v}{\mathrm{d}t}=\frac{\mathrm{d}^2x}{\mathrm{d}t^2} \tag{3}$$

式中:

ω——简谐振动的角频率,$\omega=2\pi f$。

注:见4.3.12。

一般的振动传感器是加速度计,所以积分比微分更加常用。因为信号的微分比积分困难得多,但当在低频时积分应特别小心。在积分前,宜用高通滤波器去除比关注的频率低的频率信号。

3.3.3 均方根振动值

振动信号的均方根值(r.m.s.)通常用于振动评价标准中。准则通常应用在一定频率范围内的均方根值。这是在给定的时间周期内使用最多的振动量。当有许多频率分量或有调制情况时,振动信号的其他测量可能会造成混乱。可是均方根值是任何信号都可以建立的数学量,而且大部分仪器都可测量该量(见图5)。也可以用频谱分析仪在关注的高低频段内积分得到均方根值。

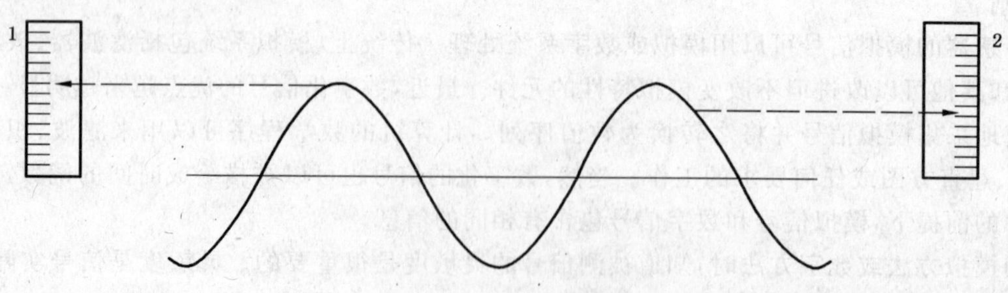

a) 正弦信号的均方根值等于峰值的0.707倍

图5 均方根值

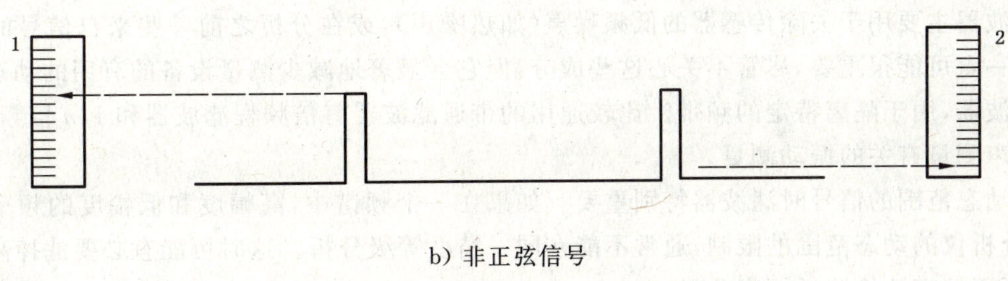

b) 非正弦信号

1——峰值;

2——均方根值。

图 5(续)

如果在一个短周期内,读数变化不显著的话,振动信号可以按照要求滤波并显示在均方根值标尺上。如果读数变化明显,则应取某一较长时间周期内的平均值。这时,可能需要用有较长时间常数的仪器。

3.3.4 动态范围

动态范围是分析仪能容纳的最大信号和最小信号的比。信号的大小与传感器的输出电压成比例,通常是毫伏级。

模拟系统中的动态范围通常受电噪声限制。一般关注的不是传感器本身,而是滤波器、放大器、记录仪等的动态范围。所有这些均会增加噪声级别,并且结果可能会高得惊人。

数字系统的动态范围依赖于采样精度,采样率相对关注的信号频率应该足够高。用于采集模拟信号的位数 N 和动态范围 D(如果用位数表示符号)的关系如下:

$$6(N-1) = D(\mathrm{dB}) \qquad \cdots\cdots(4)$$

因此,有 16 位分辨率的动态信号分析仪(DSA)将有 90 dB 的动态范围,但任何不准确性将减小动态范围。

3.3.5 校准

在参考文献(例如 ISO 16063-21)中包含有单个传感器的校准,一般在现场应用之前在实验室内进行传感器的校准。推荐在任何现场安装时都要进行现场校准检验。现场校准检验不包括传感器的校准,但包括其他的测量和记录系统,如放大器、积分器、记录仪等。最常用的方法是将一个已知信号输入到系统中测量输出结果。根据测量的类型,这个信号可以是直流阶跃信号、正弦信号或随机噪声。

有些传感器,如位移传感器、接近式探头等是提前安装的,校准应在现场与被测量的表面一起进行。因为接近式探头对转轴材料和表面状态比较敏感,这些探头的校准应在距轴毫米级的地方进行,并且注意每个输出。

当在现场校准惯性式传感器时,需要一个振动台。

应变计在现场安装后通常也需要校准。最理想的校准是用一个已知的载荷施加在被测部件上。如果这样做不实际,可以做并联校准。把一个校准电阻与应变计平行连接,这样,用一个已知量改变应变计的视在电阻,该量等于用应变计因子确定的某个应变量。

3.4 滤波

有三种基本的滤波用于信号调理与分析:

——低通;

——高通;

——带通。

低通滤波器,顾名思义是只对信号中的低频成分是导通的,而阻断高于滤波器限制频率(截止频率)的高频成分。一个应用实例是抗迭混滤波器(见 4.3.7)或某些特殊研究时排除不希望的高频分量(如动平衡时齿轮的啮合频率分量)的滤波器。

高通滤波器主要用于去除传感器的低频噪声(如热噪声),或在分析之前一些来自信号的多余的频率成分。这一点可能很重要,尽管不关心这些成分,但它会显著地减少测量设备的有用的动态范围。

带通滤波器,用于隔离特定的频带。比较通用的带通滤波器有倍频程滤波器和 $1/n$ 倍频程滤波器,专用于与噪声测量有关的振动测量。

分析大动态范围的信号时滤波器特别重要。如果在一个频谱中,高幅度和低幅度的频率分量同时存在,由于分析仪的动态范围的限制,通常不能在同一精度等级分析。这时可能有必要滤掉高幅度的频率分量,以便更精密地检测低幅度分量。

滤波器对分离信号与干扰(如电子噪声在高频段,地震波在一个非常低频率段)特别重要。

用滤波器隔离特定的频率分量来分析波形时,应注意确保滤波器足以排除关注的频率以外的任何频率分量。简单的滤波器(模拟和数字的)特性很差。

例如:一个特定的滤波器每倍频程斜率为 24 dB,将通过 2 倍频率分量的大约 15%,1.5 倍截止频率分量的大约 45%。为了提高滤波器的抑制特性,几个简单的滤波器可以叠加,或者用高阶滤波器代替。

4 数据处理和分析

4.1 总则

数据处理包括原始数据采集、滤除噪声或其他无关的信号,按进一步诊断需要格式化测量的信号是有效诊断的重要步骤。采集装置在幅值和时间上应有足够的分辨率。如果使用数字化数据采集,幅值分辨率应满足应用需要。分辨率较高的数据提供更高精度和灵敏度,但需要更加昂贵的硬件和更强的处理能力。

一旦信号被采集,下一步就是处理,并用各种有用的格式输出,以便使用户诊断更加方便。这些格式有奈奎斯特(Nyquist)图、极坐标图、坎贝尔图、级联图、瀑布图、幅度衰减图。这一章主要介绍这些不同的表示方法,更好的确定机器的状态。

4.2 时域分析

4.2.1 时域波形

波形分析是振动分析的基本方法。一个瞬时振动时域波形或通常用示波器绘图分析,并记录宽带峰值。使用这些宽带技术时,一些基本技术是有帮助的。比如,通过观察位移传感器的波形数据,可以发现划伤的轴颈,带有削顶或削底的波形显示有摩擦、机械松动等现象。

尽管这些时域波形可以提供机器振动现象的基本信息,但 4.3 中更深入的频率分析技术也是必需的。

波形分析基于任何周期性的记录可以表示成正弦信号的叠加的原理,这些正弦信号的频率是波形频率的整数倍。图 6～图 9 显示了波形的几个例子。

图 6 基本上是恒定幅值的一个循环的正弦波。振动的峰峰值可以通过测量波形的峰峰值与系统的灵敏度相乘得到,系统的灵敏度在校准时给出。频率可以在已知时间周期内通过计算循环数确定。示波器上的时间通过一个时间基线显示或简单地通过纸速知道。对显示的轨迹,每秒钟有 60 条记时线。12 条线显示一个基本周期 T 是 0.2 s,因此频率 $f=1/T$ 是 5 Hz,若使用一较长的记录段内的循环数,则可以提高精度。

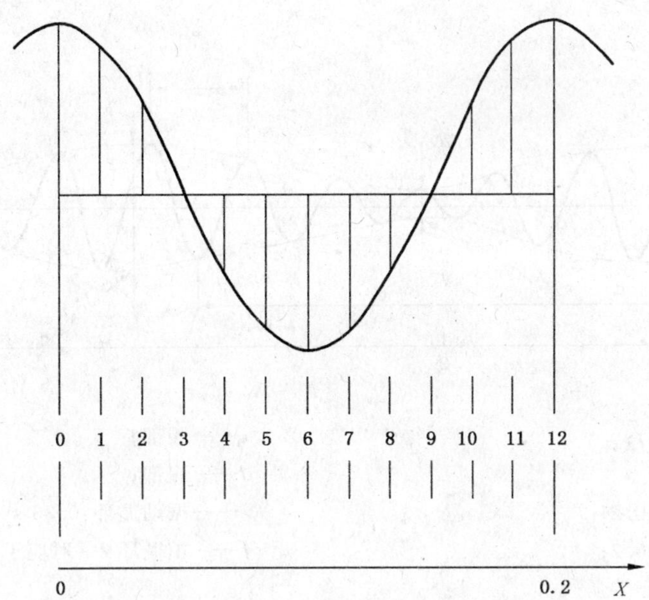

X——时间,单位为秒(s)。

图6 波形特性

图7所示是两个正弦波的叠加,这两个信号有最低频率的三个循环。这些分量可以通过所示的所有波峰和波谷的正弦包络线分离出来。低频分量的幅值和频率就是合成包络线的幅值和频率。包络线的垂直距离表示高频成分的峰峰值,高频频率一般可以数出。在这个例子中,能发现高低频相差3倍。当两个叠加正弦波的频率比较高时,它们可以如图所示被分离开。在其他情况下,傅里叶分析更有用。

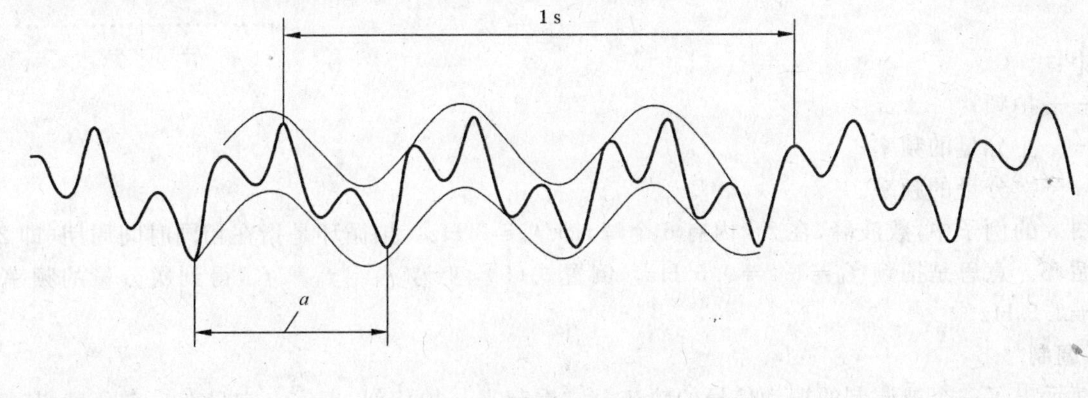

a——循环。

图7 叠加波

4.2.2 拍

信号经常有如图8所示的轨迹,包络线不规则,形成凸凹不平的波形。这样的信号是由两个频率和幅值都比较接近的分量构成的,这称之为拍,它是叠加的特殊情况。拍的一个实例是双桨驱动船只的两个叶轮频率相叠加的结果。两个信号的峰值交替地相加和相减。拍的其他特征还有拍的长度大致相同,在腹部的峰值之间的距离不同于在腰部的距离。在腹部和腰部的包络线的距离分别代表了两个成分的峰峰值的和与差。另一个例子是由异步电机驱动的两个耦合(压缩机或其他)机器产生的振动。

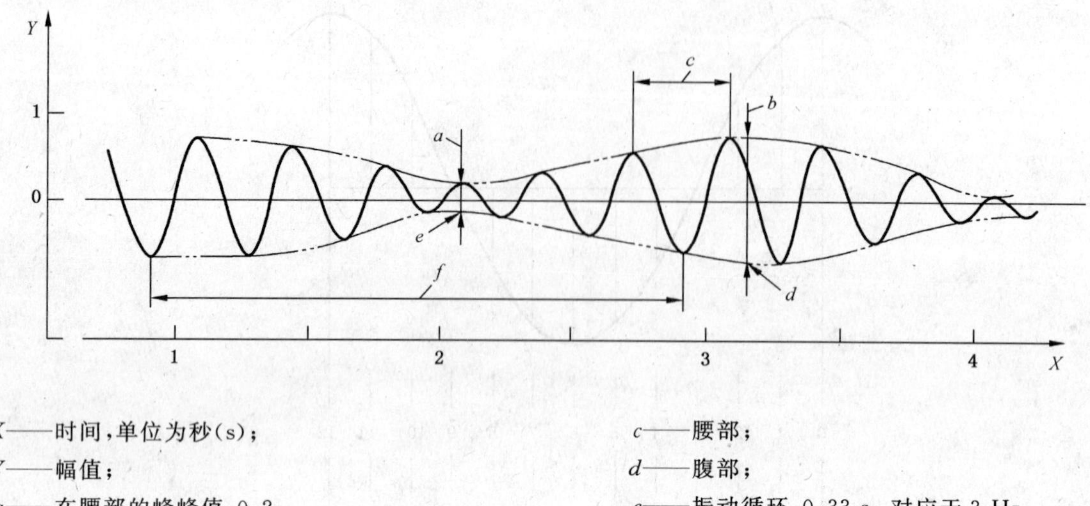

X——时间，单位为秒(s)；

Y——幅值；

a——在腰部的峰峰值：0.2；

b——在腹部的峰峰值：0.7；

c——腰部；

d——腹部；

e——振动循环：0.33 s，对应于 3 Hz；

f——拍循环 2 s 对应于 0.5 Hz。

图 8　拍的示例

例：若 X_m 表示分量幅值的较大值，X_n 表示较小值，测量显示 $X_m+X_n=0.7$，并且 $X_m-X_n=0.2$，解是 $X_m=0.45$，$X_n=0.25$。这些记录的幅值必须乘上系统的灵敏度才能得到实际的幅值。主分量的频率可以通过前面描述的计算峰值数的方法得到(在图 8 中是 3 Hz)。这个频率也是拍频的整数倍，在本例中是 6 倍。次分量的频率是比拍频大(7 倍)或小(5 倍)的频率。在腰部的峰值间距显示出分量中的一个，因为它反映了主分量。在图 8 中，间距比较窄，因而主分量有比较高的频率。在图 8 中，拍频是 0.5 Hz，次分量的频率是拍频的 5 倍，即 2.5 Hz。

应注意，拍频是两个分量之间的频率差，但是平均峰值频率等于两者和的一半。计算频率的一个简单的规则是：

$$f_b = f_m - f_n \quad \cdots\cdots(5)$$

式中：

f_b——拍频；

f_m——主分量的频率；

f_n——次分量的频率。

在图 8 的例子中，数波峰，在 2 s 内有 6 个峰，即 $f_m=3$ Hz。拍循环是指在相同时间周期(即 2 s)内的一个循环。意思是拍频 $f_b=1/2=0.5$ Hz。倒置式(5)，变为 $f_n=f_m-f_b$，得到次分量的频率 $f_n=3-0.5=2.5$ Hz。

4.2.3　调制

图 9 示出了一个被调制的振动信号的轨迹。它看起来与拍相似，事实上它只有一个分量，其幅值随时间变化(调制)。与拍明显不同的是峰的间距在腹部和腰部是相同的。但腹部的长度可能不同。齿轮故障经常会导致在齿轮转动频率上调制齿轮的啮合频率。

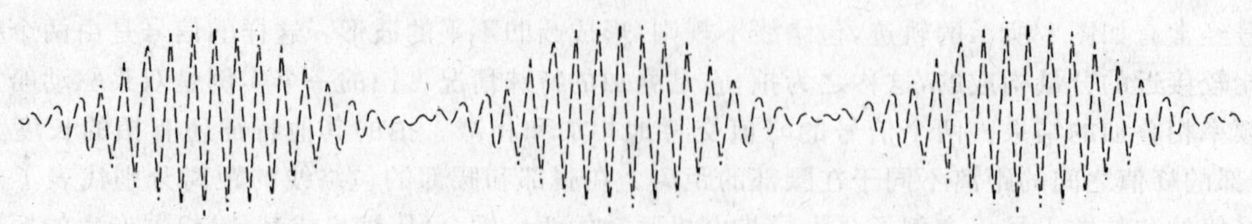

图 9　调制

通常振动记录包含两个以上的分量，并且可能涉及到调制，也可能还有拍。这样的记录特别难以分析。但分析者可以找到一个记录段，在这个段里，一个分量暂时性地占主导地位，并可得到在那样一段内该分量的频率和幅值。

4.2.4 包络分析

包络分析是在一个窄频带内低量级分量的解调过程，此时低量级分量被高量级的宽带振动(脉冲激励的自由振动、齿轮啮合振动和其他)遮蔽。包络检测为更早并可靠地认知缺陷提供了手段。它的最普遍的应用是齿轮和滚动轴承的分析，在这里一个低频、一般是低幅值的重复事件(如一个有缺陷的齿进入啮合，一个剥落的球或滚柱与保持架碰撞)就会激发高频共振，结果高频被缺陷频率调制。一个包络轨迹的例子在图 10 中显示出来。

应注意被调制的成分需要用窄带滤波器预先分离出来。

图 10 包络分析

4.2.5 窄带频谱包络的监测

监测窄带频谱包络可以发现围绕参考频谱的任何包络突破点通常都是报警界限。恒定带宽的包络一般用于恒定转速的机器，它的频率差在高、低频段谱线是相同的。

恒定百分比带宽的包络与被监测分量之间的频率差(偏移)的增加正比于频率的增加。这种方法有优势，因为所有的谐波分量在小的速度变化范围内将保持相同的频带。

单个频率分量的幅值限有两种类型。恒定百分比偏置是最通用的，因为它计算最简单，只需要一个单参考谱。

一个比较有代表性的方法是为包络线上每一段计算一个统计平均值，然后设定报警限在平均值之上 2.5～2.8 标准偏差。统计计算需要 4 或 5 个高分辨率谱，并自动计算通常观察得到的机器谱线幅值变化的正常差。

4.2.6 轴心轨迹

在同一径向位置上相隔 90°安装了两个位移传感器的任何机器都可以进行轴心轨迹分析。对于带有套筒轴承的大型旋转机器，用轴心轨迹分析确定轴在轴承间隙空间内的运动是适用的。但是，应注意确保轴心轨迹不能因轴机械的或电气的偏摆而引起不必要的失真。正确的解读轨迹可以判断施加力的性质。确定转轴的正向(旋转方向)或反向(逆旋转方向)涡动也是有可能的。轴心轨迹可以是未滤波的或是已滤过波的。典型的宽带(未滤波的)和单一频率(已滤波的)轴心轨迹图示于图 11 中。

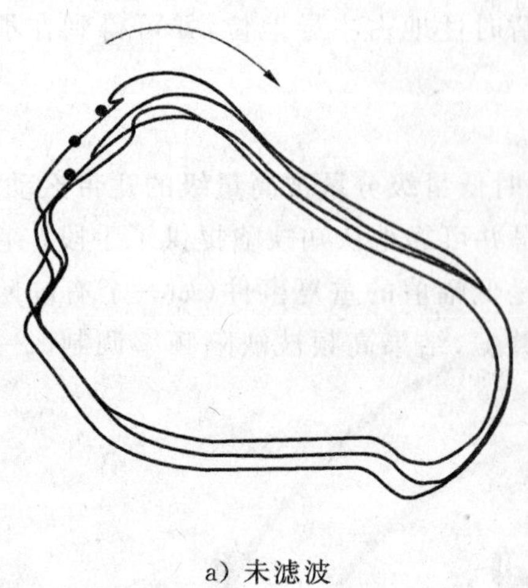

a) 未滤波

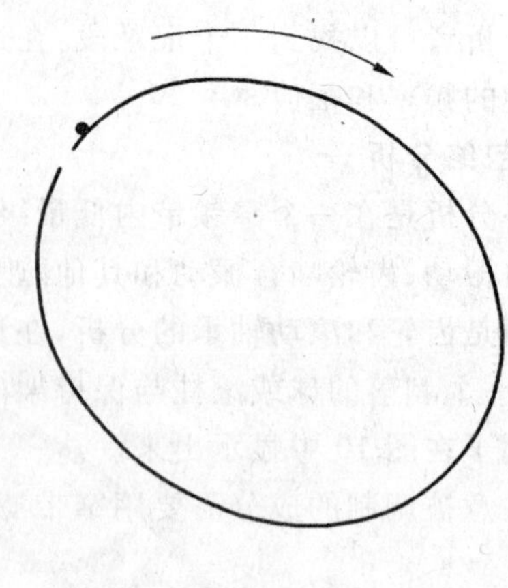

b) 已滤波

图 11　轴心轨迹

滤波后的同步分量(1X)显示是通用的;然而,为了更深入的描述和解决问题,其他谐波或次同步频率也可显示在轨迹图上。轨迹图上提供的轴键相信号(如每转一次的信号)标记(点或亮点等)给出了关于振动频率和旋转频率关系的信息。

轴心轨迹图代表了在测量平面上旋转轴中心的动态运动。有时称轴心轨迹图为李沙育(Lissajous)图。用于轴心轨迹测量的传感器应该是同一类型并且正交安装(相隔 90°)。如果传感器未正交安装,轨迹图就会歪斜。在轴心轨迹有切口的情况下,惯例是采用"空白一亮"表示。空白指示切口开始,亮指示切口结束。因此,在图 11 中,涡动方向是顺时针的。

轴旋转的方向是顺时针或逆时针取决于视图方向。如果涡动方向与旋转方向相同,就认为是正向涡动,反向涡动就是指涡动方向与旋转方向相反。在图 11 中,由于旋转方向和涡动方向都是顺时针的,是正向涡动。

4.2.7　轴心平均位置

为了确定轴心平均位置,位移传感器经常用偏心率表示套筒轴承的相对载荷。由测量信号的直流部分(即间隙)测出的轴颈在轴承中的姿态在监测大型机器时是非常有用的。轴心平均位置可以确定合适的轴承抬高量以及正确的轴位置。但是,需要注意的是,应避免由于长时间的直流信号的漂移造成的误描述。

4.2.8　瞬态振动

变速瞬态振动通常是描述机组在开机和停机期间得到的振动信息。振动数据通常显示成如级联图(瀑布图)、波德图、极坐标图(奈奎斯特图)、坎贝尔图等格式。

结构的瞬态振动发生在被一瞬时力激励(该力可能是单个脉冲或一个短时振荡激励),当激励停止时,结构趋向于它的固有频率振动,系统中的阻尼导致它按指数衰减。

因此,在激振力停止后结构响应的时间历程是一衰减的正弦波集合。图 12 给出一个衰减正弦波示例。由于系统的固有模态叠加的复合波形是被瞬时强迫力同时激起的,一般而言,比较高的频率分量衰减较迅速,较高的频率的模态很快被衰减掉,合成波形逐渐地退化为一最低频率模态的有阻尼正弦响应。

滚动轴承的故障通常可以检测到由于球或轴承圈的缺陷引起的重复的高频瞬态响应。

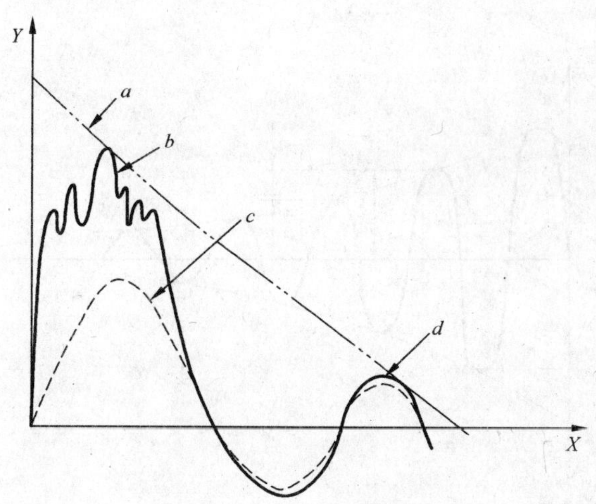

X——时间；

Y——振幅；

a——峰值振幅包络的指数衰减；

b——复合波形；

c——最低频模态的波形；

d——退化的波形。

图 12 结构瞬态振动

4.2.9 脉冲

脉冲响应是机械系统对一冲量的振动响应的时间历程，此冲量可以表示为 $F_1 \cdot \mathrm{d}t$ 从 t 到 $(t+\Delta t)$ 内的积分，力 F_1 作用在一个非常短的时间周期 Δt 内，见图 13。

在许多情况下，脉冲响应用于识别固定结构的共振频率。

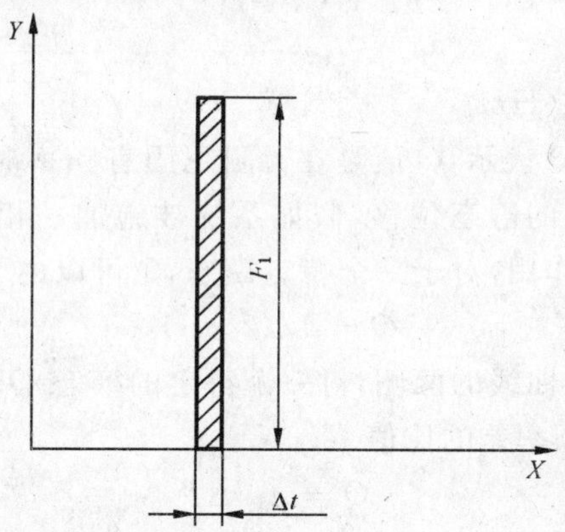

X——时间；

Y——力。

图 13 脉冲激励

4.2.10 阻尼

阻尼是指通过它振动运动被转化为其他形式的能量（通常是热），导致振动的幅值衰减的作用。阻尼的大小 c，一般与振动速度成比例，即使不是这样的关系，为了数学分析方便，它常被假设为这样的关系。系统有一个临界阻尼 c_c，它是系统不振荡地恢复到它的平衡位置所要求有的最小的阻尼。如果系统的阻尼小于临界阻尼，系统将作衰减振荡（见图 14 和 ISO 2041）。对多自由度系统，一些模态可能小于临界阻尼，也有些可能大于临界阻尼。

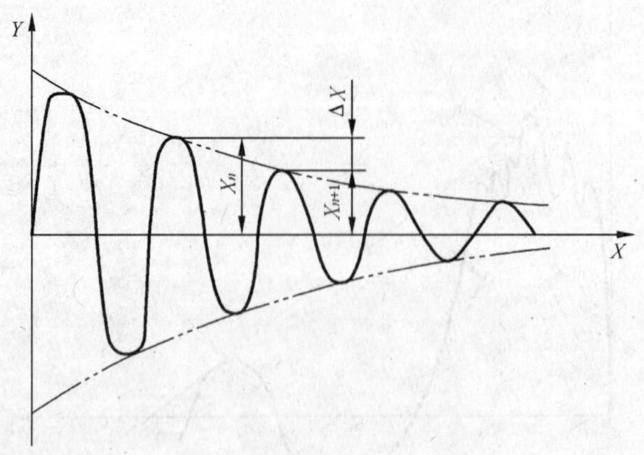

X——时间；
Y——振幅。

图 14 有阻尼的衰减振幅

如果一个特定模态的衰减振动的幅值 X,对时间作图,对数衰减率 d 可以表示为：

$$d = 1/n \cdot \ln(X_1/X_{n+1}) \quad \cdots\cdots (6)$$

式中：

n——振幅由 X_1 衰减到 X_{n+1} 的循环数。

损耗因数是系统相对阻尼的普通量度。对数衰减率 d 与损耗因数 h 有关,即 $h=d/\pi$。

注 1：典型地,以前表示损耗因数的符号有 h,z,η。这样表示的对数衰减率包括 α 和 Λ。

损耗因数也可通过衰减率 X'(每秒分贝)求出如下：

$$h = X'/(27.3 f_n) \quad \cdots\cdots (7)$$

式中：

f_n——固有频率,单位为赫兹(Hz)。

系统中阻尼的大小 c 可以用 Q 表示,Q 值是在无阻尼固有频率时的品质因数。品质因数是频率的函数,是系统动态位移幅值与系统的静态位移(假如系统被施加一相同量值的恒定的力时)幅值的比。假如在模态之间没有明显的相互作用,对于一个特定模态,Q 可以由下式得到：

$$Q = 1/(2c/c_c) \quad \cdots\cdots (8)$$

从测量的响应曲线,在每一个曲线的两侧,对一个特定的模态 Q 值可能接近于共振频率 f_r 与半功率点(0.707 倍最大幅值)两处的频率差的比值。

$$Q = f_r/\Delta f \quad \cdots\cdots (9)$$

式中：

f_r——共振频率；

$\Delta f=f_2-f_1$——f_1 和 f_2 是半功率点处的频率。

品质因数与对数衰减率是通过以下近似关系联系在一起的。

$$Q \approx \pi/d \quad \cdots\cdots (10)$$

注 2：如果阻尼很小,$Q=1/h$。

作为例子,图 15 显示了一个从波德图推导 Q 因数的典型的表示方法。相似的结果可以通过极坐标图得到。

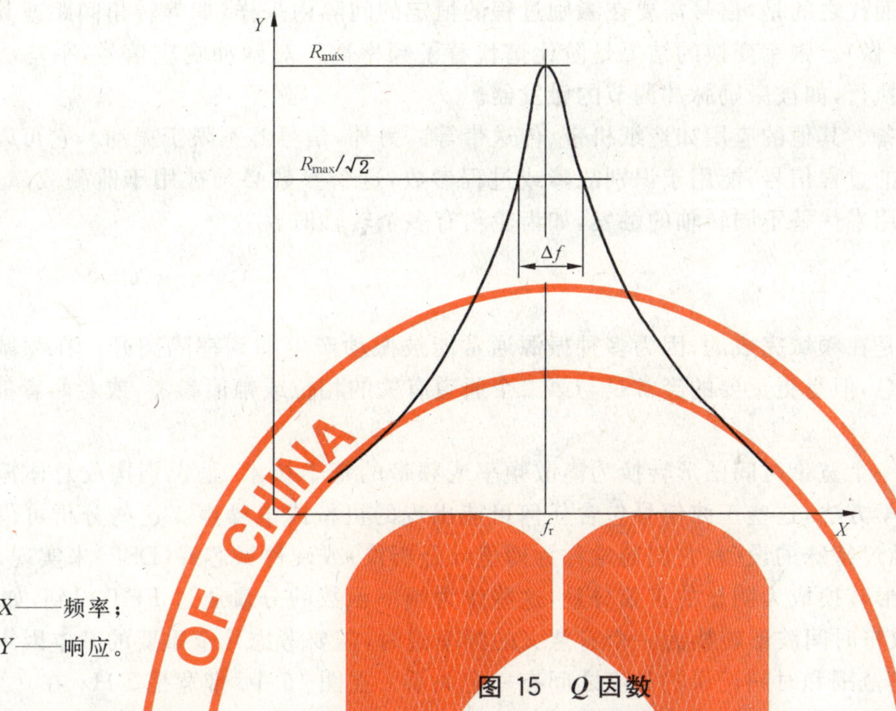

X——频率；

Y——响应。

图 15 *Q* 因数

研究旋转机械振动的原因和影响时，阻尼是一个有用的量。一个接近工作转速的模态要有足够的阻尼，因此不产生较大的响应时才可以被接受。同样，阻尼非常小的模态可能非常灵敏，以致机器响应剧烈，或者甚至不能通过共振转速。

4.2.11 时域平均

每一个信号都包含有与被监测的机器或设备的过程或运动同步的分量，也有非同步的分量(有独立于被观测系统之外的来源)。这些分量可以通过频率分析被分离出来(见 4.3)。另外一个通用的适用于识别这些事件的技术称为时域平均。在这个过程中，通过一个参考脉冲或一个触发使每一个数据样本与不同的旋转成分同步。这个平均可以是几个样本到 200 多个样本在时域中计算，并且一个谱可以仅基于合成的平均时间波形得到。那些与参考信号非同步的时间信号相互之间会逐步渐进地抵消。平均越多越好，平均次数依赖于应用的需要。

在时域平均时，每一个记录对应的样本实际是代数相加，然后除以记录个数。其结果是所要求的重复的波形保存完整，而所有其他的平均趋于 0(包括其他的重复波形)。它们衰减的速率等于平均次数的平方根。

注：100 次(个记录)平均将减少 9/10 多余的信号；10 000 次(个记录)平均将减少 99/100 多余的信号。

时域平均可用来识别多转子机器中引起振动的转子。还可以用来检测各种故障，如造纸机械中失效的齿轮、叶片和滚轮等。

示例 1：一个好的例子是一个用不同转轴齿轮驱动的涡轮泵。在每一个转轴上，都有一个每周一次的同步触发信号。来自安装在齿轮箱上的加速度计的信号可以用时间平均法分析。对每一个同步触发信号重复这一过程。用涡轮轴触发，信号归并为一正弦波形，显示出涡轮的不平衡程度。用泵轴触发，信号归并为以叶片通过频率的周期图型，它显示泵轴在轴承座内的一个固定的径向偏移。

示例 2：将应变测量电桥安装在两个大的水轮机叶片上，通过遥测取信号。每转一次的触发器用来使时域平均同步。经过几次平均以减小流体噪声，一个不规则的图型可能出现，它对每一个叶片是等同的，偏移恰好是叶片转角的偏移。诊断结论是一个不规则的流动通过系列的水闸门，进入水轮机中。随后重新调整这个闸门使水流平缓而降低了叶片上的动应力。

时域平均虽然非常有效，但不能显示异步事件，如滑动轴承故障。

频率谱的平均法一般要求稳态的振动状态。如果有一个非稳态的激励频率或变化的转速，简单的时域平均不再适用。取而代之的是，信号需要在激励过程的恒定的间隔内采样（如等转角间距或其他位置，这可以通过编码器来做）。频率变换的结果是阶比谱代替了频率谱。对脉冲响应信号，平均法可以在时域通过事件触发来执行，如被激励脉冲调节的触发器。

触发源限于旋转设备。其他的应用如造纸机带、传送带等。另外，信号源不限于振动。它可以是一个与有问题的机器相关的过程信号，能用于识别故障或过程参数，这个参数必须被用于监测故障进展。一个频率乘法器也可以用来代替不同转轴的触发，如齿轮箱有多个转轴时。

4.3 频域分析

4.3.1 总则

大部分的振动分析是在频域完成的，因为多种振源通常能被振动产生的频率隔离开。在频域内单通道分析给出大量的信息，但是更重要的经常是与第二个通道有关的相位或幅值参考，或者两者都有。

4.3.2 傅里叶变换

应用傅里叶变换把一个宽带时间图形转换为离散频率或频带的基本技术，是识别构成总体振动信号的正弦分量的一种数学方法，这些正弦信号包含任何可能出现的机械或电噪声。这些分析可借助计算机和信号处理软件，通过特殊的设备（它们通常称为傅里叶分析仪）或硬件微芯片（DSP）来实现。

振动信号的时间波形转换成为明显的正弦分量，这些作为频率函数的分量通过 FFT 得到，如图 16 所示。当用 FFT 分析仪将时间波形转换为一个有意义的频率谱时，需要考虑几个重要的基本因素。在频谱线（或段）带宽、频率范围和时间记录的长度之间有一定关系。在图 16 中，带宽是 2 Hz，在 0 至 200 Hz之间有 100 条频谱线。应小心选择这些参数，以优化关注的频率范围。

由于迭混的影响（见 4.3.7），高频分量可能会被认为是低频分量。应用抗混滤波器来避免这种可能性。

傅里叶变换的结果是一个复数谱，可以描述每一个频率分量的：

——幅值和相位；

——实部和虚部。

从实用的观点出发，幅值谱有更多的信息；而相位谱大多被忽略。

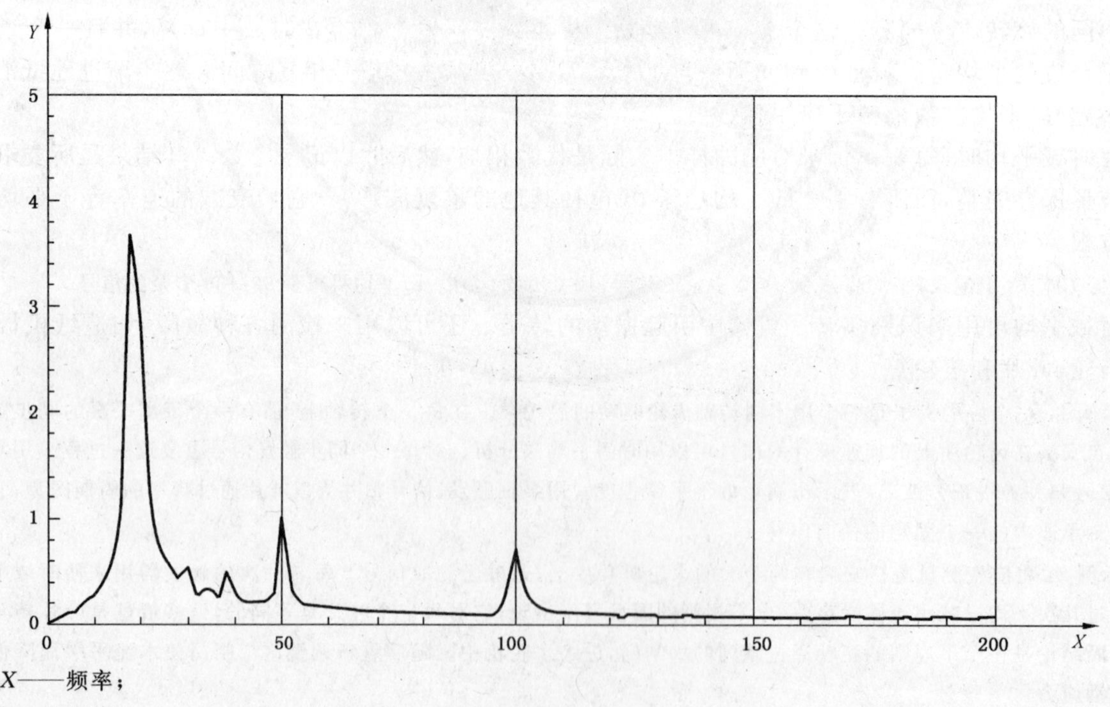

X——频率；

Y——幅值。

图 16 幅值谱

4.3.3 泄漏和加窗

如果采样包含了非整数周期，分析时就会发生泄漏。由于样本不能精确地表示原始波形，使得频率域峰值模糊。窗函数能减小泄漏误差。最通用的汉宁(Hanning)窗对周期或非周期信号都能做到可接受的效果。还有其他类型的窗可用来增强某类信号。

对于瞬态过程，矩形窗可产生较好的结果。海明(Hamming)窗可给出比汉宁窗更窄的频谱峰，进一步降低边带的宽度。布兰克曼(Blackman)窗以及衍生出的 Blackman Exact 和 Blackman Harris 窗给出一个比汉宁窗宽的峰，但使边带降低。平顶窗牺牲了强信号附近的小信号，但比汉宁窗提高了幅值精度。它的峰最宽，边带与汉宁窗相当，峰的顶部对随频率变化的电平读数是最平坦的。通过修改采样偏置，窗可以改善异步波形图，如频谱图、级联图、瀑布图。平顶窗也可以用于校准。

注：傅里叶变换的时域窗在 ISO 18431-2 中描述。

4.3.4 频率分辨率

数学上 FFT 要求关注的频率范围应被分成为有限的段，并且在每一个段内振动的幅值显示为垂线，有时称之为“基带”谱。段数称之为分辨率线数(LOR)N_{LOR}。在单一的 LOR 段中的频率，可能有不止一个频率成分，分析包含了所有这些总能量，并以段的中心频率作为单线显示。

使用足够的谱线(分辨率)数来分辨相距很近的频率分量，并使频率范围包含所有关注的频率是很重要的。通常至少需要使用 400 条谱线(分辨率)，但是很多仪器都要求更高的分辨率。频率分辨率适用下面的关系式：

$$N_{LOR} = f_{max}/B \qquad (11)$$

式中：

N_{LOR}——分辨率线数；

f_{max}——关注的最高频率；

B——带宽(线量程)。

如上式所示，对于相同的关注的频率范围，分辨率越精细，带宽越小(谱线数越多，频率分辨率越小)。

4.3.5 记录长度

简单实现傅里叶变换只需要一个短的记录长度，对快速傅里叶变换而言，要求的记录长度依赖于带宽(频率分辨率)B：

$$T = 1/B \qquad (12)$$

记录的可用长度可以限制分辨率。如假设一个谱有 100 Hz 的频率范围，400 线的分辨率，带宽将是 1/4 Hz，记录长度至少是 4 s。对同一分辨率，如果量程按某一因子增加，记录长度以同样的因子减小，带宽将会以相同的因子变宽。

如果在试验时机器轻微地改变转速，重要的是要有足够宽频段，以便在单一信号段中包含关注的每一频率分量。在机器转速变化大的情况下，要在恒定的角度间隔处采集信号，并且需要处理后续的阶比谱(见 4.2.11 和 4.3.8)。

4.3.6 幅值调制(边带)

在时间域中看到的幅值调制如 4.2.3 中所示。调制正弦波的 FFT 在频率任意边显示其频率和边带，边带和正弦波频率的距离等于调制频率。如果调制波自身是正弦波，边带将是清晰的并且在主频率的每一侧只有一个出现。当齿轮之一有偏心或磨损，将出现一个齿轮啮合频率。如果调制是周期的(如每转一次)但又不是正弦的，将会有几个清晰的边带。如果调制不是周期的，边带将模糊不清。

边带的出现在借助测量分贝降低值探测大型感应电机的转子断条事故时可能非常有用。分贝降低值 L_D 等于 20 倍的转子断条故障时边带峰值对线频率幅值的比的对数值。数学上，这个关系式是：

$$L_D = 20\lg(l_1/l_{ref})\text{dB} \qquad (13)$$

式中：

l_1——边带幅值；

l_{ref}——线频率的幅值(50 Hz 或 60 Hz)。

如图 17 中所示，正常的电机的谱图由线频率处的清晰的峰和两侧间距相等的边带组成。边带的量值可能比线频率的量值降低大约 60 dB。

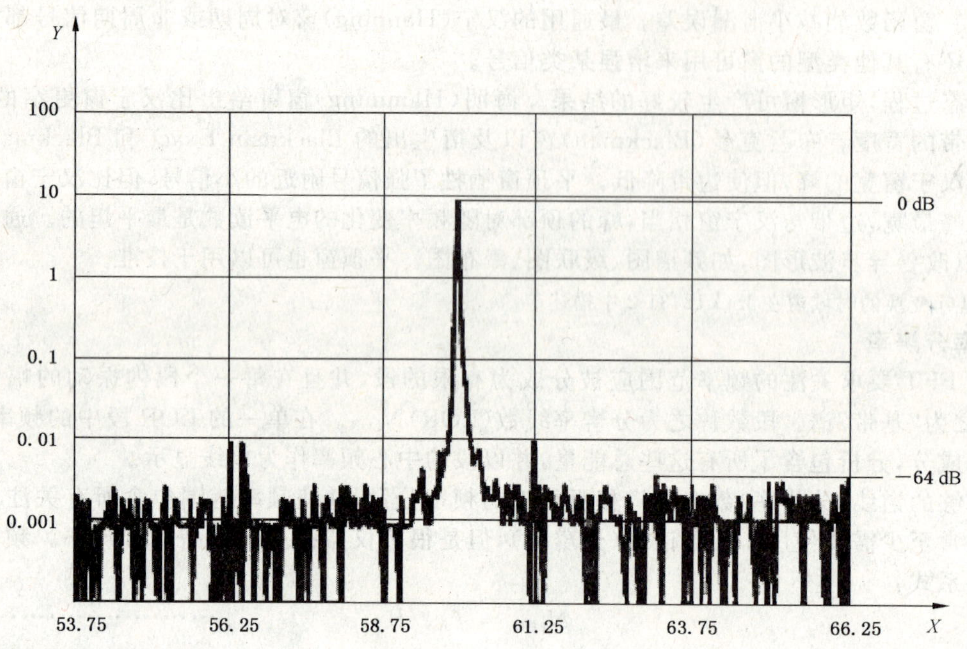

X——频率，单位为赫兹(Hz)；

Y——幅值。

图 17 无故障电机

图 18 是一个有故障的电机的谱图。在线频率处有一个显著的峰并且在转子断条故障频率处，边带被提升了。

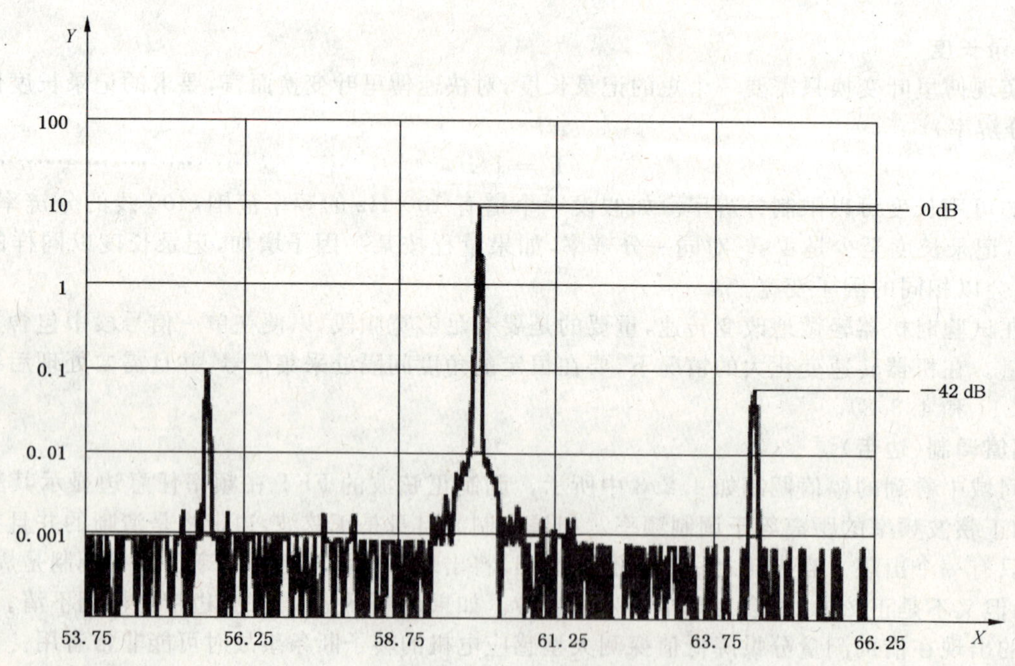

X——频率，单位为赫兹(Hz)；

Y——幅值。

图 18 故障电机

注意，在频域中的边带结构与时域中的包络线有相同的信息。

4.3.7 迭混

迭混是指当数字式分析仪的采样频率太低以至于无法充分描述频率时而导致的频率的错误表示。这与当频闪探头的采样频率与圆盘的转动频率完全重合时，在圆盘上会出现一个固定点一样。然而，如果这个频率不是正好同步，圆盘将慢慢转动。同样，如果对正弦波采样太慢，它将呈现一个比较低的频率。采样前通过低通滤波器除去高频信号，以确保其不含有超过采样频率一半以上的频率成分。这在图 19 中有清晰的描述。通过比较高频正弦波的频率与采样间隔的频率，可以看到采样频率比信号频率的一半要低。因此，被分析的是加点的低频信号，它作为迭混信号替代了被测量信号。这就是为什么采样的幅值(在两条曲线中被标示出的交点)与被测量的高频信号以及低频的迭混信号相对应的原因。当采样频率正好是信号最大的预期频率的两倍时，这就是所熟知的奈奎斯特(Nyquist)频率。实际上，考虑到低通滤波器无陡峭的截断，大多数的采样频率被设定在最高频率的两倍以上(大约 2.56 倍)。

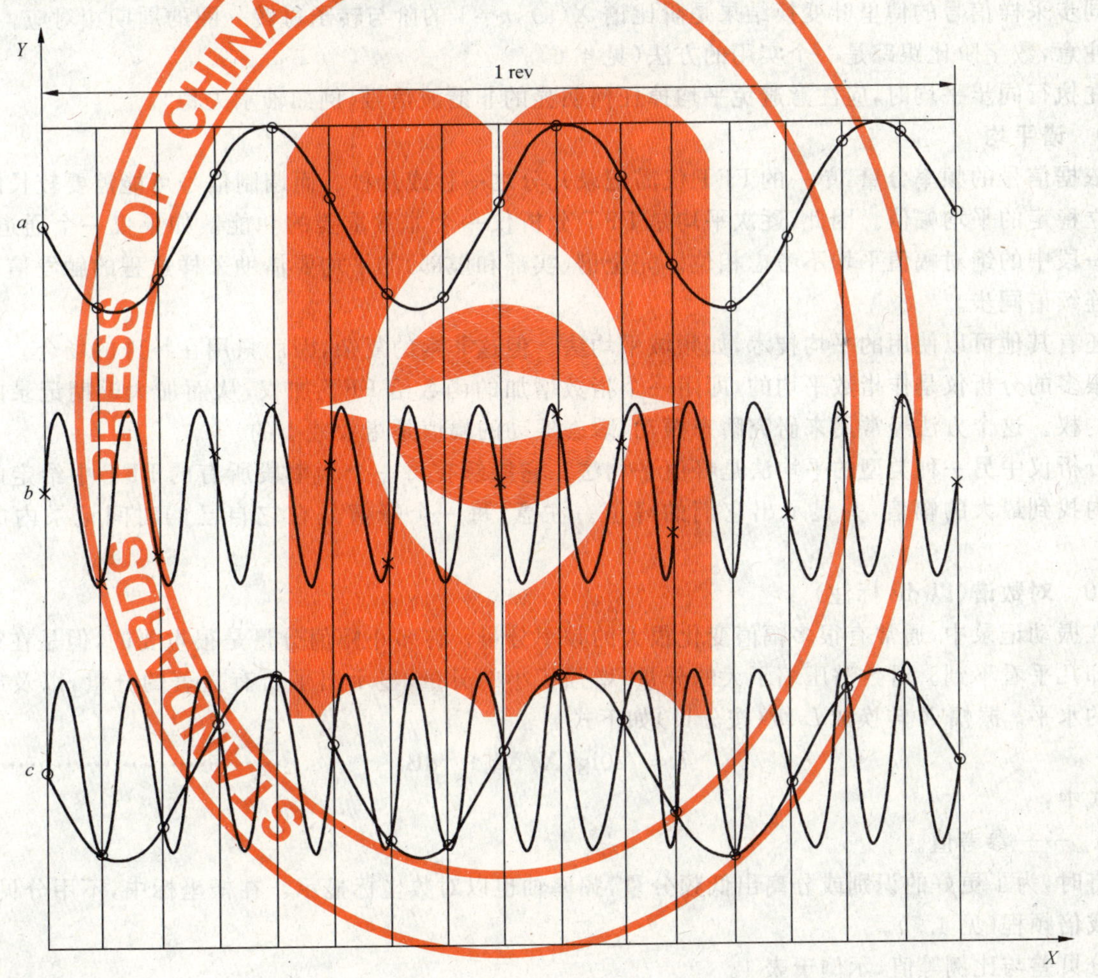

X——时间；
Y——激励；
a——3 次/转激励；
b——13 次/转激励；
c——3 次/转和 13 次/转激励。

图 19 迭混

目前的数字式分析仪使用抗混滤波器，在被采集的时间数据转换为数字数据之前，滤掉了高于采样频率 40%的所有频率。因此，对于大多数的数字式分析仪，迭混不再是问题。但是，在分析数据之前，分析者应予以确认。

4.3.8 同步采样

除了关于时间的固定频率的采样之外，很多分析仪都可以用外部信号控制采样频率。一般，采样频率将几倍于外部信号的频率。同步采样通常用于旋转机器，机器上的一个旋转标记被用来确定采样频率。采样频率要大于关注的最高阶振动频率的两倍。这个方法有四个主要优点：

a) 如果机器转速改变，大多数与旋转频率有关的频率成分(叶片、导叶轮、齿啮合等)将保持在相同的频率段中，而不将能量扩散到两个以上的段中。

b) 振动的所有阶次均在频率段的中心，此处它的幅值测量更准确。

c) 平均数字化后的测量信号序列时不用考虑转速的变化。

d) 振动的所有阶次将与外部信号保持相同的相角。这意味着谱可以矢量平均，以加强振动的相关阶次，降低与转速无关的其他信号，包括大多数噪声，平均为0。

同步采样信号的傅里叶变换结果是阶比谱 $X(n)$，$n=1$ 的阶与转子每转一圈的周期相对应。

注意，数字阶比跟踪是一个实用的方法(见4.6)。

在执行同步平均时，应注意避免平均掉任何明显的非谐波信号(例如轴承失稳)。

4.3.9 谱平均

依据信号的频率分量，单一的FFT仅需记录几分之一秒或几秒。而调制信号可能需要较长的时间来建立稳定的平均幅值。因此，逐次平均是FFT分析仪一个非常重要的功能。如果仅一个通道可用，在每一段中的绝对幅值平均不考虑相位。完全谱(实部和虚部)的平均要借助采样过程的触发信号使每一个连续谱同步。

还有其他可以使用的平均技术，如频域平均法。但这非常的复杂，因而只用在特殊的场合。

很多的分析仪是作指数平均的，即用一个指数增加的函数给FFT加权，从而加大近期记录的数据信号的权。这个方法经常用来研究瞬态振动，瞬态振动的幅值是指数减小的。

分析仪中另一种类型的平均法是峰值平均法。它能够在每一个频率段所有的FFT中给定的时间周期内找到最大的幅值，并显示出它们的峰值。注意，每一个峰值是在它自己的时间记录内的平均幅值。

4.3.10 对数谱(以dB标注)

在振动记录中，通常有很多幅值变化很大的频率分量。许多小幅值分量是很重要的，但是在线性坐标中却几乎看不到。对数谱压缩了大的分量，增强了小的分量，显示出了所有显著的分量，以及出现的噪声的水平。振幅 X 转换成 L 级(按分贝)如下式：

$$L = 20\lg(X/X_{ref}) \quad \text{dB} \qquad (14)$$

式中：

X_{ref}——参考值。

有时，为了更好的识别或分离出低频分量，频率轴也以对数坐标显示。在横坐标中，不用分贝，而用对数或倍频程(见4.7)。

分贝差与比例等值，示例于表1。

表1 分贝差和等同比值

分贝差/dB	比值
0	1
6	2
20	10
26	20
40	100
60	1 000

小于 1 的比值用负分贝值表示，例如 1/2 对应 −6 dB。

除了位移外，对数的参考值在 ISO 1683 中有规定。对于振动分析，在表 2 中的给定的参考值是可以用的。

表 2 对数参考值

物理量	参考值
加速度	10^{-6} m/s^2
速度	10^{-9} m/s
位移	10^{-12} m
功率	10^{-12} W

4.3.11 细化分析

频率分量距离太近以至于正常的 FFT 无法分辨，尽管它们是存在的，FFT 一般地由 400 条线组成(基带)；虽然有些分析仪有更高的分辨率，但是谱线细化技术经常被用于得到更好的分辨率。细化分析用一个频率刻度产生一个频谱，这个频率刻度不是从 0 开始，而是从其他自由的合适的谱线开始，以便所选的线数在关注的频率范围内扩展。虽然带宽相应地变窄，但是记录的长度仍将与带宽有关。使用细化谱线时的一个问题是频率必须很稳定，因为带宽较窄。

使用细化谱线的另一个例子是齿轮故障分析。应用时，故障导致齿轮啮合频率的边带，边带的跨距将指示有故障的齿轮。一个相似的细化方法对识别滚动轴承的故障也是有用的。图 20 显示出做细化分析的优越性。注意，在原始的被细化的谱中不可见的频率分量现在可以看到。

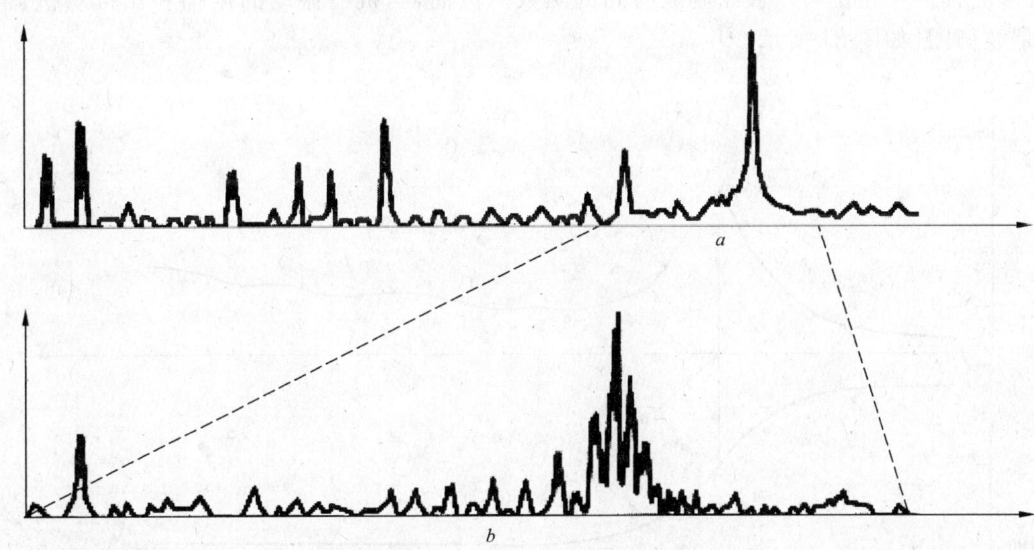

a——原始谱的断面；

b——较高分辨率的转换谱。

图 20 细化分析

4.3.12 微分和积分

当信号需要在位移、速度和加速度之间转换时，微分和积分在振动分析中是重要的。对旋转机械，通常同步分量主导振动信号，因而可能是简谐运动。时域中采取如下的公式：

位移 $x=\hat{x}\cdot\sin\omega t$ ……(15)

速度 $v=\omega\hat{x}\cdot\cos\omega t=\hat{v}\cdot\cos\omega t$ ……(16)

加速度 $a=-\omega^2\hat{x}\cdot\sin\omega t=-\omega\hat{v}\cdot\sin\omega t=-\hat{a}\cdot\sin\omega t$ ……(17)

并且：

$$加速度\quad a=\hat{a}\cdot\sin\omega t \tag{18}$$

$$速度\quad v=-\frac{\hat{a}}{\omega}\cdot\cos\omega t=-\hat{v}\cdot\cos\omega t \tag{19}$$

$$位移\quad x=-\frac{\hat{a}}{\omega^2}\cdot\sin\omega t=-\frac{\hat{v}}{\omega}\cdot\sin\omega t=-\hat{x}\cdot\sin\omega t \tag{20}$$

位移滞后速度90°，速度滞后加速度90°。在频域中转换各量，用每一个分量的角频率分别除或乘，就可完成微分和积分。大多数分析仪在频域中包含这些功能。

应强调的是，为了正确地使用积分和微分公式，振动信号必须是同步分量占主导。需要检查确定1X分量是否大于未滤波的90%，或者就是同步分量。另外，每个谱的频率应单独地被转换。

4.4 运行变化的结果显示

4.4.1 幅值和相位(波德图)

简谐振动信号以振幅和相位表示时，需要一个信号作为参考相位。它可以是一转轴上的旋转标记、不同的位置或方向上的振动、被测的力或其他合适的参考。参考相位信号的频率应与关注的频率相关。如一个转轴的旋转标记可以作为旋转频率或谐波较高的旋转频率的相位参考。

相位可以在0°至360°或±180°之间表示。

当两个信号代表不同的量时(如力、速度、加速度)，应注意正确地解释其物理意义。注意，对于任何正弦波形，位移滞后速度90°，速度滞后加速度90°。非常普遍地，信号调理设备会改变信号的相位，不同通道之间的相位差应给予补偿。

正弦波形的幅值与相位可以被绘制成时间的函数。然而，当机器振动的振幅和相位对机器的转速作图时，就是波德图，如图21所示。

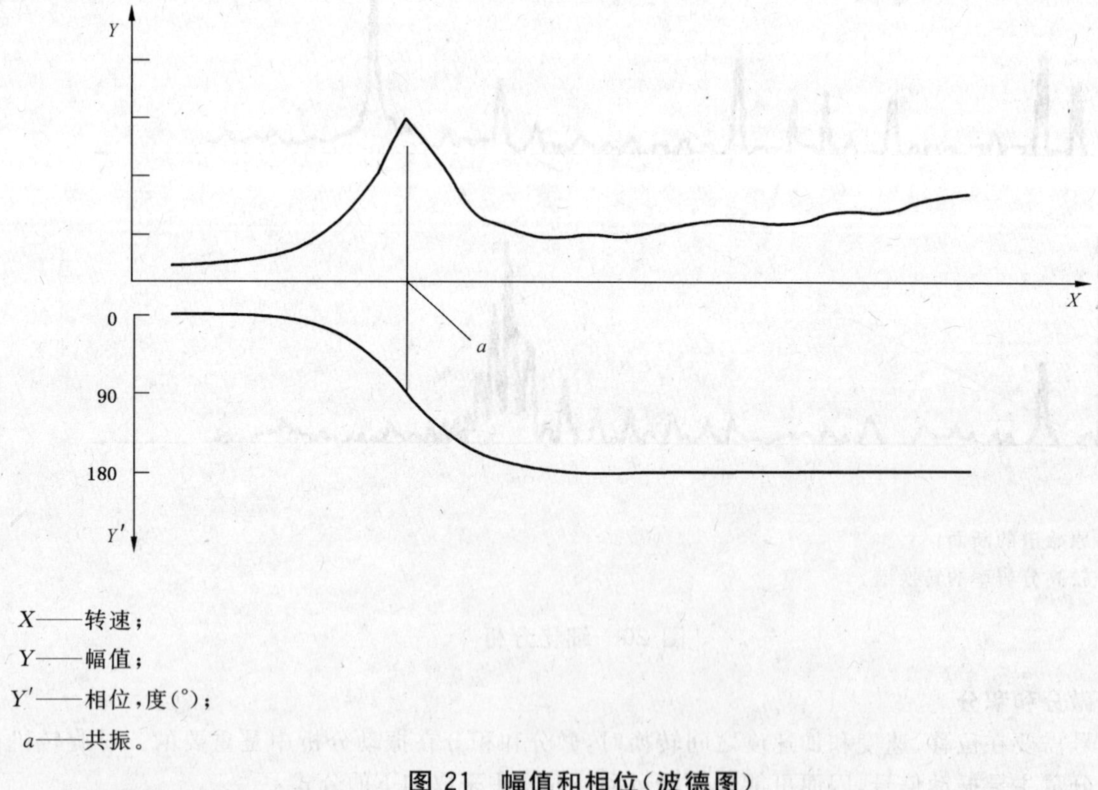

X——转速；

Y——幅值；

Y′——相位，度(°)；

a——共振。

图21 幅值和相位(波德图)

4.4.2 极坐标图(Nyquist图)

极坐标图中，每一个点(对如图22中所示的离散的频率)代表一个幅值/相位矢量。该图包含不同旋转频率的矢量或其他参数，如果仅显示它们顶点之间的连线，就是著名的奈奎斯特(Nyquist)图。

极坐标图有一个相位参考,如转轴上指示转轴每转 360°的旋转标记。极坐标图(或/和波德图)用来精确地识别转子、轴承、支撑系统的任何共振点(转速)。

注:参数是转速(r/min)。

图 22 极坐标图(Nyquist 图)

4.4.3 级联图(瀑布图)

级联图或瀑布图提供若干个频率分析的简单比较。它是谱线显示的三维形式,清楚地显示出振动信号相对于另一个参数(如转速、载荷、温度、时间)的变化,此参数被用作为特定的参数值,如时间。

图 23 中的样本级联谱是机器在开机和停机区间的许多振动谱线的一个总图。正常情况下,级联谱图提供的是频率(Hz 或阶比)与机器转速和离散频率分量的振动幅值的关系。在某些情况下,机器的转速可以被其他参量(如时间、载荷)代替,在此情况下,它被称为瀑布图。当用机器转速显示时,记录转子转速和相位参考信号是必要的。

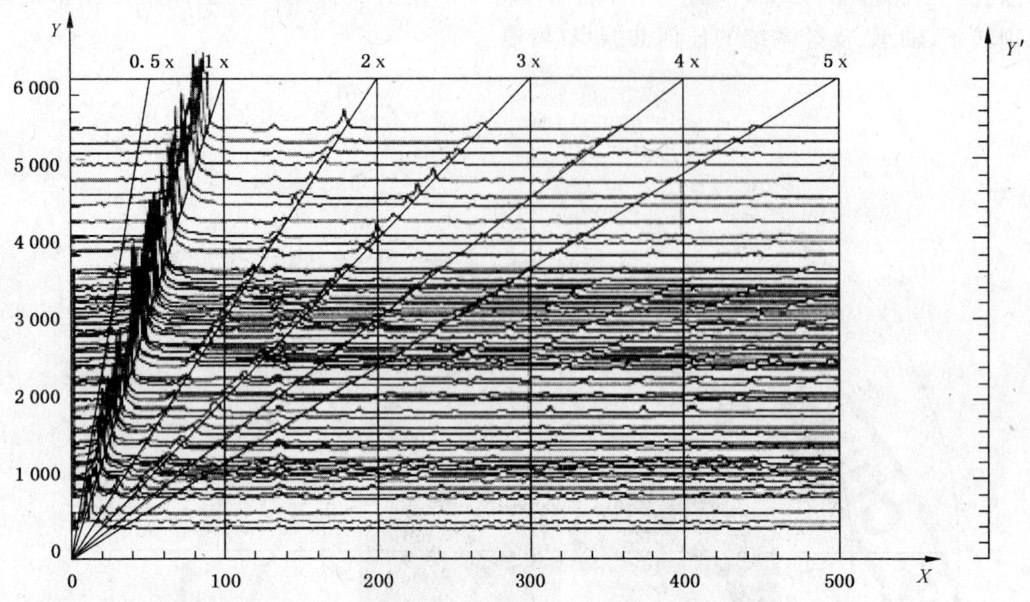

X——频率，单位为赫兹(Hz)；

Y——转速，单位为转每分(r/min)；

Y′——幅值。

图 23　瀑布图(级联图)

图 24 的级联谱显示了基本转速(1×)和其他的明显的谐波。如果在瞬时转速范围内，它也显示出了转子临界转速的出现。

图的形状将依机器的类型和工况而变化。如图 24 是一台 3 000 r/min(50 Hz)的汽轮机在开机和停机过程中的级联图。

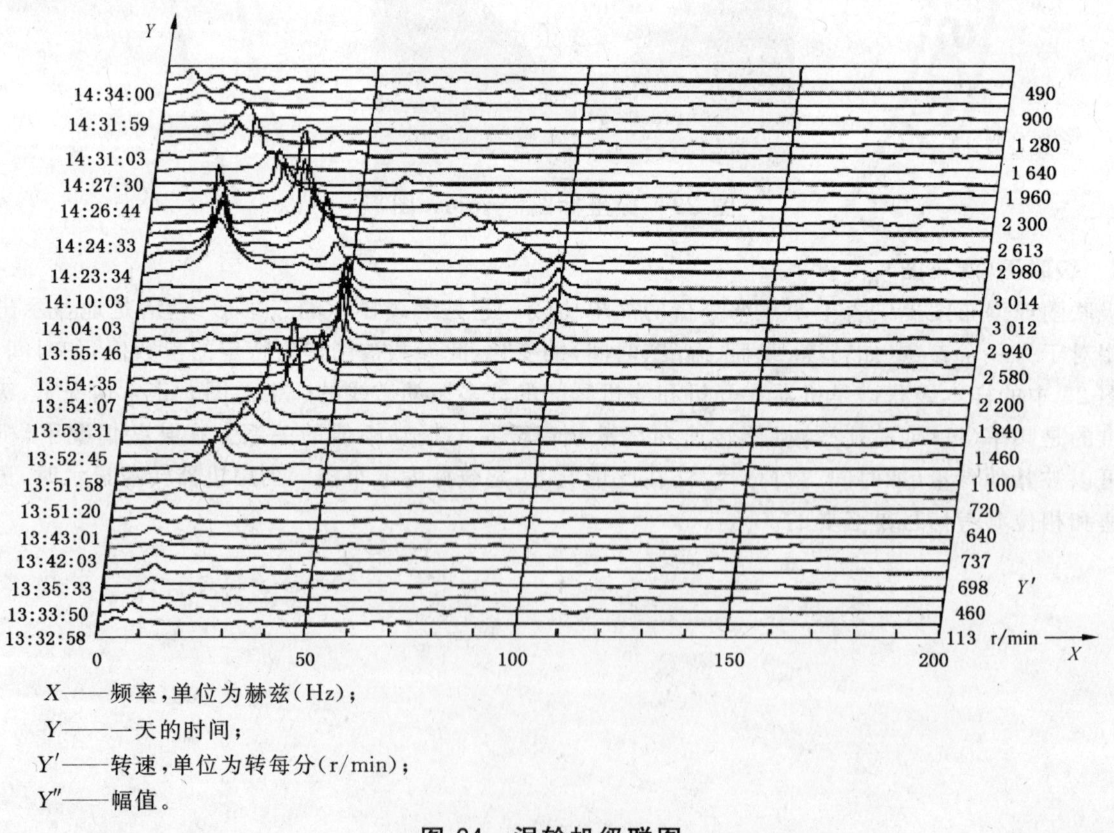

X——频率，单位为赫兹(Hz)；

Y——一天的时间；

Y′——转速，单位为转每分(r/min)；

Y″——幅值。

图 24　涡轮机级联图

对于与时间有关的谱，一个可替换的表示方式是用谱图，它是级联图的二维表示，它显示的是速度对时间的变化，幅值大小是由不同的颜色或灰度明暗度来显示(见图25)。

注：图25中显示的另外一台机器，不是图23和图24中的机器。

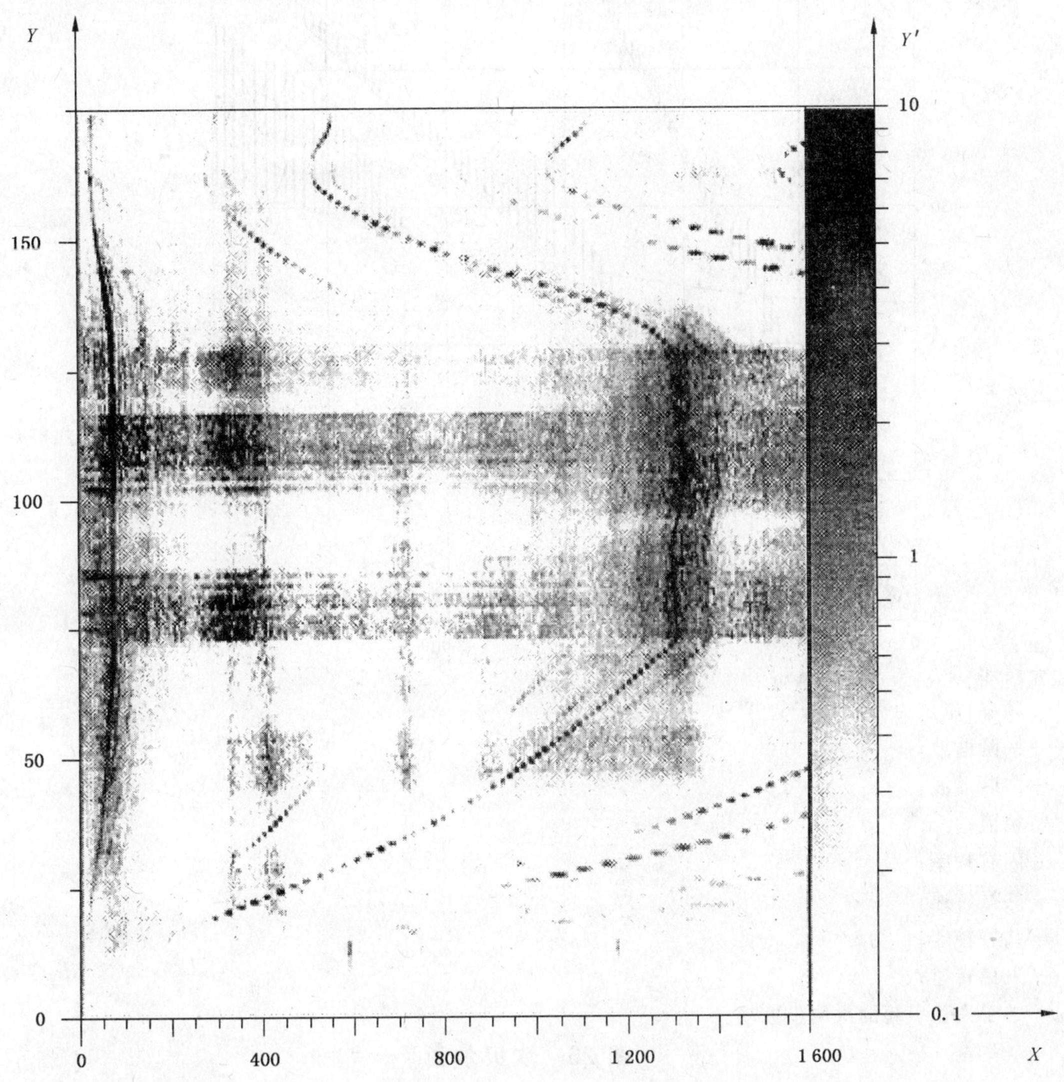

X——频率，单位为赫兹(Hz)；

Y——时间，单位为秒(s)；

Y′——幅值，单位为米每秒方(m/s²)(用灰度表示)。

图25　二维谱图

4.4.4　坎贝尔图

坎贝尔图(见图26)是一种特殊类型的级联图。它联系的是各个频率分量(如叶片、导叶、齿轮啮合频率)的实际频率与转速的关系。振动的幅值可以在第三个坐标中绘制，这样它可以由相应的棒的高度表示。坎贝尔图在识别自激振动时特别有用。

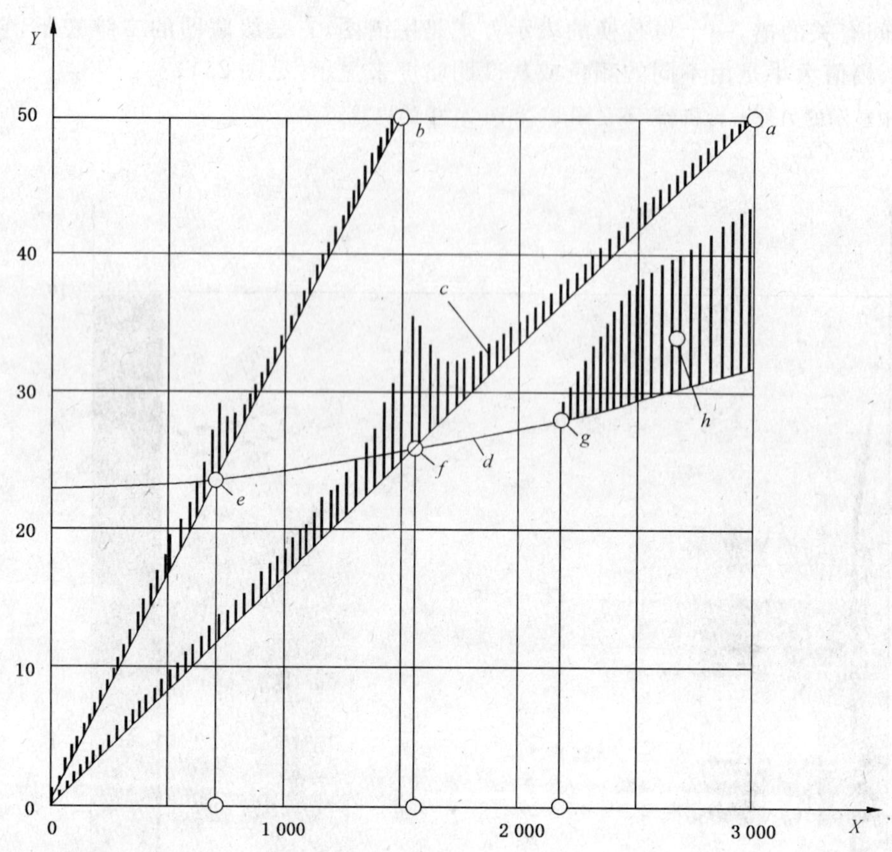

X——转速；

Y——频率，单位为赫兹(Hz)；

a——一阶谐波；

b——二阶谐波；

c——幅值；

d——固有频率；

e——共振转速；

f——共振转速；

g——失稳转速；

h——转子失稳引起的次同步振动。

图 26 坎贝尔图

4.5 实时分析和实时带宽

实时分析是指在测量的同时就显示分析结果的一种分析方法。通常简单地认为，数据在记录时被显示给试验工程师观察。然而，在本节中，相对于数据处理的数据采集时间来说，如果处理数据块比采集它花费更长的时间，就是当数据被采集的过程中，不能处理完所有的数据，这就不是实时分析。先记录数据随后回放数据可能是必要的，为了分析它，有时还要重复地播放。换句话说，采集的数据超过处理数据的数量时，多余的数据会被跳过(即不处理)。

在模拟系统中，一种普通类型的实时分析仪包含一个滤波器阵列，它可以同时显示所有输出。早期的倍频程或1/3倍频程分析仪就是这种类型。

在数字系统中，振动信号被采样以获得逐次的时间记录，每个记录通过处理得到谱或其他特性。在记录开始处理之前，时间记录的采样应该完整。但是，一个记录的采样与前一个记录的处理可以同时做。如果采样的时间比处理的时间长，则所有的信号都被分析了，并且认为分析是实时的。如果处理时间比采样时间长，部分信号将被丢失，则认为分析不是实时的。不同的分析仪处理数据的速度不同，数据被实时处理的最大的频率范围是实时带宽。

对于大多数定转速机器，实时分析不是必需的。但是，对于瞬态事件，包括开机和停机，实时带宽太窄可能会导致丢失相关数据。避免发生此情况的最通用的技术是记录整个事件，并以一个较低的速度回放来分析它。

4.6 阶比跟踪(模拟和数字)

当从机器上获得频率谱时，如果机器转速变化，得到有意义的平均是困难的，因为来自于特定阶次的能量可能反映到一个以上的频率段中，并且如果速度恒定，其能级较低。根据机器的转速，借助外部采样(见4.3.8)控制采样的速率，振动的特定阶次的所有能量将刚好被反映在一个频率段中。用每转一次的信号输入到动态信号分析仪来完成这一过程，称之为阶比跟踪。

阶比跟踪首先应有一个跟踪滤波器用于迭混保护和将转速信号变换为采样频率(关注的最高频率的2.56倍)的比率合成器。与对转速改变率的限制一样，噪声和精度将决定计算的阶比跟踪级数，并将该过程数字化。

计算阶比跟踪时，振动信号和转速信号都将以固定的采样频率数字化。转速信号为每一转建立采样频率，振动信号被插值和重采样在合适的时间间隔为了阶次分析去建立振动信号内插计算并为阶比分析以合适的间隔重采样，对每一转建立步进改变的单独的采样频率，或者通过多项式内插的方法，一个连续变化的采样频率也可以生成。

如4.3.8所示，这个过程比以基于时间的采样有两个额外的好处。每一阶的所有能量都在每个段的窗的中间，排除了由于不在中间引起的误差，这些误差能达到15%。

另一个好处是：有可能得到旋转角度的“时间轴”的平均记录，也有在非稳态的旋转频率的情况下，为仅是转/分(r/min)的阶的振动处理阶比谱。如果使用向量平均，其他频率的振动将对r/min没有一个恒定的相位，并平均为零。阶比谱可以没有任何分量模糊地被平均。

4.7 倍频程和分数倍频程分析

倍频程是另外一个相关的术语，用来表示二倍频率或二等分频率，取决于频率是增加或是减少。如100 Hz上面的一个倍频程是200 Hz，或者，100 Hz下面的一个倍频程是50 Hz。因此，分贝是用于表示幅值比的一个方便的单位，倍频程是表示频率比的一个方便的方式。为了改善分辨率，倍频程用于表示幅值比率可以用对数分成分数倍频程(如三分之一倍频程)。

4.8 倒频谱分析

倒频谱分析技术是在时域中测量振动数据的功率谱取对数后进行逆傅里叶变换得到的。一个倒频谱可以被显示为谱线格式，即幅值在垂直轴上，被称为“倒频率”的伪时间在水平轴上。倒频谱是一个频谱的频谱。基波和它的谐波序列因此被简化为单一的分量。

倒频谱理想地适于包含多个谐波序列的复杂信号的分析，如由齿轮箱或滚动轴承产生的信号。由于具备分离和加强周期函数的能力，所以它们的关系可以被识别出来，这是倒频谱的一个重要的优点。表3中可以看到倒频谱分析进展的一步一步的过程。

表3 倒频谱处理

操作	结果
时间历程测量	数字化信号 $x(t)$ 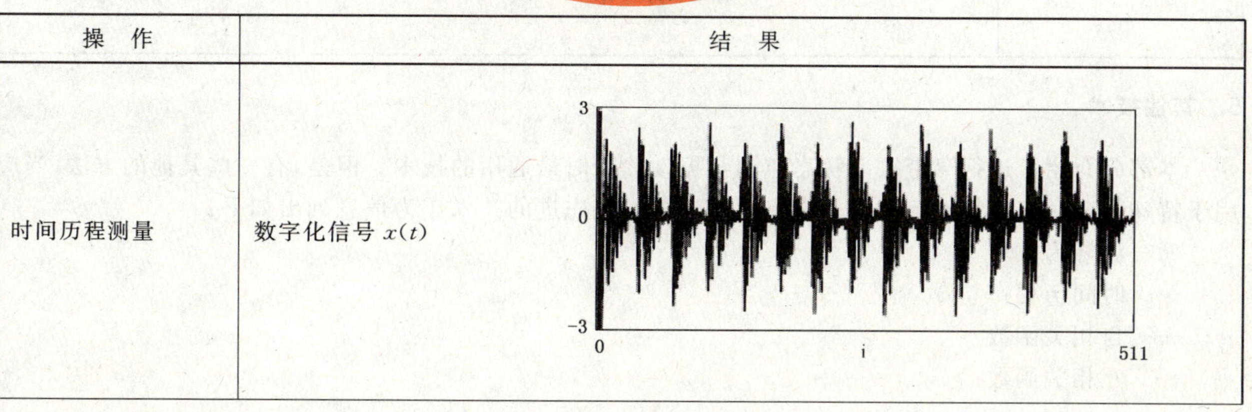

表 3（续）

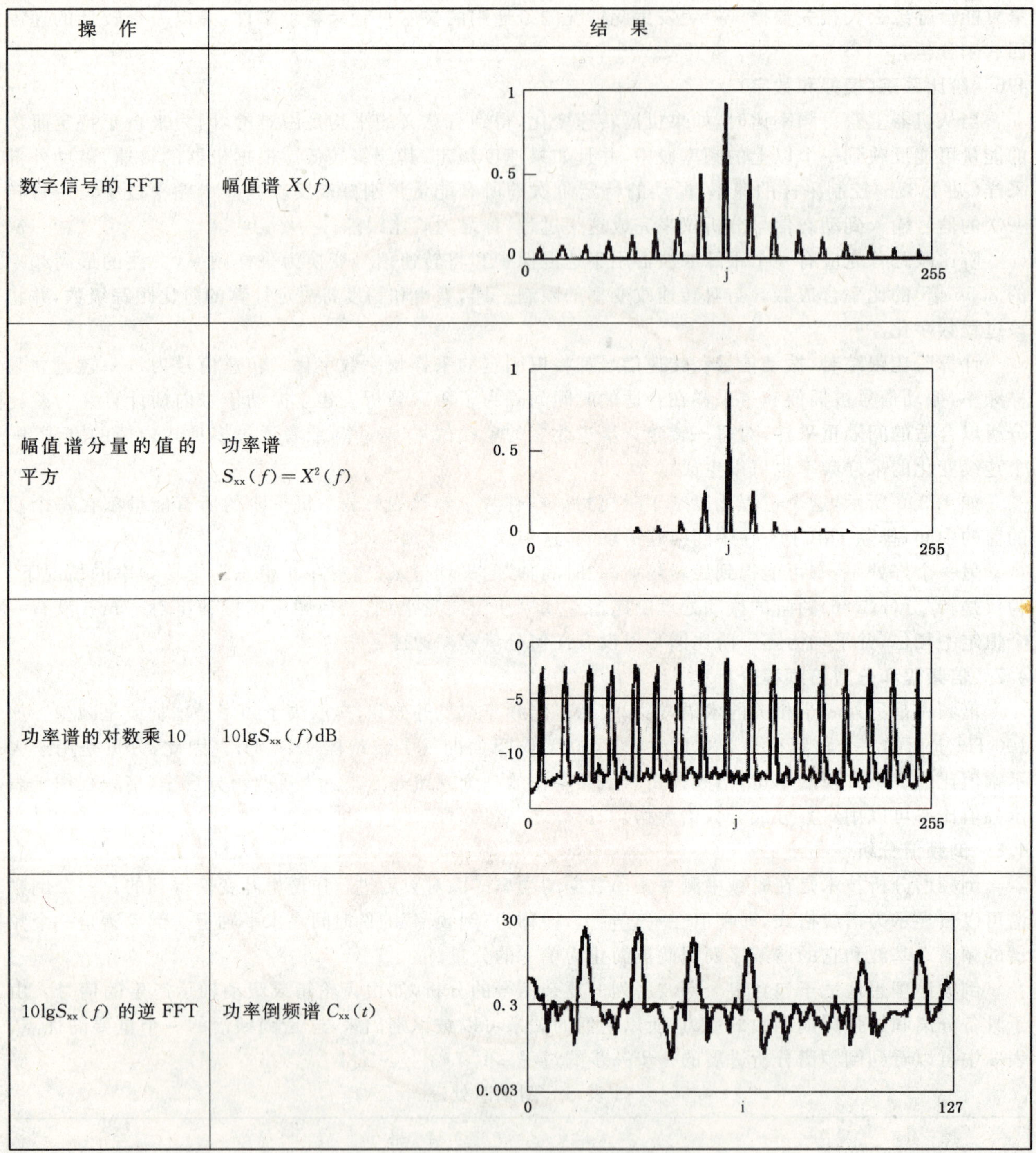

操 作	结 果	
数字信号的 FFT	幅值谱 $X(f)$	
幅值谱分量的值的平方	功率谱 $S_{xx}(f)=X^2(f)$	
功率谱的对数乘 10	$10\lg S_{xx}(f)$ dB	
$10\lg S_{xx}(f)$ 的逆 FFT	功率倒频谱 $C_{xx}(t)$	

5 其他技术

本部分介绍了进行窄带振动状态监测与振动诊断时最通用的技术。但是，有一些其他的方法，当应用于特殊情况时解决特殊问题也非常有用。这样一些先进的技术作为信息列出如下：

——波峰因数；

——时间历程；

——自相关函数；

——互相关函数；

——峭度；
——复合谱或全谱；
——逆傅里叶变换；
——高频检测；
——强度法；
——多趋势分析(r.m.s.值，频率分量、小时、日程历时间、高转速)；
——峰视图分析；
——冲击脉冲测量；
——小波；
——向量分析；
——尖峰能量。

参 考 文 献

[1] ISO 2041 Vibration and shock—Vocabulary(GB/T 2298,MOD).

[2] ISO 2954 Mechanical vibration of rotating and reciprocating machinery—Requirements for instruments for measuring vibration severity(GB/T 13824, MOD).

[3] ISO 5348 Mechanical vibration and shock—Mechanical mounting of accelerometers (GB/T 14412, IDT).

[4] ISO 7919(all parts) Mechanical vibration—Evaluation of machine vibration by measurements on rotating shafts(GB/T 11348,MOD).

[5] ISO 10816(all parts) Mechanical vibration—Evaluation of machine vibration by measurements on non-rotating parts(GB/T 6075,IDT).

[6] ISO 10817-1 Rotating shaft vibration measuring systems—Part1:Relative and absolute sensing of radial vibration(GB/T 21487.1,IDT).

[7] ISO 13372 Condition monitoring and diagnostics of machines—Vocabulary(GB/T 20921, IDT).

[8] ISO 13373-1 Condition monitoring and diagnostics of machines—Vibration condition monitoring—Part 1:General Procedures(GB/T 19873.1,IDT),

[9] ISO 16063.21 Methods for the calibration of vibration and shock transducers—Part 21:vibration calibration by comparison to a reference transducer(GB/T 20485.21,IDT).

[10] ISO 18431(all parts) Mechanical vibration and shock-signal processing.

[11] VDI 3839 Blatt 1, Hinweise zur Messung und Interpretation der Schwingungen von Maschinen—Allgemeine Grundlagen(Instructions on measuring and interpreting the vibrations of machine—General principles)(Bilingual edition).

[12] VDI 3841,Schwingungsüberberwachung von Maschinen—Erforderliche Messungen(Vibration monitoring of machinery—Necessary measurements)(Bilingual edition).

[13] MITCHELL,J. S. An introduction to machinery analysis and monitoring. Pennwell Publishing,1993.

ICS 59.080.01
W 04

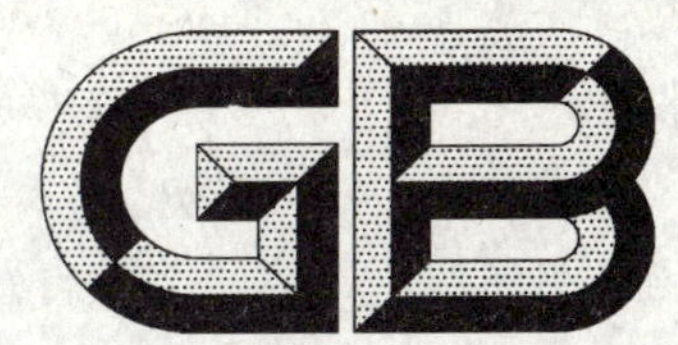

中华人民共和国国家标准

GB/T 19981.3—2009/ISO 3175-3:2003

纺织品 织物和服装的专业维护、干洗和湿洗 第3部分:使用烃类溶剂干洗和整烫时性能试验的程序

Textiles—Professional care, drycleaning and wetcleaning of fabrics and garments—Part 3: Procedure for testing performance when cleaning and finishing using hydrocarbon solvent

(ISO 3175-3:2003, IDT)

9 发布　　2010-01-01 实施

中华人民共和国国家质量监督检验检疫总局
中国国家标准化管理委员会　发布

前　言

GB/T 19981《纺织品　织物和服装的专业维护、干洗和湿洗》分为四个部分：

——第1部分：干洗和整烫后性能的评价；

——第2部分：使用四氯乙烯干洗和整烫时性能试验的程序；

——第3部分：使用烃类溶剂干洗和整烫时性能试验的程序；

——第4部分：使用模拟湿清洗和整烫时性能试验的程序。

本部分为GB/T 19981的第3部分。

本部分等同采用ISO 3175-3:2003《纺织品　织物和服装的专业维护、干洗和湿洗　第3部分：使用烃类溶剂干洗和整烫时性能试验的程序》(英文版)。

本部分与ISO 3175-3:2003相比，存在如下编辑性修改：

——在规范性引用文件中用国家标准替代了相应的ISO标准，其技术内容与ISO标准相同；

——删除了ISO标准的前言和参考文献。

本部分由中国纺织工业协会提出。

本部分由全国纺织品标准化技术委员会基础标准分会归口。

本部分由广州市纤维产品检测院、纺织工业标准化研究所负责起草。

本部分主要起草人：吴淑焕、潘海燕、冯文。

引　言

干洗是一种在有机溶剂中进行清洗的过程，它可以溶解油、脂和分散性粒子状污垢，而基本上不会产生水洗或湿清洗中的溶胀和起皱。为更好地去除尘土和污渍，可在溶剂中加入少量的水作为表面活性剂。对于某些对水敏感的制品，宜直接使用溶剂干洗而不宜使用兑水溶剂。实际中经常使用表面活性剂帮助去除污渍和防止颜色变化，但需注意表面活性剂配方中或多或少都含有水分。

正常情况下，干洗后要进行恢复性整烫。大部分情况下，这些整烫是某种形式的蒸汽整烫和(或)热压整烫。

许多纺织品和服装的性能会因进行干洗、蒸汽和(或)热压等蒸烫而发生渐进性的改变。某种情况下，重复干洗会引起制品尺寸和其他变化，并会影响其使用寿命。通常，一次干洗和整烫引起的变化量可能非常有限，但经过 3 次～5 次 GB/T 19981 有关部分规定的干洗和整烫后，大部分潜在的变化将会显现出来。

在评价可干洗时应考虑的性能及评价方法见 GB/T 19981.1《纺织品　织物和服装的专业维护、干洗和湿洗　第 1 部分：干洗和整烫后性能的评价》。

纺织品　织物和服装的专业维护、干洗和湿洗　第3部分:使用烃类溶剂干洗和整烫时性能试验的程序

1　范围

GB/T 19981 的本部分规定了使用商用干洗机和烃类溶剂对织物和服装进行干洗的程序。它包括普通材料的干洗程序和敏感材料的干洗程序(见 3.3 和 3.4)。

使用商用干洗设备时,应遵守国家的法规和常用安全规则。

2　规范性引用文件

下列文件中的条款通过 GB/T 19981 的本部分的引用而成为本部分的条款。凡是注日期的引用文件,其随后所有的修改单(不包括勘误的内容)或修订版均不适用于本部分,然而,鼓励根据本部分达成协议的各方研究是否可使用这些文件的最新版本。凡是不注日期的引用文件,其最新版本适用于本部分。

GB/T 6529　纺织品　调湿和试验用标准大气(GB/T 6529—2008,ISO 139:2005,MOD)

GB/T 8685　纺织品　维护标签规范　符号法(GB/T 8685—2008,ISO 3758:2005,MOD)

GB/T 19981.1　纺织品　织物和服装的专业维护、干洗和湿洗　第1部分:干洗和整烫后性能的评价(GB/T 19981.1—2005,ISO 3175-1:1998,MOD)

3　术语和定义

下列术语和定义适用于 GB/T 19981 的本部分。

3.1

材料　materials

织物、服装或组件。

3.2

组合试样　composite test specimen

由被整烫制品中的所有组件,以一种具有代表性的方式组合而成的试样。

3.3

普通材料　normal materials

能承受 GB/T 19981 的本部分所规定的常规干洗而不改变性能的材料。

3.4

敏感材料　sensitive materials

需要对机械作用、烘干温度和(或)加水等因素进行限制的材料。

例如:聚丙烯腈、丝绸、绉布、含氯纤维、改性腈纶、粗花呢和安哥拉山羊毛。

注:仔细考虑引言中关于干洗渐进变化的说明,对于表1中普通材料和敏感材料的干洗程序中具有满意表现的纺织制品,可以按照 GB/T 8685 的规定,分别使用符号Ⓕ和Ⓕ进行标志。

4　原理

按照本部分所规定的干洗和整烫程序之一将试样置于商用干洗机中进行干洗和整烫,然后按照

GB/T 19981.1 的规定进行评定。

5 试剂

5.1 烃类干洗剂

用于干洗的烃类溶剂是脂肪族化合物(C_nH_{2n+2};n=10～12)或同分异构和环状脂肪族化合物,闪点≥38 ℃,沸点范围 150 ℃至 210 ℃。

5.2 清洁剂

椰油酰二乙醇胺(cocofattyaciddiethanolamide)。

注:为了防止发泡,必须使用经重蒸馏、清洁的溶剂。

6 仪器和材料

6.1 干洗机,使用烃类化合物为溶剂的可逆转、滚筒型、全封闭商用干洗机。滚筒直径最小 600 mm,最大 1 080 mm。深度最小 300 mm,装有 3 个～4 个提升片。回转速度在干洗时应使 g 系数在 0.5 至 0.8 之间,脱液时 g 系数在 100～300。

g 系数按照式(1)计算:

$$g = 5.6n^2 d \times 10^{-7} \qquad \cdots\cdots (1)$$

式中:

n——旋转频率,单位为转每分(r/min);

d——滚筒直径,单位为毫米(mm)。

干洗机应具有按需控制溶剂温度和空气温度的装置(见表 1)。

表 1 干洗程序

程序	载荷量[a]/(kg/m³)	溶剂温度/℃	清洁剂量[b,c]/(g/L)	加水量[c]/%	干洗周期时间/min				烘干温度[d]/℃		冷却时间/min
					洗涤[e]	中间脱液[f]	冲洗[g]	最后脱液[g]	进[h]	出	
普通材料	50±2	30±3	1(+2)[c]	2	15	2	5	5	80±3	60±3	5
敏感材料	33±2	30±3	1	0	10	2	3	5	60±3	50±3	5

[a] 见 9.1.1。
[b] 见 9.1.2。
[c] 见 9.1.3。
[d] 在仪器上设定进风口或出风口温度。
[e] 见 9.1.4。
[f] 见 9.1.5。
[g] 见 9.1.6。
[h] 真空干燥,允许温度为 90 ℃。

干洗机应具有能将乳液(见 9.1.3)缓慢加注至溶剂里和避免直接接触到试样的装置。

干洗机应具有能够测定干洗时溶剂温度,烘干时进口、出口空气温度的装置,测量精度为±2 ℃。

6.2 对试样进行适当整烫的设备,包括:

6.2.1 熨斗,质量约为 1.5 kg,具有一个 150 cm²～200 cm² 的平面。

6.2.2 蒸汽压烫机,有两个烫板,一个固定,另一个可移动,每个烫板应有一个约 3 500 cm² 的表面。导入烫板的蒸汽应在约 500 kPa 的压力下释放。由烫板施加的压力约为 350 kPa。

6.2.3 蒸汽烫台,形状和大小适合于试样大小。蒸汽以大约 500 kPa 的压力释放。

6.2.4 蒸汽烫模(人体烫模),形状与服装相同或不同。蒸汽以大约 500 kPa 的压力释放。

6.2.5 蒸汽整烫柜,形状与服装相适合。蒸汽以大约 500 kPa 的压力释放。

6.3 陪洗物,若干块白色或浅色的清洁布片。以质量计,约 80%为(230±10)g/m² 的羊毛布片,20%为(180±10)g/m² 的棉布片。每块布片为两层,沿布边缝合,布片形状为(300±30)mm 的正方形。

注:如果经双方同意用其他的陪洗物,需在试验报告中注明。

7 调湿

试样和陪洗物应在 GB/T 6529 规定的一种纺织品调湿和试验用标准大气中至少调湿 16 h。试样从调湿大气中取出后应立即进行试验,否则应将其放入密封塑料袋中并在 30 min 内试验。

8 试样

8.1 服装应以原件进行试验。

8.2 组合试样(见 3.2)。

8.3 织物应先裁成试验片,尺寸不宜小于 500 mm×500 mm。沿四边用涤纶线缝合,以避免脱散。

8.4 如果要求按照 GB/T 19981.1 进行比较评价,至少需要两个相同的试样(一个用于比较,另一个用于试验)。

注:因为可任选具有不同敏感性的处理程序,试验可能会有反复,建议准备足量的试样,以备全部试验的需要。

9 程序

注:根据纺织制品的性能(见 9.3 的示例)选择试验程序(普通或敏感)。同时也要考虑制品的最终用途,因为最终用途影响沾污的类型和程度。一般来说,处理越温和,清洗效果越差。局部沾污和污渍的去除不在本部分的范围内。

9.1 普通材料的干洗程序

9.1.1 根据滚筒容积计算干洗载荷的全部质量,精确至±0.1%。对于普通材料,载荷量为(50±2)kg/m³,对于敏感材料,为(33±2)kg/m³。除非单个试样(织物、组合试样或服装)的质量超过了载荷的 10%,否则试样质量不得超过载荷的 10%。使用陪洗物补齐载荷量。

9.1.2 将调湿后的载荷放入干洗机内,向机内注入重蒸馏烃类干洗剂(含 1 g/L 清洁剂,见表 1),按浴比为(5.0±0.5)L/kg 计算笼内乳液容积。保持干洗过程中干洗剂的温度为(30±3)℃。

9.1.3 配制新乳液,按每千克载荷 10 mL 清洁剂(对于普通材料使得清洁剂的浓度为 3 g/L)和 30 mL 烃类溶剂,将两种溶剂混合,然后边搅拌边加入 20 mL 水。加水量相当于载荷质量的 2%。

在过滤回路关闭的状态下将干洗机接通电源,在滚筒进口关闭 2 min 后,缓缓地将乳液注入至干洗机内,加注时间为(30±5)s。

9.1.4 开动机器,干洗 15 min,试验期间不得使用过滤回路。

9.1.5 排空溶剂,离心脱去载荷内的溶剂,时间为 2 min(包括至少 1 min 的满速脱液)。

9.1.6 注入与 9.1.2 等量的纯净干洗剂,冲洗 5 min。排出溶剂,再次脱液 5 min(包括至少 3 min 的满速脱液)。

9.1.7 用机器烘干负载物,选用的烘干时间应恰当,宜使用溶剂干燥自动控制。滚筒进口温度不能超过 80 ℃,出口温度不能超过 60 ℃,如果进行真空干燥则进口温度可允许达到 90 ℃。干燥过程结束后,关闭加热装置,减低风速,负载物反向在筒内旋转至少 5 min,冷却至环境温度。

9.1.8 从干洗机中立即取出试样,服装单独挂在晾衣架上,纺织品放在平台上,在进行整烫前,至少放置 30 min。

9.1.9 从下述方法中选择合适的方法进行整烫,记录整烫条件。

方法 A:不需要整烫。

方法 B:使用熨斗。

方法 C:使用蒸汽压烫。

方法 D:蒸汽烫台上喷蒸汽。

方法 E:蒸汽烫模或柜式整体蒸烫。

方法 F:没有合适的整烫方法,报告尝试的方法、条件及不适合的原因。

记录扣除了蒸汽开关、计时装置反应延迟后的实际喷蒸汽时间。

注:干洗后整烫的目的是使织物/服装恢复到使用前的状态,整烫程度和整烫形式应与它们的性质和恢复要求相适应。方法 C 和方法 D 的喷蒸汽、抽真空时间是不同的。如对轻薄服装喷蒸汽(2±1)s、抽真空(5±1)s,对厚重服装喷蒸汽(4±1)s、抽真空(8±1)s。方法 C 从顶部喷蒸汽时才与实际压烫相符。达到良好的整烫效果可能需要将方法 E 与方法 B 或方法 C 联用。

9.2 敏感材料的干洗程序

按 9.1 规定的方法进行,但选用的参数应比表 1 中普通材料的水平低。如果进行真空干燥,则滚筒进口温度不超过 90 ℃,出口温度不超过 50 ℃。

9.3 示例

——腈纶制品对温度敏感,其烘干温度、入口温度应降至 60 ℃,出口温度降至 50 ℃。其余参数与普通材料相同。

——山羊绒制品对机械作用和水添加剂非常敏感,因此,干洗机加载量应降低至普通材料的 66%,不使用水添加剂,洗涤时间降至 10 min,冲洗时间降至 3 min,也可装在网袋中干洗。其余参数与普通材料相同。

——氯纶织物对在溶剂中的时间和干燥温度非常敏感。可以使用普通材料 66% 的干洗载荷,洗涤时间降至 10 min,冲洗时间降至 3 min,干热空气入口温度降至 60 ℃,出口温度降至 50 ℃。其余参数与普通材料相同。

10 试验报告

试验报告应包括以下内容:

a) 检验机构名称和报告标志;

b) 试验日期;

c) 样品描述;

d) 与 GB/T 19981.1 所用试样的试验报告之间相互引用的内容;

e) 采用 GB/T 19981 的本部分的编号;

f) 所用干洗和整烫设备的类型;

g) 使用了表 1 中哪种干洗程序;

h) 与第 9 章规定程序的差异;

i) 干洗和整烫处理的总次数;

j) 偏离干洗程序的任何细节。

ICS 59.080.01
W 04

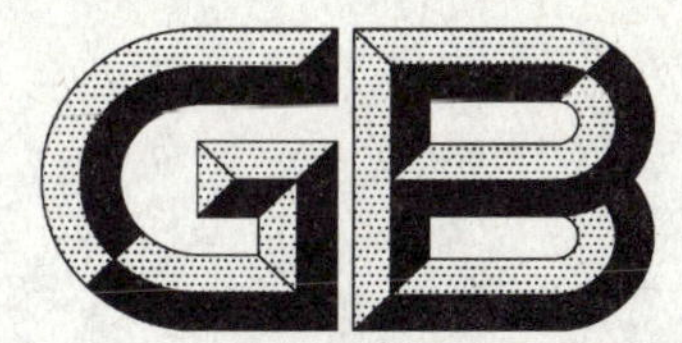

中华人民共和国国家标准

GB/T 19981.4—2009/ISO 3175-4:2003

纺织品　织物和服装的专业维护、干洗和湿洗　第4部分:使用模拟湿清洗和整烫时性能试验的程序

Textiles—Professional care, drycleaning and wetcleaning of fabrics and garments—Part 4: Procedure for testing performance when cleaning and finishing using simulated wetcleaning

(ISO 3175-4:2003,IDT)

2009-03-19 发布　　　　2010-01-01 实施

中华人民共和国国家质量监督检验检疫总局
中国国家标准化管理委员会　发布

前言

GB/T 19981《纺织品　织物和服装的专业维护、干洗和湿洗》分为以下四个部分：

——第1部分：干洗和整烫后性能的评价；

——第2部分：使用四氯乙烯干洗和整烫时性能试验的程序；

——第3部分：使用烃类溶剂干洗和整烫时性能试验的程序；

——第4部分：使用模拟湿清洗和整烫时性能试验的程序。

本部分为GB/T 19981的第4部分。

本部分等同采用ISO 3175-4：2003《纺织品　织物和服装的专业维护、干洗和湿洗　第4部分：使用模拟湿清洗和整烫时性能试验的程序》(英文版)。

本部分与ISO 3175-4：2003相比，存在如下编辑性修改：

——在规范性引用文件中用国家标准替代了相应的ISO标准；

——删除了ISO标准的前言和参考文献。

本部分的附录A、附录B为规范性附录。

本部分由中国纺织工业协会提出。

本部分由全国纺织品标准化技术委员会基础标准分会归口。

本部分由广州市纤维产品检测院、纺织工业标准化研究所负责起草。

本部分主要起草人：冯文、饶剑辉、汪正月。

引　言

专业湿清洗是一种由专业人员使用特殊工艺(清洁、漂洗和转干)、清洁剂和添加剂在水中对纺织品进行清洗的过程,这种湿清洗工艺可以减少对纺织品的任何不利影响,随后要进行干燥和恢复性整烫,大多数情况下用蒸汽整烫和(或)热压整烫。

专业湿清洗过程没有水洗那样剧烈的机械运动。

许多纺织品和服装的性能会因专业湿清洗、蒸汽和(或)热压整烫而发生渐进性的改变。某种情况下,重复湿清洗会引起制品尺寸变化和其他变化,并会影响其使用寿命。通常,一次湿清洗和整烫引起的变化量可能非常有限,但经过3次～5次GB/T 19981有关部分规定的专业湿清洗和整烫后,大部分潜在的变化将会显现出来。

GB/T 19981.1给出了专业湿清洗评价应该考虑的性能和方法。对以下方面应该特别注意:损伤、表面外观、表面手感、整体外形以及领子的形状等。

纺织品　织物和服装的专业维护、干洗和湿洗　第4部分：使用模拟湿清洗和整烫时性能试验的程序

1　范围

GB/T 19981 的本部分规定了采用特定洗衣机(见附录 A)对织物和服装进行模拟湿清洗的程序。包括普通材料的湿清洗程序、敏感材料和特敏材料的湿清洗程序(见 3.3,3.4 和 3.5)。

2　规范性引用文件

下列文件中的条款通过 GB/T 19981 的本部分的引用而成为本部分的条款。凡是注日期的引用文件,其随后所有的修改单(不包括勘误的内容)或修订版均不适用于本部分,然而,鼓励根据本部分达成协议的各方研究是否可使用这些文件的最新版本。凡是不注日期的引用文件,其最新版本适用于本部分。

GB/T 6529　纺织品　调湿和试验用标准大气(GB/T 6529—2008,ISO 139:2005,MOD)

GB/T 8629—2001　纺织品　试验用家庭洗涤和干燥程序(GB/T 8629—2001, eqv ISO 6330:2000)

GB/T 19981.1　纺织品　织物和服装的专业维护、干洗和湿洗　第 1 部分:干洗和整烫后性能的评价(GB/T 19981.1—2005,ISO 3175-1:1998,MOD)

3　术语和定义

下列术语和定义适用于 GB/T 19981 的本部分。

3.1

材料　materials

织物、服装或组件。

3.2

组合试样　composite test specimen

由被整烫制品中的所有组件,以一种具有代表性的方式组合而成的试样。

3.3

普通材料　normal materials

能承受以下洗涤程序的材料以符号ⓦ标示:

a) GB/T 8629—2001 中规定的 6A 程序,但机械作用减缓、浴比增加(见 9.1);

b) GB/T 8629—2001 中规定的翻滚烘干程序。

由于尺寸、整烫的要求,需要浸渍或其他处理,但通过家用洗衣机不可能获得。

3.4

敏感材料　sensitive materials

能承受 GB/T 19981 的本部分规定的柔和湿清洗程序而不改变性能的材料,以$\underline{\text{ⓦ}}$符号标示。

3.5

特敏材料　very sensitive materials

能承受 GB/T 19981 的本部分规定的柔和湿清洗程序(需对烘干条件进行限制)的材料,以$\underline{\underline{\text{ⓦ}}}$符号

标示。

3.6

普通专业湿清洗程序　normal professional wetcleaning procedure

按照 GB/T 8629—2001 中规定的 6A 程序，在 40 ℃水中进行湿清洗，但减缓机械作用并增加了浴比(见 9.1)，随后翻滚烘干至残留水分率少于 3%。

3.7

柔和专业湿清洗程序　mild professional wetcleaning procedure

使用特定的洗衣机(见表 A.1)和洗涤剂，在 30 ℃水中进行湿清洗，随后用特定的烘干机(见表 A.2)在 60 ℃的温度下翻滚烘干至残留水分率为 15%左右。

3.8

非常柔和专业湿清洗程序　very mild professional wetcleaning procedure

使用特定的洗衣机(见表 A.1)和洗涤剂，在 30 ℃水中进行湿清洗，随后用特定的烘干机(见表 A.2)在不超过 40 ℃的温度下翻滚烘干 2 min，接着进行空气干燥。

注：对引言中关于渐进变化的说明给予仔细考虑之后，按照表 1 中规定的敏感和特敏材料的清洗程序清洗而表现满意的纺织品，可以分别用符号Ⓦ和Ⓦ来标示。

4　原理

按照模拟商业或专业湿清洗、烘干和后处理效果的程序(见附录 B)之一将一件或多件试样放在特定的洗衣机(见附录 A)中进行洗涤和后处理。

5　试剂

5.1　水

硬度为每升少于 0.1 mmol Ca/Mg。

5.2　洗涤剂

应采用在溶液中不分解成离子的 C_{13} 型洗涤剂乙氧基脂肪醇(7EO)。

6　设备仪器与材料

6.1　洗衣机

要模拟专业的湿清洗过程，应采用一台特定的洗衣机(见表 A.1)。

6.2　烘干机

要模拟专业的湿清洗过程，应采用一台商用可逆旋转式翻滚型烘干机，滚筒的体积为 150 L～300 L，电加热，带有进口或出口空气温度控制器，并应以 9.2.7 所述的被润湿的陪洗物填好。负载系数以陪洗物干重为基础，为 1∶50(见表 A.2)。

6.3　后处理设备

6.3.1　熨斗

质量约为 1.5 kg，具有一个 150 cm^2～200 cm^2 的平面。

6.3.2　蒸汽压烫机

有两个烫板，一个固定，另一个可移动，每个烫板应有一个大约 3 500 cm^2 的表面。导入烫板的蒸汽将在大约 500 kPa 的压力下释放。烫板所施加的压力大约为 350 kPa。

6.3.3　蒸汽烫台

具有与试样尺寸相适应的形状与尺寸。蒸汽以大约 500 kPa 的压力释放。

6.3.4　蒸汽整烫柜

形状与服装相适应。蒸汽以大约 500 kPa 的压力释放。

6.3.5 **蒸汽烫模(人体模型)**

形状与服装相同或不同。蒸汽以大约 500 kPa 的压力释放。

6.4 **陪洗物**

若干块白色或浅色的清洁干燥涤棉(50/50)布片,平方米质量为 150 g/m²。每块布片为两层,沿布边缝合,布片形状为(800±20) mm 的正方形。

注:如双方同意用其他的陪洗物,应在试验报告中注明。

7 调湿

试样和陪洗物应在 GB/T 6529 规定的一种纺织品调湿和试验用标准大气中至少调湿 16 h。试样从调湿大气中取出后应立即进行试验,否则应将其放入密封塑料袋中并在 30 min 内试验。

8 试样

8.1 服装应以接受时的状态进行试验。

8.2 组合试样(见 3.2)。

8.3 织物应先裁成试验片,尺寸不宜小于 500 mm×500 mm。沿四边用涤纶线缝合,以避免脱散。

8.4 如果要求按照 GB/T 19981.1 进行比较评价,则至少要有两块同样的试样(一块用于比较,一块用于试验)。

注:因为可任选具有不同敏感性的处理程序,试验可能会有反复,建议准备足量的试样,以备全部试验的需要。

9 程序

注:根据纺织制品的性能选择试验程序(敏感或特敏)。同时也应考虑制品的最终用途,因为最终用途影响沾污的类型和程度。一般来说,处理越温和,清洗效果越差。局部沾污和污渍的去除不在本部分的范围内。

9.1 **用于普通材料和标注ⓦ的程序(普通程序)**

按照 GB/T 8629—2001 中规定的 6A 程序进行清洗,但要增加浴比(1:10)并减缓机械作用(在加热、洗涤和冲洗期间:转 3 s 停 12 s)。使用表 A.2 规定的翻滚型烘干机,按照 GB/T 8629—2001 中规定的程序进行翻滚烘干。

9.2 **用于敏感材料和标注ⓦ的程序(柔和程序)**

9.2.1 在表 1 中给出了正常装载的质量。除非单个试样(织物、复合材料或衣服)的质量超过载荷的 50%,否则试样的质量不得超过载荷的 50%。使用陪洗物补齐载荷量。

9.2.2 依照设备手册对特定的洗涤设备进行准备和编程。

9.2.3 将陪洗物放进洗涤设备中。

9.2.4 在注水过程中,将所有洗涤剂(每次试验加 6.5 g)稀释到 1 L 微温的软水中。(见附录 A)

9.2.5 启动机器,在注水期间将洗涤剂溶液加入到洗涤设备中。试验程序见附录 B 中的说明。

9.2.6 在烘干程序之前,为了使烘干机达到规定的工作温度,可先将烘干机空载运转一个周期。

9.2.7 洗涤程序结束之后,按表 1 中规定的时间和最高温度对试样进行翻滚烘干。翻滚烘干机具有比洗涤设备更大的容积,所以应根据滚筒的容积来决定并补加陪洗物。应在洗涤设备中采用一个 5 min 的洗涤和随后 3 min 低速转干的步骤。将补加陪洗物湿透,然后和试样一起翻滚烘干。

9.2.8 立即将试验样品从烘干机中取出。将服装单独挂在晾衣架上,织物试样和针织品放在一个平台上进一步干燥。

9.2.9 试样干燥之后,以下列适合于试样的方法对试样进行整烫,并记录所采用的整烫条件。

方法 A:不需要整烫。

方法 B:使用熨斗。

方法 C:使用蒸汽压烫。

方法 D:蒸汽烫台上喷蒸汽。

方法 E:蒸汽烫模或柜式整体蒸烫。

方法 F:没有合适的整烫方法,报告尝试的方法、条件及不适合的原因。

记录扣除了蒸汽开关、计时装置反应延迟后的实际喷蒸汽时间。

将蒸汽踏板开关的反应时间和延时时间考虑进去的实际通蒸汽时间记录下来。

9.2.10 重复 9.2.1 至包括 9.2.9 两次以上。

注:在专业湿清洗之后进行整烫的目的是使织物/服装恢复到使用前的状态。整烫的类型和程度应与织物/服装的性质和恢复的要求相适应。用于方法 C 和方法 D 的喷蒸汽/抽真空的时间将会不一样,如对轻薄服装喷蒸汽(2±1)s、抽真空(5±1)s,对厚重服装喷蒸汽(4±1)s、抽真空(8±1)s。方法 C 从顶部喷蒸汽时才与实际压烫相符。达到良好的整烫效果可能需要将方法 E 与方法 B 或方法 C 联用。

9.3 用于特敏材料和标注Ⓦ的程序(非常柔和程序)

按 9.2 中的方法,但要用表 1 中给出的降低了水平的适当参数。

表 1 专业湿清洗程序

程 序	敏感材料[a]	特敏材料[b]
总负载	2.6 kg	2.6 kg
洗涤		
洗涤剂用量(每次试验)	6.5 g	6.5 g
用水量	26 L	26 L
静态注入	是	是
正反转循环	转 3 s,停 30 s	转 3 s,停 30 s
最高温度	30 ℃	30 ℃
在最高温度下的洗涤时间	15 min	15 min
排水	1 min	1 min
脱水		
转速	低	低
持续时间	1 min	1 min
冲洗		
用水量[c]	26 L	26 L
静态注入	是	是
正反转循环	转 3 s,停 30 s	转 3 s,停 30 s
持续时间	5 min	5 min
排水	1 min	1 min
脱水		
转速	低	低
持续	3 min	3 min
烘干循环		
设定温度[d]	60 ℃	40 ℃
烘干时间	6 min	2 min

[a] 柔和,用于标注Ⓦ的物料。

[b] 非常柔和,用于标注Ⓦ(双下划线)的物料。

[c] 包含原来带有的水。

[d] 设定温度=出口空气最高温度。

10 补充的评定

试样进行专业湿清洗后应用 GB/T 19981.1 中规定的方法进行外观性能的评定。对以下几个方面应给予特别的注意：破损、表面外观、表面手感、整体外形、衣领的形状等。

11 试验报告

试验报告应包括下列信息：

a) 检验机构名称和报告标志；

b) 试验日期；

c) 样品描述；

d) 与 GB/T 19981.1 所用试样的试验报告之间相互引用的内容；

e) 采用 GB/T 19981 的本部分的编号；

f) 所用湿清洗和整烫设备的类型；

g) 使用了表 1 中哪种湿清洗程序；

h) 补充的评定；

i) 与第 9 章规定程序和参数的差异；

j) 湿清洗和整烫处理的总次数；

k) 偏离程序的任何细节。

附 录 A
(规范性附录)
洗涤设备和翻滚烘干机技术参数说明

表 A.1 洗涤设备的技术参数

<table>
<tr><td rowspan="5">内滚桶(与外滚桶同心)</td><td colspan="2">直径</td><td>515 mm</td></tr>
<tr><td colspan="2">容积</td><td>65 L 净空</td></tr>
<tr><td>提升片</td><td>数量
高度
顶圆角半径
底宽</td><td>3 个
53 mm
17 mm
65 mm</td></tr>
<tr><td>穿孔</td><td>直径
埋头孔深度
孔的总面积</td><td>5 mm
2.5 mm
520 cm²</td></tr>
<tr><td colspan="2">材料</td><td>18/8 不锈钢</td></tr>
<tr><td>外滚桶</td><td colspan="2">直径
贮水槽
材料</td><td>575 mm
(3 400±100)mL
18/8 不锈钢</td></tr>
<tr><td rowspan="2">滚桶转速</td><td>洗涤</td><td>负载 5 kg 和水 52 L</td><td>(52±1)r/min</td></tr>
<tr><td colspan="2">转速</td><td>(500±20)r/min</td></tr>
<tr><td>正反转循环</td><td colspan="2">转
停</td><td>3 s
30 s</td></tr>
<tr><td>水位</td><td colspan="2">递变
可重现性</td><td>2 mm
±5 mm</td></tr>
<tr><td rowspan="3">温度自动调节器</td><td colspan="2">连续可调</td><td>根据洗涤程序独立设置</td></tr>
<tr><td colspan="2">温控精度</td><td>±1 ℃</td></tr>
<tr><td colspan="2">自动通电响应</td><td>≤±4 ℃</td></tr>
<tr><td colspan="3">排水</td><td>排水阀</td></tr>
<tr><td colspan="3">水位控制精度</td><td>设定水位±5 mm(±1 L)</td></tr>
<tr><td colspan="3">输入到加热器的功率</td><td>5.4 kW,相对误差±2%</td></tr>
<tr><td colspan="3">进水口</td><td>冷</td></tr>
<tr><td colspan="4">注:Wascator 的 FOM 71 MP/Lab 洗衣机可达到上述标准的要求,可以从瑞典 Ljungby 的 Electrolux-Wascato AB 公司购得。其他类似设备可以用上面所说的设备进行相关验证试验之后使用。</td></tr>
</table>

表 A.2 翻滚烘干机的技术参数

负载能力(烘干)/装载率	3 kg~6 kg/1∶50
容积	150 L~300 L
可逆旋转滚筒	是
加热方式	电加热
加热器额定功率	8 kW(150 L 烘干机)~20 kW(300 L 烘干机)

附 录 B
（规范性附录）
FOM 71 MP/Lab 的湿清洗程序说明

表 B.1 专业湿清洗程序的洗涤程序设计:敏感材料和特敏材料

缓和作用的时间 开动:3 s
缓和作用的时间 停止:30 s

步骤	注水期间	加热期间	洗涤期间	水位[a]	水	滞后性[b]	温度	时间	其他
主洗涤 1	无动作	柔和动作	无动作	70 单位	冷	31	20 ℃	30 s	洗涤剂 2
主洗涤 2	无动作	无动作	无动作	70 单位	冷	31	30 ℃	30 s	—
主洗涤 3	无动作	无动作	柔和动作	70 单位	冷	31	30 ℃	15 min	—
排水 1	—	—	—	—	—	—	—	1 min	柔和动作
脱水 1	—	—	—	—	—	—	—	1 min	低速
冲洗 1	无动作	无动作	柔和动作	75 单位	冷	31	—	5 min	—
排水 2	—	—	—	—	—	—	—	1 min	柔和动作
脱水 2	—	—	—	—	—	—	—	3 min	低速

[a] 要经常检查水位是否符合 26 L。如果不符，就要对洗涤设备进行校准或将水位调整到 26 L。

[b] 数值 31 表示在这一步骤之内不再注入水。

ICS 01.120
A 00

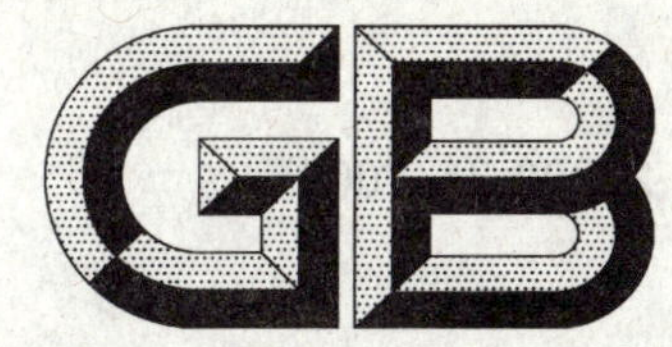

中华人民共和国国家标准

GB/T 20000.2—2009
代替 GB/T 20000.2—2001

标准化工作指南
第2部分:采用国际标准

Guidelines for standardization—
Part 2:Adoption of international standards

(ISO/IEC Guide 21-1:2005,Regional or national adoption of International Standards and other International Deliverables—Part 1:Adoption of International Standards,MOD)

2009-06-17 发布　　　　2010-01-01 实施

中华人民共和国国家质量监督检验检疫总局
中国国家标准化管理委员会　发布

前　言

GB/T 20000《标准化工作指南》与 GB/T 1《标准化工作导则》、GB/T 20001《标准编写规则》和 GB/T 20002《标准中特定内容的起草》共同构成支撑标准制修订工作的基础性系列国家标准。

GB/T 20000《标准化工作指南》分为以下几部分：

——第 1 部分：标准化和相关活动的通用词汇；

——第 2 部分：采用国际标准；

——第 3 部分：引用文件；

——第 4 部分：标准中涉及安全的内容；

——第 5 部分：产品标准中涉及环境的内容；

——第 6 部分：标准化良好规范；

——第 7 部分：管理体系标准的论证和制定。

本部分为 GB/T 20000 的第 2 部分。

本部分按照 GB/T 1.1—2009 给出的规则起草。

本部分代替 GB/T 20000.2—2001《标准化工作指南　第 2 部分：采用国际标准的规则》，与 GB/T 20000.2—2001 相比，主要技术变化如下：

——删除了采用国际标准之外其他类型国际规范性文件的适用范围；删除了采用区域和其他国家标准的适用范围；增加了本部分第 7 章内容不适用于采用 ISO 公布的其他国际标准化机构发布的标准的规定（见第 1 章，2001 年版的第 1 章）；

——增加了“国际标准”的术语和定义（见 3.1）；

——修改了术语“采用”的定义（见 3.2，2001 年版的 3.1）；

——删除了“等同”可选条件的第一个条件[见 2001 年版的 4.2a)]；

——增加了采用国际标准时需关注 ISO、IEC 以及 ISO 公布的其他国际标准化机构的有关版权政策文件的规定（见 5.1.1）；

——增加了将国际文件采用为我国同类型文件的规定（见 5.1.2）；

——修改了与国际标准有一致性对应关系的国家标准的编写方法（见 5.1.4，2001 年版的 5.1.2）；

——修改了前言中应陈述的内容（见 5.1.4，2001 年版的 5.1.3）；

——删除了关于多语种出版国家标准以中文文本为准的规定（见 2001 年版的 5.2.4）；

——增加了结构有较多调整时宜编排附录的规定（见 6.1.2）；

——增加了在标准前言中简化陈述编辑性修改的规定（见 6.1.3）；

——增加了等同采用时，对于国际标准不注日期规范性引用的国际文件，在国家标准中应全部规范性引用的规定（见 6.2.1）；

——增加了对于保留引用的国际文件的标识规定（见 6.2.1 至 6.2.3）；

——删除了关于引用即将出版的国际标准的规定（见 2001 年版的 6.2.4）；

——增加了将国际标准的参考文献替换为我国文件的规定（见 6.2.4）；

——修改了在标准中标示一致性程度的规定内容的顺序和示例（见 8.3，2001 年版的 8.3）；

——增加了关于国际标准条款中助动词的翻译规定（见附录 E）。

本部分使用重新起草法修改采用 ISO/IEC 指南 21-1：2005《区域标准或国家标准采用国际标准和其他类型国际文件　第 1 部分：采用国际标准》。

本部分与 ISO/IEC 指南 21-1：2005 相比在结构上有较多调整，附录 A 中列出了本部分与 ISO/IEC

指南 21-1:2005 的章条编号对照一览表。

本部分与 ISO/IEC 指南 21-1:2005 相比存在技术性差异，这些差异涉及的条款已通过在其外侧页边空白位置的垂直单线(|)进行了标示，附录 B 中给出了相应技术性差异及其原因的一览表。

本部分还做了下列编辑性修改：

——在本部分的附录 C 中，删除 ISO/IEC 指南 21-1:2005 的资料性附录 A 中的 A.2.5 关于修改表述的综合示例；

——在本部分的附录 D 中，修改 ISO/IEC 指南 21-1:2005 的资料性附录 D“区域或国家标准介绍性内容的示例”，用更具体的示例代替；

——在本部分的附录 D 中，删除 ISO/IEC 指南 21-1:2005 的资料性附录 D“区域或国家标准介绍性内容的示例”中使用翻译法修改采用国家标准的区域或国家标准的前言示例；

——在本部分的附录 F 中，按本部分 5.4 的规定，简化 ISO/IEC 指南 21-1:2005 资料性附录 B 的表格；

——增加了资料性附录 G，提供了用附录形式编排结构变化对照一览表和技术性差异及原因一览表的示例；

——删除 ISO/IEC 指南 21-1:2005 的资料性附录 C“采用国际标准通告的示例”；

——删除 ISO/IEC 指南 21-1:2005 的资料性附录 E“等同采用国际标准的国家标准注日期编号方法的示例”。

本部分由全国标准化原理与方法标准化技术委员会(SAC/TC 286)归口。

本部分起草单位：中国标准化研究院、机械科学研究总院、中国标准出版社、冶金工业信息标准研究院、中国电子技术标准化研究所。

本部分主要起草人：逄征虎、白殿一、强毅、白德美、魏绵、刘慎斋、陆锡林、赵文慧。

本部分于 2001 年 4 月首次发布，本次为第一次修订。

引　言

GB/T 20000 的本部分规定的国家标准采用国际标准的方法以及国家标准与国际标准之间一致性程度的分类体系，将促进我国采用国际标准的规范化。采用国际标准以外的其他类型文件[例如 ISO 或 IEC 发布的技术规范(TS)、可公开获得的规范(PAS)、技术报告(TR)、指南(Guide)、技术趋势评定(TTA)、工业技术协议(ITA)、国际专题研讨会协议(IWA)]的方法由 GB/T 20000 的另一个部分规定。

国际标准通常是全球工业界、研究人员、消费者和法规制定部门经验的结晶，包含了各国的共同需要，因此采用国际标准是消除技术性贸易壁垒的重要基础之一。这一点已在世界贸易组织的"技术性贸易壁垒协议"(WTO/TBT 协议)中被明确认可。为了发展对外贸易，尽量采用和使用国际标准十分重要。

为了对国家标准与相应的国际标准进行比较，迅速了解它们之间的关系，标示它们之间的一致性程度十分重要。由于采用国际标准时情况各异，过分详细地划分一致性程度是不合理的，把一致性程度划分为三类(见 4.2～4.4)已足够使用。

等同采用国际标准可保证国家标准制定的透明度，这是促进国际贸易的基本条件。因为即使不同国家标准机构在采用同一国际标准时各自仅做了一些在他们看来是很小的修改，这些修改也可能会叠加在一起导致不同国家标准相互不被接受，而等同采用国际标准则可以避免这些问题。即使出于气候、地理或基本技术原因而不能等同采用国际标准时，也宜尽一切努力把国家标准与相应国际标准的差异减到最小。当国家标准与国际标准之间存在差异时，在国家标准上清楚地标示这些差异并说明产生这些差异的原因十分重要。如果不标示这些差异，那么由于国家标准与相应国际标准的表述不同或结构不同，则很难识别出技术性差异。此外，对差异的标示能随时提醒起草者考虑这些差异是否还有存在的必要；而不标示的差异，即使随后已没有存在的必要了，也可能因被忽视而仍保留在标准中。

标准化工作指南
第2部分:采用国际标准

1 范围

GB/T 20000 的本部分规定了:

——国家标准与相应国际标准一致性程度的判定方法;

——采用国际标准的方法;

——识别和表述技术性差异和编辑性修改的方法;

——等同采用 ISO 标准和 IEC 标准的国家标准编号方法;

——国家标准与相应国际标准一致性程度的标示方法。

本部分适用于国家标准采用国际标准,也可供其他标准采用国际标准时参考。

本部分第 7 章规定的等同采用 ISO 标准和(或)IEC 标准的国家标准的编号方法不适用于采用 ISO 公布的其他国际标准化机构发布的标准。

2 规范性引用文件

下列文件对于本文件的应用是必不可少的。凡是注日期的引用文件,仅注日期的版本适用于本文件。凡是不注日期的引用文件,其最新版本(包括所有的修改单)适用于本文件。

GB/T 1.1 标准化工作导则 第 1 部分:标准的结构和编写(GB/T 1.1—2009,ISO/IEC Directives—Part 2:2004,NEQ)

GB/T 20000.1 标准化工作指南 第 1 部分:标准化和相关活动的通用词汇(GB/T 20000.1—2002,ISO/IEC Guide 2:1996,MOD)

3 术语和定义

GB/T 20000.1 中界定的以及下列术语和定义适用于本文件。

3.1

国际标准 international standard

国际标准化组织(ISO)、国际电工委员会(IEC)和国际电信联盟(ITU)以及 ISO 确认并公布的其他国际组织制定的标准。

注 1:改写 GB/T 20000.1—2002,定义 2.3.2.1.1。

注 2:ISO 公布的国际标准化机构的名单可在 http://www.wssn.net/WSSN/index.html 查到。

注 3:在 ISO 和(或)IEC 的文件中提及其自身发布的标准用英文"International Standard"表示。

3.2

采用 adoption

〈国家标准对国际标准〉以相应国际标准为基础编制,并标明了与其之间差异的国家规范性文件的发布。

注:改写 GB/T 20000.1—2002,定义 2.10.1。

3.3

编辑性修改 editorial change

〈国家标准对国际标准〉在不变更标准技术内容条件下允许的修改。

3.4

技术性差异 technical deviation

〈国家标准与国际标准〉国家标准与相应国际标准在技术内容上的不同。

3.5

结构 structure

〈标准的〉章、条、段、表、图和附录的排列顺序。

3.6

反之亦然原则 vice versa principle

国际标准可以接受的内容在国家标准中也是可以接受的，反之，国家标准可以接受的内容在国际标准中也是可以接受的原则。因此，符合国家标准就意味着符合国际标准。

4 一致性程度

4.1 总则

国家标准与相应的国际标准的一致性程度分为：等同（见4.2）、修改（见4.3）和非等效（见4.4）。

4.2 等同

国家标准与相应国际标准的一致性程度为“等同”时，存在下述情况：国家标准与国际标准的技术内容和文本结构相同，但可以包含以下最小限度的编辑性修改：

——用小数点符号“.”代替符号“,”；

——改正印刷错误；

——删除多语种出版的国际标准版本中的一种或几种语言文本；

——纳入国际标准修正案或技术勘误的内容；

——改变标准名称以便与现有的标准系列一致；

——用“本标准”代替“本国际标准”；

——增加资料性要素（例如资料性附录，这样的附录不变更、不增加或不删除国际标准的规定），通常的资料性要素包括对标准使用者的建议、培训指南或推荐的表格或报告；

——删除国际标准中资料性概述要素（包括封面、目次、前言和引言）；

——如果使用不同的计量单位制，为了提供参考，增加单位换算的内容。

“等同”条件下，“反之亦然原则”适用。

注：文件版式的改变（例如，页码、字体、字号等的改变），尤其在使用计算机编辑的情况下，不影响一致性程度。

4.3 修改

国家标准与相应国际标准的一致性程度为“修改”时，存在下述情况之一或二者兼有：

——技术性差异，并且这些差异及其产生的原因被清楚地说明；

——文本结构变化，但同时有清楚的比较。

一致性程度为“修改”时，国家标准还可包含编辑性修改。

一项国家标准应尽可能采用一项国际标准。个别情况下，只有当使用列表形式清楚地说明技术性差异及其原因并很容易与相应国际标准的结构进行比较时，才允许一项国家标准采用若干项国际标准。

“修改”可包括如下情况：

a) 国家标准的内容少于相应的国际标准：国家标准的要求少于国际标准的要求，仅采用国际标准中供选用的部分内容。

b) 国家标准的内容多于相应的国际标准：国家标准的要求多于国际标准的要求，增加了内容或种类，包括附加试验。

c) 国家标准更改了国际标准的一部分内容：国家标准与国际标准的部分内容相同，但都含有与对方不同的要求。

d) 国家标准增加了另一种供选择的方案：国家标准中增加了一个与相应的国际标准条款同等地位的条款，作为对该国际标准条款的另一种选择。

陈述和解释技术性差异的示例参见附录C。

“修改”条件下，“反之亦然原则”不适用。

注：国家标准可能包括相应国际标准的全部内容，还包括不属于该国际标准的一部分附加技术内容。在这种情况下，即使没有对所包含的国际标准做任何修改，其一致性程度也只能是“修改”或“非等效”。至于是“修改”还是“非等效”，取决于技术性差异是否被清楚地标示和解释。

4.4 非等效

国家标准与相应国际标准的一致性程度为“非等效”时，存在下述情况：国家标准与国际标准的技术内容和文本结构不同，同时这种差异在国家标准中没有被清楚地说明。“非等效”还包括在国家标准中只保留了少量或不重要的国际标准条款的情况。与国际标准一致性程度为“非等效”的国家标准，不属于采用国际标准。

5 采用国际标准的方法

5.1 总则

5.1.1 采用ISO、IEC以及ISO公布的其他国际标准化机构发布的标准或其他出版物，需关注ISO、IEC以及ISO公布的其他国际标准化机构有关其出版物版权、版权使用权和销售的政策文件的规定。

5.1.2 对于国际标准化机构发布的包括国际标准在内的不同类型的文件，宜采用为与国际文件相似类型的我国文件。

5.1.3 国家标准应尽可能等同采用国际标准。若因气候、地理或基本技术原因对国际标准进行修改时，应把与国际标准的差异减到最小，并应清楚地标示这些差异和说明产生这些差异的原因。

5.1.4 与国际标准有一致性对应关系的国家标准应按GB/T 1.1的规定编写。

注：ISO公布的其他国际标准化机构发布的标准的结构与GB/T 1.1规定的标准结构往往不同。

与国际标准有一致性对应关系的国家标准应在封面上标示与国际标准的一致性程度标识（见8.3.1），在前言中陈述采用国际标准方法、与被采用国际标准的一致性程度、该国际标准编号和国际标准名称的中文译名（参见附录D）。在前言中，等同采用时应陈述做出的最小限度的编辑性修改（见6.1.3）；修改采用时应陈述技术性差异（见6.1.1）和编辑性修改（见6.1.3）以及结构的改变（见6.1.2）；与国际标准非等效时，不必说明技术性差异和编辑性修改以及结构的改变。

与国际标准有一致性对应关系的国家标准，不应保留国际标准的前言。可根据需要将国际标准引言的内容转化到国家标准的引言中，也可删除国际标准的引言。

5.1.5 当采用国际标准时，应把已发布的该国际标准的全部修正案和技术勘误的内容纳入国家标准内。国家标准前言中应包括增加国际标准的修正案和技术勘误内容的说明以及标示方法的说明，标准文本中纳入修正案和技术勘误的标示方法见6.1.4。

国家标准采用国际标准后，对于新发布的该国际标准的修正案和技术勘误也宜尽快采用。

5.1.6 随着标准电子版本的发展，可能出现本部分未包括的新的采用国际标准的方法，或与现有方法相结合的新方法。在使用新方法情况下，本部分中关于一致性程度的划分和标示的条款仍然适用。

5.2 翻译法

5.2.1 翻译法指依据相应国际标准翻译成为国家标准，可做最小限度的编辑性修改(见4.2)。关于国际标准条款中助动词的翻译见附录E。

5.2.2 采用翻译法的国家标准可做最小限度的编辑性修改，如果需要增加资料性附录，应将这些附录置于国际标准的附录之后，并按条文中提及这些附录的先后次序编排附录的顺序。每个附录的编号由“附录”字样加上代表国家附录的标志“N”和随后表明顺序的大写拉丁字母组成，字母从“A”开始，例如：“附录NA”、“附录NB”等。每个附录中章、图、表和数学公式的编号均应从1开始，编号前应加上代表国家附录的标志“N”和随后表明该附录顺序的大写拉丁字母，后跟下脚点，例如附录NA中的章用“NA.1”、“NA.2”等表示，图用“图NA.1”、“图NA.2”等表示。

5.3 重新起草法

5.3.1 重新起草法指在相应国际标准的基础上重新编写国家标准。

5.3.2 采用重新起草法的国家标准如果需要增加附录，每个增加的附录应与其他附录一起按在标准条文中提及的先后顺序编号。

5.4 采用国际标准方法的选择

5.4.1 等同采用国际标准时，应使用翻译法。

5.4.2 修改采用国际标准时，应使用重新起草法。

注：采用国际标准方法和一致性程度的对应关系见附录F。附录F包含了一致性程度为非等效时采用的方法。

6 技术性差异和编辑性修改的表述和标示

6.1 总则

6.1.1 当技术性差异(及其原因)较少时，宜在国家标准前言中陈述(参见附录D的示例2)。当技术性差异(及其原因)较多时，应在文中这些差异涉及的条款的外侧页边空白位置用垂直单线(|)进行标示，并且宜编排一个附录将归纳所有差异及其原因的表格列在其中(参见附录G)，同时在前言中指出该附录并说明在文中如何标示这些技术性差异(参见附录D的示例3)。

6.1.2 当结构调整较少时，宜在国家标准前言中陈述。当结构调整较多时，宜编排一个附录将国家标准与国际标准的章条编号对照表列在其中(参见附录G)，同时在前言中指出该附录(参见附录D的示例3)。

6.1.3 当存在编辑性修改时，等同采用的国家标准在前言中仅陈述如下编辑性修改：

——纳入国际标准修正案或技术勘误的内容；

——改变标准名称；

——增加资料性附录；

——增加单位换算的内容。

修改采用的国家标准在前言中除了需要陈述上述四项最小限度的编辑性修改，还应陈述4.2所列最小限度的编辑性修改以外的其他编辑性修改，例如删除或修改国际标准的资料性附录。

6.1.4 国际标准的修正案和(或)技术勘误应直接纳入国家标准的条款中,同时应在改动过的条款的外侧页边空白位置用垂直双线(‖)标示。

6.2 采用的国际标准引用了其他国际文件

6.2.1 等同采用国际标准的国家标准,对于国际标准注日期规范性引用的国际文件,可以用等同采用这些文件的我国文件[1)]代替,在此情况下,应在国家标准的"规范性引用文件"一章中列出这些代替的我国文件,并标示与相应国际文件的一致性程度标识(见8.3.2)。对于国际标准不注日期规范性引用的国际文件应全部保留引用,在此情况下,应在国家标准的"规范性引用文件"一章中列出这些保留的国际文件(如是标准,则包括国际标准编号、国际标准名称的中文译名及用括号括起的原文名称),并在前言中列出与这些文件有一致性对应关系的我国文件,如果需要列出的我国文件较多,则宜编排一个资料性附录列出(见8.3.2)。

6.2.2 修改采用国际标准的国家标准,对于国际标准规范性引用的国际文件,可以用适用的我国文件代替。在此情况下,应在国家标准的"规范性引用文件"一章中列出这些适用的我国文件,对于其中与国际文件有一致性对应关系的我国文件,应标示与国际文件的一致性程度标识(见8.3.3)。

如果用非等效于国际文件的我国文件,或用与国际文件无一致性对应关系的我国文件代替国际标准规范性引用的国际文件,则国家标准在陈述技术性差异时,应简要说明非等效或无一致性对应关系的我国文件与相应国际文件之间在引用的相关内容方面的技术性差异。

对于保留引用的国际标准规范性引用的国际文件,应在国家标准的"规范性引用文件"一章中列出这些保留的国际文件(如是标准,则包括国际标准编号、国际标准名称的中文译名及用括号括起的原文名称)。

6.2.3 非等效于国际标准的国家标准,对于国际标准规范性引用的国际文件,可以用适用的我国文件代替。在此情况下,应在国家标准的"规范性引用文件"一章中列出这些适用的我国文件,对于其中与国际文件有一致性对应关系的我国文件,可不标示与国际文件一致性程度标识,也可仅标示相应国际文件的代号和顺序号。

对于保留引用的国际标准规范性引用的国际文件,应在国家标准的"规范性引用文件"一章中列出这些保留的国际文件(如是标准,则包括国际标准编号、国际标准名称的中文译名及用括号括起的原文名称)。

6.2.4 对于国际标准提及的参考文献,可以用适用的我国文件代替。在此情况下,可在国家标准的"参考文献"中列出这些适用的我国文件,对于其中与国际文件有一致性对应关系的我国文件,可不标示与国际文件一致性程度标识。对于保留的参考文献中的国际文件的名称,不必译成中文。

7 等同采用ISO标准或IEC标准的编号方法

7.1 概述

当国家标准与ISO标准和(或)IEC标准等同时,"等同"这一信息宜使读者在查阅内容之前清楚获悉,为此,使用下述编号方法。

7.2 编号

国家标准等同采用ISO标准和(或)IEC标准的编号方法是国家标准编号与ISO标准和(或)IEC

1) 本部分中"我国文件"指国家标准、国家标准化指导性技术文件、行业标准。

标准编号结合在一起的双编号方法。具体编号方法为将国家标准编号及 ISO 标准和(或)IEC 标准编号排为一行,两者之间用一斜线分开。

示例:GB/T 7939—2008/ISO 6605:2002

对于与 ISO 标准和(或)IEC 标准的一致性程度是修改和非等效的国家标准,只使用国家标准编号,不准许使用上述双编号方法。

双编号在国家标准中仅用于封面、页眉、封底和版权页上。

8 一致性程度的标示方法

8.1 一致性程度标识

在采用国际标准时,应准确标示国家标准与国际标准的一致性程度。一致性程度标识包括国际标准编号、逗号和一致性程度代号(见 8.2)。

8.2 一致性程度及代号

一致性程度及代号见表 1:

表 1 一致性程度及代号

一致性程度	代号
等同	IDT
修改	MOD
非等效	NEQ

8.3 在国家标准中标示一致性程度

8.3.1 与国际标准有一致性对应关系的国家标准,在标准封面上的国家标准英文译名下面的括号中标示一致性程度标识(见示例 1)。如果国家标准的英文译名与被采用的国际标准名称不一致时,则在一致性程度标识中国际标准编号和一致性程度代号之间给出该国际标准英文名称(见示例 2)。

示例 1:

质量管理体系 基础和术语

Quality management systems—Fundamentals and vocabulary

(ISO 9000:2005,IDT)

示例 2:

滚动轴承 钢球

Rolling bearings—Balls

(ISO 3290:1998,Rolling bearings—Balls—Dimensions and tolerances,NEQ)

8.3.2 等同采用时,用注日期引用的等同采用相应国际文件的我国文件代替国际标准中注日期引用的国际文件,则在"规范性引用文件"一章的文件清单中相应的我国文件后的括号中标示一致性程度标识(见示例 1)。

对于保留引用的国际文件,如果存在有一致性对应关系的我国文件,则在前言中列出这些我国文件并在其后标示一致性程度标识(见示例 2)。其中,如果保留引用了国际文件的所有部分,仅列出我国文件的代号和顺序号及"(所有部分)",并在文件名称之后的方括号中列出国际文件的代号和顺序号及"(所有部分)",省略一致性程度代号(见示例 2)。以附录形式列出较多的与国际文件有一致性对应关系的我国文件时，在前言中的说明见示例 3。

示例 1：

2 规范性引用文件

…………

GB/T 225—2006 钢 淬透性的末端淬火试验方法(ISO 642:1999,IDT)

GB/T 20568—2006 金属材料 管环液压试验方法(ISO 15363:2000,IDT)

ISO 1460:1992 钢产品镀锌层质量试验方法(Test method for gravimetric determination of the mass per unit area of galvanized coatings on steel products)

ISO 3534(所有部分) 统计学 词汇和符号(Statistics—Vocabulary and symbols)

示例 2：

前 言

…………

与本标准中规范性引用的国际文件有一致性对应关系的我国文件如下：

——GB/T 1839—2003 钢产品镀锌层质量试验方法(ISO 1460:1992,MOD)

——GB/T 3358(所有部分) 统计学术语[ISO 3534(所有部分)]

本标准做了下列编辑性修改：

…………

示例 3：

前 言

…………

与本标准中规范性引用的国际文件有一致性对应关系的我国文件见附录 NA。

本标准做了下列编辑性修改：

…………

8.3.3 修改采用时，用与国际文件有一致性对应关系的我国文件代替国际标准中引用的国际文件，则在“规范性引用文件”一章的文件清单中相应的我国文件名称后的括号中标示一致性程度标识：

——对于注日期引用文件之间的代替，一致性程度标识见示例 1 和示例 2；

——对于不注日期引用文件之间的代替，则在其随后的一致性程度标识之前增加标示当前最新版本的我国文件的编号(见示例 3)；

——对于不注日期引用的国际文件的所有部分的代替，则标示国际文件的代号及顺序号和“(所有部分)”(见示例 4)。同时，在前言中陈述技术性差异时，列出当前最新版本的我国文件各部分与国际文件各部分之间的一致性程度，我国文件或国际文件所分部分较少时，则在技术性差异列项下直接列出(见示例 5)；我国文件或国际文件所分部分较多时，宜编排一个附录列出，并在技术性差异列项下说明用附录的形式列出(见示例 6)。

示例 1：GB/T 11021—2007 电气绝缘 耐热性分级(IEC 60085:2004,IDT)

示例 2：GB/T 10893.2—2006 压缩空气干燥器 第 2 部分：性能参数(ISO 7183-2:1996,MOD)

示例 3：GB/T 15140 航空货运集装单元(GB/T 15140—2008,ISO 8097:2001,MOD)

示例 4：

GB/T 27050(所有部分) 合格评定 供方的符合性声明[ISO 17050(所有部分)]

GB/T 6988(所有部分) 电气技术用文件的编制[IEC 61082(所有部分)]

示例 5：

> **前　言**
>
> …………
>
> ——关于规范性引用文件，本标准做了具有技术性差异的调整，以适应我国的技术条件，调整的情况集中反映在第 2 章“规范性引用文件”中，具体调整如下：
>
> …………
>
> - 用 GB/T 27050(所有部分)代替 ISO 17050(所有部分)，两项标准各部分之间的一致性程度如下：
>   - GB/T 27050.1—2006　合格评定　供方的符合性声明　第 1 部分：通用要求(ISO 17050-1:2004，IDT)；
>   - GB/T 27050.2—2006　合格评定　供方的符合性声明　第 2 部分：支持性文件(ISO 17050-2:2004，IDT)。
>
> …………

示例 6：

> **前　言**
>
> …………
>
> ——关于规范性引用文件，本标准做了具有技术性差异的调整，以适应我国的技术条件，调整的情况集中反映在第 2 章“规范性引用文件”中，具体调整如下：
>
> …………
>
> - 用 GB/T 6988(所有部分)代替 IEC 61082(所有部分)，两项标准各部分之间的一致性程度见附录 A。
>
> …………

8.4　在目录和其他媒介上标示一致性程度

在标准目录、年报、数据库和其他所有相关媒介上宜标示与国际标准的一致性程度标识。

在数据库中使用的一致性程度标识的格式还宜参考 ISONET 手册[2]的有关内容。

2)　ISONET 手册规定了标准类文件、法规文件和它们的主题内容的表述方法，以便于交换有关这些文件的信息。

附 录 A
（资料性附录）
本部分与 ISO/IEC 指南 21-1:2005 相比的结构变化情况

本部分与 ISO/IEC 指南 21-1:2005 相比在结构上有较多调整，具体章条编号对照情况见表 A.1。

表 A.1 本部分与 ISO/IEC 指南 21-1:2005 的章条编号对照情况

本部分章条编号	对应的 ISO/IEC 指南章条编号
引言的第一段	0.1
引言的第二段	0.2
引言的第三段	4.1 的第一段
引言的第四段	4.1 的第三段
—	0.5
—	3.1，3.3，3.4，3.5，3.9
3.1	3.2
3.2	3.6
3.3	3.7
3.4	3.8
3.5	3.10
3.6	3.11
5.1.1	0.6
5.1.2	5.1.1
—	5.1.2
5.1.3	0.3 第二段的部分内容
5.1.4	0.3 的第一段，0.4，5.1.3，5.3.2.2
5.1.5	5.1.4
5.1.6	5.1.5
—	5.2，5.3.1，5.3.2
5.2	5.3.3
5.2.1	5.3.3.1
5.2.2	—
—	5.3.3.2～5.3.3.5
5.3	5.3.4
5.3.1	5.3.4.1
5.3.2	—
—	5.3.4.2，5.3.4.3
—	5.4.3

表 A.1 本部分与 ISO/IEC 指南 21-1:2005 的章条编号对照情况（续）

本部分章条编号	对应的 ISO/IEC 指南章条编号
6.1.1	6.1.1，6.1.2，6.1.5
—	6.1.3，6.1.4
6.1.2	—
6.1.3	6.1.2
6.1.4	6.1.6
6.2.1	6.2.1，6.2.2
6.2.2，6.2.3	6.2.3
6.2.4	6.2.1 的注
7.2	7.2.1，7.2.2b)
—	7.2.2a)
8.1	8.3 的第一段
8.3.1，8.3.2，8.3.3	8.3
附录 A	—
附录 B	—
附录 C	附录 A
附录 E	—
附录 F	附录 B
附录 G	—
—	附录 C
—	附录 E

附 录 B
（资料性附录）
本部分与 ISO/IEC 指南 21-1:2005 的技术性差异及其原因

表 B.1 给出了本部分与 ISO/IEC 指南 21-1:2005 的技术性差异及其原因。

表 B.1 本部分与 ISO/IEC 指南 21-1:2005 的技术性差异及其原因

本部分章条编号	技术性差异	原因
1	删除 ISO/IEC 指南 21-1:2005 关于区域标准采用国际标准的适用范围	本部分仅适用于国家标准采用国际标准的情况
1	增加了对于 ISO 公布的其他国际标准化机构发布的标准的采用的适用范围。同时说明本部分第 7 章规定的等同采用 ISO 标准、IEC 标准的国家标准的编号方法不适用于采用 ISO 公布的其他国际标准化机构发布的标准	根据我国采用其他国际性组织标准的需要，扩大适用性
1	删除 ISO/IEC 指南 21-1:2005 的第 1 章第二段该指南不规定的内容	该内容是从国际角度叙述的，我国不适于这种叙述
1	增加了本部分“可供其他标准采用国际标准时参考”	对除国家标准以外的其他标准（例如行业标准、地方标准和企业标准）采用国际标准给予指导
2	关于规范性引用文件，本部分做了具有技术性差异的调整，调整的情况集中反映在第 2 章“规范性引用文件”中，具体调整如下： ——用修改采用国际标准的 GB/T 20000.1，代替了 ISO/IEC 指南 2:2004（见第 3 章）； ——增加引用了 GB/T 1.1（见 5.1.4）	引用 GB/T 20000.1，便于标准使用者使用中文术语；强调采用国际标准时按 GB/T 1.1 的规定编写，确保技术内容的确定和文本结构的协调统一，适应我国的标准编写和版式要求
3	删除 ISO/IEC 指南 21-1:2005 中的术语和定义 3.1、3.3、3.4 和 3.5	术语和定义 3.1、3.3、3.4 和 3.5 已广为人知，在本部分中不再重复
3	删除 ISO/IEC 指南 21-1:2005 中的术语和定义 3.9“措辞改变”	此定义的含义在不同语种间不会出现
4.1	将 ISO/IEC 指南 21-1:2005 中 4.1 的第一段和第三段移至本部分的引言中	这两段内容是对标准技术内容的说明，属于引言的内容，不宜写在标准正文中
4.2	删除了 ISO/IEC 指南 21-1:2005 的 4.2 的 a)“等同”的可选条件的第一个条件	此条件中关于措辞一致的要求，对我国官方语言不适用
5	仅选用 ISO/IEC 指南 21-1:2005 中提供的采用国际标准方法中的翻译法和重新起草法。删除了签署认可法和重新印刷法	由于目前 ISO、IEC 使用的官方语言没有包括中文，ISO/IEC 指南 21-1:2005 所提供的签署认可法和重新印刷法均不适用于我国国家标准出版语言文字规定，所以未选用上述方法

表 B.1 本部分与 ISO/IEC 指南 21-1:2005 的技术性差异及其原因(续)

本部分章条编号	技术性差异	原因
5.1.3	将原国际指南引言中 0.3 的内容安排在本部分的 5.1.3	此内容属规范性内容,宜安排在标准正文中
5.1.4	修改了与国际标准有一致性对应关系的国家标准的编写方法	强调采用国际标准时编写按 GB/T 1.1 规定,确保技术内容的确定和文本结构的协调统一
5.1.4	删除 ISO/IEC 指南 21-1:2005 中 5.3.2.2 的列项 b)"负责该标准的区域或国家团体(如技术委员会编号和名称)"	在 GB/T 1.1 中已另有规定
5.2	删除 ISO/IEC 指南 21-1:2005 中 5.3.3.2~5.3.3.4 关于多语种版本有效性的规定	这些条款是考虑到多种官方语言国家采用国际标准的情况,我国仅用一种文字出版
5.2.2	增加了使用翻译法时,对增加的资料性附录的编排规定	将 ISO/IEC 指南 21-1:2005 附录 D 所示的编排附录的做法,用文字表述做出明确规定
5.3	删除 ISO/IEC 指南 21-1:2005 中 5.3.4.3 "虽然重新起草是采用国际标准一种有效的方法,但是重要的技术性差异可能会因为结构和表述的不同而被掩盖,使得国际标准与区域或国家标准难以比较,一致性程度难以确定。重新起草还使得不同国家间的区域或国家标准的一致性程度难以确定。"	我国标准体系和形式与西方国家有区别,再者中文不是 ISO、IEC 官方语言,在标准内容的表述上会有不同。因此不使用重新起草方法很难做到
5.3.2	增加了重新起草法需增加附录时附录的编排规定	由于涉及结构的调整,需要特别说明
5.4	只选择两种一一对应关系: ——等同采用使用翻译法; ——修改采用使用重新起草法。 删除 ISO/IEC 指南 21-1:2005 中 5.4.3"鉴于在 0.3 和 5.4.4.3 中已指出的原因,建议不采用重新起草方法。"	适应我国标准体制和语言习惯,并简化和明确采用国际标准的方法
6	删除了 ISO/IEC 指南 21-1:2005 中 6.1.3 和 6.1.4 提供的在国家标准条款中保留国际标准条款,再在相应条款位置安排国家的编辑性修改和技术性差异内容的方法	与我国国家标准版式相差较大,难以操作
6	删除了 ISO/IEC 指南 21-1:2005 中 6.2.3 最后一句	此句解释规范性引用带来的技术性差异,不宜作为条款
6.1.2	增加了编排结构变化对照表的规定	规定更全面和明确
6.1.3	增加规定了在前言中陈述的编辑性修改的范围	简化编辑性修改的陈述
6.2.1、6.2.2 和 6.2.3	增加了对于国际标准注日期规范性引用的其他国际文件,在"规范性引用文件"一章中直接列入替换成的相应我国文件的规定 增加了对于保留引用的国际文件的标识规定	为了便于标准使用者使用对应的我国文件,做此规定。而 ISO/IEC 指南 21-1:2005 建议将规范性引用的国际文件保留在条款中,替代成的本国标准在前言中说明

表 B.1 本部分与 ISO/IEC 指南 21-1:2005 的技术性差异及其原因(续)

本部分章条编号	技术性差异	原因
6.2.4	增加了国际标准中参考文献的替代方法	对于引用标准的处理规定更全面
7	仅选用 ISO/IEC 指南 21-1:2005 中等同采用国际标准的国家标准的双编号方法	由于单编号方法不适用于我国编号习惯,并且此方法不易体现国家标准编号
8.3.1、8.3.2 和 8.3.3	对于一致性程度信息的标示位置与表述做了更明确细致的规定,并增加了相应的示例	增加可操作性
附录 E	增加了该附录,关于国际标准条款中助动词的翻译规定	规范国际标准中助动词的翻译

附 录 C
（资料性附录）
表述技术性差异及其原因的示例

建议技术性差异的陈述以“增加”、“修改”或“删除”为引导。

示例1至示例4给出了不同种类的修改采用国际标准的标准（见4.3）的技术性差异及其原因的表述示例。

示例1：

本示例针对删除内容的情况[见4.3a)]。

ISO 1××45:1995《轿车轮胎　轮胎功能检验　实验室试验方法》的范围包括标准的轮胎和增强（超载）的轮胎。GB/T 2××56—2003仅适用于标准轮胎。

“在5.1.1.1表1‘阻力试验充气压力’中删除充气压力内容中‘增强（超载）’一栏；在5.4.1.1表4‘高速试验充气压力’中删除轮胎种类中‘增强（超载）’一行。产品标准的内容是以ISO 4000-1为基础制定的，该国际标准规定了轿车轮胎的所有内容，不仅有试验方法还有性能要求。由于国际标准所包括增强（超载）轮胎的内容在本标准的试验方法中已被省略，因此在这两个表中也被省略。”

示例2：

本示例针对增加内容的情况[见4.3b)]。

ISO 1××56:1996《开式机械压力机的验收条件　精度检验》规定了开式机械压力机的几何畸变测试的要求。GB/T 2××67—2004在不加改变地采用国际标准的精度检验要求的同时，增加了国际标准中没有包含的新规定，即连接部件纵向总间隙的精度检验。

“在第4章‘试验条件和允差’中有关试验项目的内容增加了‘连接部件纵向总间隙的精度检验的要求’。因为连接部件纵向总间隙精度对于确保用机械压力机加工产品的尺寸精度和产品质量的稳定是必需的，因此增加此内容。”

示例3：

本示例针对修改内容的情况[见4.3c)]。

ISO 1×××67:1997《金属镀层　金及金合金电镀层的试验方法　第2部分：环境试验》规定工业大气试验环境条件是：气温为25℃，相对湿度为75％，但GB/T 2××78—2005将这两项指标分别改为40℃和80％。

“在第5章‘工业大气试验’中用‘40 ℃±1 ℃’代替‘25 ℃±2 ℃’；用‘80％±5％’代替‘在70％～80％范围内尽量接近75％’。本标准修改了加速试验的要求以求试验在高温和高湿度的天气条件下有更好的反映。”

示例4：

本示例针对增加另一种供选择的方案的情况[见4.3d)]。

在ISO 1××78:1998《橡胶　用袖珍硬度计测定压痕硬度》中，用肖氏硬度计测定硬度要求采用A型和D型。在GB/T 2××89—2006中，除了有A型和D型可供选择，还增加了E型，E型有一部分与A型重复。

“在4.1‘肖氏硬度计：A型和D型’中增加E型；在4.1.1‘压脚’中关于中心孔的直径增加‘使用E型硬度计时，为5.4 mm±0.2 mm’；在4.1.2‘压头’中增加压头的形状和尺寸的描述和图形；在4.1.4‘标准弹簧’的a)A型中弹簧力方程式的适用范围增加E型硬度计；在7.3该段结尾增加‘当用A型硬度计测定的硬度小于A20″时，用E型硬度计测定’；在‘7.3注2’增加‘E型硬度计推荐使用1 kg砝码’。硬度计是用压头压入一块橡胶表面，通过测量压头压入橡胶表面的深度以测定硬度的仪器。D型用于高硬度的橡胶，A型用于标准硬度的橡胶。国家标准需要有一个专门测量低硬度橡胶的方法，此方法需要E型硬度计。”

附 录 D
(资料性附录)
国家标准前言中有关采用国际标准的介绍性内容的示例

示例1至示例4给出了通常情况下国家标准前言中陈述有关采用国际标准的介绍性内容及陈述顺序。

注:本附录示例中给出的标准仅为示范所用,示例中的内容与实际标准的内容可能有出入。

等同采用国际标准的国家标准前言的陈述见示例1。

示例1:

本部分使用翻译法等同采用ISO 5414-1:2002《削平型直柄刀具用带紧固螺钉的刀具夹头　第1部分:刀具柄部传动系统的尺寸》。

本标准做了下列编辑性修改:

——为与现有标准系列一致,将标准名称改为《削平型直柄刀具夹头　第1部分:刀具柄部传动系统的尺寸》;

——增加了资料性附录NA,国际单位制值转换为对应英制值的换算表。

修改采用国际标准的国家标准前言中,陈述技术性差异的情况见示例2。

示例2:

本标准使用重新起草法修改采用ISO 12737:2005《金属材料　平面应变断裂韧度 K_{IC} 试验方法》。

本标准与ISO 12737:2005的技术性差异及其原因如下:

——关于规范性引用文件,本标准做了具有技术性差异的调整,以适应我国的技术条件,调整的情况集中反映在第2章"规范性引用文件"中,具体调整如下:

- 用修改采用国际标准的GB/T 3075代替了ISO 1099(见6.2);
- 用等同采用国际标准的GB/T 12160代替了ISO 9513(见6.3);
- 增加引用了GB/T 8170(见第10章)。

——增加了"8.4　断口形貌观察",断口形貌记录着试样断裂的重要信息,也是分析不同试样之间 K_{IC} 差距的重要依据。

——增加了第10章中 K_{IC} 试验结果数值的修约要求,以提高判定的可操作性,消除歧义,避免质量纠纷。

本标准做了下列编辑性修改:

——增加了附录E(资料性附录)"C形拉伸试样试验";

——增加了附录F(资料性附录)"圆形紧凑拉伸试样试验"。

修改采用国际标准的国家标准前言中,指出如何标示差异和有关附录的情况见示例3。

示例3:

本标准使用重新起草法修改采用ISO 12135:2002《金属材料准静态断裂韧度的统一试验方法》。

本标准与ISO 12135:2002相比在结构上有较多调整,附录A中列出了本标准与ISO 12135:2002的章条编号对照一览表。

本标准与ISO 12135:2002相比存在技术性差异,这些差异涉及的条款已通过在其外侧页边空白位置的垂直单线(|)进行了标示,附录B中给出了相应技术性差异及其原因的一览表。

与国际标准一致性程度为非等效的国家标准前言的陈述见示例4。

示例4:

本标准使用重新起草法参考ISO 630:1995《结构钢　钢板、宽扁钢、钢棒、型钢和异型钢》编制,与ISO 630:1995的一致性程度为非等效。

附　录　E
（规范性附录）
国际标准条款中助动词的翻译

表 E.1 至表 E.4 给出了国际标准条款表述中使用的各种类型的助动词，包括首选的和等效的表述，同时给出了我国标准表述中相应助动词的选择。

表 E.1 给出了用于表示声明符合标准需要满足的要求的助动词的翻译。

表 E.1　要求

不同文本的用词	助动词	在特殊情况下使用的等效表述
国际标准的用词	shall	is to is required to it is required that has to only … is permitted it is necessary
国家标准的翻译	**应**	应该 只准许
国际标准的用词	shall not	is not allowed [permitted] [acceptable] [permissible] is required to be not is required that … be not is not to be
国家标准的翻译	**不应**	不得 不准许

表 E.2 给出了用于表示推荐或不赞成的行动步骤的助动词的翻译。

表 E.2　推荐

不同文本的用词	助动词	在特殊情况下使用的等效表述
国际标准的用词	should	it is recommended that ought to
国家标准的翻译	**宜**	推荐 建议
国际标准的用词	should not	it is not recommended that ought not to
国家标准的翻译	**不宜**	不推荐 不建议

表 E.3 给出了用于表示在标准的界限内所允许的行动步骤的助动词的翻译。

表 E.3 允许

不同文本的用词	助动词	在特殊情况下使用的等效表述
国际标准的用词	may	is permitted is allowed is permissible
国家标准的翻译	**可**	可以 允许
国际标准的用词	need not	it is not required that no … is required
国家标准的翻译	**不必**	无须 不需要

表 E.4 给出了用于陈述由材料的、生理的或某种原因导致的能力和可能性的助动词的翻译。

表 E.4 能力和可能性

不同文本的用词	助动词	在特殊情况下使用的等效表述
国际标准的用词	can	be able to there is a possibility of it is possible to
国家标准的翻译	**能** **可能**	能够 有可能
国际标准的用词	cannot	be unable to there is no possibility of it is not possible to
国家标准的翻译	**不能** **不可能**	不能够 没有可能

附 录 F
（资料性附录）
采用国际标准方法和一致性程度的对应关系

表F.1给出了采用国际标准方法和一致性程度的对应关系。

表F.1 采用国际标准方法和一致性程度的对应关系

一致性程度	采用方法	允许的差异		
		编辑性修改	结构	技术性差异
等同	翻译	有(见4.2)	无	无
修改	重新起草	有	有[a]	有[b]
非等效	重新起草	有	有	有

[a] 为了便于比较两个标准间的内容，列表对照结构(见6.1.2)。

[b] 提供技术性差异的标识和说明(见6.1.1)。

附 录 G
（资料性附录）
国家标准与国际标准章条编号对照一览表和技术性差异及其原因一览表的示例

示例1以GB/T 2××90—2009修改采用ISO 10387:1994《金属铬　规格和交货条件》时有较多结构调整的情况为例，列出了编排在附录A中的章条编号对照一览表。

示例1：

表A.1给出了本标准与ISO 10387:1994的章条编号对照情况。

表A.1　本标准与ISO 10387:1994的章条编号对照情况

本标准章条编号	对应ISO标准章条编号
3.1	5.2
3.1.1	5.2.1
3.1.2	5.2.2
4	6
4.1	6.1.2
—	6.2
4.2	6.1.5
4.3	6.1.3，6.1.6
5.1	6.3.1，6.3.2，6.3.3
5.2	5.1，5.1.1，5.1.2
6.1	7
6.2	6.1.1，7
附录A	—
附录B	—

示例2以GB/T 2××91—2009修改采用ISO 12135:2002《金属材料准静态断裂韧度的统一试验方法》时有较多技术性差异的情况为例，列出了编排在附录B中的技术性差异及其原因一览表。

示例2：

表B.1给出了本标准与ISO 12135:2002的技术性差异及其原因。

表B.1　本标准与ISO 12135:2002的技术性差异及其原因

本标准的章条编号	技术性差异	原因
2	关于规范性引用文件，本标准做了具有技术性差异的调整，调整的情况集中反映在第2章“规范性引用文件”中，具体调整如下： ——用等同采用国际标准的GB/T 12160代替ISO 9513(见5.6.3)； ——用等同采用国际标准的GB/T 16825.1代替ISO 7500-1(见5.6.2)； ——用等同采用国际标准的GB/T 20832代替ISO 3785(见5.4.2.2)； ——增加引用了GB/T 8170(见第9章)。	适应我国技术条件

表 B.1 本标准与 ISO 12135:2002 的技术性差异及其原因(续)

本标准的章条编号	技术性差异	原因
4	增加参数符号 V_g、A_p、$\delta_{Q0.2BL}$ 的定义	界定符号的名称定义,使其后的图例和公式计算更清晰
7.4.1.2	重新定义 Δa_{max}	增加可操作性,便于标准的执行
7.5.1.1	增加 δ-Δa 阻力曲线上边界线的界定方法	
7.6.1.2	明确 $\delta_{Q0.2BL}$ 的定义,增加其界定方法	
9	增加性能测定结果数值的修约	
附录 C	改变数值计算的步长值	提高数据的准确度
附录 I.6.2	改变初始裂纹长度的计算公式	
附录 J	增加剖面法测定 CTOD	增加可操作性,便于标准的执行

ICS 29.120.10
K 65

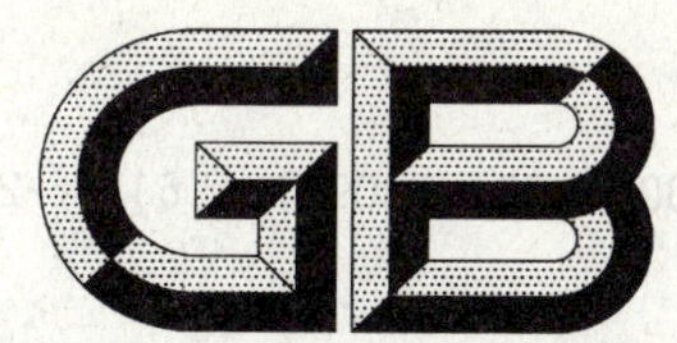

中华人民共和国国家标准

GB 20041.22—2009/IEC 61386-22:2002

电缆管理用导管系统 第22部分:可弯曲导管系统的特殊要求

Conduit systems for cable management—Part 22:Particular requirement—Pliable conduit systems

(IEC 61386-22:2002,IDT)

2009-05-06 发布 2010-02-01 实施

中华人民共和国国家质量监督检验检疫总局
中国国家标准化管理委员会 发布

前　言

本部分的全部技术内容为强制性。

GB 20041《电缆管理用导管系统》分为2部分：

——第1部分：通用要求（GB/T 20041.1）

——第2部分：特殊要求（GB 20041.21～20041.24）

- 第21部分：刚性导管系统的特殊要求
- 第22部分：可弯曲导管系统的特殊要求
- 第23部分：柔性导管系统的特殊要求
- 第24部分：埋入地下的导管系统的特殊要求

本部分为GB 20041的第22部分。本部分应与GB/T 20041.1—2005配合使用。

本部分等同采用IEC 61386-22:2002（第1版）《电缆管理用导管系统　第22部分：可弯曲导管的特殊要求》。

本部分的附录A、附录B是规范性附录。

本部分由中国电器工业协会提出。

本部分由全国电器附件标准化技术委员会归口。

本部分起草单位：中国电器科学研究院、佛山高明顾地塑胶有限公司、杭州鸿雁电器有限公司、广东出入境检验检疫局、广东联塑科技实业有限公司。

本部分主要起草人：罗怀平、赵侠、单朝兰、唐念恩、林少全、宋波、冯燕萍、周晓清、张婵兰、余轩。

电缆管理用导管系统 第22部分:可弯曲导管系统的特殊要求

1 范围

GB/T 20041.1—2005 的本章作下述修改后适用。

增加:

GB 20041 的本部分规定了可弯曲导管系统(包括自恢复导管系统)的要求。

2 规范性引用文件

下列文件中的条款通过本部分的引用而成为本部分的条款。凡是注日期的引用文件,其随后所有的修改单(不包括勘误的内容)或修订版均不适用于本部分,然而,鼓励根据本部分达成协议的各方研究是否可使用这些文件的最新版本。凡是不注日期的引用文件,其最新版本适用于本部分。

GB/T 20041.1—2005 的本章适用。

3 定义

GB/T 20041.1—2005 的本章适用。

4 一般要求

GB/T 20041.1—2005 的本章适用。

5 试验的一般条件

GB/T 20041.1—2005 的本章适用。

6 分类

GB/T 20041.1—2005 的本章适用,除下述内容外:

6.1.1 1),6.1.2 1),6.1.3 1),6.1.3 4),6.1.4 1),6.1.4 1)和 6.1.5 1)不适用。

7 标志和文件

GB/T 20041.1—2005 的本章作下述修改后适用。

增加:

7.1.101 导管应根据 7.1 要求进行标识。标识应沿着导管全长按固定的间隔进行,间隔最适宜为 1 m 但不超过 3 m,当在技术无法施行的情况下,标识可以标在产品末端所附的标签或包装上。

是否合格,通过观察检查。

7.1.102 制造商应为导管系统提供最小内径和符合第 6 章分类说明的文件。

是否合格,通过观察检查。

8 尺寸

替代:

8.1 螺纹应符合 GB/T 17194 要求。

非金属导管的外径应符合 GB/T 17194 标准要求。

如果金属和复合导管所设计的安装为仅依靠具有符合 GB/T 17194 标准要求螺纹的端接导管配件，那么外径不需要符合 GB/T 17194 标准要求。

是否合格，用符合 GB/T 17194 规定的量规进行检查。

8.2 除了端接导管配件外，可形成螺纹的导管和导管配件应符合表 101 要求。除了已声明抗拉强度的导管系统的配件外，不可形成螺纹的导管配件应符合表 102 要求。制造商应声明导管系统的最小内径。

是否合格，通过测量检查。

表 101 螺纹长度

尺 寸	外螺纹	内螺纹
	最小长度 mm	最小长度 mm
6	5.5	6.5
8	6.5	7.5
10	8.5	9.5
12	10.5	11.5
16	12.5	13.5
20	14.0	15.0
25	17.0	18.0
32	19.0	20.0
40	19.0	20.0
50	19.0	20.0
63	19.0	20.0
75	19.0	20.0

表 102 最大进入直径和最小进入长度说明

尺 寸	外螺纹	内螺纹
	最大进入直径 mm	最小进入长度 mm
6	6.5	6.0
8	8.5	8.0
10	10.5	10.0
12	12.5	12.0
16	16.5	16.0
20	20.5	20.0
25	25.5	25.0
32	32.6	30.0
40	40.7	32.0
50	50.8	42.0
63	63.9	50.0
75	75.9	50.0

9 结构

GB/T 20041.1—2005 的本章适用。

10 机械性能

GB/T 20041.1—2005 的本章作下述修改后适用。

10.2 压力试验

对于自恢复导管，用以下条款替代 10.2.4，10.2.5，10.2.6，10.2.7 和 10.2.8：

10.2.101 向受力钢块所施加的压力(N)应均匀地增大，在(30±3)s 之内，达到表 4 所示的数值。试样被压扁后的外径变形量应为初始外径的 25%～50%。

如果试样被压扁后的外径小于初始外径的 25%，那么应进行以下附加试验。受力钢块匀速压向试样，直到(30±3)s 之后试样被压扁后的外径为初始外径的(30±3)%，测量合力。

一个新试样被承受均匀增大的压力(N)，在(30±3)s 之内，该力达到以上测量的力值。试样被压扁后的外径变形量应为初始外径的 25%～50%。

然后应撤去压力和受力钢块。在撤去压力 15 min，再次测量在试样被压扁处的外径。

试验后，试样初始外径与被压扁后的外径之差应不大于试验前所测量外径的 10%，且试样不得出现在无附加放大情况下正常或校正视力可见的裂痕。

10.4 弯曲试验

替代：

10.4.101 导管应进行弯曲试验，试验装置如图 101 所示。

10.4.102 试验应在导管的 6 个试样上进行。每一试样的长度应至少：

a) 对于平导管，长度为标称外径 30 倍；

b) 对于波纹导管，长度为标称外径 12 倍。

3 个试样应在环境温度下进行试验；其余的 3 个应根据表 1 所声明的运输、使用、安装的最低温度进行试验，偏差应为±2 ℃。

10.4.103 对于在环境温度下进行的试验，试样应垂直夹紧在图 101 所示的弯曲试验装置上。用手缓慢地将试样向左弯曲至(90±5)°后返回垂直位置。再将试样向右弯曲至(90±5)°后返回垂直位置。操作应重复进行，重复次数应大于 3 次，试验后试样应无法回到垂直位置。试样应保持在弯曲位置 5 min，然后弯曲后的试样应以以下方式放置进行试验：直的部分与铅垂线成(45±5)°，试样一端朝上，另一端朝下。

对于在根据表 1 所声明的运输、使用、安装的最小温度进行的试验，试样应夹紧在图 101 所示的弯曲试验装置上并在冷冻箱里按以上温度预处理 2 h，温度偏差为±2 ℃。

试验后，试样不得出现在无附加放大情况下正常或校正视力可见的裂痕，且试验应能让符合图 102 所示的相应量规在其自身重量并无任何初速度的情况下通过导管。

10.5 弯折试验

GB/T 20041.1—2005 的本条不适用。

10.6 破坏性试验

GB/T 20041.1—2005 的本条不适用。

10.7 抗拉强度试验

GB/T 20041.1—2005 的本条除了以下条款外均适用。

10.7.3 不适用。

11 电气性能

GB/T 20041.1—2005 的本章作下述修改后适用。

11.2 屏蔽接地试验

替代：

导管试样和端接导管配件应按照制造商的说明及如图 103 所示进行组装固定。向组装体的两端输入 25 A、频率为 50 Hz～60 Hz 的交流电流(电源的空载电压不超过 12 V)1 min$^{+5}_{0}$ s 后，如图 103 所示测量组装体两端的电压降，所得电压降与电流的比值即为电阻。

电阻不得超过 0.05 Ω。

如果要用专用器件来连接导管和导管配件，这些器件应足以将导管的保护涂层充分去掉，或应按制造商的规定将保护层去掉。

12 热性能

GB/T 20041.1—2005 的本章作下述修改后适用。

12.3 替代：

然后，撤掉负荷，立即将试样放于铅垂方向上，让符合图 102 所示的相应量规在其自身重量并无任何初速度的情况下通过导管，量规应能通过导管。

13 火焰效应

GB/T 20041.1—2005 的本章适用。

14 外部影响

GB/T 20041.1—2005 的本章适用。

15 电磁兼容性

GB/T 20041.1—2005 的本章适用。

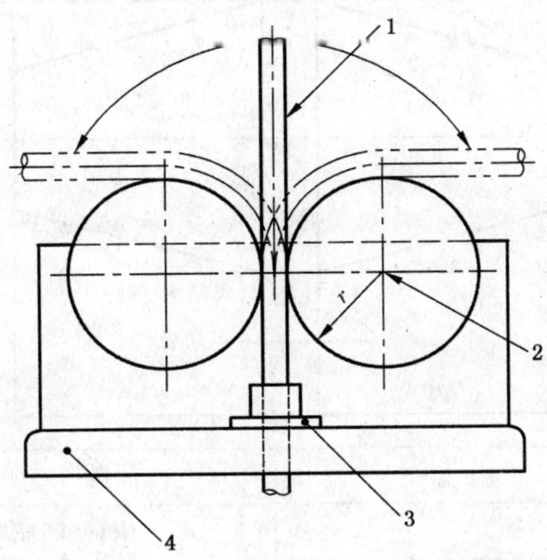

图中：

1——试样；

2——中心；

3——导管的导轨；

4——支架。

尺　寸	半径 r mm	
	平　导　管	波　纹　管
6	40	20
8	50	25
10	60	30
12	80	40
16	96	48
20	120	60
25	150	75
32	192	96
40	300	160
50	480	200
63	600	252
75	720	300

注：本图除所示尺寸外其余不进行设计限制。

图 101　弯曲试验装置

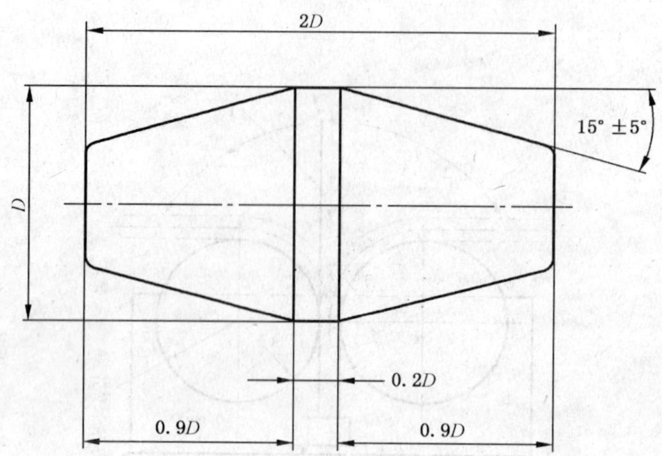

D	制造商声明导管最小内径的80%
材料	钢材，硬质和抛光，边缘轻微抛圆
制造公差	$^{+0.05}_{0}$ mm
公差和轴心尺寸	±0.2 mm
允许磨损	0.01 mm

注：本图除了所示尺寸之外其余不进行设计限制。

图 102　在冲击、弯曲、弯折和耐热试验后检查导管最小内径的量规

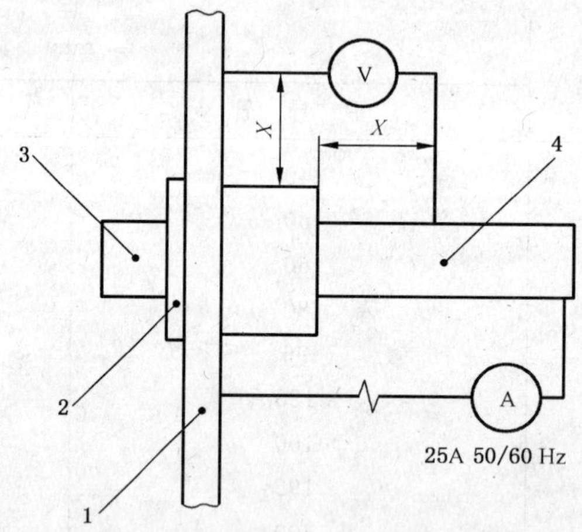

图中：

X=12 mm±2 mm

1——3 mm 金属板；

2——自选锁紧螺母；

3——通过攻孔或配件螺纹的对开螺母固定到板上的端接导管配件；

4——导管。

图 103　屏蔽接地试验用导管和端接导管配件的装配

附 录 A
(规范性附录)
导管系统的分类代码

GB/T 20041.1—2005 的本附录适用。

附 录 B
(规范性附录)
材料厚度的测定

GB/T 20041.1—2005 的本附录适用。

ICS 29.120.10
K 65

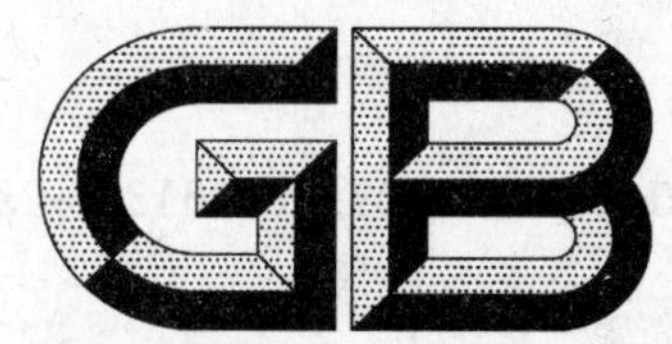

中华人民共和国国家标准

GB 20041.23—2009/IEC 61386-23:2002

电缆管理用导管系统 第23部分:柔性导管系统的特殊要求

Conduit systems for cable management—Part 23:Particular requirement—Flexible conduit systems

(IEC 61386-23:2002,IDT)

2009-05-06 发布　　2010-02-01 实施

中华人民共和国国家质量监督检验检疫总局
中国国家标准化管理委员会　发布

前言

本部分的全部技术内容为强制性。

GB 20041《电缆管理用导管系统》分为2部分：

——第1部分：通用要求（GB/T 20041.1）

——第2部分：特殊要求（GB 20041.21～20041.24）

- 第21部分：刚性导管系统的特殊要求
- 第22部分：可弯曲导管系统的特殊要求
- 第23部分：柔性导管系统的特殊要求
- 第24部分：埋入地下的导管系统的特殊要求

本部分为GB 20041的第23部分。本部分应与GB/T 20041.1—2005配合使用。

本部分等同采用IEC 61386-23:2002（第1版）《电缆管理用导管系统　第22部分：柔性导管的特殊要求》。

本部分的附录A、附录B是规范性附录。

本部分由中国电器工业协会提出。

本部分由全国电器附件标准化技术委员会归口。

本部分起草单位：中国电器科学研究院、广东出入境检验检疫局、佛山高明顾地塑胶有限公司、杭州鸿雁电器有限公司、广东联塑科技实业有限公司。

本部分主要起草人：罗怀平、余轩、宋波、单朝兰、张婵兰、黄伟玲、唐念恩、赵侠、周晓清。

电缆管理用导管系统
第23部分:柔性导管系统的特殊要求

1 范围

GB/T 20041.1—2005 的本章作下述修改后适用。

增加:

GB 20041 的本部分规定了柔性导管系统的要求。

2 规范性引用文件

下列文件中的条款通过本部分的引用而成为本部分的条款。凡是注日期的引用文件,其随后所有的修改单(不包括勘误的内容)或修订版均不适用于本部分,然而,鼓励根据本部分达成协议的各方研究是否可使用这些文件的最新版本。凡是不注日期的引用文件,其最新版本适用于本部分。

GB/T 20041.1—2005 的本章适用。

3 定义

GB/T 20041.1—2005 的本章适用。

4 一般要求

GB/T 20041.1—2005 的本章适用。

5 试验的一般条件

GB/T 20041.1—2005 的本章适用。

6 分类

除下述内容外,GB/T 20041.1—2005 的本章适用:

6.1.3 1),6.1.3 2)和 6.1.3 3)不适用。

7 标志和文件

GB/T 20041.1—2005 的本章作下述修改后适用。

增加:

7.1.101 导管应根据 7.1 要求进行标识。标识应沿着导管全长按固定的间隔进行,间隔最适宜为 1 m,不超过 3 m。当在技术上无法施行的情况下,标识可标在产品末端所附的标签或包装上。

是否合格,通过观察检查。

7.1.102 制造商应为系统提供文件或标在包装上,用以说明最小内径、最小弯曲半径及按照第 6 章的分类。

是否合格,通过观察检查。

8 尺寸

代替:

8.1 螺纹应符合 GB/T 17194。

是否合格，通过 GB/T 17194 中规定的量规测量来检查。

8.2 导管系统的最小内径应由制造商声明。

是否合格，通过测量检查。

9 结构

GB/T 20041.1—2005 的本章适用。

10 机械性能

GB/T 20041.1—2005 的本章作下述修改后适用。

10.1 机械强度

10.1.1 增加：

注：很轻的柔性导管不应被认为具有足够的机械保护，且不应被用于建筑物结构中。

10.4 弯曲试验

GB/T 20041.1—2005 的本条不适用。

10.5 弯折试验

10.5.101 由带有端接导管配件的导管组成、按制造商的说明书装配起来的组件，应使用图 101 所示的装置来进行弯折试验。

10.5.102 试验应使用 6 个具有合适长度的导管作试样，3 个试样应在表 1 规定的最低运输、使用和安装温度±2 ℃下进行试验。另外 3 个试样应在表 2 规定的最高运输、使用和安装温度±2 ℃下进行试验。

制造商可以声明柔性导管适合于按照表 1 规定的温度运输和安装，但仅适用于最低温度为环境温度时的弯折，此时，试验应在(20±2)℃下进行，且分类码的第 3 位数字应为 X。制造商应在其文字资料中明确声明最低运输和安装温度依据表 1，最低的使用温度为环境温度，以及最高安装和使用温度依据表 2。

10.5.103 应使用图 101 所示的端接导管配件把试样固定在摆动体上，当导管移动到中间位置时，导管轴是垂直的，且穿过摆动轴。配有试样的装置应放在规定条件下 2 h 之后，或直至试样达到声明的温度，二者中取时间较长者。

10.5.104 摆动体应以垂直轴为轴线，左右摆动，摆动总角度(180±5)°，通过垂直轴平均分隔。组件应按每分钟(40±5)次速率进行 5 000 次弯折。从垂直位置开始，正弦式移动一周为一次弯折。

10.5.105 试验后，试样应无裂开的迹象，也不得出现在无附加放大情况下正常或校正视力可见的裂缝。

10.6 破坏性试验

GB/T 20041.1—2005 的本条不适用。

10.7 抗拉强度

GB/T 20041.1—2005 的本条作下述修改后适用。

10.7.3 代替：

对于无声明具有抗拉强度的导管系统，接口的抗拉强度应依照表 6 的分类 1。

11 电气性能

GB/T 20041.1—2005 的本章作下述修改后适用。

11.2 屏蔽接地试验：

代替：

导管试样和端接导管配件应按制造商的规定装配及按图 103 所示固定。应向组件通以 25 A a.c. 电流 60^{+5}_{0} s,电流频率为 50 Hz～60 Hz,电源的空载电压不超过 12 V。然后测出图 103 所示二点之间的电压降,并从电流和电压降算出电阻。

电阻不得超过 0.05 Ω。

如果要求用专用器件来连接导管和导管配件,这些器件应足以将导管的保护涂层去掉,或应按制造商的规定将保护层去掉。

12 热性能

GB/T 20041.1—2005 的本章作下述修改后适用。

12.2.4 代替:

然后,撤掉负荷,立即将试样放于铅垂方向上,让依据图 102 的相应的量规在其自身重量及无任何初始速度的情况下通过导管,量规应能通过导管。

13 火焰效应

GB/T 20041.1—2005 的本章适用。

14 外部影响

GB/T 20041.1—2005 的本章适用。

15 电磁兼容性

GB/T 20041.1—2005 的本章适用。

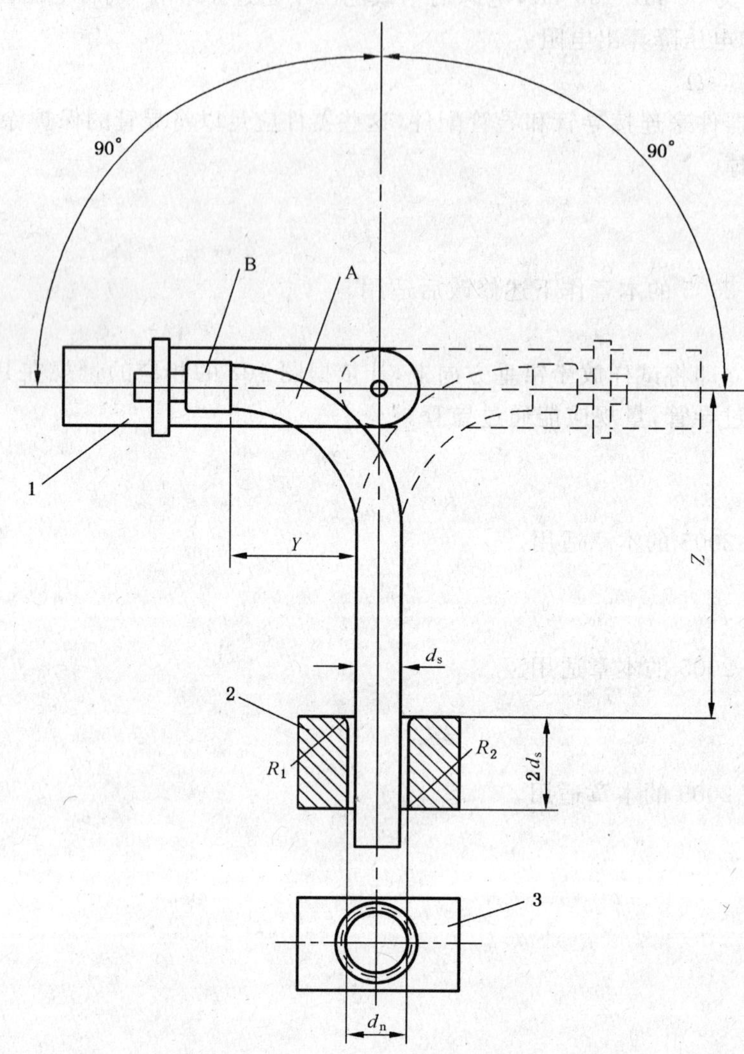

图中：

A——导管；

B——端接配件；

d_s——导管外径(A)；

d_n——支承块的内径 $1.1\times d_s$；

R_1——支承块的半径 $0.5\times d_s$；

R_2——支承块的半径 $0.25\times d_s$；

Y——制造商声明的最小弯曲半径；

Z——$1.5\times Y$。

1——摆动体；

2——导向支承块；

3——导向支承块的平面图。

注：设计时可不受本图限制，但须符合图示尺寸要求。

图 101 弯折试验装置

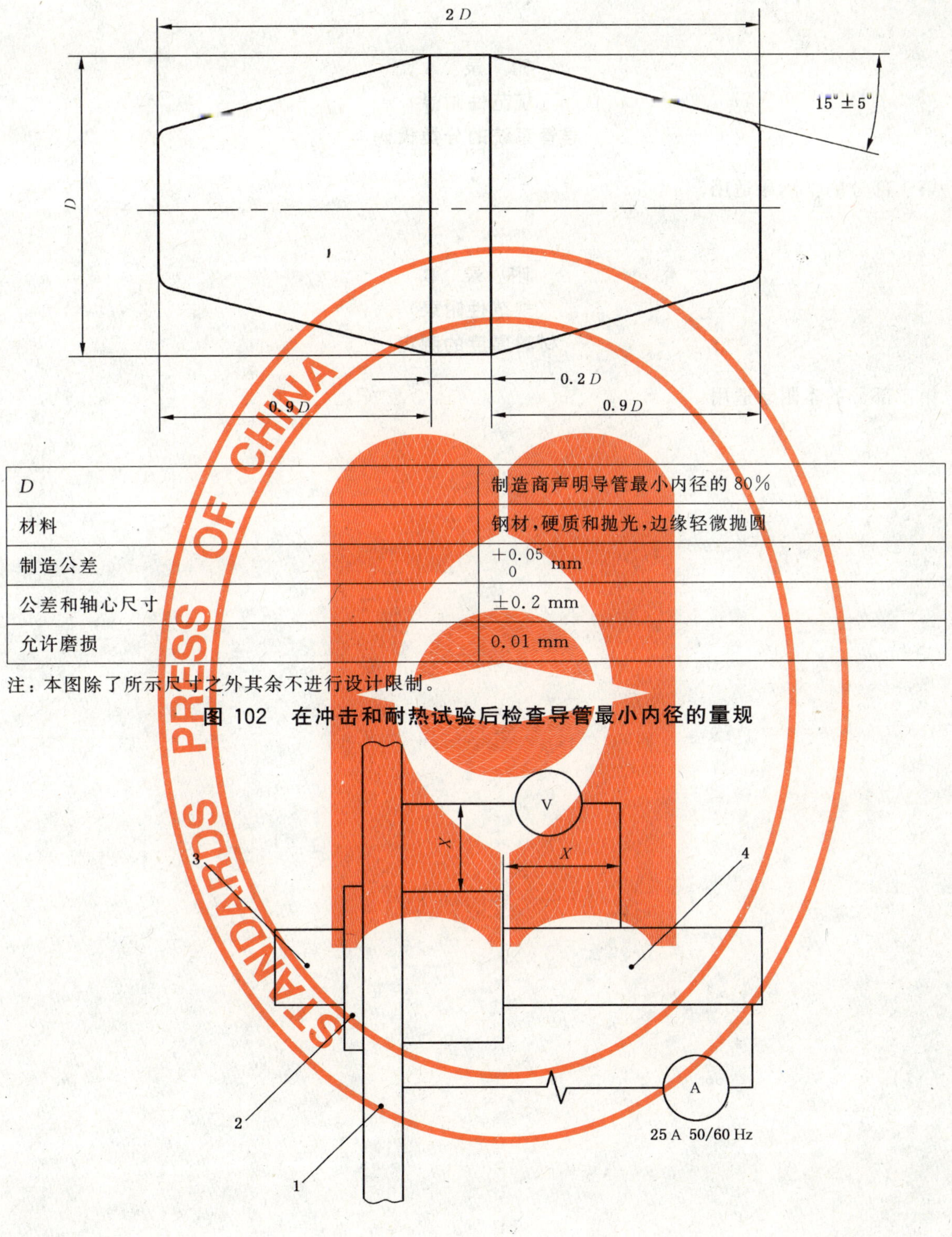

D	制造商声明导管最小内径的 80%
材料	钢材,硬质和抛光,边缘轻微抛圆
制造公差	$^{+0.05}_{0}$ mm
公差和轴心尺寸	±0.2 mm
允许磨损	0.01 mm

注:本图除了所示尺寸之外其余不进行设计限制。

图 102　在冲击和耐热试验后检查导管最小内径的量规

图中:

X=12 mm±2 mm

1——3 mm 金属板;

2——自选锁紧螺母;

3——通过攻孔或配件螺纹的对开螺母固定到板上的端接导管配件;

4——导管。

图 103　屏蔽接地试验用导管和端接导管配件的装配

附 录 A
（规范性附录）
导管系统的分类代码

第 1 部分的本附录适用。

附 录 B
（规范性附录）
材料厚度的测定

第 1 部分的本附录适用。

ICS 29.120.10
K 65

中华人民共和国国家标准

GB 20041.24—2009/IEC 61386-24:2004

电缆管理用导管系统 第24部分:埋入地下的导管系统的特殊要求

**Conduit systems for cable management—
Part 24: Particular requirement—Conduit systems buried underground**

(IEC 61386-24:2004,IDT)

2009-05-06 发布　　2010-02-01 实施

中华人民共和国国家质量监督检验检疫总局
中国国家标准化管理委员会　发布

前 言

本部分的全部技术内容为强制性。

GB 20041《电缆管理用导管系统》分为2部分：

——第1部分：通用要求(GB/T 20041.1)

——第2部分：特殊要求(GB 20041.21～20041.24)

- 第21部分：刚性导管系统的特殊要求
- 第22部分：可弯曲导管系统的特殊要求
- 第23部分：柔性导管系统的特殊要求
- 第24部分：埋入地下的导管系统的特殊要求

本部分为GB 20041的第24部分。本部分应与GB/T 20041.1—2005配合使用。

本部分等同采用IEC 61386-24:2004(第1版)《电缆管理用导管系统　第24部分：埋入地下的导管系统的特殊要求》。

本部分的附录A、附录B是规范性附录。

本部分由中国电器工业协会提出。

本部分由全国电器附件标准化技术委员会归口。

本部分起草单位：中国电器科学研究院、杭州鸿雁电器有限公司、广东联塑科技实业有限公司、佛山高明顾地塑胶有限公司、广东出入境检验检疫局。

本部分主要起草人：罗怀平、单朝兰、林少全、宋波、黄伟玲、唐念恩、李立新、周晓清、张婵兰。

电缆管理用导管系统 第24部分:埋入地下的导管系统的特殊要求

1 范围

GB/T 20041.1—2005 的本章由下述内容替代:

本部分规定了对埋入地下的导管系统(包括导管和导管配件)的要求和试验,这些导管系统包括了用以保护和管理电气装置或通信系统里的绝缘导线和/或电缆的导管和导管配件。本标准适用于金属、非金属和复合材料导管系统,包括端接这些导管系统的螺纹的和非螺纹的导管接口。

2 规范性引用文件

下列文件中的条款通过本部分的引用而成为本部分的条款。凡是注日期的引用文件,其随后所有的修改单(不包括勘误的内容)或修订版均不适用于本部分,然而,鼓励根据本部分达成协议的各方研究是否可使用这些文件的最新版本。凡是不注日期的引用文件,其最新版本适用于本部分。

GB/T 20041.1—2005 的本章作下述修改后适用:

GB/T 17194 不适用

GB 17466—1998 不适用

增加:

GB/T 4217—2001 流体输送用热塑性塑料管材 公称外径和公称压力(eqv ISO 161-1:1996)

GB/T 1804—2000 一般公差 未注公差的线性和角度尺寸的公差(eqv ISO 2768-1:1989)

3 定义

GB/T 20041.1—2005 的本章适用。

4 一般要求

GB/T 20041.1—2005 的本章适用。

5 试验的一般条件

GB/T 20041.1—2005 的本章适用。

6 分类

GB/T 20041.1—2005 的本章作下述修改后适用。

修改:

注:附录A不适用。

6.1 按机械性能分类

替代:

6.1.1 耐压力

6.1.1.1 250型(代码250)

注:按6.1.1.1分类的导管系统预计带附加保护措施来安装,这些附加保护措施在相关的国家规范中规定。

6.1.1.2 450 型(代码 450)

注：按 6.1.1.2 分类的导管系统预计不带附加保护措施地直接埋入地下。

6.1.1.3 750 型(代码 750)

注：按 6.1.1.3 分类的导管系统预计不带附加保护措施地直接埋入地下。

6.1.2 耐冲击

6.1.2.1 轻型(代码 L)

6.1.2.2 普通(代码 N)

6.1.3 抗弯曲

6.1.3.1 刚性

6.1.3.2 柔性

6.2 按温度分类

不适用。

7 标志和文件

GB/T 20041.1—2005 的本章作下述修改后适用：

7.1 增加：

此外，导管应标出：

a) 按 6.1.2 分类的代码“L”或“N”；

b) 按 6.1.1 分类的代码“250”、“450”或“750”，这个代码应标在紧跟按 a)标出的代码之后。

7.1.1 不适用

增加：

7.1.101 导管应根据 7.1 要求进行标识。标识应沿着导管全长按固定的间隔进行，间隔最适宜为 1 m，不超过 3 m。

7.3 和 7.4 不适用。

7.6 增加：

在注 3 后增加：

注 4：正在考虑替代试验。

增加：

7.101 制造商在其资料中应提供正确的、安全安装和使用所需的所有信息。

另外，对于按 6.1.1.1 分类的导管系统，制造商应提供安装保护措施的说明书(如果有相应的国家技术法规的话)。

8 尺寸

替代：

导管尺寸宜优先依照表 101 的要求。

最小内径合格与否，通过测量同一截面上二个垂直直径并计算平均值来检查。

外径合格与否，使用环形规或其他适当的方法来检查。

9 结构

除下述内容外，GB/T 20041.1—2005 的本章适用：

9.3 和 9.4 不适用。

10 机械性能

GB/T 20041.1—2005 的本章作下述修改后适用：

10.1.4 替代：

是否合格，通过10.2～10.4的试验检查。

10.2 压力试验

替代：

10.2.1 导管要经受压力试验。

注：配件的压力试验正在考虑中。

含有非金属材料的导管的试验要在其制造10 d后再开始试验。

10.2.2 试样长度为(200±5)mm。

10.2.3 试验前，要按第8章的规定测量试样的外径和内径。

10.2.4 试样被压在二块最小尺寸为100 mm×220 mm×15 mm的扁平钢板间，试样的长边对着钢板的长边220 mm。按(15±0.5)mm/min的速度压试样，在垂直弯曲处记录的负载相当于试样原来内径平均值的5%。

10.2.5 当达到5%变形时，施加的压力应至少为：

——对于依据6.1.1.1的导管，为250 N。

——对于依据6.1.1.2的导管，为450 N。

——对于依据6.1.1.3的导管，为750 N。

注：变形量按内径来计算，但测量外径已足够。在有怀疑的情况下，需要测量内径。

10.2.6 试验后，内侧和外侧之间应没有让光线或水进入的裂纹。

10.3 冲击试验

替代：

10.3.1 用图101所示试验装置对12根各长(200±5)mm的导管试样或导管配件进行冲击试验。

导管单独进行试验。

配件装在导管上进行试验。

注1：若有需要，可以在不影响试验结果的条件下调整试验用导管配件。

注2：重锤质量是锤头加导向支架。

10.3.2 试验装置要放在稳固的平面上。

试样放入温度为(−5±1)℃的冷冻箱内2 h。

从冷冻箱里取出试样，放在图101所示的V形座上。

重锤落下冲击每个试样1次，从冷冻箱取出试样到完成冲击之间的时间不要超过10 s，能量值如表102的规定。

向导管配件的最弱点上进行冲击，但导管入口的5 mm范围内不进行冲击。导管试样的冲击点为其长度的中点。

10.3.3 试验后，试样达到(20±5)℃时，试样在垂直位置上，能在自重且无初速的情况下，将10.4.3条中规定的适当的球通过导管。不能有破裂的迹象，或者在内侧和外侧之间不能有任何让光线或水进入的裂纹。

12个试样中至少有9个应通过本试验。

10.4 弯曲试验

替代：

10.4.1 用可弯曲导管来进行本试验。

10.4.2 用6根长度合适的试样来进行本试验，3根试样在室温下进行试验，另3根在(−5±1)℃下进行试验。

对于−5 ℃下的试验，试样要在冷冻箱内放2 h。

试验装置由图102所示的装置构成，弯曲导管的半径为制造商规定的最小弯曲半径。

试样的一端用一个合适的设备固定在试验装置上，然后把试样弯曲成接近90°角。对于放在冷冻箱里的试样，要在从冷冻箱取出的10 s内进行弯曲。

10.4.3　试验期间，试样不应被压扁。

是否合格，利用直径等于制造商声明的试样最小内径$(95^{+1}_{0})\%$的球是否能通过弯绕在试验装置上的试样来检查。

10.5、10.6、10.7和10.8不适用。

11　电气性能

除下述内容外，GB/T 20041.1—2005的本章适用：

11.1～11.3正在考虑中。

12　热性能

GB/T 20041.1—2005的本章不适用。

13　火焰效应

除下述内容外，GB/T 20041.1—2005的本章适用：

13.1.2正在考虑中。

14　外部影响

GB/T 20041.1—2005的本章适用。

15　电磁兼容性

GB/T 20041.1—2005的本章适用。

表101　导管直径

标称尺寸 mm	标称外径 mm	公差 mm	最小内径 mm
25	25	$^{+0.5}_{0}$	18
32	32	$^{+0.6}_{0}$	24
40	40	$^{+0.8}_{0}$	30
50	50	$^{+1.0}_{0}$	37
63	63	$^{+1.2}_{0}$	47
75	75	$^{+1.4}_{0}$	56
90	90	$^{+1.7}_{0}$	67
110	110	$^{+2.0}_{0}$	82
125	125	$^{+2.3}_{0}$	94
140	140	$^{+2.6}_{0}$	106
160	160	$^{+2.9}_{0}$	120

表 101（续）

标称尺寸 mm	标称外径 mm	公差 mm	最小内径 mm
180	180	$^{+3.3}_{0}$	135
200	200	$^{+3.6}_{0}$	150
225	225	$^{+4.1}_{0}$	170
250	250	$^{+4.5}_{0}$	188

注：标称外径依据 GB/T 4217。

外径(OD)公差如下：

最小 OD:标称外径

最大 OD:标称外径+(0.018×公称外径值)四舍五入到 0.1 mm。

最小内径:标称外径除以 1.33。

表 102 冲击试验能量值

导管的标称尺寸 mm	轻型(L)			普通(N)		
	重锤质量 kg($^{+1}_{0}$)%	落下高度 mm($^{0}_{-1}$)%	能量 J	重锤质量 kg($^{+1}_{0}$)%	落下高度 mm($^{0}_{-1}$)%	能量 J
≤60	3	100	3	5	300	15
61～90	3	200	6	5	400	20
91～140	3	400	12	5	570	28
>140	3	500	15	5	800	40

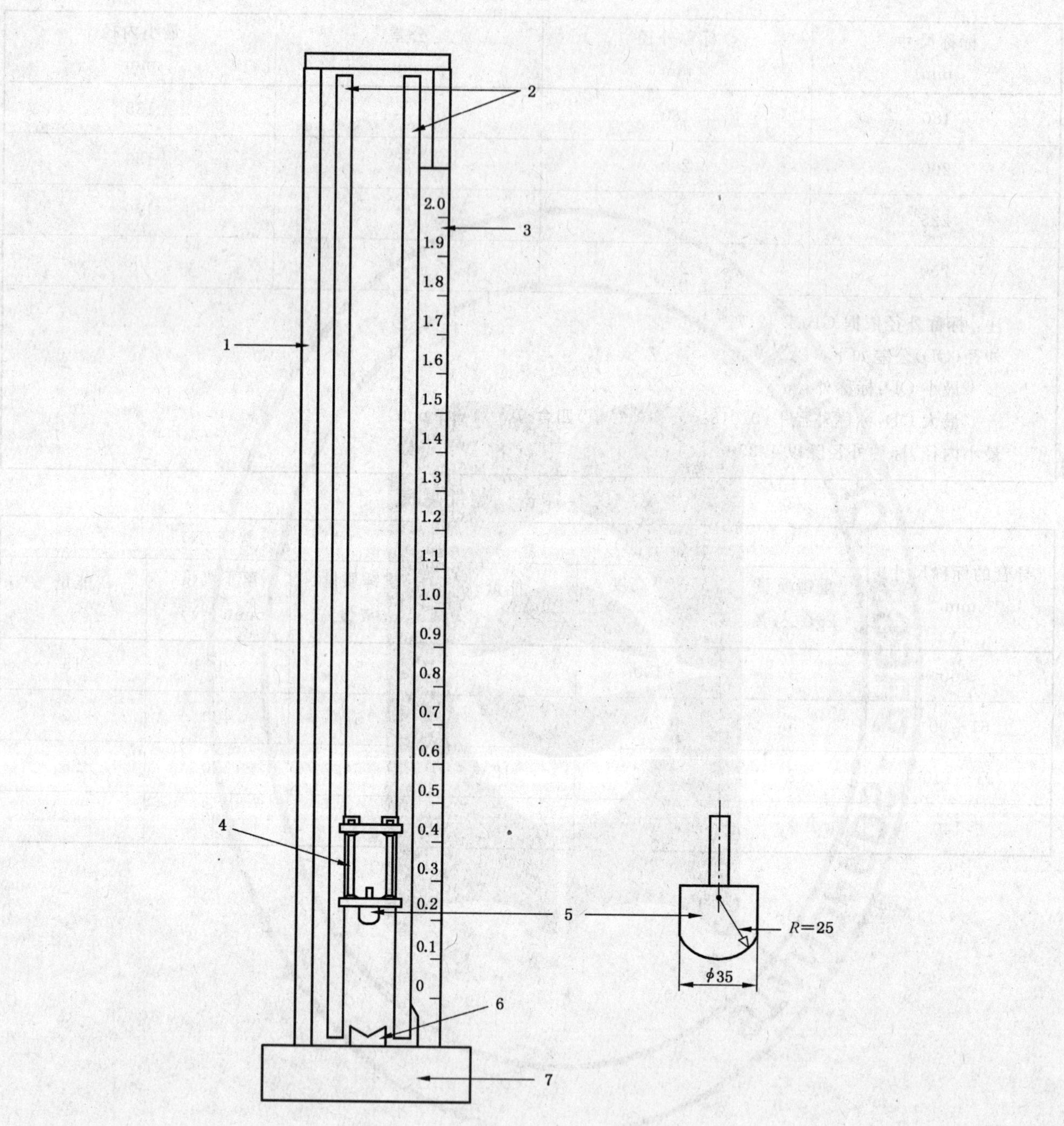

公差按 GB/T 1804 的 m 级

1——框架；

2——支承杆；

3——分度尺；

4——导向支架；

5——重锤头；

6——120°V 形座；

7——钢座。

注：设计时可不受本图限制，但须符合图示尺寸要求。

图 101　冲击试验装置

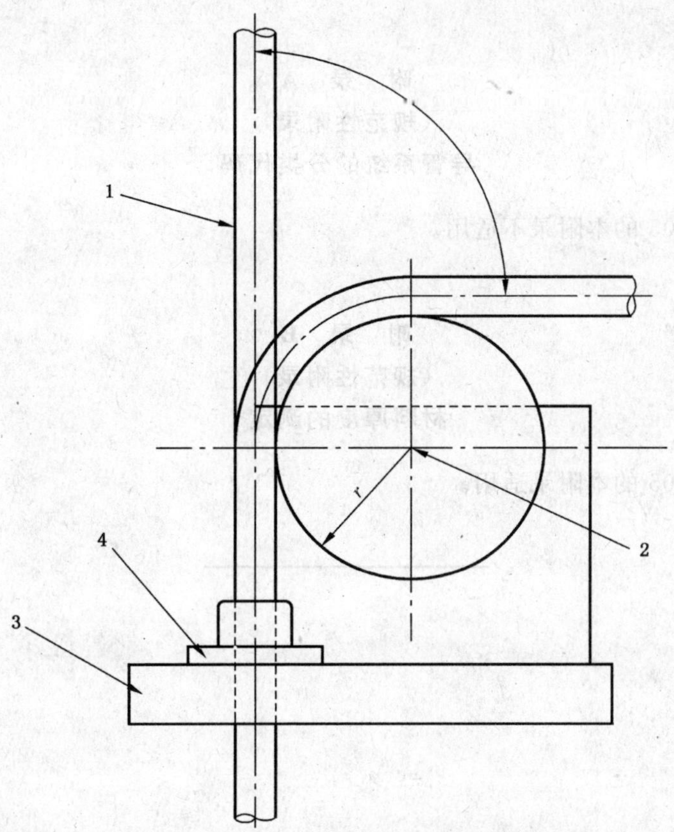

1——试样；

2——弯曲圆筒的中心；

3——底座；

4——导管用导块。

图 102　弯曲试验装置

附 录 A
（规范性附录）
导管系统的分类代码

GB/T 20041.1—2005 的本附录不适用。

附 录 B
（规范性附录）
材料厚度的测定

GB/T 20041.1—2005 的本附录适用。

ICS 27.070
K 82

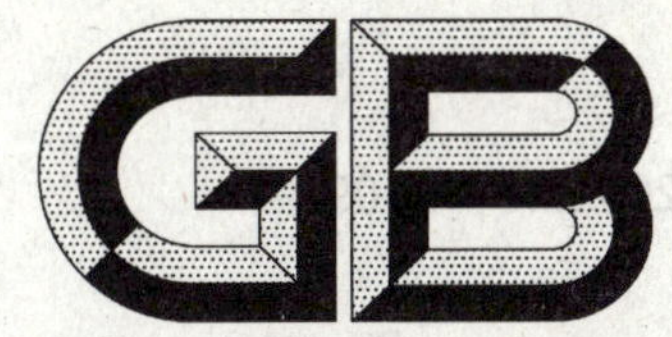

中华人民共和国国家标准

GB/T 20042.3—2009

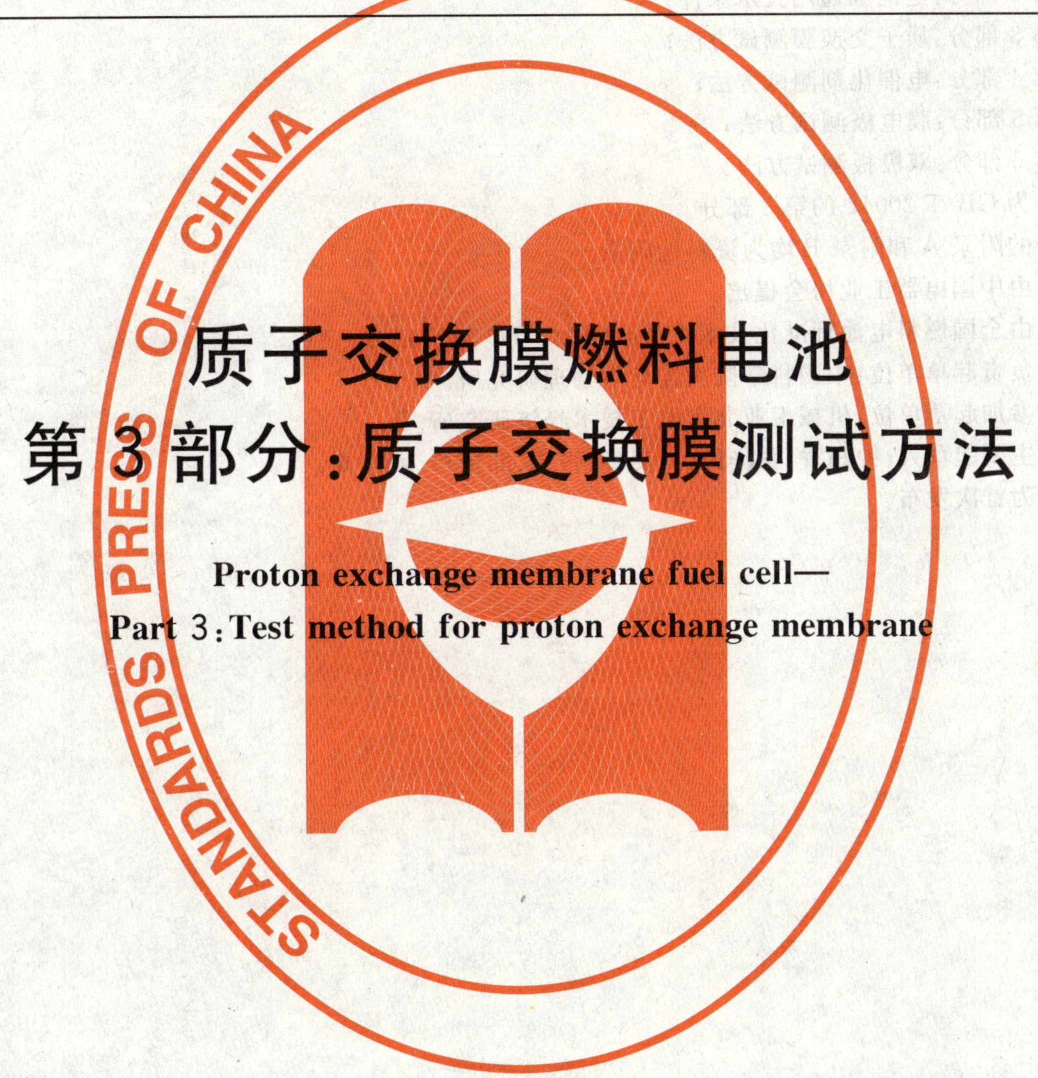

质子交换膜燃料电池 第3部分:质子交换膜测试方法

**Proton exchange membrane fuel cell—
Part 3:Test method for proton exchange membrane**

2009-04-21 发布　　　　2009-11-01 实施

中华人民共和国国家质量监督检验检疫总局
中国国家标准化管理委员会　发布

前　言

GB/T 20042《质子交换膜燃料电池》分为六个部分：

——第 1 部分：术语；

——第 2 部分：电池堆通用技术条件；

——第 3 部分：质子交换膜测试方法；

——第 4 部分：电催化剂测试方法；

——第 5 部分：膜电极测试方法；

——第 6 部分：双极板测试方法。

本部分为 GB/T 20042 的第 3 部分。

本部分的附录 A 和附录 B 均为资料性附录。

本部分由中国电器工业协会提出。

本部分由全国燃料电池标准化技术委员会(SAC/TC 342)归口。

本部分负责起草单位：中国科学院大连化学物理研究所。

本部分参加起草单位：机械工业北京电工技术经济研究所。

本部分主要起草人：钟和香、张华民、王美日、张黛、邱艳玲、衣宝廉。

本部分为首次发布。

质子交换膜燃料电池
第3部分:质子交换膜测试方法

1 范围

GB/T 20042的本部分规定了质子交换膜燃料电池用质子交换膜测试方法的术语和定义、厚度均匀性测试、质子传导率测试、离子交换当量测试、透气率测试、拉伸性能测试、溶胀率测试和吸水率测试等。

本部分适用于各种类型的质子交换膜。

2 规范性引用文件

下列文件中的条款通过GB/T 20042的本部分的引用而成为本部分的条款。凡是注日期的引用文件,其随后所有的修改单(不包括勘误的内容)或修订版均不适用于本部分,然而,鼓励根据本部分达成协议的各方研究是否可使用这些文件的最新版本。凡是不注日期的引用文件,其最新版本适用于本部分。

GB/T 1040.3—2006 塑料 拉伸性能的测定 第3部分:薄膜和薄片的试验条件(ISO 527-3:1995,IDT)

GB/T 1462—2005 纤维增强塑料吸水性试验方法

GB/T 6672—2001 塑料薄膜和薄片 厚度测定 机械测量法(ISO 4593:1993,IDT)

GB/T 20042.1 质子交换膜燃料电池 术语

3 术语和定义

GB/T 20042.1确立的以及下列术语和定义适用于本部分。

3.1

质子传导率 proton conductivity

膜传导质子的能力,是电阻率的倒数,用S/cm来表示。

注:是衡量膜的质子导通能力的一项电化学指标,它反映了质子在膜内迁移速度的大小。

3.2

离子交换当量(*EW*) equivalent weight (*EW*)

每摩尔离子基团所含干膜的质量,单位为g/mol。

注:它与表示离子交换能力大小的离子交换容量IEC(Ion Exchange Capacity)成倒数关系,体现了质子交换膜内的酸浓度。

3.3

拉伸强度 tensile strength

在给定温度、湿度和拉伸速度下,在标准膜试样上施加拉伸力,试样断裂前所承受的最大拉伸力与膜厚度及宽度的比值,单位为MPa。

3.4

吸水率 water uptake

在给定温度和湿度下单位质量干膜的吸水量,单位为质量百分比(wt%)。

3.5

溶胀率 swelling rate

在给定温度和湿度下相对于干膜在横向、纵向和厚度方向的尺寸变化,单位为%。

4 厚度均匀性测试

参照 GB/T 6672—2001 中的方法进行测试。

4.1 测试仪器

4.1.1 测厚仪：精度为 0.1 μm，用于测试厚度为 10 μm～200 μm 的膜厚度。

4.1.2 卡尺：精度为 0.01 mm，用于测试膜的长度和宽度。

4.2 样品制备

样品可以为正方形或圆形，有效面积至少为 100 cm^2。

样品应无折皱、缺陷和破损。

4.3 测试方法

4.3.1 样品在温度为 25 ℃±2 ℃，相对湿度为 50%±5%条件下放置 12 h。

注：放置样品的恒温恒湿条件也可由供需双方协商确定。

4.3.2 每次测量前应校准测厚仪的零点，且在每个试样测量后应重新检查其零点。

4.3.3 测量时将测量头平缓放下，避免样品变形。测试过程测试头施加在样品表面的强度在 0.7 N/cm^2～2 N/cm^2 之间选取。

注：测试过程测试头施加在样品表面的强度为 1.75 N/cm^2 时，Dupont 公司 NRE212 膜测试厚度为 53.5 μm。

4.3.4 在温度为 25 ℃±2 ℃，相对湿度为 50%±5%的恒温恒湿环境中进行测试。每 100 cm^2 样品的测试点不少于 9 个，且均匀分布，测试点距离样品边缘应大于 5 mm。

4.4 数据处理

样品的厚度均匀性用厚度最大值与最小值之差以及相对厚度偏差表示。

4.4.1 最大值与最小值之差按公式(1)计算：

$$\Delta d = d_{\max} - d_{\min} \qquad \cdots\cdots(1)$$

式中：

Δd——膜的厚度最大值和最小值之差，单位为微米(μm)；

$d_{\max}$——膜的厚度最大值，单位为微米(μm)；

$d_{\min}$——膜的厚度最小值，单位为微米(μm)。

4.4.2 平均厚度按公式(2)计算

$$d = \sum_{i=1}^{n} d_i / n \qquad \cdots\cdots(2)$$

式中：

d——膜的平均厚度，单位为微米(μm)；

d_i——某一点膜的厚度测量值，单位为微米(μm)；

n——测量数据点数。

4.4.3 厚度相对偏差按公式(3)计算：

$$S = (d_i - d)/d \times 100\% \qquad \cdots\cdots(3)$$

式中：

S——膜的相对厚度偏差；

d_i——某一点膜的厚度测量值，单位为微米(μm)；

d——膜的平均厚度，单位为微米(μm)。

取 3 个样品为一组，计算出平均值作为试验结果。

5 质子传导率测试

5.1 测试仪器

5.1.1 测厚仪：精度不低于 0.1 μm，用于测试厚度为 10 μm～200 μm 的膜厚度。

5.1.2　卡尺：精度不低于 0.01 mm，用于测试膜的长度和宽度。

5.1.3　电化学阻抗测试仪：阻抗频率范围为（$1\sim5\times10^{6}$）Hz，扰动电压为 10 mV。

5.1.4　电导率测量池，见图 1。膜样品两侧各放置一聚砜绝缘框作为端板，端板上开有一个方孔（2 cm×2 cm），作为膜的有效测试面积，并可以使置于其中的膜与环境的温度、湿度保持一致；在一侧端板内侧放置一块相同尺寸的不导电的塑料薄膜，作为样品的支撑物。并在该端板的两端镶嵌一个镀金薄片和镀金电极导线，作为导电材料，与电化学阻抗测试仪连接。

1——聚砜绝缘框；
2——螺杆；
3——平衡开放区；
4——膜样品；
5——镀金薄片；
6——镀金电极导线。

图 1　电导率测量池示意图

5.2　样品制备

截取一定尺寸的膜作为样品，在温度为 25 ℃±2 ℃，相对湿度为 50%±5%的恒温恒湿条件下放置 4 h。

5.3　测试方法

5.3.1　在 25 ℃±2 ℃，相对湿度为 50%±5%的恒温恒湿条件下，利用测厚仪测量样品的厚度，取三点的平均值为计算厚度 d 的值。

5.3.2　将样品固定在图 1 所示的电导率测量池中，并用扭矩扳手以 3 N·m 的扭矩将螺栓拧紧。然后将电导率测量池置于温度为 25 ℃±2 ℃，相对湿度为 50%±5%的恒温恒湿环境中。在频率范围为（$1\sim2\times10^{6}$）Hz、扰动电压 10 mV 条件下用电化学阻抗测试仪测得样品的阻抗谱图。

5.4　数据处理

在测得的阻抗谱图中，从谱线的高频部分与实轴的交点读取样品的阻抗值（R），根据公式（4）计算出样品的质子传导率。

$$\sigma = a/(R \times b \times d) \quad \cdots\cdots\cdots\cdots\cdots\cdots\cdots\cdots (4)$$

式中：

σ——样品的质子传导率，单位为西门子每厘米（S/cm）；

a——两电极间距离，单位为厘米（cm）；

R——样品的测量阻抗,单位为欧(Ω);

b——与电极垂直方向的膜的有效长度,单位为厘米(cm);

d——样品的厚度,单位为厘米(cm)。

取3个样品为一组,计算出平均值作为试验结果。

6 离子交换当量(*EW*)测试

6.1 仪器与设备

6.1.1 分析天平:精度为0.1 mg。

6.1.2 自动电位滴定仪:pH值精度不低于0.1。

6.2 样品准备

取质量不低于0.5 g的样品,剪碎后将其置于真空度为0.1 MPa、温度为80 ℃的真空烘箱内干燥8 h。

6.3 测试方法

6.3.1 从烘箱中取出后,迅速用分析天平称量干膜的质量W。

6.3.2 将样品放入密封的、装有饱和氯化钠溶液的试剂瓶中搅拌24 h。

6.3.3 用一定浓度(C_{NaOH})的NaOH溶液利用自动电位滴定仪滴定至中性,记录消耗的NaOH溶液的体积V_{NaOH}。

6.4 数据处理

根据公式(5)计算出膜的EW值:

$$EW = W/(V_{NaOH} \times C_{NaOH}) \qquad \cdots\cdots(5)$$

式中:

EW——膜的离子交换当量,单位为克每摩尔(g/mol);

W——干质子交换膜的质量,单位为克(g);

V_{NaOH}——NaOH溶液的体积,单位为升(L);

C_{NaOH}——NaOH溶液的摩尔浓度,单位为摩尔每升(mol/L)。

取3个样品为一组,计算出平均值作为试验结果。

7 透气率测试

7.1 测试仪器

7.1.1 气相色谱仪:检测最低限≥100(10^{-6} m³/m³)。

7.1.2 渗透池。

7.1.3 透气率测试装置。

7.2 样品制备

7.2.1 按渗透池要求截取一定尺寸的方形或圆形送试材料作为样品。

7.2.2 样品数应满足3次有效试验的要求。样品应无折皱、缺陷和破损。

7.3 测试方法

7.3.1 将样品夹在两块均具有气体进口和出口的不锈钢夹具之间,将其密封,使两侧形成气室,作为试验渗透池。

7.3.2 将渗透池按照图2所示的试验装置示意图安装在试验装置上。

7.3.3 分别在气室的两侧通入温度为25 ℃±2 ℃,相对湿度为50%±5%,压力为0.05 MPa的氧气或氢气和惰性气体,使气室两侧的压力保持平衡。

7.3.4 在测试所要求的温度、湿度和压力下稳定至少2 h,将惰性气体的出口通入气相色谱仪检测被测气体的渗透量。

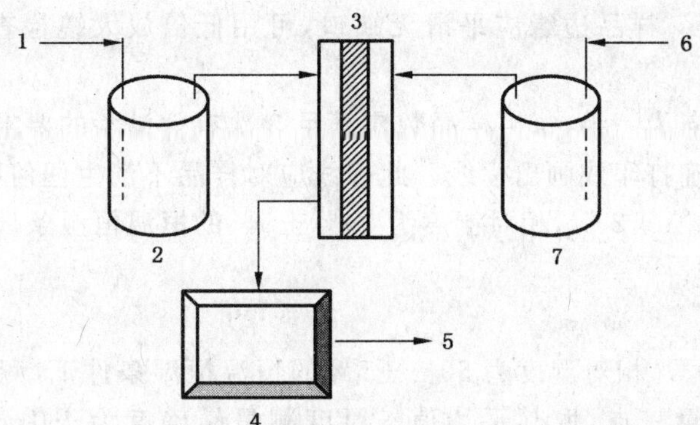

1——氦气/氮气；
2——增湿罐；
3——渗透池；
4——气相色谱；
5——尾气；
6——氧气/氢气；
7——增湿罐。

注：增湿罐主要用于增湿氧气/氢气和惰性气体，以控制膜的相对湿度；将膜样品夹在具有气体进口和出口的两块不锈钢板夹具之间，将其密封，使两侧形成气室作为渗透池。流经增湿罐增湿的氧气/氢气和惰性气体进入渗透池在膜的两侧流动，从而可以维持膜两侧的压力保持平衡。两侧的压力平衡主要是通过两侧精密压力表来控制。被测气体渗透的推动力是膜两侧的气体分压，这样从渗透池流出的惰性气体中就含有从膜的另一侧渗透过来的被测气体；气相色谱仪用于检测渗透池出口被测气体的浓度。测试在恒温恒湿条件下进行。

图 2　质子交换膜的气体透气率测量装置示意图

7.4　数据处理

透气率用公式(6)计算：

$$C = q/S \quad \cdots\cdots\cdots\cdots (6)$$

式中：

C——质子交换膜单位时间、单位面积的透气率，单位为立方厘米每平方厘米每分钟($cm^3/cm^2 \cdot min$)；

q——单位时间的气体渗透量，单位为立方厘米每分钟(cm^3/min)；

S——渗透有效测试面积，单位为平方厘米(cm^2)。

8　拉伸性能测试

参照 GB/T 1040.3—2006 中的方法进行测试。

8.1　仪器与设备

8.1.1　试验机

任何能满足本部分试验要求的试验机均可。

8.1.2　试验夹具

试验夹具不应引起试样在夹具处断裂。施加负荷时，应满足试样的纵轴与通过夹具中心线的拉伸方向重合。

8.1.3　测厚仪和卡尺

8.1.3.1　测厚仪：精度不低于 0.1 μm，用于测试厚度为 10 μm～200 μm 的膜厚度。

8.1.3.2　卡尺：精度不低于 0.01 mm，用于测试膜的长度和宽度。

8.2　样品制备

8.2.1　样品应沿送试材料长度(x 向)和宽度(y 向)双向分别等间隔裁取，按 GB/T 1040.3—2006 裁成一定尺寸的哑铃或长条形状。样品边缘应平滑无缺口,可用低倍放大镜检查缺口,舍去边缘有缺陷的样品。

8.2.2 样品按每个试验方向为一组,每组样品数应满足3次有效试验的要求。

8.2.3 按样品尺寸要求准确打印或画出标线。此标线应对样品不产生任何影响。

8.2.4 样品应在温度为25 ℃±2 ℃,相对湿度为50%±5%的恒温恒湿条件下,放置时间至少4 h。放置条件也可由相关双方商定。

8.3 测试方法

8.3.1 在温度为25 ℃±2 ℃,相对湿度为50%±5%的恒温恒湿条件下,测量样品厚度。每个样品的厚度及宽度应在标距内测量三点,取其平均值。厚度测量精确度为±0.2%,宽度测量精确度为±0.5%。

8.3.2 将样品置于试验夹具中,使样品纵轴与上、下夹具中心连线相重合,并将其夹紧。气动夹具的压力值在0.3 MPa~0.7 MPa范围内选取。

8.3.3 试验机的拉伸速度在50 mm/min~200 mm/min范围内选取。

8.3.4 样品断裂后,读取相应的负荷值。若样品断裂在标线外的部位时,该次试验无效。

注:在温度为25 ℃±2 ℃,相对湿度为50%±5%的条件下,气动夹具的压力值为0.4 MPa,拉伸速度为50 mm/min时,Dupont公司NRE212膜测试拉伸强度为32.5 MPa。

8.4 数据处理

根据测出的拉伸曲线读取所需负荷及相应的膜厚度、宽度,根据公式(7)计算出膜的最大拉伸强度。

$$\sigma = p/(b \times d) \qquad \cdots\cdots(7)$$

式中:

σ——膜的最大拉伸强度,单位为兆帕(MPa);

p——最大负荷,单位为牛(N);

b——试样宽度,单位为毫米(mm);

d——试样厚度,单位为毫米(mm)。

取3个样品为一组,计算出平均值作为试验结果。

9 溶胀率测试

9.1 测试仪器

9.1.1 测厚仪:精度不低于0.1 μm,用于测试厚度为10 μm~200 μm的膜厚度。

9.1.2 卡尺:精度不低于0.01 mm,用于测试膜的长度和宽度。

9.1.3 恒温水浴:温度控制精度为±0.2 ℃。

9.2 样品制备

9.2.1 截取一定尺寸的方形或圆形送试材料作为样品。

9.2.2 样品数量至少为3个,应无折皱、缺陷和破损。

9.3 测试方法

9.3.1 用卡尺测量样品的初始长度和宽度,用测厚仪测试样品的厚度。

9.3.2 将样品放入温度分别是25 ℃±2 ℃和沸水温度100 ℃±2 ℃恒温水浴中,保持时间至少为30 min。

9.3.3 将样品平稳地从恒温水浴中取出,将其平铺于测量平台,并迅速测量其尺寸。

9.4 数据处理

样品的溶胀率可以取线性的变化率、面积的变化率或体积的变化率表示。

分别由公式(8)~(10)计算:

$$\Delta L = (L_1 - L_0)/L_0 \times 100\% \qquad \cdots\cdots(8)$$

式中：

ΔL——线性的变化率，单位为%；

L_1——样品在恒温水浴浸泡后的尺寸，单位为微米(μm)；

L_0——样品的初始尺寸，单位为微米(μm)。

$$\Delta S=(S_1-S_0)/S_0\times 100\% \quad\cdots\cdots(9)$$

式中：

ΔS——面积的变化率，单位为%；

S_1——样品在恒温水浴浸泡后的面积，单位为平方微米(μm²)；

S_0——样品的初始面积，单位为平方微米(μm²)。

$$\Delta V=(V_1-V_0)/V_0\times 100\% \quad\cdots\cdots(10)$$

式中：

ΔV——体积的变化率，单位为%；

V_1——样品在恒温水浴浸泡后的体积，单位为立方微米(μm³)；

V_0——样品的初始体积，单位为立方微米(μm³)。

取3个样品为一组，计算出平均值作为试验结果。

若一组样品中任意两个样品间的溶胀率之差超过5%，则应查明原因重新测定。

10 吸水率测试

参照GB/T 1462—2005规定的方法。

10.1 概述

本部分规定了燃料电池用质子交换膜在规定尺寸、温度和浸水时间下吸水量的测定方法。

本部分规定的两种方法的浸水温度分别是25 ℃±2 ℃和沸水温度100 ℃±2 ℃。

10.2 测试仪器

10.2.1 分析天平：精度为0.1 mg。

10.2.2 烘箱：能控制在80 ℃±2 ℃或其他由双方商定的温度。

10.2.3 恒温水浴：温度控制精度为±0.2 ℃。

10.3 样品制备

10.3.1 截取一定尺寸的方形或圆形送试材料作为样品。

10.3.2 样品数量至少为3个，应无折皱、缺陷和破损。

10.4 测试方法

10.4.1 将样品置于80 ℃±2 ℃的烘箱中干燥24 h，移至干燥器中冷却至室温后，用分析天平称取样品的初始质量W_0。

10.4.2 将样品放入给定温度的恒温水浴中，保持时间至少为24 h。

10.4.3 将样品从恒温水浴中取出，将其表面用滤纸吸干，并迅速测量其质量W_1。

10.5 数据处理

由公式(11)计算：

$$\Delta W=(W_1-W_0)/W_0\times 100\% \quad\cdots\cdots(11)$$

式中：

ΔW——吸水率，单位为%；

W_1——样品在恒温水浴浸泡后的质量，单位为克(g)；

W_0——样品的初始质量，单位为克(g)。

取3个样品为一组，计算出平均值作为试验结果。

若一组样品中任意两个样品间的吸水率之差超过5%，则应查明原因重新测定。

附 录 A
（资料性附录）
测 试 准 备

A.1 概述

本附录描述在进行测试之前应该考虑的典型项目。对于每项试验来说，应选择高精度的检测仪器及设备，以便将不确定因素减到最少。应准备一个书面的测试计划，下列各项应该列入测试计划：

a) 目的；

b) 测试规范；

c) 测试人员资格；

d) 质量保证标准(符合 ISO 9000 和相关标准)；

e) 结果不确定度(符合 IEC/ISO 检测值不确定度的表述指南)；

f) 对测量仪器及设备的要求；

g) 测试参数范围的估计；

h) 数据采集计划；

i) 必要时，列出以氢气作为燃料的最低安全要求事项(由最终产品制造商提供说明文件)。

A.2 数据采集和记录

为满足目标误差要求，数据采集系统和数据记录设备应满足采集频次与采集速度的需要，其性能应优于性能试验设备。

附 录 B
（资料性附录）
试 验 报 告

B.1 概述

根据所做试验，试验报告应提供足够多的正确、清晰和客观的数据用来进行分析和参考。报告有三种形式，摘要式、详细式和完整式。每个类型的报告都应包含相同的标题页和内容目录。

B.2 报告内容

B.2.1 标题页

标题页应介绍下列各项信息：

a) 国家标准代号；

b) 样品名称、材料组成，规格；

c) 试样状态调节及测试标准环境；

d) 试验机型号；

e) 每次测试的结果以及结果的平均值；

f) 试验日期、人员。

标题页应包括以下内容：

——报告编号；（可选择）

——报告的类型；（摘要式、详细式和完整式）

——报告的作者；

——试验者；

——报告日期；

——试验的场所；

——试验的名称；

——试验日期和时间；

——试验申请单位。

B.2.2 内容目录

每种类型的报告都应提供一个目录。

B.3 报告类型

B.3.1 摘要式报告

摘要式报告应包括下列各项数据：

——试验的目的；

——试验的种类，仪器和设备；

——所有的试验结果；

——每个试验结果的不确定因素和确定因素；

——摘要性结论。

B.3.2 详细式报告

详细式报告除包含摘要式报告的内容外，还应包括下列各项数据：

——试验操作方式和试验流程图；

——仪器和设备的安排、布置和操作条件的描述；

——仪器设备校准情况；

——用图或表的形式说明试验结果；

——试验结果的讨论分析。

B.3.3 完整式报告

完整式报告除了包含详细内容，还应有原始数据的副本，此外还应包括下列各项：

——试验进行时间；

——用于试验的测量设备的精度；

——试验的环境条件；

——试验者的姓名和资格；

——完整和详细的不确定度分析。

ICS 27.070
K 82

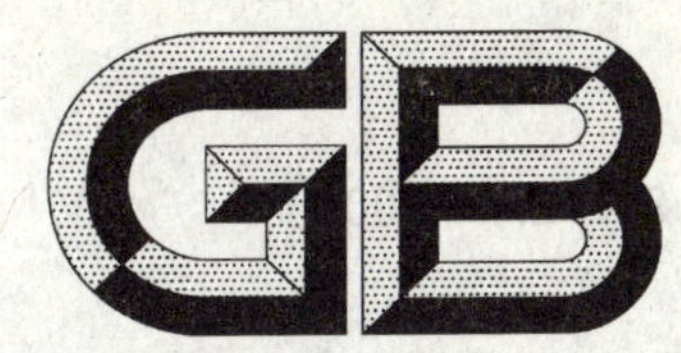

中华人民共和国国家标准

GB/T 20042.4—2009

质子交换膜燃料电池
第4部分：电催化剂测试方法

Proton exchange membrane fuel cell—Part 4: Test method for electrocatalysts

2009-04-21 发布

2009-11-01 实施

中华人民共和国国家质量监督检验检疫总局
中国国家标准化管理委员会 发布

前 言

GB/T 20042《质子交换膜燃料电池》分为六个部分：

——第1部分：术语；

——第2部分：电池堆通用技术条件；

——第3部分：质子交换膜测试方法；

——第4部分：电催化剂测试方法；

——第5部分：膜电极测试方法；

——第6部分：双极板测试方法。

本部分为GB/T 20042的第4部分。

本部分的附录A为资料性附录。

本部分由中国电器工业协会提出。

本部分由全国燃料电池标准化技术委员会(SAC/TC 342)归口。

本部分负责起草单位：中国科学院大连化学物理研究所。

本部分参加起草单位：机械工业北京电工技术经济研究所。

本部分主要起草人：钟和香、张华民、邱艳玲、卢琛钰、王美日、衣宝廉。

本部分为首次发布。

质子交换膜燃料电池
第4部分:电催化剂测试方法

1 范围

GB/T 20042的本部分规定了质子交换膜燃料电池电催化剂测试方法的术语和定义、铂含量测试、电化学活性面积测试、比表面积、孔容、孔径分布测试、形貌及粒径分布测试、晶体结构测试、催化剂堆密度测试以及单电池极化曲线测试等。

本部分适用于各种类型的质子交换膜燃料电池铂基(Pt基)电催化剂。

2 规范性引用文件

下列文件中的条款通过GB/T 20042的本部分的引用而成为本部分的条款。凡是注日期的引用文件,其随后所有的修改单(不包括勘误的内容)或修订版均不适用于本部分,然而,鼓励根据本部分达成协议的各方研究是否可使用这些文件的最新版本。凡是不注日期的引用文件,其最新版本适用于本部分。

GB/T 5816—1995 催化剂和吸附剂表面积测定法

GB/T 13566—1992 肥料 堆密度的测定方法(ISO 3944:1980,EQV)

GB/T 15072.7—2008 贵金属合金化学分析方法 金合金中铬和铁量的测定 电感耦合等离子体原子发射光谱法

GB/T 20042.1 质子交换膜燃料电池 术语

3 术语和定义

GB/T 20042.1确立的以及下列术语和定义适用于本部分。

电化学活性面积 electrochemical active area

电化学方法测得的催化剂的有效活性比表面积,单位为m^2/g。

注:表示催化剂参加电化学反应的活性位的多少。

4 铂含量测试

4.1 热重法测试铂含量

4.1.1 适用范围

此方法仅适用于Pt担载量高于20%的Pt/C催化剂中Pt含量的测试。

4.1.2 使用仪器

热重分析仪(TGA)。

4.1.3 样品准备

4.1.3.1 称取适量催化剂样品,质量应满足3次有效试验的要求。

4.1.3.2 测试样品应置于真空烘箱中于80 ℃干燥12 h。

4.1.4 测试过程

4.1.4.1 称取适量样品置于热重分析仪的测试坩埚中,称重后以空气或者空气和惰性气体按一定比例组成的混合气作为工作气体,控制气体流速为 50 mL/min,将样品自室温程序升温至终点温度 800 ℃,升温速度为 2 ℃/min。

注:气体的流速、升温速度以及试验的终点温度,也可根据不同催化剂的性质,由送样方和测试方协商确定。

4.1.4.2 待样品恒重后,记录样品温度-重量曲线。

4.1.5 数据处理

按照公式(1)计算 Pt 担载量:

$$L = W_1/W_0 \times 100\% \qquad \cdots\cdots(1)$$

式中:

L——Pt 担载量,单位为%;

W_1——终点温度样品的质量,单位为毫克(mg);

W_0——样品的原始质量,单位为毫克(mg)。

取 3 个样品为一组,计算出平均值作为试验结果。

4.2 ICP(电感耦合等离子体光谱)法测试 Pt 含量

参照 GB/T 15072.7—2008 中的方法进行测试。

4.2.1 适用范围

此方法适用于 Pt/C 催化剂以及 Pt 合金催化剂中 Pt 含量的测试。

4.2.2 测试仪器和设备

4.2.2.1 离子耦合发射光谱(ICP):最低检测限≤1 μg/L。

4.2.2.2 分析天平:精度为 0.1 mg。

4.2.2.3 卡尺:测量精度为 0.01 mm。

4.2.3 样品制备

样品质量不少于 2 g。

将样品置于真空烘箱中于 80 ℃干燥 12 h。

4.2.4 试剂和材料

4.2.4.1 浓硫酸(98%),优级纯。

4.2.4.2 浓盐酸(37%),优级纯。

4.2.4.3 浓硝酸(68%),优级纯。

4.2.4.4 二次蒸馏水,电阻率≥18.2 MΩ·cm。

4.2.4.5 30%双氧水,分析纯。

4.2.4.6 具盖刚玉坩埚。

4.2.5 测试方法

4.2.5.1 样品氧化灰化。将装有样品的具盖坩埚放入马弗炉,先在 400 ℃~500 ℃的空气氛围中氧化碳化 6 h,再升温至 900 ℃~950 ℃进行氧化灰化 12 h 后,冷却到室温。

4.2.5.2 样品硝化。将样品放入具盖刚玉坩埚中,用二次蒸馏水润湿。然后沿坩埚壁向样品缓慢加入 6 mL~12 mL 浓硫酸和浓硝酸混合液。其中,浓硫酸与浓硝酸体积比为 1∶3。在 80 ℃对样品加热硝化,当酸体积浓缩到一半后,再加入适量的浓硫酸和浓硝酸和 0.2 mL~0.3 mL 的 30%的双氧水,将其加热至 80 ℃继续硝化,如此循环往复,直至溶液接近透明,没有悬浮物为止。

4.2.5.3 样品溶解。样品充分硝化后,沿坩埚壁加入适量新配制的王水,80 ℃加热直到样品溶液完全澄清透明为止。

4.2.5.4 测试样配制。将上述样品全部转移至适量容积的容量瓶中,用二次蒸馏水定容作为测试样的初始体积,测试时取适量该溶液按一定比例稀释到测试需要的浓度。

4.2.6 **标准曲线的绘制**

使用ICP对Pt标准溶液以及合金催化剂中合金金属M的标准溶液进行光谱分析，绘制Pt和金属M的标准曲线。

4.2.7 **测试样中Pt浓度分析**

使用ICP对测试样品进行光谱分析，绘制Pt和金属M的曲线，分析待测样品中Pt的浓度或Pt和合金金属M的浓度。

4.2.8 **数据处理**

按照公式(2)计算电催化剂中的Pt含量：

$$\eta_{Pt} = n \times C_{Pt} \times V_{Pt} / m_0 \times 100\% \quad \cdots\cdots (2)$$

式中：

η_{Pt}——电催化剂中Pt的含量，单位为%；

n——将测试样品配制为ICP分析用溶液的稀释倍数；

C_{Pt}——ICP测试溶液中的Pt浓度，单位为毫克每升(mg/L)；

V_{Pt}——配制的测试样品初始体积，单位为升(L)；

m_0——测试样品的总质量，单位为毫克(mg)。

按照公式(3)计算电催化剂中的合金金属M的含量：

$$\eta_{M} = n \times C_{M} \times V_{Pt} / m_0 \times 100\% \quad \cdots\cdots (3)$$

式中：

η_{M}——电催化剂中合金金属M的含量，单位为%；

n——将测试样品配制为ICP分析用溶液的稀释倍数；

C_{M}——ICP测试溶液中的合金金属M的浓度，单位为毫克每升(mg/L)；

V_{Pt}——配制的测试样品的初始体积，单位为升(L)；

m_0——测试样品的总质量，单位为毫克(mg)。

5 电化学活性面积(ECA)测试

5.1 测试仪器

电化学恒电位测试仪。

5.2 样品准备

测试样品应置于真空烘箱中于80 ℃干燥12 h。

样品质量应满足3次有效试验的要求。

5.3 测试方法

5.3.1 准确称取5 mg±0.05 mg催化剂。

5.3.2 向称取的催化剂中依次加入5%Nafion(DE521)溶液50 μL、去离子水2 mL及异丙醇2 mL。

5.3.3 用功率不低于200 W的超声波超声30 min，使浆液混合均匀，超声过程中需保持水浴温度不超过20 ℃。

5.3.4 按照电极表面催化剂担载量为50 $\mu g/cm^2$～200 $\mu g/cm^2$，取适量分散好的浆液分两次均匀地滴加到光滑干净的圆盘电极表面，使其自然并完全干燥，作为工作电极。

5.3.5 将电极置于电解池中，组成三电极体系。其中，参比电极为饱和甘汞电极(Hg/Hg_2Cl_2/饱和KCl溶液)或氯化银电极(Ag/AgCl/饱和KCl溶液)，对电极为大面积Pt片或Pt丝，电解质为N_2饱和的0.5 mol/L的H_2SO_4溶液；

5.3.6 测试循环伏安曲线。先以20 mV/s的扫描速度对催化剂进行活化，直至氢脱附峰面积(图中标出)不再增加时,以 20 mV/s 的速度扫描 5 圈,电位扫描范围为 −0.25 V～1.0 V(相对于饱和甘汞电极)。

5.4 数据处理

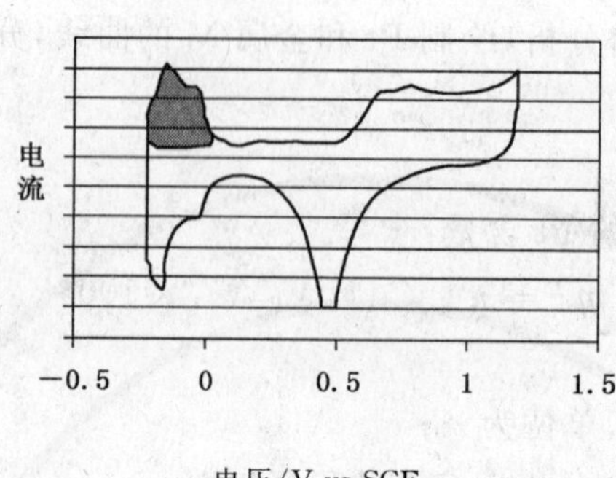

图 1 Pt/C 催化剂 ECA 典型循环伏安曲线

对 Pt/C 催化剂,电化学测试 ECA 获得的典型循环伏安曲线如图 1 所示。

选取稳定后的循环伏安曲线,对其氢脱附峰进行积分,得到面积 S(A·V),按公式(4)计算电化学活性面积 ECA:

$$\mathrm{ECA} = 100 \times S/(C \times \nu \times M) \qquad \cdots\cdots(4)$$

式中:

ECA——电化学活性面积,单位为平方米每克(m^2/g);

S——氢脱附峰的积分面积,单位为安伏(A·V);

C——光滑 Pt 表面吸附氢氧化吸附电量常数,0.21 毫库仑每平方厘米(0.21 mC/cm^2);

ν——扫描速度,单位为毫伏每秒(mV/s);

M——电极上 Pt 的质量,单位为克(g)。

取 3 个样品为一组,计算出平均值作为试验结果。

6 比表面积、孔容、孔径分布测试

参照 GB/T 5816—1995 的方法进行测试。

6.1 仪器及气体

6.1.1 全自动物理吸附仪。

6.1.2 分析天平:精度为 0.01 mg。

6.1.3 测试气体:经过干燥处理的无油高纯氮气、氦气,纯度不低于 99.999%。

6.2 测试方法

采用静态氮吸附容量法测量催化剂在不同低压下所吸附的氮气体积,至少要测得符合 BET 线性关系的四个试验点,应用 BET 二参数方程进行表面积计算。

6.2.1 样品预处理和脱气

a) 根据脱气要求将经脱气处理后的空样品管加塞子称量,精确至 0.01 mg。此时质量记为 m_1;

b) 取适量样品加入到样品管中。设定加热温度(一般小于 200 ℃),对样品加热抽空。当加热温度达到设定温度,系统真空度达到 1.3 Pa 时,再连续脱气至少 4 h。允许对样品脱气过夜;

c) 将脱气后的样品管冷却至室温后加塞子称量,精确至 0.01 mg。此质量记为 m_2,由 m_2 与 m_1 之差得到样品净重。

6.2.2 死空间测定

a) 根据分析要求向分析系统歧管中充氦至79.9 kPa～119.9 kPa,并记录此压力和歧管温度。随后打开待测样品阀,使氦气充入样品管;

b) 平衡约5 min后,记录平衡压力和歧管温度。根据记录的压力和歧管温度以及已知歧管体积,准确计算死空间。

6.2.3 吸附测定

a) 根据分析要求向系统充氮,在相对压力 P/P_0 为0.06～0.2或0.25之间实测四个以上吸附试验点。记录相应的平衡压力 P,并计算吸附量 V_a;

b) 吸附测定时,压力变动在5 min内不超过13 Pa,可以视为达到吸附平衡;

c) 测量并记录液氮饱和蒸气压 P_0。

6.3 结果计算

a) 根据公式(5)BET二参数方程式计算:

$$\frac{P/P_0}{V_a(1-P/P_0)}=\frac{1}{V_m\times C}+\frac{C-1}{V_m\times C}\times P/P_0 \qquad (5)$$

式中:

P/P_0——相对压力;

P——平衡压力,单位为千帕(kPa);

P_0——饱和蒸气压,单位为千帕(kPa);

V_a——氮吸附量,单位为 cm^3 STP/g;

V_m——单层吸附量,单位为 cm^3 STP/g;

C——与氮气净摩尔吸附热有关的常数。

以 P/P_0 对 $\frac{P/P_0}{V_a(1-P/P_0)}$ 作BET直线图,直接由图解法或最小二乘法求出BET直线图的截距 $I\left(即\frac{1}{V_m\times C}\right)$ 和斜率 $S\left(即\frac{C-1}{V_m\times C}\right)$。

在所选BET直线范围内,各试验点对直线的偏离不大于纵坐标值的0.6%。

b) 单层吸附量 V_m(cm^3 STP/g)按公式(6)计算:

$$V_m=\frac{1}{S+I} \qquad (6)$$

式中:

V_m——单层吸附量,单位为 cm^3 STP/g;

S——BET直线图的斜率;

I——BET直线图的截距。

c) 样品的表面积 S_{BET}(m^2/g)按式(7)计算(氮分子横截面积取0.162 nm^2):

$$S_{BET}=4.353\times V_m \qquad (7)$$

式中:

S_{BET}——样品的表面积,单位为 m^2/g;

V_m——单层吸附量,单位为 cm^3 STP/g。

d) 孔径分布通过BJH模型,通过软件处理数据得到。

7 形貌及粒径分布测试

7.1 测试仪器

满足不同催化剂粒径测试要求的透射电镜仪。

7.2 样品制备

单颗样品粉末尺寸应小于 1 μm。

在试验前，将样品置于真空烘箱中于 80 ℃干燥 12 h。

7.3 测试方法

7.3.1 将铜网进行除油、除污处理，并清洗、干燥。

7.3.2 取适量的样品和乙醇加入小烧杯，超声振荡均匀，将适量混合液滴于铜网上，干燥后，放入透射电镜仪器中进行测试。

7.3.3 按照电镜仪器的操作要求，取一定放大倍数的电镜照片。

7.4 数据处理

统计 200 个以上的样品颗粒的粒径，给出粒径分布图。按公式(8)计算样品的平均粒径：

$$D_m = \sum_i n_i d_i / \sum_i n_i \qquad (8)$$

式中：

D_m——催化剂粒子的平均粒径，单位为纳米(nm)；

n_i——粒径为 d_i 的粒子数，单位为个；

d_i——第 i 个样品粒子的粒径，单位为纳米(nm)。

8 晶体结构测试

8.1 测试仪器

X-射线衍射仪(XRD)。

8.2 样品准备

催化剂样品量不低于装满样品池所需要的量。

将样品置于真空烘箱中于 80 ℃干燥 12 h 至完全干燥后，将其磨成粒度小于 100 nm 的细粉。

8.3 测试方法

8.3.1 将样品装到样品槽中，用玻璃片压片，样品表面要与样品槽表面持平，以防 XRD 图谱偏移。

8.3.2 将样品槽放入 XRD 测试仪的样品夹具中。

8.3.3 对样品在一定扫速和角度范围内进行扫描，得到催化剂 XRD 谱图。

8.4 数据处理与报告

与标准谱图库对照，确定催化剂晶形结构。

按公式(9)估算样品平均粒径：

$$D = 0.9\lambda / (\beta \times \cos\theta) \qquad (9)$$

式中：

D——晶粒大小，单位为纳米(nm)；

λ——X 射线波长，单位为纳米(nm)；

β——半峰宽，单位为弧度(rad)；

θ——衍射角，单位为度(°)。

9 堆密度测试

9.1 样品准备

取 1.0 g 的催化剂，置于真空烘箱中于 80 ℃干燥 12 h，作为待测样品。

9.2 测试仪器

9.2.1 分析天平：精度为 0.1 mg。

9.2.2 测量筒：精度为 0.1 mL。

9.3 测试方法

参照 GB/T 13566—1992 中的方法。

9.3.1 称量测量筒质量，记为 M_1，精确至 0.1 mg。

9.3.2 采用测试漏斗，将样品在 20 s～25 s 之内将一定量的样品倾入测量筒中，样品量必须超过装满测量筒所需的量。在倾入样品过程中，用棒以每秒 2 次至 3 次的频率轻轻敲击测量筒壁，使样品紧密。若样品流动不畅，可用直径约 4 mm 的玻璃棒清理漏斗出料口，使之畅通。

9.3.3 关闭漏斗，然后将测量筒提升 2 mm～3 mm，使之落下，以进一步压紧样品，重复操作 20 次，读出样品的体积 V(mL)。

9.3.4 称量测量筒和样品总质量，记为 M_2，精确至 0.1 mg。

9.4 数据处理

按照公式(10)计算样品的堆密度：

$$\rho=(M_2-M_1)/V \qquad (10)$$

式中：

ρ——样品的堆密度，单位为克每毫升或克每立方厘米(g/mL 或 g/cm^3)；

M_2——测量筒和样品的总质量，单位为克(g)；

M_1——测量筒的质量，单位为克(g)；

V——样品的体积，单位为毫升或立方厘米(mL 或 cm^3)。

取 3 个样品为一组，计算出平均值作为试验结果。

10 单电池极化曲线测试

10.1 样品制备

取一定量的催化剂，置于真空烘箱中于 80 ℃干燥 12 h，作为待测样品。

样品质量应满足 3 次有效试验的要求。

10.2 测试仪器设备和材料

10.2.1 端板：抗压强度应满足质子交换膜燃料电池单电池组装压力的要求。

10.2.2 流场板与集流板：流场板为带有电脑刻绘的蛇形流场的纯石墨板。集流板采用镀金或镀银不锈钢板。

10.2.3 燃料电池测试平台：质子交换膜燃料电池测试平台示意图如图 2 所示。

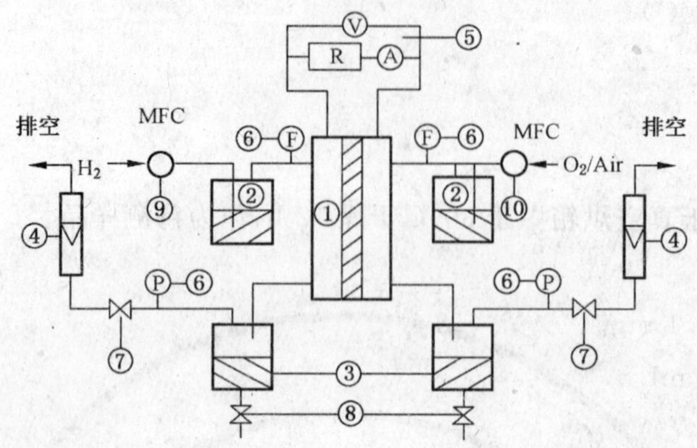

1——电池；

2——增湿罐；

3——气水分离罐；

4——流量计；

5——外电路；

6——压力表；

7——尾排阀；

8——放水阀；

9——H_2 质量流量控制器(MFC)；

10——Air/O_2 质量流量控制器(MFC)。

注：反应气体经减压后，由质量流量控制器控制入口流量，进入各自的鼓泡增湿器后进入电池，电化学反应产物(水)随着尾气进入气水分离器与尾气分离后分别排放。电池和两个增湿器的温度分别由自动控制温度仪控制，外电路系统通过连接电子负载控制电流的输出。其中，电流表调节精度不低于 0.01 A；电压表量程：≥2 V，调节时间≤100 ms。H_2 质量流量控制器(MFC)：精度≥±1%FS；Air/O_2 质量流量控制器：精度≥±1%FS。温控表量程：室温—200 ℃，精度≥±1 ℃。压力表：精度≥±1%FS。

图2　质子交换膜燃料电池测试平台示意图

10.2.4　测试气体和水

10.2.4.1　H_2：纯度≥99.999%的压缩 H_2，经过鼓泡增湿，并进行管线保温后进入测试电池，管线温度不低于增湿温度。

10.2.4.2　O_2：纯度≥99.999%的压缩 O_2，经过鼓泡增湿，并进行管线保温后进入测试电池，管线温度不低于增湿温度。

10.2.4.3　增湿用去离子水：电导率<0.25 μS/cm。

10.2.5　气体扩散层

扩散层统一采用 SGL 公司商业化的 Sigracet®GDL 30BC。

10.2.6　质子导体

质子导体统一采用 DuPont 公司商品化的型号为 DE512 的 Nafion®溶液。

10.3　测试过程

10.3.1　网印技术制备催化层

10.3.1.1　按照阳极 Pt 担量 0.3 mg/cm²、阴极 Pt 担量 0.5 mg/cm²、催化剂中测定 Pt 含量以及网印的电极面积为 50 cm² 计算制备催化层用催化剂使用量，并称量，精确至 0.1 mg。

10.3.1.2　用少量去离子水充分润湿催化剂后，按照 $W_{催化剂}:W_{分散剂}=1:15$ 的比例加入低级醇(乙醇、异丙醇、乙二醇等)作为分散剂。将上述混合物在超声波中超声分散，同时顺时针方向搅拌，以保证料液的各向均匀，无硬块、无粘连、无颗粒。

10.3.1.3　按照催化剂中炭粉担量与 Nafion 用量 $L_{carbon}:L_{NetNafion}=1:0.8$ 的比例加入计算用量的 5%

Nafion 溶液，超声搅拌均匀后取出，备用。

10.3.1.4 调节印刷刀的行进速度以及印刷刀与待印催化层的扩散层之间的距离，以保证印刷刀推动料液在扩散层上行进时速度均匀适中，催化层料液能通过印刷网均匀涂敷在扩散层上。印刷 2～3 个循环后，取下催化层后，将其置于烘箱中于 60℃烘干，取出，称重，根据烘干后催化层与扩散层之间的质量差确定是否需要再次网印。

10.3.2 **MEA 制备**

从制备的阳极和阴极上分别裁出面积为 5 cm^2～25 cm^2 的区域，置于 Nafion NRE 212-CS 膜的两侧，并将印刷催化层一侧朝向质子交换膜，将上述组件置于油压机中，140 ℃±2 ℃下施以低于1.0 MPa 的压力，保持 1 min，使整个组件预热，然后施以约 10.0 MPa 的压力，保持 1 min，之后迅速冷却，即制得 MEA。

10.3.3 **电池组装**

根据定位孔位置，按顺序将端板、集流板、流场板及 MEA 进行组装，按照图 3 所示顺序，逐一使用紧固螺栓、螺帽以及渐进型力矩扳手对电池进行夹紧处理。

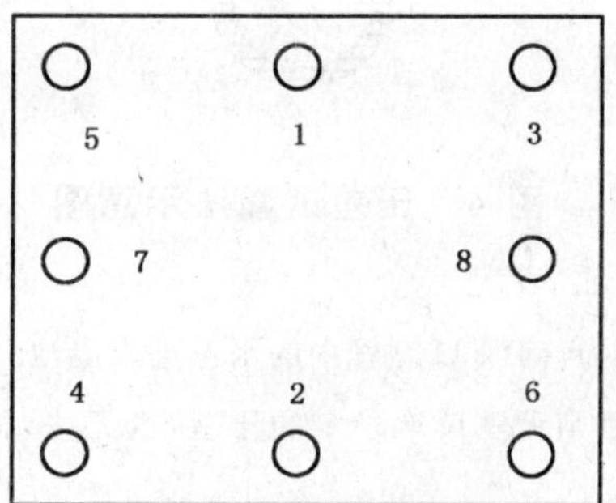

图 3 单池的紧固螺栓位置

电池组装力应满足如下条件：

——气体扩散层与双极板之间的接触电阻最小；

——扩散层厚度方向的压缩率＜20％。

注：对于纯石墨板流场的组装压强在 1.5 MPa～2.0 MPa 范围内。

10.3.4 **电池试漏**

10.3.4.1 湿式浸水法。堵住电池阴极的入口、出口以及阳极的出口，向阳极的入口通入一定压力的测试气体(如 H_2，空气或 N_2)。待气体流量稳定后，将电池完全浸没于水中，使用目测法，检查水中是否有气泡冒出，并根据气泡冒出的部位来判断电池是否有漏气、漏气的程度以及漏气的部位。取出电池，干燥后，进行相应的密封处理。

注：推荐测试气体压力≤0.1 MPa。

10.3.4.2 压差试漏法。如果没有检测到外漏，对电池进行干燥处理后，堵住电池阳极的入口，向阴极入口通入一定压力的测试气体，将阴极出口与 U 型管一端相连接，阳极出口与 U 型管的另一端连接，连接方式如图 4 所示。连接过程中应注意做好密封，防止气体泄漏。根据 U 型管压差计两侧的水位差，检测电池的漏气程度。U 型管水位差 ΔH 越小，表示电池的 MEA 串气越严重。

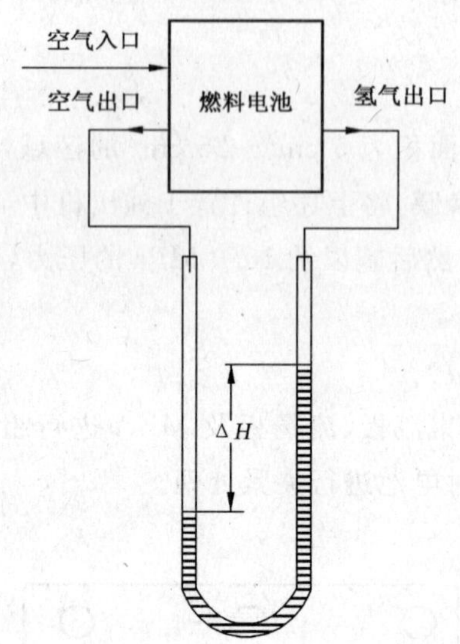

图 4　压差试漏法示意图

注：在采用压差试漏法时，要求做到如下两点：

(1)　控制并记录阴极入口的压力，确保 U 型管中的水不进入电池。

(2)　检测气体压力必须稳定，否则无法读取稳定的压差，也无法判断压差是由于气体压力不稳所导致，还是由于 MEA 串气所导致。

10.4　单电池活化

10.4.1　将单电池安装到燃料电池测试平台上。

10.4.2　以反应气体为活化介质，按照下列操作工况对单电池进行活化：

——电池反应温度 75 ℃；

——反应气体相对湿度：相对湿度（RH）100%；

——反应气体化学计量比：St H_2：1.2，St Air：2.5；

——出口背压：表压 0.1 MPa；

——电池运行的电流密度：$i \geqslant 500\ mA/cm^2$；

——电池运行时间：≥4 h。

注：电池的活化条件也可由样品提供方提供，或由测试方和样品提供方双方协商确定。

10.5　极化曲线测试

10.5.1　电池操作条件

单电池的极化曲线测试采用加压测试，测试条件为：

——燃料：压缩 H_2，纯度为 99.999%，流速：10 mL/min，RH 100%；

——氧化剂：压缩 O_2，纯度为 99.999%，流速：100 mL/min，RH 100%；

——电池温度：75 ℃；

——出口背压：表压 0.2 MPa。

注：电池的测试化条件也可由样品提供方提供，或由测试方和样品提供方双方协商确定。

10.5.2 **单池极化曲线测试**

10.5.2.1 在规定电池操作条件下,采取恒定电流方式,从电池开路开始,按照表1中的运行参数测试并记录单池输出电流和电压。每两个测试点之间,恒电流放电10 min。

表1 运行参数表

序号	电流 A	电流密度 mA/cm²	电压 V
0	0	0	……
1	0.05	10	……
2	0.1	20	……
3	0.25	50	……
4	0.5	100	……
5	0.75	150	
6	1.0	200	
7	1.25	250	
8	1.5	300	
9	1.75	350	
10	2.0	400	
11	2.5	500	
12	3.0	600	
13	3.5	700	
14	4.0	800	
15	4.5	900	
16	5.0	1 000	
18	6.0	1 200	
19	7.0	1 400	
21	……	……	

10.5.2.2 当电池工作电压低于0.2 V时终止测试。

10.5.2.3 前一次极化曲线测试结束时间超过0.5 h后,重复测试第二次,每个单电池至少测试三次极化曲线。

10.6 **数据整理**

10.6.1 按极化曲线测试中记录的电压、电流结果,绘制放电电压与电流密度的关系曲线,即电池的极化曲线。

10.6.2 按照公式(11)计算单电池功率密度

$$p_s = I \times V / S_{MEA} \quad \cdots\cdots(11)$$

式中:

p_s——单电池功率密度,单位为瓦每平方厘米(W/cm²);

I——记录电流,单位为安(A);

V——记录电压,单位为伏(V);

S_{MEA}——膜电极的有效面积,单位为平方厘米(cm^2)。

绘制单电池功率密度与电流密度的关系曲线。

10.6.3 按照公式(12)计算质量比活性:

$$i_m = I/(L_{Pt} \times S_{MEA}) \qquad (12)$$

式中:

i_m——电催化剂的质量比活性,单位为安每毫克(A/mg);

I——记录的电流,单位为安(A);

L_{Pt}——膜电极中 Pt 的担载量,单位为毫克每平方厘米(mg/cm^2);

S_{MEA}——膜电极的有效面积,单位为平方厘米(cm^2)。

10.6.4 按照公式(13)计算质量比功率:

$$p_m = i_m \times V \qquad (13)$$

式中:

p_m——电催化剂的质量比功率,单位为瓦每毫克(W/mg);

i_m——电催化剂的质量比活性,单位为安每毫克(A/mg);

V——记录电压,单位为伏(V)。

根据电流密度为 50 mA/cm^2～200 mA/cm^2 时的电池电压、催化剂的质量比活性和催化剂的质量比功率确定催化剂的催化活性。

取 3 个样品为一组,计算出平均值作为试验结果。

附 录 A
（资料性附录）
测 试 准 备

A.1 概述

本部分描述在进行测试之前应该考虑的典型项目。对于每项试验来说，应选择高精度的检测仪器及设备，以便将不确定因素减到最少。应准备一个书面的测试计划，下列各项应该列入测试计划：

a) 目的；

b) 测试规范；

c) 测试人员资格；

d) 质量保证标准（符合 ISO 9000 和相关标准）；

e) 结果不确定度（符合 IEC/ISO 检测值不确定度的表述指南）；

f) 对测量仪器及设备的要求；

g) 测试参数范围的估计；

h) 数据采集计划；

i) 必要时，列出以氢气作为燃料的最低安全要求事项（由最终产品制造商提供说明文件）。

A.2 数据采集和记录

为满足目标误差要求，数据采集系统和数据记录设备应满足采集频次与采集速度的需要，其性能应优于性能试验设备。

ICS 27.070
K 82

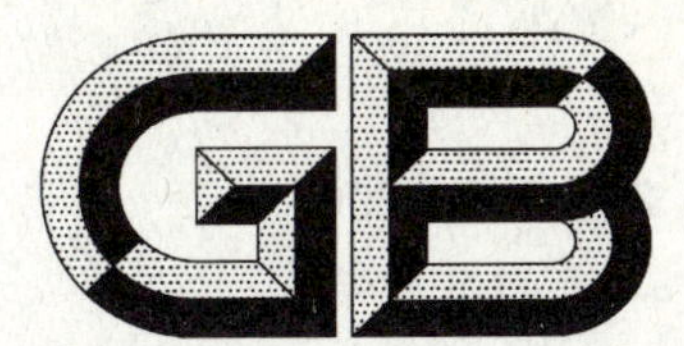

中华人民共和国国家标准

GB/T 20042.5—2009

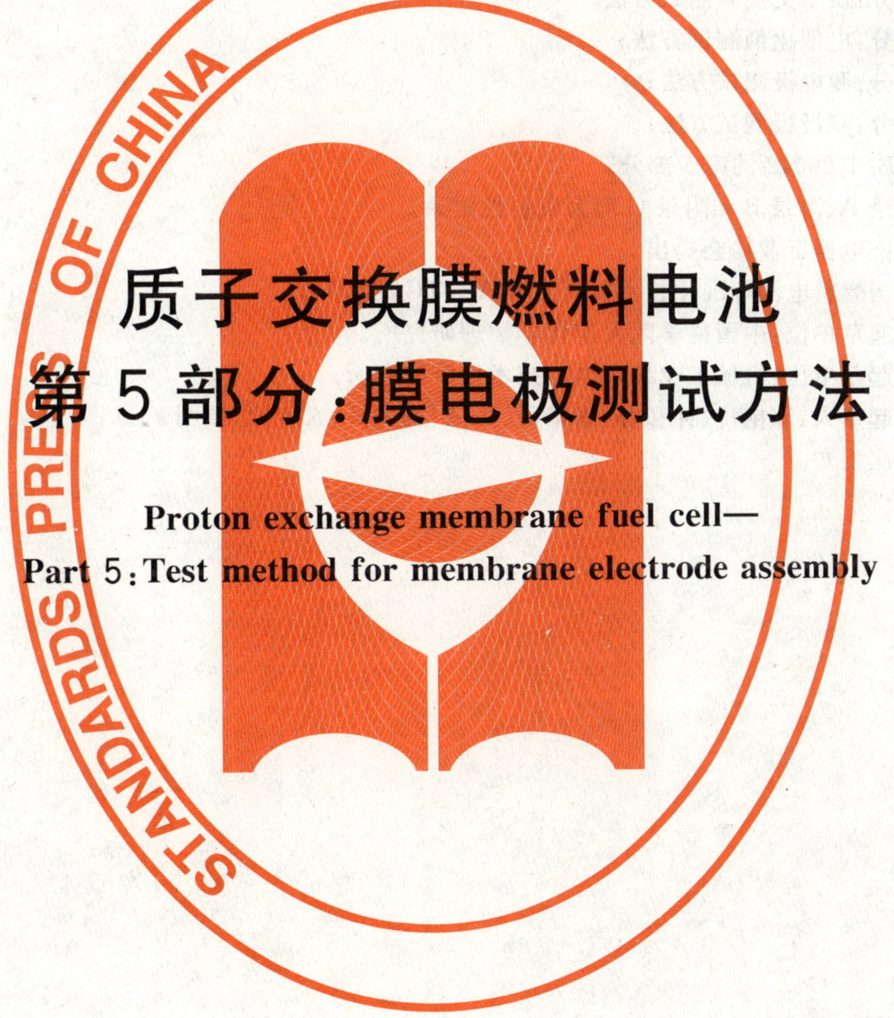

质子交换膜燃料电池 第5部分:膜电极测试方法

Proton exchange membrane fuel cell—Part 5:Test method for membrane electrode assembly

2009-04-21 发布　　2009-11-01 实施

中华人民共和国国家质量监督检验检疫总局
中国国家标准化管理委员会　发布

前言

GB/T 20042《质子交换膜燃料电池》分为六个部分：

——第 1 部分：术语；

——第 2 部分：电池堆通用技术条件；

——第 3 部分：质子交换膜测试方法；

——第 4 部分：电催化剂测试方法；

——第 5 部分：膜电极测试方法；

——第 6 部分：双极板测试方法。

本部分为 GB/T 20042 的第 5 部分。

本部分的附录 A、附录 B 和附录 C 均为资料性附录。

本部分由中国电器工业协会提出。

本部分由全国燃料电池标准化技术委员会(SAC/TC 342)归口。

本部分负责起草单位：中国科学院大连化学物理研究所。

本部分参加起草单位：机械工业北京电工技术经济研究所。

本部分主要起草人：邱艳玲、钟和香、张华民、张黛、王美日、衣宝廉、候明。

本部分为首次发布。

质子交换膜燃料电池
第5部分:膜电极测试方法

1 范围

GB/T 20042 的本部分规定了质子交换膜燃料电池膜电极(MEA)测试方法的术语和定义、厚度均匀性测试、Pt 担载量测试、单电池极化曲线测试、透氢电流密度测试、活化极化过电位与欧姆极化过电位测试、电化学活性面积测试。

本部分适用于各种类型的质子交换膜燃料电池。

2 规范性引用文件

下列文件中的条款通过 GB/T 20042 的本部分的引用而成为本部分的条款。凡是注日期的引用文件,其随后所有的修改单(不包括勘误的内容)或修订版均不适用于本部分,然而,鼓励根据本部分达成协议的各方研究是否可使用这些文件的最新版本。凡是不注日期的引用文件,其最新版本适用于本部分。

GB/T 6672—2001 塑料薄膜和薄片 厚度测定 机械测量法(ISO 4593:1993,IDT)

GB/T 19596 电动汽车术语(GB/T 19596—2004,ISO 8713:2002,NEQ)

GB/T 20042.1 质子交换膜燃料电池 术语

3 术语和定义

GB/T 19596 和 GB/T 20042.1 确立的以及下列术语和定义适用于本部分。

3.1

Pt 担载量 platinum loading

单位面积膜电极上贵金属 Pt 的用量,单位为 mg/cm^2。

3.2

反应气体化学计量比 reactant stoichiometry

反应气体实际供给量与依据法拉第定律计算的单电池实际输出电流所需反应气体量之比。

注:反应气体利用率与化学计量比呈倒数关系。

3.3

透氢电流密度 hydrogen crossover current density

一定温度、一定压力和相对湿度条件下,用电化学方法检测得到的氢气穿过膜电极的速度,单位为 A/cm^2。

3.4

膜电极中电催化剂的电化学活性面积 (ECA) electrochemical area (ECA)

膜电极内用电化学方法测试的催化剂的活性比表面积。单位为 m^2/g。

注:膜电极的 ECA 与质子交换膜燃料电池(PEMFC)电催化剂活性、电极结构等因素有关。

3.5

燃料电池内阻 fuel cell internal resistance

燃料电池内部离子流动阻力与导电性元件中电子流动阻力之和,以 R_i 表示,单位为 $\Omega \cdot cm^2$。

注:R_i 包括离子电阻($R_{i,i}$)、电子电阻($R_{i,e}$)和接触电阻($R_{i,c}$)三部分,即

$$R_i = R_{i,i} + R_{i,e} + R_{i,c} \quad \cdots\cdots(1)$$

式中：

R_i——燃料电池内阻，单位为欧姆平方厘米（Ω·cm²）；

$R_{i,i}$——离子电阻，单位为欧姆平方厘米（Ω·cm²）；

$R_{i,e}$——电子电阻，单位为欧姆平方厘米（Ω·cm²）；

$R_{i,c}$——接触电阻，单位为欧姆平方厘米（Ω·cm²）。

3.6

活化极化过电位　activiation overpotential

当电极表面电化学反应速度较快，而电极过程动力学速度较慢时，导致电极表面积累带某种电荷的粒子，从而引起的电极电位损失，又称为电化学极化过电位。单位为 V。

注：活化极化过电位通常由阳极活化极化过电位和阴极活化极化过电位组成。对 PEMFC，由于阴极反应的交换电流密度远小于阳极反应的交换电流密度（约低 10^6），因而电池的活化极化过电位主要由阴极活化极化过电位引起。

3.7

欧姆极化过电位　ohmic overpotential

由燃料电池欧姆极化引起的电位损失，单位为 V。

注：欧姆极化过电位主要来自于电解质（如质子交换膜及质子导体）对离子的流动阻力。欧姆损失遵循欧姆定律：

$$\eta_{ohm} = iR_i \quad \cdots\cdots(2)$$

式中：

η_{ohm}——欧姆极化过电位，单位为伏特（V）；

i——流经燃料电池的电流，单位为安培（A）；

R_i——燃料电池内阻，单位为欧姆平方厘米（Ω·cm²）。

3.8

反应电阻　reaction resistance

催化层内电化学反应阻力的大小，单位为 Ω·cm²。

注：反应电阻与质子交换膜燃料电池的电催化剂催化活性、膜电极结构、电池操作条件等有关。

4　厚度均匀性测试

本部分参考 GB/T 6672—2001 中关于薄膜材料厚度的机械测量方法进行测试。

4.1　测试仪器

测厚仪：精度不低于 0.001 mm。

4.2　样品制备

样品为正方形或圆形，有效面积至少为 25 cm²。

样品应无折皱、缺陷和破损。

样品为包括两张气体扩散层的膜电极。

4.3　测试方法

4.3.1　样品在温度为 25 ℃±2 ℃，相对湿度（RH）为 50%±5%条件下放置 1 h。

4.3.2　首先校准测试仪的零点，再进行测试。测试时应避免造成样品折皱、破损。测试过程测试头施加在样品表面的压强为 5 N/cm²。

4.3.3　样品测试点不少于 9 个，且均匀分布，测试点距离样品边缘应大于 5 mm。

4.4　数据处理

样品的厚度均匀性用厚度最大值与最小值之差以及厚度相对偏差表示。

4.4.1　最大值与最小值之差按公式(3)计算：

$$\Delta d = d_{max} - d_{min} \quad \cdots\cdots(3)$$

式中：

Δd——膜电极的厚度最大值与最小值之差，单位为微米(μm)；

d_{max}——膜电极的厚度最大值，单位为微米(μm)；

d_{min}——膜电极的厚度最小值，单位为微米(μm)。

4.4.2 平均厚度按公式(4)计算

$$d = \sum_{i=1}^{n} d_i / n \qquad \cdots\cdots (4)$$

式中：

d——膜电极的平均厚度，单位为微米(μm)；

d_i——某一点膜电极的厚度测量值，单位为微米(μm)；

n——测量数据点数。

4.4.3 厚度相对偏差按公式(5)计算

$$S = (d_i - d)/d \times 100\% \qquad \cdots\cdots (5)$$

式中：

S——膜电极的相对厚度偏差；

d_i——某一点膜电极的厚度测量值，单位为微米(μm)；

d——膜电极的平均厚度，单位为微米(μm)。

5 Pt 担载量测试

5.1 测试仪器和设备

5.1.1 离子耦合发射光谱(ICP)：最低检测限≤1 μg/L。

5.1.2 分析天平：精度为 0.1 mg。

5.1.3 游标卡尺：测量范围 0 mm～200 mm，测量精度 0.02 mm。

5.1.4 马弗炉。

5.2 样品制备

样品面积：≥20 cm^2。

测试样品应干净，边缘整齐，并且未受过化学氧化或电化学腐蚀。

5.3 测试方法

5.3.1 试剂和材料

5.3.1.1 浓硫酸(98%)，优级纯。

5.3.1.2 浓盐酸(37%)，优级纯。

5.3.1.3 浓硝酸(68%)，优级纯。

5.3.1.4 二次蒸馏水，电阻率≥18.2 MΩ·cm。

5.3.1.5 30%双氧水，分析纯。

5.3.1.6 具盖刚玉坩埚。

5.3.2 待测样品处理

5.3.2.1 干燥。取面积为 20 cm^2 的 MEA 样品，置于 80 ℃±2 ℃烘箱中干燥 4 h。

5.3.2.2 制样。用游标卡尺准确测量其长度和宽度后，将其剪碎放入刚玉坩埚中。

5.3.2.3 样品氧化灰化。将装有样品的具盖坩埚放入马弗炉，先在 400 ℃～500 ℃的空气氛围中氧化碳化 6 h，再升温至 900 ℃～950 ℃进行氧化灰化 12 h 后，冷却到室温。

5.3.2.4 样品硝化。将经过氧化灰化后的样品用二次蒸馏水润湿后，沿坩埚壁缓慢加入 5 mL～12 mL 浓硫酸和浓硝酸混合液。其中，浓硫酸与浓硝酸体积比为 1∶3。80 ℃加热硝化，当酸体积浓缩到一半后，再加入适量的浓硫酸和浓硝酸和 0.2 mL～0.6 mL 的 30%的双氧水，继续 80 ℃加热硝化，如此循环往复,直至溶液接近透明,没有悬浮物为止。

5.3.2.5 样品溶解。样品充分硝化后,再沿坩埚壁加入适量新配制的王水,80 ℃加热直到样品溶液完全澄清透明为止。

5.3.2.6 测试样配制。将上述样品完全转移至适量容积的容量瓶中,用二次蒸馏水定容作为测试样的初始体积,测试时取适量该溶液按一定比例稀释到测试需要的浓度。

5.3.3 标准曲线的绘制

使用ICP对Pt标准溶液以及合金催化剂中合金金属M的标准溶液进行光谱分析,绘制Pt和金属M的标准曲线。

5.3.4 测试样中Pt浓度分析

ICP分析待测样品中Pt的浓度。若为合金催化剂,则测试样品中Pt和金属M的浓度。

5.4 数据处理

根据公式(6)计算膜电极中的Pt担载量:

$$L_{Pt} = n \times C_{Pt} \times V_{Pt} / S_{MEA} \quad \cdots\cdots (6)$$

式中:

L_{Pt}——膜电极中Pt的担载量,单位为毫克每平方厘米(mg/cm^2);

n——将测试样配制为ICP分析用溶液的稀释倍数;

C_{Pt}——ICP测试溶液中的Pt浓度,单位为毫克每升(mg/L);

V_{Pt}——配制的测试样初始体积,单位为升(L);

S_{MEA}——膜电极的有效面积,单位为平方厘米(cm^2)。

按公式(7)计算膜电极中的合金金属M的担载量:

$$L_{M} = n \times C_{M} \times V_{Pt} / S_{MEA} \quad \cdots\cdots (7)$$

式中:

L_{M}——膜电极中合金金属M的担载量,单位为毫克每平方厘米(mg/cm^2);

n——将测试样配制为ICP分析用溶液的稀释倍数;

C_{M}——ICP测试溶液中的合金金属M的浓度,单位为毫克每升(mg/L);

V_{Pt}——配制的测试样初始体积,单位为升(L);

S_{MEA}——膜电极的有效面积,单位为平方厘米(cm^2)。

6 单电池极化曲线测试

6.1 样品制备

a) 样品尺寸:膜电极样品有效面积为50 cm^2,并对样品有效面积之外的四周进行密封处理;

b) 测试样品应无油污、无折皱,也不应有缺陷和破损;

c) 样品数应满足3次有效试验的要求。

6.2 测试仪器和设备

6.2.1 端板:抗压强度应满足质子交换膜燃料电池单电池组装力的要求。

6.2.2 流场板与集流板:流场板为带有电脑刻绘的蛇形流场的纯石墨板,集流板采用镀金或镀银不锈钢板。

6.2.3 燃料电池测试平台:质子交换膜燃料电池测试平台示意图如图1所示。

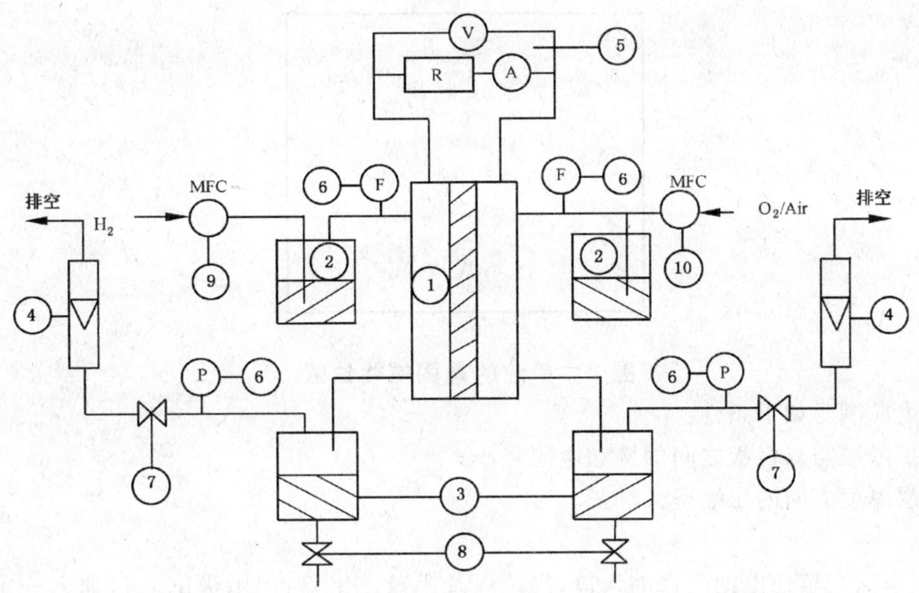

1——电池；

2——增湿罐；

3——气水分离罐；

4——流量计；

5——外电路；

6——压力表；

7——尾排阀；

8——放水阀；

9——H_2 质量流量控制器(MFC)；

10——Air/O_2 质量流量控制器(MFC)。

注：反应气体经减压后，由质量流量计控制入口流量，进入各自的鼓泡增湿器后进入电池，电化学反应产物(水)随着尾气进入气水分离器与尾气分离后分别排放。电池和两个增湿器的温度分别由自动控制温度仪控制，外电路系统通过连接电子负载控制电流的输出。其中，电流表调节精度不低于 0.1 A；电压表量程：≥2 V，调节时间≤100 ms。H_2 质量流量控制器(MFC)：精度≥±1%FS；Air/O_2 质量流量控制器：精度≥±1%FS。温控表量程：室温－200 ℃，精度≥±1 ℃。压力表：精度≥±1%FS。

图 1 质子交换膜燃料电池测试平台示意图

6.3 测试气体和水

6.3.1 H_2：纯度≥99.999%的压缩纯 H_2，经过鼓泡增湿，并进行管线保温后进入测试电池。

6.3.2 氧化剂：由纯度为 99.999%的高纯氮气和高纯氧配制成标准空气，其中氧气含量 21%。经过鼓泡增湿，并进行管线保温后进入测试电池。

6.3.3 增湿用去离子水：电导率<0.25 μS/cm。

6.4 电池组装

根据定位孔位置，按顺序将端板、集流板、流场板及 MEA 进行组装，按照图 2 所示顺序，使用紧固螺栓、螺帽以及渐进型力矩扳手对电池进行夹紧处理。

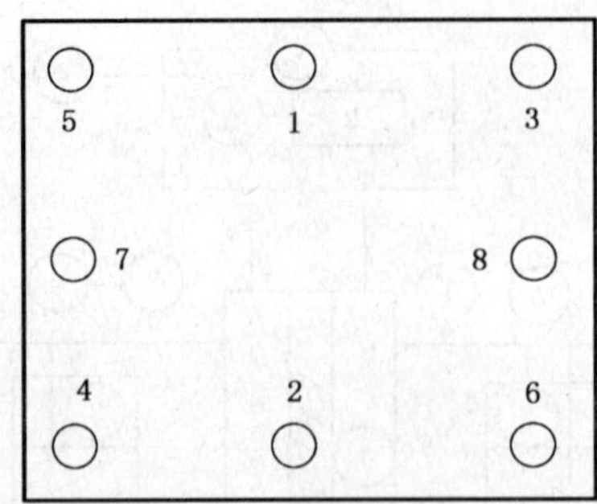

图2 单池的紧固螺栓位置

电池组装力应满足如下条件：

——气体扩散层与双极板之间的接触电阻最小；

——扩散层厚度方向的压缩率<20%。

6.5 电池试漏

6.5.1 湿式浸水法。堵住电池阴极的入口、出口以及阳极的出口，向阳极的入口通入一定压力的测试气体(如 H_2，空气或 N_2)。待气体流量稳定后，将电池完全浸没于水中，使用目测法，检查水中是否有气泡冒出，并根据气泡冒出的部位来判断电池是否有漏气、漏气的程度以及漏气的部位。取出电池，干燥后，进行相应的密封处理。

注：推荐测试气体压力≤0.1 MPa。

6.5.2 压差试漏法。如果没有检测到外漏，对电池进行干燥处理后，堵住电池阳极的入口，按照图3方法连结电池的气体接口与具有刻度的U型管压差计，即堵住电池的阳极入口，向阴极入口通入一定压力的测试气体，将阴极出口与U型管一端相连接，阳极出口与U型管的另一端连接，连接过程中应注意做好密封，防止气体泄漏。根据U型管压差计两侧的水位差，检测电池的漏气程度。U型管水位差 ΔH 越小，表示电池的MEA串气越严重。

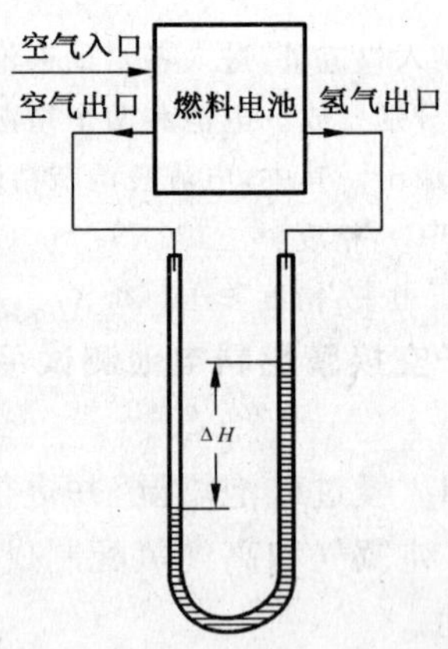

图3 压差试漏法示意图

注：在采用压差试漏法时，要求做到如下两点：

(1) 控制并记录阴极入口的压力，确保U型管中的水不进入电池。

(2) 检测气体压力必须稳定，否则无法读取稳定的压差，也无法判断压差是由于气体压力不稳所导致，还是由于MEA串气所导致。

6.6 单电池活化

6.6.1 将单电池安装到燃料电池测试平台上。

6.6.2 以反应气体为活化介质，按照下列操作工况对单电池进行活化：

——电池反应温度75℃；

——反应气体相对湿度(RH):RH 100%;

——反应气体化学计量比:St H_2:1.2,St Air:2.5;

——出口背压:0.1 MPa;

——电池运行的电流密度:$i \geqslant 500$ mA/cm^2;

——电池运行时间:≥4 h。

注:电池的活化条件也可由样品提供方提供,或由测试方和样品提供方双方协商确定。

6.7 极化曲线测试

6.7.1 电池操作条件

单电池的极化曲线测试分为常压与加压测试两种。

6.7.1.1 常压测试

——燃料:纯度为99.999%的H_2,化学计量比为1.2,RH 100%;

——氧化剂:由纯度为99.999%的高纯氮气和高纯氧配制成标准空气,其中氧气含量21%。化学计量比为2.5,RH 100%;

——电池温度:75 ℃;

——出口背压:表压0 MPa。

6.7.1.2 加压测试

——燃料:纯度为99.999%的H_2,化学计量比为1.2,RH 100%;

——氧化剂:由纯度为99.999%的高纯氮气和高纯氧配制成标准空气,其中氧气含量21%。化学计量比为2.5,RH 100%;

——电池温度:75 ℃;

——出口背压:表压0.2 MPa。

注:电池测试条件(包括增湿条件、压力以及电池温度等)也可由供样方提供或者由供样方和测试方协商确定。

6.7.2 单池极化曲线测试

6.7.2.1 在规定电池操作条件下,采取恒定电流方式,按照表1中的运行参数测试单池输出电流和电压。从电池开路开始,电流密度每增加50 mA/cm^2~100 mA/cm^2,恒电流放电15 min,记录电压值。

表1 运行参数表

序号	电流 A	电流密度 mA/cm^2	H_2入口流量 slpm	Air入口流量 slpm
0	0	0	0.023	0.149
1	2.5	50	0.023	0.149
2	5	100	0.046	0.298
3	7.5	150	0.068	0.447
4	10	200	0.091	0.596
5	15	300	0.137	0.894
6	20	400	0.183	1.191
7	25	500	0.228	1.489
8	30	600	0.274	1.787
9	35	700	0.320	2.085
10	40	800	0.365	2.383

表 1(续)

序号	电流 A	电流密度 mA/cm^2	H_2 入口流量 slpm	Air 入口流量 slpm
11	45	900	0.411	2.681
12	50	1 000	0.456	2.979
13	55	1 100	0.502	3.277
14	60	1 200	0.548	3.574
……	……	……	……	……

6.7.2.2 当电池工作电压低于 0.2 V 时终止测试。

6.7.2.3 前一次极化曲线测试结束时间超过 0.5 h 后,重复测试第二次,每个单电池至少测试三次极化曲线。

6.8 数据整理

6.8.1 按极化曲线测试中记录的电压、电流结果,绘制放电电压与电流密度的关系曲线。

6.8.2 按照公式(8)计算单电池功率密度。

$$p_s = I \times V / S_{MEA} \qquad (8)$$

式中:

p_s——单电池功率密度,单位为瓦每平方厘米(W/cm^2);

I——记录电流,单位为安(A);

V——记录电压,单位为伏(V);

S_{MEA}——膜电极的有效面积,单位为平方厘米(cm^2)。

绘制单电池功率密度与电流密度的关系曲线。

6.8.3 按照公式(9)计算质量比活性:

$$i_m = I / (L_{Pt} \times S_{MEA}) \qquad (9)$$

式中:

i_m——膜电极中的催化剂的质量比活性,单位为安每毫克(A/mg);

I——记录的电流,单位为安(A);

L_{Pt}——膜电极中 Pt 的担载量,单位为毫克每平方厘米(mg/cm^2);

S_{MEA}——膜电极的有效面积,单位为平方厘米(cm^2)。

绘制单电池质量比活性与电流密度的关系曲线。

6.8.4 按照公式(10)计算质量比功率:

$$P_m = i_m \times V \qquad (10)$$

式中:

P_m——膜电极中电催化剂的质量比功率,单位为瓦每毫克(W/mg);

i_m——膜电极中的催化剂的质量比活性,单位为安每毫克(A/mg);

V——记录电压,单位为伏(V)。

绘制单电池质量比功率与电流密度的关系曲线。

7 透氢电流密度测试

7.1 测试仪器

7.1.1 电化学恒电位扫描仪:电流量程应能满足测试需要。

7.1.2 质子交换膜燃料电池评价平台:要求同 6.2.3。

7.2 样品制备

a) 样品尺寸:有效面积≥5 cm^2。并对样品有效面积之外的四周进行密封处理;

b) 测试试样应无油污、无折皱、缺陷和破损；

c) 样品数应满足 3 次有效试验的要求。

7.3 实验方法

7.3.1 将膜电极样品按照 6.4 相同的方法组装为单电池，并按照图 1 所示的示意图安装在燃料电池评价系统中，控制电池温度为 75 ℃±2 ℃。

7.3.2 分别在燃料电池的阴极、阳极通入 RH 为 100％增湿的高纯 N_2 和 H_2，控制 H_2 流速为 10 mL/min，N_2 流速为 20 mL/min。

7.3.3 控制电池出口背压为 0.2 MPa。

7.3.4 在测试所要求的温度、湿度和压力下稳定 4 h 后，以阳极作为对电极和参比电极，阴极作为工作电极，将上述单电池组件与电化学系统进行连接。按照下列实验条件进行透氢电流的电化学检测，记录透氢电流随时间的变化曲线 I-t。

测试透氢电流实验条件：

——施加电压范围：应能保证从阳极渗透至阴极的 H_2 完全氧化，为 0 V～0.5 V(vs RHE)；

——电池温度：低于质子交换膜的玻璃化温度，对于全氟磺酸树脂膜，一般为 80 ℃；

——扫描速度：2 mV/s。

7.4 数据整理

典型的透氢电流测试曲线如图 4 所示：

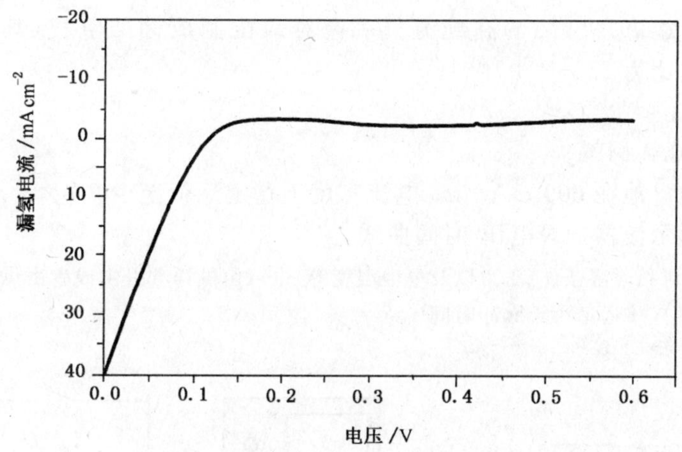

图 4 典型的电化学透氢电流曲线

按照公式(11)计算膜电极的透氢电流密度：

$$i_{cross} = I_{cross} / S_{MEA} \qquad (11)$$

式中：

i_{cross}——膜电极样品的透氢电流密度；

I_{cross}——从电化学方法测试的 I-t 曲线的平台部分读取电流值(一般取 0.4 V 左右的电流值)，单位为安(A)；

S_{MEA}——膜电极样品的有效面积，单位为平方厘米(cm^2)。

8 活化极化过电位与欧姆极化过电位测试

8.1 测试仪器

8.1.1 数字存储式示波器。

注：推荐带宽≥500 MHz，采样率≥1 Gs/s(电位阶跃测试时间 10 μs-数 100 μs；采样周期越短越能满足要求)。

8.1.2 燃料电池用可控电子负载:电流调解精度≤0.1 A。

8.2 测试样品

a) 样品尺寸:≥25 cm^2;

b) 测试试样应无折皱,也不应该有缺陷和破损;

c) 样品数应满足 3 次有效试验的要求。

8.3 测试方法

采用电流中断技术进行测试。

8.3.1 将膜电极测试样品按照 6.4 中方法组装为单电池,并按照 6.5 及 6.6 所述方法进行单电池试漏和活化。

8.3.2 按照图 5 的电路示意图,将示波器接入燃料电池测试系统,控制操作条件如下:

8.3.2.1 常压测试

——燃料:纯度为 99.99%的 H_2,化学计量比为 1.2,RH 100%;

——氧化剂:由纯度为 99.999%的高纯氮气和高纯氧配制成标准空气,其中氧气含量 21%。化学计量比为 2.5,RH 100%;

——电池温度:75 ℃;

——出口背压:表压 0 MPa。

8.3.2.2 加压测试

——燃料:纯度为 99.99%的 H_2,化学计量比为 1.2,RH 100%;

——氧化剂:由纯度为 99.999%的高纯氮气和高纯氧配制成标准空气,其中氧气含量(20.5±1)%。化学计量比为 2.5,RH 100%;

——电池温度:75 ℃;

——出口背压:表压 0.2 MPa。

8.3.3 调节电子负载,使电池在 600 mA/cm^2 电流密度下稳定运行至少 2 h。

8.3.4 突然切断电流,用示波器记录电压-时间曲线。

注:(1) 电池测试条件(包括增湿条件、压力以及电池温度等)也可由供样方提供或者由供样方和测试方协商确定。

(2) 切断电流的时间应该远远小于脉冲时间 t。

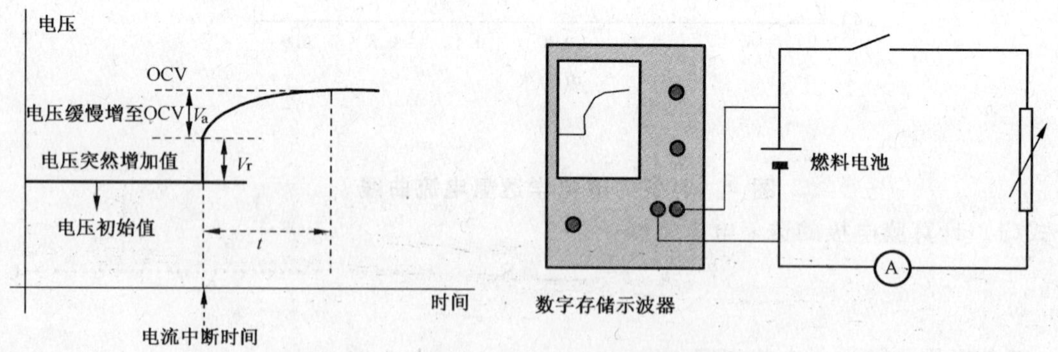

图 5 电流中断法测试燃料电池过电位损失示意图与电路示意图

8.4 数据整理

从示波器的电压-时间变化曲线上读取电压突然增加部分,作为欧姆损失极化过电位 V_r,电压缓慢增加部分则对应于活化极化过电位 V_a。

9 电化学活性面积测试

9.1 测试仪器

9.1.1 电化学恒电位测试仪。

9.1.2　质子交换膜燃料电池测试平台：电流最低分辨率≤0.1 A，电压相应速度≤100 ms。

9.2　测试取样

a）　样品尺寸：≥1 cm^2，并对样品有效面积之外的四周进行密封处理；

b）　测试试样应无油污、无折皱，也不应该有缺陷和破损；

c）　样品数应满足 3 次有效试验的要求。

9.3　测试方法

9.3.1　按照 6.4 中方法将膜电极测试样品组装为单电池。

9.3.2　按照 6.5 及 6.6 所述方法进行单电池试漏和活化。

9.3.3　用高纯 N_2 吹扫工作电极及其反应腔、气体管线等，吹扫时间不少于 4 h。

9.3.4　将单电池与电化学综合测试系统相连接。

9.3.5　阳极侧通入 RH 100%的 H_2，作为参比电极和对电极，阴极侧通入 RH 100%的 N_2 作为工作电极。

9.3.6　控制 H_2 流速为 10 mL/min，N_2 流速为 20 mL/min。

9.3.7　按照下列实验条件对单电池进行循环伏安（CV）扫描，待 CV 曲线稳定后，进行记录。

CV 实验扫描条件：

——电压扫描范围：0 V～1.2 V(vs SHE.)；

——扫描速度：20 mV/s。

注：测试条件(如吹扫时间、气体流速、以及电池增湿条件和电池温度等)也可由样品提供方提供，或由测试方和样品提供方双方协商确定。

9.4　数据整理

单电池测试 ECA 获得的典型 CV 曲线如图 6 所示。

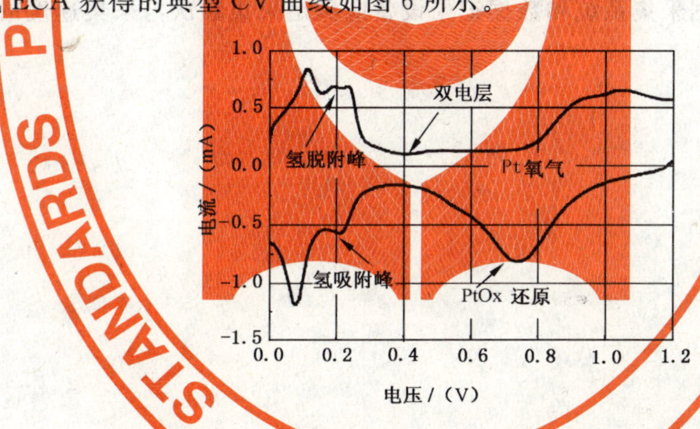

图 6　测试单电池的 ECA 得到的典型 CV 曲线

根据测试得到的氢脱附峰面积 S_H(mA. V)，按公式(12)计算求出膜电极中工作电极侧 Pt/C 催化剂的电化学表面积 S_{ECA}：

$$S_{ECA} = 0.1 \times S_H / (Q_r \times \nu \times M_{Pt}) \qquad (12)$$

式中：

S_{ECA}——工作电极中 Pt 的电化学活性面积，单位为平方米每克(m^2/g)；

S_H——循环伏安曲线上氢的氧化脱附峰面积，单位为安伏(A·V)；

Q_r——光滑 Pt 表面吸附氢氧化吸附电量常数，0.21 毫库仑每平方厘米(0.21 mC/cm^2)；

ν——循环伏安扫描速率，单位为伏每秒(V/s)；

M_{Pt}——电极中的 Pt 的质量，单位为克(g)。

附 录 A
（资料性附录）
测 试 准 备

A.1 概述

本附录描述在进行测试之前应该考虑的典型项目。对于每项试验来说，应选择高精度的检测仪器及设备，以便将不确定因素减到最少。应准备一个书面的测试计划，下列各项应该列入测试计划：

a） 目的；

b） 测试规范；

c） 测试人员资格；

d） 质量保证标准（符合 ISO 9000 和相关标准）；

e） 结果不确定度（符合 IEC/ISO 检测值不确定度的表述指南）；

f） 对测量仪器及设备的要求；

g） 测试参数范围的估计；

h） 数据采集计划；

i） 必要时，列出以氢气作为燃料的最低安全要求事项（由最终产品制造商提供说明文件）。

A.2 数据采集和记录

为满足目标误差要求，数据采集系统和数据记录设备应满足采集频次与采集速度的需要，其性能应优于性能试验设备。

附 录 B
（资料性附录）
试 验 报 告

B.1 概述

根据所做试验，试验报告应提供足够多的正确、清晰和客观的数据用来进行分析和参考。报告有三种形式，摘要式、详细式和完整式。每个类型的报告都应包含相同的标题页和内容目录。

B.2 报告内容

B.2.1 标题页

标题页应介绍下列各项信息：

a) 国家标准代号；

b) 样品名称、材料组成，规格；

c) 试样状态调节及测试标准环境；

d) 试验机型号；

e) 每次测试的 EW 值以及 EW 的平均值；

f) 试验日期、人员。

标题页的内容包括：

——报告编号(可选择)；

——报告的类型(摘要式、详细式和完整式)；

——报告的作者；

——试验者；

——报告日期；

——试验的场所；

——试验的名称；

——试验日期和时间；

——试验申请单位。

B.2.2 内容目录

每种类型的报告都应提供一个目录。

B.3 报告格式

B.3.1 摘要式报告

摘要式报告应包括下列各项数据：

——试验的目的；

——试验的种类，仪器和设备；

——所有的试验结果；

——每个试验结果的不确定因素和确定因素；

——摘要性结论。

B.3.2 详细式报告

详细式报告除包含摘要式报告的内容外，还应包括下列各项数据：

——试验操作方式和试验流程图；

——仪器和设备的安排、布置和操作条件的描述；

——仪器设备校准情况；

——用图或表的形式说明试验结果；

——试验结果的讨论分析。

B.3.3 完整式报告

完整式报告除了包含详细式内容，还应有原始数据的副本，此外还应包括下列各项：

——试验进行时间；

——用于试验的测量设备的精度；

——试验的环境条件；

——试验者的姓名和资格；

——完整和详细的不确定度分析。

附 录 C
（资料性附录）
燃料电池内阻与反应电阻测试

本附录介绍了膜电极的膜电阻和反应电阻的测试方法。

通过对PEMFC内阻的测试，可以确定电池组装过程、质子交换膜的润湿程度以及气体扩散层、双极板等本体和各界面的接触电阻对电池性能的影响。有时，为研究需要，通常需要对PEMFC的极化曲线进行欧姆极化过电位的校正，以真实的反映膜电极组件的性能及活化极化和浓差极化对MEA性能的影响；此外，通过对单电池进行阻抗测试，还可以获得有关膜电阻、反应电阻以及扩散电阻等信息。

C.1 测试仪器

——燃料电池阻抗测试仪；

注：上限频率以PEMFC的阻抗谱与实轴相交为宜，不应过低，一般≥10 kHz；下限频率以能正确反映膜电极扩散电阻信息为宜，一般<10 mHz。

——燃料电池测试平台。电流最低分辨率≤0.1 A，电压响应速度≤100 ms。

C.2 测试取样

a) 样品尺寸：为保证测试结果具有代表性，测试用MEA样品有效面积应≥25 cm^2；

b) 测试试样应无折皱，也不应该有缺陷和破损；

c) 样品数应满足3次有效试验的要求。

C.3 测试条件

C.3.1 操作工况

——电池工作温度：65 ℃～90 ℃；

——背压：0.02 MPa～0.2 MPa；

——反应气体相对湿度：(50～100)%；

——反应气体化学计量比：氧化剂为空气时，ST为2～2.5；氧化剂为 O_2 时，ST为1～1.2；燃料气为 H_2 时，ST为1～1.2。

注：测试条件（如气体流速、以及电池增湿条件和电池温度等）也可由样品提供方提供，或由测试方和样品提供方双方协商确定。

C.3.2 PEMFC运行电流

C.3.2.1 低挡：$i \leqslant 100$ mA/cm^2，PEMFC处于活化极化控制区，EIS测试主要反映PEMFC内阻和反应电阻的信息。

C.3.2.2 中挡：$i \geqslant 400$ mA/cm^2，PEMFC主要处于欧姆极化及部分传质极化控制区，EIS测试可反应PEMFC内阻、反应电阻以及扩散电阻的综合信息。

C.3.2.3 高挡：$i \geqslant 1\,000$ mA/cm^2，PEMFC主要处于传质极化控制区，EIS测试主要反应PEMFC的传质阻力的信息。

C.4 测试方法与测试过程

采用单电池交流阻抗测试法。测试中，使用两电极结构，将阳极作为参比和对电极，阴极作为工作电极。

C.4.1 将膜电极测试样品按照6.4中方法组装为单电池，并按照6.5及6.6所述方法进行单电池试漏和活化。

C.4.2 高频阻抗测试(HFR)

C.4.2.1 在一定电流、一定高频频率的交流信号条件下，测试 PEMFC 内阻随时间的变化。测试时间≥4 h。

C.4.2.2 实验条件：

——电池工作电极：阴极，N_2；

——电池参比电极：阳极，H_2。

C.4.3 全频阻抗测试

在一定频率范围、一定电流或电压下，向 PEMFC 施加一定幅值的交流信号，测试全频阻抗图谱。

注 1：叠加的交流电流幅值通常≤I×5%，其中 I 为燃料电池的运行电流。

注 2：在每个数量级的频率范围内，推荐取 5 个以上频率点进行测试。

C.5 数据整理

C.5.1 高频阻抗测试结果以在测试时间内电池内阻的平均值形式给出。

C.5.2 全频阻抗谱图以 Nyquist 图形式(图 C.1)给出。使用专用模拟软件对相关参数进行计算。

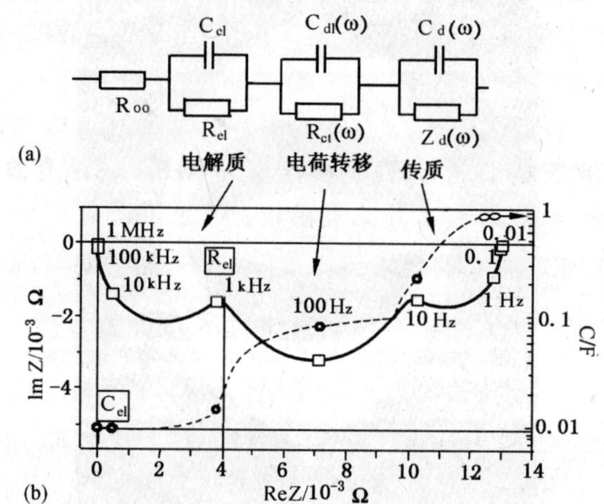

图 C.1 全频阻抗测试得到的 Nyquist 图及对应的等效电路

ICS 01.100.01
J 04

中华人民共和国国家标准

GB/T 20063.13—2009/ISO 14617-13:2004

简图用图形符号
第13部分:材料加工装置

Graphical symbols for diagrams—
Part 13:Devices for material processing

(ISO 14617-13:2004,IDT)

2009-11-30 发布　　2010-09-01 实施

中华人民共和国国家质量监督检验检疫总局
中国国家标准化管理委员会　发布

前言

GB/T 20063《简图用图形符号》分为15个部分：

——第1部分：通用信息与索引；
——第2部分：符号的一般应用；
——第3部分：连接件与有关装置；
——第4部分：调节器及其相关设备；
——第5部分：测量与控制装置；
——第6部分：测量与控制功能；
——第7部分：基本机械构件；
——第8部分：阀与阻尼器；
——第9部分：泵、压缩机与鼓风机；
——第10部分：流动功率转换器；
——第11部分：热交换器和热发动机器件；
——第12部分：分离、净化和混合的装置；
——第13部分：材料加工装置；
——第14部分：材料运输和搬运用装置；
——第15部分：安装图和网络图。

本部分是GB/T 20063《简图用图形符号》的第13部分。

本部分等同采用ISO 14617-13:2004《简图用图形符号　第13部分：材料加工装置》。

本部分由全国技术产品文件标准化技术委员会(SAC/TC 146)提出并归口。

本部分起草单位：中机生产力促进中心、中国电子科技集团、大连海事大学。

本部分主要起草人：杨东拜、张红旗、郭汀、邹玉堂、庞薇。

简图用图形符号
第13部分:材料加工装置

1 范围

GB/T 20063的本部分规定了成型机械和机床的简图用图形符号。

简图用图形符号的创建和使用的基本规则,见GB/T 16901.1。

关于识别图样中用到的图形符号登记号的创建和使用的信息,以及这些符号的表示、应用规则,见GB/T 20063.1。

2 规范性引用文件

下列文件中的条款通过GB/T 20063的本部分的引用而成为本部分的条款。凡是注日期的引用文件,其随后所有的修改单(不包括勘误的内容)或修订版均不适用于本部分,然而,鼓励根据本部分达成协议的各方研究是否可使用这些文件的最新版本。凡是不注日期的引用文件,其最新版本适用于本部分。

GB/T 16901.1 技术文件用图形符号表示规则 第1部分:基本规则(GB/T 16901.1—2008,ISO 81714-1:1999,Design of graphical symbols for use in the technical documentation of products—Part 1:Basic rules,MOD)

GB/T 20063.1 简图用图形符号 第1部分:通用信息与索引(GB/T 20063.1—2006,ISO 14617-1:2002,IDT)

GB/T 20063.2—2006 简图用图形符号 第2部分:符号的一般应用(ISO 14617-2:2002,IDT)

3 术语和定义

下列术语和定义适用于GB/T 20063的本部分。

3.1

复杂装置 complex device

由简图描述的一些功能相关联的零件和部件组成的装置。

3.2

功能单元 functional unit

包含在功能上相互关联的部件或装置而构成的装配总成。

4 成型机械和机床

4.1 基本特征符号

4.1.1	101	[*]	复杂装置、功能单元、设备 (见R101,GB/T 20063.2—2006的4.2.1)

4.2 4.1中符号应用规则

无。

4.3 符号辅助信息

4.3.1	2801		铸造或模铸
4.3.2	2802	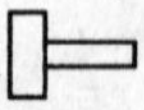	材料锻造成型
4.3.3	2803		材料冲压成型
4.3.4	2804	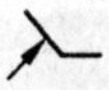	弯折成型材料
4.3.5	2805		滚轧成型材料
4.3.6	2806	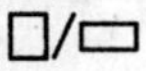	挤压或拉伸成型材料
4.3.7	2807		热处理,例如:退火或回火
4.3.8	2808		粉碎机粉碎、轧碎或磨碎
4.3.9	2809		烧结机延展、烧结、凝结或结絮
4.3.10	2810	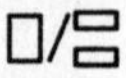	分割材料
4.3.11	2811		锯削
4.3.12	2812	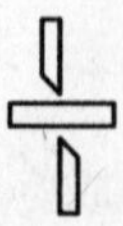	剪切
4.3.13	CEI	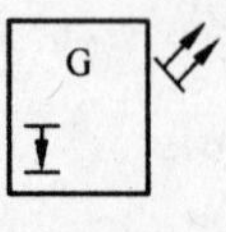 G	激光发生器
4.3.14	2814		激光分割

4.3.15	2815		镗削、钻孔
4.3.16	2816		铰孔
4.3.17	2817		刨削
4.3.18	2818		拉削
4.3.19	2819	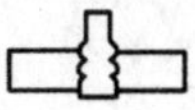	攻丝
4.3.20	2820		车螺纹
4.3.21	2821		铣削
4.3.22	2822	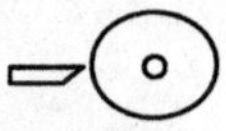	车削
4.3.23	2823	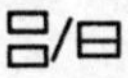	连接,例如:铆接、胶粘、焊接、钎焊或锡焊
4.3.24	2824		表面加工,例如:磨削、研磨、抛光或砂磨
4.3.25	2825		不去除材料的加工,例如:滚轧
4.3.26	2826		研光
4.3.27	2827		涂层,例如:喷漆
4.3.28	2828		密封,例如:填缝
4.3.29	2829		复杂功能,多功能,例如:复合加工

4.4 4.3中符号应用规则

无。

4.5 应用实例

4.5.1	X2801	101,2801	铸造机械
4.5.2	X2802	101,2822	车床

ICS 01.100.01
J 04

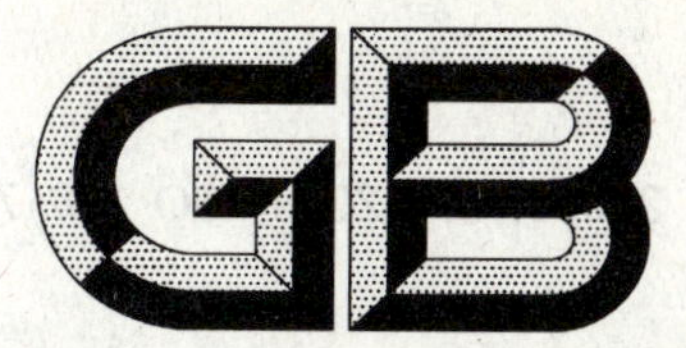

中华人民共和国国家标准

GB/T 20063.14—2009/ISO 14617-14:2004

简图用图形符号 第14部分：材料运输和搬运用装置

Graphical symbols for diagrams—Part 14:Devices for transport and handling of material

(ISO 14617-14:2004,IDT)

2009-11-30 发布 2010-09-01 实施

中华人民共和国国家质量监督检验检疫总局
中国国家标准化管理委员会 发布

前　言

GB/T 20063《简图用图形符号》分为15个部分：

——第1部分：通用信息与索引；

——第2部分：符号的一般应用；

——第3部分：连接件与有关装置；

——第4部分：调节器及其相关设备；

——第5部分：测量与控制装置；

——第6部分：测量与控制功能；

——第7部分：基本机械构件；

——第8部分：阀与阻尼器；

——第9部分：泵、压缩机与鼓风机；

——第10部分：流动功率转换器；

——第11部分：热交换器和热发动机器件；

——第12部分：分离、净化和混合的装置；

——第13部分：材料加工装置；

——第14部分：材料运输和搬运用装置；

——第15部分：安装图和网络图。

本部分是GB/T 20063《简图用图形符号》的第14部分。

本部分等同采用ISO 14617-14:2004《简图用图形符号　第14部分：材料运输和搬运用装置》。

本部分由全国技术产品文件标准化技术委员会(SAC/TC 146)提出并归口。

本部分起草单位：中机生产力促进中心、大连海事大学、合肥工业大学。

本部分主要起草人：杨东拜、郭汀、邹玉堂、李学京、庞薇。

简图用图形符号
第 14 部分：材料运输和搬运用装置

1 范围

GB/T 20063 的本部分规定了材料运输和搬运用装置简图用图形符号。

简图用图形符号的创建和使用的基本规则，见 GB/T 16901.1。

关于识别图样中用到的图形符号登记号的创建和使用的信息，以及这些符号的表示、应用规则，见 GB/T 20063.1。

2 规范性引用文件

下列文件中的条款通过 GB/T 20063 的本部分的引用而成为本部分的条款。凡是注日期的引用文件，其随后所有的修改单(不包括勘误的内容)或修订版均不适用于本部分，然而，鼓励根据本部分达成协议的各方研究是否可使用这些文件的最新版本。凡是不注日期的引用文件，其最新版本适用于本部分。

GB/T 16901.1　技术文件用图形符号表示规则　第 1 部分：基本规则(GB/T 16901.1—2008, ISO 81714-1:1999, Design of graphical symbols for use in the technical documentation of products—Part 1: Basic rules, MOD)

GB/T 20063.1　简图用图形符号　第 1 部分：通用信息与索引(GB/T 20063.1—2006, ISO 14617-1:2002, IDT)

3 传送器和相关装置

3.1 基本特征符号

3.1.1	3801	*	输送机
3.1.2	3806		进料漏斗、料斗
3.1.3	3807		转子叶片输送机
3.1.4	3808	+	转车台

3.2 3.1 中符号应用规则

3.2.1	R3801	如果传送机的外形对当前功能非常重要，也允许绘制成其他形状，例如：见 X3805(3.5.5)和 X3811(3.5.11)
3.2.2	R3802	单向输送机，可用 241(3.3.2)中的单向箭头替换 3801 中的星号； 双向输送机，可用 245(3.3.3)中的双向箭头替换 3801 中的星号； 同时双向输送物料的输送机，例如：索道式输送机，可用 247(3.3.4)中的同时双向箭头替换 3801 中的星号

3.3 符号辅助信息

3.3.1	201		可调性
3.3.2	241		总体方向,除了能量流和信号流
3.3.3	245		可调方向,除了能量流和信号流
3.3.4	247		同时双向
3.3.5	3061		倾斜角,说明:符号斜线表示倾斜方向
3.3.6	3821		皮带式
3.3.7	3822		带刮板的皮带式
3.3.8	3823		链或钢丝绳传动式
3.3.9	3824		辊式
3.3.10	3825		滚柱槽式,架空式
3.3.11	3828		斗式
3.3.12	3830		螺旋式
3.3.13	3831		振动式
3.3.14	3832	*g*	重力式
3.3.15	3833		螺旋重力滑槽式
3.3.16	3834		阶梯式

3.4 3.3 中符号应用规则

无。

3.5 应用示例

3.5.1	X3801	3801, 241, 3821, CEI	电机驱动的皮带式单向输送机
3.5.2	X3802	3801, 245	双向输送机
3.5.3	X3803	3801, 247	可双向同时运输物料的输送机
3.5.4	X3804	201, 241, 245, 3061, 3822	带刮板的可调倾斜移动带输送机
3.5.5	X3805	101, 145, 241, 3061, 3801, 3822	从下至上的带刮板的进料带输送机
3.5.6	X3806	201, 241, 3801, 3821	长度可调的皮带式输送机
3.5.7	X3807	241, 3801, 3832	重力滑移式输送机
3.5.8	X3808	241, 3801, 3833	螺旋重力滑移式输送机

3.5.9	X3809	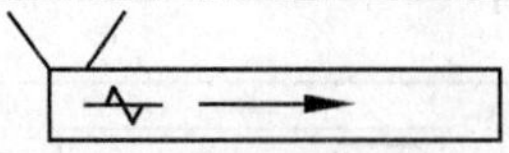 241, 3801, 3806, 3830	螺旋漏斗进料输送机 (如图所示的两种形式)
3.5.10	X3810	 101, 241, 3801, 3806, 3830	
3.5.11	X3811	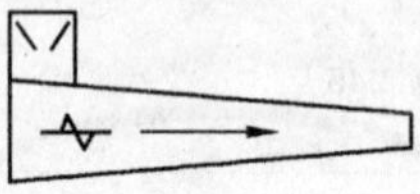 101, 3801, 3806, 3830	压力螺旋式输送机
3.5.12	X3812	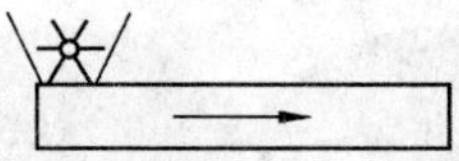 241, 3801, 3806, 3830	旋叶送料输送机 (如图所示的两种形式)
3.5.13	X3813	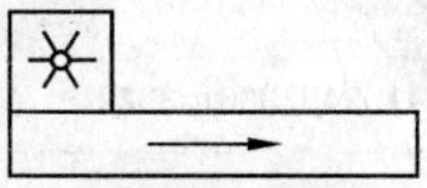 101, 241, 3801, 3807	
3.5.14	X3814	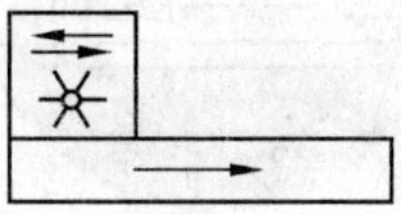 101, 241, 3801, 3807, 3831	振动式旋叶送料输送机
3.5.15	X3815	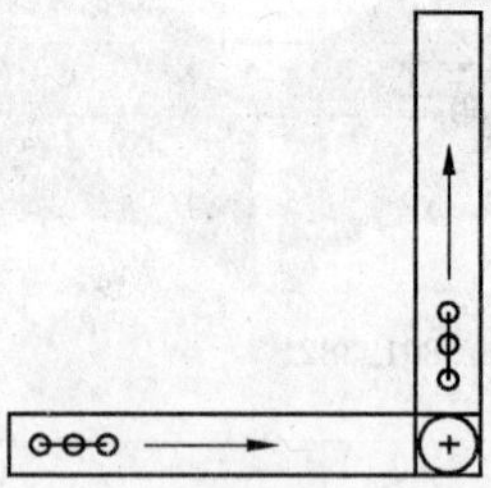 241, 3801, 3808, 3824	通过转台链接的辊式双输送机
3.5.16	X3816	 241, 3801, 3834	阶梯向右上输送机
3.5.17	X3817	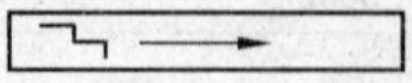 241, 3801, 3834	阶梯向右下输送机
3.5.18	X3818	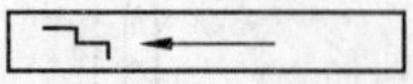 241, 3801, 3834	阶梯向左上输送机
3.5.19	X3819	 241, 3801, 3834	阶梯向左下输送机

4 吊车,升降机,卷扬机和材料搬运机械手

4.1 基本特征符号

4.1.1	3841		吊车
4.1.2	3842		升降机,卷扬机
4.1.3	3853	ROB	材料搬运机械手

4.2 4.1中符号应用规则

无。

4.3 符号辅助信息

无。

4.4 4.3符号辅助信息应用规则

无。

4.5 应用示例

4.5.1	X3841	245,3841,3851	双轨道移动式起重机
4.5.2	X3842	245,3841,3851	架空移动式起重机

5 轨道和联合装置

5.1 基本特征符号

5.1.1	3851		单轨
5.1.2	3852		双轨式,双线铁道
5.1.3	3853		移车台,横动工作台
5.1.4	3854		轨道转台
5.1.5	3855		铁道倾斗车,顶部平台

5.2 5.1 中符号应用规则

无。

5.3 符号辅助信息

无。

5.4 5.3 符号辅助信息应用规则

无。

5.5 应用示例

5.5.1	X3851	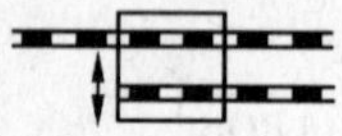 245, 3852, 3853	铁道倾斗车，顶部平台
5.5.2	X3852	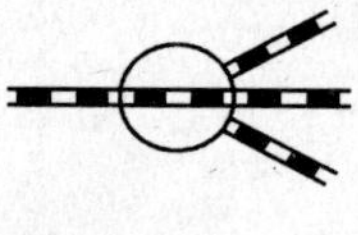 3852, 3854	四铁轨旋转工作台
5.5.3	X3853	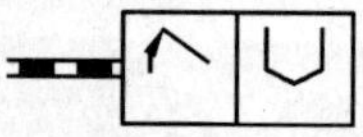 101, 2064, 3852, 3855	临近漏斗的铁轨终端倾斗车

6 工业车辆，机车和货船

6.1 基本特征符号

6.1.1	3861	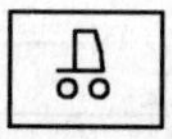	工业车辆
6.1.2	3862		叉式起重车
6.1.3	3863		无人驾驶，自动叉式起重车，包括控制移动装置
6.1.4	3864		货柜车
6.1.5	3865		轮胎式装载车
6.1.6	3866		圆木攫取起重车

6.1.7	3867	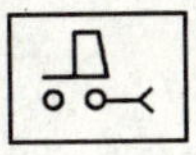	推土车
6.1.8	3868	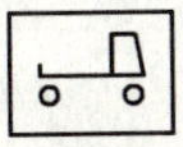	载重汽车
6.1.9	3869		有篷货车,货车
6.1.10	3870		油槽车
6.1.11	3871	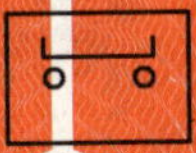	铁路敞篷货车或开顶式拖车
6.1.12	3872		铁路有篷货车或有篷拖车
6.1.13	3873	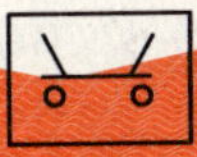	铁路非固化材料拖车
6.1.14	3874		铁路罐车
6.1.15	3875	LOC	机车
6.1.16	3881		货船

6.2　6.1 中符号应用规则

无。

6.3　符号辅助信息

无。

6.4　6.3 符号辅助信息应用规则

无。

6.5　应用示例

无。

ICS 01.100.01
J 04

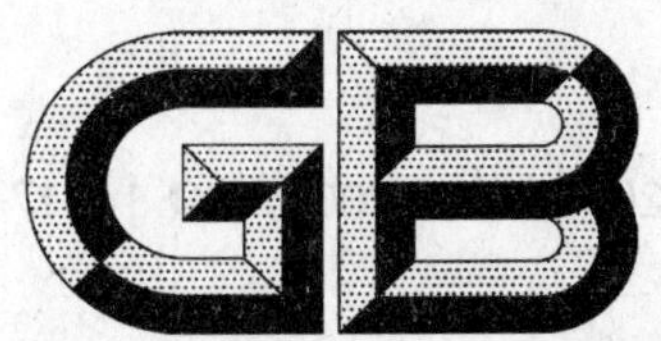

中华人民共和国国家标准

GB/T 20063.15—2009/ISO 14617-15:2002

简图用图形符号 第15部分:安装图和网络图

Graphical symbols for diagrams—Part 15:Installation diagrams and network maps

(ISO 14617-15:2002,IDT)

2009-11-30 发布

2010-09-01 实施

中华人民共和国国家质量监督检验检疫总局
中国国家标准化管理委员会
发布

前　言

GB/T 20063《简图用图形符号》分为15个部分：

——第1部分：通用信息与索引；

——第2部分：符号的一般应用；

——第3部分：连接件与有关装置；

——第4部分：调节器及其相关设备；

——第5部分：测量与控制装置；

——第6部分：测量与控制功能；

——第7部分：基本机械构件；

——第8部分：阀与阻尼器；

——第9部分：泵、压缩机与鼓风机；

——第10部分：流动功率转换器；

——第11部分：热交换器和热发动机器件；

——第12部分：分离、净化和混合的装置；

——第13部分：材料加工装置；

——第14部分：材料运输和搬运用装置；

——第15部分：安装图和网络图。

本部分是GB/T 20063《简图用图形符号》的第15部分。

本部分等同采用ISO 14617-15:2002《简图用图形符号　第15部分：安装图和网络图》。

本部分由全国技术产品文件标准化技术委员会(SAC/TC 146)提出并归口。

本部分起草单位：中机生产力促进中心、西安科技大学、合肥工业大学。

本部分主要起草人：杨东拜、郭汀、李勇、李学京、庞薇。

简图用图形符号
第15部分:安装图和网络图

1 范围

GB/T 20063 的本部分规定了安装图和网络图的简图用图形符号。

简图用图形符号的创建和使用的基本规则,见 GB/T 16901.1。

关于识别图样中用到的图形符号登记号的创建和使用的信息,以及这些符号的表示、应用规则,见 GB/T 20063.1。

2 规范性引用文件

下列文件中的条款通过 GB/T 20063 的本部分的引用而成为本部分的条款。凡是注日期的引用文件,其随后所有的修改单(不包括勘误的内容)或修订版均不适用于本部分,然而,鼓励根据本部分达成协议的各方研究是否可使用这些文件的最新版本。凡是不注日期的引用文件,其最新版本适用于本部分。

GB 3102(所有部分) 量和单位(eqv ISO 31)

GB/T 16901.1 技术文件用图形符号表示规则 第1部分:基本规则(GB/T 16901.1—2008, ISO 81714-1:1999, Design of graphical symbols for use in the technical documentation of products—Part 1:Basic rules, MOD)

GB/T 20063.1 简图用图形符号 第1部分:通用信息与索引(GB/T 20063.1—2006, ISO 14617-1:2002, IDT)

GB/T 20063.2—2006 简图用图形符号 第2部分:符号的一般应用(ISO 14617-2:2002, IDT)

IEC 60027(所有部分) 电工技术用字母符号

3 术语和定义

GB/T 20063.1 确立的以及下列术语和定义适用于 GB/T 20063 的本部分。

3.1

安装简图 installation diagram

通过图形符号表达部件安装位置和相互连接关系的图。

3.2

网络图 network map

显示网络概要的图。

示例:显示变电站和电力线,电信装置和输送线的简图。

注:此术语也适用于石油、天然气、区域制冷采暖、饮用水和排水系统的管道传输与布置的简图表达。

3.3

饮用水 potable water

满足相关要求,用于人体消耗的水。

3.4

保护装置 protection unit

在饮用水系统中,保证回流饮用水质量的装置。

3.5

传感器 sensor

将输入变量转化为可测信号的测量基础元件。

3.6

探测器 detector

可接受物理或化学变量信息,并在一定条件下转化为二进制信号的装置。

4 管道和输送管的安装

4.1 基本特征符号

4.1.1	3001	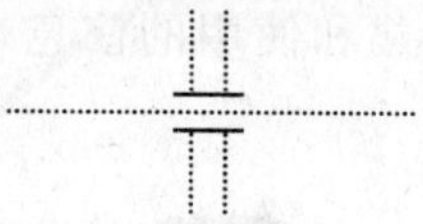	建筑墙壁的渗透套管、风管
4.1.2	3002	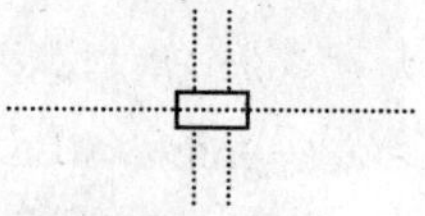	建筑墙壁的渗透密封、密封风管,见R3001(4.2.1)
4.1.3	3003	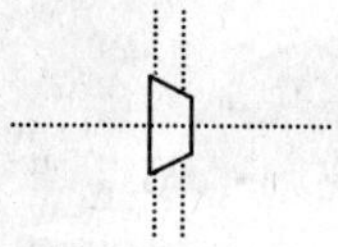	利用气压划分空间的建筑渗透密封 注:长的边对应于较高的压力。
4.1.4	3004		固定点
4.1.5	3005		导向支座,例如:管线

4.2 4.1中符号应用规则

4.2.1	R3001	标志的简称:AT——气密,WT——水密,FR——耐火

4.3 辅助信息符号

4.3.1	3051	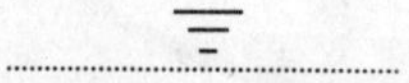	地下安装,例如:管道、电缆或接头
4.3.2	3052		水下安装,例如:管道或电缆
4.3.3	3053		架空安装,例如:管道、电缆或输电线
4.3.4	3054		环形套管安装,例如:导体或电缆
4.3.5	3055		矩形套管安装,例如:管道、导体或电缆
4.3.6	3056		碟形套管安装,指出末端,例如:管道、导体或电缆

4.3.7	3057	IIII	碟形套管安装，连续，例如：管道、导体或电缆
4.3.8	3058		去上层，例如：管道、电缆或导体束； 弯曲点表明了管线电缆导体束改变方向的位置点，符号的方向无特定含义，见 R3051(4.4.1)和 R3053(4.4.3)
4.3.9	3059		去下层，例如：管道、电缆或导体束； 弯曲点表明了管线电缆导体束改变方向的位置点，符号的方向无特定含义，见 R3051(4.4.1)和 R3053(4.4.3)
4.3.10	3060		在上层和下层之间，例如：管道、电缆或导体束； 弯曲点表明了管线电缆导体束改变方向的位置点，符号的方向无特定含义，见 R3052(4.4.2)和 R3053(4.4.3)
4.3.11	3061		倾斜，例如：管道，见 R3054(4.4.4)
4.3.12	3062	INF	信息
4.3.13	3063		电阻装置
4.3.14	3064	S	声音
4.3.15	3065	CNTL	控制
4.3.16	3066	AL	告警
4.3.17	3067	AL/L	光告警
4.3.18	3068	AL/S	声音(声学)告警
4.3.19	3069	AL/V	振动(触觉)告警

4.4 4.3中辅助信息符号应用规则

4.4.1	R3051	符号和符号间的角度，例如：管道、电缆和导体束的符号应成30°～150°
4.4.2	R3052	符号中的两条线的夹角应成30°～45°
4.4.3	R3053	可标明流动方向，例如：见 X3004(4.5.4)和 X3009(4.5.9)
4.4.4	R3054	符号的放置位置应有一定方向，以表明倾斜的方向； 斜度可以表示为1%或1：100； 例如：见 X3010(4.5.10)

4.5 应用示例

4.5.1	X3001	501,3051	管道或电缆的地下接头
4.5.2	X3002	344,3053	6孔管道内的管线或导体
4.5.3	X3003	344,3053	一个管内有4条管线或导体，一个管内有5条管线或导体
4.5.4	X3004	242,3058	流向向上，去上层的管线（两种可能情况）
4.5.5	X3005	242,3058	
4.5.6	X3006	242,3058	流向向下，去下层的管线（两种可能情况）
4.5.7	X3007	242,3058	
4.5.8	X3008	242,3060	流向向上，来自下层向上层的管线（两种相反情况）
4.5.9	X3009	242,3060	
4.5.10	X3010	3061	向左倾斜小于5%的管线
4.5.11	X3011	101,3063	在管道中阻塞电流的器件

5 分线箱,检查室,检查井,分配中心

5.1 基本特征符号

5.1.1	3081		连接盒,接线盒
5.1.2	3082		用户端,供电引入设备
5.1.3	3083		配电中心
5.1.4	3084		封装,见 R3081(5.2.1)
5.1.5	3085		交叉连接器件
5.1.6	3086		方形检查室,检查井
5.1.7	3087		圆形检查室,检查井

5.2 5.1 中符号应用规则

5.2.1	R3081	合格的符号或注释,可以用于配套设备

5.3 辅助信息符号

无。

5.4 5.3 辅助信息符号应用规则

无。

5.5 应用示例

5.5.1	X3081	301,891	封装放大设备
5.5.2	X3082	3085	3 管线交叉连接器件:管线、电源线和电信线

6 水龙头和相关设备

6.1 基本特征符号

6.1	3101		龙头
6.2	3102		在塞孔处的龙头

6.3	3103		在墙壁上的龙头
6.4	3104		混合龙头
6.5	3105		在塞孔处的混合龙头
6.6	3106		在墙壁上的混合龙头
6.7	3107	SC	自关闭龙头
6.8	3108		手持喷头
6.9	3109	FV	感应冲洗阀门

7 消防栓和相关设备

7.1	3121		地下消防栓
7.2	3122		地上消防栓
7.3	3123		墙壁消防栓
7.4	3124	+	卷轴式救火水管

8 测量、控制和保护装置

8.1 基本特征符号

8.1.1	752	*	传感器，见 R3131(8.2.1)
8.1.2	3132	*	探测器，操作开关，见 R712 (8.2.2)
8.1.3	3133		电箔窗
8.1.4	3134	*	饮用水系统的保护装置，见 R3132 (8.2.3)

8.2 8.1中符号应用规则

8.2.1	R3131	在带有可测量量的图形符号中,用GB 3102(所有部分)或IEC 60027(所有部分)中规定的文字符号替代星号,或删除该星号
8.2.2	R712	用GB/T 20063.2—2006中4.3.4规定的文字符号替代星号
8.2.3	R3132	用文字代码替代星号,并在图解或附件中说明

8.3 辅助信息符号

8.3.1	3141	))	声音
8.3.2	3142	F	火
8.3.3	3143	 ∫	烟
8.3.4	3144		尘土
8.3.5	3831		振动

8.4 8.3辅助信息符号应用规则

无。

8.5 应用示例

8.5.1	X3131	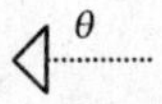 θ 752	热(温度)传感器
8.5.2	X3132	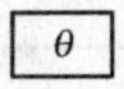 θ 3132	热(温度)探测器
8.5.3	X3133	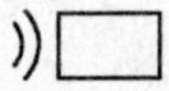 3132,3141	测音器
8.5.4	X3134	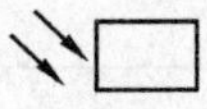 3132,CEI	光探测器
8.5.5	X3135	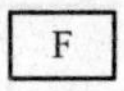 F 3132,3142	探火仪
8.5.6	X3136	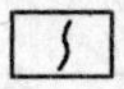 3132,3143	烟探测器
8.5.7	X3137	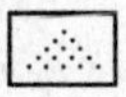 3132,3144	尘土探测器
8.5.8	X3138	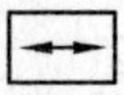 245,3132	运动探测器

8.5.9	X3139	241,262,3132	通行探测器
8.5.10	X3140	ρ> 171,3132	比设置值大的压力探测器
8.5.11	X3141	Δρ 3132	压力变化探测器（防盗探测器）
8.5.12	X3142	3132,3831	振动探测器
8.5.13	X3143	3132,3831	垂直振动探测器
8.5.14	X3144	3051,3132,3831	地震探测器

9　水加热器，空调器

9.1　基本特征符号

9.1.1	101	*	复杂装置，功能单元，制造厂，功能，见R101（GB/T 20063.2—2006 中的4.2.1）

9.2　9.1中符号应用规则

见GB/T 20063.2—2006中的4.2.1。

9.3　辅助信息符号

9.3.1	2541		燃烧式
9.3.2	3151	A/C	空调

9.4　9.3辅助信息符号应用规则

无。

9.5　应用示例

9.5.1	X3151	2061,2541	燃烧炉或水加热器
9.5.2	X3152	A/C 101,3151	空调器

10　技术设备和系统

10.1　基本特征符号

10.1.1	101	*	复杂装置，功能元件，制造厂，功能

10.2　10.1 中符号应用规则

见 GB/T 20063.2—2006 中的 4.2.1。

10.3　辅助信息符号

10.3.1	130	*	转到更高的数量水平
10.3.2	131	*	转到更低的数量水平
10.3.3	241		流向
10.3.4	321		液体
10.3.5	2038		虹吸管，反虹吸气隔
10.3.6	2061		容器，桶，常压储水池
10.3.7	2301		容器，桶，常压储水池
10.3.8	2501		液体泵
10.3.9	2541		换热器
10.3.10	3201	θ	燃烧式
10.3.11	3202	θ	温度增量式热泵
10.3.12	3203	E	电式
10.3.13	3204	SW	污水
10.3.14	3205	NaCl	盐
10.3.15	3206		池塘
10.3.16	3207		废物

10.4 10.3 辅助信息符号应用规则

无。

10.5 应用示例

10.5.1	X3201	101,2501		热力厂
10.5.2	X3202	101,2541		燃烧式热力厂
10.5.3	X3203	101,2501,3203	E	电热力厂
10.5.4	X3204	3201,CEI		热力厂和电力厂的联合工厂
10.5.5	X3205	101,3201	θ	热泵热力厂
10.5.6	X3206	101,3202	θ	热泵制冷厂
10.5.7	X3207	101,321		供水系统
10.5.8	X3208	101,241,321		淡水净化厂
10.5.9	X3209	101,131	NaCl	脱矿物质(脱盐)厂
10.5.10	X3210	101,2061		水塔厂
10.5.11	X3211	101,2301		泵站

10.5.12	X3212	SW 101,321,3204	污水处理厂
10.5.13	X3213	SW 101,3206	污水后处理池塘
10.5.14	X3214	101,2038	公共盥洗室
10.5.15	X3215	101,3207	废物处置厂

ICS 25.100.70
J 43

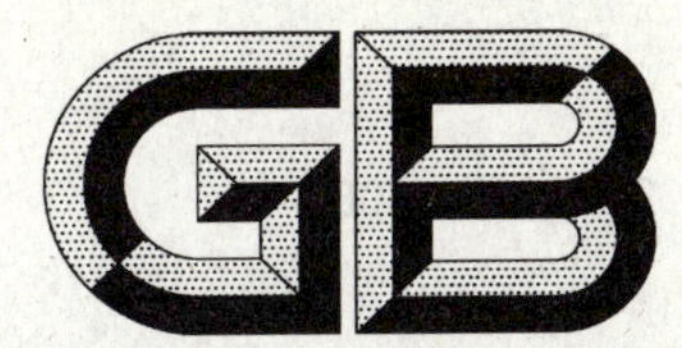

中华人民共和国国家标准

GB/T 20316.1—2009

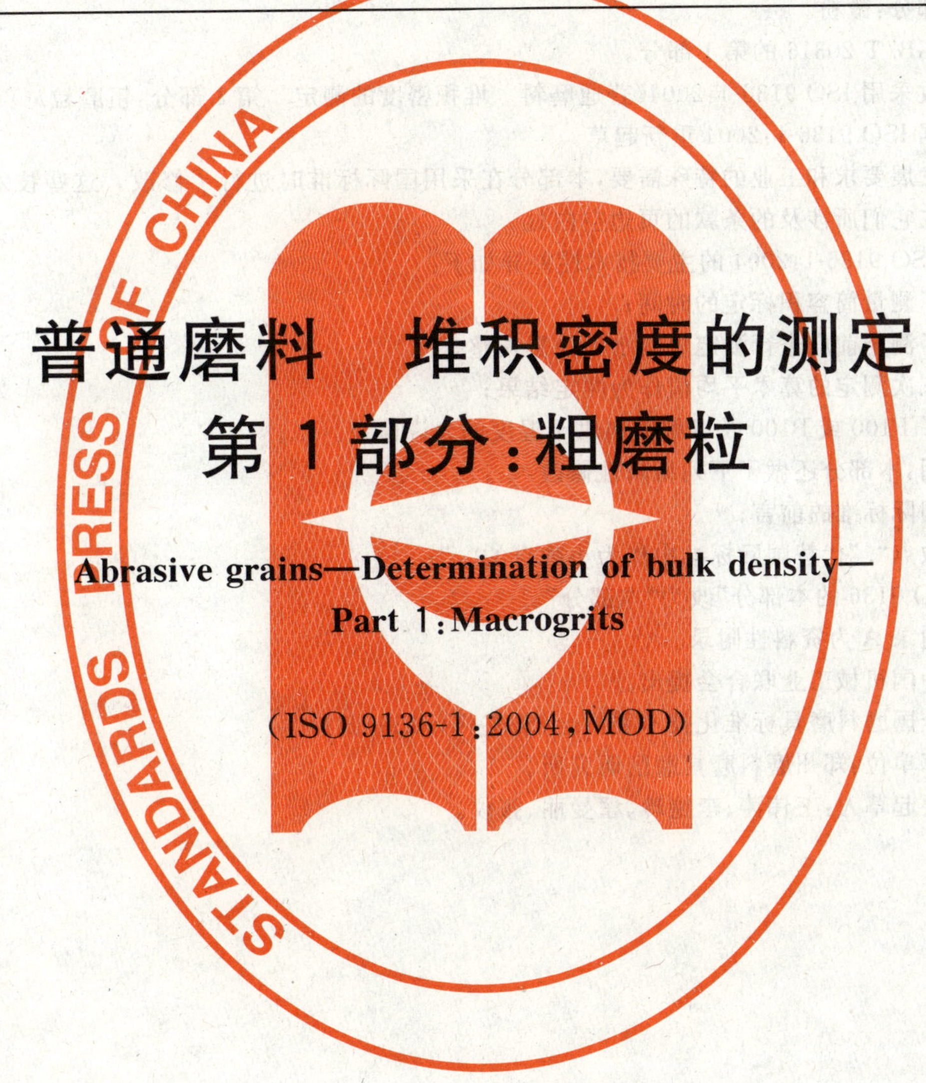

普通磨料　堆积密度的测定
第1部分:粗磨粒

Abrasive grains—Determination of bulk density—
Part 1: Macrogrits

(ISO 9136-1:2004,MOD)

2009-04-23 发布　　　　2009-12-01 实施

中华人民共和国国家质量监督检验检疫总局
中国国家标准化管理委员会　发布

前　言

GB/T 20316《普通磨料　堆积密度的测定》分为两个部分：

——第1部分：粗磨粒；

——第2部分：微粉。

本部分为GB/T 20316的第1部分。

本部分修改采用ISO 9136-1：2004《普通磨料　堆积密度的测定　第1部分：粗磨粒》(英文版)。

本部分根据ISO 9136-1：2004重新起草。

由于我国发展要求和工业的特殊需要，本部分在采用国际标准时进行了修改。这些技术性差异用垂直单线标识在它们所涉及的条款的页边空白处。

本部分与ISO 9136-1：2004的主要技术性差异如下：

——明确了测量筒容积标定的时间；

——规定了测定前应进行测定仪器水平位置调整；

——规定三次测定的算术平均值作为测定结果；

——给出了F100或P100及以细磨料烘干温度的允许偏差。

为便于使用，本部分还做了下列编辑性修改：

——删除国际标准的前言；

——用小数点“.”代替国际标准中作为小数点的“，”；

——将“ISO 9136的本部分”改为“本部分”。

本部分的附录A为资料性附录。

本部分由中国机械工业联合会提出。

本部分由全国磨料磨具标准化技术委员会(SAC/TC 139)归口。

本部分起草单位：郑州磨料磨具磨削研究所。

本部分主要起草人：王伟涛、李艳玲、翟曼丽、张仪。

普通磨料　堆积密度的测定
第1部分:粗磨粒

1　范围

GB/T 20316 的本部分规定了固结磨具和涂附磨具用磨料粗磨粒堆积密度的测定方法。

本部分适用于粒度号为 F12～F220 和 P12～P220 的普通磨料。

2　规范性引用文件

下列文件中的条款通过 GB/T 20316 的本部分的引用而成为本部分的条款。凡是注日期的引用文件,其随后所有的修改单(不包括勘误的内容)或修订版均不适用于本部分,然而,鼓励根据本部分达成协议的各方研究是否可使用这些文件的最新版本。凡是不注日期的引用文件,其最新版本适用于本部分。

GB/T 2481.1　固结磨具用磨料　粒度组成的检测和标记　第1部分:粗磨粒 F4～F220(GB/T 2481.1—1998,eqv ISO 8486-1:1996)

GB/T 9258.1　涂附磨具用磨料　粒度分析　第1部分:粒度组成(GB/T 9258.1—2000,ISO 6344-1:1998,IDT)

GB/T 20316.2　普通磨料　堆积密度的测定　第2部分:微粉(GB/T 20316.2—2006,ISO 9136-2:1999,IDT)

3　术语和定义

GB/T 2481.1、GB/T 9258.1 和 GB/T 20316.2 确立的术语和定义适用于 GB/T 20316 的本部分。

4　试验仪器

4.1　一般规定

试验仪器参见图1(示意图参见附录A),它包含4.2～4.6的部件。

4.2　支架

能将漏斗固定在垂直位置,并使漏斗出料口至测量筒底部的距离为(138±1)mm。

4.3　漏斗

漏斗的斜面应足够光滑,以保证磨粒不滞留在斜面上。漏斗由内表面光滑的不锈钢制得。其尺寸参数如下(也可见图1):

——漏斗总高度:240 mm;

——上口内径:ϕ160 mm;

——圆柱出料口内径:ϕ(20±0.5)mm;

——圆柱出料口高度:(40±1)mm。

4.4　漏斗排放阀

能保证漏斗出口开闭自如。可使用图1所示的摆动式排放阀。

4.5　测量筒

测量筒是一个内表面光滑,容积 V 为(200±0.5)cm^3 的圆筒;其内径为 ϕ64 mm,内高度为 62.2 mm。测量筒放在下落物料的正下端。被测磨粒的下落高度应为(138±1)mm(漏斗出料口底部至测量筒底部)。

4.6 溢料盘

溢料盘为平底,用以收集溢流出的粗磨粒,测量筒置于溢料盘中。

5 测量筒的标定

测量筒容积的标定周期最长不超过一年,标定合格后方可继续使用,否则应更换测量筒。测量筒的标定可用下列两种方法:

a) 方法 A

将干燥、洁净的测量筒与平板玻璃一起称重。然后将测量筒注满蒸馏水,以一种不留存气泡的方式放置上平板玻璃。除去多余的蒸馏水,称量总重。

容积按公式(1)计算:

$$V = \frac{m_0}{\rho_{H_2O}} \qquad \cdots\cdots(1)$$

式中:

V——测量筒容积,单位为立方厘米(cm^3);

m_0——测量筒中蒸馏水的质量,单位为克(g);

ρ_{H_2O}——在一定测量温度下蒸馏水的密度(见表1),单位为克每立方厘米(g/cm^3)。

表1 一定温度下蒸馏水的密度

温度/℃	密度/(g/cm^3)
18	0.998 593
20	0.998 201
22	0.997 767
24	0.997 293
26	0.996 780
28	0.996 230
30	0.995 643

b) 方法 B

通过测量内部尺寸计算测量筒的容积(测量精度为0.001 mm)。

6 测定方法

6.1 试样制备

F100 或 P100 及以细的磨料,应在(110±5)℃的温度下干燥 1 h,冷却至室温,然后进行测定。F100 或 P100 以粗磨料应在室温下干燥。

6.2 测定步骤

用一个 250 mL 的烧杯装满待测试样。调整测定仪器使其底板处于水平位置。关闭漏斗的排放口,并将测量筒置于其出口的中心。将烧杯中试样倒入漏斗,打开漏斗的排放阀使磨料自由下落,直至漏斗中磨料全部流完,此过程应避免振动。

高出测量筒边沿的磨料,应使用带导向边的直尺,与测量筒边沿约成45°角,沿水平方向刮去(见图2)。

整个测定过程应避免振动。

称量装满粗磨粒的测量筒重量,精确至0.01 g。

7 测定结果的表示

7.1 计算方法

按公式(2)计算堆积密度 ρ_B：

$$\rho_B = \frac{m_1}{V} \qquad \cdots\cdots(2)$$

式中：

ρ_B——堆积密度，单位为克每立方厘米(g/cm^3)；

m_1——测量筒中磨料的质量，单位为克(g)；

V——测量筒的容积，单位为立方厘米(cm^3)。

7.2 测定结果

三次测定的算术平均值作为测定结果。

7.3 重复性

同一操作者用同一台仪器重复测定的结果误差不应大于±0.02 g/cm^3，否则应重新进行测定。

单位为毫米

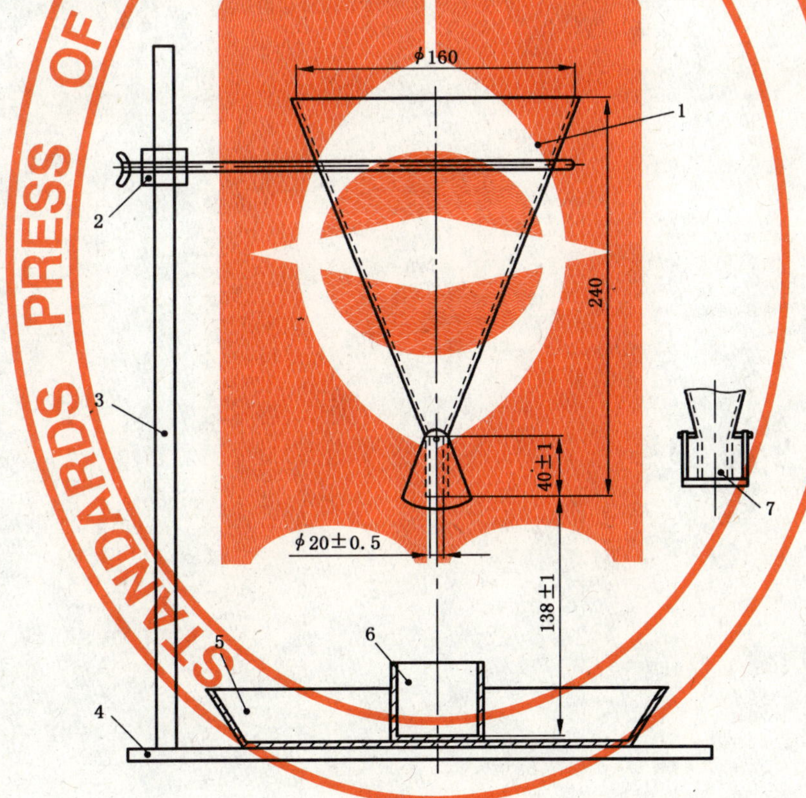

1——漏斗；

2——漏斗支撑及高度调节装置；

3——支架；

4——底板；

5——溢料盘；

6——测量筒；

7——排放阀(关闭状态)。

图 1 粗磨粒堆积密度测定仪

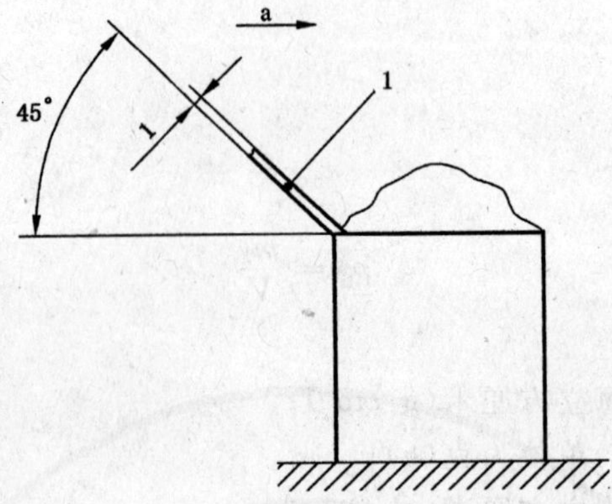

1——直尺；

a——刮料方向。

图 2　刮料操作

附 录 A
（资料性附录）
粗磨粒堆积密度测定仪

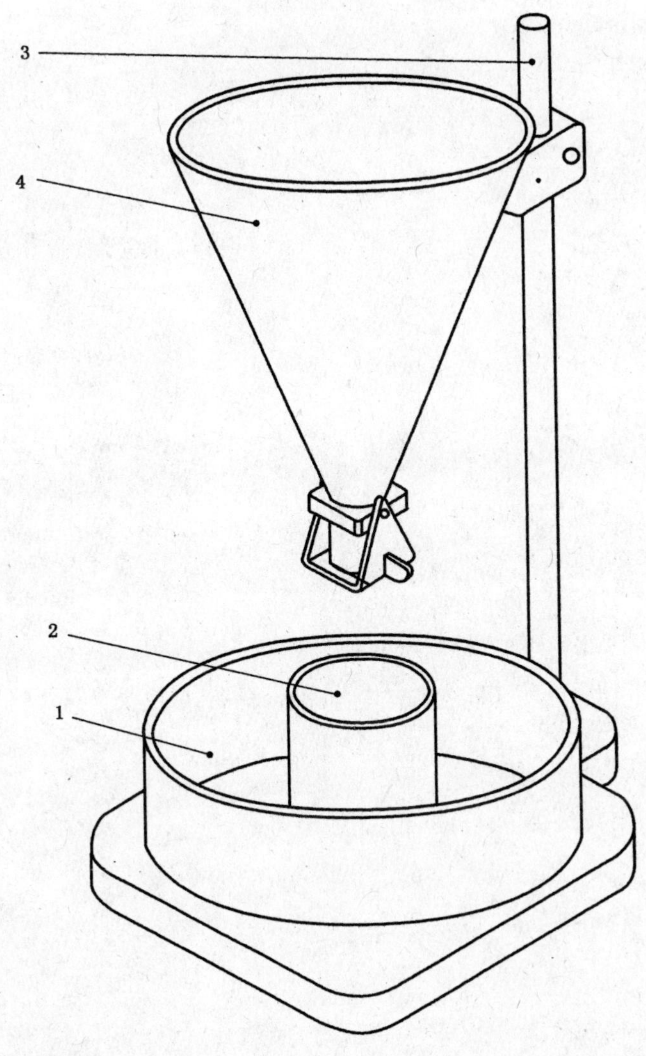

1——溢料盘；
2——测量筒；
3——支架；
4——漏斗。

图 A.1 粗磨粒堆积密度测定仪